T0222972

Naturwissenschaften im Fokus II

Christian Petersen

Naturwissenschaften im Fokus II

Grundlagen der Mechanik einschließlich solarer Astronomie und Thermodynamik

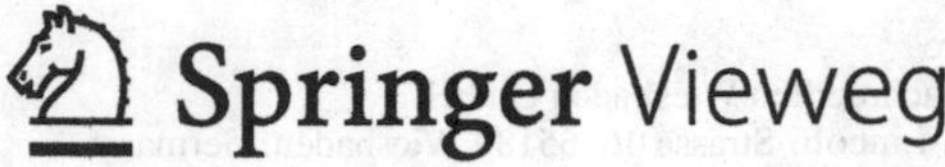

Christian Petersen
Ottobrunn, Deutschland

ISBN 978-3-658-15297-0 ISBN 978-3-658-15298-7 (eBook)
DOI 10.1007/978-3-658-15298-7
Die Deutsche Nationalbibliothek verzeichnet diese Publikation in der Deutschen Nationalbibliografie; detaillierte bibliografische Daten sind im Internet über http://dnb.d-nb.de abrufbar.

Springer Vieweg

Lektorat: Dipl.-Ing. Ralf Harms

Gedruckt auf säurefreiem und chlorfrei gebleichtem Papier

Springer Vieweg ist Teil von Springer Nature
Die eingetragene Gesellschaft ist Springer Fachmedien Wiesbaden GmbH
Die Anschrift der Gesellschaft ist: Abraham-Lincoln-Strasse 46, 65189 Wiesbaden, Germany

Vorwort zum Gesamtwerk

Die Natur auf Erden ist in ihrer Vielfalt und Schönheit ein großes Wunder, wer wird es leugnen? Erweitert man die Sicht auf den planetarischen, auf den galaktischen und auf den ganzen kosmischen Raum, drängt sich der Begriff eines überwältigenden und gleichzeitig geheimnisvollen Faszinosums auf. Wie konnte das Alles nur werden, wer hat das Werden veranlasst? – Es ist eine große geistige Leistung des Menschen, wie er die Natur im Kleinen und Großen in ihren vielen Einzelheiten inzwischen erforschen konnte. Dabei stößt er zunehmend an Grenzen des Erkennbaren/Erklärbaren. –

Es lohnt sich, in die Naturwissenschaften mit ihren Leitdisziplinen, Physik, Chemie und Biologie, einschließlich ihrer Anwendungsdisziplinen, einzudringen, in der Absicht, die Naturgesetze zu verstehen, die dem Werden und Wandel zugrunde lagen bzw. liegen: Wie ist die Materie aufgebaut, was ist Strahlung, woher bezieht die Sonne ihre Energie, wie ist die Formel $E = m \cdot c^2$ zu verstehen, welche Aussagen erschließen sich aus der Relativitäts- und Quantentheorie, wie funktioniert der genetische Code, wann und wie entwickelte sich der Mensch bis heute als letztes Glied der Homininen? Ist der Mensch, biologisch gesehen, eine mit Geist und Seele ausgestattete Sonderform im Tierreich oder doch mehr? Von göttlicher Einzigartigkeit? Hiermit stößt man die Tür auf, zur Seins- und Gottesfrage.

Für mich war das Motivation genug. Indem ich mich um eine Gesamtschau der Naturwissenschaften mühte, ging es mir um Erkenntnis, um Tiefe. Aber auch über die Dinge, die eher zum Alltag der heutigen Zivilisation gehören, wollte ich besser Bescheid wissen: Was versteht man eigentlich unter Energie, wie funktioniert eine Windkraftanlage, warum kann der Wirkungsgrad eines auf chemischer Verbrennung beruhenden Motors nicht viel mehr als 50 % erreichen, wie entsteht elektrischer Strom, wie lässt er sich speichern, wie sendet das Smart-Phone eine Mail, was ist ein Halbleiter, woraus bestehen Kunststoffe, was passiert beim Klonen, ist Gentechnik wirklich gefährlich? Wodurch entsteht eigentlich die CO_2-Emission, wie viel hat sich davon inzwischen in der Atmosphäre angereichert, wieso verursacht CO_2 den Klimawandel, wie sieht es mit der Verfügbarkeit der noch vorhandenen Ressourcen aus, bei jenen der Energie und jenen der Industrierohstoffe? Wird alles reichen, wenn die Weltbevölkerung von zurzeit 7,5 Milliarden Bewohnern am Ende des Jahrhunderts auf 11 Milliarden angewachsen sein wird? Wird dann noch genügend Wasser und Nahrung zur Verfügung? Viele Fragen, ernste Fragen, Fragen ethischer Dimension.

Kurzum: Es waren zwei dominante Motive, warum ich mich dem Thema Naturwissenschaften gründlicher zugewandt habe, gründlicher als ich darin viele Jahrzehnte zuvor in der Schule unterwiesen worden war:

- Zum einen hoffte ich die in der Natur waltenden Zusammenhänge besser verstehen zu können und wagte den Versuch, von den Quarks und Leptonen über die rätselhafte, alles dominierende Dunkle Materie (von der man nicht weiß, was sie ist), zur Letztbegründung allen Seins vorzustoßen und
- zum anderen wollte ich die stark technologisch geprägten Entwicklungen in der heutigen Zeit sowie den zivilisatorischen Umgang mit ‚meinem' Heimatplaneten und die Folgen daraus besser beurteilen können.

Es liegt auf der Hand: Will man tiefer in die Geheimnisse der Natur, in ihre Gesetze, vordringen, ist es erforderlich, sich in die experimentellen Befunde und hypothetischen Modelle hinein zu denken. So gewinnt man die erforderlichen naturwissenschaftlichen Kenntnisse und Erkenntnisse für ein vertieftes Weltverständnis. Dieses Ziel auf einer vergleichsweise einfachen theoretischen Grundlage zu erreichen, ist durchaus möglich. Mit dem vorliegenden Werk habe ich versucht, dazu den Weg zu ebnen. Man sollte sich darauf einlassen, man sollte es wagen! Wo der Text dem Leser (zunächst) zu schwierig ist, lese er über die Passage hinweg und studiere nur die Folgerungen. Wo es im Text tatsächlich spezieller wird, habe ich eine etwas geringere Schriftgröße gewählt, auch bei diversen Anmerkungen und Beispielen. Vielleicht sind es andererseits gerade diese Teile, die interessierte Schüler und Laien suchen. – Zentral sind die Abbildungen für die Vermittlung des Stoffes, sie wurden von mir überwiegend entworfen und gezeichnet. Sie sollten gemeinsam mit dem Text ‚gelesen' werden, sie tragen keine Unterschrift. – Die am Ende pro Kapitel aufgelistete Literatur verweist auf spezielle Quellen. Sie dient überwiegend dazu, auf weiterführendes Schrifttum hinzuweisen, zunächst meist auf Literatur allgemeinerer populärwissenschaftlicher Art, fortschreitend zu ausgewiesenen Lehr- und Fachbüchern. – Es ist bereichernd und spannend, neben viel Neuem in den Künsten und Geisteswissenschaften, an den Fortschritten auf dem dritten Areal menschlicher Kultur, den Naturwissenschaften, teilhaben zu können, wie sie in den Feuilletons der Zeitungen, in den Artikeln der Wissenszeitschriften und in Sachbüchern regelmäßig publiziert werden. So wird der Blick auf das Ganze erst vollständig.

Das Werk ist in fünf Bände gegliedert, die Zahl der Kapitel in diesen ist unterschiedlich:

Band I: Geschichtliche Entwicklung, Grundbegriffe, Mathematik
1. Naturwissenschaft – Von der Antike bis ins Anthropozän
2. Grundbegriffe und Grundfakten
3. Mathematik – Elementare Einführung

Band II: Grundlagen der Mechanik einschl. solarer Astronomie und Thermodynamik
1. Mechanik I: Grundlagen
2. Mechanik II: Anwendungen einschl. Astronomie I
3. Thermodynamik

Band III: Grundlagen der Elektrizität, Strahlung und relativistischen Mechanik, einschließlich stellarer Astronomie und Kosmologie
1. Elektrizität und Magnetismus – Elektromagnetische Wellen
2. Strahlung I: Grundlagen
3. Strahlung II: Anwendungen, einschl. Astronomie II
4. Relativistische Mechanik, einschl. Kosmologie

Band IV: Grundlagen der Atomistik, Quantenmechanik und Chemie
1. Atomistik – Quantenmechanik – Elementarteilchenphysik
2. Chemie

Band V: Grundlagen der Biologie im Kontext mit Evolution und Religion
1. Biologie
2. Religion und Naturwissenschaft

Abschließend sei noch angemerkt: Während sich der Inhalt des Bandes II, der mit Mechanik und Thermodynamik (Wärmelehre) für die Grundlagen der klassischen Technik steht und sich dem interessierten Leser eher erschließt, ist das beim Stoff der Bände III und IV nur noch bedingt der Fall. Das liegt nicht am Leser. Die Invarianz der Lichtgeschwindigkeit etwa und die hiermit verbundenen Folgerungen in der Relativitätstheorie, sind vom menschlichen Verstand nicht verstehbar, etwa die daraus folgende Konsequenz, dass die räumliche Ausdehnung, auch Zeit und Masse, von der relativen Geschwindigkeit zwischen den Bezugssystemen abhängig ist. Ähnlich schwierig ist die Massenanziehung und das hiermit verbundene gravitative Feld zu verstehen. Die Gravitation wird auf eine gekrümmte Raumzeit zurückgeführt. Der Feldbegriff ist insgesamt ein schwieriges Konzept. Dennoch, es muss alles seine Richtigkeit haben: Der Mond hält seinen Abstand zur Erde und stürzt nicht auf sie ab, der drahtlose Anruf nach Australien gelingt, die Daten des GPS-Systems und die Anweisungen des Navigators sind exakt. Analog verhält es sich mit den Konzepten der Quantentheorie. Sie sind ebenfalls prinzipiell nicht verstehbar, etwa die Dualität der Strahlung, gar der Ansatz, dass auch alle Materie aus Teilchen besteht und zugleich als Welle gesehen werden kann. Genau betrachtet, ist sie weder Teilchen noch Welle, sie ist schlicht etwas anderes. Wie man sich die Elektronen im Umfeld des Atomkerns als Ladungsorbitale vorstellen soll, ist wiederum nicht möglich, weil unanschaulich und demgemäß unbegreiflich. Man hat es im Makro- und Mikrokosmos mit Dingen zu tun, die aus der vertrauten Welt heraus fallen, sie sind gänzlich verschieden von den Dingen der gängigen Erfahrung. Im Kleinen werden sie gar unbestimmt, für ihren jeweiligen Zustand lässt sich nur eine Wahrscheinlichkeitsaussage machen. Für alle diese Verhaltensweisen ist unser Denk- und Sprachvermögen nicht konzipiert: In der Evolution haben sich Denken und Sprechen zur Bewältigung der täglichen Aufgaben entwickelt, für das vor Ort Erfahr- und Denkbare. Nur mit den Mitteln einer abgehobenen Kunstsprache, der Mathematik, sind die Konzepte der modernen Physik in Form abstrakter Modelle darstellbar. Unanschaulich bleiben sie dennoch, auch für jene Forscher, die mit ihnen arbeiten, in der Abstraktion werden sie ihnen vertraut. Damit stellt sich die Frage: Wie soll es möglich sein, solche Dinge dennoch verständlich (populärwissenschaftlich) darzustellen? Die Erfahrung zeigt, dass es möglich ist, auch ohne höhere Mathematik. Man muss mit modellmäßigen Annäherungen arbeiten. Dabei gelingt es, eine Ahnung davon zu entwickeln, wie alles im Großen und Kleinen funktioniert, nicht nur qualitativ, auch quantitativ. Man sollte vielleicht gelegentlich versuchen, die eine und andere Ableitung mit Stift und Papier nachzuvollziehen und mit Hilfe eines Taschenrechners das eine und andere Zahlenbeispiel nachzurechnen. – Themen, die noch ungelöst sind, wie etwa der Versuch, Relativitäts- und Quantentheorie in der Theorie der Quantengravitation zu vereinen, bleiben außen vor: Das Graviton wurde bislang nicht entdeckt, eine quantisierte Raum-Zeit ist ein inkonsistenter Ansatz. Nur was durch messende Beobachtung und Experiment verifiziert werden kann, hat Anspruch, als naturwissenschaftlich gesichert angesehen zu werden. – Der Inhalt des Bandes V ist dem Leser leichter zugänglich. Als erstes geht es um das Gebiet der Biologie. Ihre Fortschritte sind faszinierend und in Verbindung mit Genetik und Biomedizin für die Zukunft von großer Bedeutung – Die Evolutionstheorie ist inzwischen zweifelsfrei fundiert. Ihre Aussagen berühren das Selbstverständnis des Menschen, die Frage nach seiner Herkunft und seiner Bestimmung. Das befördert unvermeidlich einen Konflikt mit den Glaubenswirklichkeiten der Religionen. Denken und Glauben sind zwei unterschiedliche Kategorien des menschlichen Geistes. Indem dieser grundsätzliche Unterschied anerkannt wird, sollten sich alle Partner bei der

Suche nach der Wahrheit mit Respekt begegnen. Was ist wahr? Die Frage bleibt letztlich unbeantwortbar. Das ist des Menschen Los. Jedem stehen das Recht und die Freiheit zu, auf die Frage seine eigene Antwort zu finden.

Der Verfasser dankt dem Verlag Springer-Vieweg und allen Mitarbeitern im Lektorat, in der Setzerei, Druckerei und Binderei für ihr Engagement, insbesondere seinem Lektor Herrn Ralf Harms für seine Unterstützung.

Ottobrunn (München), Februar 2017 Christian Petersen

Vorwort zum vorliegenden Band II

In Kap. 1 werden die Grundlagen der Mechanik behandelt. Die Mechanik ist die älteste Disziplin der Physik und kann als abgeschlossen gelten. Begriffe wie Kraft, Impuls, Arbeit und Leistung sowie Energie und Energiezerstreuung, werden erklärt. Unter letzterer versteht man Reibung und Dämpfung, man spricht auch von (Energie-)Dissipation. Das führt auf den Begriff Wirkungsgrad. Anhand eines Beispiels wird die ‚Gewinnung' von Energie in einer Wasserkraftanlage gezeigt, genauer, die Wandlung von potentieller in kinetische und letztlich in elektrische Energie. –

Kap. 2 ist umfangreicher. Statik und Festigkeit der Teile von Bauwerken stehen am Anfang. Dann werden Bewegungszustände studiert. Es folgt Statik und Dynamik der Fluide. Hierunter werden Flüssigkeiten und Gase zusammen gefasst. Als Beispiel wird die Erzeugung von Energie mit Hilfe einer Windkraftanlage behandelt. Hierbei geht es um die Wandlung der Strömungsenergie des Windes in elektrische Energie. Es folgen die Themen: Schwingungen und Wellen mit diversen Anwendungen, u. a. mit Akustik. Schließlich wird die Himmelsmechanik anhand der Planeten-, Mond- und Kometenbewegung aufbereitet und das Sonnensystem beschrieben (solare Astronomie). –

Nicht minder interessant und wichtig ist die Thermodynamik. Sie ist Gegenstand des Kap. 3. Es wird untersucht, wie sich Festkörper, Flüssigkeiten und Gase bei Wärmeeinwirkung verhalten. Das führt auf die Gasgesetze und Hauptsätze der Wärmelehre und auf die hierauf aufbauenden Wärmevorgänge und -prozesse, wie sie in Verbrennungsmotoren ablaufen. Das macht es notwendig, sich mit der Energieversorgung hierzulande und weltweit zu befassen, mit den fossilen und nicht-fossilen (erneuerbaren) Energiequellen. Gerade Letztgenannten wie Wind, Sonne, Geothermie und Biomasse, wird in Zukunft eine immer größere Bedeutung zukommen. Dabei stellen sich Fragen: Wie hoch ist ihr Beitrag heute schon? Werden sie die fossilen Energiequellen eines fernen Tages ersetzen können?

Inhaltsverzeichnis

Mechanik I: Grundlagen

1

1.1 Modellannahmen – Bewegung auf einer geraden Bahn

Um in die Wissenschaft der Mechanik, der ältesten Disziplin der Physik, möglichst einfach einführen zu können, werden ihre Grundgrößen und Grundgesetze im Folgenden auf der Basis nachstehender Annahmen erläutert:

1. Alle auftretenden Geschwindigkeiten sind gegenüber der Lichtgeschwindigkeit sehr gering ($v \ll c$); relativistische Effekte existieren nicht.
2. Die Masse der Körper wird in deren Schwerpunkt vereinigt gedacht. Derartige Punktmassen sind drallfrei. Kräfte greifen im Schwerpunkt an.
3. Alle Punktmassen bewegen sich auf einer Geradenbahn.

Durch diese Annahmen kann auf eine vektorielle Darstellung verzichtet werden. In Kap. 2 wird die Darstellung auf gekrümmte Bahnen erweitert, im Wesentlichen bei Aufrechterhaltung der 1. und 2. Annahme. Um eine beliebige krummlinige Bewegung darstellen zu können, bedarf es des Vektorkalküls.

1.2 Weg (s)

Abb. 1.1a zeigt, wie sich eine Punktmasse m in einem dreidimensionalen Raum, in dem ein rechtwinkliges Koordinatensystem x, y, z aufgespannt ist, auf einer geraden Bahn bewegt, Formelkürzel für den Weg ist s.

Bei der Masse m möge es sich um eine Trägerrakete, die einen Satelliten in den Weltraum befördert, handeln: Der Startpunkt falle mit dem Nullpunkt des Koordinatensystems zusammen, im Augenblick des Starts werde die Zeit t zu $t = 0$ angenommen. In Teilabbildung b ist der Weg s über der Zeit t aufgetragen,

C. Petersen, *Naturwissenschaften im Fokus II*, DOI 10.1007/978-3-658-15298-7_1

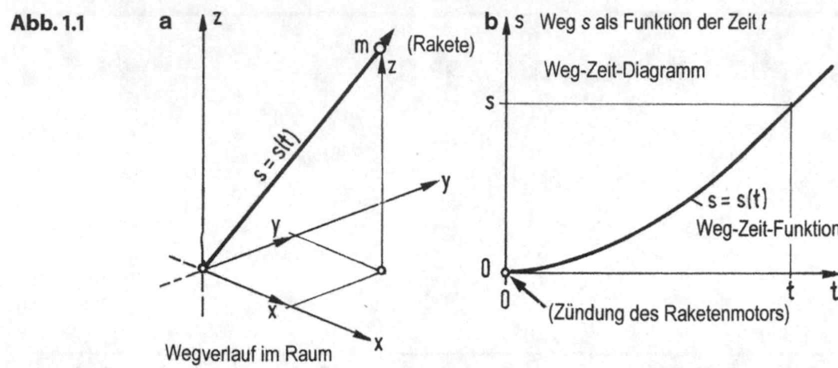

Abb. 1.1

man spricht von einem Weg-Zeit-Diagramm. Wie erkennbar, ist die Weg-Zeit-Funktion nicht geradlinig: Im Startzeitpunkt ist die Beschleunigung a und damit die auf m ausgeübte Kraft durch den Raketenmotor am größten, m bewegt sich von Null aus zunächst langsam, dann immer schneller. Der Raketenmotor muss gegen die Erdanziehung an arbeiten. Aus der Beschreibung wird deutlich: Weg s, Geschwindigkeit v und Beschleunigung a sind Funktionen der Zeit t; s, v und a sind kinematische Größen, sie kennzeichnen den Bewegungsablauf.

1.3 Geschwindigkeit (v)

Unter Geschwindigkeit versteht man die Änderung des Weges in der Zeiteinheit, also die in der Zeiteinheit dt zurück gelegte Wegstrecke ds:

$$v = \frac{ds}{dt} = \dot{s}$$

Zeitableitungen $d(\cdot)/dt$ und $\partial(\cdot)/\partial t$ werden hier und im Folgenden durch einen hochgestellten Punkt gekennzeichnet. Die Einheit der Geschwindigkeit folgt aus

$$[v] = \frac{[ds]}{[dt]} = \frac{\mathrm{m}}{\mathrm{s}} = \mathrm{m\,s^{-1}}$$

(Eine Einheit für die Geschwindigkeit v in der Seefahrt (außerhalb des SI) ist der Knoten kn: $1\,\mathrm{kn} = 0{,}5144\,\mathrm{m/s} = 1{,}852\,\mathrm{km/h}$.)

Abb. 1.2a zeigt drei unterschiedliche Weg-Zeit-Kurven. Im Falle der Kurve ① verläuft die Bewegung über der Zeit linear, d. h. die Geschwindigkeit ist konstant

Abb. 1.2

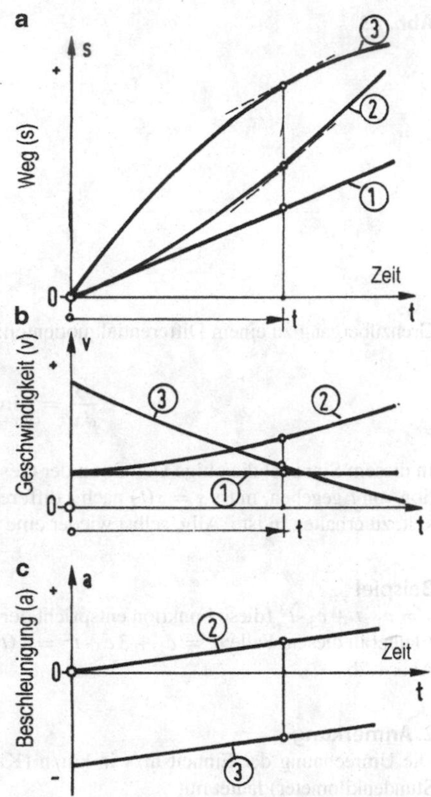

(= gleichförmige Bewegung). Die Kurven ② und ③ zeigen ungleichförmige Bewegungen, ② verläuft progressiv (‚immer schneller'), ③ verläuft degressiv (‚immer langsamer'). Teilabbildung b zeigt die zugehörigen Geschwindigkeiten als Funktion der Zeit, ①: v = konst. ②: v steigt an, ③: v sinkt. Teilabbildung c zeigt, wie sich die Beschleunigung in den drei Fällen mit der Zeit ändert.

1. Anmerkung

Die Änderung einer Funktion, z. B. der Funktion $y = y(x)$, kann geometrisch als deren Steigung (+) oder Neigung (−) gedeutet werden. Wie Abb. 1.3 zu entnehmen ist, ist die Steigung an der Stelle x der Quotient $\Delta y/\Delta x$, was gleichbedeutend mit der Steigung der Tangente an die Kurve an der Stelle x ist, man spricht daher auch vom Tangens. Lässt man Δt immer kleiner werden, geht man also von einer finiten Länge Δx zu einer infinitesimalen (unendlich kurzen) Länge dx über, erhält man die lokale Steigung der Kurve im Punkt x, das ist die lokale Änderung von $y = y(x)$. Der Differenzenquotient wird bei diesem

Abb. 1.3

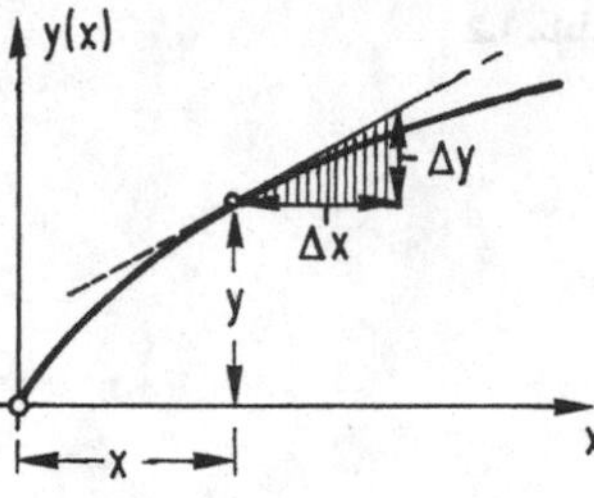

Grenzübergang zu einem Differentialquotienten:

$$\frac{dy}{dx} = \lim_{\Delta x \to 0} \frac{\Delta y}{\Delta x}$$

In diesem Sinne ist die obige Definition der Geschwindigkeit zu begreifen. – Ist s als Funktion von t gegeben, muss $s = s(t)$ nach t differenziert werden, um v, also die Geschwindigkeit, zu erhalten, v ist i. Allg. selbst wieder eine Funktion der Zeit t.

Beispiel
$s = c_1 \cdot t + c_3 \cdot t^3$ (diese Funktion entspricht der Kurve ② in Abb. 1.2a). Die Ableitung nach t lautet in diesem Falle: $\dot{s} = c_1 + 3\,c_3 \cdot t^2 = v(t)$, man vgl. mit dem Verlauf der Kurve ② in Abb. 1.2b.

2. Anmerkung
Die Umrechnung der Einheit m/s in km/h (Kilometer durch Stunde, umgangssprachlich: Stundenkilometer) lautet mit

$$1\,\text{m} = \frac{1}{1000}\,\text{km} = 10^{-3}\,\text{km}; \quad 1\,\text{s} = \frac{1}{60 \cdot 60}\,\text{h} = \frac{1}{3600}\,\text{h} = \frac{1}{3{,}6} \cdot 10^{-3}\,\text{h}:$$

$$1\,\frac{\text{m}}{\text{s}} = 1\,\frac{10^{-3}\,\text{km}}{\frac{1}{3{,}6} \cdot 10^{-3}\,\text{h}} = 3{,}6\,\frac{\text{km}}{\text{h}}; \quad \text{Kehrwert: } 1\,\frac{\text{km}}{\text{h}} = \frac{1}{3{,}6}\,\frac{\text{m}}{\text{s}} = 0{,}2778\,\frac{\text{m}}{\text{s}}$$

1.4 Beschleunigung (a)

Unter der Beschleunigung a versteht man die zeitliche Änderung der Geschwindigkeit. Nimmt sie zu, spricht man von Beschleunigung, nimmt sie ab von Verzögerung (Bremsung). Im Falle einer gleichförmigen Bewegung ($v =$ konst., Kurve ① in Abb. 1.2) ist die Beschleunigung Null, im Falle einer ungleichförmigen Bewegung ist die Beschleunigung verschieden von Null (Kurve ②: a: positiv und

Kurve ③: a: negativ). Mathematisch formuliert gilt:

$$a = \lim_{\Delta t \to 0} \frac{\Delta v}{\Delta t} = \frac{dv}{dt} = \dot{v} = \ddot{s}$$

$$\text{Einheit: } [a] = \frac{[dv]}{[dt]} = \frac{\text{m/s}}{\text{s}} = \frac{\text{m}}{\text{s}^2} = \text{m} \cdot \text{s}^{-2}$$

Anmerkungen

Die Einführung der physikalischen Größe ‚Beschleunigung' geht auf G. GALILEI (1564–1642) zurück. Bei Rollversuchen auf geneigten Bahnen, auch solchen in Kreisform, hatte er das Gesetz für die Bahnkurve des fallenden Körpers zu $s = s(t) = (1/2) \cdot g \cdot t^2$ erkannt, zudem, dass die Erdbeschleunigung g eine stoffunabhängige Konstante ist. Durch Differenzieren von $s = s(t)$ nach t folgt: $v = g \cdot t$ und $a = g$. Hiermit waren erstmals Begriffe wie Schwere und Trägheit eingeführt, was den Begriff der Kraft bereits beinhaltete. Die Ursache für die Wechselbeziehung zwischen Beschleunigung und Kraft wurde erst 50 Jahre später von I. NEWTON (1643–1727) zutreffend erkannt und in seinem Werk ‚Mathematische Prinzipien der Naturphilosophie' im Jahre 1686 veröffentlicht. Da G. GALILEI das Prinzip des systematisch angelegten Experiments mit Variation der Versuchsparameter und die Erfassung und Beschreibung des experimentellen Ergebnisses mit den Mitteln der Mathematik in die Naturforschung einführte, steht sein Tun für den Anfang der Mechanik und damit der Physik überhaupt, auch gehen noch weitere Erkenntnisse und Erfindungen auf ihn zurück. Sein Konflikt mit der katholischen Amtskirche ist bekannt, siehe Bd. I, Abschn. 1.4 und [1].

Zur historischen Entwicklung der mechanischen Prinzipien mit umfangreichem Schrifttum wird auf [1] verwiesen. Die Klassische Mechanik wird in vielen Werken abgehandelt, vgl. z. B. [2–5], anschauliche Darstellung in [6, 7].

1.5 Kraftaxiome nach I. NEWTON – Kraft ($F = m \cdot a$)

Die von I. NEWTON (1642–1727) formulierten Grundgesetze lauten:

Lex I Ohne Krafteinwirkung tritt keine Änderung des Zustandes eines Körpers mit der Masse m ein, weder im Zustand der Ruhe, noch im Zustand der Bewegung. In heutiger Ausdeutung: Eine Punktmasse m verharrt im Zustand der Ruhe oder bewegt sich mit konstanter Geschwindigkeit auf einer geradlinigen Bahn, wenn keine äußere Kraft auf sie einwirkt. Dieses **Trägheitsgesetz** geht im Kern auf GALILEI zurück (s. o.). In einer noch weitergehenden Auslegung kann man folgern: $v =$ konst. bedeutet $a = 0$, somit gilt: $F = 0$. F ist das Kürzel für die Kraft.

Lex II Die Änderung des Impulses ist der von außen einwirkenden Kraft proportional und gleichgerichtet. Der Impuls (auch Bewegungsgröße genannt) ist das Produkt aus Masse und Geschwindigkeit (und insofern, wie die Kraft, eine vektorielle Größe): $p = m \cdot v$. p ist das Kürzel für den Impuls.

In heutiger Ausdeutung lautet das **Bewegungsgesetz**:

$$dp = d(m \cdot v) = F \cdot dt \quad \rightarrow \quad F = \frac{d}{dt}(m \cdot v) = \frac{d}{dt}p = \dot{p}$$

Ist m konstant, also zeitinvariant, gilt:

$$F = m \cdot a = m \cdot \ddot{s}$$

In Worten: Kraft und Beschleunigung sind gleichgerichtet und zueinander proportional. (In dieser Form geht das Gesetz nicht auf NEWTON sondern auf L. EULER (1707–1783) zurück). Mit dem obigen Kraftgesetz findet man die Definition für die Krafteinheit zu:

$$[F] = [m] \cdot [a] = \mathrm{kg} \cdot \frac{\mathrm{m}}{\mathrm{s}^2} = \mathrm{kg} \cdot \mathrm{m} \cdot \mathrm{s}^{-2} = \mathrm{N} \quad \text{(gesprochen: Newton)}$$

Ist $F = 0$, folgt Lex I aus Lex II.

Lex III Die Kräfte, die zwei Körper aufeinander ausüben, sind ihrer Größe nach gleich und einander entgegen gerichtet: **Wechselwirkungsgesetz** (auch als Gegenwirkungsgesetz oder als Gesetz von *actio et reactio* bezeichnet).

Das Bewegungsgesetz lässt sich quasi-statisch anschreiben:

$$F + (-m \cdot a) = 0$$

Der Term $(-m \cdot a)$ wird Trägheitskraft genannt. Der Term beschreibt den ‚Widerstand' der Masse m gegen eine sie beschleunigende Kraft F. Die in dieser (kinetischen) ‚Gleichgewichtsgleichung' zum Ausdruck kommende Schreibweise des Newton'schen Bewegungsgesetzes wird als d'Alembert'sches Prinzip nach J.R. d'ALEMBERT (1717–1783) bezeichnet. Das Prinzip, im Jahre 1743 veröffentlicht, erweist sich bei vielen dynamischen Untersuchungen als sehr hilfreich. –

Wird das Gleichgewicht aus dem Prinzip der virtuellen Verrückung (wonach die Arbeit der Kräfte bei einer virtuellen Verrückung Null ist) entwickelt, kommt man zur Fassung des d'Alembert'schen Prinzips nach J.L. LAGRANGE (1736–1813) [1].

Anmerkung
Mit der Postulierung des Trägheitssatzes gilt I. NEWTON als Begründer der modernen Mechanik. R. DESCARTES (1596–1650) hatte die ‚bewegende Kraft' noch als Produkt aus Masse und Geschwindigkeit angesetzt gehabt und G.W. LEIBNIZ (1646–1716) als Produkt aus Masse und dem Quadrat der Geschwindigkeit. I. KANT (1724–1804) glaubte, von beiden Ansätzen sei mal der eine, mal der andere richtig (da war er noch 22 Jahre jung).

1.6 Das gravitative Kraftgesetz nach I. NEWTON

Das erstmals von NEWTON im Jahre 1666 formulierte Massenanziehungsgesetz lautet:

$$F = G \cdot \frac{m_1 \cdot m_2}{r^2}$$

G: Gravitationskonstante: $G = 6{,}6742 \cdot 10^{-11}\,\mathrm{m}^3 \cdot \mathrm{kg}^{-1} \cdot \mathrm{s}^{-2}$.

Die Anziehungskraft zwischen zwei Massen, die auf der Erdoberfläche ruhen, ist von sehr geringer Größe und kann bei technischen Fragestellungen i. Allg. vernachlässigt werden.

Hierzu ein **Beispiel**: Für zwei sich gegenseitig berührende Stahlkugeln mit je 1 Meter Durchmesser, berechnet sich die gegenseitige Massenanziehungskraft wie folgt (Abb. 1.4):

$$\rho_{\mathrm{Stahl}} = 7850\,\mathrm{kg} \cdot \mathrm{m}^{-3}; \quad V_{\mathrm{Kugel}} = \frac{4}{3}\pi \cdot 0{,}5^3 = 0{,}5236\,\mathrm{m}^{-3}; \quad m_{\mathrm{Kugel}} = 4110\,\mathrm{kg}$$

$$F = 6{,}6742 \cdot 10^{-11} \cdot \frac{4110 \cdot 4110}{1{,}0^2} = \underline{0{,}0011\,\mathrm{N}}$$

Das entspricht dem Gewicht (der Gewichtskraft) eines kugelförmigen Wassertropfens von ca. 3 mm!

Abb. 1.4

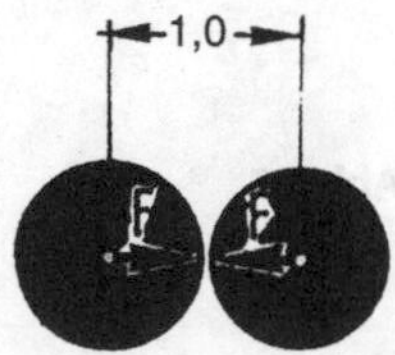

1.7 Erdschwere – Gewicht – Fallbeschleunigung – Gravimetrie

In einem Gravitationsfeld (Schwerefeld) wirkt auf einen Körper der Masse m eine Kraft ein. Im Schwerefeld der Erde nennt man diese Gewichtskraft das Gewicht des Körpers:

$$F_G = m \cdot g \quad \text{in N.}$$

g ist die Erdbeschleunigung, Näherungswert in europäischen Breiten:

$$g = 9{,}81\,\text{m} \cdot \text{s}^{-2} \quad (\approx 10\,\text{m} \cdot \text{s}^{-2})$$

Die abgeleitete Einheit für die Kraft ist N (Newton):

$$[F] = [m] \cdot [a] = \text{kg} \cdot \text{m} \cdot \text{s}^{-2},$$

gesprochen ‚Newton'. – Mit $g = 10\,\text{m} \cdot \text{s}^{-2}$ kann gerechnet werden, wenn eine Genauigkeit von 2 % ausreicht.

Der exakte Wert für g in m/s^2, der die Erdrotation und Erdabplattung berücksichtigt, beträgt für einen Ort mit der geografischen Breite φ und der Höhe H über dem Meeresspiegel (NN):

$$g = 9{,}780327 \cdot [1 + 0{,}0053024 \cdot \sin^2\varphi - 0{,}00000558 \cdot \sin^2(2\varphi)] - 3{,}086 \cdot 10^{-6} \cdot H$$

Anstelle des additiven Terms wird auch mit $-3{,}088 \cdot 10^{-6} \cdot (1 - 0{,}00138 \cdot \sin^2\varphi) \cdot H$ gerechnet. Bei $H = 300\,\text{m}$ macht diese Änderung nur 1 ‰ aus.

Wendet man das Gravitationsgesetz auf einen Körper mit der Masse m an, der auf der Erdoberfläche ruht (Abb. 1.5), folgt aus der Gleichsetzung der Gewichtskraft F_G mit der auf die Masse m ausgeübten Anziehungskraft durch die Masse der Erde (als Kugel):

$$m \cdot g = G \cdot \frac{m \cdot m_{\text{Erde}}}{R^2_{\text{Erde}}} \quad \rightarrow \quad g = G \cdot \frac{m_{\text{Erde}}}{R^2_{\text{Erde}}} \quad (R_{\text{Erde}} = \text{Erdradius})$$

Abb. 1.5

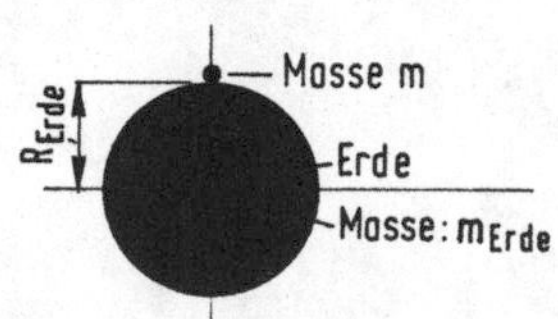

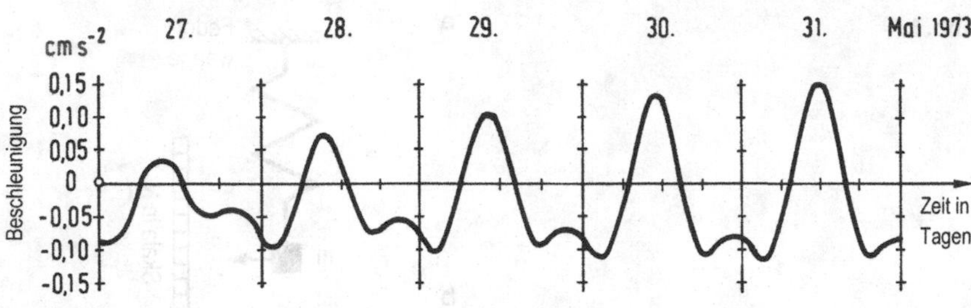

Abb. 1.6

Insofern sind g und G miteinander verknüpft. Mit

$$m_{\text{Erde}} = 5{,}976 \cdot 10^{24}\,\text{kg}, \qquad R_{\text{Erde}} = 6{,}371 \cdot 10^{6}\,\text{m}$$

folgt g zu $9{,}826\,\text{m} \cdot \text{s}^{-2}$. Dieser Wert gilt für die Erde als Kugel. Bedingt durch die Geoidform der Erde und ihrer ungleichförmigen Massenverteilung einerseits und die Erdrotation andererseits, erfährt der berechnete Wert eine Änderung. Die oben angegebene Gleichung für g gilt als beste Annäherung.

Interessehalber sei in dem Zusammenhang erwähnt, dass täglich, verursacht durch die Gezeitenwirkung des Mondes, zwei Niveauänderungen der Erdkruste als Folge der elastischen Nachgiebigkeit des Erdballs auftreten. Die Doppelamplituden der in Abb. 1.6 gezeigten Schwankungen von ca. $25 \cdot 10^{-2}\,\text{cm} \cdot \text{s}^{-2}$ entsprechen etwa 30 cm. Die Erde ist somit keinesfalls ein starrer statischer Körper [8]. Für die überwiegende Zahl der erdgebundenen Probleme sind die Schwankungen ohne Belang.

Anmerkung 1

Landläufige Bezeichnungen wie ‚Mein Gewicht beträgt 75 kg' oder ‚Das Bruttogewicht des Warenpakets beträgt 5,4 kg' sind streng genommen falsch. Wenn es das Gewicht ist, gemessen mit einer Federwaage (Abb. 1.7a), müsste es eigentlich heißen: ‚Mein Gewicht beträgt 750 N' und, wenn es sich tatsächlich um die Masse des Pakets handelt (gemessen mit einer Balkenwaage, Abb. 1.7b), müsste es heißen: ‚Die Bruttomasse des Pakets beträgt 5,4 kg'. Auf eine solche wünschenswerte sprachliche Einheitenbereinigung wird man wohl noch lange warten müssen.

Anmerkung 2

Die Bestimmung der Masse eines Körpers erfolgt gängiger Weise (mit einer zumindest für technische Zwecke ausreichenden Genauigkeit) aus dem Gewicht:

$$m = \frac{F_G}{g}; \quad [m] = \frac{[F_G]}{[g]} = \frac{\text{N}}{\text{m} \cdot \text{s}^{-2}} = \frac{\text{kg} \cdot \text{m} \cdot \text{s}^{-2}}{\text{m} \cdot \text{s}^{-2}} = \text{kg}$$

Abb. 1.7

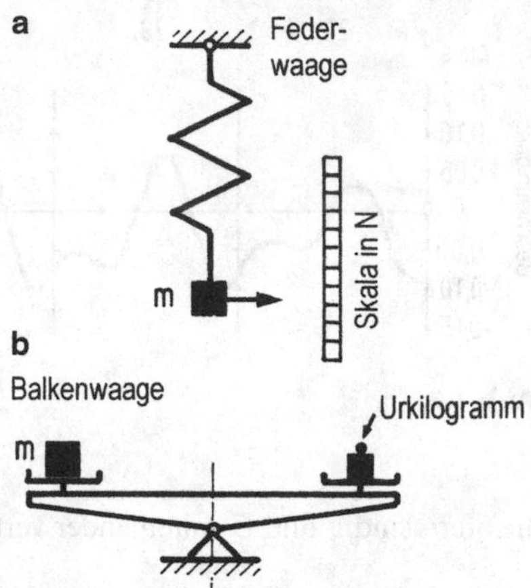

Die Dichte ρ der Materie eines Körpers ist der Quotient aus Masse m und Volumen V:

$$\rho = \frac{m}{V}; \quad [\rho] = \frac{[m]}{[V]} = \frac{\text{kg}}{\text{m}^3} = \text{kg} \cdot \text{m}^{-3}$$

Die Wichte γ (auch spezifisches Gewicht genannt) ist der Quotient aus Gewicht F_G und Volumen V:

$$\gamma = \frac{F_G}{V}; \quad [\gamma] = \frac{[F_G]}{[V]} = \text{N} \cdot \text{m}^{-3} = \frac{\text{kg} \cdot \text{m} \cdot \text{s}^{-2}}{\text{m}^3} = \text{kg} \cdot \text{m}^{-2} \cdot \text{s}^{-2}$$

(In DIN 1306 wird empfohlen, die Wichte nicht mehr zu verwenden.)

Ist γ in N/m^3 angegeben, folgt hieraus ρ zu:

$$\rho = \frac{\gamma}{g} = \frac{\gamma}{9{,}81} \approx 0{,}1 \cdot \gamma \quad \text{in kg m}^{-3}$$

Ist das Gewicht F_G in N angegeben, folgt hieraus die Masse m zu:

$$m = \frac{F_G}{g} = \frac{F_G}{9{,}81} \approx 0{,}1 \cdot F_G \quad \text{in kg}$$

1.8 Spannung (σ) und Druck (p)

1.8.1 Spannung (σ) = Kraft je Flächeneinheit

Die Spannung σ ist als die auf den Querschnitt A bezogene Kraft definiert (das bedeutet: σ = Kraft durch Fläche):

$$\sigma = \frac{F}{A}; \quad [\sigma] = \frac{\mathrm{N}}{\mathrm{m}^2} = \mathrm{N} \cdot \mathrm{m}^{-2}$$

A ist die Querschnittsfläche normal (senkrecht) zur Kraftrichtung.

Abb. 1.8a zeigt eine Tragstruktur in seitlicher Ansicht. Die Struktur stehe stellvertretend für ein turmartiges Bauwerk. In den Schwerpunkten der drei aufeinander stehenden Teile wirken die lotrechten (Gewichts-) Kräfte F_1, F_2, F_3.

Die Querschnittsflächen in den Schnitten I (durch die Säule unten) und II (unterhalb der Fundamentplatte) seien A_I und A_II.

Die (Normal-)Spannungen in diesen Schnitten betragen:

$$\sigma_\mathrm{I} = \frac{F_1 + F_2}{A_\mathrm{I}}; \quad \sigma_\mathrm{II} = \frac{F_1 + F_2 + F_3}{A_\mathrm{II}}$$

Es handelt sich um Druckspannungen. In Teilabbildung b sind Höhe und Verteilung der Spannungen angedeutet. Tatsächlich biegt sich die Fundamentplatte etwas durch. Dadurch stellt sich keine konstante Spannung (= Druckpressung) unter der

Abb. 1.8

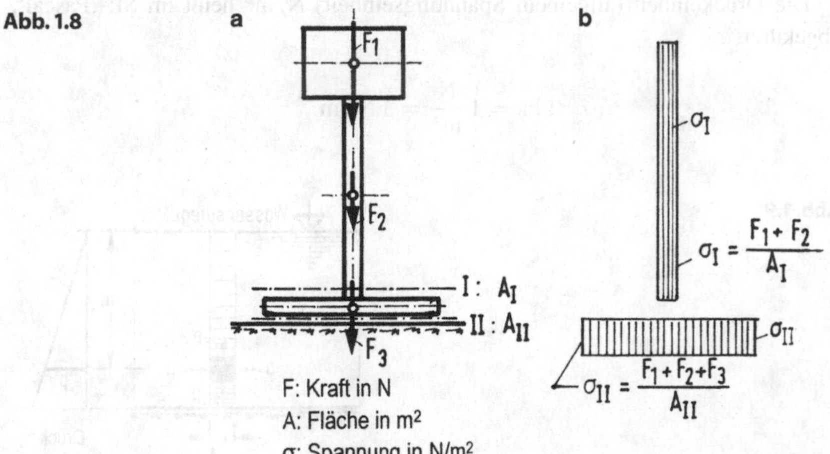

Fundamentplatte ein, sondern eine ungleichförmige, mit einer höherer Pressung zur Mitte hin, insofern hat σ_{II} hier die Bedeutung eines Mittelwertes.

1.8.2 Wasserdruck

Infolge der Wasserauflast stellt sich im Wasser ein Druck ein. In der Tiefe h ruht auf der Fläche A eine Wassersäule. Die aufliegende Masse und die auf die Bodenfläche der Wassersäule einwirkende Gewichtskraft betragen (Abb. 1.9):

$$m = \rho \cdot V = \rho \cdot A \cdot h; \quad F_G = g \cdot m = g \cdot \rho \cdot A \cdot h$$

Mit der Dichte des Wassers $\rho = 1000\,\mathrm{kg/m^3}$ und der Erdbeschleunigung $g = 9{,}81\,\mathrm{m/s^2}$ folgt für F_G:

$$F_G = 9{,}81 \cdot 1000 \cdot A \cdot h = 9810 \cdot A \cdot h$$

Der Druck p (Pressung, pressure) auf die Fläche A, beträgt:

$$p = \frac{F_G}{A} = g \cdot \rho \cdot h = 9810 \cdot h$$

p ist der hydrostatische Druck, hier in der Tiefe h, er wächst linear mit der Tiefe. Der Druck wirkt allseitig auf das lokale Volumenelement und damit senkrecht (normal) auf eine das Wasser begrenzende Wand.

Die Druckeinheit (allgemein Spannungseinheit) $\mathrm{N/m^2}$ heißt im SI: ‚Pascal', abgekürzt:

$$1\,\mathrm{Pa} = 1\,\frac{\mathrm{N}}{\mathrm{m^2}} = 1\,\mathrm{N \cdot m^{-2}}$$

Abb. 1.9

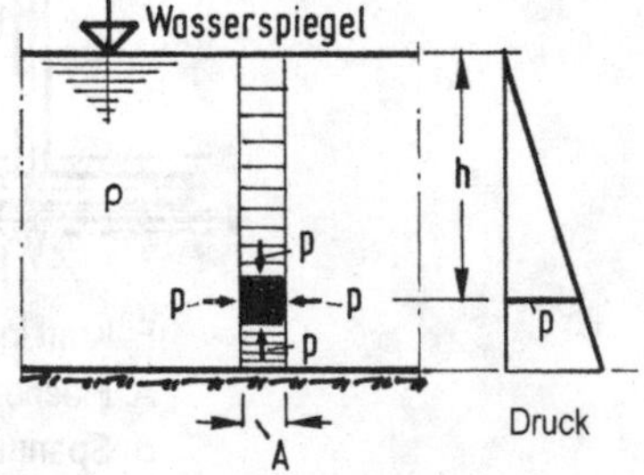

Anmerkung

Die bislang tiefste Tauchfahrt gelang am 23.01.1960 J. PICCARD (1922–2008) und D. WALSH mit dem von ihnen und Vater A. PICCARD (1884–1962) konstruierten, 14 t wiegenden Tieftauchgerät ‚Trieste'. Sie erreichten im Marianengraben (Challenger Tief), der tiefsten Stelle aller Weltmeere, eine Tiefe von 10.916 m. Sie saßen in einer Stahlkugel. Als Auftriebskörper waren am Tauchgerät zylindrische Tanks mit einer ca. 110 t fassenden Benzinfüllung untergebracht ($\rho \approx 670\,\text{kg/m}^3$). Der aus Stahlkörpern bestehende Ballast (ebenfalls ca. 14 t wiegend) wurde durch Elektromagnete gehalten. Bei einem Ausfall der Stromversorgung wären die Ballastkörper abgefallen und das Boot wäre sofort selbsttätig aufgestiegen (so erfolgte auch der planmäßige Aufstieg). – Eine Tauchfahrt auf 10.916 m Tiefe bedeutet ein Druck von:

$$p = 9810 \cdot 10.916 = 107.085.960\,\text{Pa} = 107\,\text{MPa}.$$

Das entspricht einer Pressung pro Quadratmeter durch einen 10.916/7,87 = 1387 m hohen Turm aus massivem Eisen oder einem 10.916/2,4 = 4548 m hohen Turm aus massivem Beton. Die Tauchkugel hatte eine Wanddicke von 120 mm, im Bereich der beiden Fenster von 180 mm, und einen Durchmesser von ca. 2 m. Sie bestand aus hochfestem Chrom-Nickel-Molybdän-Stahl. – Am 26.03.2012 wiederholte J. CAMERON (*1955) die Tauchfahrt im Alleingang mit seinem ca. 8 m lagen U-BOOT ‚Deepsea Challenger'. Es gelang ihm, mit einem Greifarm Proben vom Tiefseeboden zu nehmen und Filmaufnahmen zu machen (Temperatur hier etwa 2 °C).

1.8.3 Luftdruck

Durch das Gewicht der Lufthülle herrscht auf dem Erdboden und oberhalb davon ein Luftdruck. Der Verlauf ist nicht geradlinig (wie beim weitgehend inkompressiblen Wasser), sondern ungleichförmig, wie in Abb. 1.10 dargestellt. Luft ist ein kompressibles Gas. Die Dichte der Luft ist vom Druck abhängig, außerdem von

Abb. 1.10

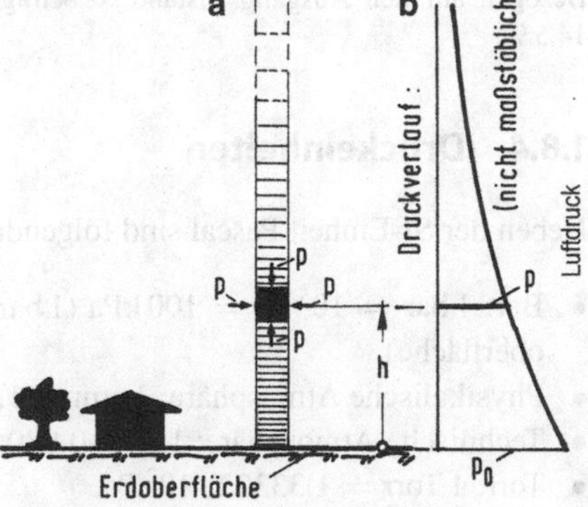

der Temperatur (Bd. I, Abschn. 2.7.3). Die exponentielle Abnahme des Luftdrucks mit der Höhe gehorcht der sogenannten barometrischen Höhenformel (vgl. Abschn. 2.4.1.2):

$$p(h) = p_0 \cdot e^{-g \cdot \frac{\rho_0}{p_0} \cdot h}; \quad [p] = \mathrm{Pa}$$

p_0 ist der Luftdruck und ρ_0 die Luftdichte in Höhe der Erdoberfläche:

$$p_0 = 1{,}013 \cdot 10^5\,\mathrm{Pa}; \quad \rho_0 = 1{,}225\,\mathrm{kg} \cdot \mathrm{m}^{-3}$$

Die vorstehende Formel ist eine Näherung, sie unterstellt eine isotherme Atmosphäre, d. h. eine konstante Temperatur über die Höhe h. h ist die Höhe über dem Meeresspiegel, also über N.N. (Normal Null). Für diese Höhe gelten die angeschriebenen Werte p_0 und ρ_0 als Standard, man spricht bei dem Standard auch von Normal- oder Normbedingung, vgl. folgenden Abschnitt.

Beispiel

Befindet sich ein Bergsteiger im Gebirge auf 1000 m Höhe (Zustand ①) und steigt er von hier aus auf einen Gipfel mit 2500 m Höhe (Zustand ②), betragen die Druckverhältnisse auf diesen Höhen mit:

$$-g\frac{\rho_0}{p_0} = -9{,}81 \cdot \frac{1{,}225}{1{,}013 \cdot 10^5}\,\mathrm{m}^{-1} = -11{,}863 \cdot 10^{-5}\,\mathrm{m}^{-1}$$

Zustand ①, $h = 1000\,\mathrm{m}$:

$$-g \cdot \frac{\rho_0}{p_0} \cdot h = -0{,}11863 \quad \rightarrow \quad p(1000) = 1{,}013 \cdot 10^5 \cdot 0{,}8881 = 0{,}900 \cdot 10^5\,\mathrm{Pa}$$

Zustand ②, $h = 2500\,\mathrm{m}$:

$$-g \cdot \frac{\rho_0}{p_0} \cdot h = -0{,}29680 \quad \rightarrow \quad p(2500) = 1{,}013 \cdot 10^5 \cdot 0{,}7434 = 0{,}753 \cdot 10^5\,\mathrm{Pa}$$

Bezogen auf den Ausgangszustand ① beträgt die Abnahme des Drucks: $0{,}147 \cdot 10^5$ Pa: 14,5 %.

1.8.4 Druckeinheiten

Neben der SI-Einheit Pascal sind folgende Druckeinheiten im Gebrauch:

- Bar: 1 bar = 10^5 Pa = 100 kPa (1 bar = atmosphärischer Druck auf der Erdoberfläche),
- Physikalische Atmosphäre: 1 atm = $1{,}01325 \cdot 10^5$ Pa;
- Technische Atmosphäre: 1 at = $0{,}98066 \cdot 10^5$ Pa;
- Torr: 1 Torr = $1{,}33322 \cdot 10^2$ Pa.

	Pa	bar	mbar	at	atm	Torr	mm WS
1 Pa	1	10^{-5}	10^{-2}	$1{,}0197 \cdot 10^{-5}$	$0{,}9869 \cdot 10^{-5}$	$7{,}5006 \cdot 10^{-3}$	0,1020
1 bar	10^{5}	1	10^{3}	1,0197	0,9869	750,06	$10{,}20 \cdot 10^{3}$
1 mbar	10^{2}	10^{-3}	1	$1{,}0197 \cdot 10^{-3}$	$0{,}9869 \cdot 10^{-3}$	0,7506	10,20
1 at	$9{,}807 \cdot 10^{4}$	0,9807	980,7	1	0,9678	735,56	10^{4}
1 atm	$1{,}0133 \cdot 10^{5}$	1,0133	1013,3	1,0333	1	760,06	$1{,}0332 \cdot 10^{4}$
1 Torr	133,32	$1{,}3332 \cdot 10^{-3}$	1,3332	$1{,}3595 \cdot 10^{-3}$	$1{,}3157 \cdot 10^{-3}$	1	13,595
1 mm WS	9,807	$9{,}807 \cdot 10^{-5}$	$9{,}807 \cdot 10^{-2}$	10^{-4}	$0{,}9678 \cdot 10^{-4}$	$7{,}3556 \cdot 10^{-2}$	1

Von links nach rechts ablesen!

Abb. 1.11

Mittels der Tabellenwerte in Abb. 1.11 können die unterschiedlichen Druckeinheiten (einschl. WS = Wassersäule) untereinander umgerechnet werden. Näherung: 1 bar ≈ 1 at ≈ atm. atü steht für Überdruck, z. B. 3 atü = 1 + 3 = 4 at. 1 psi = 6895 Pa.

1.9 Kraftmoment (M)

In einem engen Zusammenhang mit der Kraft steht der Begriff des (Kraft-)Momentes: Betrachtet man einen festen Bezugspunkt außerhalb des momentanen Wirkungsortes der Kraft F und ist l der senkrechte Abstand zur Wirkungslinie von F, ist das Moment von F zu

$$M = F \cdot l \qquad [M] = \mathrm{N \cdot m}$$

definiert (vgl. Abb. 1.12): (‚Moment = Kraft mal Hebelarm‘). Der positive Drehsinn von M ist frei vereinbar.

Abb. 1.13a zeigt als **Beispiel** einen mittig gelagerten Balken. Die Längen betragen zu beiden Seiten l_1 und l_2. Bezogen auf den mittigen Stützpunkt betragen die gegenläufigen Momente

Abb. 1.12

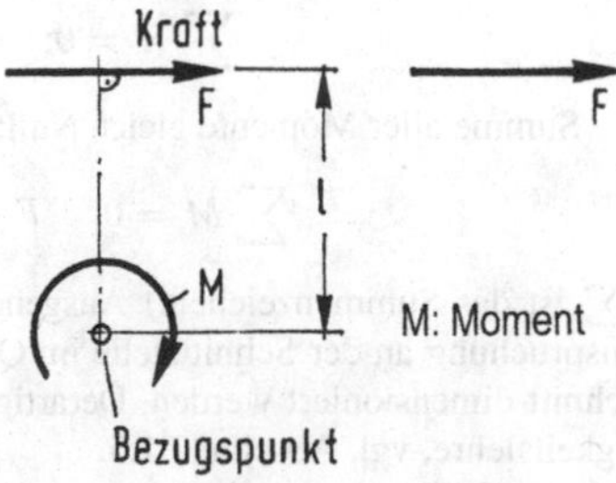

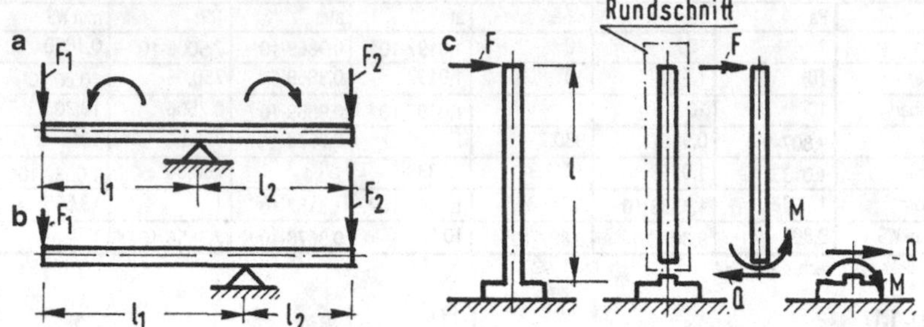

Abb. 1.13

der an den Enden des Balkens wirkenden Kräfte F_1 und F_2: $M_1 = F_1 \cdot l_1$ und $M_2 = F_2 \cdot l_2$. Der Balken verbleibt im Falle $l_1 = l_2 = l$ nur dann im Gleichgewicht, also in einer horizontalen Gleichgewichtslage, wenn die Gleichung $M_1 - M_2 = 0 \rightarrow F_1 \cdot l - F_2 \cdot l = 0$ erfüllt ist. Die Lösung ist: $F_1 = F_2$, das ist plausibel. – Im Falle des in Teilabbildung b dargestellten Balkens mit unterschiedlich langen überkragenden Längen lautet die Gleichgewichtsgleichung:

$$M_1 - M_2 = 0 \quad \rightarrow \quad F_1 \cdot l_1 - F_2 \cdot l_2 = 0 \quad \rightarrow \quad F_2 = \frac{F_1 \cdot l_1}{l_2}$$

Man spricht vom **Hebelgesetz**. Es geht, wie andere einfache mechanische Werkmittel (Flaschenzug, Keil) auf ARCHIMEDES VON SYRAKUS (287–212 v. Chr.) zurück [3].

Abb. 1.13c zeigt als weiteres **Beispiel** einen im Fußpunkt (in der Fundamentplatte) eingespannten Biegestab. Am freien Ende wirke die Kraft F. Das System steht stellvertretend für ein turmartiges Bauwerk, belastet durch Wind. Um die Beanspruchung im Fußpunkt berechnen zu können, wird durch den Balken im Übergang zum Fundament ein Rundschnitt gelegt. An der Schnittstelle werden die (Quer-)Kraft Q und das (Biege-)Moment M definiert. Der Schnitt ist eine Fiktion, eine Hilfsvorstellung, um die Beanspruchung im Inneren des Stabquerschnittes berechnen bzw. beurteilen zu können. Die Gleichgewichtsgleichungen für den oberhalb des gedachten Schnittes liegenden Stabbereich liefern:

Summe aller Kräfte in horizontaler Richtung gleich Null:

$$\sum H = 0: \quad Q - F = 0 \quad \rightarrow \quad Q = F$$

Summe aller Momente gleich Null:

$$\sum M = 0: \quad F \cdot l - M = 0 \quad \rightarrow \quad M = F \cdot l$$

($\sum$ ist das Summenzeichen.) Ausgehend von den Schnittgrößen Q und M kann die Beanspruchung an der Schnittstelle im Querschnitt berechnet und anschließend der Stabquerschnitt dimensioniert werden. Derartige Aufgaben fallen in das Gebiet der Statik und Festigkeitslehre, vgl. Abschn. 2.1.5.

1.10 Impuls (p)

1.10.1 Impulssatz – Impulserhaltungsgesetz

Der Impulsbegriff wurde bereits in Abschn. 1.5 mit

$$p = m \cdot v \qquad [p] = [m] \cdot [v] = \mathrm{kg} \cdot \frac{\mathrm{m}}{\mathrm{s}} = \mathrm{kg} \cdot \mathrm{m} \cdot \mathrm{s}^{-1}$$

eingeführt.

Anmerkung
Für den Impuls gibt es im SI keinen eigenständigen Einheitennamen und auch kein eigenständiges Einheitenkürzel. Hier wird p gewählt, wie in der Physik üblich. Eine Verwechslung mit p für Druck (= Kraft bezogen auf die Flächeneinheit, vgl. Abschn. 1.8) ist eher nicht zu befürchten.

Eine zeitliche Änderung des Impulses kann durch eine Änderung der Masse m, der Geschwindigkeit v oder beider zustande kommen (p ist, wie v, eine vektorielle Größe). Wie ebenfalls ausgeführt, geht die zeitliche Änderung des Impulses mit der Wirkung einer Kraft einher, oder anders formuliert: Kraft ist gleich der zeitlichen Änderung des Impulses (Lex II):

$$F = \frac{dp}{dt} = \dot{p} = \frac{d(m \cdot v)}{dt} = \frac{dm}{dt} \cdot v + m \cdot \frac{dv}{dt} = \dot{m} \cdot v + m \cdot \dot{v} = \dot{m} \cdot v + m \cdot a$$

Der Sonderfall m = konstant, d. h. $\dot{m} = 0$, liegt am häufigsten vor, in diesem Falle gilt: $F = m \cdot a$ (‚Kraft ist gleich Masse mal Beschleunigung').

Das Impulserhaltungsgesetz besagt, dass in einem abgeschlossenen System der Impuls der sich bewegenden Massen konstant bleibt oder anders formuliert: Ein abgeschlossenes System ist u. a. ein solches, in das keine Impulsänderung von außen (in Form von Kräften) eingeprägt wird. Wirken äußere Kräfte, ist die Änderung des Gesamtimpulses proportional zur Resultierenden dieser Kräfte, das System ist dann nicht abgeschlossen. Der Impulssatz hat in der Theorie stoßender Körper große Bedeutung, vgl. den folgenden Abschnitt. Innerhalb der Kontaktphase werden Kräfte an den Kontaktstellen der beteiligten Körper bei gleichzeitiger Änderung ihrer Geschwindigkeit und damit des ihnen innewohnenden Impulses geweckt. Wird die obige Definitionsgleichung für den Impuls für den Fall m =konstant umgestellt, gilt:

$$dp = F \cdot dt \quad \rightarrow \quad p = \int_{t_p} F(t) \cdot dt + C$$

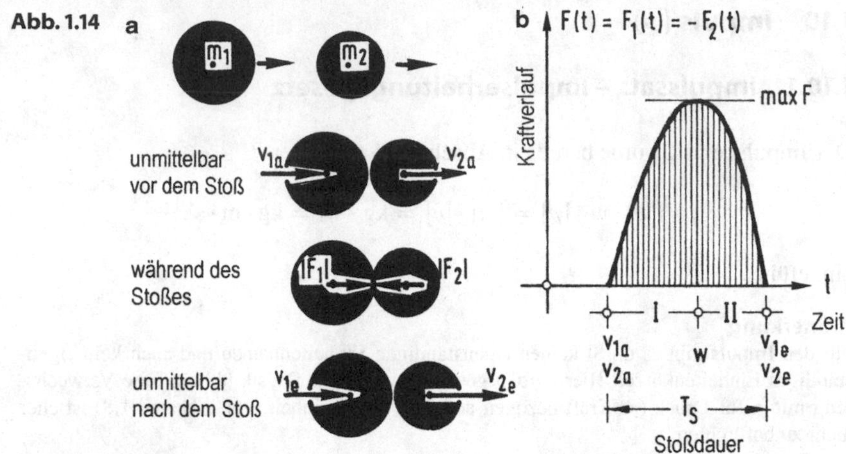

Abb. 1.14

Die angeschriebene Größe p ist hier jene Impulsänderung, die auf der Wirkung der Kraft $F = F(t)$ innerhalb der Impulsdauer t_p beruht; der Freiwert C dient zur Einrechnung der Anfangsbedingung.

1.10.2 Prallstoß (Körperstoß)

1.10.2.1 Zentrischer Prallstoß

Von den verschiedenen Aufprallstößen hat der gerade zentrische Stoß zweier Körper die größte Bedeutung. Bei diesem Stoß treffen zwei drallfreie Körper zusammen. Liegen deren Geschwindigkeitsvektoren auf der Verbindungsgeraden der beiden Körperschwerpunkte, kommt es zu einem zentralen Stoß. Die Wirkungslinie der Stoßkräfte fällt mit dieser Geraden zusammen, wie z. B. bei zwei zentrisch aufeinander treffenden Kugeln, Abb. 1.14a. Auf das System sollen während des Stoßes keine weiteren Kräfte einwirken, es handelt sich dann um ein abgeschlossenes System. Für ein solches System bleibt der Gesamtimpuls konstant, s. o. Der Gesamtimpuls ist gleich der (Vektor-)Summe der Einzelimpulse. Die Stoßzeit (Kontaktzeit während des Stoßes) ist i. Allg. sehr kurz. Innerhalb dieser Kontaktzeit werden in den Kontaktzonen der beiden Körper Kräfte induziert. Sie bauen sich von Null aus auf, erreichen einen Größtwert und bauen sich bei der Trennung der Körper wieder auf Null ab, sie sind demnach zeitveränderlich, Funktionen der Zeit: $F_1 = F_1(t)$ und $F_2 = F_2(t)$. Sie bilden während der gesamten Kontaktphase ein Gleichgewichtspaar, sie sind gegengleich. Über deren zeitlichen Verlauf und über die Höhe des Kraftmaximums kann zunächst keine Aussage gemacht werden, sie gilt es im Folgenden zu bestimmen.

Die betrachteten Körper haben eine unterschiedliche Masse: m_1 und m_2. Sie bewegen sich gleichgerichtet mit unterschiedlichen Geschwindigkeiten. Unmittelbar vor dem Zusammentreffen, also unmittelbar vor dem Kontakt, betragen die Geschwindigkeiten: v_{1a} und v_{2a} und unmittelbar nach der Trennung: v_{1e} und v_{2e} (Annahme: $v_{1a} > v_{2a}$), vgl. Abb. 1.14b. Der Index a steht für Anfang, der Index e für Ende der Kontaktphase. Die sich während des Stoßes einstellenden Deformationen an den Kontaktstellen der beiden Körper seien so gering, dass sich deren Masseverteilung und Schwerpunktlage nicht ändert; eine Zertrümmerung der Körper finde nicht statt, die Größe der Massen bleibe konstant. Unbekannte des Problems sind die Geschwindigkeiten v_{1e} und v_{2e} sowie $F(t)$, also der Verlauf der Kontaktkraft als Funktion der Zeit. Das Impulserhaltungsgesetz verlangt, dass der Impuls am Ende der Kontaktphase gleich jenem am Anfang ist:

$$m_1 \cdot v_{1a} + m_2 \cdot v_{2a} = m_1 \cdot v_{1e} + m_2 \cdot v_{2e}$$

Der Stoß zerfällt in zwei Phasen (Abb. 1.14b): I: Zusammendrückung (Kompression) und II: Entspannung (Restitution). Während dieser Phasen sind die Geschwindigkeiten von m_1 und m_2 unterschiedlich. Es gibt einen Augenblick, in welchem die Geschwindigkeiten gleich groß sind. Diese gemeinsame Geschwindigkeit wird mit w abgekürzt. Die Relativgeschwindigkeit zwischen den Körpern ist in diesem Augenblick Null; der Schwerpunktabstand zwischen den Körpern erreicht ein Minimum und die inneren, gegengleichen Kontaktkräfte ein Maximum:

$$\max F_1 = -\max F_2.$$

Weiter gilt:

$$v_{1a} > w > v_{2a} \quad \text{und} \quad v_{1e} < w < v_{2e}.$$

Im Augenblick des Übergangs von Phase I auf II verlangt das Impulserhaltungsgesetz:

$$m_1 \cdot v_{1a} + m_2 \cdot v_{2a} = (m_1 + m_2) \cdot w = m_1 \cdot v_{1e} + m_2 \cdot v_{2e}$$
$$\rightarrow \quad w = \frac{m_1 \cdot v_{1a} + m_2 \cdot v_{2a}}{m_1 + m_2} = \frac{m_1 \cdot v_{1e} + m_2 \cdot v_{2e}}{m_1 + m_2}$$

Abb. 1.14b zeigt einen möglichen Verlauf der Kontaktkraft. Die Zeitdauer der Kompressionsphase betrage t_{I} und jene der Restitutionsphase t_{II}. Indem einmal über $F(t)$ während der Zeitdauer t_{I} und einmal über $F(t)$ während der Zeitdauer t_{II} integriert wird, lässt sich jeweils die der Masse m_1 bzw. die der Masse m_2 zugeordnete Impulsänderung zwischen Kontaktbeginn und Übergangzeitpunkt I/II bzw. zwischen diesem Zeitpunkt und dem Kontaktende anschreiben:

$$\Delta p_{\text{I}} = -m_1 \cdot (w - v_{1a}) = +m_2 \cdot (w - v_{2a}) = \int\limits_{t_{\text{I}}} F(t)\,dt$$

$$\Delta p_{\text{II}} = -m_1 \cdot (v_{1e} - w) = +m_2 \cdot (v_{2e} - w) = \int\limits_{t_{\text{II}}} F(t)\,dt$$

Bildet man die Summe, bestätigt man:

$$\Delta p = \Delta p_{\text{I}} + \Delta p_{\text{II}} = \int\limits_{t_{\text{I}}+t_{\text{II}}} F(t)\,dt$$

Nach wie vor steht nur eine Gleichung für zwei Unbekannte (v_{1e}, v_{2e}) zur Verfügung. Da über den Verlauf von $F(t)$ keine Aussage gemacht werden kann, lässt sich die Aufgabe mittels obiger Gleichungen allein nicht lösen. Allenfalls kann man schließen, dass die Beziehung zwischen v_{1a} und v_{1e} einerseits und v_{2a} und v_{2e} andererseits vom Verhältnis der Restitutions-Impulsänderung Δp_{I} zur Kompressions-Impulsänderung Δp_{II} abhängig sein wird. Dieser Quotient werde mit ε abgekürzt:

$$\varepsilon = \frac{\Delta p_{\text{II}}}{\Delta p_{\text{I}}} = \frac{\int_{t_{\text{II}}} F(t)\,dt}{\int_{t_{\text{I}}} F(t)\,dt} = \frac{v_{1e} - w}{w - v_{1a}} = \frac{v_{2e} - w}{w - v_{2a}}$$

In Verbindung mit der obigen Gleichung für w ist der Quotient gleichwertig mit

$$\varepsilon = \frac{v_{2e} - v_{1e}}{v_{1a} - v_{2a}},$$

wie man durch Einsetzen bestätigt. Im Zähler steht die Relativgeschwindigkeit von m_1 und m_2 am Ende des Stoßes, im Nenner jene zu Beginn des Stoßes. Beide lassen sich messen, damit wäre auch ε bekannt. ε nennt man **Stoßzahl**, auch Restitutionszahl; ihre Einführung geht auf I. NEWTON zurück. Damit ergeben sich die Geschwindigkeiten der beiden Massen am Ende des Stoßes zu:

$$v_{1e} = v_{1a} - \frac{(v_{1a} - v_{2a}) \cdot (1 + \varepsilon)}{1 + m_1/m_2}, \quad v_{2e} = v_{2a} + \frac{(v_{1a} - v_{2a}) \cdot (1 + \varepsilon)}{1 + m_2/m_1}$$

Abb. 1.15

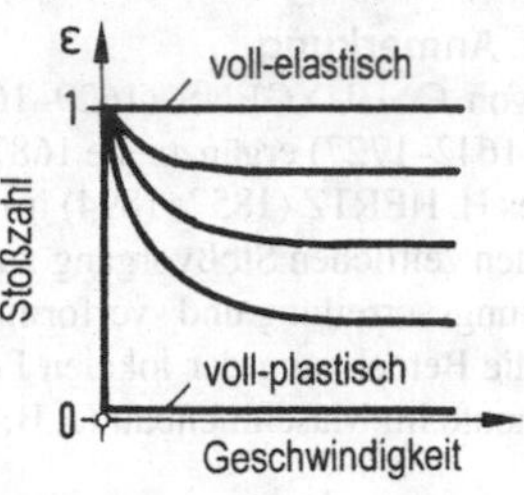

Überprüft man hiermit, ob die Energie nach dem Stoß erhalten geblieben ist, verbleibt eine Differenz (die kinetische Energie wird in Abschn. 1.12.3 erklärt):

$$\begin{aligned}\Delta E &= \frac{1}{2}\cdot m_1\cdot v_{1a}^2+\frac{1}{2}\cdot m_2\cdot v_{2a}^2-\frac{1}{2}\cdot m_1\cdot v_{1e}^2-\frac{1}{2}\cdot m_2\cdot v_{2e}^2\\ &=\frac{1}{2}(1-\varepsilon^2)\frac{m_1\cdot m_2}{m_1+m_2}(v_{1a}-v_{2a})^2\end{aligned}$$

Offensichtlich wird ein Teil der Energie während des Stoßes zustreut (dissipiert). Das beruht darauf, dass infolge der Stoßkräfte plastische Stauchungen an den Kontaktstellen der beiden Körper auftreten. Auch wandern Druckwellen durch die Körper hindurch und werden Eigenschwingungen angeregt; sie klingen infolge innerer Dämpfung ab. Die Einzelimpulse der beiden Körper erfahren dadurch eine Änderung. Diese Änderung ist dem Betrage nach in beiden Körpern gleichgroß (sonst wäre das Impulserhaltungsgesetz verletzt). Δp folgt zu:

$$\Delta p = m_1\cdot(v_{1a}-v_{1e}) = -m_2\cdot(v_{2a}-v_{2e}) = \frac{(1+\varepsilon)\cdot m_1\cdot m_2}{m_1+m_2}\cdot(v_{1a}-v_{2a})$$

Bei einem vollelastischen Stoß ist $\varepsilon = 1$, d. h. $\Delta E = 0$ (es tritt keine Energiezerstreuung ein), bei einem vollplastischen Stoß ist $\varepsilon = 0$, ΔE nimmt den größtmöglichen Wert an. Großen Einfluss auf ε hat die Oberflächenbeschaffenheit der lokalen Kontaktbereiche. Die Vorstellung, dass ε eine Werkstoffgröße der beteiligten Stoßpartner ist, konnte durch sorgfältige Messungen nicht bestätigt werden, das gilt allenfalls in Annäherung oberhalb einer gewissen Stoßgeschwindigkeit, vgl. Abb. 1.15. Insofern vermag die klassische Stoßtheorie das Stoßproblem nur phänomenologisch zu umschreiben. Gleichwohl, wenn sich ε für eine bestimmte Problemklasse zuverlässig bestimmen oder abschätzen lässt, steht mit der Stoßtheorie eine mit den Grundprinzipien der Mechanik im Einklang stehende Berechnungsmethodik zur Verfügung, das gilt in jedem Falle für Stoßprobleme rein elastisch reagierender Partner.

1. Anmerkung
Von C. HUYGENS (1629–1695) wurden die Stoßgesetze 1669 formuliert, I. NEWTON (1642–1727) ergänzte sie 1687 durch Einführung der Stoßzahl ε. Erst sehr viel später gelang es H. HERTZ (1857–1894) im Jahre 1881 unter einer Reihe idealisierender Voraussetzungen, den zeitlichen Stoßvorgang zu analysieren, die Stoßdauer zu berechnen und die lokale Pressungsverteilung und -verformung zu bestimmen. Die von HERTZ hergeleiteten Formeln für die Berechnung der lokalen Pressungsverteilung zwischen elastischen Körpern finden noch heute im Maschinenbau (z. B. beim Bau von Brückenlagern) breite Anwendung.

2. Anmerkung
Anstelle der Benennungen vollelastischer bzw. vollplastischer Stoß sind Begriffe wie idealelastischer Stoß ($\varepsilon = 1$), idealplastischer Stoß ($\varepsilon = 0$) bzw. elastisch-plastischer Stoß ($0 < \varepsilon < 1$) üblich. Anstelle zentrischer Stoß sagt man auch zentraler Stoß.

Auch der exzentrische Stoß lässt sich analysieren, worauf hier verzichtet wird.

1.10.2.2 Ergänzungen und Beispiele zum zentrischen Prallstoß

Zur Veranschaulichung der im vorangegangenen Abschnitt behandelten Theorie des zentrischen Stoßes werden im Folgenden einige Beispiele behandelt. Sie bilden die Grundlage für weitergehende Analysen bei technischen Fragestellungen.

1. Beispiel (Abb. 1.16)
Zusammenprall zweier Körper mit unterschiedlicher Masse, die mit unterschiedlichen Geschwindigkeiten auf einander treffen (Abb. 1.16), es gelte im Beispiel: $m_1/m_2 = 1/4$, $v_{1a}/v_{2a} = -2$, $\varepsilon = 0{,}5$. Demgemäß beträgt m_1 nur ein Viertel von m_2, und bewegt sich aber doppelt so schnell wie m_2. Die Auswertung obiger Formeln liefert:

$$v_{1e} = -0{,}8 \cdot v_{1a}, \quad v_{2e} = -0{,}05 \cdot v_{1a}$$

Abb. 1.16 zeigt (ausgehend von einem frei gewählten Zeitpunkt) das Weg-Zeit-Diagramm vor und nach dem Stoß (Zeitachse nach unten). Durch die gegenüber m_1 viermal so große

Abb. 1.16

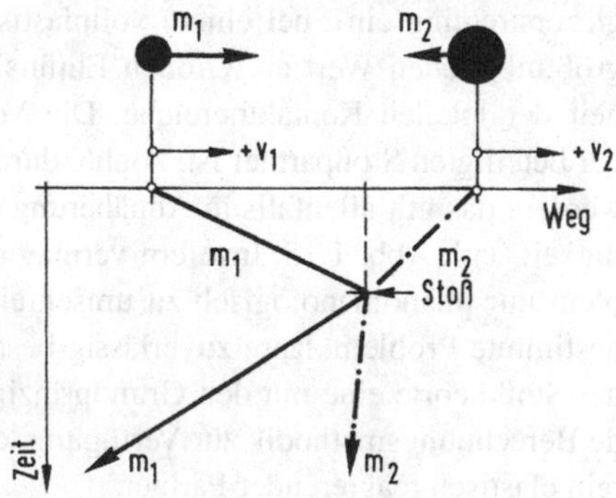

Masse von m_2 erfährt m_1 einen Rückprall. – Die während des Stoßes dissipierte Energie beträgt:

$$\Delta E = \frac{1}{2}(1 - 0{,}5^2)\frac{m_1 \cdot 4 \cdot m_1}{m_1 + 4 \cdot m_1}(v_{1a} - 0{,}5 \cdot v_{1a})^2 = 0{,}675 \cdot m_1 \cdot v_{1a}^2$$

Vor dem Stoß betrug die Gesamtenergie (= Summe aus der kinetischen Energie beider Körper):

$$E = \frac{1}{2} m_1 \cdot v_{1a}^2 + \frac{1}{2} m_2 \cdot v_{2a}^2 = m_1 \cdot v_{1a}^2$$

Nach dem Stoß beträgt die verbleibende Gesamtenergie (= Differenz vor und nach dem Stoß):

$$(1 - 0{,}675) \cdot m_1 \cdot v_{1a}^2 = 0{,}325 \cdot m_1 \cdot v_{1a}^2$$

2. Beispiel (Abb. 1.17)

Rückprallversuch zur Bestimmung der Stoßzahl ε. Von der Höhe h_I aus wird ein Körper mit der Masse$m$ (= m_1) auf eine feste Unterlage fallen gelassen. Für diese Unterlage kann gesetzt werden: $m_2 = \infty$ und $v_{2a} = 0$. Der Körper schnellt auf die Höhe h_II (kleiner h_I) zurück. Das ist ein Hinweis, dass der Körper während des Stoßvorganges Energie ‚verloren' hat, oder, anders formuliert: Während der Stoßphase wurde Energie dissipiert, überwiegend in Wärme innerhalb der plastisch deformierten Kontaktbereiche. Die plastischen Deformationen sind in Form kleiner lokaler Abplattungen erkennbar.

Die Auftreffgeschwindigkeit lässt sich mittels der nachstehender Formel berechnen (Abschn. 1.12.3):

$$v_{1a} = \sqrt{2\,g\,h_\mathrm{I}}$$

Die Formel gilt, wenn die bremsende Wirkung durch die Luft vernachlässigt wird; g ist die Erdbeschleunigung. – Die Rückprallgeschwindigkeit v_{1e} folgt aus der obigen Gleichung für v_{1e} zu:

$$v_{1e} = -\varepsilon \cdot v_{1a}$$

Abb. 1.17

Die Gleichsetzung mit der Geschwindigkeit, mit der die Höhe h_{II} erreicht wird,

$$v_{1e} = -\sqrt{2\,g\,h_{\mathrm{II}}},$$

liefert die gesuchte Formel:

$$\varepsilon = \sqrt{\frac{h_{\mathrm{II}}}{h_{\mathrm{I}}}}$$

Im Falle von Hartkugeln gilt:

Stahl/Stahl:	$\varepsilon = 0{,}6$ bis 0,8;
Hartholz/Hartholz:	$\varepsilon = 0{,}45$ bis 0,55.

3. Beispiel
Vollelastischer Stoß ($\varepsilon = 1$): Die Berechnungsformeln findet man aus den im vorangegangenen Abschnitt hergeleiteten, indem hierin $\varepsilon = 1$ gesetzt wird:

$$v_{1e} = 2\,w - v_{1a}, \quad v_{2e} = 2\,w - v_{2a} \quad \text{mit } w = \frac{m_1 \cdot v_{1a} + m_2 \cdot v_{2a}}{m_1 + m_2};$$

$$v_{1e} = \frac{m_1 \cdot v_{1a} + m_2 \cdot (2\,v_{2a} - v_{1a})}{m_1 + m_2}, \quad v_{2e} = \frac{m_2 \cdot v_{2a} + m_1 \cdot (2\,v_{1a} - v_{2a})}{m_1 + m_2}$$

$$\Delta E = 0; \quad \Delta p = 2\frac{m_1 \cdot m_2}{m_1 + m_2}(v_{1a} - v_{2a})$$

Der Verlauf der Stoßkraft $F(t)$ ist symmetrisch: Kompression- und Restitutionsphase sind gleichlang. Die Stoßdauer ist insgesamt kurz, es wird eine hohe Kraftspitze induziert, vgl. Abb. 1.18.

Abb. 1.18

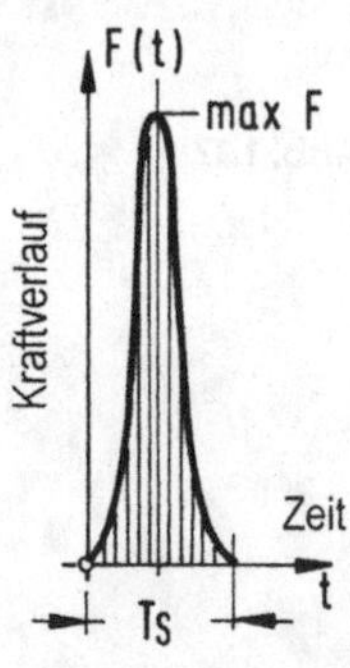

Abb. 1.19

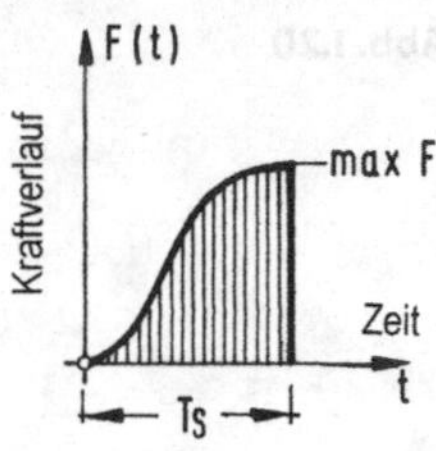

4. Beispiel

Vollplastischer Stoß ($\varepsilon = 0$): Die Berechnungsformeln findet man wiederum aus den im vorangegangenen Abschnitt hergeleiteten Formeln, indem hierin $\varepsilon = 0$ gesetzt wird:

$$v_{1e} = v_{2e} = w = \frac{m_1 \cdot v_{1a} + m_2 \cdot v_{2a}}{m_1 + m_2}$$

Die Körper nehmen beide dieselbe Geschwindigkeit an. Die Energiedissipation erreicht den größtmöglichen Wert:

$$\Delta E = \frac{1}{2} \cdot \frac{m_1 \cdot m_2}{m_1 + m_2} \cdot (v_{1a} - v_{2a})^2 = \frac{1}{2} \cdot \frac{m_1}{1 + m_1/m_2} \cdot (v_{1a} - v_{2a})^2$$

Für Δp folgt:

$$\Delta p = \frac{m_1 \cdot m_2}{m_1 + m_2} \cdot (v_{1a} - v_{2a}) = \frac{m_1}{1 + m_1/m_2} \cdot (v_{1a} - v_{2a})$$

Es existiert nur eine Kompressionsphase. Einen möglichen Verlauf der Stoßkraft zeigt Abb. 1.19. Der Stoß dauert im Vergleich zum Fall $\varepsilon = 1$ länger, die maximale Stoßkraft fällt geringer aus.

Sonderfall: Aufprall auf eine feste Unterlage:

$$m_2 = \infty, \quad v_{2a} = 0: \quad w = 0 \quad \rightarrow \quad v_{1e} = 0$$

Energiedissipation:

$$\Delta E = \frac{1}{2} \cdot m_1 \cdot v_{1a}^2$$

Dieser Wert entspricht dem im Körper der Masse m_1 vorhandenen Arbeitsvermögen beim Aufschlag auf die Unterlage, also seiner kinetischen Energie beim Aufschlag, sie wird vollständig zerstreut.

Für Δp folgt:

$$\Delta p = m_1 \cdot v_{1a}$$

Dieser Wert ist halb so groß wie beim vollelastischen Stoß.

Abb. 1.20

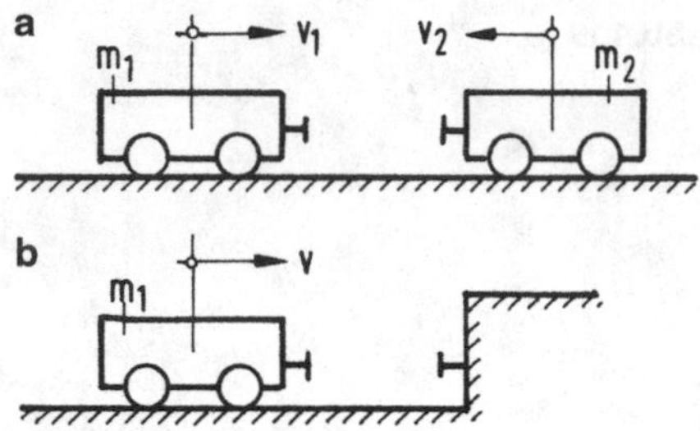

5. Beispiel

Abpufferung von Fahrzeugen: Zwei Fahrzeuge mit den Massen m_1 und m_2 stoßen mit den Geschwindigkeiten $v_{1a} = v_1$ und $v_{2a} = -v_2$ frontal zusammen (Abb. 1.20a). Die Fahrzeuge sollen so abgepuffert werden, dass Schäden vermieden werden. Eine analoge Aufgabenstellung liegt vor, wenn ein Fahrzeug gegen einen Endanschlag (Prellbock) auffährt (Abb. 1.20b). Die Puffer sollen so ausgelegt werden, dass es zu keiner Rückfederung kommt, der Stoß kann dann der Kategorie vollplastisch ($\varepsilon = 0$) zugeordnet werden. Für die Dimensionierung der beiden Puffer werde folgender Ansatz vereinbart: Die Puffer sollen so hart sein, dass die Stoßdauer als kurz eingestuft werden kann; in den Fahrzeugen selbst soll die Beanspruchung elastisch bleiben.

Fall I: Zwei Fahrzeuge stoßen frontal mit den Geschwindigkeiten v_1 und v_2 zusammen. In den Puffern der beiden Fahrzeuge ist gemeinsam die Energie

$$\Delta E = \frac{1}{2} \cdot \frac{m_1 \cdot m_2}{m_1 + m_2} \cdot (v_1 + v_2)^2$$

aufzunehmen (vgl. 4. Beispiel). Im Falle $m_1 = m_2 = m$ und $v_1 = v_2 = v$ ergibt sich.

$$\Delta E = 2 \cdot \frac{1}{2} \cdot m \cdot v^2$$

Die kinetischen Energien der beiden Fahrzeuge addieren sich in voller Höhe, das ist plausibel.

Fall II: Ein Fahrzeug fährt gegen einen starren Prellbock; das bedeutet $m_2 = \infty$, $v_2 = 0$. Hierfür folgt:

$$\Delta E = \frac{1}{2} \cdot m \cdot v^2$$

Die im Puffer geweckte Kraft ist von der Bauart des Puffers abhängig. Eine mögliche Charakteristik zeigt Abb. 1.21: Der Puffer reagiert mit einer konstanten Widerstandskraft F_0. Dieser überlagert sich eine linear mit der Verschiebung s anwachsende Widerstandskraft, wobei k die (Feder-)Rate dieses Widerstandes ist:

$$F(s) = F_0 + k \cdot s.$$

Abb. 1.21

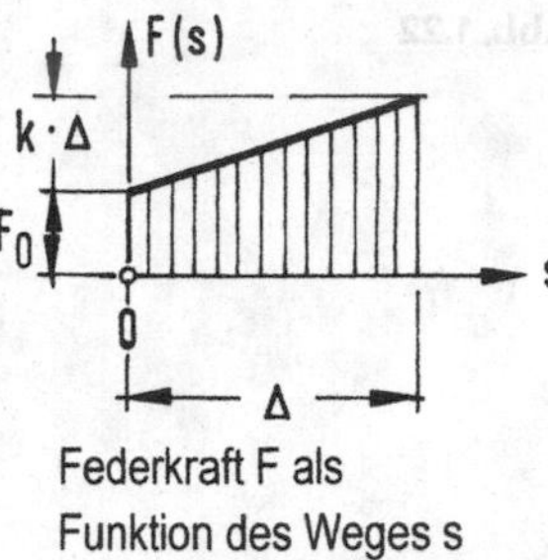

Federkraft F als Funktion des Weges s

Wird der Puffer um das Maß Δ eingedrückt, wird jene Energie im Puffer zerstreut, die der schraffierten Fläche unter der Kraftverschiebungslinie in Abb. 1.21 entspricht:

$$\Delta E = F_0 \cdot \Delta + \frac{1}{2} \cdot \Delta \cdot k \cdot \Delta = F_0 \cdot \Delta + \frac{1}{2} \cdot k \cdot \Delta^2$$

Wird die eingeprägte Energie mit der dissipierten Energie gleichgesetzt, lässt sich die Eindrückung des Puffers berechnen:

$$\frac{1}{2} \cdot m \cdot v^2 = F_0 \cdot \Delta + \frac{1}{2} \cdot k \cdot \Delta^2 \quad \rightarrow \quad \Delta = \left[\sqrt{1 + \frac{m \cdot v^2 \cdot k}{F_0^2}} - 1 \right] \cdot \frac{F_0}{k},$$

$$\max F = \sqrt{F_0^2 + v^2 \cdot m \cdot k}$$

Besteht der Puffer nur aus einer Feder mit der Federkonstanten k, das bedeutet $F_0 = 0$, folgt aus den vorstehenden Formeln:

$$\Delta = \sqrt{\frac{m \cdot v^2}{k}}, \quad \max F = v \cdot \sqrt{m \cdot k}$$

1.10.3 Kraftstoß

Wird der Impulsansatz $F = dp/dt$ (Kraft = zeitliche Änderung des Impulses), umgestellt, nennt man

$$F(t) \cdot dt = dp$$

den Kraftstoß von $F(t)$. Hierbei denkt man an eine kurzzeitig wirkende Kraft auf einen Körper mit der Masse $m =$ konstant, der sich zum Beispiel mit der Geschwindigkeit v_1 bewegt. Die Kraft innerhalb der Zeitspanne $\Delta t = t_2 - t_1$ in

Abb. 1.22

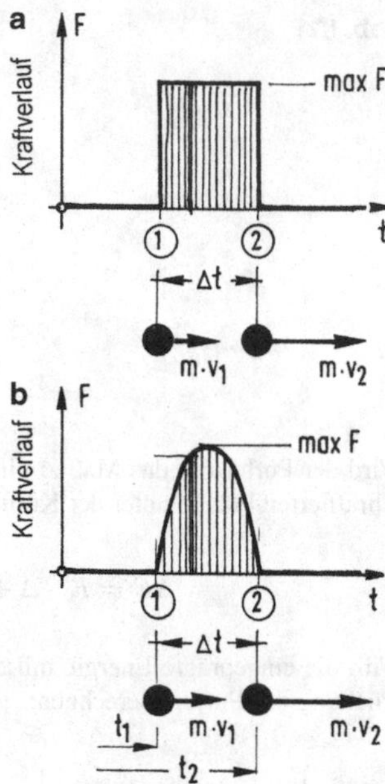

Richtung der Bewegung sei konstant und gleich $F = \max F$ (Abb. 1.22a):

$$\max F \cdot \Delta t = \Delta p = \Delta(m \cdot v) = m \cdot \Delta v = m \cdot (v_2 - v_1)$$

Der Körper erfährt einen Geschwindigkeitszuwachs innerhalb der Zeitspanne Δt um

$$\Delta v = v_2 - v_1 = \frac{\max F}{m} \cdot \Delta t$$

Handelt es sich um einen veränderlichen Kraftverlauf, wie in Abb. 1.22b dargestellt, berechnet sich die Geschwindigkeit v (wieder für $m =$ konstant) aus:

$$F(t) = m \cdot a = m \cdot \frac{dv}{dt} \quad \rightarrow \quad dv = \frac{F(t)}{m}\,dt$$

$$\rightarrow \quad v = \int\limits_{\Delta t} \frac{F(t)}{m}\,dt = \frac{1}{m} \int\limits_{\Delta t} F\,dt$$

Der zeitliche Verlauf von $F(t)$ muss gegeben sein, um den Geschwindigkeitszuwachs nach Ende des Kraftstoßes, also nach Ablauf von Δt, berechnen zu können.

Ist der Kraftverlauf über der Zeitspanne Δt parabelförmig verteilt, ist das Integral über $F(t)$ gleich dem Produkt aus $2/3 = 0{,}6667$ mal $\max F \cdot \Delta t$, denn $2/3$ mal Höhe mal Basislänge ist der Flächeninhalt unter einer Parabel:

$$\Delta v = v_2 - v_1 = \frac{1}{m}\int\limits_{t_1}^{t_2} F\,dt = \frac{1}{m}\cdot\frac{2}{3}\cdot\Delta t\cdot\max F = \frac{2}{3}\cdot\frac{\max F}{m}\Delta t$$

Soll der Bewegungsablauf im Einzelnen innerhalb der Zeitspanne Δt berechnet werden, muss über $F(t)$ von $t = t_0$ bis t integriert werden.

Im Falle $F(t) = \max F = \text{konst.}$ ist das einfach (Abb. 1.22a). In Erweiterung der obigen Gleichung für die Geschwindigkeit gilt (mit τ als Integrationsvariable):

$$v(t) = \frac{1}{m}\int\limits_{t_1}^{t} F(\tau)\,d\tau = \frac{\max F}{m}\int\limits_{t_1}^{t} d\tau = \frac{\max F}{m}\cdot[\tau]_{t_1}^{t} = \frac{\max F}{m}\cdot(t - t_1)$$

Das bedeutet: $v(t)$ wächst geradlinig an.

Für die Beschleunigung folgt: $a = dv/dt = \max F/m$, wie es sein muss.

Wird im Falle des parabelförmigen Kraftverlaufes (Abb. 1.22b) dessen Beginn mit $t = 0$ gleichgesetzt, gilt für einen solchen Verlauf:

$$F(t) = 4\cdot\max F\cdot\left[\frac{t}{T_F} - \left(\frac{t}{T_F}\right)^2\right]$$

Die Dauer ist gleich T_F. Setzt man diesen Ausdruck in obige Gleichung, also in

$$v(t) = \frac{1}{m}\int\limits_{0}^{T_F} F(\tau)\,d\tau$$

ein, folgt nach kurzer Rechnung für $v(t)$ und anschließend für $a(t)$:

$$v(t) = 4\cdot\frac{\max F}{m}\cdot\left[\frac{t^2}{2\,T_F} - \frac{t^3}{3\,T_F^2}\right];$$

$$a(t) = \frac{dv}{dt} = 4\cdot\frac{\max F}{m}\cdot\left[\frac{t}{T_F} - \left(\frac{t}{T_F}\right)^2\right]$$

Die Verläufe von $v(t)$ und $a(t)$ sind in Abb. 1.23b, c skizziert.

Abb. 1.23 **a** Kraftverlauf **b** a: Beschleunigung **c** v: Geschwindigkeit

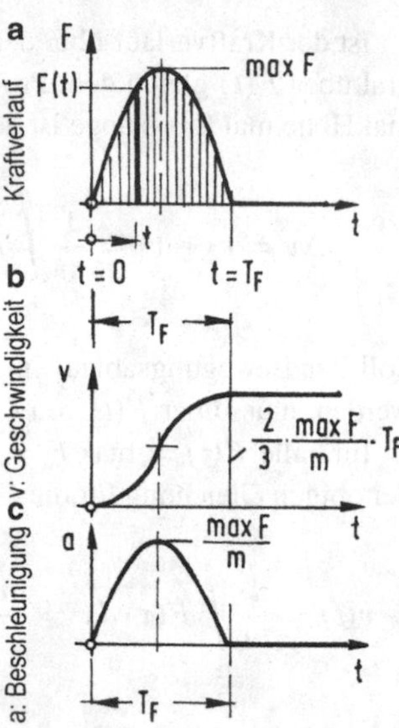

1.10.4 Rückstoß – Raketengleichung

Die Bewegung einer Rakete kommt durch den Rückstoß des aus der Düse ausströmenden Verbrennungsgases zustande. Äußere Kräfte sind nicht beteiligt(wenn man vom Luftwiderstand absieht). Der Impulssatz liefert die Bewegungslösung: In der Startphase hat die Rakete die Masse m, einschl. der Masse des Treibstoffes (Abb. 1.24a). Dieser möge geregelt verbrennen. Dadurch stellt sich eine bestimmte Ausströmgeschwindigkeit v_A des Gases ein.

Der Verlust an Treibstoffmasse in der Zeiteinheit und die Ausströmgeschwindigkeit stehen vermittelst des in der Rakete installierten Regelsystems in einer funktionalen Beziehung zueinander. Diese muss bekannt sein. Zum Startzeitpunkt t_0 sind alle Bewegungsgrößen Null, im Zustand der Bewegung zum Zeitpunkt t betragen sie:

$$s = s(t), \quad v = v(t) \quad \text{und} \quad a = a(t)$$

Die Masse der Rakete hat sich im Zeitpunkt t von m_0 auf $m = m(t)$ verringert (Abb. 1.24b). Die Ausströmgeschwindigkeit des Gases sei $v_A(t)$. In dem besagten Zeitpunkt t der Bewegung beträgt der momentane Impuls der Rakete:

$$p(t) = m(t) \cdot v(t)$$

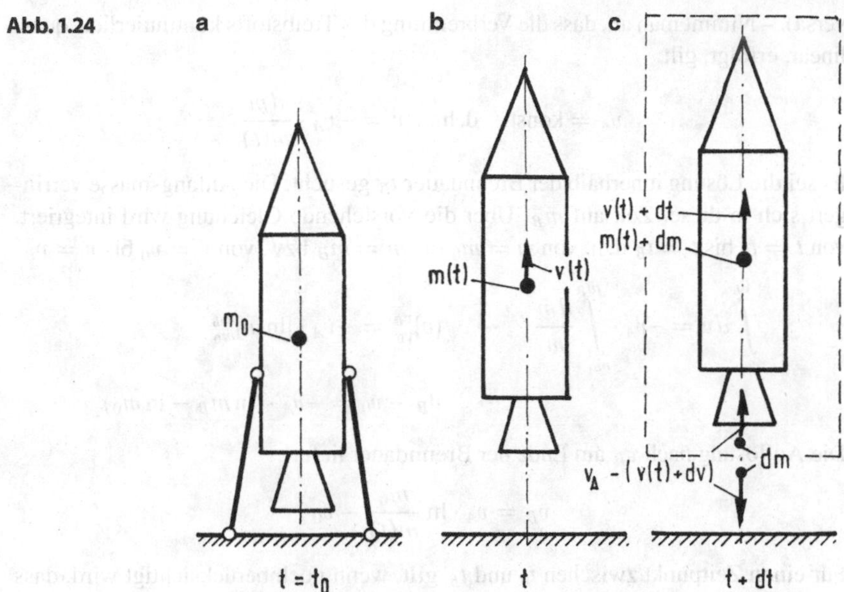

Abb. 1.24

In dem um dt fortgeschrittenen Zeitpunkt $t + dt$ haben sich die Bewegungsgrößen verändert: Die Masse der Rakete ändert sich um dm (Treibstoffverlust, d. h. real erfährt sie eine Verringerung), die Geschwindigkeit ändert sich um dv (real erfährt sie eine Steigerung). Somit beträgt der Impuls der Rakete im Zeitpunkt $t + dt$:

$$p(t + dt) = [m(t) + dm] \cdot [v(t) + dv] + dm \cdot \{v_A(t) - [(v(t) + dv]\}$$

Der zweite Term rechterseits ist wie folgt zu deuten: Die aus der Düse strömenden Partikel dm haben die Geschwindigkeit $v_A(t) - [v(t) + dv]$, relativ zur Bewegung der Rakete. Die Rakete erfährt dadurch in Bewegungsrichtung (gemäß Lex II) den Impuls $dm \cdot \{v_A(t) - [(v(t) + dv]\}$. Der Impulssatz fordert, dass für das abgeschlossene System der Rakete $p(t) = p(t + dt)$ gilt. Die Gleichsetzung der Impulse in den Zeitpunkten t und $t + dt$ ergibt nach Umformung:

$$m(t) \cdot dv + dm \cdot v_A(t) = 0 \quad \leftrightarrow \quad dv = -v_A(t) \cdot \frac{dm}{m(t)}$$

Dividiert durch dt, ergibt sich eine Differentialgleichung für die Geschwindigkeit $v(t)$. Ihre Lösung gelingt nur, wenn $v_A(t)$ als Funktion von $m(t)$ bekannt ist (vice versa). – Nimmt man an, dass die Verbrennung des Treibstoffs kontinuierlich, quasi linear, erfolgt, gilt:

$$v_A = \text{konst.} \quad \text{d. h.: } dv = -v_A \cdot \frac{dm}{m(t)}$$

Es sei die Lösung innerhalb der Brenndauer t_B gesucht. Die Anfangsmasse verringert sich in dieser Zeit auf m_B. Über die vorstehende Gleichung wird integriert, von $t = t_0$ bis $t = t_B$ d. h. von $m = m_0$ bis $m = m_B$ bzw. von $v = v_0$ bis $v = v_B$:

$$\int_{v_0}^{v_B} dv = -v_A \cdot \int_{m_0}^{m_B} \frac{dm}{m} \quad \rightarrow \quad [v]_{v_0}^{v_B} = -v_A \cdot [\ln m]_{m_0}^{m_B}$$

$$\rightarrow \quad v_B - v_0 = -v_A \cdot (\ln m_B - \ln m_0)$$

Die Auflösung nach v_B am Ende der Brenndauer liefert:

$$v_B = v_A \cdot \ln \frac{m_0}{m(t)} - v_0$$

Für einen Zeitpunkt zwischen t_0 und t_B gilt, wenn noch berücksichtigt wird, dass die Bewegung gegen die Erdbeschleunigung g erfolgt und dass zum Startzeitpunkt die Geschwindigkeit null ist ($v_0 = 0$):

$$v(t) = v_A \cdot \ln \frac{m_B}{m(t)} - g \cdot t$$

Die Gleichung gilt in Erdnähe, wo $g =$ konst. gesetzt werden kann. Strenger gilt:

$$v(t) = v_A \cdot \ln \frac{m_B}{m(t)} - \int_0^t g(\tau)\, d\tau$$

τ: Integrationsvariable.

In der vorstehenden (klassischen) Raketengleichung ist der bremsende Einfluss der Luft nicht berücksichtigt, insofern gilt sie streng nur im Vakuum. Die Gleichung geht auf K.R. ZIOLKOWSKI (1857–1935) zurück.

In der Technik arbeiten viele Antriebe nach dem Rückstoßprinzip. Stets gilt es einen Kompromiss zu finden zwischen einer möglichst geringer Startmasse (m_0) und einer möglichst hoher Strahlgeschwindigkeit v_A (z. B. $v_A = 5000\,\text{m/s}$). Raketen tragen nicht nur den Treibstoff mit sich, sondern auch die zur Verbrennung erforderlichen Substanzen. Bei Flugzeugen mit Strahlantrieb wird der angesaugte Sauerstoff verbrannt, dieser geht als Masse in den Rückstoß mit ein; hierfür gilt die obige Herleitung nicht; auf [9] wird verwiesen.

1.11 Arbeit (W) – Leistung (P)

Die von der Kraft $F(t)$ auf der infinitesimalen Wegstrecke ds verrichtete **Arbeit** (W) ist (siehe Abb. 1.25):

$$dW = F(t) \cdot ds$$

Die Einheit der Arbeit lässt sich daraus ableiten:

$$[W] = [F] \cdot [s] = \mathrm{N} \cdot \mathrm{m} = \mathrm{J} \quad \left(\mathrm{J} = \mathrm{N} \cdot \mathrm{m} = \frac{\mathrm{kg} \cdot \mathrm{m}}{\mathrm{s}^2} \cdot \mathrm{m} = \mathrm{kg} \cdot \mathrm{m}^2 \cdot \mathrm{s}^{-2}\right)$$

Für 1 N m (Newtonmeter) wird im SI die Einheit J gesetzt (Joule, gesprochen ‚Dschul' nach J.P. JOULE (1818–1889)).

Ändert sich die Kraft $F(t)$ auf dem Weg $s(t)$, berechnet sich die Arbeit, die die Kraft auf dem Weg von s_1 $(t = t_1)$ bis s_2 $(t = t_2)$ verrichtet, zu:

$$W = \int_{s_1}^{s_2} dW = \int_{s_1}^{s_2} F(t)\, ds$$

Das ist der Flächeninhalt über der F-s-Kurve, wie in Abb. 1.25 dargestellt.

Ändert sich F auf dem Weg nicht, ist also konstant, gilt:

$$W = F \cdot \int_{s_1}^{s_2} ds = F \cdot (s_2 - s_1) \quad (F = \text{konst.})$$

In diesem Falle berechnet sich die von der Kraft F verrichtete Arbeit zu ‚Arbeit ist gleich Kraft mal Weg'.

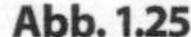

Abb. 1.25

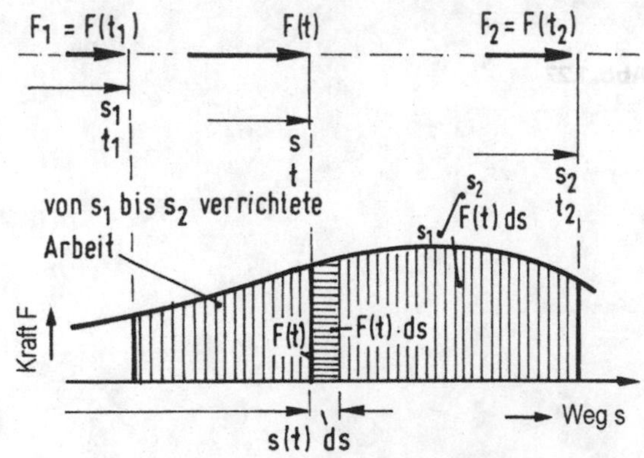

Abb. 1.26

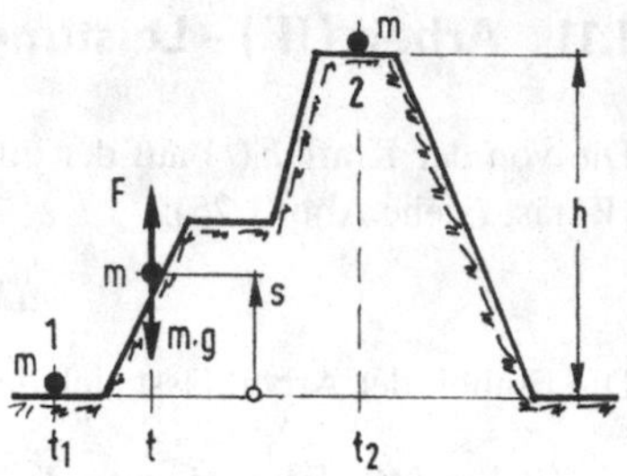

Das Vorhergesagte gilt nur dann, wenn die Richtung des Kraftvektors durchgängig mit der Richtung des Wegvektors übereinstimmt, im anderen Falle ist das Produkt aus deren gleichgerichteten Komponenten entlang des Weges die von F geleistete Arbeit!

Bewegt sich ein Bergsteiger mit der Masse m im erdnahen Schwerefeld ($g =$ konst.), ist seine Gewichtskraft gleich $F_G = m \cdot g$. Erklimmt er die Höhe h, beträgt die von ihm geleistete Arbeit (Steigarbeit, Hubarbeit) gegen die Anziehungskraft der Erde: $W = F_G \cdot h = m \cdot g \cdot h$. Die Steigkraft F_G ist der Schwerkraft entgegen gerichtet (Abb. 1.26). Die Arbeit ist bis zur Höhe h unabhängig vom Verlauf des Weges, denn die Gewichtskraft F_G wirkt durchgängig gleichgerichtet lotrecht und ist konstant, es zählen nur die lotrechten Wegkomponenten. Bewegt sich der Bergsteiger in der Ebene, verrichtet er (physikalisch gesehen) keine Arbeit.

Ändert sich die Kraft F mit dem Weg s, ist von der obigen Definitionsgleichung für W auszugehen. Ist s beispielsweise die Verschiebung einer Spiralfeder, ist die Kraft, die diese Federlängung bewirkt, veränderlich. Bei einer Linearfeder längt sich die Feder proportional zur Federkraft. Ist k die Federkonstante, gilt (Abb. 1.27):

$$F = k \cdot s.$$

Abb. 1.27

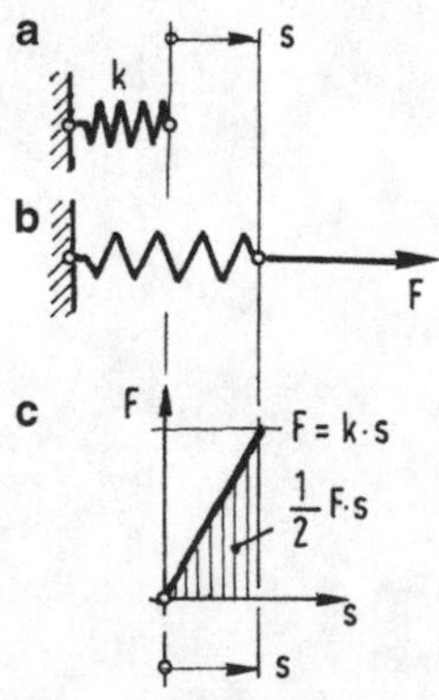

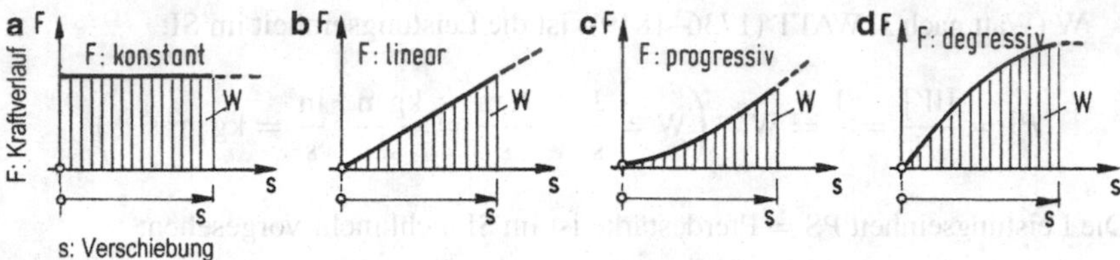

Abb. 1.28

Demgemäß beträgt die von F verrichtete Arbeit:

$$W = \frac{1}{2} \cdot F \cdot s = \frac{1}{2}(k \cdot s) \cdot s = \frac{1}{2} k \cdot s^2$$

Das ist die Fläche des in Abb. 1.27b schraffierten Dreiecks.

Abb. 1.28 zeigt unterschiedliche Kraft-Verschiebungsdiagramme und deren Arbeitsflächen. Die verrichtete Arbeit muss in solchen Fällen durch Integration der Fläche (ggf. numerisch) berechnet werden.

Unter der **Leistung** (P) versteht man die in der Zeiteinheit verrichtete Arbeit, geschrieben: Ableitung der Arbeit W nach der Zeit t:

$$P = \frac{dW(t)}{dt} = \dot{W}$$

Dieser Ausdruck kennzeichnet die Momentanleistung. Vielfach versteht man unter Leistung die Durchschnittsleistung, also die in der Zeitspanne Δt verrichtete Arbeit im Sinne eines Mittelwertes. Dann schreibt man:

$$P_{\text{eff}} = \frac{\Delta W}{\Delta t}$$

Ein Bergsteiger mit der Masse $m = 85\,\text{kg}$ (einschließlich Gepäck) verrichtet mit diesem Gewicht ($F_G = m \cdot g = 85 \cdot 9{,}81 = 839\,\text{N}$) beim Durchsteigen der Höhe $h = 300\,\text{m}$ die Steigarbeit:

$$W = F_G \cdot h = 839 \cdot 300 = 250.155\,\text{J} = 2{,}502 \cdot 10^5\,\text{J} = 250{,}2\,\text{kJ}.$$

Wird das Ziel in 1 Stunde (= 3600 s) erreicht, bedeutet das eine mittlere Leistung von:

$$P = \frac{250.155}{3600} = 69{,}5\,\frac{\text{J}}{\text{s}} = 69{,}5\,\text{J}\,\text{s}^{-1} = 69{,}5\,\text{W}$$

Das entspricht der Leistungsabstrahlung einer 70 Watt-Birne.

W (Watt nach J. WATT (1736–1819)) ist die Leistungseinheit im SI:

$$[P] = \frac{[W]}{[t]} = \frac{\mathrm{J}}{\mathrm{s}} = \mathrm{W} \quad \left(\mathrm{W} = \frac{\mathrm{J}}{\mathrm{s}} = \frac{\mathrm{N\,m}}{\mathrm{s}} = \frac{\mathrm{kg\,m}}{\mathrm{s}^2} \cdot \frac{\mathrm{m}}{\mathrm{s}} = \mathrm{kg\,m^2\,s^{-3}}\right)$$

Die Leistungseinheit PS = Pferdestärke ist im SI nicht mehr vorgesehen:

$$1\,\mathrm{PS} = 736\,\mathrm{W} = 0{,}736\,\mathrm{kW} \quad \text{bzw.:} \quad 1\,\mathrm{kW} = 1{,}36\,\mathrm{PS}.$$

Setzt man in die obige Gleichung für die Momentanleistung den Ausdruck für die innerhalb der infinitesimalen Zeitspanne dt verrichtete Arbeit ein, folgt:

$$dW(t) = F(t) \cdot dt \quad \rightarrow \quad P(= P_{\mathrm{mom}}) = \frac{dW(t)}{dt} = \frac{F(t) \cdot ds}{dt} = F(t) \cdot v(t)$$

Hierin ist $v = v(t)$ die Momentangeschwindigkeit. F ist z. B. die vom Motor eines Fahrzeugs ausgeübte Kraft, um das Fahrzeug mit der Geschwindigkeit v zu bewegen; das bedeutet umgekehrt: $F = P/v$, wenn F und v konstant sind.

1.12 Energie (E)

1.12.1 Energieformen – Energieerhaltungsgesetz

Energie ist das einem Körper oder einem System innewohnende Vermögen, Arbeit zu leisten. Man unterscheidet unterschiedliche Energieformen: Potentielle Energie, kinetische Energie, kalorische Energie, chemische Energie, elektrische Energie, magnetische Energie u. a. Eine begriffliche Vorstellung von Energie gewinnt man am ehesten, wenn Energieänderungen, d. h. die Übergänge der Energieformen ineinander, betrachtet werden. – Nach A. EINSTEIN (1879–1955) besteht zwischen Ruhemasse und Energie das Masse-Energie-Äquivalent-Gesetz (Bd. IV, Abschn. 4.1.5.3):

$$E = m \cdot c^2$$

Hierin ist c die Lichtgeschwindigkeit im Vakuum ($c \approx 3 \cdot 10^8\,\mathrm{m\,s^{-1}}$). Die Einheit der Energie ist demnach:

$$[E] = [m] \cdot [c^2] = \mathrm{kg} \cdot \left(\frac{\mathrm{m}}{\mathrm{s}}\right)^2 = \mathrm{kg\,m^2\,s^{-2}} = \mathrm{J}.$$

	J	kWh	eV	kcal
1 J	1	$2{,}78 \cdot 10^{-7}$	$6{,}24 \cdot 10^{18}$	$2{,}39 \cdot 10^{-4}$
1 kWh	$3{,}6 \cdot 10^{6}$	1	$2{,}25 \cdot 10^{25}$	860
1 eV	$1{,}6 \cdot 10^{-19}$	$4{,}45 \cdot 10^{-26}$	1	$3{,}83 \cdot 10^{-23}$
1 kcal	$4{,}19 \cdot 10^{3}$	$1{,}16 \cdot 10^{-3}$	$2{,}61 \cdot 10^{22}$	1

Von links nach rechts ablesen!

Ergänzungen (veraltete Einheiten):
$1\,\text{erg} = 10^{-7}\,\text{J}$
$1\,\text{erg/s} = 10^{-7}\,\text{W}$

Abb. 1.29

Energie wird (wie die Arbeit) in der Einheit J gemessen. Daneben sind die Einheiten kW h und eV zugelassen. Die Einheit kcal (Kilokalorie) soll nicht mehr verwendet werden. In der Tabelle in Abb. 1.29 bedeuten: kW h: Kilowattstunde, eV: Elektronenvolt.

Die Einheit kW h kann man sich wie folgt klar machen: 1 Watt (1 W) ist eine Leistung, bei welcher während einer Sekunde eine Energie von 1 J umgesetzt wird, 1 kW ist eine Leistung bei welcher eine Energie von 1000 J (= 1000 N m) pro Sekunde umgesetzt wird. Wird diese mit 3600 s (= 1 h = 1 Stunde) multipliziert, ergibt sich die (‚gewonnene oder verbrauchte') Energie von 1 kW h in einer Stunde zu:

$$1\,\text{kW h} = 1000\,\frac{\text{J}}{\text{s}} \cdot 3600\,\text{s} = 3{,}6 \cdot 10^6\,\text{J} = 3{,}6\,\text{MJ}$$

Von zentraler Bedeutung in der Physik ist das **Energieerhaltungsgesetz**. Es besagt: In einem abgeschlossenen System bleibt die dem System innewohnende Energie erhalten. Es kommt weder Energie hinzu, noch kann Energie verloren gehen, wohl können unterschiedliche Energieformen ineinander übergehen.

Anmerkung
Die Begründung des Energieerhaltungsgesetzes geht auf Versuche und theoretische Überlegungen von R. MAYER (1814–1878), J.P. JOULE (1818–1889), H. v. HELMHOLTZ (1821–1894) und R. CLAUSIUS (1822–1888) zurück, erstere bewiesen das Äquivalent von mechanischer Arbeit und Wärme durch Versuche, letzterer formulierte die beiden Hauptsätze der Thermodynamik (vgl. Abschn. 3.3)

1.12.2 Potentielle Energie (Lageenergie)

Ein Bergwanderer mit der Masse m (einschließlich Gepäck) steige um die Höhe h_1 gegen die Erdgravitation an (Abb. 1.30). Die ihm innewohnende potentielle Energie wächst dabei an. Mit Erreichen des Gipfelpunktes (1) ist die Energie um

Abb. 1.30

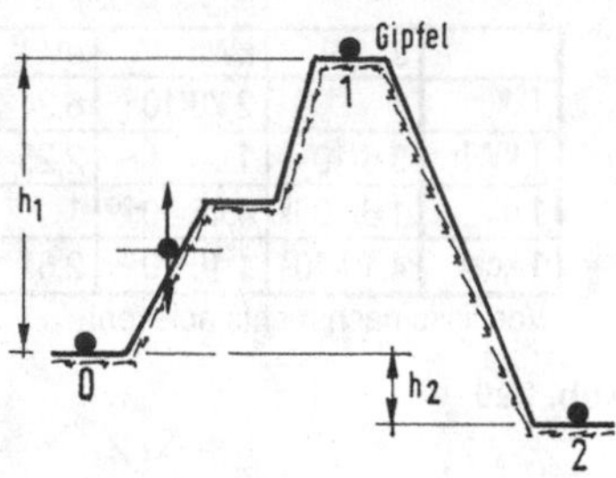

$E_{\text{pot}_1} = F \cdot h_1 = m \cdot g \cdot h_1$ gegenüber dem Ausgangsniveau (0) angewachsen. Durchgängig war die Steigkraft $F = m \cdot g$ gegen die Erdanziehung aufzubringen.

Auf dem Niveau (2), einem gegenüber dem Ausgangsniveau (0) tiefer gelegenen Tal, liegt die potentielle Energie um den Betrag $E_{\text{pot}_2} = m \cdot g \cdot h_2$ niedriger.

Als weiteres Beispiel sei die in Abb. 1.27 skizzierte Feder betrachtet, ihre Federkonstante sei k. Bei einer Längung um s gegenüber dem spannungslosen Ausgangszustand, ist die in der Feder gespeicherte potentielle Energie gleich der von der linear anwachsenden Federkraft $F = k \cdot s$ auf dem Wege s verrichtete Formänderungsarbeit:

$$E_{\text{pot}} = F \cdot \frac{s}{2} = k \cdot \frac{s^2}{2}; \quad [E_{\text{pot}}] = \frac{\text{N}}{\text{m}} \cdot \text{m}^2 = \text{N m} = \text{J}$$

1.12.3 Kinetische Energie (Bewegungsenergie)

Wird ein Körper mit der Masse m aus dem Ruhezustand reibungsfrei vom Zeitpunkt $t = 0$ zum Zeitpunkt t um den Weg s von der Kraft $F =$ konst. weiter bewegt (verschoben), wird er dabei durchgehend mit $a = F/m =$ konst. beschleunigt (Abb. 1.31). Für diesen Bewegungsverlauf lassen sich Geschwindigkeit $v = v(t)$ und Weg $s = s(t)$ im Zeitpunkt t vom Ruhezustand aus berechnen (τ dient als Integrationsvariable):

$$a = \text{konst.}: \quad v(t) = \int_0^t a\,d\tau = a \int_0^t d\tau = a \cdot t \quad \rightarrow \quad t = \frac{v(t)}{a}$$

$$s(t) = \int_0^t v(\tau)\,d\tau = \int_0^t a \cdot \tau\,d\tau = a \int_0^t \tau\,d\tau$$

$$= a \cdot \frac{t^2}{2} = a \cdot \frac{1}{2} \cdot \frac{v^2(t)}{a^2} = \frac{v^2(t)}{2\,a}$$

Abb. 1.31

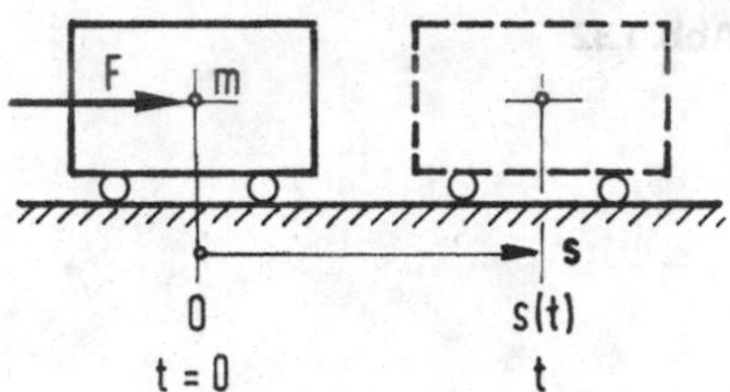

F: Kraft (konst.) s: Verschiebung

Die von der Kraft $F = m \cdot a =$ konst. von $s = 0$ aus auf der Wegstrecke s geleistete Arbeit beträgt damit im Zeitpunkt t:

$$W(t) = F \cdot (s(t) - 0) = m\,a \cdot \frac{v^2}{2a} = m\frac{v^2}{2}$$

Die bis zum Zeitpunkt t dem bewegten Körper mit der Masse m ‚zugeführte' Arbeit ist gleich der im Körper vorhandenen Bewegungsenergie (kinetischen Energie), wobei $v = v(t)$ die momentane Geschwindigkeit des Körpers ist:

$$E_{\text{kin}} = m\,\frac{v^2}{2}; \quad [E_{\text{kin}}] = [m] \cdot [v^2] = \text{kg} \cdot \left(\frac{\text{m}}{\text{s}}\right)^2 = \frac{\text{kg} \cdot \text{m}}{\text{s}^2} \cdot \text{m} = \text{N m} = \text{J}$$

Ein instruktives Beispiel für den kontinuierlichen Austausch von potentieller und kinetischer Energie ist das reibungsfrei aufgehängte Pendel (Abb. 1.32): In der Hochlage hat der Pendelkörper mit der Masse m gegenüber der Tieflage die Höhe h. Die dem Körper innewohnende Lageenergie beträgt in der Hochlage gegenüber der Tieflage:

$$E_{\text{pot}} = m \cdot g \cdot h;$$

in der Tieflage ist:

$$E_{\text{pot}} = 0.$$

In der Hochlage ist die kinetische Energie Null, denn die Geschwindigkeit ist im Moment der Bewegungsumkehr Null. Beim Schwingen durch die Tieflage ist die Geschwindigkeit am höchsten: $v = \max v$. Die Bewegungsenergie ist daher in diesem Moment am höchsten:

$$E_{\text{kin}} = (1/2) \cdot m \cdot (\max v)^2.$$

Abb. 1.32

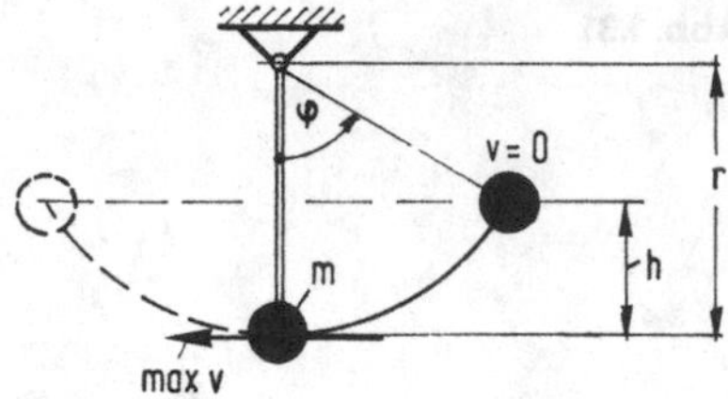

Der Energieinhalt im System bleibt konstant: Die Gleichsetzung der potentiellen Energie im Hochpunkt mit der kinetischen Energie im Tiefpunkt, ergibt:

$$E_{\text{pot},\varphi=\max\varphi} = E_{\text{kin},\varphi=0}\text{:} \quad m \cdot g \cdot h = \frac{1}{2} m \cdot (\max v)^2 \quad \rightarrow \quad \max v = \sqrt{2gh}$$

Nach dem Zurückschwingen aus der Tieflage erreicht der Körper wieder die gegenüberliegende Hochlage, usf.

Das vorangegangene Beispiel des reibungsfrei gelagerten Pendels (streng genommen bei einer Bewegung im Vakuum) unterstellt die Gültigkeit des Energieerhaltungsgesetzes. Dieses lautet, wie bereits ausgeführt: Die Summe aus potentieller und kinetischer Energie ist in einem abgeschlossenen mechanischen System konstant, jegliche Änderung in der Zeiteinheit ist Null. Man spricht in diesem Falle von einem konservativen System. Mathematisch gesprochen lautet das Gesetz: Die Ableitung der Summe aus potentieller und kinetischer Energie nach der Zeit ist Null:

$$\frac{d}{dt}(E_{\text{pot}} + E_{\text{kin}}) = 0$$

Sind energiezerstreuende (dissipative) Mechanismen wirksam, wird die mechanische Energie kontinuierlich in Wärme überführt, die sich dann verflüchtigt. Dissipation ist nicht reversibel: Die Wärmeenergie wird an die Umgebung abgegeben. Die Bewegung (hier die Pendelschwingung) kommt, sofern kein neuer Energieeintrag erfolgt, zum Erliegen.

Da in einem abgeschlossenen System keine Energie ‚verschwindet', noch ‚aus sich selbst heraus entstehen kann', mussten alle Versuche scheitern, ein sogen. Perpetuum Mobile (PM), also eine Maschine, zu erfinden, die selbsttätig ohne Energiezufuhr funktioniert oder gar Energie erzeugt.

An dieser Aufgabe haben sich viele Gelehrte versucht, so auch LEONARDO DA VINCI (1452–1519). Der in Abb. 1.33 abgebildete Apparat zeigt seinen Vorschlag.

Abb. 1.33

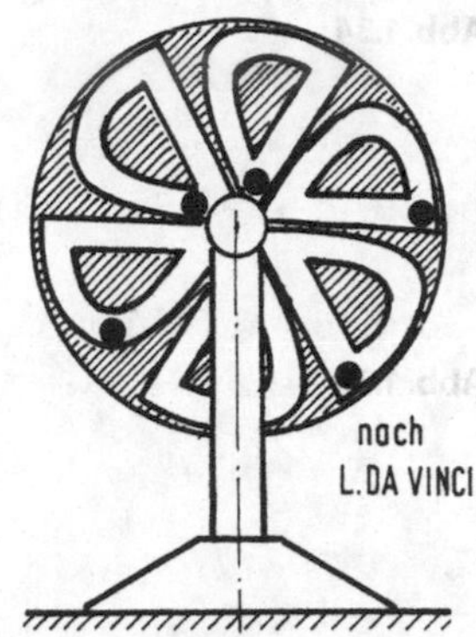

Neben dem **Perpetuum Mobile** 1. Art (wie beschrieben) versteht man unter einem PM 2. Art eine Maschine, die mittels der aus dem Betrieb der Maschine gewonnenen Wärme(-energie) wiederum sich selbst antreibt. Das ist wegen der diversen Energieverluste unmöglich. Ein PM 3. Art ist schließlich ein solches, das trotz Bewegung keine Arbeit leistet, auch keine (dissipative) Verlustarbeit.

Von den Elektronen wird angenommen, dass sie sich in der Atomhülle dissipationsfrei bewegen (erstaunlich!). – Bei der Bahnbewegung der Himmelskörper um ein Massezentrum (Muttergestirn), wie im Falle Mond/Erde, Planet/Sonne oder Sonnensystem/Galaktisches Zentrum wird dagegen permanent Energie zerstreut. Das hat verschiedene Ursachen und führt zu einer Verringerung ihrer Umlauf- und Rotationsgeschwindigkeit: Das ‚Vakuum' ist mit interstellarem Staub und mit mehr oder minder großen Körpern angereichert, es kommt zu Stoßprozessen. Außerdem wird den Objekten infolge der gegenseitigen Gezeitenwirkung Energie entzogen, auch dadurch, dass sie Energie abstrahlen. Im jeweils geschlossenen System geht an Energie nichts verloren und wird auch nichts hinzugewonnen.

1.13 Dissipation – Reibung und Dämpfung

1.13.1 Reibung: Einführung

Wie im vorangegangenen Abschnitt ausgeführt, werden bei sich berührenden und sich relativ zueinander bewegenden festen Körpern gegenseitig wirkende Reibungskräfte in deren Grenzflächen geweckt. Bei Fluiden (also in Flüssigkeiten und Gasen) werden zusätzlich Reibungskräfte innerhalb der Fluidschichten induziert.

Abb. 1.34

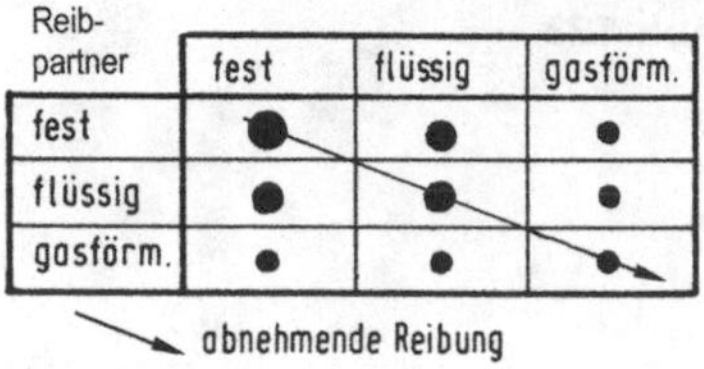

Reibpartner	fest	flüssig	gasförm.
fest	●	●	•
flüssig	●	●	•
gasförm.	•	•	•

abnehmende Reibung

Abb. 1.35

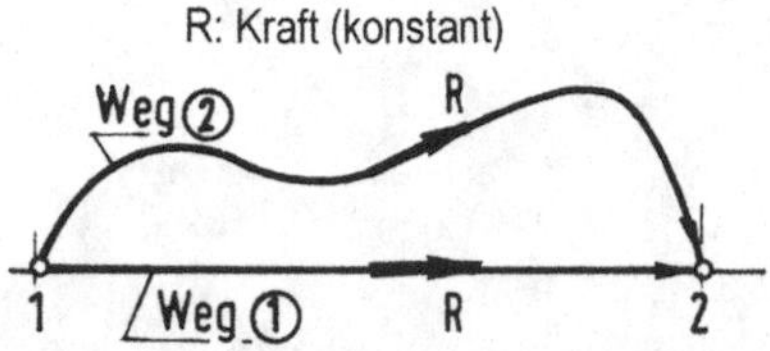

R: Kraft (konstant)

Das gilt für alle Stoffformen, also Aggregatzustände der Partner, wie im Schema der Abb. 1.34 angedeutet, wobei die ursächlichen Mechanismen der hierbei ausgelösten Kräfte im Einzelnen sehr unterschiedlich sind.

Reibung geht mit einer Verhakung/Verklammerung in den sich relativ zueinander verschiebenden Schichten und einer Molekülbewegung in diesen einher. Hierdurch entsteht Wärme. Dieser Vorgang ist irreversibel, d. h. er ist nicht umkehrbar. Die Wärme verflüchtigt sich: Es wird Energie dissipiert = zerstreut.

Die verrichtete Arbeit ist umso größer, je länger die Strecke ist, entlang der die Reibungskraft (i. Allg. als konstant unterstellt) wirkt. So ist z. B. die Reibungsarbeit einer Kraft R, die entlang des längeren Weges ② von Punkt 1 nach Punkt 2 geleistet wird, größer als jene entlang des kürzeren Weges ① von Punkt 1 nach Punkt 2, weil eben Weg ① kürzer ist (vgl. Abb. 1.35). Das bedeutet: Das Arbeitsintegral ist wegabhängig. Reibungskräfte nennt man daher **nichtkonservativ**. Ist die Arbeit einer Kraft vom Weg unabhängig, heißt sie **konservativ**; Kräfte im Gravitationsfeld sind konservativ.

1.13.2 Körperreibung

Das auf C.A. de COULOMB (1736–1806) zurückgehende Reibungsgesetz zwischen Festkörpern lautet (Abb. 1.36):

$$F_R = \mu \cdot F_N .$$

F_R ist die Reibungskraft in Richtung der Relativverschiebung. Man spricht von **Festkörperreibung**. – F_N ist die senkrecht (normal) zur Gleitfläche wirkende re-

Abb. 1.36

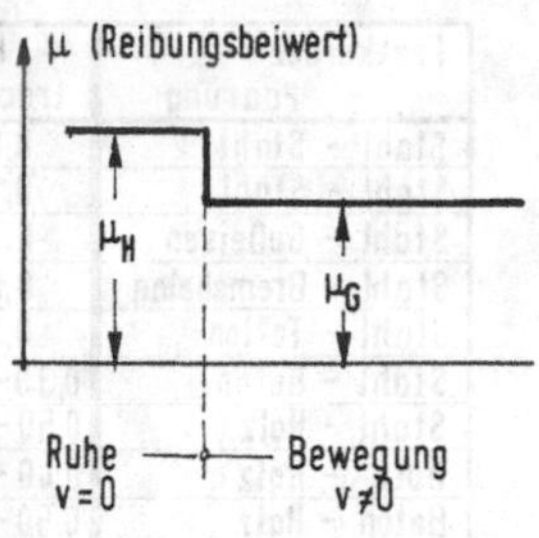

sultierende Kraft, auf horizontaler Ebene ist es die Auflast, also das Gewicht, des Körpers. μ ist der Reibbeiwert (Reibkoeffizient).

Es wird zwischen μ_G (**Gleitreibung**) und μ_H (**Haftreibung**) unterschieden. Stets gilt $\mu_G \leq \mu_H$, vgl. Abb. 1.36.

Bei der Anwendung des Reibungsgesetzes wird angenommen, dass μ_G von der Höhe der Relativgeschwindigkeit unabhängig ist. Auch wird unterstellt, dass der Beiwert μ_G unabhängig von der Größe der Kontaktfläche ist. Beide Annahmen treffen nur in Annäherung zu! In erster Linie sind μ_G und μ_H von der Rauigkeit der Berührungsfläche der beiden Reibpartner abhängig. Je besser die Flächen aufeinander passen (z. B. geschliffene Flächen), umso stärker wirkt sich die natürliche Haftkraft (Adhäsion) aus. Es gibt auch Fälle, in denen μ stärker vom Druck beeinflusst wird, z. B. beim Gleitwerkstoff PTFE (Polytetrafluorethylen).

Da Reibung mit Abrieb verbunden ist und mit Verschleiß einhergeht, kann sich der Reibbeiwert im Laufe der Zeit ändern. Zusammengefasst bleibt festzuhalten: Stoffart, Rauigkeit, Zustand (trocken, nass, geschmiert), fallweise Walz- und Faserstruktur und deren Lage zur Bewegungsrichtung, sie alle zusammen, bestimmen die Größe des Reibungsbeiwertes. Die in Abb. 1.37 angegebenen Reibbeiwerte sind als Anhalt zu begreifen; die Streuung der Werte ist z. T. beträchtlich.

Reibbeiwerte werden im Versuch ermittelt. Abb. 1.38a zeigt das Vorgehen auf einer Horizontalebene, F_N ist gleich der vertikalen Auflast Q: μ_G und μ_H lassen sich im Versuch bestimmen, indem die Kraft F_R mit einer Federwaage gemessen wird: $\mu = F_R/F_N$. Die Oberfläche der Unterlage und jene des gleitenden Körpers haben bei dem Versuch eine definierte Beschaffenheit. – Eine weitere Möglichkeit bietet ein Rutschversuch auf einer schiefen Ebene. Sie sei gegenüber der Horizontalen unter dem Winkel ρ geneigt (Abb. 1.38b). Bei einem bestimmten Winkel beginnt der Körper zu gleiten, zu rutschen. Das Gewicht des Körpers sei Q. Die normal zur schiefen Ebene wirkende Kraft beträgt: $F_N = Q \cdot \cos\rho$ und die in Richtung der schiefen Ebene wirkende (Abtriebs-)Kraft: $Q \cdot \sin\rho$. Der Körper setzt sich bei jenem Winkel ρ_H in Bewegung, bei welchem die (Hang-)Abtriebskraft die

Festkörper - Paarung	Haftreibung trocken	Haftreibung geschmiert	Gleitreibung trocken	Gleitreibung geschmiert	Bemerkung
Stahl - Stahl	0,45	0,10	0,40	0,05	Stahl rauh
Stahl - Stahl	0,15	0,10	0,10	0,05	Stahl glatt
Stahl - Gußeisen	0,20	0,10	0,15	0,05	Stahl u. Gußeisen glatt
Stahl - Bremsbelag	0,60	-	0,55	-	Stahl glatt
Stahl - Teflon	0,04	-	0,04	-	Stahl glatt
Stahl - Beton	0,30 - 0,50	-	0,20 - 0,40	-	
Stahl - Holz	0,50 - 0,60	-	0,30 - 0,50	-	∥ - ⊥
Holz - Holz	0,40 - 0,70	-	0,20 - 0,40	-	∥ - ⊥
Beton - Holz	0,50 - 0,70	-	0,30 - 0,40	-	∥ - ⊥
Gummi - Asphalt	0,70 - 0,80	0,40	0,50 - 0,60	0,30	geschmiert = naß
Gummi - Beton	0,60 - 0,80	0,40	0,50 - 0,70	0,30	geschmiert = naß
Gummi - Eis	0,20	0,10	0,15	0,08	geschmiert = naß

Es bedeuten : ∥ in Faserrichtung , ⊥ quer zur Faserrichtung

Abb. 1.37

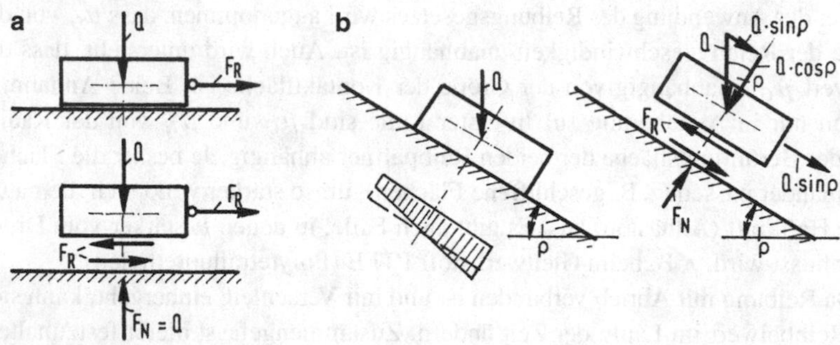

Abb. 1.38

Haftreibungskraft erreicht bzw. überschreitet:

$$Q \cdot \sin \rho_H = F_R = \mu_H \cdot F_N = \mu_H \cdot Q \cdot \cos \rho_H \quad \rightarrow \quad \mu_H = \tan \rho_H$$

Der Haftreibungskoeffizient ist somit gleich dem Tangens jenes Winkels, bei welchem der Körper zu rutschen beginnt.

Großen Einfluss auf den Reibungsbeiwert hat einsichtiger Weise der Schmierzustand. Bei der Schmierung ist ein Medium in Form eines Schmierstoffes, z. B. Öl, am Reibungsvorgang beteiligt. Die Schmierung dient bei Maschinenelementen dazu, Reibung und Verschleiß herab zu setzen. Das Fachgebiet nennt man im Maschinenwesen ‚Tribologie'.

Wie bekannt, gibt es Fälle, in denen eine Schmierung unerwünscht ist, z. B. beim Bremsvorgang auf feuchter/vereister Fahrbahn oder beim Gehen auf vereisten Fußwegen, wenn diese nicht gestreut sind.

Reibungsarbeit W_R und Reibungsleistung P_R (Verlustleistung) folgen aus:

$$W_R = F_R \cdot s = \mu \cdot Q \cdot s; \quad P_R = \frac{W_R}{t} = \mu \cdot Q \cdot \frac{s}{t} = \mu \cdot Q \cdot v = F_R \cdot v$$

s ist der Verschiebungsweg. Die Formel für P_R unterstellt eine konstante (ggf. gemittelte) Geschwindigkeit v und eine konstante Auflast Q. t ist hier jene Zeit, in der die Strecke s durchmessen/durchfahren wird.

Rollreibung Ein technisch wichtiger Fall ist die Rollreibung (Abb. 1.39a). Beim Eindrücken eines Rades (oder einer Rolle) in die Unterlage, stellt sich ein Versatz zwischen der Auflast Q und der Gegenkraft ein. Diesen Versatz nennt man ‚Hebelarm der rollenden Reibung'. Er wird mit f abgekürzt. Damit eine Rollbewegung zustande kommt, muss das Drehmoment $Q \cdot f$ aufgebracht werden. Dem entspricht das äquivalente Ersatzproblem einer Abrollung auf einer ebenen Fläche (ohne Eindrückung), bei welcher die Reibungskraft F_R am Hebelarm R wirkt. R ist der sogenannte ‚Hebelarm der Drehung', also der Radius des Rades oder der Rolle, vgl. Abb. 1.39a. Aus der Gleichsetzung von $F_R \cdot R$ mit $Q \cdot f$ folgt:

$$F_R = Q \cdot \frac{f}{R}; \quad f\text{: Hebelarm der Rollreibung}$$

f ist abhängig von der Beschaffenheit der Partner, also vom Zustand der Fahrbahn und des Rades. Beim Rad mit Reifen beeinflusst unter anderem der Luftdruck im Reifen und damit dessen ‚Latsch' die Höhe des Rollwiderstandes. Die Zahl f kann nur mittels Versuchen bestimmt werden. Hierzu seien einige Anhaltswerte vermerkt: Eisenbahnrad auf Schiene: $f = 0{,}05$ cm; Kranrad aus Stahl mit Spurkranz:

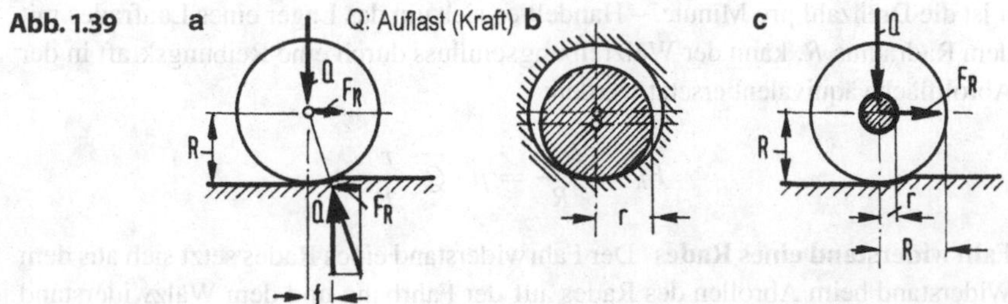

Abb. 1.39

$f = 0{,}05–0{,}07\,\text{cm}$, Kranrad aus Kunststoff mit Spurkranz: $f = 0{,}10–0{,}15\,\text{cm}$. Dem Rollvorgang überlagert sich eine gewisse Schlupfbewegung (Gleitreibungsanteil), der Einfluss ist über den Versuch in f enthalten. – Reibungsarbeit und -leistung berechnen sich nach obigen Gleichungen (vgl. auch unten).

Wälzreibung Das Problem der Wälzreibung (Abb. 1.39b) ist mit dem Problem der Rollreibung verwandt, gleichwohl gibt es einen entscheidenden Unterschied: Die Achse rollt nicht auf einer Ebene ab, sondern gleitet auf einer gekrümmten Fläche und bewegt sich dabei nicht vorwärts. Der Gleitkomponente überlagert sich ein Schlupf. Um die im Lager sich ausbildenden Widerstände unterschiedlichen Ursprungs zu überwinden, muss das Reibungsmoment $M_R = F_R \cdot r = \mu \cdot Q \cdot r$ aufgebracht werden. μ ist hier die Wälzreibungszahl, man spricht auch von der Zapf- oder Lagerreibungszahl. Stoffart der Partner und Schmierung des Lagers haben großen Einfluss auf μ.

Der Wälzreibungsbeiwert ist theoretisch etwas kleiner als der Reibungsbeiwert derselben Partner bei einer Gleitreibung auf ebener Fläche, zwängungsfreies Lagerspiel vorausgesetzt. Real sind i. Allg. Zwängungen vorhanden, dann ist μ höher als bei einer ebenen Gleitung. Der Erhöhungsfaktor ist u. a. vom Lagerspiel, der spezifischen Lagerbelastung und der hiermit verbundenen Lagerverformung sowie von der Temperatur abhängig, letzteres wegen der temperaturabhängigen Änderung des Lagerspiels. Hierzu einige Angaben: Wälzlager als Kugellager: $\mu = 0{,}001–0{,}004$; Wälzlager als Gleitlager: Abhängig von der Paarung gelten folgende Anhalte (erste Zahl trocken, zweite Zahl geschmiert): Stahl/Stahl: 0,10/0,05; Stahl/Gusseisen: 0,15/0,05; Stahl-Bronze/Stahl-Gusseisen: 0,10/0,07: Stahl-Hartchrom/Gusseisen-Hartchrom: 0,15/0,03.

Für eine volle Umdrehung folgen Reibungsarbeit und Reibungsleistung aus:

$$W_R = F_R \cdot s = F_R \cdot 2\pi \cdot r = 2\pi \cdot M_R$$

$$P_R = \frac{W_R}{t} = \frac{2\pi}{t} \cdot M_R = \frac{2\pi}{60/n} \cdot M_R = \frac{\pi}{30} \cdot n \cdot M_R$$

n ist die Drehzahl pro Minute. – Handelt es sich um das Lager eines Laufrades mit dem Radradius R, kann der Wälzreibungseinfluss durch eine Reibungskraft in der Abrollfläche äquivalent ersetzt werden:

$$F_R = \frac{M_R}{R} = \mu \cdot Q \cdot \frac{r}{R}$$

Fahrwiderstand eines Rades Der Fahrwiderstand eines Rades setzt sich aus dem Widerstand beim Abrollen des Rades auf der Fahrbahn und dem Wälzwiderstand am Achszapfen zusammen, vgl. oben:

$$F_R = Q \cdot \frac{f}{R} + \mu \cdot Q \cdot \frac{r}{R} \quad \rightarrow \quad F_R = \frac{f + \mu \cdot r}{R} \cdot Q = \mu_R \cdot Q$$

μ_R bezeichnet man als Fahrwiderstandszahl. In ihr ist der Rollwiderstand auf der Fahrbahn und der Wälzwiderstand auf der Achse zusammengefasst: f ist der Hebelarm der Rollreibung und μ die Wälzreibungszahl. (Bei einem Fahrzeug tritt noch der Luftwiderstand hinzu.)

Durch die Verformung des Reifens im Bereich der Seitenwand und des Umlaufbandes innerhalb des Latsch und durch die hierbei entstehende innere Materialreibung einerseits und das Einsinken des Reifens in die Fahrbahn andererseits kommt der Fahrwiderstand zustande; der Beitrag der Wälzreibung des Rades auf der Achse ist gegenüber diesem Einfluss gering. Richtiger Reifendruck vorausgesetzt, gilt für PKW-Reifen auf Asphaltstraßen bis 100 km/h: $\mu_R = 0{,}010$; von hier aus ansteigend auf 0,015 bis 0,020 bei ca. 200 km/h, teilweise noch höher; auf Kopfsteinpflaster und Schotterwegen liegen die Werte doppelt so hoch.

Für LKW-Reifen beträgt μ_R bei Asphaltstraßen ca. 0,020, bei festem Erdweg ca. 0,050 und bei aufgeweichtem Boden ca. 0,200 bis 0,400, ggf. liegt μ_R noch höher.

1.13.3 Ergänzungen und Beispiele zum Thema Reibung

1. Beispiel

Ein PKW mit der Masse $m = 1200\,\text{kg}$, zusätzlich 3 Personen à 75 kg und Gepäck 75 kg durchfährt auf einer Asphaltstraße eine Strecke von 50 km = 50.000 m Länge mit der mittleren Geschwindigkeit 100 km/h. Der Rollwiderstand sei $\mu_R = 0{,}0175$. Wie groß sind F_R, W_R und P_R?

$$F_R = \mu_R \cdot Q = 0{,}0175 \cdot (1200 + 3 \cdot 75 + 75) \cdot 9{,}81 = 0{,}0175 \cdot 14.715 = \underline{257{,}5\,\text{N}}$$
$$W_R = F_R \cdot s = 257{,}5 \cdot 50.000 = 12{,}9 \cdot 10^6\,\text{J} = 12{,}9 \cdot 10^3\,\text{kJ}$$

Fahrzeit:

$$t = \frac{s}{v} = \frac{50\,\text{km}}{100\,\text{km/h}} = 0{,}5\,\text{h} = 1800\,\text{s}$$

$$P_R = \frac{W_R}{t} = \frac{12{,}9 \cdot 10^6}{1800} = 7153\,\frac{\text{J}}{\text{s}} = 7153\,\text{W} = 7{,}153\,\text{kW} \quad (= 9{,}73\,\text{PS})$$

In der Realität tritt noch der Strömungswiderstand und fallweise der Steigungswiderstand bei hügeliger Straße hinzu. Der Luftwiderstand berechnet sich zu (vgl. Abschn. 2.4.2.3):

$$F_W = \frac{\rho}{2} \cdot c_w \cdot A \cdot v^2$$

Leistungsberechnung: Leistung P als Funktion der Geschwindigkeit v

v	v	μ_R	F_R	v^2	F_W	$F_R + F_W$	P	P
50	13,9	0,014	210	193,2	69	279	3878	3,9
100	27,8	0,018	270	772,8	276	545	15151	15,2
150	42,7	0,022	330	1823,3	660	980	41846	41,9
200	55,6	0,026	390	3091,4	1101	1491	82900	82,9
km/h	m/s	-	N	$(m/s)^2$	N	N	W	kW

Abb. 1.40

ρ ist die Dichte der Luft, sie beträgt etwa 1,25 kg/m^3. c_w ist der Luftwiderstandsbeiwert; für PKW gilt etwa 0,25 bis 0,35, A ist die verdrängte Frontfläche und v die Fahrgeschwindigkeit. Für Sportwagen kann c_w zu 0,25 bis 0,35 angesetzt werden, für Mehrzweck-PKW und offene Kabrioletts zu 0,5 bis 0,7, für Omnibusse zu 0,6 bis 0,7 und für LKW zu 0,7 bis 1,4, vgl. hier den genannten Abschnitt.

2. Beispiel

Die Aufgabe des vorangegangenen Beispiels wird auf vier Geschwindigkeiten erweitert. Der Fahrwiderstandsbeiwert wird dabei der Geschwindigkeit angepasst. Gesucht ist die Fahrleistung für $Q = 15.000\,\text{N}$ ($\approx 14.715\,\text{N}$). Für das Beispiel gelte: $c_w = 0{,}30$, $A = 1{,}90\,\text{m}^2$. In Abb. 1.40 (*links*) ist die Rechnung ausgewiesen, Teilabbildung *rechts* zeigt das Ergebnis als Grafik: Die Fahrleistung steigt stark überproportional mit der Geschwindigkeit, was auf der linearen Zunahme von F_R und der quadratischen Zunahme von F_W mit der Geschwindigkeit v beruht. **Hinweis:** für die Berechnung der Leistung P ist von obiger Formel auszugehen.

Der Steigungswiderstand auf einer Fahrbahn mit dem Steigungswinkel α berechnet sich zu:

$$F_S = Q \cdot \sin\alpha = Q \cdot \frac{h}{s} \quad (g = 9{,}81\,\text{m/s}^2), \quad Q = m \cdot g$$

Muss das Fahrzeug steigen, ist die Steigungskraft F_S dem Roll- und Fahrwiderstand $F_R + F_W$ hinzu zu addieren, bei Gefälle zu subtrahieren.

Um ein Fahrzeug anzutreiben, muss die Haftreibung in der Radaufstandsfläche größer sein als die Antriebskraft am Rad: Die Haftkraft beschränkt die Antriebskraft. Ist letztere größer, drehen die Antriebsräder durch.

Durch einen Spoiler kann die auf die Fahrbahn abgesetzte Druckkraft erhöht werden.

Die Haftreibungszahl ist vom Straßen- und Reifenzustand abhängig, hierzu einige Angaben: Trockene Asphaltstraße $\mu_H = 0{,}7$ bis 0,9. Bei nasser Fahrbahn fällt der Wert in Abhängigkeit von der Dicke des Wasserfilms und der Fahrgeschwindigkeit auf 0,5 und noch tiefer ab, fallweise bis herunter auf 0,1, bei Glatteis gar auf 0,05 (bei ca. 0 °C); bei nochmals tieferer Temperatur steigt die Haftreibung wieder an.

3. Beispiel

Soll ein PKW mit $Q = 15.000\,\text{N}$ aus der Geschwindigkeit $v = 100\,\text{km/h} = 27{,}8\,\text{m/s}$ heraus über alle Räder voll abgebremst werden und ist der Reibbeiwert 0,5, lässt sich der

Bremsweg mit Hilfe des Energieerhaltungssatzes einfach berechnen: Die kinetische Energie des Fahrzeugs beträgt:

$$E_{\mathrm{kin}} = m \cdot \frac{v^2}{2} = \frac{15.000}{9{,}81} \cdot \frac{27{,}8^2}{2} = 1529 \cdot 386{,}4 = 590.836\,\mathrm{J}$$

Die bei einer Vollbremsung dissipierte Energie berechnet sich zu:

$$E_{\mathrm{dis}} = \mu \cdot Q \cdot s_{\mathrm{Bremsweg}} = 0{,}5 \cdot 15.000 \cdot s_B = 7500 \cdot s_B$$

Aus der Gleichsetzung $E_{\mathrm{kin}} = E_{\mathrm{dis}}$ ergibt sich der Bremsweg zu:

$$s_{\mathrm{Bremsweg}} = \frac{590.836}{7500} = 79\,\mathrm{m}$$

Erreicht der Reibbeiwert beim Abbremsen nur den halben Wert, verdoppelt sich der Bremsweg, auch, wenn die Bremsung bei den Rädern vorne oder hinten ausfällt. – Moderne Fahrzeuge sind mit einem ABS (Antiblockiersystem) ausgestattet. Durch dieses wird ein Blockieren der Räder bei der Bremsung geregelt verhindert. Dadurch wird ein Ausbrechen des Fahrzeugs aus der Spur unterdrückt, die Bremsfunktion wird verbessert.

Neben den zuvor behandelten Reibungsarten spielen weitere, insbesondere im Maschinenbau, eine wichtige Rolle (Abb. 1.41): a, Zapfreibung (Bohrreibung wirkt ähnlich) und b, Gewindereibung bei Spindelbetrieb. Die Reibung beim Anziehen einer Schraubenmutter wirkt ähnlich wie Fall b. – Wichtig ist auch die Seilreibung bei Antriebssträngen aller Art, wie bei Riemen- und Seilantrieben (ohne und mit Keilnut, beispielsweise bei Seilbahnantrieben oder bei Keilriemen in Kraftfahrzeugen) und zur Fixierung von Seilen. Auch dieser Fall wird im Maschinenbau im Fachgebiet ‚Maschinenelemente‘ behandelt.

Abb. 1.41

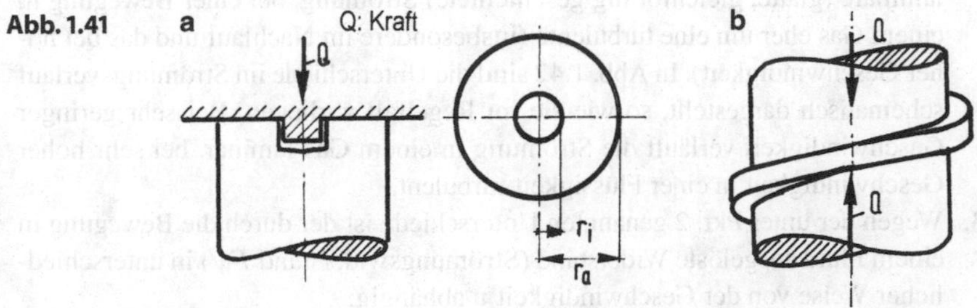

1.13.4 Fluidreibung

Unter einem **Fluid** wird im Folgenden ein Stoff im Aggregatzustand flüssig oder gasförmig verstanden. Die Bindung der Moleküle untereinander ist bei einem Gas schwächer als bei einer Flüssigkeit, bei einem Gas ist sie nahezu aufgehoben (Bd. I, Abschn. 2.3.3 und 3.2.5). Das Strömungsverhalten ist bei Flüssigkeiten und Gasen ähnlich. Daher ist es zur Beschreibung der Strömung möglich, sie unter dem Begriff Fluid zusammenzufassen. Die Fluidreibung wird zwischen den sich relativ zueinander bewegenden Flüssigkeits- und Gaspartikeln bewirkt. Einsichtigerweise ist sie in einer Flüssigkeit größer als in einem Gas. Deutlich wird der Unterschied, wenn die Sinkgeschwindigkeit, z. B. einer Kugel in einem Fluid, gemessen wird.

Die Geschwindigkeit ist von der ‚Klebrigkeit' des Fluids abhängig, man spricht von der **Viskosität** oder Zähigkeit des Fluids. Die Viskosität ist ein Stoffwert, er ist vom Druck und in starkem Maße von der Temperatur abhängig. Eine Flüssigkeit ist deutlich zäher als ein Gas, außerdem wird bei einer Bewegung in einer Flüssigkeit eine viel größere Fluidmasse verdrängt, was mit einer Trägheitswirkung einhergeht. Die Unterschiede bei einer Bewegung in einer Flüssigkeit und einem Gas lassen sich wie folgt kennzeichnen:

1. Die Viskosität einer Flüssigkeit und eines Gases ein und desselben Stoffes unterscheiden sich um ein, zwei oder mehr Zehnerpotenzen! Bei einer Temperaturerhöhung sinkt die Viskosität in einer Flüssigkeit (da die Molekularbindung schwächer wird), in einem Gas steigt sie an (was auf der stärker anwachsenden Geschwindigkeit und Stoßenergie der Gasmoleküle beruht).
2. Als Folge der unterschiedlichen Viskosität gemäß Pkt. 1, ist die Relativgeschwindigkeit bei natürlichen und technischen Strömungen in Flüssigkeiten i. Allg. geringer als in Gasen. Das wird deutlich, wenn man beispielsweise die Strömung in Wasser und Wasserdampf gegenüber stellt. – Die Strömungszustände unterscheiden sich wesentlich: Bei einer Bewegung in Flüssigkeit (zumindest in einer hochviskosen, z. B. in Öl) handelt es sich eher um eine laminare (glatte, gleichförmig geschichtete) Strömung, bei einer Bewegung in einem Gas eher um eine turbulente (insbesondere im Nachlauf und das bei hoher Geschwindigkeit). In Abb. 1.42 sind die Unterschiede im Strömungsverlauf schematisch dargestellt, so wie sie im Regelfall vorliegen: Bei sehr geringer Geschwindigkeit verläuft die Strömung in einem Gas laminar, bei sehr hoher Geschwindigkeit in einer Flüssigkeit turbulent.
3. Wegen der unter Pkt. 2 genannten Unterschiede ist der durch die Bewegung in einem Fluid ausgelöste Widerstand (Strömungswiderstand F_W) in unterschiedlicher Weise von der Geschwindigkeit v abhängig:

Abb. 1.42

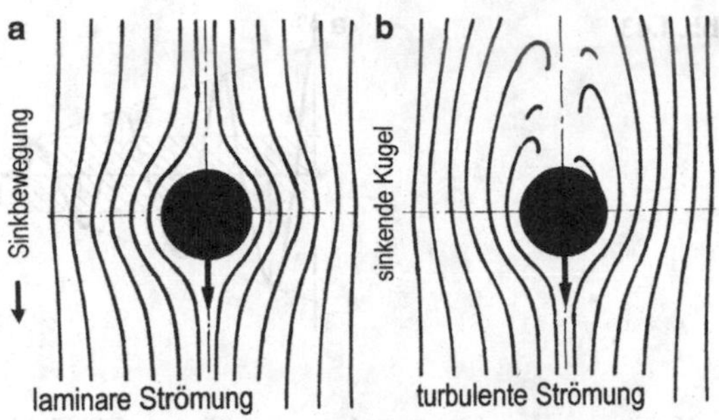

Fluide mit hoher Viskosität: F_W ist proportional zu v (gilt für Flüssigkeiten),
Fluide mit geringer Viskosität: F_W ist proportional zu v^2 (gilt für Gase).
Im ersten Falle steigt der Widerstand linear mit der Geschwindigkeit, im zweiten Falle quadratisch, also nicht-linear, es handelt sich dann eigentlich um keine Reibungs- sondern um eine mit der Verdrängung einhergehende Trägheitswirkung.

Die Herleitung des Strömungswiderstandes in viskosen und nicht-viskosen Fluiden ist Gegenstand der Fluiddynamik (Strömungsmechanik, Abschn. 2.4.2), die Vorgänge sind komplex und vielfältig.

Für den einfachsten Verdrängungskörper, die Kugel, lauten die Gesetze:

- Viskoses Fluid bei eher geschichteter Strömung (Flüssigkeit mit hoher Viskosität):

$$F_W = 6\pi\, r\, \eta \cdot v = 6\frac{A}{r}\eta \cdot v$$

r: Radius der Kugel in m, A: Verdrängungsfläche in m^2, η: ‚dynamische Viskosität', v: Geschwindigkeit in m/s. Die SI-Einheit von η lautet Pascalsekunde (Pa · s): $1\,\text{Pa} \cdot \text{s} = 1\,\text{N s/m}^2 = 1\,\text{kg/m} \cdot \text{s}$.
Der Quotient aus der dynamischen Viskosität und der Dichte wird ‚kinematische Viskosität' genannt (es ist das Viskositäts-Dichte-Verhältnis): $\nu = \eta/\rho$.

- Nicht-viskoses Fluid bei eher turbulenter Strömung (Gas mit vernachlässigbarer Viskosität):

$$F_W = \frac{\rho}{2} \cdot c_w \cdot A \cdot v^2$$

ρ: Dichte in kg/m^3, c_w: Strömungsbeiwert (dimensionsfrei), A: Verdrängungsfläche in m^2, v: Geschwindigkeit in m/s. Im Falle der Kugel ist c_w keine

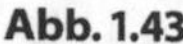
Abb. 1.43

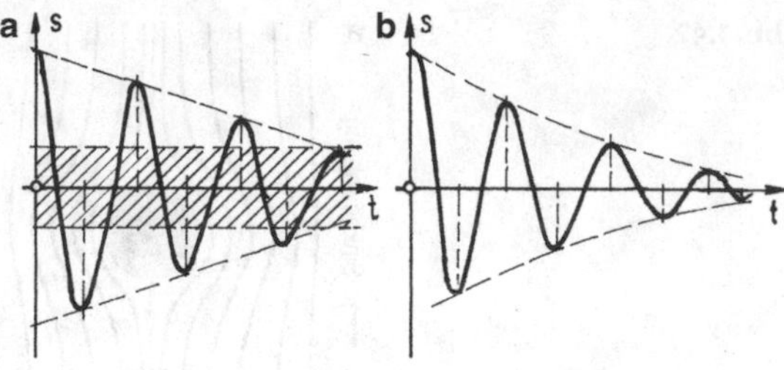

Konstante, sondern von der sogen. Reynolds-Zahl abhängig, die ihrerseits eine Funktion der Geschwindigkeit und Kugelgröße ist. Bei niedrigen Reynolds-Zahlen beträgt c_w ca. 0,50, bei höheren ca. 0,20, bei sehr hohen ca. 0,10. Die c_w-Werte können nur im Wasser- oder Windkanal experimentell bestimmt werden. Wegen weiterer Einzelheiten vgl. Abschn. 2.4.2.

1.13.5 Dämpfung: Einführung

Mit der Schwingungsbewegung materieller Körper und Kontinua geht stets Dämpfung einher. Es handelt sich um Energie dissipierende Vorgänge. Sie werden durch unterschiedliche innere und äußere Reibungen verursacht. Der Begriff ‚Dämpfung' steht nicht für einen konkreten Stoffwert sondern für eine Stoffeigenschaft, für das Vermögen eines Stoffes oder Stoffsystems, Bewegungsenergie zu zerstreuen.

Irgendwann kommt jede Bewegung, jede Schwingung, zum Erliegen, sofern nicht ständig soviel Anregungsenergie im zeitlichen Mittel zugeführt wird, wie im Mittel Dämpfungsenergie zerstreut wird. Der zeitliche Verlauf einer abklingenden Schwingung erlaubt Schlüsse über die Dämpfungsursache und die Höhe der Dämpfung, wie in Abb. 1.43 angedeutet.

Insgesamt erfasst der Begriff Dämpfung ein weites Feld, eine systematische Behandlung ist schwierig. – Bei technischen Anlagen werden vielfach Schwingungsdämpfer eingesetzt: Stoßdämpfer in Straßen- und Schienenfahrzeugen aller Art, Dämpfer und Dämmstoffe bei Maschinenfundamenten, seismische Schutzsysteme im Hoch- und Brückenbau. – Neben der mechanischen Dämpfung gibt es sie in elektrischen Systemen.

1.13.6 Reibungsdämpfung

Unter dem Begriff Reibungsdämpfung wird im Folgenden die bei einer zyklischen Bewegung eines Körpers **durch Festkörper-Reibung** dissipierte Energie verstanden. Die Reibungskraft F_R wird bei den Hin-und-Her-Bewegungen als konstant unterstellt. Abb. 1.44a steht für den Vorgang: Der Körper übt auf die Unterlage die Gewichtskraft $Q = m \cdot g$ aus. Der Reibungsbeiwert sei μ. Die Reibungskraft beträgt dann $F_R = \mu \cdot Q$. Zwischen Haft- und Gleitreibung werde nicht unterschieden.

Wird der Körper von ⓪ über ① nach ② verschoben, ist die Reibungskraft gemäß vorstehender Voraussetzung durchgängig konstant: $F_R =$ konst. Bei ② wechselt F_R mit dem Wechsel der Bewegungsrichtung ihre Wirkungsrichtung. So fortschreitend wird nach und nach ein voller Zyklus durchfahren und mit der Stellung ⑧ der Ausgang der Bewegung wieder erreicht. Von hier aus wiederholt sich der Vorgang. Im ersten Viertel eines Umlaufs wird von F_R die Arbeit $F_R \cdot \hat{s}$ verrichtet. $\hat{s}$ ist die Amplitude (der Ausschlag) der zyklischen Bewegung. Im zweiten Viertel wird von F_R dieselbe Arbeit verrichtet: $(-F_R) \cdot (-\hat{s}) = F_R \cdot \hat{s}$. Insgesamt beläuft sich die Reibungsarbeit eines vollen Zyklus zu:

$$W_R = 4 \cdot F_R \cdot \hat{s}$$

Das ist der Inhalt des Rechtecks in Abb. 1.44b. Man nennt die Figur ‚**Hysterese**'. W_R ist die während eines Zyklus sich im Wesentlichen als Wärme verflüchtigende Energie. (Bekanntlich reibt man die Handflächen gegeneinander, um die Hände zu wärmen.)

W_R ist im vorliegenden Falle unabhängig von der zeitlichen Änderung der Verschiebung, also unabhängig davon, wie schnell die Hin und Herbewegung erfolgt. Man spricht in solchen Fällen auch von hysteretischer Dämpfung.

Verläuft die Bewegung **sinusförmig**, nennt man sie ‚**harmonisch**'. Der Weg $s = s(t)$ gehorcht in diesem Falle der Funktion (Abb. 1.44c):

$$s = s(t) = \hat{s} \cdot \sin 2\pi \frac{t}{T}$$

t ist die Zeit und T die Dauer einer **Periode**, sie wird in s (Sekunden) gemessen. $\hat{s}$ ist die **Amplitude** in m (Meter).

Der Ablauf der sinusförmigen Bewegung eines Zyklus nach vorstehender Gleichung lässt erkennen, dass die Wegordinate $s = s(t)$ für die Zeitpunkte $t/T = 1/2$ und $t/T = 1$ gleich Null ist, also der Nullpunkt durchlaufen wird und dass für die Zeitpunkte $t/T = 1/4$ und $=3/4$ die Wegordinate gleich $+1 \cdot \hat{s}$ bzw. $-1 \cdot \hat{s}$ ist, also jeweils der Größtwert, die Amplitude, erreicht wird. – Der Kehrwert von T ist die ‚**Frequenz**' der harmonischen Bewegung, abgekürzt mit f:

$$f = \frac{1}{T}$$

Abb. 1.44

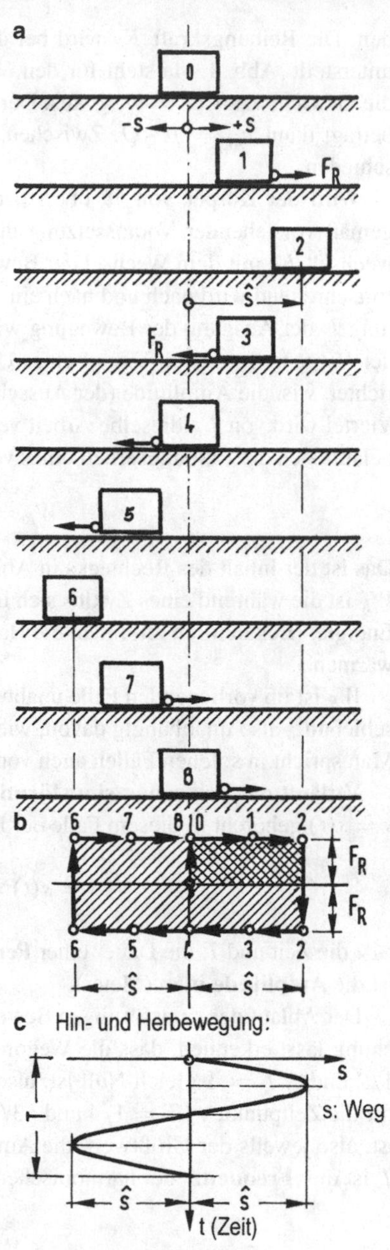
a
0
-s
+s
1
F_R
2
ŝ
3
F_R
4
5
6
7
8
b
6
7
8
0
1
2
F_R
F_R
6
5
4
3
2
ŝ
ŝ
c Hin- und Herbewegung:
s
s: Weg
ŝ
ŝ
t (Zeit)

Abb. 1.45

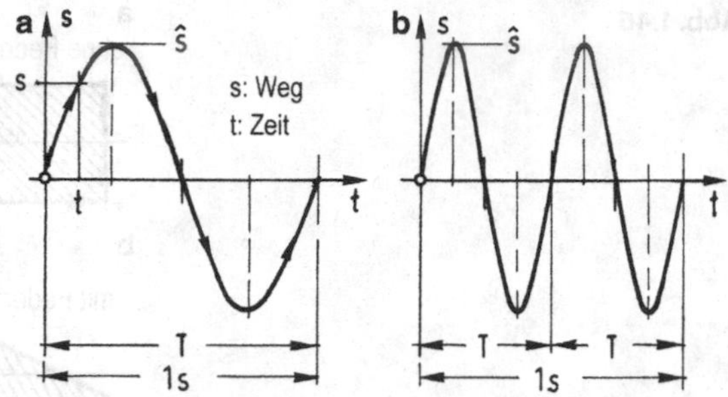

Das ist die Anzahl der Sinus-Zyklen pro Zeiteinheit, also pro Sekunde. Diese Einheit trägt den Namen Hertz (abgekürzt mit Hz, benannt zu Ehren von H. HERTZ (1857–1894), dem Entdecker der elektromagnetischen Wellen).

Dauert die Periode eines Zyklus $T = 1\text{s}$, also eine Sekunde (Abb. 1.45a), beträgt die Frequenz $f = 1/1\,\text{s} = 1\,\text{Hz}$, das bedeutet ein Schwingungszyklus pro Sekunde. Dauert der Zyklus eine halbe Sekunde, gilt also $T = 0{,}5 \cdot s$, beträgt die Frequenz $f = 1/(0{,}5 \cdot \text{s}) = 2\,\text{Hz}$, das sind zwei Zyklen pro Sekunde (Abb. 1.45b).

Die Funktion für die harmonische Bewegung kann bei Verwendung der Frequenz f zu

$$s = s(t) = \hat{s} \cdot \sin 2\pi\ f \cdot t$$

angeschrieben werden. Es ist üblich, den Ausdruck $2\pi\ f$ mit ω abzukürzen und mit ‚**Kreisfrequenz**' zu benennen:

$$\omega = 2\pi f = \frac{2\pi}{T}$$

Hiermit lautet Gleichung für die zyklische Hin-und-Her-Bewegung

$$s = s(t) = \hat{s} \cdot \sin \omega\, t.$$

Wird die Arbeit eines Zyklus auf die Dauer des Zyklus bezogen, also auf T, erhält man die (mittlere) Leistung (man spricht von Verlustleitung) zu:

$$P_R = \frac{W_R}{T} = W_R \cdot f$$

Das ist einsichtig: Ist die Frequenz hoch, werden pro Zeiteinheit viele Hysteresen durchlaufen, die Verlustleistung P_R ist entsprechend hoch, vice versa.

Ist der Körper in Abb. 1.44a mit einer Zug-Druck-Feder verbunden, muss bei der Verschiebung zusätzlich zum Reibungswiderstand ein Federwiderstand überwunden werden. Die Rückstellkraft der Feder ist $k \cdot s$, wenn k die Federkonstante

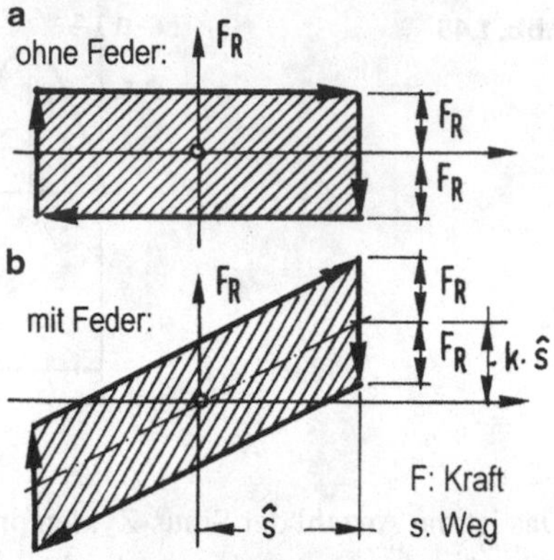

Abb. 1.46

ist. (Die Federkraft ist gleich der Federkonstanten mal dem Federweg.) Im Umkehrpunkt der Bewegung ist die Federkraft mit $k \cdot \hat{s}$ am größten, während des Nulldurchgangs ist sie Null. Wird die Summe aus Reibungskraft und Federkraft, also $F = F_R + k \cdot s$, über der Verschiebung s aufgetragen, stellt sich eine schief liegende Hysterese ein, wie in Abb. 1.46b dargestellt.

1.13.7 Viskose Dämpfung

Ändert sich die Reibungskraft proportional mit der Geschwindigkeit, spricht man von viskoser Reibung und im Falle einer zyklischen (Schwingungs-)Bewegung von viskoser Dämpfung. Sie ist bei einer **Bewegung in einem viskosen Medium wirksam**, z. B. in Öl. (Der Vorgang wird häufig durch einen Hydraulikzylinder versinnbildlicht: Öl strömt bei der Hin- und Herbewegung des Kolbens über einen Speicher, Abb. 1.47a. Die Darstellung in Abb. 1.47b, das Öl strömt durch den Spalt zwischen Kolben und Zylinder ist als Modell zu begreifen!)

Die viskose Reibungskraft ist zu $F_R = d \cdot v$ definiert, v ist die Geschwindigkeit in m/s und d der viskose Reibungs- bzw. Dämpfungsbeiwert. Dieser Beiwert muss experimentell bestimmt werden (s. u.).

Wird von vornherein von einer harmonischen Bewegung ausgegangen, so folgt die Geschwindigkeit als Ableitung des Weges $s = s(t)$ nach der Zeit (vgl. Abschn. 1.2):

$$v = v(t) = \frac{ds}{dt} = \hat{s} \cdot \frac{2\pi}{T} \cdot \cos 2\pi \frac{t}{T}$$

Abb. 1.47

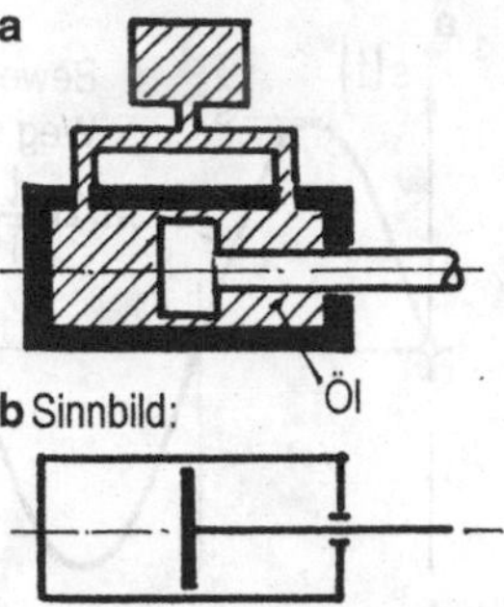

(Das Differential der Sinusfunktion ist dem Verlauf nach die Cosinusfunktion, Bd. I, Abschn. 3.7.1.3.) Die Dämpfungskraft verläuft demnach cosinusförmig:

$$\begin{aligned} F_R = d \cdot v &= d \cdot \hat{s} \cdot \frac{2\pi}{T} \cdot \cos 2\pi \frac{t}{T} \\ &= \hat{F}_R \cdot \cos 2\pi \frac{t}{T} = \hat{F}_R \cdot \cos 2\pi f\, t = \hat{F}_R \cdot \cos \omega\, t \end{aligned}$$

mit der Kraftamplitude:

$$\hat{F}_R = d \cdot \hat{s} \cdot \frac{2\pi}{T}$$

In den Umkehrpunkten der Bewegung ist die Geschwindigkeit Null, daher auch die Dämpfungskraft. Beim Nulldurchgang ist die Geschwindigkeit am größten, demnach auch die Dämpfungskraft. Das erklärt den in Abb. 1.48b dargestellten zeitlichen Verlauf der Dämpfungskraft F_R.

Werden zugeordnete Werte F_R und s in einem F_R-s-Diagramm aufgetragen, ergibt sich als Graph dieser Funktion eine Ellipse. Das bedeutet: Die Ellipse ist die Hystereseform der viskosen Dämpfung. In Abb. 1.48c ist das Ergebnis veranschaulicht, Teilabbildung d zeigt die Hysterese einschließlich der Wirkung einer elastischen Federkraft. Der Vergleich mit Abb. 1.46b verdeutlicht den Unterschied zwischen einer Dämpfung durch trockene und viskose Reibung.

Wird die Gleichung für F_R durch $\hat{F}_R$ dividiert und anschließend quadriert, folgt:

$$(F_R(t)/\hat{F}_R)^2 = \cos^2 \omega\, t$$

Weiter umgeformt folgt ($\sin^2 x + \cos^2 x = 1 \rightarrow \cos^2 x = 1 - \sin^2 x$):

$$(F_R(t)/\hat{F}_R)^2 = \cos^2 \omega\, t = 1 - \sin^2 \omega\, t = 1 - (s/\hat{s})^2$$

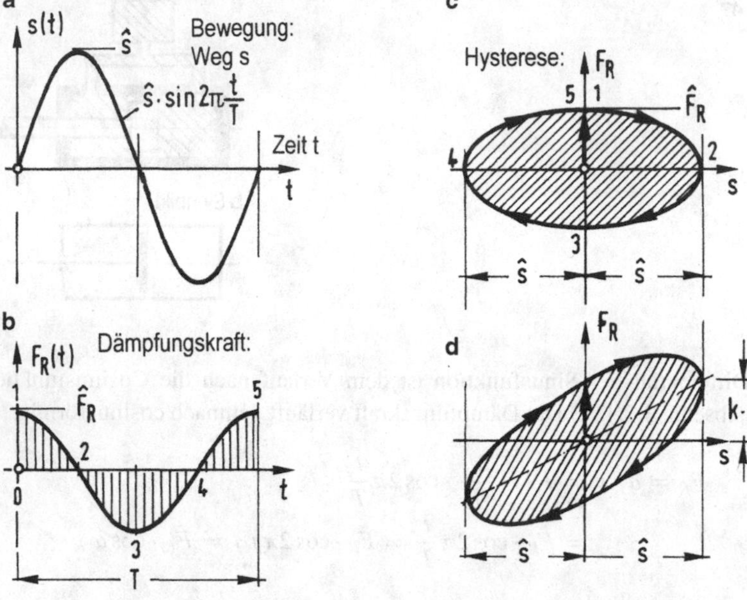

Abb. 1.48

Aus vorstehender Beziehung folgt nach geringer Umstellung:

$$\left(\frac{F_R}{\hat{F}_R}\right)^2 + \left(\frac{s}{\hat{s}}\right)^2 = 1$$

Das ist die Gleichung einer Ellipse mit den Halbmessern $\hat{F}_R$ und $\hat{s}$.

Der Flächeninhalt dieser Ellipse ist die pro Zyklus dissipierte Dämpfungsarbeit (Dämpfungsenergie):

$$W_R = \pi \cdot \hat{F}_R \cdot \hat{s} = \pi \cdot d \cdot \omega \cdot \hat{s}^2$$

Beweisen lässt sich das Ergebnis, indem über $d\,W_R = F_R \cdot ds$ über die Dauer eines vollen Zyklus integriert wird. – Kann die in einem Versuch ermittelte elliptische Hysterese ausgemessen werden, kennt man deren Flächeninhalt ($= W_R$). Daraus folgt der Dämpfungsbeiwert d zu:

$$d = \frac{W_R}{\pi \cdot \omega \cdot \hat{s}^2} \quad \text{in der Einheit} \quad \frac{\text{N}}{\text{m/s}}.$$

1.14 Energiewandlung

1.14.1 Wirkungsgrad

Wie in den vorangegangenen Abschnitten ausgeführt, kann die einem System innewohnende Energie (das ist das Arbeitsvermögen des Systems) in unterschiedlicher Form vorliegen, als mechanische, thermische, chemische, elektrische, magnetische oder nukleare Energie. Vielfach gilt es, eine Energieform in eine andere zu überführen. Bei dieser Umsetzung zwecks ‚Erzeugung' (‚Nutzung') geht ein Teil ‚verloren'. Das bedeutet: Ein Teil der zugeführten Energie dient als Nutzenergie dem angestrebten Zweck, der andere ist Verlustenergie. Dieser Teil verflüchtigt sich in irgendeiner Form, überwiegend als ‚Abwärme': Es handelt sich um Dissipation, also um Zerstreuung von Energie in Form von Wärme an die Umgebung.

In Abb. 1.49 sind in schematischer Form unwirtschaftlich und wirtschaftlich arbeitende Systeme gegenübergestellt. Bei den Zweitgenannten handelt es sich z. B. um Kraftwerke mit Wärmekraftkopplung. Mit ihnen lässt sich der Wirkungsgrad anheben, indem die Abwärme für Heizungs- oder Antriebszwecke genutzt wird.

Mit dem **Wirkungsgrad** lässt sich die Güte, die Effizienz, der Energiewandlung bewerten. Es ist eine für alle technischen Systeme wichtige Größe:

- Die höchsten Wirkungsgrade werden in technischen Anlagen mit rein mechanischer Energiewandlung erreicht, wie beispielsweise bei der Kraftübertragung durch Hebel, Riemen oder Zahnräder, beim Flaschenzug usf. Hier wirkt die trockene Reibung energiedissipierend.
- Wird potentielle Energie in kinetische Energie umgesetzt, wie bei Wasserrädern und -turbinen, ist ebenfalls mit einem hohen Wirkungsgrad zu rechnen. Neben der trockenen Reibung treten noch hydraulische Reibungsanteile hinzu, z. B. infolge innerer und äußerer Fluidreibung (Strömungsturbulenz und Wandreibung).

Abb. 1.49 a b

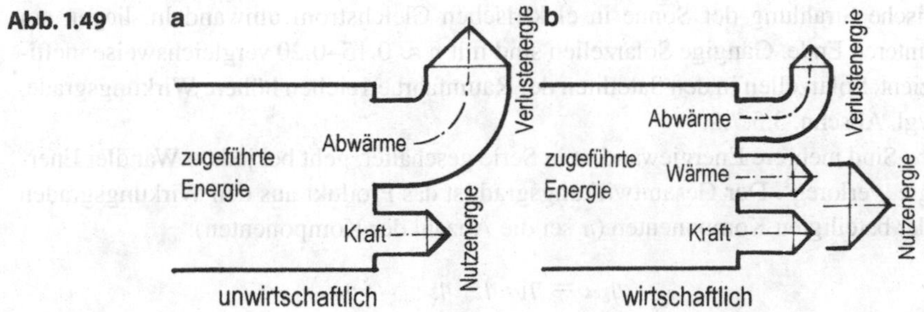

Abb. 1.50

Maschinen/Komponenten	η	Anlagen	η_{ges}
Elektro-Generatoren	0,85 – 0,95	Wasserkraftwerke	0,75 – 0,90
Elektro-Motoren	0,75 – 0,90	Kohlekraftwerke	0,30 – 0,50
Elektrische Ausrüstungen	0,80 – 0,95	Gaskraftwerke	0,50 – 0,60
Otto-Motoren	0,25 – 0,35	Kernkraftwerke	0,35 – 0,45
Diesel-Motoren	0,30 – 0,40	Windkraftwerke	0,40 – 0,55
Dampf-Turbinen	0,40 – 0,50	Solarkraftwerke	0,12 – 0,17

- Auch bei elektrischen Generatoren ist der Wirkungsgrad hoch, weil die elektromagnetische Induktion vergleichsweise verlustarm verläuft.
- Hohe ‚Verluste' treten immer dann auf, wenn Verbrennungsvorgänge bei der Umsetzung von chemisch oder nuklear gebundener Energie in mechanische oder elektrische Energie beteiligt sind, wie bei Wärmekraftmaschinen aller Art. Es handelt sich hierbei um Kreisprozesse. Deren Effizienz ist aus thermodynamischen Gründen begrenzt. Der Wirkungsgrad liegt i. Allg. unter 50 %, meist deutlich darunter! Kap. 3 (Thermodynamik) widmet sich dieser wichtigen Thematik.

Alle Energiewandlungen sind in einem abgeschlossenen System dem Energieerhaltungsgesetz unterworfen, physikalisch geht keine Energie ‚verloren'.

Der Wirkungsgrad ist zu

$$\eta = \frac{E_{\text{Nutzenergie}}}{E_{\text{Energieeinsatz}}} < 1$$

definiert. Ein Wirkungsgrad $\eta = 1$ kann grundsätzlich nicht erreicht werden.

Die in der Tabelle der Abb. 1.50 *links* angegebenen Werte für η lassen erkennen, dass die Wirkungsgrade technischer Komponenten aus den oben erläuterten Gründen sehr unterschiedlich sind. Wie ebenfalls bereits erwähnt, erreichen elektrische Generatoren und Motoren die höchsten Werte. Solarzellen, welche elektromagnetische Strahlung der Sonne in elektrischen Gleichstrom umwandeln, liegen am unteren Ende. Gängige Solarzellen sind mit $\eta \approx 0{,}15$–$0{,}20$ vergleichsweise ineffizient. Solarzellen in den Satelliten der Raumfahrt erreichen höhere Wirkungsgrade, vgl. Abschn. 3.5.7.2.

Sind mehrere Energiewandler in Serie geschaltet, geht bei jedem Wandler Energie ‚verloren'. Der Gesamtwirkungsgrad ist das Produkt aus den Wirkungsgraden der beteiligten Komponenten (n sei die Anzahl der Komponenten):

$$\eta_{\text{ges}} = \eta_1 \cdot \eta_2 \cdot \eta_3 \cdot \ldots \cdot \eta_n$$

Die in der Tabelle der Abb. 1.50 *rechts* eingetragenen Werte haben die Bedeutung von η_{ges}.

Summa summarum kann man erkennen, dass die Energienutzung (trotz der inzwischen entwickelten Hochtechnologie) nicht sehr befriedigend ist. Alle Maßnahmen, die eine Erhöhung des Wirkungsgrades anstreben, verdienen im Hinblick auf die künftige Energieversorgung höchste Priorität, ebenso die Erschließung neuer Energiequellen.

1.14.2 Energiegewinnung durch Wasserkraft

Als Beispiel zum Thema Energiewandlung wird die Energiegewinnung aus Wasserkraft nachfolgend etwas ausführlicher behandelt. – Geschichtliche Darstellungen zur Wasserkraft findet der Leser in [10–12], Fachliteratur in [13–16] und zum Thema Wasserkraft als Beitrag zu den Erneuerbaren Energien in [17].

Die eingestrahlte Sonnenenergie lässt das Wasser auf Erden allüberall verdunsten, insbesondere jenes der Meere. Das Wasser steigt als Wasserdampf in die Atmosphäre auf. Je wärmer die Luft ist, umso mehr Wasserdampf kann sie aufnehmen (Abb. 1.51). Während des Aufstiegs kühlt sich die Luft ab, der Wasserdampf kondensiert (zu Wolken) und wird vom Wind verfrachtet. Ein Teil regnet über dem Meer (als Süßwasser) wieder ab, der andere über dem Festland und sammelt sich im Grundwasser oder in Bächen, Flüssen und in den großen Strömen und gelangt so wieder ins Meer, ein Teil fällt als Schnee über den polaren Eismassen und den Gletschern der Hochgebirge herab.

Abb. 1.51

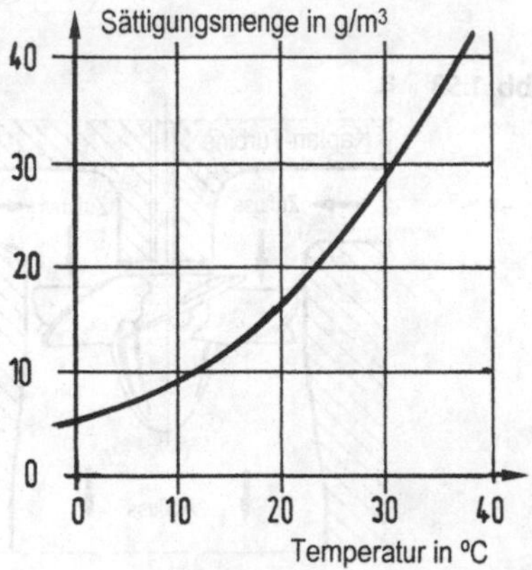

Abb. 1.52 a b

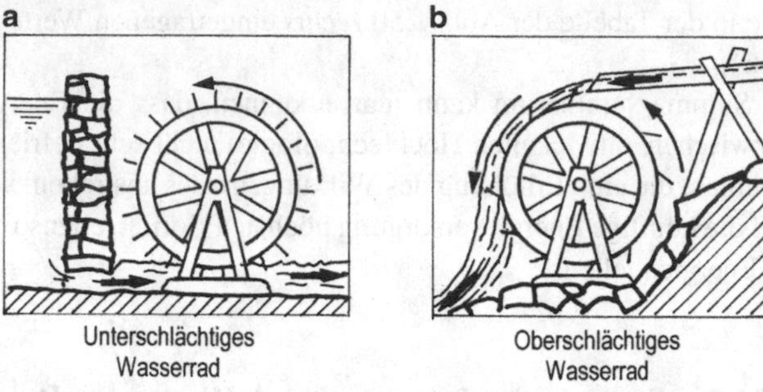

Die Energie des in den Bächen und Flüssen abfließenden Wassers wurde schon im Altertum vor der Zeitenwende und zunehmend im Mittelalter bis in die neuere Zeit mit Hilfe von Wasserrädern als Antriebsenergie für Mühlen, Schmieden und Sägewerke, auch in Bergwerken, umgenutzt. Dabei gibt es zwei Formen von Wasserrädern: Das ‚Unterschlächtige Wasserrad', dessen Schaufeln in das strömende Wasser eintauchen und dadurch die Stoßkraft aus dem aufgestauten Wasser beziehen (Abb. 1.52a) und das ‚Oberschlächtige Wasserrad', bei welchem die potentielle Energie des Oberwassers beim Ablaufen über die becherförmigen Schaufeln in kinetische Drehenergie umgesetzt wird (Abb. 1.52b). Mit dem letztgenannten Rad lassen sich höhere Wirkungsgrade erzielen.

In modernen Wasserkraftwerken gibt es im Wesentlichen drei unterschiedliche Turbinenformen, vgl. Abb. 1.53. Es werden Wirkungsgrade bis 95 % erreicht. In allen Fällen werden Generatoren angetrieben, die den erzeugten Strom ins Netz speisen: Die **Kaplan-Turbine** (nach V. KAPLAN (1876–1934), 1913 erfunden) kommt vorrangig in Flusskraftwerken (in sogen. Laufwasserkraftwerken) mit

Abb. 1.53 a b

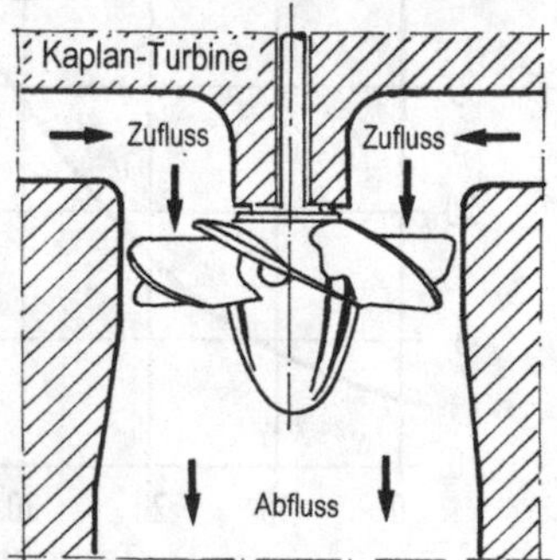

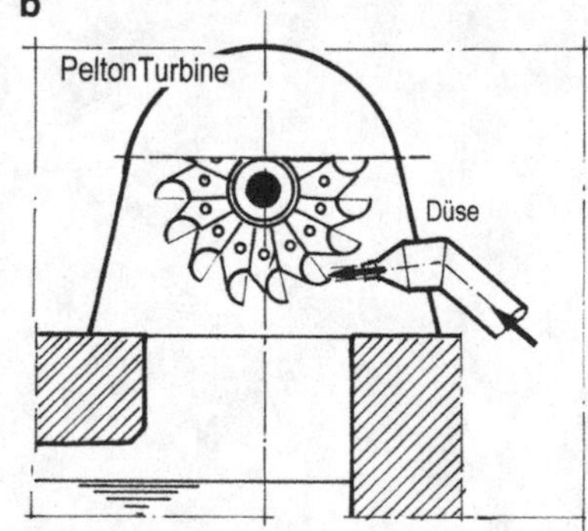

Abb. 1.54

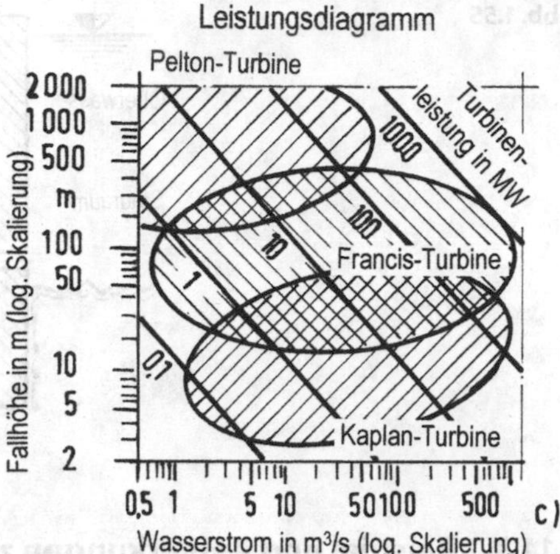

großen Wassermengen bei gleichzeitig geringer Fallhöhe zum Einsatz. Die Schaufeln sind verstellbar. Durch ein Wehr wird der Fluss aufgestaut. Im Wehr sind i. Allg. mehrere Turbinen nebeneinander untergebracht, um in Abhängigkeit vom Wasserstand jede Turbine möglichst optimal bei Volllast betreiben zu können.

Die **Pelton-Turbine** (nach L. PELTON (1829–1908), 1880 erfunden) kommt bei großen Fallhöhen zur Anwendung, dort wo das Wasser aus Stauseen im Hochgebirge über Druckstollen oder Druckfallleitungen entnommen wird (Speicherkraftwerke). Die kinetische Energie des ankommenden Wassers setzt sich in Strahlstoßkraft gegen gewölbte Hohlschaufeln um und treibt die Turbine an. Vielfach wird das Wasser über mehrere Düsen über den Umfang des Rades zugeführt. Die Turbine arbeitet mit hoher Drehzahl. Die Geschwindigkeit des aus der Düse austretenden Freistrahls berechnet sich zu $v = \sqrt{2g \cdot h}$ mit $g = 9{,}81\ \text{m/s}^2$ und h als Fallhöhe (vgl. Abschn. 1.12.3). Hiervon ausgehend wird die Leistung der Pelton-Turbine berechnet. Es wurden schon Anlagen mit bis zu 1883 m Fallhöhe gebaut!

Die **Francis-Turbine** (nach J.B. FRANCIS (1829–1908), 1848 erfunden) kommt für mittlere bis größere Fallhöhen zum Einsatz. Sie besitzt schneckenförmige regelbare Leitschaufeln und hat insgesamt einen spiraligen Aufbau. Die Turbine ist auch als Pumpe einsetzbar, z. B. in Pumpspeicherkraftwerken.

Das in Abb. 1.54 wiedergegebene Diagramm vermittelt Anhalte zum Einsatzbereich der Turbinen und zur erzielbaren Leistung in Abhängigkeit von der Fallhöhe und der pro Zeiteinheit verfügbaren Wassermenge [13, 14].

Auf Abschn. 3.5.7 (Nichtfossile Energieträger) wird verwiesen.

Abb. 1.55

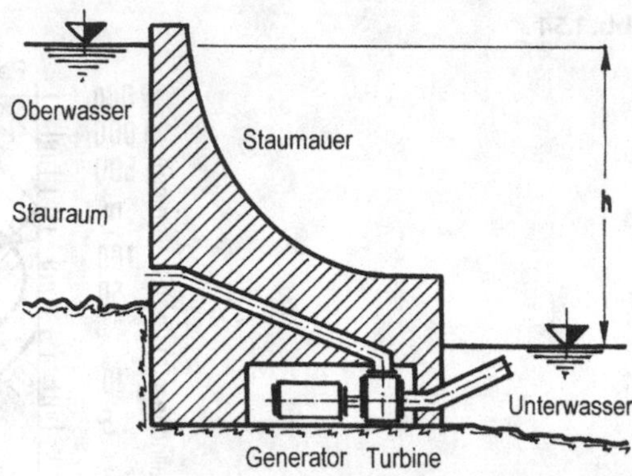

1.14.3 Beispiel und Anmerkungen zur Energiegewinnung durch Wasserkraft

Beispiel

Der Höhenunterschied zwischen Ober- und Unterwasser bestimmt die Nutzhöhe, Abb. 1.55. An der Turbine beträgt die potentielle Energie:

$$E_{\text{pot}} = F \cdot h$$

(Energie = Arbeitsvermögen = Kraft mal Weg). F ist die ‚Wasserkraft'. Sie lässt sich wie folgt bestimmen: Aus dem Wasser*volumen* V, das in der Zeiteinheit, z. B. in der Sekunde, durch die Turbinen strömt, berechnet sich die zugehörige Wasser*masse* (= Dichte mal Volumen):

$$m = \rho_{\text{Wasser}} \cdot V$$

Die (Gewichts-)Wasser*kraft* F ist Masse mal Erdbeschleunigung:

$$F = m \cdot g = \rho_{\text{Wasser}} \cdot g \cdot V, \quad g = 9{,}81\,\text{m/s}^2$$

Somit beträgt die potentielle Energie, die die Turbine und damit den Generator antreibt:

$$E_{\text{pot}} = \rho_{\text{Wasser}} \cdot g \cdot V \cdot h$$

Pro Tag mögen 6,0 Millionen m^3 Wasser aus einem Stausee durch die Turbine strömen. Die Stauhöhe h gegenüber dem Unterwasser betrage 25 m. Die Leistung des Kraftwerkes berechnet sich in folgenden Schritten:

Dichte des Wassers:	$\rho_{\text{Wasser}} = 1{,}0 \cdot 10^3\ \text{kg/m}^3$
Wassermasse:	$m = \rho_{\text{Wasser}} \cdot V = 1{,}0 \cdot 10^3 \cdot 6{,}0 \cdot 10^6 = 6{,}0 \cdot 10^9\ \text{kg}$
Wasserkraft:	$F = m \cdot g = 6{,}0 \cdot 10^9 \cdot 9{,}81 = 58{,}86 \cdot 10^9\ \text{N}$
Potentielle Energie:	$E_{\text{pot}} = F \cdot h = 58{,}86 \cdot 10^9 \cdot 25{,}0 = 14{,}72 \cdot 10^{11}\ \text{N m}$
	$= 14{,}72 \cdot 10^{11}\ \text{J}.$

Diese potentielle Energie wird jeden Tag als Arbeit an der Turbine abgesetzt. Die *Leistung* des Kraftwerkes ist *die pro Sekunde* verrichtete Arbeit. Der Tag hat $24 \cdot 60 \cdot 60 = 86.400$ Sekunden. Somit berechnet sich die Leistung des Kraftwerks in Watt (= Joule/Sekunde) bzw. in MW zu

$$P = (14{,}72 \cdot 10^{11}/86.400)\ \text{W} = \underline{17{,}04 \cdot 10^6\ \text{W} = 17{,}04\ \text{MW}} \quad (\text{MW} = \text{Megawatt}).$$

Es treten diverse mechanische Verluste infolge Wandreibung und Verwirbelung innerhalb der Rohrleitung und infolge der Reibung in den Turbinen- und Generatorlagern auf, zusätzlich elektromagnetische Verluste im Generator und in den Elektroleitungen. Der Gesamtwirkungsgrad betrage: $\eta_{\text{ges}} = 0{,}8$. Das ergibt eine Nennleistung von

$$P = 0{,}8 \cdot 17{,}04 = \underline{13{,}6\ \text{MW}}$$

1. Anmerkung

Ein Kraftwerk erzeuge Strom mit einer Leistung von 1 W (1 Watt). Das ergibt pro Sekunde eine Energie von 1 J (1 Joule) und pro Stunde eine Energie von 3600 J. Um eine Energie von 1 J *pro Stunde* zu erzeugen, bedarf es der Leistung $(1/3600)\ \text{W} = 2{,}78 \cdot 10^{-4}\ \text{W} = 2{,}78 \cdot 10^{-7}\ \text{kW}$. Somit gilt: $1\ \text{J} \Rightarrow 2{,}78 \cdot 10^{-7}\ \text{kW h}$.

Ein Kraftwerk mit einer Leistung von 1 W = 1 J/s liefert demnach eine Energie in kW h

pro Sekunde (s) von	$1\ \text{J/s} \cdot \text{s} =$	$1\ \text{J} =$	$2{,}78 \cdot 10^{-7}\ \text{kW h}$
pro Stunde (h) von	$1\ \text{J/s} \cdot 3600\ \text{s} =$	$3600\ \text{J} =$	$1{,}00 \cdot 10^{-3}\ \text{kW h}$
pro Tag (d) von	$1\ \text{J/s} \cdot 3600 \cdot 24\ \text{s} =$	$85.400\ \text{J} =$	$2{,}40 \cdot 10^{-2}\ \text{kW h}$
pro Jahr (a) von	$1\ \text{J/s} \cdot 3600 \cdot 24 \cdot 365\ \text{s} =$	$31.536.000\ \text{J} =$	$\underline{8{,}77\ \text{kW h}}$

Ein Kraftwerk mit einer Leistung von 1000 MW (das ist das $1000 \cdot 10^6 = 10^9$-fache eines 1-W-Kraftwerkes) erzeugt jährlich eine Energie von $10^9 \cdot 8{,}77\ \text{kW h} = 8770 \cdot 10^6\ \text{kW h} = 8770$ Millionen kW h. Das setzt einen 100 %igen Volllastbetrieb voraus. Bei 70 % verfügbarer Volllast würde bei einem 1000-MW-Kraftwerk jährlich eine Energie von

$$0{,}7 \cdot 8770 \cdot 10^6\ \text{kW h} = 6140 \cdot 10^6\ \text{kW h}$$

anfallen.

Abb. 1.56

Die drei weltweit größten Wasserkraftwerke Inbetriebnahme und Nennleistung in MW		
Drei Schluchten (China)	2008	18200
Itaipú (Brasilien/Paraguay)	1983	14000
Guri (Venezuela)	1986	10300

2. Anmerkung

Wie ausgeführt, ist die Gewinnung elektrischer Energie durch Wasserkraft dank des hohen Wirkungsgrades sehr wirtschaftlich und zudem CO_2-frei. Der investive Aufwand ist indessen beträchtlich, i. Allg. auch der Eingriff in das örtliche Ökosystem. Weltweit beläuft sich die Anzahl der projektierten Wasserkraftwerke (Staudämme) mit einer Leistung > 1 MW auf über 3500. Der Beitrag ist lokal wichtig, global gesehen, eher gering, die ökologischen Folgen häufig schwerwiegend. – In Brasilien müssen im Amazonasgebiet wegen des in Angriff genommenen 11.000-MW-Belo-Monte-Projekts ca. 16.000 Angehörige indigener Völker umgesiedelt werden. – In China, Laos, Thailand und Kambodscha sind entlang des Mekong mehrere Staudammprojekte fertig gestellt worden bzw. in der Planung, die erhebliche Auswirkungen auf die Tierwelt einerseits und auf die Ernährung der dortigen Bevölkerung andererseits haben. – In der Türkei stößt eine große Zahl von Staudamm-Projekten, insbesondere der Bau des Ilisu-Damms am Tigris mit der Flutung der Felsenstadt Hasankeyf, auf Proteste. – Auch sind in den an die Adria angrenzenden Balkanländern in Ergänzung zu den vorhandenen weitere Staudämme im Bau und in der Planung, wohl über 500, viele in ländlichen Siedlungsräumen, viele in unberührter Natur. –

Die Nennleistung der drei weltgrößten Wasserkraftwerke zeigt Abb. 1.56.

3. Anmerkung

Weltweit werden ca. 18 % des elektrischen Stroms aus Wasserkraft gewonnen, bezogen auf die Primärenergie insgesamt sind das etwa 6,4 %. In Abb. 1.57 ist die Jahresproduktion elektrischer Energie in den verschiedenen Weltregionen für das Jahr 2008 einschließlich des Wasserkraftanteils zusammengestellt. Ca. ein Drittel der auf Erden verfügbaren Wasserkraftkapazität werden heute schon genutzt. – In China sind vier Großkraftwerke mit zusammen ca. 27.000 MW im Bau (2010), in Russland eines mit 4000 MW und in Tadschikistan eines mit 3600 MW. Bei letzterem wird der Fluss Wachsch durch einen 315 m hohen Wall aufgestaut. – Die asiatischen Kraftwerke sind auf einen gesicherten und ausreichenden Zufluss des Gletscher-Wassers aus dem Himalaja angewiesen.

4. Anmerkung

In Europa werden ca. 16 % des Stroms aus Wasserkraft gewonnen, in Norwegen nahezu 100 %, in Schweden 56 %, in der Schweiz 55 % und in Österreich 60 %. In Deutschland sind es nur ca. 4 %. Hier werden 670 Wasserkraftwerke (2900 MW) von öffentlichen Stromversorgern betrieben und ca. 4500 von privaten (400 MW). In der Summe steht also eine Leistung von 3300 MW aus Wasserkraft zur Verfügung. Eine nennenswerte Steigerung des Wasserkraftanteils an der Stromerzeugung ist hierzulande nicht möglich und würde auf Widerstand stoßen, ca. 75 % des Potentials sind in der Nutzung. Effizienzsteigerungen sind denkbar: Beim Laufwasserkraftwerk Rheinfelden (Baujahr 1898), eines von sechs Anlagen

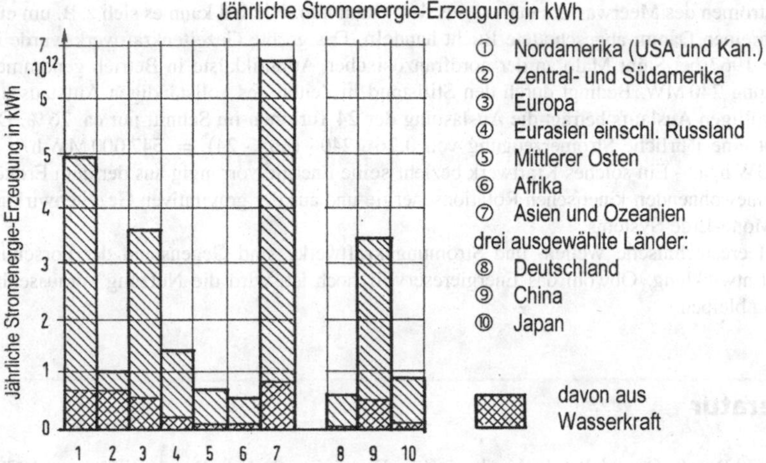

Abb. 1.57

Abb. 1.58 Die drei größten Pumpspeicherwerke in Deutschland Inbetriebnahme und Nennleistung in MW

Kraftwerk	Inbetriebnahme	MW
Goldisthal (Thüringen)	2003	1060
Markersbach (Sachsen)	1981	1050
Hernbergbecken (Baden-Württemberg)	1974	992

am Hochrhein, wurde die installierte Leistung beispielsweise durch Erhöhung des Aufstaus und der eingespeisten Wassermenge von 26 MW auf 100 MW gesteigert. – Eine Steigerung der Leistung des Speicherkraftwerkes Walchensee (Baujahr 1924) mit 124 MW wäre möglich, dürfte sich nicht umsetzen lassen und ist wegen der baulichen Eingriffe wohl auch nicht gerechtfertigt.

5. Anmerkung

In Abb. 1.58 sind die Leistungen der drei größten deutschen Pumpspeicherwerke wiedergegeben. Insgesamt bündeln die 34 Pumpspeicherwerke in Deutschland eine Leistung von 6400 MW. Sie waren ursprünglich als schnell abrufbarer Ersatz bei Ausfall traditioneller Kraftwerksblöcke konzipiert worden. Inzwischen dienen sie auch dem Ausgleich der bei der Stromerzeugung aus Wind und Sonne unvermeidbaren Schwankungen. Ihr Wirkungsgrad liegt pro Zyklus bei ca. 0,75 bis 0,85 und liegt somit, im Vergleich mit anderen Speichertechniken, relativ hoch.

6. Anmerkung

Gezeitenkraftwerke sind auf einen Tidehub zwischen Ebbe und Flut von 6 m und mehr angewiesen, um wirtschaftlich arbeiten zu können. Die Turbinen arbeiten beim Ein- und

Ausströmen des Meerwassers in bzw. aus dem Stauraum. Hierbei kann es sich z. B. um eine durch einen Damm abgeschottete Bucht handeln. Das größte Gezeitenkraftwerk wurde im Jahre 1967 bei Saint Malo an der nordfranzösischen Atlantikküste in Betrieb genommen, Leistung 240 MW. Bedingt durch den Stillstand in Zeiten des vollständigen Aufstaus und des völligen Auslaufs beträgt die Auslastung der 24 Turbinen im Schnitt nur ca. 26 %. Das ergibt eine jährliche Stromerzeugung von $0{,}26 \cdot 240 \cdot (365 \cdot 24) = 547.000\,\text{MW h/a} = 547\,\text{GW h/a}$. – Ein solches Kraftwerk bezieht seine Energie vorrangig aus der dem Erdkörper innewohnenden kinetischen Rotationsenergie und aus der gravitativen Gezeitenwirkung des Mond-Erde-Systems.

Meerestechnische Wellen- und Strömungskraftwerke sind Gegenstand der Forschung und Entwicklung. Obwohl das Energiereservoir hoch ist, wird die Nutzung voraussehbar gering bleiben.

Literatur

1. SZABO, I.: Geschichte der mechanischen Prinzipien, 2. Aufl. Basel: Birkhäuser 1979
2. FRENCH, A.P.: Newtonsche Mechanik – Einführung in die klassische Mechanik. Berlin: de Gruyter 1996
3. KUYPERS, F.: Klassische Mechanik, 8. Aufl. Weinheim: Wiley-VCH 2008
4. BRANDT, S. u. DAHMEN, H.D.: Mechanik – Eine Einführung in Experiment und Theorie, 2. Aufl. Berlin: Springer 2004
5. DEMTRÖDER, W.: Experimentalphysik 1: Mechanik und Wärme, 7. Aufl. Berlin: Springer 2015
6. TIPLER, P.A. u. MOSCA, G.: Mechanik – Schwingungen und Wellen, in: Physik – Für Wissenschaftler und Ingenieure, 2. Aufl. München: Elsevier 2006
7. MÜLLER, R.: Klassische Mechanik – Vom Weitsprung zum Marsflug, 3. Aufl. Berlin: de Gruyter 2015
8. REIGBER, C. u. a. Spezial Geophysik. Physik in Unserer Zeit 34 (2003), S. 206–224
9. MESSERSCHMID, E. u. FASOULAS, S.: Raumfahrsysteme – Eine Einführung mit Übungen und Lösungen, 4. Aufl. Berlin: Springer 2009
10. MÜLLER, W.: Wasserkraft – Elementare Einführung in den Bau und die Anwendung der Wasserräder und Turbinen. (Nachdruck 1906). Dresden: H. Deutsch – Fachbuchverlag 2013
11. KÖNIG, F. v.: Bau von Wasserkraftanlagen – Praxisbezogene Planungsgrundlagen für die Errichtung von Wasserkraftanlagen aller Größenordnungen. Karlsruhe: Verlag C.F. Müller 1985
12. Bundesverband Deutscher Wasserkraftwerke (BDW) e. V.
13. JEHLE, C.: Bau von Wasserkraftanlagen – Praxisbezogene Planungsgrundlagen, 5. Aufl. Heidelberg: VDE-Verlag 2011

14. GIESECKE, J., HEIMERL, S. u. MOSONYI, E.: Wasserkraftanlagen - Planung, Bau und Betrieb, 6. Aufl. Berlin: Springer 2014
15. ZARKE, U.: Hydraulik für den Wasserbau, 3. Aufl. Berlin: Springer 2012
16. RAABE, J. u. SCHILLING, R.: Hydraulische Maschinen und Anlagen, 3. Aufl. Berlin: Springer 2014
17. QUASCHNING, V.: Regenerative Energiesysteme, 9. Aufl. München: Hanser 2015

Mechanik II: Anwendungen 2

2.1 Statik – Stabilität – Festigkeit

2.1.1 Einleitung

Wenn der Anfang der Physik mit der Entwicklung der Mechanik zu einer wissenschaftlichen Disziplin gleich gesetzt wird, so war es innerhalb dieser die Statik, die am Anfang stand. Frühzeitig erfunden wurden Rolle und Rad, Hammer und Keil, Seilzug und Hebel. Es war ARCHIMEDES von SYRAKUS (287–212 v. Chr.), der deren Wirkprinzip erklären und dank seiner mathematischen Kenntnisse erstmals beschreiben konnte. Das ermöglichte ihm, Weiteres zu erfinden, so die Wasserschnecke und den Flaschenzug. Die Theorie des Gleichgewichts, des Körperschwerpunktes und des Auftriebs schwimmender Körper geht auch auf ihn zurück [1]. – In den Jahrhunderten darauf trat viel Neues hinzu, Riemen- und Kettenantrieb, Zahnrad und Schraube, man sprach von ‚Mechanischen Künsten'. Sie kamen bei der Errichtung von Bauwerken und Festungsanlagen, für den Betrieb von Berg- und Wasserwerken, für die Fertigung von Räderfahrzeugen und Schiffen und zuvörderst für die Entwicklung von Kriegsgerät zum Einsatz.

Hatte man über Jahrhunderte beim Bau von Hütten, Häusern und Tempeln nur den Balken gekannt, also das Gebälk, das auf Mauern oder Säulen ruht, waren es die Römer, die von des Etruskern den Rundbogen übernahmen und die Technik des Bogens und des Rundgewölbes als raumübergreifende Konstruktionsformen für den Hoch- und Brückenbau und für den Bau von Aquädukten weiter entwickelten, vgl. Abb. 2.1. Auch gelangen ihnen Fortschritte in der Hydraulik und im Wasserwesen. Es war der römische Baumeister und Architektur-Theoretiker VITRUVIUS POLLIO (84–27 v. Chr.), der in seinem zehnbändigen Buch ‚De architectura' das erste umfassende Werk über die Baukunst und Bautechnik, unter Einbindung der griechischen Tradition, verfasste. *firmitatis, utilitatis, venustatis* waren die von ihm postulierten Prinzipien, nach denen gebaut werden sollte (Erstes Buch, III. Ka-

C. Petersen, *Naturwissenschaften im Fokus II*, DOI 10.1007/978-3-658-15298-7_2

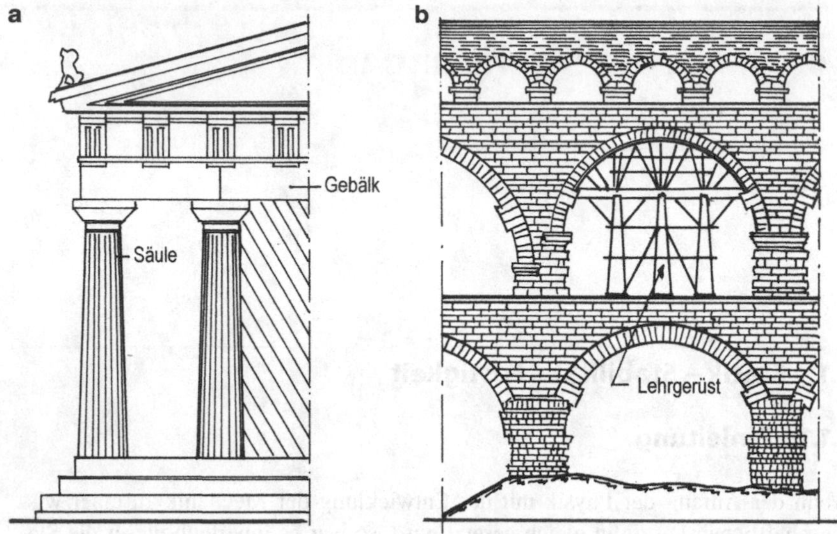

Abb. 2.1

pitel). Firmitatis steht für Haltbarkeit, Standfestigkeit, Tragfähigkeit, utilitatis für Nützlichkeit und Zweckentsprechung und venustatis für Schönheit, erfreulicher Anblick, Ästhetik und humane Proportion [2].

Das in der Zeit der Römer erworbene Wissen der Bauleute wurde in den folgenden Jahrhunderten weiter gegeben und erweitert. Auf diesem Wege kam es auch in die Dombauhütten. Es war aus der Erfahrung gewachsenes Wissen und Können, im heutigen Verständnis indessen noch keine Wissenschaft. Sie entwickelte sich erst viel später als Bau- und Ingenieurwissenschaft mit der (Technischen) Mechanik und Materialkunde als Grundlage und im Zuge der Verwendung von Eisen als Baumaterial. Nach den Methoden der Technischen Mechanik wurden und werden die Konstruktionen im Hoch- und Brückenbau, im Fahrzeug-, Flugzeug- und Schiffbau berechnet. Dabei findet der Computer seit Mitte des 20. Jh. breiteste Anwendung, auch bei der baulichen Durchbildung und in der Fertigung. Die hierfür entwickelte Software beinhaltet Mechanik und Mathematik in hoher Abstraktion. Eine aufregende Geschichte von ARCHMEDES bis K. ZUSE (1910–1995), einem Bauingenieur, der um 1946 auf dem von ihm erfundenen Computer die ersten baustatischen Rechenprogramme im *Freiburger Code* erstellte [3]. (Vgl. hier auch Literatur im vorangegangenen Kapitel zum Thema Mechanik).

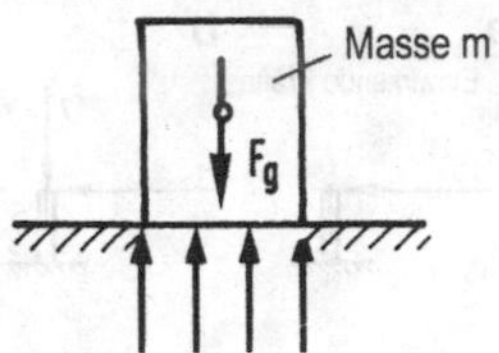

Abb. 2.2

2.1.2 Kräfte als Vektoren – ‚Parallelogramm der Kräfte'

Auf einen ruhenden Körper wirkt im Schwerefeld der Erde seine eigene Gewichtskraft. Ist m die Masse des Körpers in kg, beträgt sein Gewicht in N (Newton), vgl. Abb. 2.2:

$$F_g = m \cdot g$$

(Gewicht = Masse des Körpers mal Erdbeschleunigung.) Die Erdbeschleunigung beträgt in mittleren Breiten: $g = 9{,}81\,\mathrm{m/s^2} \approx 10\,\mathrm{m/s^2}$. Neben der Eigenlast müssen beim baustatischen Nachweis weitere Lasten berücksichtigt werden: Nutzlasten im Hochbau, Verkehrslasten im Brückenbau, Schneelasten, Windlasten, Erdbebenlasten und viele weitere, auch Temperatureinflüsse. Die Bauvorschriften enthalten die notwendigen Angaben, inzwischen neben den nationalen die europäischen Regelwerke.

Wirken mehrere Kräfte gleichzeitig, ist es notwendig, sie als Vektoren zu behandeln. Ihre Größe und Wirkrichtung wird dabei gleichzeitig erfasst. Zeichnerisch werden Vektoren als Pfeile dargestellt. Eine graphische Lösung statischer Probleme ist häufig anschaulicher und einfacher als eine rechnerische. Hierbei treten zwei Grundaufgaben auf.

1. Bildung der Resultierenden (der vektoriellen Summe) aus mehreren Kräften Das sei anhand von Abb. 2.3 erläutert. Es zeigt vier Fälle: In Teilabbildung a wirkt nur eine Kraft, in Teilabbildung b sind es zwei, die senkrecht zueinander stehen. Sie werden zeichnerisch aneinander gefügt. Die Resultierende geht aus dem so entstehenden ‚Krafteck' hervor. Rechnerisch gilt:

$$F_1^2 + F_2^2 = R^2 \quad \text{(Satz des Pythagoras)}$$

$$\rightarrow \quad R = \sqrt{F_1^2 + F_2^2}$$

Stehen die beiden Kräfte nicht rechtwinklig zueinander, werden sie durch jeweilige Parallelverschiebung zusammengefügt. Teilabbildung c zeigt das so entstehende

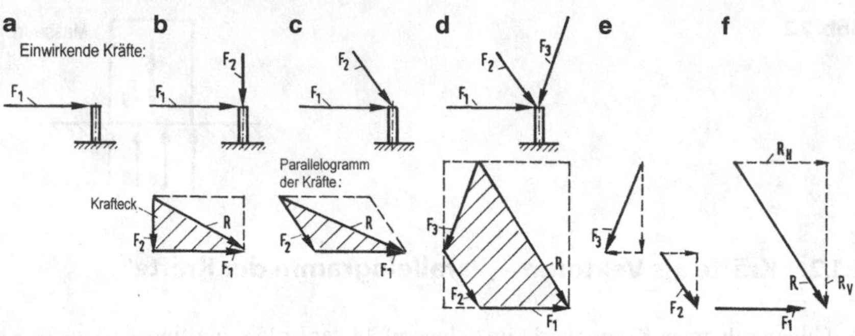

Abb. 2.3

,Parallelogramm der Kräfte'. Diese Vorgehensweise ist schon sehr alt. Sie geht auf S. STEVIN (1548–1620) zurück.

In jenem Maßstab, der für die Auftragung von F_1 und F_2 gewählt wurde, kann R abgegriffen werden. Aus der Geometrie des Kraftecks lässt sich R auch in einfacher Weise berechnen. – Wirken mehr als zwei, z. B. drei Kräfte F_1, F_2, F_3, werden sie wiederum so aneinander gefügt, wie es ihrer Richtung und Reihenfolge entspricht (zeichnerisch durch Parallelverschiebung). Die Schlusslinie ist die gesuchte Resultierende. Sie kann auch aus den Komponenten der einzelnen Kräfte additiv (unter Berücksichtigung des Vorzeichens) ermittelt werden, wie in Teilabbildung e angedeutet. Dazu werden zunächst aus den Einzelkräften deren Komponenten und aus diesen die Größen R_H und R_V additiv bestimmt und anschließend die Resultierende R berechnet:

$$R = \sqrt{R_H^2 + R_V^2}$$

2. Zerlegung einer Kraft in zwei Richtungen Diese Grundaufgabe sei anhand Abb. 2.4 erklärt. Sie zeigt einen Stützbock mit des Streben S_1 und S_2. Die Geometrie liegt mit den Winkeln α und β fest. Auf den Bock wirkt im Hochpunkt die Kraft F unter dem Winkel γ. Welche Kräfte werden dadurch in den Streben S_1 und S_2 geweckt?

Zur Lösung der Aufgabe wird die Kraft F in die Richtungen der Streben S_1 und S_2 zerlegt. Dazu wird F in einem frei vereinbarten Maßstab gezeichnet. Parallel zur Richtung der Streben werden die Kräfte F_1 und F_2 aus dem so entstehenden Krafteck mit dem gewählten Maßstab abgegriffen. F_1 ist eine Zugkraft in der Strebe S_1 und F_2 eine Druckkraft in der Strebe S_2. Auch in diesem Falle ist aus der

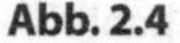

Abb. 2.4

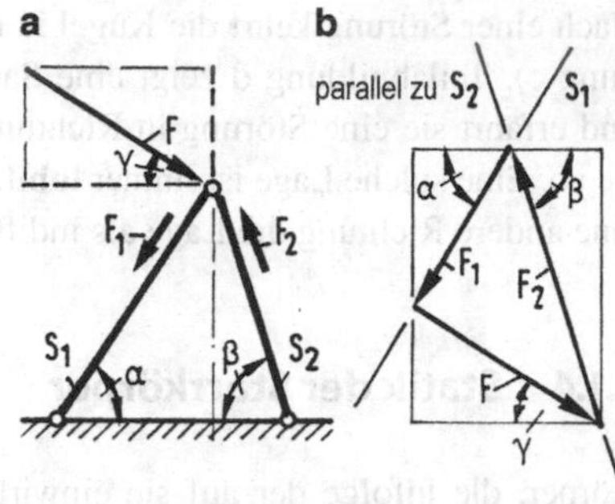

Figur des Kraftecks einfach zu erkennen, wie die Kräfte F_1 und F_2 rechnerisch gefunden werden können. – Das Beispiel lehrt: Eine Kraft lässt sich eindeutig in zwei Richtungen zerlegen. Eine Zerlegung einer Kraft in drei oder mehr Richtungen ist aus dem Gleichgewichtsprinzip allein nicht eindeutig machbar. – Wirken auf den Stützbock mehrere Kräfte, ist von diesen zunächst die Resultierende zu bilden (1. Grundaufgabe). Sie wird anschließend in die Richtung der Streben zerlegt.

2.1.3 Arten des Gleichgewichts

Es werden drei Gleichgewichtszustände unterschieden: Ruht eine Kugel auf dem Hochpunkt einer Kuppe, ist das Gleichgewicht **labil**: Es genügt eine noch so kleine Störung, z. B. in Form einer geringen seitlichen Kraft, und die Kugel rollt ab (Abb. 2.5a). Ruht die Kugel auf einer Ebene, ist das Gleichgewicht **indifferent**: Nach einer Verschiebung kehrt die Kugel nicht in ihre ehemalige Position zurück. (Teilabbildung b). Liegt die Kugel in einer Mulde, ist das Gleichgewicht **stabil**:

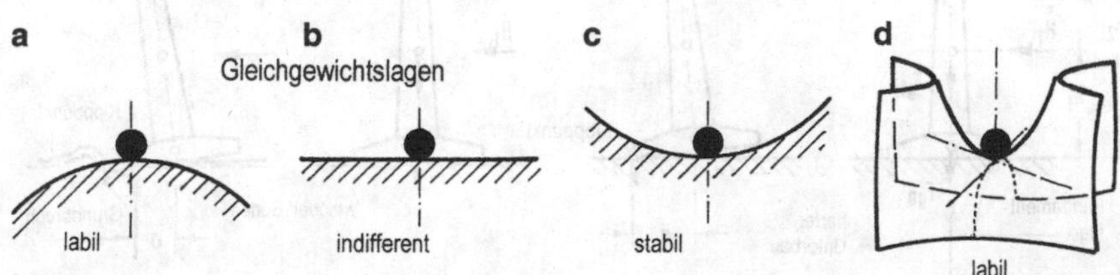

Abb. 2.5

Nach einer Störung kehrt die Kugel in ihre ursprüngliche Lage zurück (Teilabbildung c). Teilabbildung d zeigt eine Sattelfläche. Liegt die Kugel im Sattelpunkt und erfährt sie eine Störung in Richtung der abwärts gerichteten Sattellinie, rollt sie ab. Eine solche Lage ist immer **labil**, auch dann, wenn sich bei einer Störung in eine andere Richtung die Lage als indifferent oder stabil erweist.

2.1.4 Statik der Starrkörper

Körper, die infolge der auf sie einwirkenden Kräfte nur eine vernachlässigbare geringe Formänderung erfahren, nennt man ,starr'. Dabei kann es sich auch um gegliederte Strukturen handeln. Ein solcher Ansatz ist bei der überwiegenden Anzahl statischer Aufgaben zulässig. Wird die Gleichgewichtslage an einem solchermaßen definierten System analysiert, spricht man von Statik ,Theorie I. Ordnung'. Werden die Gleichgewichtsgleichungen am verformten System erfüllt, also unter Berücksichtigung der sich einstellenden (kleinen) Formänderungen, spricht man von ,Theorie II. Ordnung', sind die Verformungen gar endlich (groß) und wird ihr Einfluss in den Gleichgewichtsgleichungen mit erfasst, spricht man von ,Theorie III. Ordnung'.

In der Baustatik wird im Rahmen der **Standsicherheitsberechnung** nachgewiesen, dass der zu untersuchende Baukörper gegenüber einer Gefährdung durch Umkippen, Gleiten und Abheben ausreichend sicher ist. Dabei ist eine Sicherheit größer Eins einzuhalten, z. B. 1,5.

1. **Umkippen:** Abb. 2.6 zeigt eine turmartige Konstruktion mit breitem Fundament. Die Eigenlast wird zu drei vertikalen Kräften zusammengefasst: F_{g0},

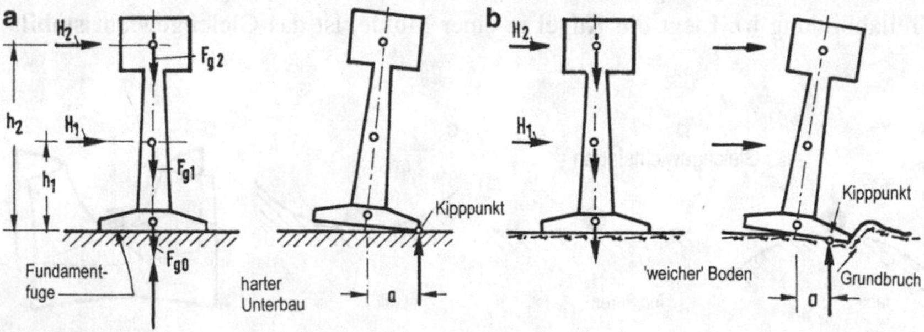

Abb. 2.6

F_{g1} und F_{g2}. Bezogen auf die Fundamentsohle wirken im Abstand h_1 und h_2 die Horizontalkräfte H_1 und H_2. Ist die Unterlage ‚starr', besteht die Gefahr des Umkippens um die rückseitige Kante, wenn das Kippmoment größer als das Standmoment ist (Teilabbildungen a1/a2). Das Kippmoment beträgt (Moment = Kraft mal Hebelarm, Abschn. 1.9):

$$M_{\text{Kippen}} = H_1 \cdot h_1 + H_2 \cdot h_2$$

Dem wirkt das Standmoment entgegen (in Teilabbildung a2 ist der Kippbeginn überzeichnet dargestellt):

$$M_{\text{Widerstand}} = (F_{g0} + F_{g1} + F_{g2}) \cdot a$$

Ist das Kippmoment größer als das Standmoment, kippt das Objekt. Die Kippsicherheit berechnet sich zu:

$$\nu_{\text{Kippen}} = M_{\text{Widerstand}} / M_{\text{Kippen}}.$$

Das Fundament ist so breit zu dimensionieren, dass die geforderte Kippsicherheit eingehalten wird. – Der vorstehende Ansatz liegt nicht auf der sicheren Seite! Die Fundamentsohle ist nicht ‚starr', der Kipppunkt liegt real etwas innerhalb der Kante, das führt zu einer Verkleinerung des ‚inneren Hebelarms (a)'. Das Stützmoment fällt dadurch geringer aus! Ein weiterer Versagenszustand ist ein Grundbruch, der gesondert nachgewiesen werden muss (Abb. 2.6b).
Abb. 2.7a zeigt ein praktisches Beispiel und zwar eine im Schnitt dargestellte Stützmauer am Ort eines Geländesprungs. Beginnt die Mauer sich ein wenig zu bewegen (zu kippen), löst sich rückwärtig ein Erdkeil, er rutscht und drückt gegen die Mauer. Die Mauer droht zu kippen. Die Eigenlast der Mauer wirkt dem entgegen.

Abb. 2.7

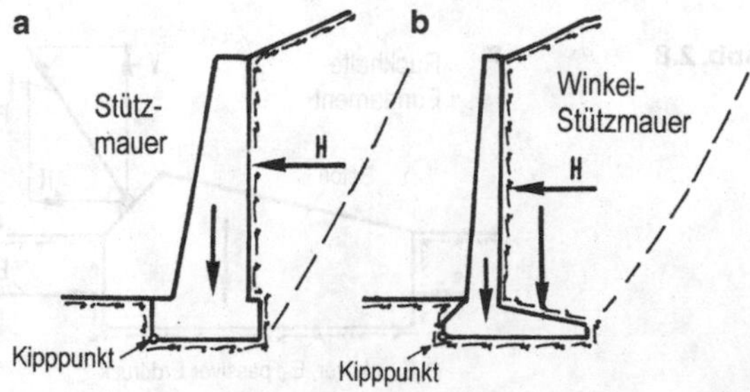

Günstig ist es in einem solchen Falle, wenn möglich, eine Winkelstützmauer aus Stahlbeton zu konstruieren. Hier wirkt die vertikale Auflast aus dem Erdkeil rücktreibend, also stabilisierend (Abb. 2.7b).
Die Erdstatik fällt in das Gebiet der Bodenmechanik, dazu gehört auch die Statik der Baugruben. Ein weiterer Zweig ist die Felsstatik und die Tunnelstatik, z. B. von Straßentunneln, U-Bahnröhren und Wasserstollen.

2. **Gleiten:** Infolge einer horizontalen Belastung kann auch ein Gleiten ausgelöst werden. Gleiten setzt ein, wenn der Reibungswiderstand geringer ist als die Summe der horizontalen Schubkräfte. Ist μ die Reibungszahl in der Fundamentfuge, betragen im Falle des in Abb. 2.6 behandelten Beispiels

$$F_{\text{Gleiten}} = H_1 + H_2, \quad F_{\text{Widerstand}} = \mu \cdot (F_{g0} + F_{g1} + F_{g2})$$

Die Gleitsicherheit ist gleich:

$$\nu_{\text{Gleiten}} = F_{\text{Widerstand}} / F_{\text{Gleiten}}.$$

3. **Abheben:** Auch gegen Abheben durch aufwärtsgerichtete (Zug-)Kräfte muss eine ausreichende Sicherheit nachgewiesen werden. Dieser Fall hat beispielsweise bei Rückhaltefundamenten von Abspannseilen eines abgespannten Funkmastes praktische Bedeutung, wie in Abb. 2.8 dargestellt. In Teilabbildung a sind die wirksamen Kräfte eingetragen. G ist die Eigenlast des Fundaments, sie wirkt im Schwerpunkt.
E_a ist der aktive und E_p der passive Erddruck. E_p wird aktiviert, wenn sich das Fundament seitlich gegen das Erdreich zu bewegen beginnt. Die Seilkraft F hat die Komponenten H und V. Die Sicherheit gegen Abheben berechnet sich zu:

$$\nu_{\text{Abheben}} = G/V.$$

Liegt das Fundament im Grundwasser, muss der Auftrieb des verdrängten Wasservolumens berücksichtigt werden, er mindert die Auflast G!

Abb. 2.8

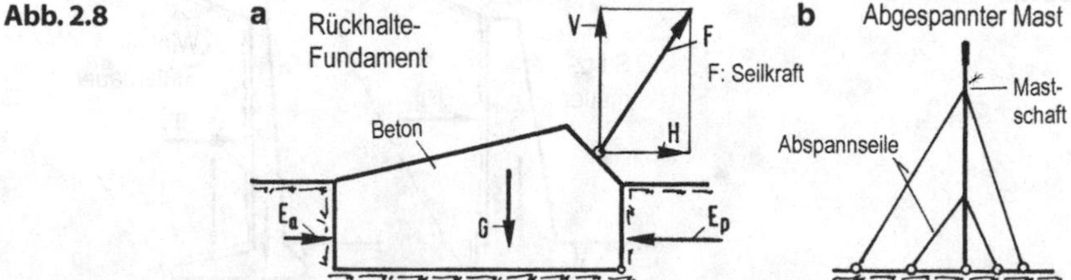

Bei den vorstehenden Beispielen handelt es sich um ebene Probleme. Mittels der drei **Gleichgewichtgleichungen** konnten die Aufgaben gelöst werden:

$$\sum M = 0 \text{ (Summe aller Momente gleich Null):} \quad \text{Kippen}$$

$$\sum H = 0 \text{ (Summe aller H-Kräfte gleich Null):} \quad \text{Gleiten}$$

$$\sum V = 0 \text{ (Summe aller V-Kräfte gleich Null):} \quad \text{Abheben}$$

Bei räumlichen Problemen sind drei Momenten- und drei Kraft-Gleichgewichtsgleichungen zu erfüllen.

2.1.5 Statik der Tragwerke

Um den durch die Erdschwere verursachten Lasten und allen weiteren Einwirkungen zu widerstehen, bedürfen alle technischen Objekte einer inneren Tragstruktur: Bauwerke, Maschinen, Fahrzeuge, Flugzeuge, Schiffe. Das gilt ebenso für alle biologischen, wie Pflanzen und Tiere, auch für den Mensch mit seinem Knochenskelett, mit Sehnen und Muskeln. Eine stimmige Statik ist Voraussetzung ihres Bestehens. Bei biologischen Strukturen werden solche Fragen in der Bionik und Biomechanik untersucht. Letztere bildet eine wichtige Grundlage in der Orthopädie und Sportmedizin. Es handelt sich jeweils einzeln um weite Felder in der naturwissenschaftlichen Forschung.

Beschränkt auf die Bautechnik zeigt Abb. 2.9 wichtige Tragelemente: Zugstab, Stange, Kette, Seil (Teilabbildung a), Fachwerk mit in ‚Knotengelenken' miteinander verbundenen Stäben (Teilabbildung b), Balken, Biegeträger; sie werden auch als Rahmen oder Bogen ausgebildet (Teilabbildung c). Die dargestellten Tragelemente/Tragwerke sind ebene Systeme. Daneben gibt es räumliche wie Scheiben, Faltwerke, Platten, Schalen, Kuppeln, Seilwerke usf. Entsprechend wächst der

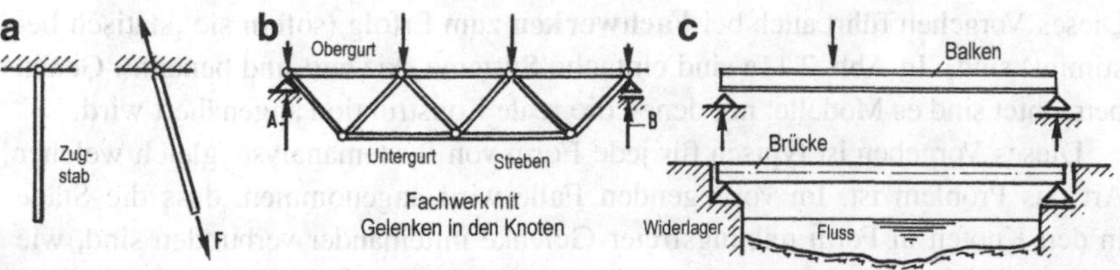

Abb. 2.9

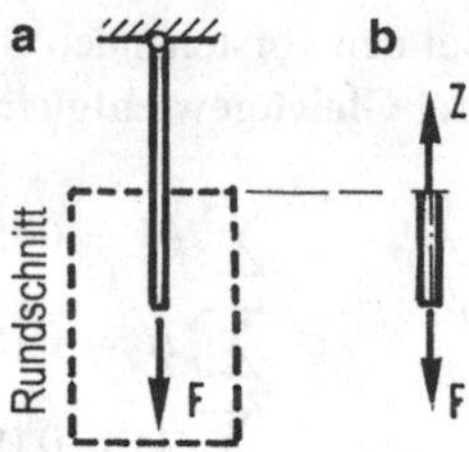

Abb. 2.10

Schwierigkeitsgrad ihrer statischen Berechnung. Fallweise bedarf es dynamischer Analysen, wenn stoßartige Beanspruchungen oder Schwingungen auftreten.

Letztlich beruhen alle Berechnungsverfahren auf dem ,Gleichgewichtsprinzip' oder dem ,Energieprinzip', letzteres als ,Prinzip der virtuellen Verrückung', als ,Prinzip vom Minimum der Formänderungsarbeit' oder als ,Prinzip vom Minimum der potentielle Energie' bezeichnet, sie sind mathematisch dem Variationsprinzip zuzuordnen.

Das Gleichgewichtprinzip bildet nach wie vor die wichtigste Basis aller statischen Berechnungen.

Das einfachste Tragelement ist der **Stab**, der zentrisch durch eine Zug- oder eine Druckkraft belastet wird. In Abb. 2.10 ist F die äußere Kraft. Um die Kraft im Inneren des Stabes berechnen zu können, wird an beliebiger Stelle ein Schnitt gelegt, nicht real sondern virtuell. An der Schnittstelle wird die innere Kraft angetragen, die es zu berechnen gilt. Das ist hier eine Zugkraft (allgemeiner: eine Normalkraft weil sie normal (also senkrecht) zur Schnittebene liegt). Der Schnitt wird zu einem Rundschnitt ergänzt. Innerhalb des so entstehenden geschlossenen Gebietes werden die Gleichgewichtsgleichungen formuliert. Das ist in diesem Beispiel trivial: Innerhalb des Rundschnittes muss die Summe aller Kräfte in Richtung der Stabachse Null sein:

$$F - Z = 0 \quad \rightarrow \quad Z = F \quad \text{(Zugkraft = äußere Kraft)}$$

Dieses Vorgehen führt auch bei **Fachwerken** zum Erfolg (sofern sie ,statisch bestimmt' sind). In Abb. 2.11a sind einfache Systeme skizziert und benannt. Genau betrachtet sind es Modelle, mit denen die reale Konstruktion angenähert wird.

Dieses Vorgehen ist typisch für jede Form von Systemanalyse, gleich welcher Art das Problem ist. Im vorliegenden Falle wird angenommen, dass die Stäbe in den Knoten in Form reibungsfreier Gelenke miteinander verbunden sind, wie gesagt, als Modellannahme. Das Tragwerk liegt beidseitig auf einem festen oder verschieblichen Lager auf. Im Falle des in Abb. 2.11b skizzierten Systems greift

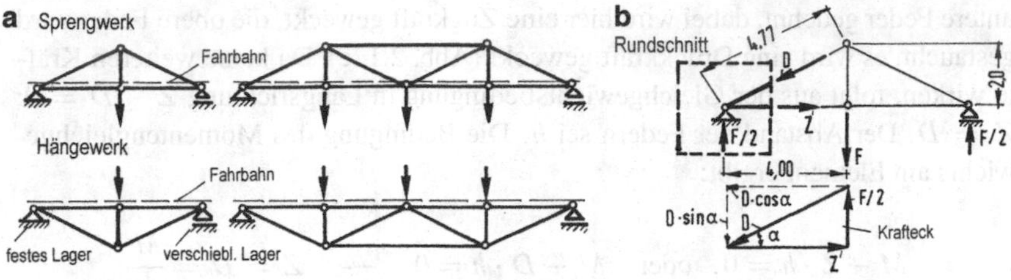

Abb. 2.11

im unteren Knoten die lotrechte Kraft F an. Die Auflagerkräfte links und rechts betragen: $F/2$. Wird um das linke Auflager ein Rundschnitt gelegt und werden die Stabkräfte Z und D angetragen, kann das Krafteck gezeichnet werden. Ist α der Winkel zwischen den Stäben, liefern die Gleichgewichtsgleichungen in vertikaler und horizontaler Richtung:

$$D \cdot \sin\alpha - F/2 = 0 \quad \rightarrow \quad D = \frac{F/2}{\sin\alpha}$$

$$D \cdot \cos\alpha - Z = 0 \quad \rightarrow \quad Z = D \cdot \cos\alpha = \frac{F/2}{\sin\alpha} \cdot \cos\alpha = \frac{F/2}{\tan\alpha}$$

Hinweis

In Abschn. 2.1.7 wird ein weiter führendes Beispiel behandelt: 3. Beispiel.

Die Tragwirkung des **Balkens** lässt sich mit Hilfe des in Abb. 2.12 dargestellten Modells erläutern. Es möge sich um einen Stahlträger handeln. Aus ihm wird ein Abschnitt heraus geschnitten (wieder als gedankliches Modell). Die Teilabbildungen a und b zeigen den Bereich mit den Benennungen im Querschnitt und in der Ansicht. In den Teilabbildungen c und d wird die Modellierung noch weiter getrieben: Die Gurte werden durch Federn ersetzt. Kommt es infolge der zwei gegenläufigen Schnittmomente M zu einer Verkrümmung des Stabelementes, wird die

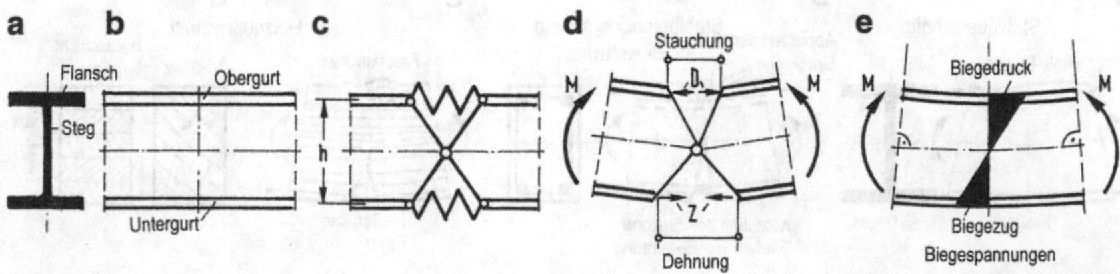

Abb. 2.12

untere Feder gedehnt, dabei wird hier eine Zugkraft geweckt, die obere Feder wird gestaucht, es wird eine Druckkraft geweckt (Abb. 2.12c). Da keine weiteren Kräfte wirken, folgt aus der Gleichgewichtsbedingung in Längsrichtung $Z - D = 0$: $Z = D$. Der Abstand der Federn sei h. Die Bedingung des Momentengleichgewichts am Element ergibt:

$$M - Z \cdot h = 0 \quad \text{oder} \quad M - D \cdot h = 0 \quad \rightarrow \quad Z = D = \frac{M}{h}$$

h bezeichnet man als ‚inneren Hebelarm'.

Real ist der Träger monolithisch. Das vorstehende Model erlaubt daher nur eine angenäherte Berechnung der (inneren) Gurtkräfte Z und D. Zudem: Real erleidet der Träger keinen Knick sondern eine Krümmung. Sie ist umso stärker, je höher das Biegemoment M ist. Innerhalb des Querschnittes baut sich ein Biegezug- und Biegedruckspannungszustand auf, wie in Abb. 2.12e eingezeichnet. An den Rändern sind die Spannungen am höchsten, in der Mittellinie ist die Biegespannung Null. – Es hat lange gedauert, bis der innere Beanspruchungszustand in einem Balken (Biegeträger) zutreffend erkannt und beschrieben werden konnte [4].

Abb. 2.13 zeigt in überzeichneter Form die sich beim Versagen eines Biegebalkens einstellenden Zustände, getrennt für einen Stahl-, Stahlbeton- und Holzbalken:

- Teilabbildung a: Infolge übergroßer Zugspannungen im unteren Flansch dehnt sich dieser, ggf. über alle Grenzen, er ‚fließt' aus. Der obere Flansch wird gedrückt, es besteht hier die Tendenz, dass der dünnwandige Flansch ‚beult'.
- Teilabbildung b: Stahlbetonträger sind ‚bewehrt' (armiert) mit Längseisen in der Zugzone (unten) und in der Druckzone (oben). Vor dem Versagen bilden sich auf der Zugseite Risse. Im Versagensfall dehnen sich die Eisen in der Zugzone übermäßig, es bilden sich übergroße Risse im Beton, ggf. reißt der

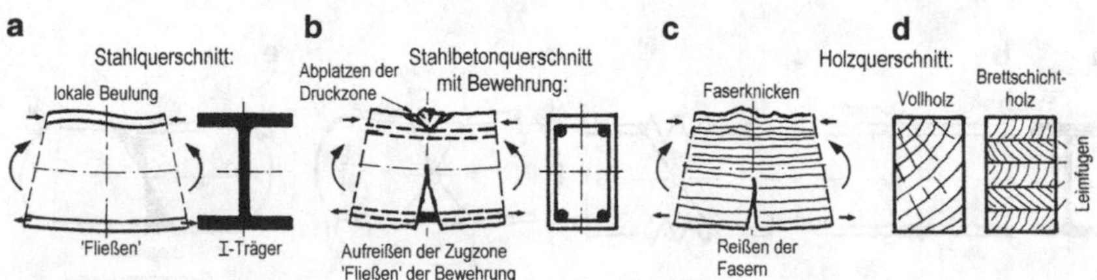

Abb. 2.13

Querschnitt hier auf. Auf der Biegedruckseite (oben) platzt der Beton ab, es wird ein Teil abgesprengt.

- Teilabbildung c: Beim Holzträger beginnen die Fasern an der Biegezugseite zu reißen, i. Allg. dominiert ein Riss, der Querschnitt klafft auf. Auf der Biegedruckseite knickt das Fasergerüst ein, es kommt zu Absplitterungen.

Im Zug der statischen Berechnung muss der Nachweis erbracht werden, dass gegenüber diesen Grenzzuständen eine ausreichende Sicherheitsmarge eingehalten wird. Das setzt streng genommen voraus, dass das Tragwerk nicht elasto-statisch sondern plasto-statisch (also nach der Plastizitätstheorie) berechnet wird. Hinzu kommt, dass die dargestellten Bruchzustände in den meisten Fällen gar nicht erreicht werden, weil das Versagen der Konstruktion schon vorher durch Instabilitäten eingetreten ist, meistens durch lokales Knicken, Kippen oder Beulen einzelner Tragglieder. Die zugehörigen Nachweise werden nach den Methoden der Stabilitätstheorie geführt [5]. Schließlich kann Versagen durch Bruch von Verbindungsmitteln eintreten (Bruch von Nieten, Bolzen, Schrauben, Schweißnähten, Dübeln, Leimfugen).

2.1.6 Materialfestigkeit – Materialzähigkeit

Vom Standpunkt der geschichtlichen Entwicklung her, werden folgende Materialien beim Bauen verwendet: Nadel- und Laubholz, Lehm, Mörtel und Ziegel, Glas, Beton (Stahlbeton, Spannbeton), Blei, Kupfer, Eisen, Stahl (Eisen-Kohlenstoff-Legierungen, Chrom-Nickel-Legierungen), Aluminium-Legierungen und weitere metallische Legierungen, Kunststoffe, Kohlenstoff- und Glasfaser-Verbundwerkstoffe. Jedes Material ist eine Wissenschaft für sich. Die Grundlagen der Werkstoffwissenschaften werden in der Festkörper-Physik und in der Chemie erarbeitet.

Wichtige Festigkeits- und Zähigkeitseigenschaften werden im Zugversuch (bei metallischen Werkstoffen und bei Holz) oder im Druckversuch (bei Beton und Mauerwerk) gewonnen. Um zu vergleichbaren Ergebnissen zu kommen, ist ein umfangreiches Normenwerk zu beachten. Abb. 2.14 steht stellvertretend für genormte Prüfkörper für Zug- und Druckproben.

Ist F die Kraft und A_0 die anfängliche Querschnittsfläche des Prüflings, ist

$$\sigma = \frac{F}{A_0}$$

Abb. 2.14

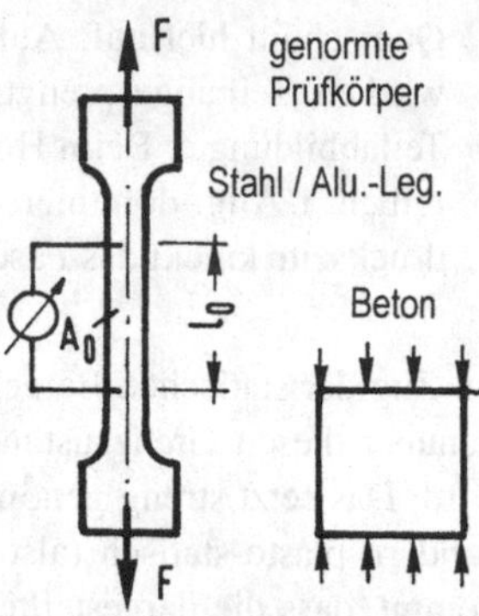

die **Spannung** (Abschn. 1.8). Bei Steigerung der Prüfkraft wird die Zunahme der anfänglichen Messlänge l_0 gemessen. **Dehnung** ist die Längenzunahme Δl gegenüber der Anfangslänge:

$$\varepsilon = \frac{\Delta l}{l_0}; \quad \Delta l = l - l_0$$

Das entsprechende gilt für Druckproben (auch für Schubproben, vgl. in dem Zusammenhang Bd. I, Abschn. 2.9).

Abb. 2.15 zeigt typische σ-ε-Linien (**Spannungs-Dehnungs-Linien**). Bei metallischen Werkstoffen ist das Spannungs-Dehnungs-Verhalten bei Druck- und Zugbeanspruchung weitgehend gleich, nicht bei Holz und Beton. Beton kann deutlich höheren Druck als Zug aufnehmen, bei Holz ist es eher umgekehrt. Oberhalb einer gewissen Beanspruchung (Spannung) wird das Verhalten nicht-linear

Abb. 2.15

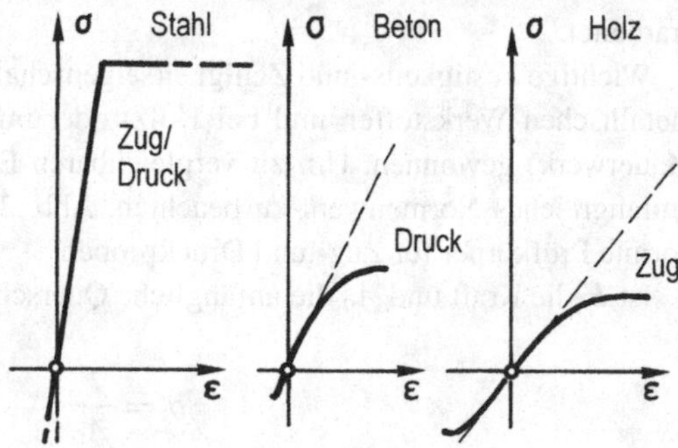

Abb. 2.16

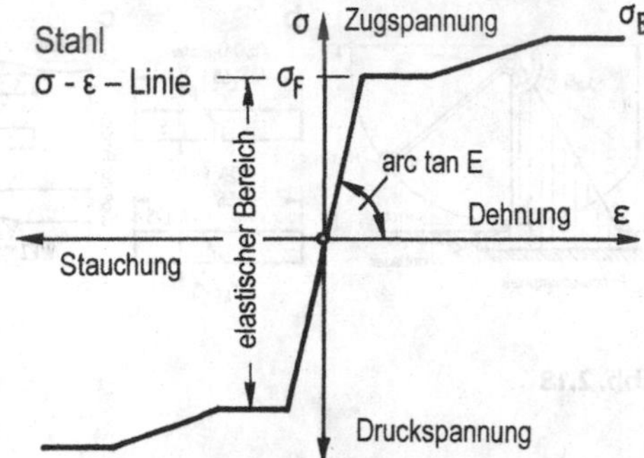

Abb. 2.17

Elastizitätsmodul E		
Werkstoff		**E in N/mm²**
Ferritischer Stahl		210000
Austenitischer Stahl		170000
Grauguss (Gusseisen)		100000
Aluminium-Legierung		70000
Nadelholz		10000
Laubholz		12000
Brettschichtholz		11000
Stahlbeton	B25	30000
	B35	34000
	B45	37000
Mauerwerk		1500 ÷ 10000
Glas		40000 ÷ 90000
Blei		≈ 18000
Kupfer		120000

und geht in ein plastisches über. Solange die Abhängigkeit linear ist, spricht man von elastischem Verhalten: Die Dehnung berechnet sich zu:

$$\varepsilon = \sigma / E = F / E\,A.$$

Die σ-ε-Linie ist eine Gerade. Das ist bei Stahl bis zu hohen Spannungsniveaus der Fall, wie in Abb. 2.16 für einen niedrig-legierten Stahl dargestellt.

Das Verhältnis σ/ε im elastischen Bereich, also die Steigung der σ-ε-Linie, bezeichnet man als **Elastizitätsmodul** (E-Modul). Der Elastizitätsmodul kennzeichnet die Steifigkeit des Materials. Die Tabelle in Abb. 2.17 enthält hierzu Angaben. Die Werte gelten für metallische Werkstoffe weitgehend exakt, für nichtmetallische handelt es sich eher um Anhaltswerte bei niederer Beanspruchung.

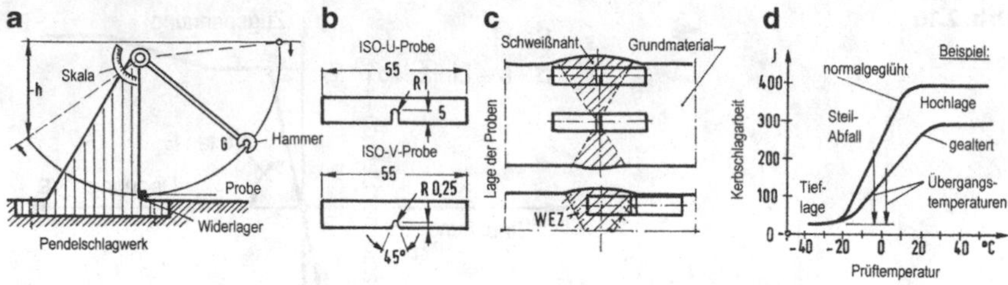

Abb. 2.18

Der E-Modul dient im Rahmen der Tragwerksstatik dazu, die Stabilitätsnachweise zu führen und die Formänderungen (Verformungen) des Tragwerkes und seiner Glieder zu berechnen, es sind dieses: Verschiebungen, Durchbiegungen, Verdrillungen.

Für Sicherheitsbetrachtungen ist neben der Festigkeit die Zähigkeit von vergleichbar großer Bedeutung. Werkstoffe mit sprödem Verhalten sind als Konstruktionswerkstoff nicht geeignet, bei Druck wohl, wie bei unbewehrtem Beton und Mauerwerk. Dass Stahl ein so guter Werkstoff ist, beruht auf seiner hohen plastischen Dehnfähigkeit (Zähigkeit, Duktilität): Hohe Spannungsspitzen, die an Ecken, Löchern, Schweißnähten, auftreten, ‚fließen' plastisch aus und führen nicht zum lokalen Riss und Bruch. Auch Eigenspannungen aus dem Fertigungsprozess (Walzen, Brennschneiden, Schweißen) bleiben ohne Einfluss. Indessen: Bei tieferen Temperaturen sinkt auch bei Stahl die Zähigkeit, die Stähle werden kerbempfindlich und sind dann sprödbruchgefährdet. In der Tieftemperaturtechnik werden daher ‚kaltzähe' Stähle eingesetzt, im Grenzfall spezielle Nickellegierungen. Bei hohen Betriebstemperaturen kommen ‚warmfeste' Stähle zum Einsatz. Durch Legieren und Vergüten (Wärmebehandlung) lassen sich bei Stählen die unterschiedlichsten Werkstoffeigenschaften einstellen.

Der Kerbschlagversuch dient dazu, die **Zähigkeit** einer Stahllegierung bei tieferen Temperaturen zu prüfen. Abb. 2.18a zeigt das genormte Pendelschlagwerk. Beim Versuch durchschlägt der Hammer mit dem Gewicht G die Probe aus der Hochlage heraus. Hierbei wird an der Probe Brucharbeit geleistet. Nach dem Durchschlag erreicht der Hammer eine verringerte Höhe. $G \cdot h$ ist der Verlust an potentieller Energie, der als Formänderungsarbeit in der Probe aufgezehrt wurde. h ist die Höhendifferenz, vgl. Abb. 2.18. Teilabbildung b zeigt zwei ISO-Kerbproben (ISO = International Standard Organisation). In Teilabbildung c ist angedeutet, an welchen Stellen eines geschweißten Querschnitts mit X-Stumpfnaht die Proben herausgearbeitet werden.

Abb. 2.19

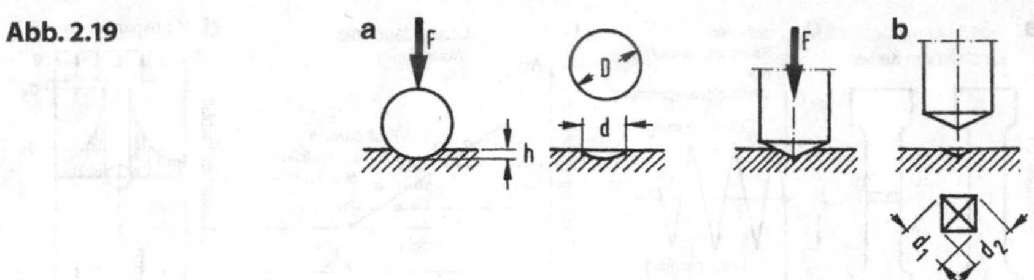

Die WEZ (Wärmeeinflusszone) einer Schweißnaht umfasst den Übergang vom Schweißgut auf das Grundmaterial. Diese Zone wird beim Schweißen aufgeschmolzen bzw. hoch erhitzt. Hier stellen sich Änderungen der metallurgischen Eigenschaften und fallweise hohe Eigenspannungen ein, die sich als Zähigkeitsverlust auswirken. – Die Versuche werden an Proben mit unterschiedlicher Temperatur durchgeführt. Bei tiefer Temperatur wird eine geringere **Kerbschlagarbeit** A_v in J (Joule) gemessen (Tieflage) als bei normaler und hoher Temperatur (Hochlage). Das Ergebnis mehrerer Versuche liefert die gesuchte Abhängigkeit zwischen A_v und der Temperatur, wie in Teilabbildung d dargestellt. – Eine Versprödung kann sich auch bei starker Neutronenbelastung in kerntechnischen Anlagen einstellen, was für die Sicherheitsbeurteilung in solchen Fällen von zentraler Bedeutung ist.

Eine weitere wichtige Festigkeitsgröße ist die **Härte**. Sie wird ebenfalls nach ISO-Normen ermittelt, indem in die Oberfläche des Materials eine gehärtete Kugel oder eine diamantene Spitze innerhalb einer definierten Zeitspanne eingedrückt wird (Abb. 2.19). Aus den Abmessungen des bleibenden (plastischen) Eindrucks in die Oberfläche des Materials wird auf die Härte geschlossen und die Härteziffer bestimmt (z. B. Brinell-Härte).

Bei Elastomeren (Gummi-Materialien) wird die Härte in Shore gemessen bzw. angegeben.

Von der ‚statischen' ist die ‚dynamische' (zyklische) Festigkeit zu unterscheiden. Man spricht von Dauer-, Betriebs- oder Ermüdungsfestigkeit. Ehemals wurde dieser Festigkeitskomplex allein phänomenologisch geklärt, heute wird die Bruchmechanik als eigenständige Disziplin der Materialkunde hinzu gezogen. Die Ursachen für die **Materialermüdung** (Zerrüttung) bei lang andauernder wechselnder oder schwellender Beanspruchung werden inzwischen gut verstanden.

Das Ermüdungsversagen eines Bauteiles geht immer von einem lokalen Versagen aus: Wo eine innere oder äußere Kerbe liegt, was an dieser Stelle mit einer hohen Spannungsspitze einher geht, kann sich bei zyklischer (wiederholter) Lastfolge infolge Überbeanspruchung ein Mikroriss bilden, der sich im Laufe der Zeit

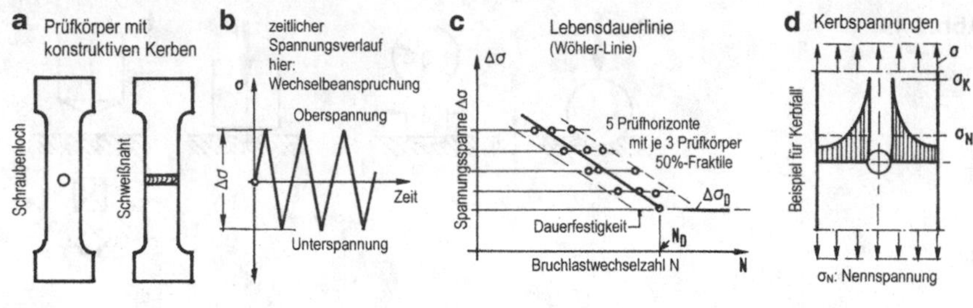

Abb. 2.20

zu einem Makroriss vergrößert, gegen Ende progressiv fortschreitend. Der noch verbleibende Restquerschnitt versagt schließlich als Gewaltbruch. Die Ermüdungsbruchfläche ist glatt, feinkristallin, die Gewaltbruchfläche grob, zerklüftet.

Um das Problem zu lösen, wird der sogen. Wöhler-Versuche durchgeführt, benannt nach A. WÖHLER (1819–1914). Anlass für die damaligen Versuche waren Brüche an Eisenbahn-Wagonachsen. In der Zeit von 1858 bis 1870 führte WÖHLER mit der von ihm konzipierten Prüfmaschine Reihenversuche durch. Dabei gelang es ihm, eine Gesetzmäßigkeit zwischen der in der Prüfmaschine eingestellten Spannungspanne und der Bruchlastwechselzahl quantitativ aufzudecken.

Anhand Abb. 2.20 sei das Vorgehen erläutert: Es wird zunächst eine größere Zahl gleicher Prüfkörper mit einer definierten ‚Kerbe' gefertigt, z. B. mit einem Loch oder einer Schweißnaht (Teilabbildung a). Die Prüfkörper werden der Reihe nach in der Dauerprüfmaschine pulsiert. Vorher werden vor jedem Versuch in der Prüfmaschine eine Ober- und eine Unterkraft eingestellt, zwischen denen die Prüfkraft wechselt. Hierzu gehören im Prüfkörper eine Oberspannung (σ_o) und eine Unterspannung (σ_u) und damit eine bestimmte Spannungsspanne $\Delta\sigma$. Zwischen diesen Marken wechselt die Spannung während des Dauerversuchs mit vielen Lastwechseln. In Abb. 2.20b handelt es sich um eine reine Wechselbeanspruchung.

Wird eine hohe Spannungsspanne eingestellt, wird der Dauerbruch frühzeitig, also bei einer geringen Lastspielzahl, eintreten, liegt die Spannungsspanne niedrig, wird eine hohe Bruchlastspielzahl erreicht. Das ist plausibel.

In Teilabbildung c ist ein typisches Versuchsergebnis auf fünf Prüfhorizonten mit je drei Prüfkörpern beispielhaft aufgetragen. Wo die gemittelte Kurve durch die Versuchswerte auf die Lastwechselzahl N_D trifft, wird die zugehörige Spannung als ‚**Dauerfestigkeit**' ($\Delta\sigma_D$) definiert. N_D ist die von der zu erwartenden Dauerbeanspruchung der Konstruktion (z. B. Brücke) vereinbarte Grenzlastwechselzahl, sie liegt in der Größenordnung $2 \cdot 10^6$ bis $10 \cdot 10^6$ Lastwechsel. Wird die Spannungsspanne ($\Delta\sigma$) und die Lastspielzahl (N) jeweils in logarithmischer Skalierung aufgetragen, ergibt sich die ‚Wöhlerlinie', auch Lebensdauerlinie genannt, als Gerade. Real weist sie zwei Krümmungswechsel auf, vom Bereich der Kurzeitfestigkeit zur Zeitfestigkeit und von dieser zur Dauerfestigkeit übergehend. Die Streuung der Versuchswerte ist i. Allg. beträchtlich. Deshalb dient meist eine untere Fraktile durch die Versuchswerte dazu, die ertragbare Dauerfestigkeit festzulegen. Dieser Wert gilt dann für ein bestimmtes Material, ein bestimmtes Verhältnis von Unter- zu Oberspannung und einen bestimmten Kerbfall. Der Versuchsaufwand ist erheblich. Wegen der Übertragung des an Kleinproben gewonnenen Versuchsergebnisses auf Großbauteile bedarf es ergänzender Sicherheitsüberlegungen. – Abb. 2.20d zeigt den typischen Verlauf einer Kerbspannung im Verhältnis zur Nennspannung im Bereich einer Probe mit einem mittigen Schraubenloch.

2.1.7 Beispiele

1. Beispiel

Ein **Zugstab** werde durch eine Kraft F belastet. Die Kraft löst im Zugstab die Spannung

$$\sigma = \frac{F}{A}$$

aus. A ist die Querschnittsfläche. Die Beanspruchung liege im elastische Bereich: Die Spannung σ wächst linear mit der Dehnung ε (Abb. 2.21):

$$\sigma = E \cdot \varepsilon \quad \rightarrow \quad E = \sigma / \varepsilon$$

E ist der Elastizitätsmodul. E kennzeichnet die Steigung der σ-ε-Geraden. Die Auflösung der Gleichung nach ε ergibt:

$$\varepsilon = \frac{\sigma}{E} = \frac{F}{EA}$$

Abb. 2.21

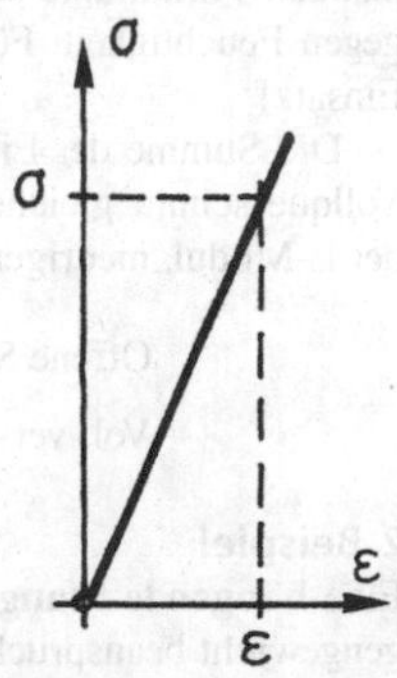

Querschnitte 'stehender' Seile (Tragseile)

(Offenes) Spiralseil (für einfache Verankerungen)	Verschlossenes Spiralseil (Tragseil für Seilbahnen)	Voll verschlossenes Spiralseil (Brückenbau, Meerestechnik)
a	**b**	**c**

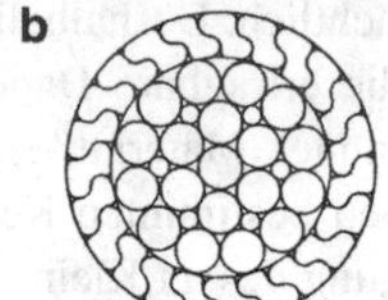

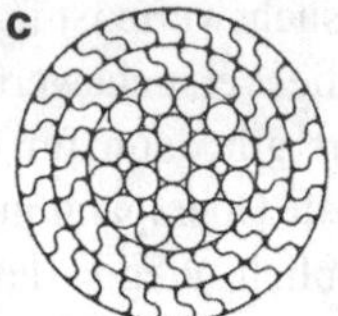

Abb. 2.22

Den Term $E\,A$ bezeichnet man als Dehnsteifigkeit. – Hat der Stab die Länge l, verlängert er sich unter der Zugkraft F um:

$$\Delta l = \varepsilon \cdot l = \frac{F}{E \cdot A} \cdot l$$

Zahlenbeispiel

Zugstange aus Stahl: $E = 21.000\,\text{kN/cm}^2$, $F = 32\,\text{kN}$, $A = 2{,}0\,\text{cm}^2$, $l = 300\,\text{cm}$:

$$\sigma = \frac{F}{A} = \frac{32\,\text{kN}}{2{,}0\,\text{cm}^2} = 16{,}0\,\frac{\text{kN}}{\text{cm}^2}; \quad \varepsilon = \frac{\sigma}{E} = \frac{16{,}0\,\text{kN/cm}^2}{21.000\,\text{kN/cm}^2} = \underline{0{,}000762};$$

$$\Delta l = \varepsilon \cdot l = 0{,}000762 \cdot 300 = 0{,}229\,\text{cm} = 2{,}29\,\text{mm}$$

Die Fließspannung des Stabmaterials (σ_F) betrage $24{,}0\,\text{kN/cm}^2$ (vgl. mit Abb. 2.16). Die Sicherheit gegen diese ‚Fließgrenze' beträgt damit: $24{,}0/16{,}0 = 1{,}5$.

Anstelle massiver Stäbe werden vielfach **Seile** als Zugglieder eingesetzt. Abb. 2.22 zeigt drei Spiralseilarten für ‚stehende Seile'. ‚Laufende Seile' für Krane und andere Zwecke haben einen anderen Aufbau; sie sind biegeweicher. Die Einsatzbereiche für die Tragseile sind in der Abbildung notiert. Die Einzeldrähte sind rund oder haben eine Z-Form. Die letztgenannten Formdrähte schmiegen sich dicht an dicht aneinander und ‚verschließen' das Seil gegen Feuchtigkeit. Für den Seewasserbau kommen Seile mit bis 30 cm Durchmesser zum Einsatz!

Die Summe der Einzeldrahtquerschnitte liegt um den Faktor f niedriger als bei einem Vollquerschnitt gleichen Durchmessers. Bedingt durch die spiralige Verseilung liegt auch der E-Modul. niedriger als bei einem massiven Vollstab:

Offene Spiralseile:	$f \approx 0{,}75$,	$E = 150.000\,\text{N/mm}^2$,
Voll verschlossene Seile:	$f \approx 0{,}83$,	$E = 190.000\,\text{N/mm}^2$.

2. Beispiel

Eine **hängende Stange** mit durchgehend konstantem Querschnitt werde nur durch ihr Eigengewicht beansprucht (Abb. 2.23). Im Verankerungspunkt tritt die höchste Spannung auf.

Abb. 2.23

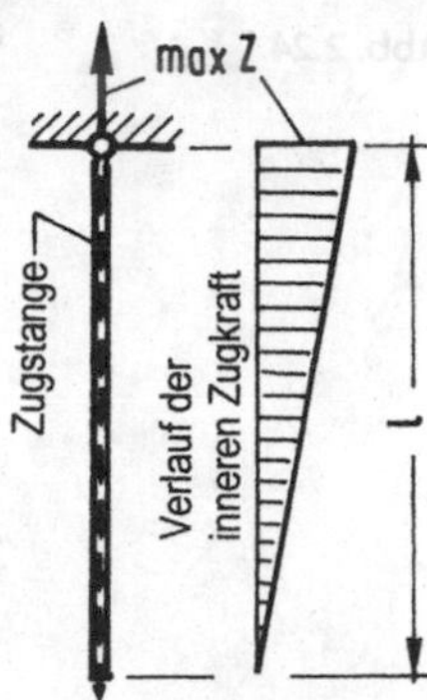

Die Dichte des Materials sei ρ. Die Bruchspannung sei σ_B. Gesucht ist die maximal mögliche Länge (Grenzlänge), bis zu welcher die Stange nicht reißt: Hat die Stange die Länge l, beträgt ihre Gewichtskraft:

$$F_g = g \cdot (\rho \cdot A \cdot l) = \max Z$$

$A \cdot l$ ist das Volumen, $\rho \cdot A \cdot l$ die Masse und g die Erdbeschleunigung.

Wird die max. Zugspannung

$$\max \sigma = \frac{\max Z}{A} = \frac{g \cdot (\rho \cdot A \cdot l)}{A} = g \cdot \rho \cdot l$$

mit der Bruchspannung σ_B gleich gesetzt, findet man die gesuchte Länge zu:

$$\max \sigma \doteq \sigma_B \quad \rightarrow \quad g \cdot \rho \cdot l_{\text{Grenze}} \doteq \sigma_B \quad \rightarrow \quad l_{\text{Grenze}} = \frac{\sigma_B}{g \cdot \rho}$$

Zahlenbeispiel

Stahl: $\sigma_B = 37{,}0\,\text{kN/cm}^2 = 37.000\,\text{N/mm}^2 = 3{,}7 \cdot 10^8\,\text{N/m}^2$, $\rho = 7850\,\text{kg/m}^3$:

$$l_{\text{Grenze}} = \frac{3{,}7 \cdot 10^8\,\text{N/m}^2}{9{,}81\,\text{m/s}^2 \cdot 7850\,\text{kg/m}^3} = \underline{4805\,\text{m}}$$

Der Verlauf der Zugkraft in der Stange ändert sich linear von Null bis zum Größtwert (Abb. 2.23). Würde sich das Material bis zum Bruch linear-elastisch verhalten, berechnet sich die Längenänderung nach der Formel (ohne Nachweis):

$$\Delta l = \frac{1}{2} \frac{g \cdot \rho}{E} \cdot l^2_{\text{Grenze}} = \frac{1}{2} \cdot \frac{9{,}81\,\text{m/s}^2 \cdot 7850\,\text{kg/m}^3}{2{,}1 \cdot 10^{11}\,\text{N/m}^2} \cdot 4805^2\,\text{m}^2 = \underline{4{,}23\,\text{m}}$$

Real wird sich eine wesentlich größere Längenänderung einstellen, weil jene Stangenbereiche im oberen Bereich, in denen die Fließgrenze überschritten wird, sich plastisch verformen bzw. verlängern, insofern hat das Beispiel keine reale praktische Bedeutung.

Abb. 2.24

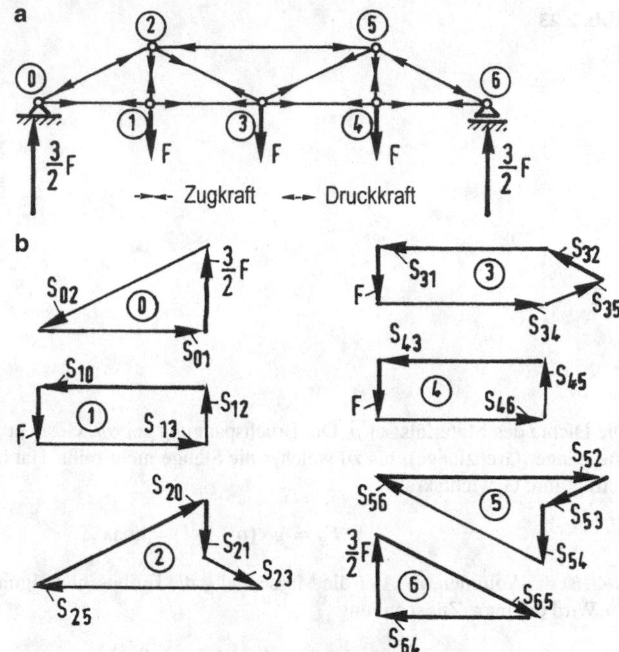

3. Beispiel

Für das in Abb. 2.24 dargestellte **Fachwerk** seien die Stabkräfte auf zeichnerischem Wege gesucht. Das System werde durch drei lotrechte Kräfte (F) in den unteren Knoten belastet: Die Auflagerkräfte links und rechts betragen: $(3 \cdot F)/2$. Die Auflagerkraft links im Knoten 0 wird in die Richtungen 01 und 02 zerlegt. Aus dem zugehörigen Krafteck 0 werden S_{01} und S_{02} abgegriffen. An den gegenüber liegenden Stabenden haben die Kräfte die entgegengesetzte Richtung. Das erlaubt die Zerlegung von S_{10} und F in die Richtungen 13 und 12. Das liefert die Stabkräfte S_{13} und S_{12} aus dem Krafteck 1. Auf diese Weise kann das Fachwerk, von Knoten zu Knoten fortschreitend, ‚abgebrochen' werden, sofern jeweils nur zwei neue Stäbe bzw. Stabkräfte anstehen. Dann ist das Fachwerk (innerlich) statisch bestimmt: Alle Stabkräfte lassen sich allein mit Hilfe der Gleichgewichtgleichungen bestimmen, nicht anderes bedeuten die Kraftecke. Fasst man die Kraftecke in einer Gesamtfigur zusammen, erhält man den sogen. Cremona-Plan, nach L. CREMONA (1830–1903) benannt, der diese Berechnungsform ‚erfunden' hat.

Die Grafische Statik wurde im Wesentlichen von K. CULMANN (1821–1881) begründet, das Schnittverfahren für statisch bestimmte Fachwerke, wie sie in der Frühzeit des Eisenbaues dominierten, von A. RITTER (1826–1908). Auch wenn in heutiger Zeit nahezu alle Tragwerke computergestützt berechnet werden, empfehlen sich Gleichgewichtskontrollen an herausgeschnittenen Bereichen zwecks Überprüfung der ,Black-Box-Berechnungen'.

4. Beispiel

Gesucht seien die Schnittgrößen für einen **Balken** (Träger), der durch eine mittige Kraft (F) beansprucht wird (Abb. 2.25): Unter Schnittgrößen versteht man jene Resultierenden, die in einem fiktiven Schnitt senkrecht zur Balkenachse die hier auftretenden Spannungen repräsentieren, es sind dieses:

- **Normalkraft** (N): Resultierende der Längsspannungen (Normalspannungen),
- **Querkraft** (Q): Resultierende der Schubspannungen,
- **Biegemoment** (M): Resultierende der Biegespannungen.

In Abb. 2.26 ist ihre Positivdefinition für das linke und rechte Schnittufer erklärt.

In Abb. 2.25 ist die Vorgehensweise der statischen Berechnung erläutert: An beliebiger Stelle wird ein Schnitt im Abstand x vom linken Auflager gelegt und die Schnittgrößen N,

Abb. 2.25

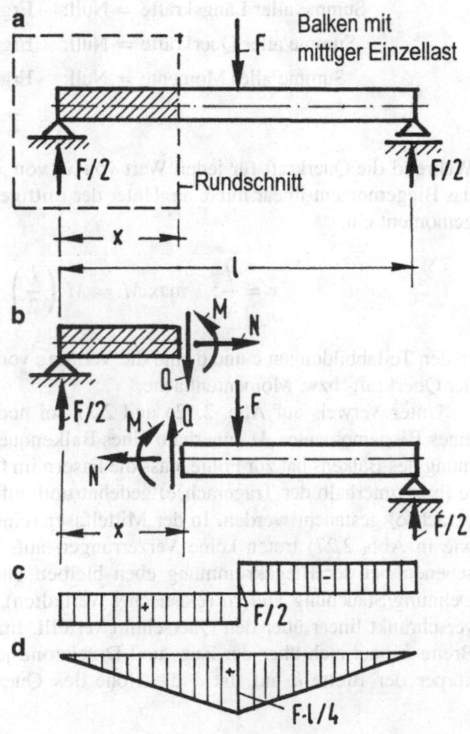

Abb. 2.26

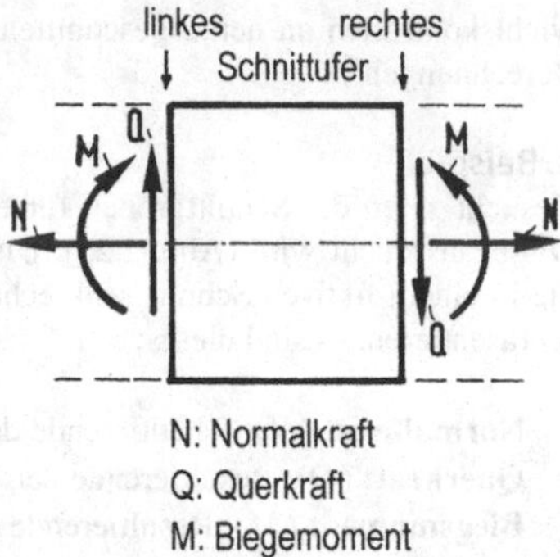

Q und M angetragen. Dann werden die drei Gleichgewichtsgleichungen für den durch einen Rundschnitt herausgelösten Bereich formuliert (Teilabbildung b):

$$
\begin{aligned}
\text{Summe aller Längskräfte} = \text{Null:} \quad & \text{Ergebnis: } N = 0 \\
\text{Summe aller Querkräfte} = \text{Null:} \quad & \text{Ergebnis: } Q = F/2 \\
\text{Summe aller Momente} = \text{Null:} \quad & \text{Ergebnis: } (F/2) \cdot x - M = 0 \\
& \rightarrow \quad M = M(x) = (F/2) \cdot x
\end{aligned}
$$

Während die Querkraft für jeden Wert von x, von $x = 0$ bis $x = l/2$, konstant ist, steigt das Biegemoment linear mit x an. Unter der mittigen Einzellast stellt sich das höchste Biegemoment ein:

$$x = \frac{l}{2}: \quad \max M = M\left(\frac{l}{2}\right) = \frac{F}{2} \cdot \frac{l}{2} = \frac{F \cdot l}{4}$$

In den Teilabbildungen c und d sind die Verläufe von Q und M dargestellt. Man spricht von der Querkraft- bzw. Momentenfläche.

Unter Verweis auf Abb. 2.12e und 2.27 sei noch geklärt, welche Spannungen infolge eines Biegemomentes M innerhalb eines Balkenquerschnittes geweckt werden: Die Krümmung des Balkens hat zur Folge, dass die Fasern im Inneren des Querschnitts auf der Zugseite (hier unterhalb der Trägerachse) gedehnt und auf der Druckseite (hier oberhalb der Trägerachse) gestaucht werden. In der Mittelfaser (eines doppeltsymmetrischen Querschnitts, wie in Abb. 2.27) treten keine Verzerrungen auf. Unterstellt man, dass die Querschnittsebenen bei der Biegekrümmung eben bleiben und sich die Spannungen linear mit der Dehnung/Stauchung ändern (elastisches Verhalten), sind die Dehnungen und Spannungen verschränkt linear über den Querschnitt verteilt. Im Falle eines Rechteckquerschnittes der Breite b baut sich über der Zug- und Druckzone jeweils ein dreieckförmiger Spannungskörper der Breite b auf. Ist a die Höhe des Querschnitts, ergibt sich das Volumen der

Abb. 2.27

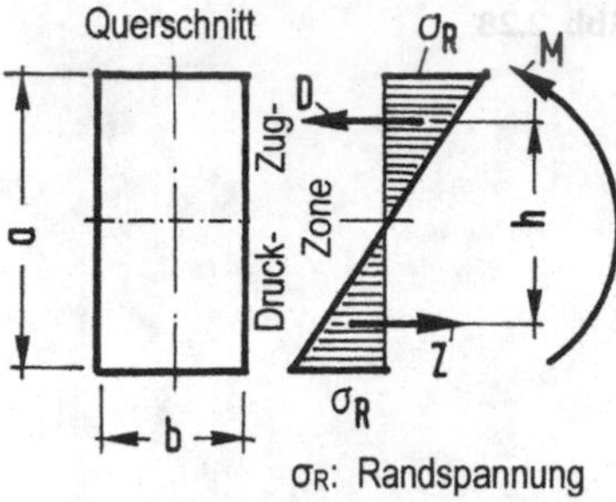

Spannungskörper auf der Zug- und Druckseite zu:

$$\frac{1}{2} \cdot \sigma_R \cdot \frac{a}{2} \cdot b = \sigma_R \cdot \frac{a}{4} \cdot b = \sigma_R \cdot \frac{a \cdot b}{4}$$

σ_R ist die Randspannung. Die Resultierenden der Biegespannungen auf der Zug- bzw. Druckseite sind gleich den Spannungsvolumina:

$$Z = D = \sigma_R \cdot \frac{a \cdot b}{4}$$

Ihr gegenseitiger Abstand (ihr innerer Hebelarm) ist $h = (2/3) \cdot a$. Das von Z und D aufgebaute Biegemoment ist demgemäß:

$$M = Z \cdot h = D \cdot h = \sigma_R \cdot \frac{a \cdot b}{4} \cdot \frac{2}{3} a = \sigma_R \cdot \frac{a^2 \cdot b}{6} = \sigma_R \cdot W$$

W bezeichnet man als Widerstandsmoment. Ist M bekannt, kann die Randspannung zu

$$\sigma_R = M/W$$

berechnet werden. Für den Rechteckquerschnitt gilt:

$$W = \frac{a^2 \cdot b}{6}$$

Der nächste Schritt wäre die Berechnung der Trägerdurchbiegung über die Krümmung der Stabachse. – Im Schrifttum zur Statik sind die Verfahren für die Berechnung der verschiedenen Systeme des Hoch- und Brückenbaues ausgearbeitet. Hier findet man auch umfangreich ausgearbeitete Formelsammlungen und Tabellen für die verschiedenen Aufgabenstellungen der Praxis.

Auf R. HOOKE (1635–1703) geht das Proportionalitätsgesetz $\sigma = E \cdot \varepsilon$ zurück. – Wie schon angedeutet hat es lange gedauert, bis die Verteilung der Biegespannungen in einem

Abb. 2.28

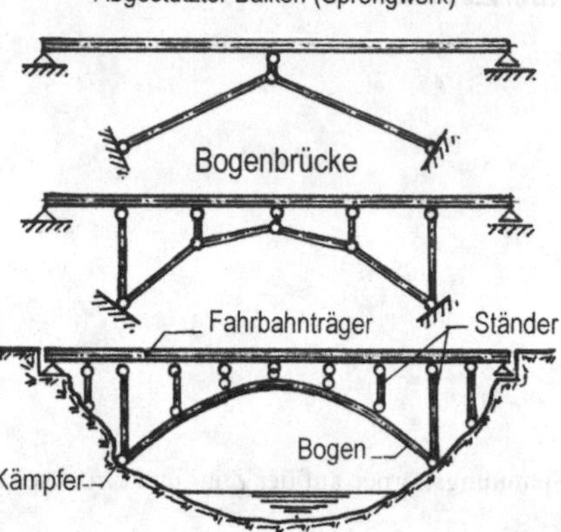

Balken von J. (Jakob) BERNOULLI (1654–1705) zutreffend erkannt werden konnte. Die diesbezüglichen Ansätze von G. GALILEI (1564–1642), E. MARIOTTE (1620-184) und G.W. LEIBNIZ (1646–1716) waren noch irrig gewesen. C.A. de COULOMB (1736–1806) gab letztlich die richtige Lösung an (s. o.).

Als Begründer der Tragwerksstatik im modernen Sinne gilt C.H. NAVIER (1785–1836). Ihm folgten später viele weitere, auch bei der Entwicklung der Theorie der Platten- und Schalentragwerke. – L. EULER (1707–1783) bestimmte erstmals die Knickkraft des Druckstabes und steht damit am Anfang der inzwischen weit ausgebauten Stabilitätstheorie und Theorie II. Ordnung. Auf die ausführlichen Darstellungen zur Geschichte der Baustatik in [3] und [6] wird verwiesen. Es ist ein weites Feld der Ingenieurwissenschaften. Das Schrifttum zur Baustatik ist umfangreich, das Gebiet gehört zur Technischen Mechanik [7].

Die Abb. 2.28 und 2.29 mögen zum Abschluss beispielhaft verdeutlichen, wie sich die Tragstrukturen aus einfachen Grundsystemen zu großem Formenreichtum entwickeln lassen.

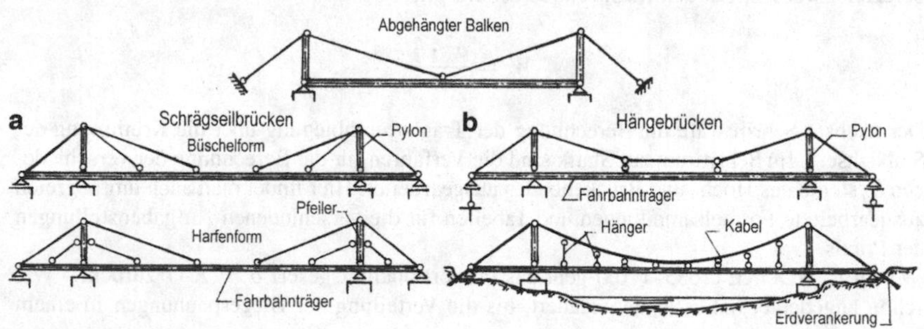

Abb. 2.29

2.2 Bewegung entlang einer Geraden- und einer Kreisbahn – Rotation

2.2.1 Bewegung entlang einer geraden Bahn

Entlang eines geraden Weges fällt die Richtung der Wegordinate $s = s(t)$, der Geschwindigkeit $v = v(t)$ und der Beschleunigung $a = a(t)$ mit der Richtung der Geraden zusammen (Abb. 2.30). s, v und a sind Funktionen der Zeit t. Zur Definition dieser drei kinematischen Größen und zu ihrer Verknüpfung wird auf die Abschnitte 1.1–1.4 verwiesen. Richtiger wäre es an dieser Stelle, die Größen als Vektoren $\vec{s}$, $\vec{v}$ und $\vec{a}$ zu kennzeichnen. Bei einer Bewegung auf einer geraden Strecke ist das entbehrlich, bei einer Bewegung auf einer gekrümmten Bahn, wie im übernächsten Abschnitt, ist eine vektorielle Beschreibung zweckmäßig und eigentlich zwingend.

Benötigt ein Körper (gleich welcher Art, z. B. ein Fahrzeug) für das Durchfahren der geraden Wegstrecke der Länge l die Zeitdauer t, beträgt seine **mittlere (durchschnittliche) Geschwindigkeit**:

$$\bar{v} = \frac{l}{t}, \quad [v] = \frac{[l]}{[t]} = \frac{\mathrm{m}}{\mathrm{s}} = \mathrm{m} \cdot \mathrm{s}^{-1}$$

Ist $\bar{v}$ gegeben, wird für eine Strecke der Länge l die Zeitdauer $t = l/\bar{v}$ benötigt.

1. Beispiel

Ein **Marathonläufer** benötige für die Bewältigung der Marathonstrecke $l = 42{,}195\,\mathrm{km}$ eine Dauer von $t = 2{:}36{:}5$ Stunden. Wie hoch ist seine mittlere Laufgeschwindigkeit? Aus der Streckenlänge in m und der Zeitdauer in s wird die mittlere Geschwindigkeit berechnet (zur Umrechnung in km/h siehe Abschn. 1.3):

$$l = 42.195\,\mathrm{m}, \quad t = 2 \cdot 60 \cdot 60 + 36 \cdot 60 + 5 = 7200 + 2160 + 5 = 9365\,\mathrm{s}:$$

$$\bar{v} = \frac{42.195}{9265} = 4{,}51\,\mathrm{m/s} = 16{,}22\,\mathrm{km/h}$$

2. Beispiel

Ein **Verkehrsflugzeug** fliege in 10.000 m Höhe mit 0,85 Mach, also mit 85 % der Schallgeschwindigkeit. Letztere beträgt in dieser Höhe ca. 300 m/s. Die mittlere Fluggeschwindig-

Abb. 2.30 Bewegung auf einer geraden Bahn

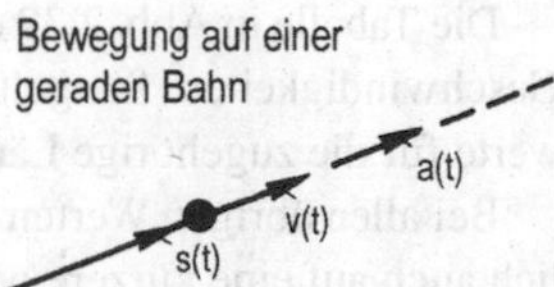

Abb. 2.31

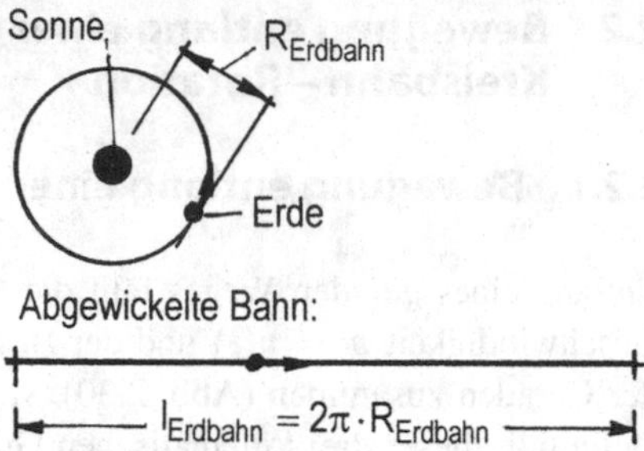

keit ist demnach:

$$\bar{v} = 0{,}85 \cdot 300 = 255\,\text{m/s} = 918\,\text{km/h}.$$

Für eine Strecke von 8000 km dauert der Flug: $t = 8000/918 = 8{,}71$ Stunden. Da die Fluggeschwindigkeit in der Start- und Ladephase niedriger liegt, wird real eine längere Flugzeit benötigt. Sie ist zudem stark von den Windverhältnissen abhängig.

3. Beispiel

Wird die **Bahn der Erde um die Sonne** als Kreis angenähert und als Gerade abgewickelt (Abb. 2.31), berechnet sich die Erdbahnlänge zu:

$$l_{\text{Erdbahn}} = 2\pi \cdot R_{\text{Erdbahn}}$$

Der Erdbahnradius beträgt:

$$R_{\text{Erdbahn}} = 1{,}49 \cdot 10^8\ \text{km}.$$

Ein vollständiger Umlauf dauert ein Jahr = 365,2425 Tage à 24 h à 60 min à 60 s:

$$t_{\text{Erdbahn}} = 365{,}2425 \cdot (24 \cdot 60 \cdot 60) = 3{,}1557 \cdot 10^7\ \text{s}.$$

Somit beträgt die mittlere Bahngeschwindigkeit der Erde (real ist die Bahn eine Ellipse):

$$\bar{v}_{\text{Erdbahn}} = \frac{l_{\text{Erdbahn}}}{t_{\text{Erdbahn}}} = \frac{2\pi \cdot 1{,}49 \cdot 10^{11}\ \text{m}}{3{,}1557 \cdot 10^7\ \text{s}} = 29\,667\,\text{m/s} = 29{,}667\,\text{km/s} = 106.800\,\text{km/h}$$

Die Tabelle in Abb. 2.32 enthält für eine Reihe von Bewegungsvorgängen deren Geschwindigkeiten. Sie gelten im Falle der eingetragenen Maximal- und Rekordwerte für die zugehörige Länge.

Bei allen übrigen Werten handelt es sich um Mittelwerte, sie beziehen sich letztlich auch auf eine kürzere oder längere Wegstrecke.

	m/s	km/s		m/s *)	km/s *)
Schnecke	0,002	0,008	Marathonläufer (R)	5,67/4,88	20,4/17,6
Ochse	0,7	2,5	100m-Sprinter (R)	10,0/9,1	36,0/32,8
Pferd im Schritt	2,0	7,2	400m-Läufer (R)	9,2/8,4	33,1/30,2
Pferd im Trab	4,2	15	5000m-Läufer (R)	6,7/5,9	24,1/21,2
Pferd im Galopp	8,3	30	10000m-Läufer (R)	6,4/5,7	23,0/20,5
Rennpferd (max)	24	86	1000m-Eisschnellläufer (R)	15,0/13,7	54,0/49,3
Traber (max)	18	65	5000m-Eisschnellläufer (R)	13,9/12,3	50,0/44,3
Windhund (max)	21	76			
Gepard (max)	32	115	ICE (max, Betrieb)	80	290
Brieftaube (mittel)	24	85	TGV (max, Betrieb)	90	325
Schwalbe (mittel)	55	200	Shinkansen (max, Betrieb)	80	290
			TGV (V150) (R)	159	575
Fußgänger, normal	1,5	5,4	Magnetschwebebahn (R)	161	581
Fußgänger, eilig	2,1	7,5			
Fußgänger, joggen	3,9	14	Erddrehung am Äquator	458	1650
			Erdbahngeschwindigkeit	≈ 30000	107000
Radfahrer (normal)	5,0	18			
			Erläuterung: R: Rekord		
			*) männlich/weiblich		

Abb. 2.32

4. Beispiel

Die Bewegung eines Fahrzeugs auf einer geraden Strecke beginnt am Anfang mit einer starken Beschleunigung, man denke an städtische Bahnen, wie S- und U-Bahnen. Die Beschleunigung wird anschließend vom Fahrer linear zurück genommen. Am Ende dieser Phase (Zeitpunkt T) erreicht die Geschwindigkeit den Wert v_T, vgl. Abb. 2.33. Wie man sich überzeugt, genügt die Geschwindigkeit während dieser linear abnehmenden Beschleunigungsphase der Funktion:

$$v = v(t) = v_T \left(2 - \frac{t}{T}\right) \cdot \frac{t}{T}$$

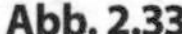

Abb. 2.33

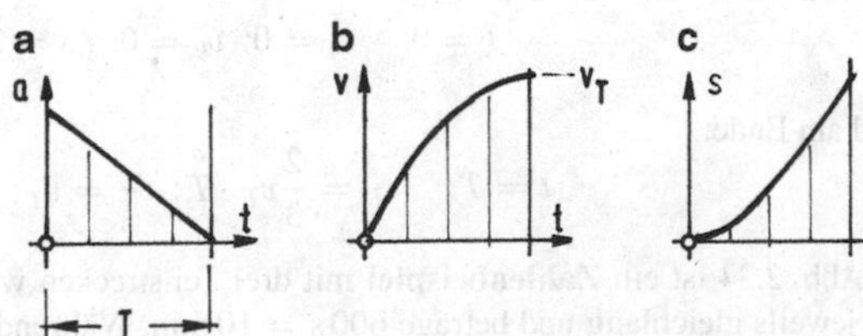

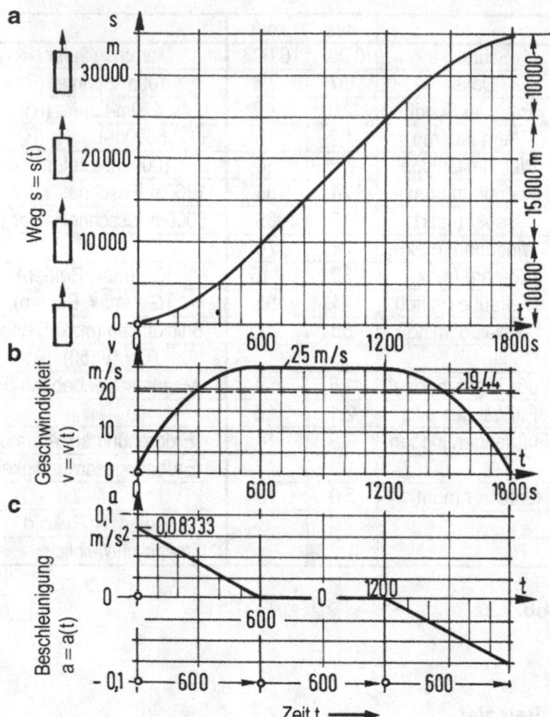

Abb. 2.34

Für $t = 0$ ist $v = 0$ und für $t = T$ ist $v = v_T$. Das Fahrzeug fährt ab jetzt mit konstanter Geschwindigkeit weiter. $v = v_T =$ konst. Die Beschleunigung $a = a(t)$ folgt durch Differentiation von v nach t und die Wegordinate $s = s(t)$ durch Integration von v über t:

$$s = s(t) = v_T \left(1 - \frac{1}{3}\frac{t}{T}\right) \cdot \frac{t}{T} \cdot t$$

$$a = a(t) = 2\frac{v_T}{T}\left(1 - \frac{t}{T}\right)$$

Zu Beginn der Bewegung gilt:

$$t = 0: \quad s_0 = 0;\ v_0 = 0;\ a_0 = 2\frac{v_T}{T}$$

und am Ende:

$$t = T: \quad s_T = \frac{2}{3} v_T \cdot T;\ v_T = v_T;\ a_T = 0$$

In Abb. 2.34 ist ein **Zahlenbeispiel** mit drei Teilstrecken wiedergegeben. Deren Fahrdauer sei jeweils gleichlang und betrage 600 s = 10 min. Während der ersten Teilstrecke wird das

Fahrzeug anfangs mit 0,08333 m/s² beschleunigt. Nach $T = 600\,\mathrm{s}$ beträgt die Geschwindigkeit $v_T = 25{,}0\,\mathrm{m/s}$ und sind $s_T = 10.000\,\mathrm{m}$ durchfahren. Wird die Fahrt im zweiten Abschnitt mit 25,0 m/s fortgesetzt, sind am Ende dieser Teilstrecke:

$$25{,}0 \cdot 600 = 15.000\,\mathrm{m}$$

durchfahren. Die dritte Teilstrecke folgt entsprechend. Am Ende der drei Teilstrecken sind insgesamt 35.000 m = 35 km zurückgelegt. Die mittlere Geschwindigkeit ergibt sich zu:

$$\bar{v} = \frac{35.000\,\mathrm{m}}{1800\,\mathrm{s}} = 19{,}44\,\mathrm{m/s}$$

5. Beispiel

Ein Fahrzeug werde mit konstanter Verzögerung (= negative Beschleunigung) abgebremst: Der Fahrzeugtyp bestimmt die Art der **Bremsung** (Schienenfahrzeug, Radfahrzeug). – Im Falle eines PKW bestimmt die Reibung zwischen den bremsenden Rädern und der Fahrbahn die maximal mögliche Bremskraft. Beim Gleiten auf nasser/vereister Fahrbahn wird nur ein geringer Reibwiderstand aktiviert. Das Fahrzeug ist dann nur noch bedingt oder überhaupt nicht mehr lenkbar, weil auch der seitliche Führungswiderstand an den Rädern wegfällt (Abschn. 1.13.2 und 1.13.3). – Bei kontrollierter Rollreibung (ABS, ausreichende Profiltiefe der Reifen vorausgesetzt) wird eine hohe Rollreibung erreicht, sie ist abhängig vom aktiven Schlupf.

Die vom Fahrzeug ausgehende Trägheitskraft ist gemäß dem d'Alembert'schen Prinzip (Abschn. 1.5) entgegen der positiv definierten Wegordinate anzusetzen (Abb. 2.35):

$$F_m = m \cdot a = \frac{Q}{g} \cdot a, \quad g = 9{,}81\,\mathrm{m/s^2}$$

Q ist das Gewicht des Fahrzeugs (in N). – Es wird unterstellt, dass sich alle Räder in gleicher Weise an der Bremsung beteiligen. Die gesamte aktivierte Reibungskraft beträgt dann:

$$F_R = \mu_R \cdot Q \quad (\mu_R \text{ ist hier als konstant angesetzt})$$

Abb. 2.35 **a** Gleichförmige Fahrt mit v_0 = konst. **b** Abbremsung mit a_0 = konst.

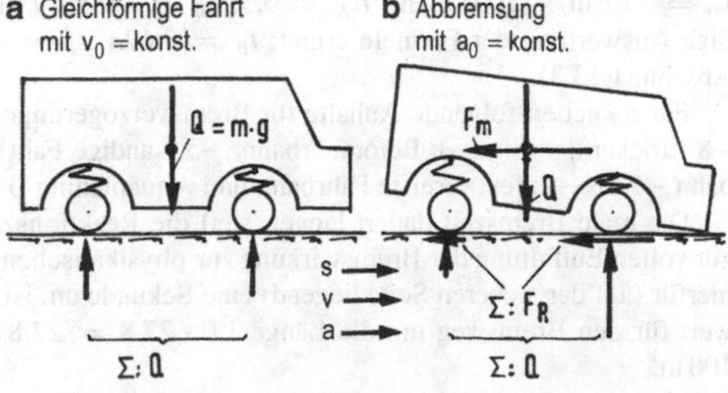

Die Gleichgewichtsgleichung liefert (Abb. 2.35b):

$$F_m + F_R = 0 \quad \rightarrow \quad \frac{Q}{g} \cdot a + \mu_R \cdot Q = 0 \quad \rightarrow \quad a = a_0 = -g \cdot \mu_R$$

Ab Bremsbeginn wird die Zeit gezählt ($t = 0$). Die Anfangsbedingungen der Bremsbewegung aus der Anfangsgeschwindigkeit v_0 heraus lauten:

$$t = 0: \quad s = 0, \; v = v_0, \; a = a_0.$$

Geschwindigkeit $v = v(t)$ und Wegordinate $s = s(t)$ folgen mittels Integration:

$$v = \int a \, dt = a_0 \cdot \int dt = a_0 \cdot t + C_1$$

Aus der Anfangsbedingung für v ($t = 0$: $v = v_0$) folgt: $C_1 = v_0$. Somit gilt: $v = v_0 + a_0 \cdot t$.

$$s = \int v \, dt = \int (v_0 + a_0 \cdot t) \, dt = v_0 \cdot t + a_0 \cdot \frac{t^2}{2} + C_2$$

Die Anfangsbedingung für s führt auf: $C_2 = 0$. Somit gilt: $s = v_0 \cdot t + a_0 \frac{t^2}{2}$.

Am Ende der Bremsstrecke ist die Geschwindigkeit gleich Null. Aus dieser Bedingung ergibt sich die Bremszeit t_B zu:

$$0 = v_0 + a_0 \cdot t_B \quad \rightarrow \quad t_B = -\frac{v_0}{a_0} = \frac{v_0}{g \cdot \mu_R}$$

Für die Bremslänge ergibt sich:

$$s_B = v_0 \cdot t_B + a_0 \frac{t_B^2}{2} \quad \rightarrow \quad s_B = v_0 \cdot \frac{v_0}{g \cdot \mu_R} - \frac{g \cdot \mu_R}{2} \left(\frac{v_0}{g \cdot \mu_R} \right)^2$$

$$\rightarrow \quad s_B = \frac{1}{2} \cdot \frac{v_0^2}{g \cdot \mu_R}$$

Bei geneigter Straße sind in der Gleichgewichtsgleichung die Abtriebskraft und die verminderte Reibungskraft einzubeziehen.

Zahlenbeispiel

$v_0 = 27{,}8\,\mathrm{m/s}$ (100 km/h), $\mu_R = 0{,}5$: $a_0 = -0{,}5 \cdot 9{,}81 \approx -5\,\mathrm{m/s^2}$. – Die zahlenmäßige Auswertung der Formeln ergibt: $t_B = 5{,}67\,\mathrm{s}$, $s_B = 78{,}8\,\mathrm{m}$ (vgl. auch 3. Beispiel in Abschn. 1.13.3).

Für a_0 gelten folgende Anhalte für Bremsverzögerungen in $\mathrm{m/s^2}$: Asphaltfahrbahn: ca. −8 (trocken), −6 (nass); Betonfahrbahn: −5; sandige Fahrbahn: −4; schneebedeckte Fahrbahn −1 bis −2; fest vereiste Fahrbahn und Aquaplaning 0 bis −1.

Die reale Bremszeit dauert länger, weil die Reaktionszeit des Fahrers und die Zeit bis zur vollen Entfaltung der Bremswirkung zur physikalischen Bremszeit hinzu tritt. Setzt man hierfür (auf der sicheren Seite liegend) eine Sekunde an, ist im obigen Beispiel der Rechenwert für den Bremsweg um die Länge $1{,}0 \cdot 27{,}8 = 27{,}8\,\mathrm{m}$ zu vergrößern, das ergibt ca. 100 m!

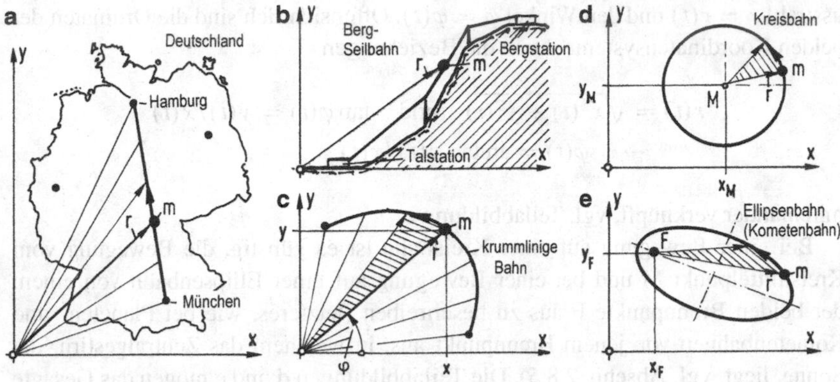

Abb. 2.36

2.2.2 Bahnbeschreibung

Unterschieden werden: Geführte und freie Bewegung.

Die Bewegung eines Eisenbahnzuges auf einem Gleis ist das typische Beispiel einer **geführten Bewegung** (Zwangsbewegung). Weitere Beispiele sind: Wagen einer Achterbahn, Gondel einer Seilbahn, Greifer eines Industrieroboters. Auch die Fahrt eines Straßenfahrzeuges ist eine geführte Bewegung. Hier ist es die Reibung zwischen Radreifen oder Raupenkette und der Fahrbahn, die die Führung übernimmt.

Freie Bewegungen sind solche in Kraftfeldern, wie in gravitativen oder elektrischen Feldern. Typische Beispiele sind Geschosse, Satelliten, Planeten und andere kosmische Objekte. Flugzeuge mit Leitwerk oder Raketen mit Steuerdüsen sind eher den geführten Bewegungen zuzurechnen.

Um die Bewegung eines (punktförmigen) Körpers der Masse m zu beschreiben, bedarf es eines Koordinatensystems. Bei einer Bewegung in einer Ebene kann z. B. ein rechtwinkliges Koordinatensystem x, y gewählt werden, wie in Abb. 2.36a für einen Flug von München nach Hamburg angedeutet; in dem Beispiel ist die Kugeloberfläche Deutschlands als Ebene angenähert. Es kann sich auch um eine vertikale Ebene handeln, wie z. B. bei einer Bergbahn; in Teilabbildung b besteht sie aus drei Geradebahnen (wenn man vom Kabeldurchhang absieht). – Teilabbildung c zeigt eine krummlinige Bahn. – In allen Fällen kann die momentane Bewegung des Körpers auf seiner Bahn durch die (Weg-) Ordinaten $x = x(t)$ und $y = y(t)$ als Funktion der Zeit t beschrieben werden oder polar durch den Radiusstrahl $r = r(t)$ und den Winkel $\varphi = \varphi(t)$. Offensichtlich sind die Ordinaten der beiden Koordinatensysteme durch die Beziehungen

$$r(t) = \sqrt{x^2(t) + y^2(t)} \quad \text{und} \quad \tan\varphi(t) = y(t)/x(t)$$
$$\rightarrow \quad \varphi(t) = \arctan y(t)/x(t)$$

miteinander verknüpft, vgl. Teilabbildung c.

Bei einer Bewegung auf einer Kreisbahn ist es günstig, die Bewegung vom Kreismittelpunkt M und bei einer Bewegung auf einer Ellipsenbahn von einem der beiden Brennpunkte F aus zu beschreiben (letzteres, wie bei Planeten- und Kometenbahnen von jenem Brennpunkt aus, in welchem das Zentralgestirn, die Sonne, liegt, vgl. Abschn. 2.8.5). Die Teilabbildungen d und e mögen das Gesagte verdeutlichen.

Die Beschreibung einer allgemeinen (krummlinigen) Bewegung eines punktförmigen Körpers der Masse m setzt eine vektorielle Behandlung voraus. Darauf wird hier zunächst verzichtet. Die Fachbücher zur Mechanik geben Auskunft. Es zeigt sich, dass bei einer krummlinigen Bewegung zwei Beschleunigungskomponenten auftreten, eine **tangentiale** in Richtung der Bahn und eine **normale** (normal = senkrecht) zur Bahn:

$$a_t = \frac{dv}{dt} = \frac{d^2s}{dt^2}; \quad a_n = \frac{v^2}{\rho}$$

Hierin ist ρ der Radius des lokalen Krümmungskreises an die Bahn. a_n bewirkt die Bahnführung in Richtung auf den momentanen Krümmungsmittelpunkt. Im allgemeinen Fall sind alle Bewegungsgrößen, der Weg s, die Geschwindigkeit v und die Beschleunigungskomponenten a_n und a_t sowie der Krümmungsradius ρ der Bahnkurve Funktionen der Zeit t.

2.2.3 Bewegung entlang einer Kreisbahn

Die kreisförmige Bewegung ist ein Sonderfall der krummlinigen. Der Krümmungsradius ist konstant, er werde mit r abgekürzt, wie in Abb. 2.37 einschließlich der Bahnordinate $s = s(t)$ und der Bahngeschwindigkeit $v = v(t)$ skizziert.

Abb. 2.38 zeigt die Bewegung der Punktmasse m auf einer Kreisbahn beim Fortschreiten um den Weg ds innerhalb des Zeitintervalls dt. Die Geschwindigkeit ändert sich dabei um dv, vektoriell in der Richtung auf den Mittelpunkt des Kreises

Abb. 2.37

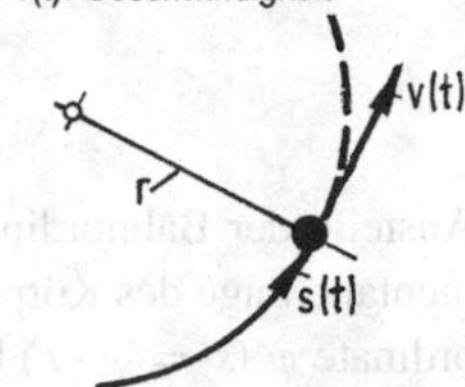

Abb. 2.38

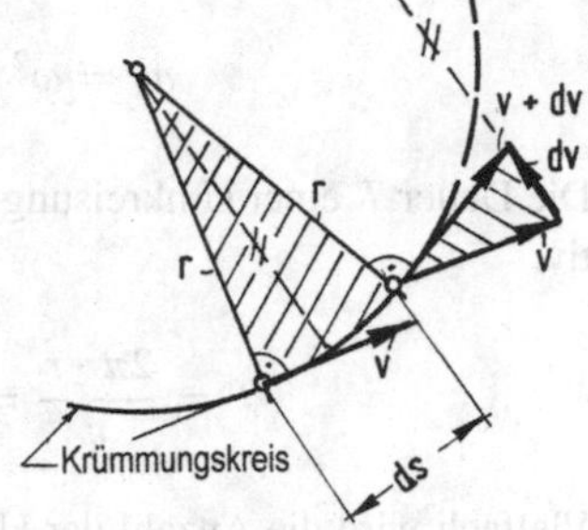

zu. Der Richtungspfeil erfährt eine Drehung. Die Geschwindigkeitsänderung dv in der Zeiteinheit ist die Beschleunigung in Richtung auf den Mittelpunkt. Die Ähnlichkeit der schraffierten Dreiecke in Abb. 2.38 erlaubt folgenden Schluss:

$$\frac{ds}{r} = \frac{dv}{v} \longrightarrow dv = \frac{v \cdot ds}{r} \longrightarrow \frac{dv}{dt} = \frac{v}{r} \cdot \frac{ds}{dt} = \frac{v}{r} \cdot v = \frac{v^2}{r}$$

Das ist die Beschleunigungskomponente in Richtung auf den Kreismittelpunkt, also normal zur Bahnkurve:

$$a_n = \frac{v^2}{r}$$

Auf den Schwerpunkt des Körpers mit der Masse m wirkt die Zentripetalkraft F_r (Kraft gleich Masse mal Beschleunigung)

$$F_r = m \cdot a_n = m \cdot \frac{v^2}{r} \quad [\mathrm{N}]$$

nach ‚innen'. Die vom Körper auf die Führung der Bahn nach ‚außen' gerichtete Gegenkraft ist die Zentrifugalkraft (Fliehkraft) F_Z:

$$F_Z = F_r = m \cdot a_n = m \cdot \frac{v^2}{r}$$

Anstelle der Bahnordinate s und der Bahngeschwindigkeit v kann man die momentane Lage des Körpers und seine Geschwindigkeit auch mit Hilfe der Winkelordinate φ ($s = \varphi \cdot r$) bzw. mit Hilfe der Winkelgeschwindigkeit ω ($v = \omega \cdot r$) beschreiben. Hiermit folgen Normalbeschleunigung und Zentrifugalkraft zu:

$$a_n = \omega^2 \cdot r; \quad F_Z = F_r = m \cdot \omega^2 \cdot r$$

Die Dauer T einer Umkreisung (Länge der Kreisbahn: $l = 2\pi \cdot r$) beträgt alternativ:

$$T = \frac{2\pi \cdot r}{v} = \frac{2\pi}{\omega} \text{ [s]} \quad \rightarrow \quad a_n = \frac{(2\pi)^2 \cdot r}{T^2}$$

Vielfach wird die Anzahl der Umrundungen pro Sekunde als Maß für die Schnelligkeit einer Bewegung auf einer Kreisbahn verwendet. Man spricht dann von der Frequenz f der Kreisbewegung in der Einheit Hertz (Hz):

$$f = \frac{1}{T} = \frac{v}{2\pi \cdot r} = \frac{\omega}{2\pi} \left[\frac{1}{\text{s}} = \text{Hz}\right] \rightarrow \quad a_n = (2\pi)^2 \cdot r \cdot f^2$$

In der Version $\omega = 2\pi \cdot f$ nennt man ω Kreisfrequenz. – Ein weiteres Maß ist die Anzahl der Umdrehungen pro Minute. Diese Anzahl wird i. Allg. mit n abgekürzt:

$$n = 60 \cdot f = 60 \cdot \frac{1}{T} = 60 \cdot \frac{v}{2\pi \cdot r} = 60 \cdot \frac{\omega}{2\pi} \quad \rightarrow \quad a_n = \frac{(2\pi)^2 \cdot r}{3600} \cdot n^2$$

Umkehrung:

$$f = n/60; \quad T = 60/n; \quad v = 2\pi \cdot r \cdot n/60; \quad \omega = 2\pi \cdot n/60$$

Anmerkung

Die vorangegangene Beschreibung gilt für eine gleichförmige Bahnbewegung, also eine konstante Bahngeschwindigkeit. Ist die Bahnbewegung ungleichförmig (also in Bahnrichtung beschleunigt), sind v, a_t, a_n Funktionen der Zeit. In diesem Falle wird die (tangentiale) Winkelbeschleunigung mit $\varepsilon = \dot{\omega} = \ddot{\varphi} = a_t/r = \dot{v}/r = \ddot{s}/r$ abgekürzt.

Abb. 2.39

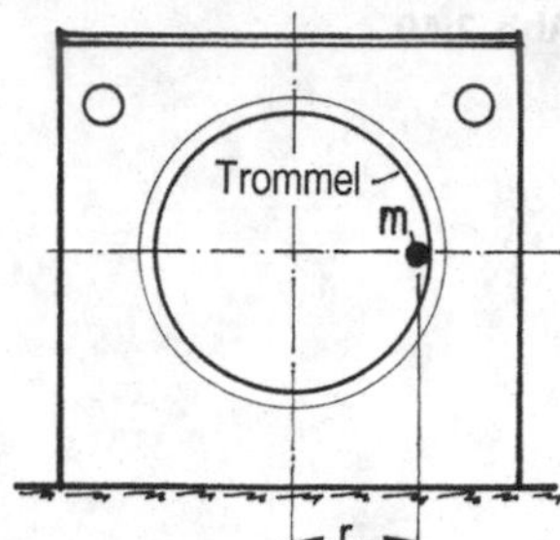

1. Beispiel

Zentrifugen finden in der Technik und in den experimentellen Naturwissenschaften eine breite Anwendung. Es gibt Ultrazentrifugen mit bis zu $n = 500.000$ Umdrehungen pro Minute. Zentrifugen dienen überwiegend der Stoffabscheidung, also der Trennung unterschiedlich schwerer Stoffanteile. – Mit r (in cm!) und n als Drehzahl pro Minute dient die ‚Relative Zentrifugalbeschleunigung (RZB)', auch ‚Schleuderziffer' genannt, zur Kennzeichnung der Zentrifuge in Bezug zur Erdbeschleunigung (DIN 58970-2):

$$a = \frac{(2\pi)^2 \cdot (r/100)}{3600} \cdot n^2 = 0{,}00010966 \cdot r\,[\text{cm}] \cdot n^2 \quad [a] = [\text{m/s}^2]$$

$$\text{RZB} = \frac{a}{g} = \frac{a\,[\text{m/s}^2]}{9{,}81\,\text{m/s}^2} = 0{,}00001118 \cdot r\,[\text{cm}] \cdot n^2$$

2. Beispiel

In **Wäscheschleudern** und Waschmaschinen mit Schleudergang treten hohe Zentrifugalbeschleunigungen auf (Abb. 2.39). Beispielsweise wird die Wäsche bei einem Trommeldurchmesser $d = 0{,}5\,\text{m}$ und bei $n = 1400$ Umdrehungen pro Minute an der Trommelwand ($r = 0{,}25\,\text{m}$) mit

$$a = \frac{(2\pi)^2 \cdot 0{,}25}{3600} \cdot (1400)^2 = 5374\,\text{m/s}^2 = 548 \cdot g$$

beschleunigt. Das ist das 550-fache der Erdbeschleunigung!

3. Beispiel

Der **Fliehkraftregler**, auch Zentrifugal-Regulator genannt, dient zur Messung und zur Regelung der Drehzahl. Abb. 2.40 zeigt das Prinzip. Die Zentrifugalkräfte der beiden Kugeln stehen über das Gestänge mit den lotrechten Kräften G_1 und G_2 im Gleichgewicht. Die Verschiebungskinematik der Gewichte ist von der Umdrehungszahl nichtlinear abhängig.

4. Beispiel

Der Radius des Erdkörpers am Äquator beträgt: $R_{\text{Erde}} = 6{,}378 \cdot 10^6\,\text{m}$. Eine 360°-Rotation der Erde um ihre Achse dauert einen siderischen Tag: 23 h 56 min 4,099 s. Das sind in Se-

Abb. 2.40

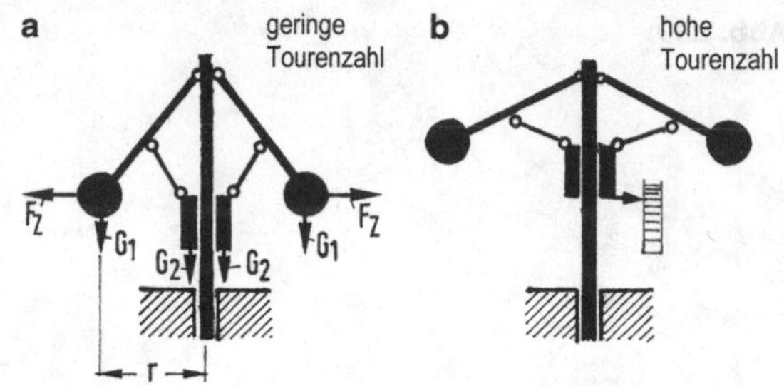

kunden

$$T = 23 \cdot 60 \cdot 60 + 56 \cdot 60 + 4{,}099 = 82.800 + 3360 + 4{,}099 = 86.164\,\mathrm{s}$$

Am Äquator beträgt demgemäß die **Zentrifugalbeschleunigung**:

$$a = \frac{(2\pi)^2 \cdot 6{,}378 \cdot 10^6}{86.164^2} = 0{,}0339\,\mathrm{m/s^2} \quad (\approx 0{,}35\,\%\text{ von } g)$$

Die Schwerebeschleunigung am Äquator beträgt $9{,}7803\,\mathrm{m/s^2}$. Ohne den zentrifugalen Anteil ergibt sich: $9{,}8120\,\mathrm{m/s^2}$.

5. Beispiel

Liegen in einem **Drehgestell** zwei miteinander verbundene, unterschiedlich große Massen m_1 und m_2 auf einem Seil (Abb. 2.41), stellt sich ihre Lage bei einer Rotation so ein, dass

Abb. 2.41

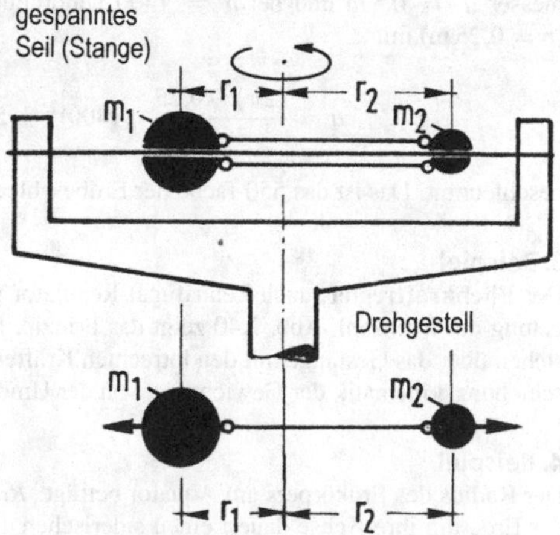

Abb. 2.42

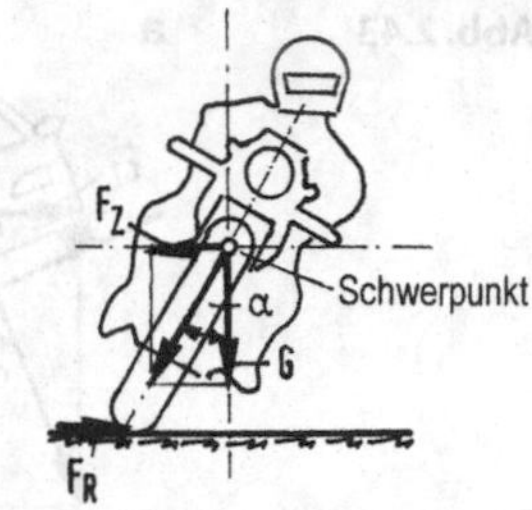

$m_1 \cdot r_1 = m_2 \cdot r_2$ gilt. Das entspricht dem Hebelgesetz. Nur bei diesem Abstandsverhältnis stehen die Zentrifugalkräfte im Gleichgewicht:

$$F_{Z1} = F_{Z2} \quad \rightarrow \quad m_1 \cdot \omega \cdot r_1 = m_2 \cdot \omega \cdot r_2 \quad \rightarrow \quad m_1 \cdot r_1 = m_2 \cdot r_2 \quad \rightarrow \quad \frac{r_1}{r_2} = \frac{m_2}{m_1}$$

6. Beispiel

Auf einer ebenen **horizontalen** Straße erfährt ein Fahrzeug bei Kurvenfahrt durch die Reibung mit der Fahrbahn die notwendige Führung. Abb. 2.42 zeigt ein Motorrad. Die Masse betrage $m = 280\,\text{kg}$. Das Fahrzeug fahre mit der Geschwindigkeit $v = 90\,\text{km/h} = 90/3{,}6 = 25{,}0\,\text{m/s}$ durch eine Kreiskurve. Der Radius der Kurve sei $r = 80\,\text{m}$. Die Zentrifugalkraft ergibt sich zu:

$$F_Z = 280 \cdot \frac{25{,}0^2}{80} = 2187{,}5\,\text{N}$$

Die Reibungskraft berechnet sich zu:

$$F_R = \mu_R \cdot G = \mu_R \cdot (g \cdot m) = \mu_R \cdot (9{,}81 \cdot 280)$$

Um nicht aus der Kurve geschleudert zu werden, bedarf es einer Mindestreibungszahl. Sie folgt aus der Gleichsetzung:

$$F_Z = F_R \quad \rightarrow \quad 2187{,}5 = \mu_R \cdot 2746{,}8 \quad \rightarrow \quad \underline{\mu_R = 0{,}798 \approx 0{,}8}$$

μ_R hat hier die Bedeutung einer Haftreibungszahl. Für eine beliebige horizontale Kurvenfahrt in der Ebene berechnet sich der Mindestwert zu:

$$F_Z = F_R \quad \rightarrow \quad m \cdot \frac{v^2}{r} = \mu_R \cdot G \quad \rightarrow \quad \frac{G}{g} \cdot \frac{v^2}{r} = \mu_R \cdot G \quad \rightarrow \quad \mu_R = \frac{v^2}{g \cdot r}$$

7. Beispiel

Straßen- und Bahngleise werden in Kurvenbereichen mit einer **Querneigung** gebaut. Hierzu sind in Deutschland die ‚Richtlinien für den Ausbau von Landstraßen (RAL)' für die unterschiedlichen Straßenkategorien zu beachten, von der Autobahn bis zur Gemeindestraße. Entsprechende Regelwerke gibt es für den Bahnbau.

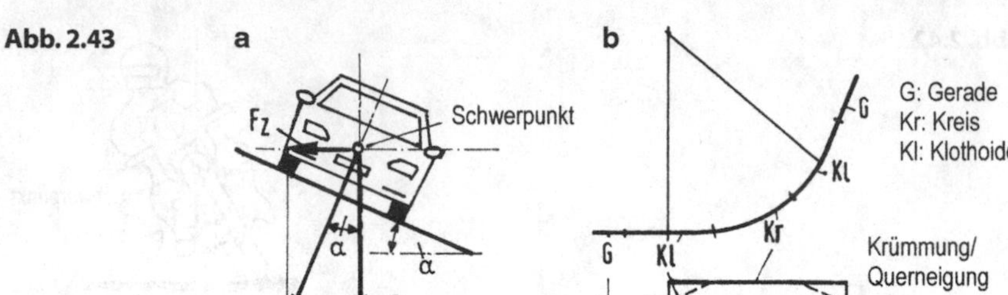

Abb. 2.43

Steht die Resultierende aus der lotrechten Gewichtskraft und der Fliehkraft senkrecht zur geneigten Fahrbahn, bedarf es zur Führung des Fahrzeugs keiner Reibung, vgl. Abb. 2.43a. Der zugehörige Winkel folgt aus:

$$\tan\alpha = \frac{F_Z}{G} = \frac{G}{g} \cdot \frac{v^2}{r} \cdot \frac{1}{G} = \frac{v^2}{g \cdot r}$$

Bei jeder Abweichung von α verbleibt ein Über- oder Unterschuss an Zentrifugalkraft, der durch Reibung ausgeglichen werden muss.

Beim Übergang von einer Geraden- auf eine Kreisbahn stellt sich die Zentrifugalbeschleunigung mit Beginn der Kreisbahn sprunghaft ein. Um dem zu begegnen, wird im Straßenbau eine sogenannte Klothoide eingeschaltet. Innerhalb dieser Strecke wachsen Krümmung und Querneigung kontinuierlich auf die planmäßigen Werte an bzw. nehmen planmäßig wieder ab (Abb. 2.43b). Die Übergänge im Bahnbau werden entsprechend gestaltet (auch die Gleise von Achterbahnen).

2.2.4 Drehimpuls (Drall) – Drehbewegung und Rotation

Bewegt sich ein punktförmiger Körper mit der Masse m und der Geschwindigkeit v auf einer Geradenbahn, trägt er den Impuls:

$$p = m \cdot v$$

Wirkt auf den Körper die Kraft F, erfährt der Impuls eine Änderung. Nach dem Newton'schen Axiom gilt (im Falle $m =$ konst.):

$$F = \frac{dp}{dt} = m \cdot \frac{dv}{dt} = m \cdot a$$

In Worten: Kraft = Masse mal Beschleunigung.

Abb. 2.44

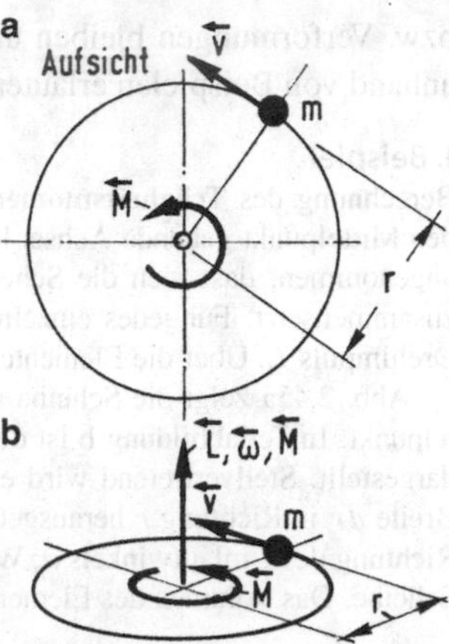

Bewegt sich der punktförmige Körper auf einer Kreisbahn im Abstand r vom Mittelpunkt (Abb. 2.44a), ist der Drehimpuls (auch Drall genannt) zu ‚Impuls mal Abstand' definiert:

$$L = p \cdot r = (m \cdot v) \cdot r = (m \cdot (\omega \cdot r)) \cdot r = m \cdot r^2 \cdot \omega = J \cdot \omega$$

$\omega = v/r$ ist die Winkelgeschwindigkeit. Das Produkt $m \cdot r^2$ wird als Trägheitsmoment bezeichnet, abgekürzt mit J. (Bei der kreisförmigen Bewegung hat J dieselbe Bedeutung wie die Masse m bei der geradlinigen). –

In Abb. 2.44b sind $\vec{L}$ und $\vec{\omega}$ als Vektoren dargestellt. Sie stehen im Kreismittelpunkt senkrecht zur Bahnebene.

Die zeitliche Änderung des Drehimpulses ist dem auf die Masse einwirkenden (Kraft)-Moment M proportional (Erweiterung des Newton'schen Axioms).

$$M = \frac{dL}{dt} = J \cdot \frac{d\omega}{dt} = J \cdot \varepsilon$$

Wirkt kein Moment, bleibt der Drehimpuls erhalten (Drehimpulserhaltungsgesetz, im Jahre 1775 von L. EULER postuliert). ε ist die Winkelbeschleunigung (auch Drehbeschleunigung genannt). In Worten: Moment = Trägheitsmoment mal Winkelbeschleunigung.

Ausgehend von den vorstehenden Postulaten gelingt der Übergang von der Bewegung eines punktförmigen Körpers auf einer Kreisbahn auf die Drehbewegung eines **Festkörpers** um sich selbst (**Rotation**). Der Körper wird als ‚starr' unterstellt, das bedeutet, die durch die Rotation des Körpers verursachten Verzerrungen bzw. Verformungen bleiben unberücksichtigt. Der Übergang zur Rotation werde anhand von Beispielen erläutert.

1. Beispiel

Berechnung des **Trägheitsmomentes einer Kreisscheibe** für eine Drehung um die durch den Mittelpunkt gehende Achse. Radius a, Dicke b (Abb. 2.45a). Als Hilfsvorstellung wird angenommen, dass sich die Scheibe aus vielen kleinen infinitesimalen Massenelementen zusammensetzt. Für jedes einzelne Element gilt die oben angeschriebene Formel für den Drehimpuls L. Über die Elemente wird summiert (mathematisch: integriert).

Abb. 2.45a zeigt die Scheibe und innerhalb dieser einen Ring im Abstand r vom Mittelpunkt. In Teilabbildung b ist der aus der Scheibe herausgeschnittene Ring der Breite dr dargestellt. Stellvertretend wird ein infinitesimales Element innerhalb des Ringes mit der Breite dr in Richtung r herausgetrennt. Das infinitesimale Element hat die Breite $r \cdot d\alpha$ in Richtung des Umlaufwinkels α, Winkel α in Bogenmaß. Die Tiefe b ist gleich der Dicke der Scheibe. Das Volumen des Elementes beträgt:

$$dV = dr \cdot (r \cdot d\alpha) \cdot b.$$

Die Dichte des Scheibenmaterials sei ρ. Die Masse des Elementes berechnet sich damit zu:

$$dm = \rho \cdot dV = \rho \cdot dr \cdot (r \cdot d\alpha) \cdot b = \rho \cdot (b \cdot r \cdot dr \cdot d\alpha).$$

Über alle Elemente wird summiert. Es handelt sich um eine Doppelsumme bzw. ein Doppelintegral, einmal über dr von $r = 0$ bis $r = a$ und einmal über $d\alpha$ von $\alpha = 0$ bis $\alpha = 2\pi$ (360°), also über die volle Kreisfläche. Damit ist der Beitrag aller Elemente der Scheibe erfasst, also die Scheibe insgesamt. Der Drehimpuls eines einzelnen Elementes beträgt (s. o.):

$$dL = dm \cdot \omega \cdot r^2 = \rho \cdot (b \cdot r \cdot dr \cdot d\alpha) \cdot \omega \cdot r^2 = \rho \cdot b \cdot \omega \cdot r^3 \cdot dr \cdot d\alpha$$

Die Integration über alle infinitesimalen Elemente ergibt:

$$\begin{aligned} L &= \int_0^{2\pi} \int_0^a dL = \int_0^{2\pi} \left[\int_0^a \rho \cdot b \cdot \omega \cdot r^3 \cdot dr \right] d\alpha = \rho \cdot b \cdot \omega \int_0^{2\pi} \left[\int_0^a r^3 \cdot dr \right] d\alpha \\ &= \rho \cdot b \cdot \omega \cdot \left[\frac{r^4}{4} \right]_0^a \cdot [\alpha]_0^{2\pi} = \frac{2\pi}{4} \cdot \rho \cdot b \cdot \omega \cdot a^4 = \rho \cdot \frac{\pi}{2} \cdot b \cdot a^4 \cdot \omega \end{aligned}$$

Abb. 2.45

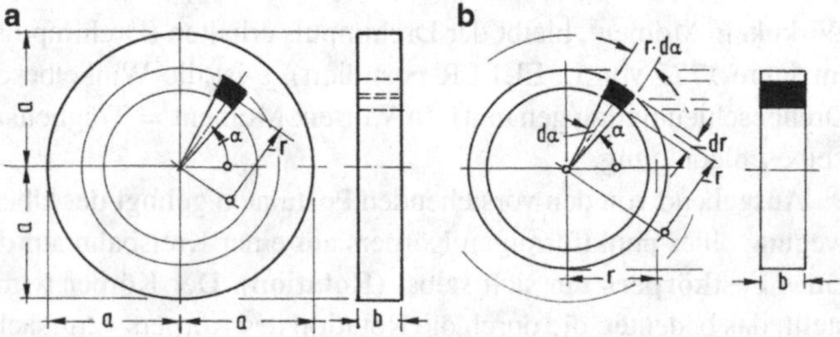

Abb. 2.46 Zylinder mit elliptischem Querschnitt — Prisma

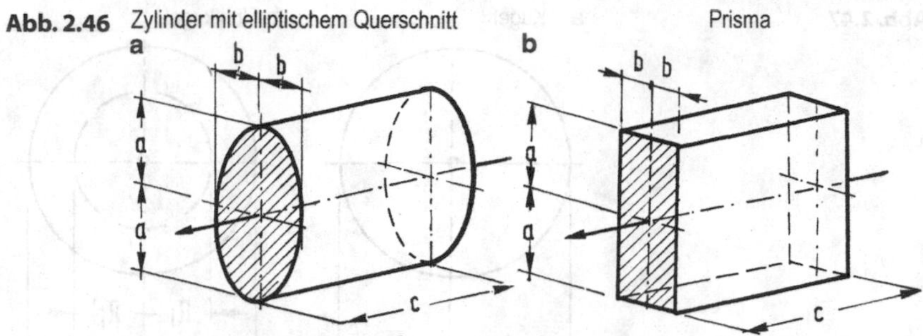

Der Term vor ω ist das gesuchte Trägheitsmoment J. Zusammengefasst lautet das Ergebnis:

$$L = J \cdot \omega \quad \text{mit } J = \rho \cdot \frac{\pi}{2} \cdot b \cdot a^4 = \frac{1}{2} \cdot m \cdot a^2, \quad m = \rho \cdot \pi \cdot a^2 \cdot b$$

Im Fachschrifttum findet man Formeln für die Berechnung von m in kg und J in kg m für die unterschiedlichster Körper, **Beispiele** (vgl. Abb. 2.46):

Elliptischer Vollzylinder:

$$m = \rho \cdot \pi \cdot a \cdot b \cdot c, \quad J = \frac{1}{4} m \cdot (a^2 + b^2)$$

Kreis-Vollzylinder (s. o.):

$$m = \rho \cdot \pi \cdot a^2 \cdot c, \quad J = \frac{1}{2} m \cdot a^2$$

Prismatischer Vollzylinder:

$$m = \rho \cdot 4 \cdot a \cdot b \cdot c, \quad J = \frac{1}{3} m \cdot (a^2 + b^2)$$

Für eine Vollkugel und eine Kugelschale gelten folgende Formeln (Abb. 2.47):

Vollkugel:

$$m = \frac{4}{3} \cdot \rho \cdot \pi \cdot R^3, \quad J = \frac{2}{5} m \cdot R^2$$

Dickwandige Kugelschale:

$$m = \frac{4}{3} \cdot \rho \cdot \pi \cdot (R_a^3 - R_i^3), \quad J = \frac{2}{5} \cdot m \cdot \frac{R_a^5 - R_i^5}{R_a^3 - R_i^3}$$

Dünnwandige Kugelschale, Wanddicke d:

$$m = 4 \cdot \rho \cdot \pi \cdot d \cdot R^2, \quad J = \frac{2}{3} \cdot m \cdot R^2$$

Abb. 2.47

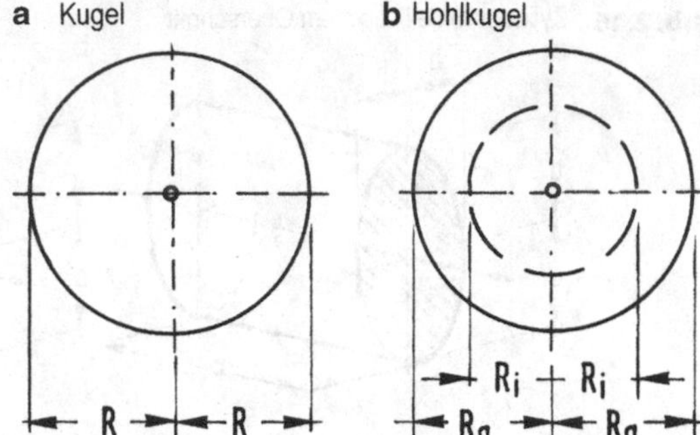

2. Beispiel

Besteht eine Kugel aus mehreren Schalen unterschiedlicher Dichte, wie dieses nahezu bei allen **Himmelskörpern** der Fall ist, berechnet sich das Trägheitsmoment der Kugel aus der Summe der Trägheitsmomente der einzelnen Schalen. Das ist möglich, weil alle Teile denselben Schwerpunkt haben, vgl. Abb. 2.48.

Verläuft die Drehbewegung nicht durch den Schwerpunkt, berechnet sich das Trägheitsmoment nach der Formel (vgl. Abb. 2.49):

$$J = J_S + m \cdot r_S^2$$

Hierin ist J_S das (Eigen-)Trägheitsmoment des Körpers für jene Schwerpunktsachse, die parallel zur Drehachse liegt, r_S ist der Abstand zwischen den Achsen. Man spricht von der Steiner-Formel (nach J. STEINER (1796–1863)).

Abb. 2.48

Abb. 2.49

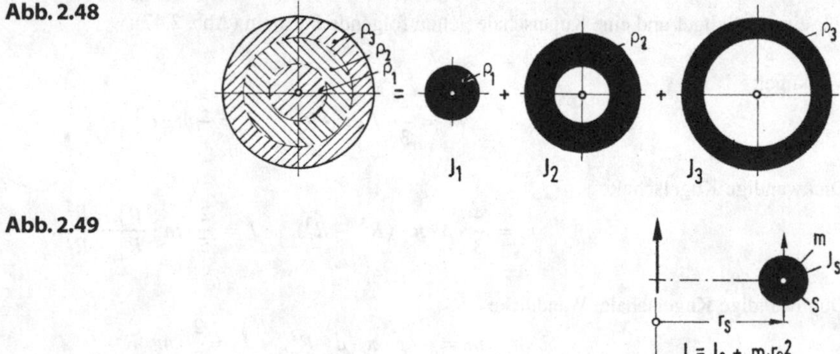

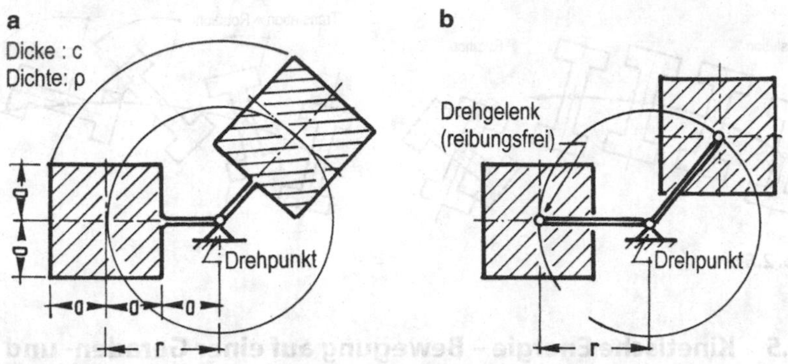

Abb. 2.50

Beispiel

Ein prismatischer Körper rotiere im Abstand r um eine Drehachse, die außerhalb des Körpers liegt, die Abmessungen des Körpers mit quadratischer Ansicht zeigt Abb. 2.50a. Die Masse des Körpers beträgt:

$$m = \rho \cdot 2a \cdot 2a \cdot c = 4 \cdot \rho \cdot a^2 \cdot c$$

c ist die Dicke des Körpers. Das (Eigen-) Trägheitsmoment des Körpers für die zur Drehachse parallel liegende Schwerpunktsachse berechnet sich mit Hilfe der in Abb. 2.46b angegebenen Formel zu:

$$J_S = \frac{1}{3} \cdot m \cdot (a^2 + a^2) = \frac{8}{3} \rho \cdot a^4 \cdot c$$

Das gesuchte Trägheitsmoment für die Rotation um die Drehachse ergibt sich mit $r = 2 \cdot a$ zu:

$$J = J_S + m \cdot r^2 = \frac{8}{3} \rho \cdot a^4 \cdot c + 4\rho \cdot a^2 \cdot c \cdot (2 \cdot a)^2 = \left(\frac{8}{3} + 16\right) \cdot \rho \cdot a^4 \cdot c = \underline{\frac{56}{3} \rho \cdot a^4 \cdot c}$$

Würde der Körper mit $n = 45$ Umdrehungen in der Minute rotieren, beträgt die Winkelgeschwindigkeit:

$$\omega = 2\pi \cdot \frac{n}{60} = 2\pi \cdot \frac{45}{60} = 2\pi \cdot 0{,}75 = \underline{4{,}712\ 1/\mathrm{s}}$$

Trägheitsmoment und Drehimpuls (Drall) berechnen sich in den Einheiten:

$$\frac{\mathrm{kg}}{\mathrm{m}^3} \cdot \mathrm{m}^4 \cdot \mathrm{m} = \mathrm{kg} \cdot \mathrm{m}^2 \quad \text{bzw.} \quad \mathrm{kg} \cdot \mathrm{m}^2 \cdot \frac{1}{\mathrm{s}} = \mathrm{kg} \cdot \frac{\mathrm{m}^2}{\mathrm{s}}$$

Im Falle des in Abb. 2.50b dargestellten Problems entfällt das Eigenträgheitsmoment J_S bei der Berechnung des Gesamtträgheitsmomentes um die Drehachse, da der Körpers selbst nicht rotiert.

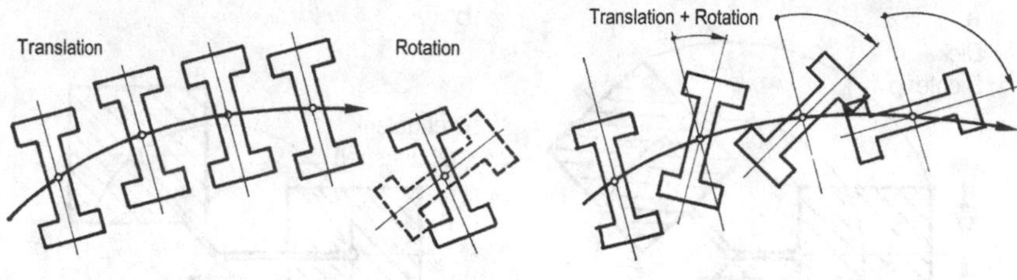

Abb. 2.51

2.2.5 Kinetische Energie – Bewegung auf einer Geraden- und einer Kreisbahn

In Abb. 2.51 ist dargestellt, wie sich die allgemeine ebene Bewegung eines Körpers aus einer **Translation** und einer **Rotation** zusammensetzt. – Translatorisch heißt eine Bewegung, wenn sich alle Punkte auf kongruenten Bahnen bewegen, dann kann die Bewegung durch die Bewegung des Körperschwerpunktes S vollständig beschrieben werden. Rotatorisch ist eine Bewegung, bei der sich alle Punkte um eine gemeinsame raumfeste Achse drehen. – Wieder beschränkt auf eine Geraden- und eine Kreisbewegung wird im Folgenden hierfür die kinetische Energie abgeleitet.

Bewegung auf einer Geradenbahn (Abb. 2.52a) Verschiebt sich die Kraft F innerhalb des Zeitintervalls Δt von $s(t)$ nach $s(t + \Delta t) = s(t) + \Delta s$, verrichtet die Kraft an der Masse m die Arbeit $F \cdot \Delta s$:

$$\underline{F \cdot \Delta s} = (m \cdot a) \cdot ds = m \cdot \frac{dv}{dt} \cdot ds = m \cdot \frac{ds}{dt} \cdot dv = m \cdot v \cdot dv = \underline{d\left(\frac{m}{2} \cdot v^2\right)}$$

Über den jeweils links- und rechtsseitigen Term wird das Weg- bzw. Zeitintegral erstreckt und zwar über das Zeitintervall von t_1 bis t_2. Die zugehörigen Wegor-

Abb. 2.52

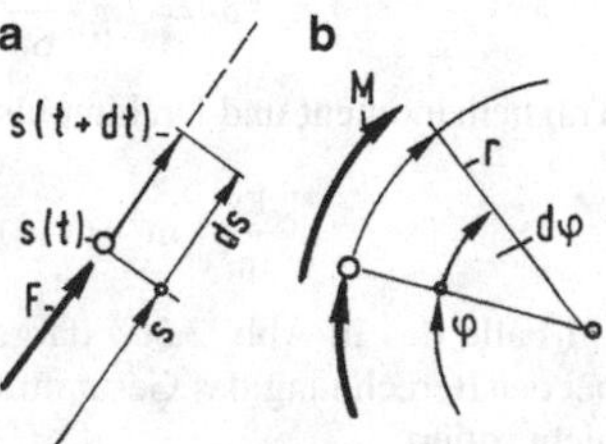

dinaten seien s_1 und s_2 und die zugehörigen Geschwindigkeiten v_1 und v_2. Die Integration ergibt:

$$\int_{s_1}^{s_2} F \cdot ds = m \cdot \left(\frac{v_2^2}{2} - \frac{v_1^2}{2} \right)$$

Das linksseitige Wegintegral erstreckt sich über die Wegstrecke von s_1 nach s_2. Es ist die von $F = F(t)$ auf der Wegstrecke Δs verrichtete mechanische Arbeit.

Im Falle $F =$ konst. ist $W = F \cdot (s_2 - s_1)$ die verrichtete Arbeit. Die Größe $m \cdot v^2/2$ ist die kinetische Energie. Die vorstehende Gleichung besagt, dass die von F im Bahnintervall s_1 bis s_2 geleistete Arbeit gleich der Differenz der kinetischen Energien am Ende und Anfang der Wegstrecke ist:

$$W = E_{\text{kin},2} - E_{\text{kin},1}, \quad E_{\text{kin}} = m \cdot \frac{v^2}{2}$$

Bewegung auf einer Kreisbahn (Abb. 2.52b) Verschiebt sich die Kraft F innerhalb des Zeitintervalls Δt von $s(t)$ nach $s(t + \Delta t) = s(t) + \Delta s$, also um die Winkelordinate von $\varphi(t)$ nach $\varphi(t + \Delta t) = \varphi(t) + \Delta\varphi$, verrichtet das Moment an der Masse m bzw. am Trägheitsmoment die Arbeit $M \cdot \Delta\varphi$, umgeformt, folgt:

$$\underline{M \cdot d\varphi} = J \cdot \varepsilon \cdot d\varphi = J \cdot \frac{d\omega}{dt} \cdot d\varphi = J \cdot \frac{d\varphi}{dt} \cdot d\omega = J \cdot \omega \cdot d\omega = \underline{d\left(\frac{J}{2} \cdot \omega^2\right)}$$

Die Integration über das Zeitintervall von t_1 bis t_2 liefert analog zu oben:

$$\int_{\varphi_1}^{\varphi_2} M \cdot d\varphi = J \left(\frac{\omega_2^2}{2} - \frac{\omega_1^2}{2} \right) \quad \rightarrow \quad W = E_{\text{kin},2} - E_{\text{kin},1}, \quad E_{\text{kin}} = J \cdot \frac{\omega^2}{2}$$

φ_1 und φ_2 sind die Drehwinkel und ω_1 und ω_2 die Winkelgeschwindigkeiten an den Intervallgrenzen.

Das Energieerhaltungsgesetz gilt selbstredend in allen Fällen.

1. Beispiel (Abb. 2.53)

Ein **Fahrzeug auf vier Rädern** habe die Gesamtmasse m. Jedes der vier Räder habe die Masse m_R und das Trägheitsmoment J_R. Dem mit der Geschwindigkeit v fahrenden Fahrzeug wohnt folgende kinetische Energie (einschließlich jene der Räder) inne:

$$E_{\text{kin}} = \frac{m \cdot v^2}{2} + 4 \cdot \frac{m_R \cdot v^2}{2} + 4 \cdot J_R \cdot \frac{\omega^2}{2}$$

Abb. 2.53

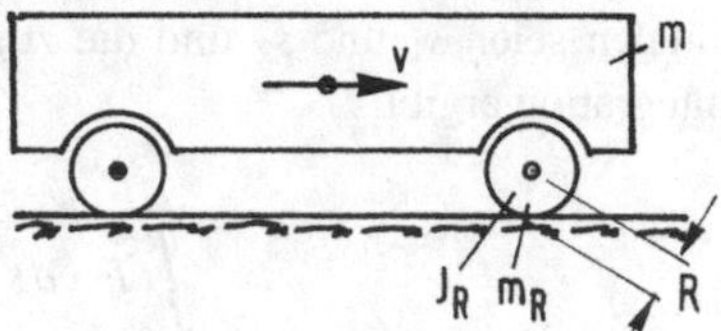

Bei der vollen Umdrehung eines Rades bewegt sich das Fahrzeug um den Radumfang $2\pi \cdot R$ weiter. Beträgt die Winkelgeschwindigkeit der Räder ω, fährt das Fahrzeug mit der Geschwindigkeit $v = 2\pi \cdot R \cdot \omega$. Daraus folgt: $\omega = v/2\pi \cdot R$. Die kinetische Energie beträgt demnach, in der Fahrzeuggeschwindigkeit v ausgedrückt:

$$E_{\text{kin}} = \frac{m \cdot v^2}{2} + 4 \cdot \frac{m_R \cdot v^2}{2} + 4 \cdot \frac{J_R}{2} \cdot \frac{v^2}{(2\pi \cdot R)^2} = \frac{1}{2}\left(m + 4 \cdot m_R + \frac{J_R}{\pi^2 \cdot R^2}\right) \cdot v^2$$

Rollt das Fahrzeug reibungsfrei von einer Anhöhe um h abwärts, wird seine anfängliche potentielle Energie in kinetische Energie umgesetzt. Aus dieser Bedingung lässt sich die Geschwindigkeit nach Durchfahren der Gefällstrecke berechnen:

$$E_{\text{pot}} = (m + 4 \cdot m_R) \cdot g \cdot h, \quad E_{\text{kin}} \doteq E_{\text{pot}} \quad \rightarrow \quad v = \sqrt{\frac{2(m + 4 \cdot m_R) \cdot g \cdot h}{\left(m + 4 \cdot m_R + \frac{J_R}{\pi^2 \cdot R^2}\right)}}$$

Wird der Rotationsbeitrag der Räder vernachlässigt, folgt: $v = \sqrt{2g \cdot h}$.

2. Beispiel (Abb. 2.54)

Ein **Schwungrad** aus Stahl drehe sich mit $n = 3000$ Umdrehungen pro Minute. Gesucht ist die kinetische Energie im Schwungrad. Die Dichte von Eisen beträgt: $\rho = 7850\,\text{kg/m}^3$.

Abb. 2.54 zeigt die Abmessungen des Rades.

$$m = \rho \cdot \pi a^2 \cdot c = 7850 \cdot \pi \cdot 1{,}0^2 \cdot 0{,}2 = \underline{4932\,\text{kg}}$$

$$J = m \cdot a^2/2 = 4932 \cdot 1{,}0^2/2 = \underline{2466\,\text{kg}\,\text{m}^2}$$

$$\omega = 2\pi \cdot n/60 = 2\pi \cdot 3000/60 = \underline{314\,1/\text{s}} \quad (= \text{rad/s})$$

$$E_{\text{kin}} = J \cdot \frac{\omega^2}{2} = 2466 \cdot \frac{314^2}{2} = \underline{1{,}22 \cdot 10^8\,\text{J}} \quad \left(1{,}22 \cdot 10^8\,\text{J} \cdot 2{,}78 \cdot 10^{-7}\,\frac{\text{kW h}}{\text{J}} = 33{,}9\,\text{kW h}\right)$$

Die Energiedichte (das ist die Energie geteilt durch die Masse des Schwungrades, hier in kW h pro Tonne ausgedrückt) berechnet sich zu:

$$E_{\text{kin}}/m = 33{,}9/4{,}93 = 6{,}9\,\text{kW h/t}.$$

Abb. 2.54

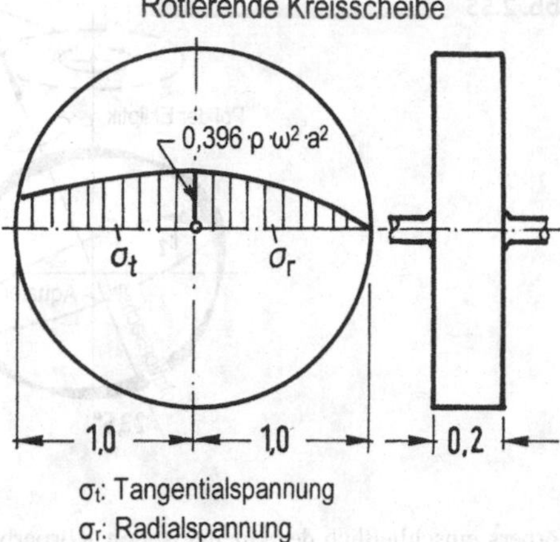

Wenn das Schwungrad innerhalb einer Minute ‚entladen' wird, also seine Energie abgibt, beträgt die Leistung in diesem Zeitraum:

$$P = 1{,}22 \cdot 10^8\,\mathrm{J}/60\,\mathrm{s} = 20{,}3 \cdot 10^6\,\mathrm{W} = 20{,}3 \cdot 10^3\,\mathrm{kW} = \underline{20{,}3\,\mathrm{MW}}$$

Es stellt sich die Frage, ob die Festigkeit des Schwungrades ausreichend ist, um der Fliehkraftbeanspruchung zu widerstehen. Infolge der Fliehbeschleunigung treten in der Scheibe die in Abb. 2.54 gezeichneten Spannungsverläufe auf. Dargestellt sind die Verläufe der Radialspannung σ_r und der Tangentialspannung σ_t. Es sind Zugspannungen. Sie sind im Zentrum gleichgroß und erreichen hier ihren höchsten Wert. Für das Beispiel berechnet sich der Wert zu (Formel ohne Nachweis):

$$\max \sigma_r = \max \sigma_t = 0{,}396 \cdot \rho \cdot \omega^2 \cdot a^2 = 0{,}396 \cdot 7850 \cdot 314^2 \cdot 1{,}0^2 = 3{,}06 \cdot 10^8\,\mathrm{N/m^2}$$
$$= \underline{306\,\mathrm{N/mm^2}}$$

Eine Beanspruchung in dieser Höhe kann von einem hochfesten Stahl (einschließlich eines Sicherheitsfaktor 1,5 gegenüber der Fließgrenze) aufgenommen werden. Die Höhe der Eigenspannungen aus der Fertigung sowie die Frage der Ermüdungsfestigkeit erfordern vertiefte Überlegungen, auch die Aufnahme der Beanspruchung innerhalb der Entladungsphase.

1. Anmerkung

Die Klassische Mechanik überstreicht in ihrer analytischen Form ein weites Feld. Es hat länger gedauert, bis sie seit Postulierung des Axioms $F = \dot{p}$ durch NEWTON in allen Einzelheiten ausgearbeitet war, zum einen für die allgemeine Bewegung von Massepunkten in Kraftfeldern, wie in der Himmelsmechanik, zum anderen in der Dynamik des starren

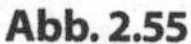

Abb. 2.55

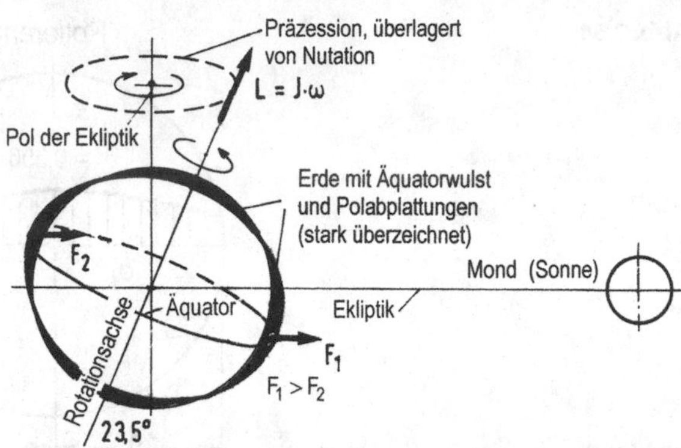

Körpers einschließlich der kinematischen Körperbindungen. Heute sind sie Grundlage der Sattelitennavigation und -geodäsie einerseits und der Theorie der Handhabungsroboter aller Art andererseits. – Es war L. EULER (1707–1783), der die Dynamik des starren Körpers im Jahre 1775 endgültig ausformulierte und das in Form des Momentensatzes ($\vec{M} = \vec{r} \times \vec{F}$) und des Drallsatzes ($\vec{L} = \vec{r} \times \vec{p}$), was schließlich zum Axiom $\vec{M} = \dot{\vec{L}}$ (analog zu $\vec{F} = \dot{\vec{p}}$) führte. Bereits 1758 konnte EULER die Kreiselgleichungen angeben. Deren Herleitung erfordert eine vertiefte Behandlung [8]. Zur Geschichte der klassischen Mechanik wird nochmals auf [4] und auf das Schrifttum im voran gegangenen Kapitel hingewiesen. Detailliertere Darstellungen enthalten die Physik-Fachbücher zur Thematik Mechanik, eine anschauliche Einführung gibt [9].

2. Anmerkung

Ein **Kreisel** ist ein Körper, der sich um eine im Raum frei bewegliche Achse drehen kann (wie z. B. beim Spielkreisel); man spricht von einem freien Kreisel. Im Gegensatz dazu hat ein gefesselter Kreisel eine fest liegende Drehachse. – Ist der rotierende Körper eines freien Kreisels keiner direkten äußeren Einwirkung ausgesetzt, behält er seine Drehachse bei. Das verlangt das Drehimpulserhaltungsgesetz (Drallerhaltungsgesetz). Wird die Drehachse indessen einem Drehmoment ausgesetzt, weicht sie seitlich aus. Man nennt diese Erscheinung Präzession. Der Erdkörper ist dafür ein Beispiel (Abb. 2.55). Wäre die Erde exakt eine Kugel mit homogener Dichteverteilung, würde die Neigung ihrer Rotationsachse zur Ekliptik auch bei gravitativer Einwirkung anderer Himmelskörper unverändert bleiben. Da sich infolge der Rotation der Erde und der damit verbundenen zentrifugalen Wirkung ein Äquatorwulst ausbildet sowie eine Abplattung an den Polen, bewirken die Anziehungskräfte von Mond und Sonne eine Präzession der Erdachse. Das beruht darauf, dass durch die unterschiedlichen Abstände zu den beiden Wülsten, die Anziehungskräfte verschieden groß sind und dadurch ein Moment auf die Drehachse geweckt wird, vgl. Abb. 2.55. Der vollständige Umlauf der präzessierenden Erdachse umfasst einen Zeitraum von ca. 25.800 Jahren. Der Frühlingspunkt (Schnittpunkt der Äquatorebene mit der Ekliptik) wandert dadurch rückläufig um die Erde. Hierauf beruht es, dass jedes der 12 Sternbilder alle 25.800/12 = 2150 Jahre um ein Bild weiter rückt.

Abb. 2.56

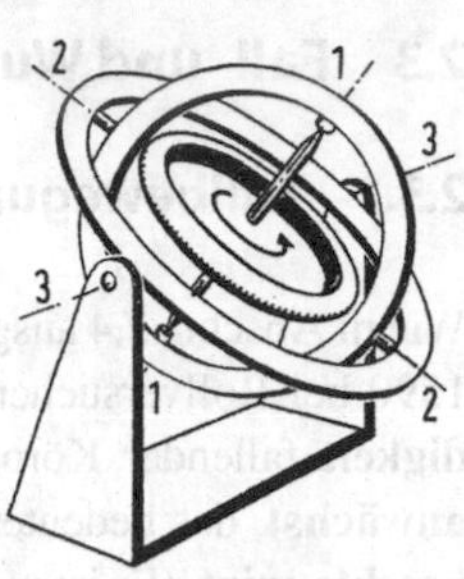

3. Anmerkung

Abb. 2.56 zeigt die **kardanische Aufhängung** einer sich um die Kreiselachse 1 drehenden Scheibe. Das Bestreben der Scheibe ihre Lage beizubehalten (anderenfalls würde eine Änderung ihres Dralls eintreten), sorgt dafür, dass die Lage der Achse auch dann erhalten bleibt, wenn der Rahmen der Aufhängung eine Lagedrehung erfährt. Diese Erkenntnis wird beim Kurskreisel und beim Kreiselkompass genutzt. Trotz der Erddrehung bleibt die Lage der auf Nord eingerichteten Achse des Kreiselkompasses erhalten. Für die Schifffahrt hat der Kreiselkompass große Bedeutung, auch bei Raketen, Drohnen und Geschossen.

4. Anmerkung

Ehemals wurde versucht, mit einem massereichen Stabilisierungskreisel die Schlingerbewegung von Schiffen, insbesondere von großen Passierschiffen, zu verringern (Schlick'scher Kreisel nach E.O. SCHLICK (1840–1913)). Wegen diverser Nachteile wurde die Technik später wieder aufgegeben.

5. Anmerkung

Beim Fahren verdanken Zweiräder ihre Stabilität der Kreiselwirkung der beiden Räder, insbesondere jene des Vorderrades. Je größer der Raddurchmesser und die Schwere der Felgen sind, umso höher sind die Kreiselwirkung und damit die Stabilität. Wichtig ist auch, dass die Achse der Gelenksäule in Verlängerung zum Boden diesen vor dem Kontaktpunkt des Reifens trifft (vgl. Abb. 2.57).

Abb. 2.57

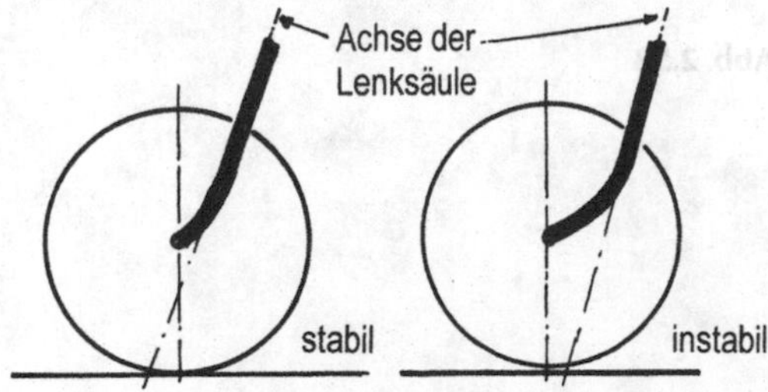

2.3 Fall- und Wurfmechanik – Ballistik

2.3.1 Fallbewegung

Wie in Abschn. 2.4 ausgeführt, war es G. GALILEI (1564–1642), der ab dem Jahre 1590 bei Rollversuchen auf einer schiefen Ebene feststelle, dass die **Geschwindigkeit** fallender Körper in gleichen Zeiten immer **um den denselben Betrag anwächst**, das bedeutet: Alle Körper werden im Schwerefeld der Erde **konstant beschleunigt**. (Es ist wohl eher eine Legende, G. GALILEI habe Fallversuche vom schiefen Turm von Pisa durchgeführt oder durchführen lassen). Die auf ARISTOTELES (384–322 v. Chr.) zurückgehende Lehre, wonach ein schwerer Körper schneller falle als ein leichter und deren Geschwindigkeiten jeweils konstant seien, war damit widerlegt, was bereits S. STEVIN (1548–1620) im Jahre 1586 in einem Versuch bewiesen hatte.

Abb. 2.58a zeigt einen aus der erdnahen Höhe h fallenden Körper der Masse m. Ab dem Startpunkt ($t = 0$) hat der Körper bis zum Zeitpunkt t den Weg s durchmessen. Wie ausgeführt, ist die Geschwindigkeit die Änderung des Weges in der Zeiteinheit dt und die Beschleunigung die Änderung der Geschwindigkeit in der Zeiteinheit dt:

$$v(t) = \frac{ds}{dt} = \dot{s}, \quad a(t) = \frac{dv}{dt} = \dot{v} = \ddot{s}$$

Der hochgestellte Punkt kennzeichnet die Ableitung nach der Zeit. $v = v(t)$ und $a = a(t)$ sind, wie der Weg $s = s(t)$, Funktionen der Zeit. Diese Bewegungsgrößen gilt es zu finden, insbesondere interessiert die Länge des Fallweges s in Abhängigkeit von der Zeit, vice versa.

Wird um den Körper mit der Massen m während des freien Falls ein Freischnitt gelegt, wirken auf ihn die Gewichtskraft mit g als Erdbeschleunigung $F_g = m \cdot g$

Abb. 2.58

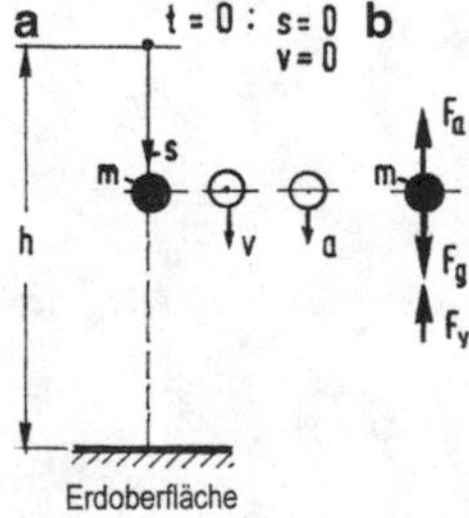

nach unten und die Trägheitskraft $F_a = m \cdot a$ entgegen der Bewegung nach oben. Die vom Medium ausgehende Bremskraft F_v wirkt ebenfalls der Bewegung entgegen. Diese Bremskraft ist eine Reibungskraft und irgendwie von der momentanen Geschwindigkeit des fallenden Körpers abhängig. Für F_v wird der sehr allgemeine Ansatz

$$F_v = k_0 + k_1 \cdot v + k_2 \cdot v^2 + \cdots + k_n \cdot v^n$$

gewählt. Die Beiwerte $k_0, k_1, \ldots$ müssen im Experiment bestimmt werden. Sie werden im Folgenden als bekannt unterstellt. Der erste Term im Ansatz steht für eine konstante Reibung, der zweite Term für eine mit der Geschwindigkeit linear anwachsende Reibung (wie für zähe Flüssigkeiten mit geringer Geschwindigkeit typisch, Stoke'sches Reibungsgesetz) und der dritte Term für einen mit der Geschwindigkeit quadratisch ansteigenden Widerstand (wie in dünnen Gasen, z. B. in Luft, vgl. Abschn. 2.4.2.3: Newton'sches Reibungsgesetz). Im letztgenannten Falle gilt:

$$k_2 = \frac{1}{2}\rho \cdot c_w \cdot A$$

ρ ist die Gasdichte, c_w der Strömungsbeiwert und A die Verdrängungsfläche des fallenden Objektes.

Die kinetische ‚Gleichgewichtsgleichung' im Zeitpunkt t lautet (vgl. Abb. 2.58b):

$$\begin{aligned} &F_a - F_g + F_v = 0 \\ &\rightarrow \quad m \cdot \ddot{s} - m \cdot g + k_0 + k_1 \cdot \dot{s} + k_2 \cdot \dot{s}^2 + \cdots + k_n \cdot \dot{s}^n = 0 \end{aligned}$$

Das ist die vollständige Bewegungsgleichung des Problems. Es ist eine Differentialgleichung für $s = s(t)$. In der vorliegenden allgemeinen Form lässt sich die Gleichung analytisch nicht lösen! Das gelingt nur numerisch.

Besonders einfach ist der **reibungsfreie Fall**. Die Bewegungsgleichung verkürzt sich hierfür zu:

$$m \cdot \ddot{s} - m \cdot g = 0 \quad \rightarrow \quad \ddot{s} = g$$

Hinweis

Die Erdbeschleunigung g wurde in der Bewegungsgleichung als konstant angesetzt.

Die Lösung für die Fallbewegung $s = s(t)$ folgt durch zweimalige Integration:

$$\ddot{s} = g \quad (= a) \quad \rightarrow \quad \dot{s} = g \cdot t + C_1 \quad (= v) \quad \rightarrow \quad s = g\frac{t^2}{2} + C_1 \cdot t + C_2$$

Im Zeitpunkt $t = 0$ ist die Geschwindigkeit Null, ebenso der Weg qua Definition (Abb. 2.58a). Wie erkennbar, ergeben sich hierfür die beiden Freiwerte zu Null. Die Lösung des Problems lautet somit:

$$s = g\frac{t^2}{2}, \quad v = \dot{s} = g \cdot t, \quad a = \ddot{s} = g$$

Das Ergebnis zeigt: Alle Bewegungsgrößen ($s = s(t)$, $v = v(t)$, $a = a(t)$) sind beim reibungsfreien Fall (im Vakuum) unabhängig von der Masse des Körpers, ebenso unabhängig von seiner Form und seiner stofflichen Beschaffenheit!

Soll die Dauer für den aus der Höhe h auf den Erdboden aufschlagenden Körper berechnet werden, ist $s = h$ zu setzen und die Gleichung nach t aufzulösen:

$$h = g \cdot \frac{t_h^2}{2} \quad \rightarrow \quad t_h = \sqrt{\frac{2\,h}{g}}, \quad v_h = g \cdot \sqrt{\frac{2\,h}{g}} = \sqrt{2\,g \cdot h}$$

v_h ist die Aufschlaggeschwindigkeit. Die kinetische Energie beim Aufschlag ist:

$$E_{\text{kin}} = m \cdot v_h^2/2$$

Für die Widerstandsgesetze $k_1 \cdot \dot{s}$ und $k_2 \cdot \dot{s}^2$ lassen sich ebenfalls geschlossene Lösungen der obigen Bewegungsgleichung angeben. Einzelheiten können der Fachliteratur zur Mechanik entnommen werden. – Für den Fall des geschwindigkeitsquadratischen Widerstandes, wie beim freien Fall in Luft, lautet die Lösung (ohne Nachweis):

$$s = \frac{v_G^2}{g}\ln\left(\cosh\frac{g\,t}{v_G}\right), \quad v = v_G \cdot \tanh\frac{g\,t}{v_G}, \quad a = \left[1 - \left(\frac{v}{v_G}\right)^2\right] \cdot g$$

(Es bedeuten: ln: natürlicher Logarithmus, cosh und tanh: hyperbolische Funktionen, vgl. Abschn. 3.7.1.2 und 3.7.1.4 in Bd. I). v_G ist die sogen. Grenzgeschwindigkeit:

$$v_G = v_{\text{Grenze}} = \sqrt{\frac{2 \cdot m \cdot g}{c_w \cdot \rho \cdot A}}$$

Dieser Geschwindigkeit nähert sich der fallende Körper als Folge des bremsenden Luftwiderstandes asymptotisch an.

1. Beispiel
Von einem 300 m hohen Funkturm löst sich ein kugelförmiger Brocken aus Schneeeis, Durchmesser 0,6 m, $\rho_{\text{Schneeeis}} = 800\,\text{kg/m}^3$. Mit welcher kinetischen Energie schlägt der Brocken auf dem Boden auf? Masse und Verdrängungsfläche betragen:

$$m = 800 \cdot \frac{4}{3}\pi \cdot 0{,}3^3 = 90\,\text{kg}, \quad A = 0{,}6^2\pi/4 = 0{,}28\,\text{m}^2.$$

Es wird angesetzt:

$$\rho_{\text{Luft}} = 1{,}25\,\text{kg/m}^3, \quad c_w = 0{,}6.$$

Für v_G findet man:

$$v_G = \sqrt{\frac{2 \cdot 90 \cdot 9{,}81}{0{,}6 \cdot 1{,}25 \cdot 0{,}28}} = \underline{91{,}7\,\text{m/s}}$$

Für Auftreffgeschwindigkeit und kinetische Energie mit und ohne Einfluss durch die bremsende Luft liefert die Rechnung:

Mit Lufteinfluss:

$$v = 65\,\text{m/s}: \quad E_{\text{kin}} = 190.000\,\text{J},$$

ohne Lufteinfluss:

$$v = 77\,\text{m/s}: \quad E_{\text{kin}} = 267.000\,\text{J}.$$

Die Differenz $\Delta E_{\text{kin}} = 77.000\,\text{J}$ wird infolge Luftreibung dissipiert.

Beim Fall ohne Lufteinfluss folgt die Auftreffgeschwindigkeit auch aus der Gleichsetzung von E_{pot} im Hochpunkt und E_{kin} im Tiefpunkt: $m\,g \cdot h = m \cdot v^2/2$ zu

$$v = \sqrt{2\,g \cdot h} = 77\,\text{m/s}.$$

Die Tabelle in Abb. 2.59 lässt erkennen, dass Fallweg und Fallgeschwindigkeit in den ersten 5 Sekunden durch die Luftreibung nahezu unbeeinflusst bleiben: Die Geschwindigkeit ist hierfür noch zu gering. Dieser Befund lässt sich auf alle gängigen Körper verallgemeinern.

2. Beispiel
Vom einem 10-m-Turm tauchen **Wasserspringer** nach knapp 1,5 Sekunden Falldauer mit etwa 14 m/s = 50 km/h ins Wasser ein, Klippenspringer aus 20 m Höhe mit ca. 20 m/s = 72 km/h. Seit dem Jahr 2013 gehört Klippenspringen zu den Disziplinen der Schwimm-Weltmeisterschaften, Männer springen aus 27 m und Frauen aus 20 m Höhe. Hierbei werden Figuren gesprungen, mit Füßen taucht der Springer ins Wasser ein.

3. Beispiel
Mit Ausrüstung betrage die Masse eines **Fallschirmspringers** $m = 100\,\text{kg}$. Für den Schirm gelte: $A = 24\,\text{m}^2$, $c_w = 1{,}5$. Für die Grenzgeschwindigkeit ergibt die Rechnung: 6,6 m/s.

Abb. 2.59

t	Weg s		Geschwindigkeit v	
	ohne Luftwiderstand	mit Luftwiderstand	ohne Luftwiderstand	mit Luftwiderstand
0	0	0	0	0
0,5	1,23	1,23	4,91	4,90
1,0	4,91	4,90	9,81	9,77
1,5	11,04	10,99	14,72	14,59
2,0	19,62	19,47	19,62	19,33
2,5	30,66	30,30	24,53	23,96
3,0	44,15	43,41	29,43	28,46
3,5	60,08	58,73	34,34	32,82
4,0	78,48	76,20	39,24	37,01
4,5	99,33	96,71	44,15	41,02
5,0	122,6	117,18	49,05	44,85
s	m	m/s	m	m/s

In Abb. 2.60 ist der Verlauf der Geschwindigkeit über dem Fallweg aufgetragen. Mit Lufteinfluss hat der Springer bereits nach ca. 5 Sekunden die Grenzgeschwindigkeit erreicht. Mit dieser segelt er sanft zu Boden. Aus 90 m Höhe würde er den Boden nach 14,1 s erreichen. Ohne Luftwiderstand würde er nach ca. 4,3 s aufschlagen, die kinetische Energie wäre ca. 40-mal höher.

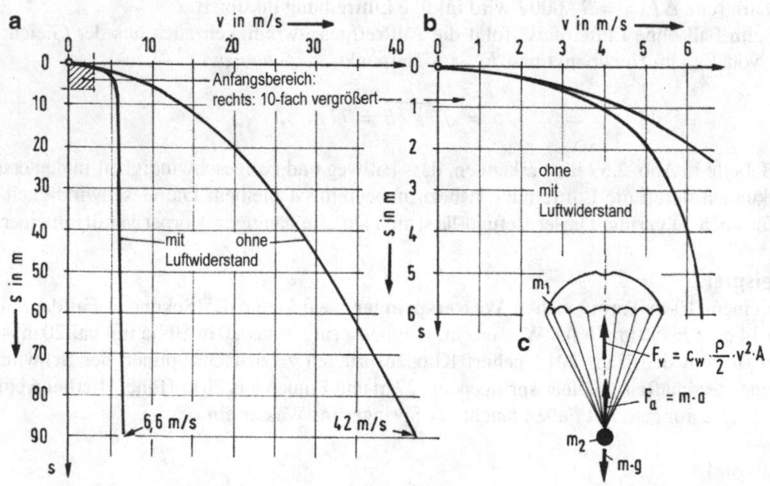

Abb. 2.60

Beim Fallschirm bläht sich der Schirm in Form einer Halbkugel auf. In Schirmmitte liegt eine Öffnung. Die durch das Loch strömende Luft beruhigt die Fallbewegung und verhindert ein stärkeres Pendeln. – Beim Sportspringen wird der Schirm ca. 1500 bis 700 m über Grund geöffnet, bis dahin wird eine durchschnittliche Fallgeschwindigkeit von 180 bis 200 km/h erreicht; bei Kopfsprung liegt die Geschwindigkeit deutlich höher. – Die Sinkgeschwindigkeit vor der Landung sollte bei geöffnetem Schirm höchstens 18 km/h = 5 m/s betragen. – Im Jahre 2012 sprang F. BAUMGARTNER (*1969) aus 39.000 m Höhe aus der Kapsel eines mit Helium gefüllten Ballons. Während des freien Falls erreichte er eine Geschwindigkeit von 1355 km/h. Im Jahre 2014 wurde der Höhenrekord von A. EUSTACE (*1957) auf 41.420 m gesteigert.

In den genannten Höhen des Absprungs ist die Luftdichte deutlich geringer als in Erdnähe, das gilt auch für die Erdbeschleunigung. (Um Aufgaben dieser Art mit höhenabhängiger Dichte und Erdbeschleunigung mathematisch zu lösen, bedarf es numerischer Verfahren.) – Genau so spektakulär wie Sprünge aus großer Höhe sind solche aus geringer, etwa aus 150 m Höhe, wie von turmartigen Gebäuden oder aus Seilbahnkabinen. Hier muss die Reißleine des Fallschirms sofort nach dem Absprung gezogen werden.

Bleibt jegliche Reibung unberücksichtigt, entspricht das Herabrollen eines Körpers auf einer schrägen oder gekrümmten Bahn dem freien Fall, vgl. Abb. 2.61. Von dieser Überlegung ausgehend, lässt sich die Geschwindigkeit in Richtung der Bahn berechnen. Senkrecht zur Bahn wirkt die Kraft: $m \cdot g \cdot \cos\alpha$. Sie löst trockene und rollende Reibung aus (Abb. 2.61b). Die Abtriebskraft in Bahnrichtung beträgt: $m \cdot g \cdot \sin\alpha$. Ihr wirkt die Kraft aus der Luftreibung entgegen. Durch den Reibungseinfluss auf der Bahn wird die Geschwindigkeit ebenfalls verringert. Wird auf einer Rollbahn von der Höhe h_1 aus auf der Gegenseite der Bahn die Höhe h_2 erreicht, ist $m \cdot g \cdot (h_1 - h_2)$ der durch Reibung eingetretene ‚Energieverlust' (Teilabbildung c). Ausgehend von diesen Ansätzen werden Achter- und Loopingbahnen berechnet (Abb. 2.61d). Hierbei müssen alle beteiligten Reibungsarten erfasst werden. Eine Berechnung gelingt nur mittels iterativer Zeitschrittverfahren, vgl. [10–12] und DIN 4112. Die Übergänge von den kreisförmigen auf die geradlinigen Bahnstrecken und umgekehrt werden als Klothoiden trassiert.

Rennrodler und Bobfahrer erreichen heutzutage im Eiskanal Geschwindigkeiten ca. 40 m/s = 144 km/h, was als gerade noch vertretbar angesehen wird.

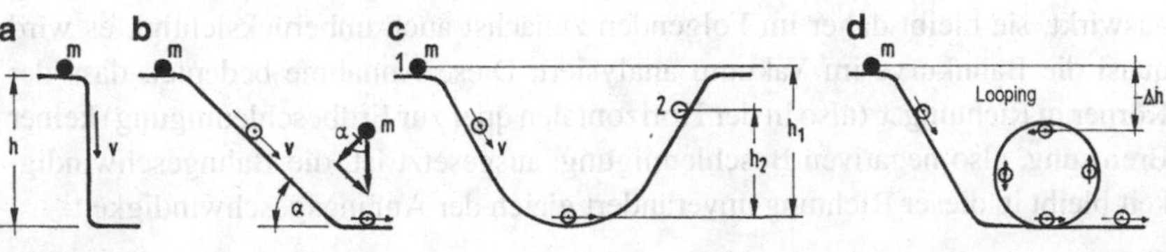

Abb. 2.61

Abb. 2.62

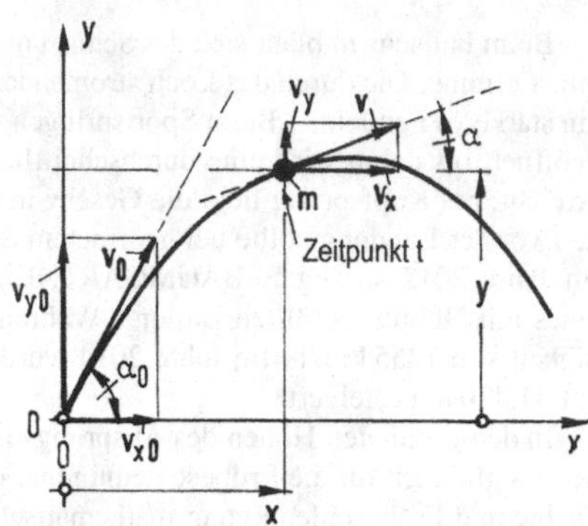

2.3.2 Wurfbewegung

Um die Wurfbewegung eines Körpers der Masse m zu analysieren, wird im Abwurfpunkt ein rechtwinkliges Koordinatensystem aufgespannt (Abb. 2.62). $x = x(t)$ und $y = y(t)$ sind die gesuchten Komponenten der Bahnkurve.

Für die Abwurfordinaten gilt demgemäß:

$$t = 0: \quad x_0 = 0, \quad y_0 = 0.$$

Die Wurfgeschwindigkeit beim Abwurf sei v_0 und der Abwurfwinkel α_0. Die Komponenten der Abwurfgeschwindigkeit v_0 betragen:

$$v_{x0} = v_0 \cdot \cos\alpha_0, \quad v_{y0} = v_0 \cdot \sin\alpha_0.$$

Zum Zeitpunkt t erreicht der Körper die Geschwindigkeit $v(t)$ und den Bahnwinkel $\alpha(t)$. Die Bahnparameter sind Funktionen der Zeit, sie bestimmen die Bahnkurve. Die Komponenten der Bahngeschwindigkeit im Zeitpunkt t sind:

$$v_x = v \cdot \cos\alpha, \quad v_y = v \cdot \sin\alpha$$

Im vorangegangenen Abschnitt wurde deutlich, dass sich die bremsende Wirkung der Luft bei geringer Geschwindigkeit nur untergeordnet auf die Fallbewegung auswirkt, sie bleibt daher im Folgenden zunächst auch unberücksichtigt, es wird quasi die Bahnkurve im Vakuum analysiert. Diese Annahme bedeutet, dass der Körper in Richtung x (also in der Horizontalen quer zur Erdbeschleunigung) keiner Bremsung, also negativen Beschleunigung, ausgesetzt ist, die Bahngeschwindigkeit bleibt in dieser Richtung unverändert gleich der Anfangsgeschwindigkeit:

$$v_x = v_{x0} = \text{konst.}$$

Nach der Zeitdauer t hat sich der Körper in Richtung x um $x = v_{x0} \cdot t$ weiter bewegt. – In y-Richtung unterliegt der Körper der Gravitation. Für die Bahnkomponente $y = y(t)$ gilt die im vorangegangenen Abschnitt hergeleitete Differentialgleichung der Fallbewegung. Ihre Lösung lautet:

$$y = -g\frac{t^2}{2} + C_1 \cdot t + C_2; \quad \dot{y} = -g \cdot t + C_1$$

Hierin ist s gleich $-y$ und $\dot{s} = -\dot{y}$ gesetzt, da die positive Richtung der Bewegungskomponente y entgegengesetzt zu $+s$ ist, vgl. Abb. 2.58 mit Abb. 2.62.

Die Freiwerte folgen aus den Anfangsbedingungen des Wurfs (Zeitpunkt $t = 0$):

$$t = 0: \quad y_0 = 0: \qquad 0 = -g\frac{0^2}{2} + C_1 \cdot 0 + C_2 \quad \rightarrow \quad C_2 = 0$$

$$t = 0: \quad \dot{y}_0 = v_{y0}: \quad v_{y0} = -g \cdot 0 + C_1 \qquad \rightarrow \quad C_1 = v_{y0}$$

Somit lautet die Lösung:

$$y = -g\frac{t^2}{2} + v_{y0} \cdot t; \quad \dot{y} = -g \cdot t + v_{y0} = v_y$$

Zusammenfassung:

$$x = v_{x0} \cdot t, \quad v_x = v_{x0}; \quad y = v_{y0} \cdot t - g\frac{t^2}{2}, \quad v_y = v_{y0} - g \cdot t$$

Die Tangente an die Bahn fällt mit dem Geschwindigkeitsvektor zusammen (Abb. 2.62):

$$\tan\alpha = \frac{v_y}{v_x}; \quad v = \sqrt{v_x^2 + v_y^2}$$

Wird t aus der Gleichung für x frei gestellt und in die Gleichung für y eingesetzt, folgt die Gleichung für die Bahnkurve $y = y(x)$ zu:

$$t = \frac{x}{v_{x0}} \quad \rightarrow \quad y = \frac{v_{y0}}{v_{x0}} \cdot x - \frac{g}{2} \cdot \left(\frac{x}{v_{x0}}\right)^2 = \tan\alpha_0 \cdot x - \frac{g}{2} \cdot \frac{x^2}{v_0^2 \cdot \cos^2\alpha_0}$$

$$= \tan\alpha_0 \cdot x - \frac{g}{2} \cdot \frac{(1 + \tan^2\alpha_0)}{v_0^2} \cdot x^2$$

Mit dieser Formel lässt sich die Bahnkurve berechnen. Es handelt sich um eine Parabel (= Wurfparabel). Mit der Lösung lassen sich alle Fragestellungen bear-

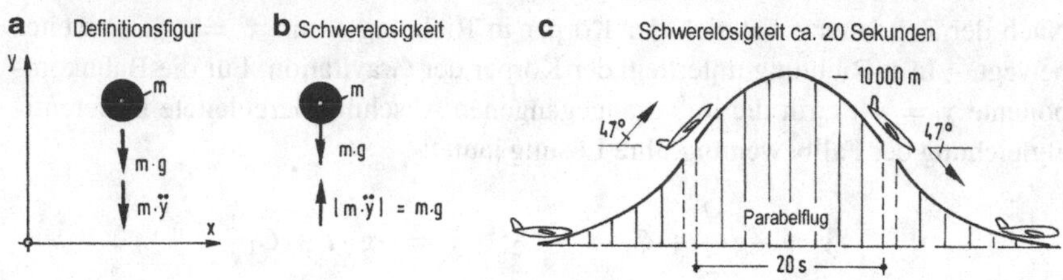

Abb. 2.63

beiten. Vielfach erweist es sich als günstiger, mit t als Parameter in den Formeln für y und x zu rechnen. – Die Beschleunigung in y-Richtung berechnet sich zu:

$$\ddot{y} = \frac{d^2y}{dt^2} = \frac{dv_y}{dt} = -g,$$

wie es sein muss.

In Abb. 2.63a sind die auf den Körper einwirkenden Kräfte $m \cdot g$ und $m \cdot \ddot{y}$ bei Bewegung in positiver y-Richtung eingetragen. Die Beschleunigung $\ddot{y}$ des Körpers ist negativ und dem Betrage nach gleich g (Abb. 2.63b). –

Würde eine Person im schräg ‚geworfenen' Körper ‚mitfliegen', würde sie sich schwerelos fühlen (wie bei jeder Fallbewegung). – Bei sogen. Parabelflügen wird dieser Effekt genutzt, um Experimente im Zustand der Mikrogravitation durchzuführen, Zeitdauer ca. 20 Sekunden, vgl. Abb. 2.63c: Es wird im Hochpunkt des Fluges indessen nur 1 % von g und nicht Null erreicht. Bei einer Flugkampagne werden bis zu 30 Parabeln hintereinander durchflogen, z. B. mit einem Airbus A300. – Im Fallturm von Bremen (Fallstrecke 110 m, Falldauer 4,7 s) werden Versuche mit ähnlicher Zielsetzung durchgeführt, ebenso mit ballistischen Raketen. In Raumstationen wird über lange Zeit ein Zustand absoluter Schwerelosigkeit erreicht.

1. Beispiel

Abb. 2.64 zeigt für $v_0 = 10\,\text{m/s}$ und fünf Wurfwinkel die zugehörigen Bahnkurven. Bis zu einem Winkel $\alpha_0 = 45°$ wächst die erreichbare horizontale Wurfweite; für noch größere Winkel sinkt sie wieder.

Indem die oben abgeleitete Formel für $y = y(x)$ Null gesetzt wird, erhält man die horizontale Weite des Wurfes (x_1) und indem dy/dx gleich Null gesetzt wird, die Abszisse des Hochpunktes der Bahn (x_2). Das Ergebnis dieser Rechnungen lautet:

$$x_1 = 2 \cdot \frac{v_{0x} \cdot v_{0y}}{g}, \quad \max x_1 = \frac{v_0^2}{g} \text{ für } \alpha_0 = 45°; \quad x_2 = \frac{v_{0x} \cdot v_{0y}}{g} = \frac{x_1}{2}$$

In Zahlen ergibt sich für das Beispiel:

$$v_{0x} = v_{0y} = \frac{\sqrt{2}}{2} \cdot 10{,}0 = 0{,}7071 \cdot 10{,}0 = 7{,}071\,\text{m/s}; \quad x_1 = 10{,}194\,\text{m}, \quad x_2 = 5{,}097\,\text{m}$$

Abb. 2.64

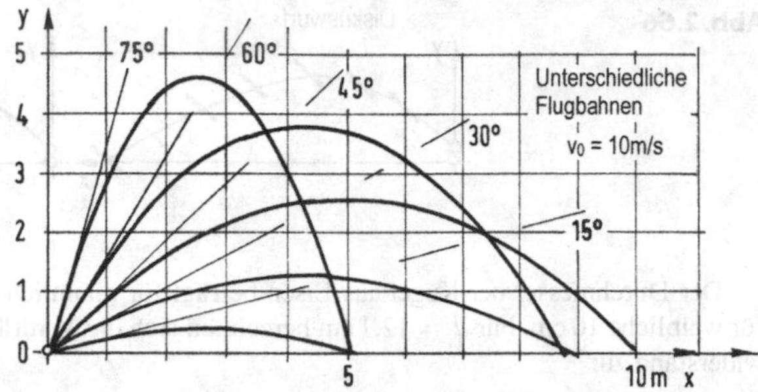

2. Beispiel

In vielen Sportdisziplinen sind große Wurfweiten oder geschickte ‚Ballschüsse' das Ziel der Anstrengung.

Beim **Kugelstoßen** beträgt die Masse der Kugel 7,257 kg für Männer und 4,000 kg für Frauen. Da die Kugel von der Höhe y_0 oberhalb der horizontalen Auftreffebene aus gestoßen wird, sind körpergroße Athleten im Vorteil. Als optimaler Stoßwinkel gilt der Bereich 37° bis 42°. Die Bahnkurve berechnet sich nach den Formeln:

$$x = v_{x0} \cdot t, \quad y = y_0 + v_{y0} \cdot t - g\frac{t^2}{2}$$

Abb. 2.65a zeigt die Flugbahn einer Kugel, wenn dem Sportler ein Stoß aus $y_0 = 2{,}0$ m Höhe mit $v_0 = 13$ m/s gelingt. Es wird eine Weite von 18,6 m erreicht; ca. 1,6 m Weite beruhen auf der Abwurfhöhe (hier 2,0 m). In Abb. 2.65b ist der Verlauf der Bahngeschwindigkeit $v = v(t)$ wiedergegeben, Mittelwert ca. 11 m/s.

Abb. 2.65

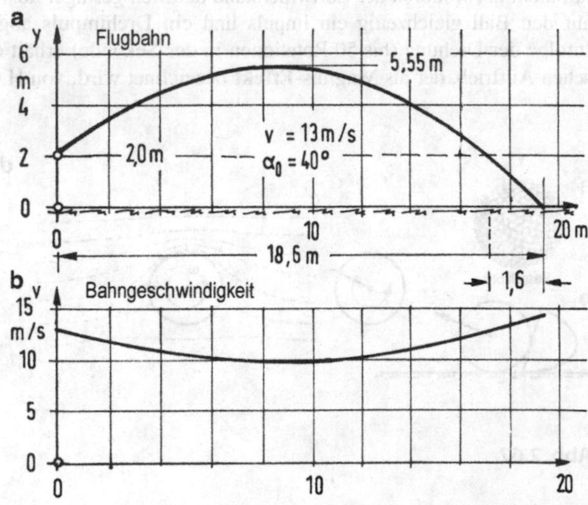

Abb. 2.66

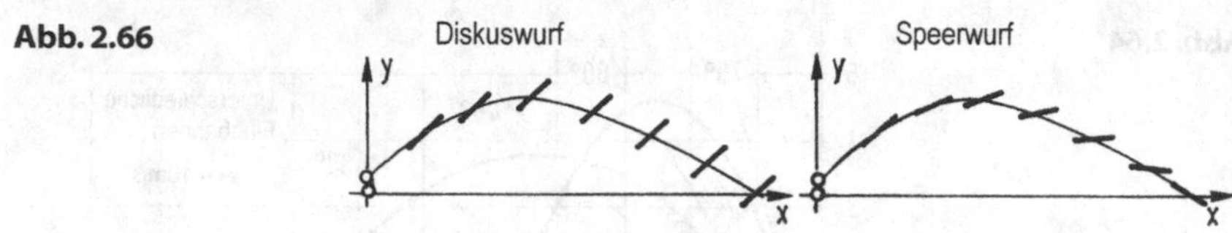

Der Durchmesser der Kugel aus Eisen beträgt für männliche Werfer $d = 12{,}1\,\text{cm}$ und für weibliche 10 cm. Für $d = 12{,}1\,\text{cm}$ berechnen sich die Verdrängungsfläche und der Luftwiderstand zu:

$$A = 0{,}01147\,\text{m}^2 \quad \to \quad F = c_w \cdot \frac{\rho}{2} \cdot A \cdot v^2 = 0{,}6 \cdot \frac{1{,}25}{2} \cdot 0{,}01147 \cdot 11^2 = \underline{0{,}52\,\text{N}}$$

Die bremsende Kraft durch den Luftwiderstand ist von eher untergeordneter Größe. – Die Kugelstoß-Weltrekorde sind: Männer: 23,1 m, Frauen: 22,6 m.

Die Bahnkurve eines **Diskus** oder eines **Speers** kann nicht als Wurfparabel berechnet werden. Hier wirkt sich der aerodynamische Auftrieb maßgeblich aus. Dank der Kreiselwirkung bleibt die Lage der rotierenden Diskusscheibe nahezu konstant, beim Speer durch die Länge des Gerätes, erst gegen Ende der Flugbahn beginnt der Speer nach vorne zu kippen (Abb. 2.66). – Auf die Kugel des **Hammerwerfers** oder friesischen **Wurf-Boßlers** wirkt sich die Bremswirkung der Luft infolge der hohen Fluggeschwindigkeit stärker aus. Masse der Kugel beim Hammerwerfen wie beim Kugelstoßen, Seillänge 1,219 m. – Weltrekorde: Diskus: M (2 kg): 74 m, F (1 kg): 77 m; Speer: M (0,8 kg): 98 m, F (0,6 m): 72 m; Hammerwerfen: M: 87 m, F: 78 m.

Der **Golf**ball, 45,93 g schwer, mit einem Durchmesser $d = 42{,}67\,\text{mm}$, trägt auf der Oberfläche 300 bis 500 kleine Dellen (Dimples), Abb. 2.67a. Diesen Balltyp ließ sich C. HASCELL (1868–1922) im Jahre 1899 patentieren; sein Ball bestand zudem aus Vollgummi und revolutionierte den Golfsport: Infolge der Dellen strömt die Luft rückseitig turbulent ab, wodurch der Luftwiderstand deutlich geringer ausfällt. – Beim Schlag werden auf den Ball gleichzeitig ein Impuls und ein Drehimpuls abgesetzt (Teilabbildung c/d). Infolge der Drehung (bis 50 Rotationen in der Sekunde) erhält der Ball einen aerodynamischen Auftrieb, der als **Magnus-Effekt** bezeichnet wird, von H.G. MAGNUS (1802–1870)

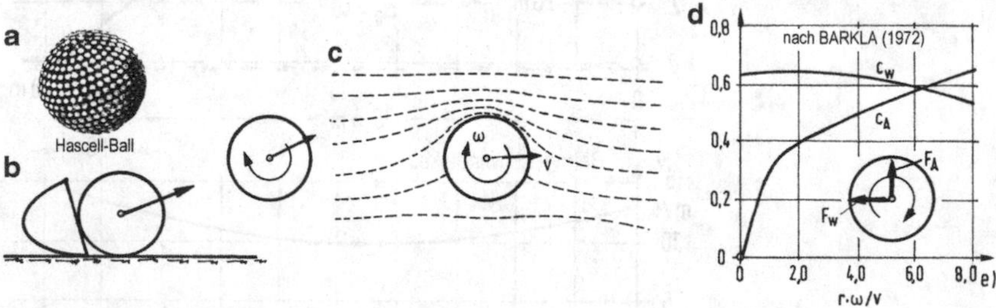

Abb. 2.67

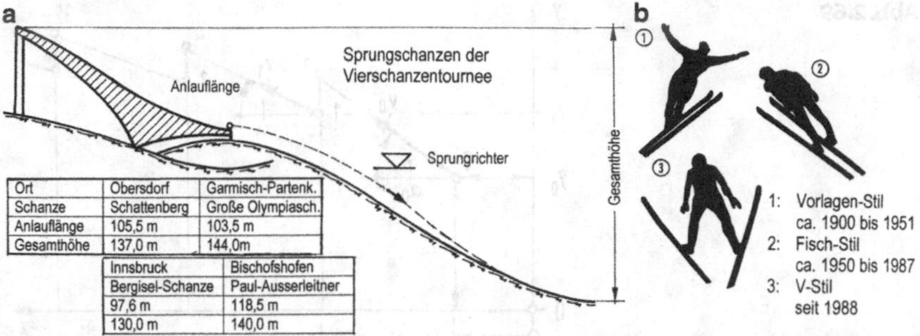

Abb. 2.68

im Jahre 1852 entdeckt. Bei Fluggeschwindigkeiten ca. 70 m/s = 250 km/h werden Schlagdistanzen bis 265 m erreicht. – Der Magnus-Effekt wirkt sich auch im Tennis- und Fußballsport bei ‚geschnittenen' Bällen aus. – Abb. 2.67d zeigt die Stromlinien um eine sich drehende Kugel. Teilabbildung e kann der Widerstandsbeiwert c_w und der Auftriebsbeiwert c_a als Funktion von $r \cdot \omega / v$ entnommen werden (r: Radius, ω: Winkelgeschwindigkeit, v: Fluggeschwindigkeit des Balles).

3. Beispiel
Der Flug eines **Skispringers** folgt nur in Annäherung einer Flugparabel. Hier handelt es sich eher um ein Flugsegeln. Entscheidend für große Flugweiten sind der Absprung und die Aktivierung eines hohen aerodynamischen Auftriebs. Springer mit geringem Gewicht sind im Vorteil. –

Abb. 2.68 zeigt die Maße der Flugschanzen der Vierschanzen-Tournee, die alljährlich zum Jahreswechsel ausgetragen wird. Aus der Abbildung geht auch hervor, wie der Flugstil im Laufe der Jahre zwecks Erhöhung des Auftriebs optimiert wurde. – Konstruktiv werden die Schanzen nach den halbempirischen Normen des FIS (Internationaler Skiverband) ausgelegt. – Auf der neu ausgebauten Skiflugschanze Kulm wurde 2015 eine Sprungweite von 237,5 m erreicht.

Die Physik des Sports wird in [13] ausführlich behandelt.

2.3.3 Ballistik

Die rechnerische Erfassung der verschiedenen Einflüsse auf die Bahnbewegung eines geworfenen oder geschossenen Projektils führt auf komplizierte Mathematik. Das gilt in Sonderheit für die Berücksichtigung des bremsenden Luftwiderstandes bei hohen Bahngeschwindigkeiten ab etwa 30 m/s. Seitdem der Computer zur Verfügung steht, werden Aufgaben solcher Art numerisch gelöst. Das sei im Fol-

Abb. 2.69

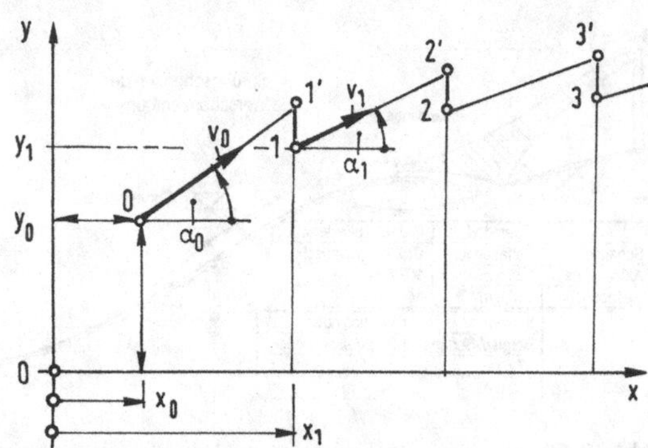

genden mit Hilfe eines einfachen Berechnungsverfahrens gezeigt. In der Praxis kommen strengere Verfahren zum Einsatz, z. B. in der Raketen- und Weltraummechanik.

Vom Startpunkt 0 mit den Ordinaten x_0, y_0 werde ein Körper mit der Masse m unter dem Winkel α_0 mit der Geschwindigkeit v_0 geworfen (abgeschossen), Abb. 2.69. Auf den Körper wirkt die Luftreibung bremsend entgegen seiner Bewegung. Die Kraft sei proportional dem Quadrat der momentanen Geschwindigkeit. Im Augenblick des Abschusses beträgt die bremsende Kraft des Luftwiderstands:

$$F_0 = c_w \cdot \frac{\rho}{2} \cdot A \cdot v_0^2$$

c_w ist der aerodynamische Widerstandsbeiwert, ρ die Luftdichte und A die Verdrängungsfläche. (An dieser Stelle wäre es möglich, auch andere Widerstandsgesetze zu vereinbaren.)

Zum Zwecke der Bahnberechnung wird im Folgenden ein numerisches Berechnungsverfahren aufbereitet: Die Bahn wird ‚step by step', also in kurzen endlichen (finiten) Zeitschritten, bestimmt. Δt ist das erste finite Zeitintervall von Anfangspunkt 0 nach Punkt 1. Die folgenden Zeitintervalle Δt werden während des weiteren Bewegungsverlaufes als gleichlang angesetzt, also von 1 nach 2, von 2 bis 3, usf. – Die Bewegung des Körpers wird im ersten Zeitschritt um a_0 verzögert, abgebremst, das bedeutet:

$$a_0 = \frac{\Delta v_0}{\Delta t}$$

Hinweis

Die Beschleunigung ist die Ableitung der Geschwindigkeit nach der Zeit, die Änderung der Geschwindigkeit in der Zeiteinheit: $a(t) = dv(t)/dt$

Δv_0 ist die Änderung (die Verringerung) der Geschwindigkeit innerhalb des Bahnabschnittes von 0 nach 1 gegenüber v_0 bei Abschuss des Körpers. Die Bremskraft in diesem ersten Zeitschritt beträgt (Kraft ist gleich Masse mal Beschleunigung, das bedeutet, sie ist gleich Masse mal Geschwindigkeitsänderung):

$$F_0 = m \cdot a_0 = m \cdot \frac{\Delta v_0}{\Delta t}$$

Aufgelöst nach Δv_0 folgt:

$$\Delta v_0 = \frac{F_0}{m} \cdot \Delta t = \frac{c_w}{m} \cdot \frac{\rho}{2} \cdot A \cdot v_0^2 \cdot \Delta t$$

Um diesen Betrag wird die Anfangsgeschwindigkeit v_0 verringert. – Die Ordinate des Punktes 1′ (siehe Abb. 2.69) wird mit der Geschwindigkeit v_1 erreicht:

$$v_1 = v_0 - \Delta v_0 = v_0 - \frac{c_w}{m} \cdot \frac{\rho}{2} \cdot A \cdot v_0^2 \cdot \Delta t$$

Gleichzeitig wirkt sich die Erdanziehung g auf die Bewegung des Projektils in lotrechter y-Richtung verzögernd aus. Demgemäß kann für die Berechnung der Geschwindigkeitskomponenten in Richtung x und y von Punkt 1 aus im nächsten Zeitschritt

$$v_{x1} = v_1 \cdot \cos\alpha_0, \quad v_{y1} = v_1 \cdot \sin\alpha_0 - g \cdot \Delta t$$

angesetzt werden. Zusammengefasst sind als Ausgangswerte für den nächsten Zeitschritt die Bahnparameter

$$x_1 = x_0 + v_{x1} \cdot \Delta t, \quad y_1 = y_0 + v_{y1} \cdot \Delta t$$
$$\alpha_1 = \arctan \frac{v_{y1}}{v_{x1}}, \quad v_1 = \sqrt{v_{x1}^2 + v_{y1}^2}$$

als Ausgangswerte anzusetzen. Hiervon ausgehend, wird im nächsten Schritt

$$v_2 = v_1 - \Delta v_1 = v_1 - \frac{c_w}{m} \cdot \frac{\rho}{2} \cdot A \cdot v_1^2 \cdot \Delta t$$

berechnet, usf. – Die Näherungsberechnung fällt umso genauer aus, je kürzer die Schrittweite Δt gewählt wird. Es empfiehlt sich, ein kleines Computerprogramm zu erstellen. Der vorstehende Algorithmus lehnt sich an [14] an. –

Die Bewegungsgleichungen der klassischen Mechanik sind überwiegend Differentialgleichungen 2. Ordnung. Zu ihrer Lösung stehen diverse Verfahren der Numerischen Mathematik zur Verfügung, auch fertige Routinen, etwa [10],

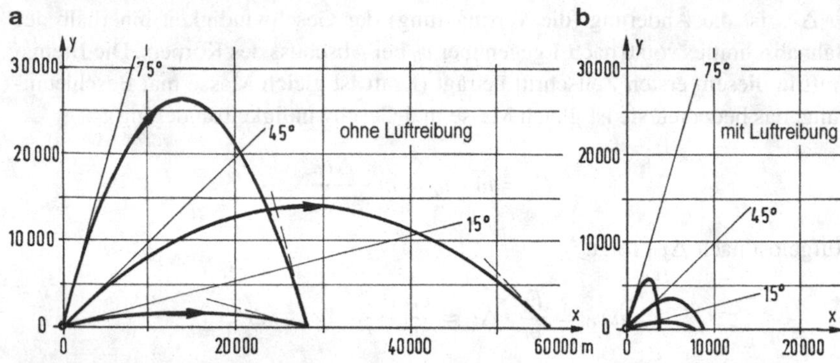

Abb. 2.70

Beispiel

Ein Projektil mit $m = 15\,\text{kg}$ werde mit $v_0 = 750\,\text{m/s}$ abgeschossen; Durchmesser (Kaliber): 10 cm. Es wird angesetzt:

$$c_w = 0{,}5, \quad \rho = 1{,}25\,\text{kg/m}^3; \quad A = \pi \cdot 0{,}10^2/4 = 0{,}007854\,\text{m}^2$$

Hierfür folgt:

$$\frac{c_w}{m} \cdot \frac{\rho}{2} \cdot A = \frac{0{,}5}{15{,}0} \cdot \frac{1{,}25}{2} \cdot 0{,}007854 = \underline{0{,}00016363}\,1/\text{m}$$

Für die drei Winkel $\alpha_0 = 15°$ ($\widehat{=}$ 0,2618), $\alpha_0 = 45°$ ($\widehat{=}$ 0,7854) und $\alpha_0 = 75°$ ($\widehat{=}$ 1,3090) zeigt Abb. 2.70 das Ergebnis der numerischen Berechnung, Schrittweite hier gewählt: $\Delta t = 0{,}5\,\text{s}$.

Ohne Bremswirkung ergeben sich Parabeln (Teilabbildung a), mit Bremswirkung werden deutlich kürzere Weiten erreicht (Teilabbildung b).

In Abb. 2.71 sind die Bahnen des Projektils mit Berücksichtigung der Luftreibung nochmals in vergrößertem Maßstab aufgetragen. Die Abweichungen im Vergleich zum parabelförmigen Verlauf sind markant. – Die Genauigkeit des numerischen Verfahrens kann anhand der Ergebnisse für den Bahnverlauf ohne Lufteinfluss durch Vergleich der analytischen mit der numerischen Lösung beurteilt werden: Für $\alpha_0 = 45°$ ergeben sich nach 60 Sekunden Flugdauer (frei gewählt) folgende Bahnordinaten (ohne Lufteinfluss):

streng (Wurfparabel): $x = 31.820\,\text{m}$, $y = 14.162\,\text{m}$
numerisch: $\Delta t = 1{,}0\,\text{s}$: $x = 31.820\,\text{m}$, $y = 13.868\,\text{m}$
numerisch: $\Delta t = 0{,}5\,\text{s}$: $x = 31.820\,\text{m}$, $y = 14.015\,\text{m}$

Die Übereinstimmung ist offensichtlich sehr gut. (Die Rechenzeit für eine Flugbahnberechnung auf einem gängigen PC beträgt Bruchteile einer Sekunde.)

Abb. 2.71

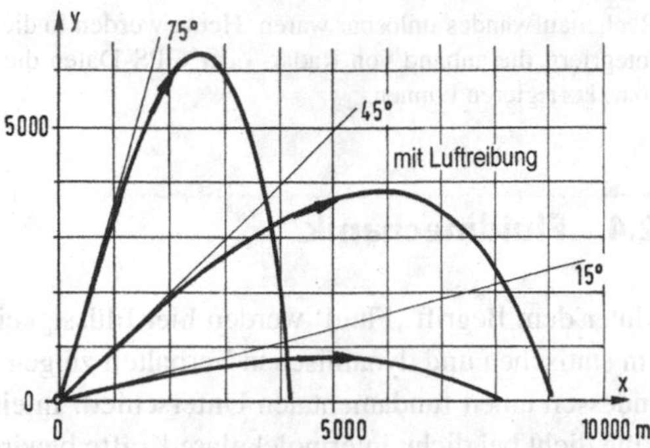

Die realen Aufgaben sind um Vielfaches komplizierter. Zu berücksichtigen wären: Abhängigkeit des Beiwertes c_w von der Geschwindigkeit, insbesondere bei Annäherung an die Schallgeschwindigkeit und darüber liegend (modifiziertes Widerstandsgesetz), Änderung von ρ und g mit der Flughöhe, Berücksichtigung der durch die Erddrehung verursachten Coriolis-Beschleunigung, Einrechnung des Magnuseffekts und Erfassung der Kreiselwirkung der sich drehenden Projektile bei schraubenförmigem Zug des Rohrlaufes zwecks Bahnstabilisierung.

Anmerkungen

Es war N. TARTAGLIA (1500–1557), der erste praktische Regeln für die Artillerie entwickelte (1537), wenn man davon absieht, dass bereits ARISTOTELES (384–322 v. Chr.) versucht hatte, die Bahnkurve als aus drei Abschnitten bestehend zu deuten. G. GALILEI (1564–1642) gab im Jahre 1638 die Wurfbewegung als Parabel an. Sie galt nach ihm *nicht* für Feuerwaffen, weil der Luftwiderstand nicht berücksichtigt sei, wie er richtig erkannte. Mit den für das Militär so überaus wichtigen Fragen des Geschossverlaufes und der Reichweite beschäftigten sich in der Folgezeit alle seinerzeit namhaften Gelehrten der Mechanik: J. (Jakob) BERNOULLI (1655–1705), B. ROBINS (1707–1751), L. EULER (1702–1783). – Das Problem bestand für alle im zutreffenden Ansatz der Luftreibung, besonders für hohe Geschossgeschwindigkeiten. Meist ging man von einem geschwindigkeitsproportionalen Widerstand aus, obwohl I. NEWTON (1643–1727), wohl aufgrund von Versuchen, das geschwindigkeitsquadratische Gesetz vorgeschlagen hatte. Hierfür gab J.H. LAMBERT (1728–1777) als erster im Jahre 1766 eine Formel für die Bahnkurve in Form einer Reihenentwicklung an. – Zu weiteren Einzelheiten der geschichtlichen Entwicklung sei auf [4] verwiesen.

In den zurückliegenden 250 Jahren hat sich die Ballistik zu einer immensen Wissenschaft der Wehrtechnik, einschließlich Raketentechnik, entwickelt. C. CRANZ (1858–1945) fasste das Wissen Anfang des 20.Jahrhunderts in einem vielbändigen Werk zusammen [15]. Er gilt als Begründer der modernen Ballistik, vgl. auch [16]. Eine moderne Darstellung findet man in [17]. – Seit Verfügbarkeit des Computers können in der Ballistik Aufgaben angegangen und gelöst werden, die ehemals wegen der mathematischen Komplexität und des

Rechenaufwandes unlösbar waren. Heute werden in die Projektile Sensoren und Microchips integriert, die anhand von Radar- oder GPS-Daten die Flugbahn in engen Grenzen lenken bzw. korrigieren können.

2.4 Fluidmechanik

Unter dem Begriff ‚Fluid‘ werden hier Flüssigkeiten und Gase zusammengefasst. Im statischen und dynamischen Verhalten zeigen sie große Ähnlichkeiten. Es gibt indessen einen fundamentalen Unterschied: In einer Flüssigkeit liegen die Moleküle dicht bei dicht, intermolekulare Kräfte bewirken, dass die Moleküle der Flüssigkeit einen im Mittel konstanten gegenseitigen Abstand einhalten. Dieser ist von der Temperatur und vom Druck nur schwach abhängig. Das bedeutet: Flüssigkeiten sind nahezu dichtebeständig, also inkompressibel (nicht zusammendrückbar).

Im Gegensatz dazu sind Gase zusammendrückbar (kompressibel), also dichteveränderlich. Unter Normalbedingungen enthält jedes Gas mit einem Volumen von 1 dm^3 (1 Liter) $2{,}69 \cdot 10^{22}$ Moleküle. – Bezogen auf ihre Größe liegen die Gasmoleküle weit auseinander, intermolekulare Kräfte werden erst bei sehr hohem Druck wirksam, wenn die Gasmoleküle dichter zusammenrücken.

Die Gasmoleküle bewegen sich mit hoher Geschwindigkeit, bis sie irgendwann zusammenstoßen. Beim Zusammenstoß ändern sie ihre Richtung, wodurch ihre wirre Zick-Zack-Bewegung zustande kommt. Die mittlere Wegstrecke zwischen den Zusammenstößen liegt in der Größenordnung 0,0001 mm. Die Stöße wirken sich als Druck im Gas und als Druck auf die das Gas begrenzende Wandung aus. Die Temperatur bestimmt die Gaskinetik. Die zugehörigen Gesetze (für ideale Gase) wurden in Bd. I, Abschn. 2.7.3 vorgestellt, sie werden im folgenden Kap. 3 (‚Thermodynamik‘) nochmals ausführlicher behandelt. – In [18–21] und vielen weiteren Werken wird die Strömungsmechanik wissenschaftlich abgehandelt, sie gehört zur (Technischen) Mechanik.

Da sich die Dichte einer Flüssigkeit von jener des zugehörigen Gases um Größenordnungen unterscheidet, wie etwa zwischen Wasser und Wasserdampf, wirkt sich die Erdschwere unterschiedlich aus: Flüssigkeiten bilden in einem offenen Gefäß eine freie Oberfläche, der hydrostatische Druck wird im Wesentlichen von der Erdschwere verursacht. Gase füllen ein geschlossenes Volumen voll aus. Der Druck in einem Gas ist im Wesentlichen von der Temperatur abhängig, die Erdschwere wirkt sich in diesem Falle nur untergeordnet aus. Allerdings, in einem sehr großen Volumen, wie innerhalb der Erdatmosphäre, beeinflusst auch die Erdschwere, neben der Temperatur, die Dichte- und Druckverhältnisse im Gasvolumen.

Auf die Behandlung des Wasser- und Luftdrucks in den Abschn. 1.8.2 und 1.8.3 wird an dieser Stelle erinnert.

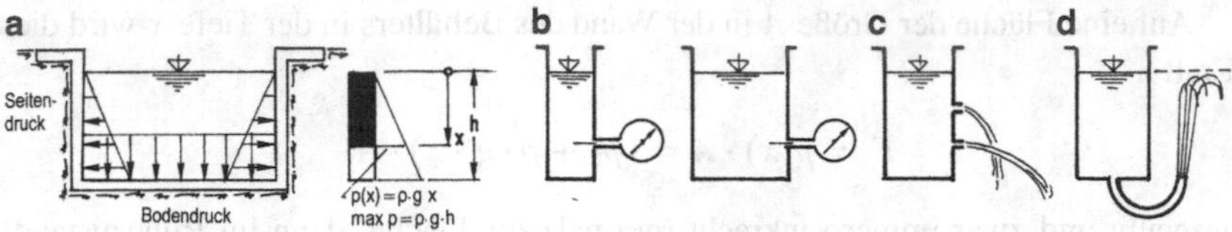

Abb. 2.72

2.4.1 Statik der Fluide

2.4.1.1 Flüssigkeitsdruck (Wasserdruck) in offenen Gefäßen

Abb. 2.72a zeigt einen mit einer Flüssigkeit (Wasser) gefüllten Behälter in Schnittdarstellung. Durch das Gewicht der Flüssigkeitssäule wird in der Tiefe x der Schweredruck

$$p = p(x) = \rho \cdot g \cdot x \quad [p] = \mathrm{N/m^2} = \mathrm{kg/s^2\,m} = \mathrm{Pa\ (Pascal)}$$

ausgelöst. ρ ist die Dichte und g die Erdbeschleunigung ($g = 9{,}81\,\mathrm{m/s^2}$). Man spricht von **hydrostatischem Druck**. Jede benachbarte Flüssigkeitssäule verursacht denselben Druck. Dadurch ist der Druck in der betrachteten Tiefe x allseits gleichgroß, einschließlich des Seitendrucks auf die umfassenden Wände. p ist unabhängig von der Größe des Behälters (Teilabbildung b). Dass der Druck mit der Tiefe zunimmt, ist eine allgemeine Erfahrung und lässt sich mittels zweier unterschiedlich hoher Abflussöffnungen in der Behälterwand zeigen, vgl. Teilabbildung c. Aus Teilabbildung d wird erkennbar, wie ein aus einem Behälter über ein Rohr austretender Wasserstrahl die Höhe des Wasserspiegels im Behälter wieder erreicht, allerdings nicht ganz, weil sich in der Leitung ‚Energieverluste' infolge Fluidreibung aufsummieren: Die sich bewegenden Flüssigkeitsmoleküle verschieben sich gegenseitig, wodurch Reibung zwischen ihnen induziert wird. Das beruht auf der Zähigkeit des Fluids. Diese ist bei Wasser sehr gering, bei Öl dagegen groß. Selbst bei Gasen ist ein sehr schwacher Reibungseinfluss messbar.

Obige Formel liefert den hydrostatischen Druck relativ zur freien Oberfläche. Um den absoluten Druck zu erhalten, muss p um p_0 zu

$$p = p(x) = p_0 + \rho \cdot g \cdot x$$

erhöht werden. p_0 ist der in Höhe des Flüssigkeitsspiegels herrschende Gasdruck (Luftdruck). In Höhe einer freien Wasseroberfläche ist p_0 der lokale Luftdruck.

Auf eine Fläche der Größe A in der Wand des Behälters in der Tiefe x wird die Kraft

$$F = p(x) \cdot A = (p_0 + \rho \cdot g \cdot x) \cdot A$$

ausgeübt und zwar immer senkrecht (normal) zur Fläche, denn im Ruhezustand wird vom Fluid keine (tangentiale) Schubkraft auf die Wand abgesetzt, selbstredend auch keine Zugkraft.

2.4.1.2 Luftdruck

Die Lufthülle über der Erdoberfläche kann als großer Behälter aufgefasst werden. Er reicht bis in den planetarischen Raum hinein, ca. 3000 km hoch. Neben dem Luftdruck ist auch die Temperatur über die Höhe stark veränderlich.

Ähnlich wie das Gewicht der Wassersäule im Behälter drückt das Gewicht der Luftsäule auf die Erdoberfläche. Allerdings ist die Dichte in dieser Luftsäule nicht konstant, sie nimmt mit der Höhe ab. In Meereshöhe beträgt sie etwa 1,25 $\mathrm{kg/m^3}$.

An der sinkenden Luftdichte ist auch die mit der Höhe abnehmende Erdanziehung beteiligt, Im Übergang der Atmosphäre zum Weltraum geht die Luftdichte gegen Null.

In 1000 m Höhe sinkt der Luftdruck gegenüber dem Druck in Meereshöhe auf 88 %, in 5000 m Höhe auf 54 %, in 10.000 m Höhe auf 30 % und in 20.000 m Höhe auf 7 %. In Meereshöhe beträgt der Druck $p_0 = 101.325\,\mathrm{Pa}$ (Normaldruck). Dieser Wert ist etwa gleich 1 bar $\approx$ 1 at (man spricht vom Atmosphärendruck). Als Druckeinheit lässt sich ‚bar' gut merken: Ein Druck von 3 bar ist z. B. der dreifache Wert des auf Meereshöhe bezogenen Luftdrucks.

Wird ein mit Quecksilber gefülltes Rohr überkopf verschwenkt und in ein mit Quecksilber gefülltes offenes Gefäß getaucht, verbleibt im Rohr eine Säule von ca. 760 mm Höhe, oberhalb bildet sich ein Vakuum (Abb. 2.73). Das Gewicht der Quecksilbersäule steht mit dem auf die Oberfläche des Quecksilbers lastenden Luftdrucks im Gleichgewicht. Das bietet die Möglichkeit, Luftdruckschwankun-

Abb. 2.73

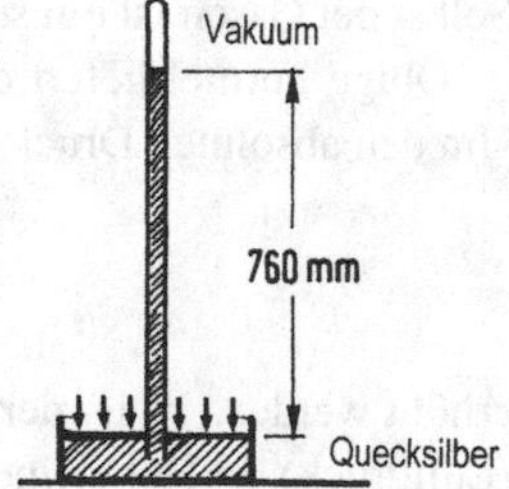

gen zu messen. Dieses Messprinzip eines Barometers (Luftdruckmessers) geht auf E. TORRICELLI (1608–1647) zurück. –

Die Dichte des Wassers liegt gegenüber der Dichte des Quecksilbers im Verhältnis $1000\,\mathrm{kg/m^3}$ zu $13.600\,\mathrm{kg/m^3} = 0{,}0735$ niedriger, Wasser ist in diesem Verhältnis leichter. Bei einem mit Abb. 2.73 vergleichbaren Versuch mit Wasser stellt sich eine $760/0{,}0735 = 10.336\,\mathrm{mm} \approx 10\,\mathrm{m}$ hohe Wassersäule ein, vgl. 3. Anmerkung unten.

Gängige Barometer bestehen aus einer luftleeren Metalldose. In Abhängigkeit vom schwankenden Luftdruck biegt sich der gewellte Dosendeckel. Die Verformung des Deckels wird über einen Bügel und einen Zeiger auf eine geeichte Skala übertragen.

1. Anmerkung

Beim Trinken mit dem Strohhalm wird im Mund ein Unterdruck erzeugt. Der Luftdruck befördert das Getränk in den Mund. – Ein ‚Saugheber' arbeitet entsprechend, ebenso ein Füllfederhalter beim Füllen mit Tinte. – Eine Pumpe kann Wasser nach dem Saugprinzip nur aus 10 m Tiefe fördern (s. o.).

2. Anmerkung

Im Jahre 1657 führte O. v. GUERICKE (1602–1686) seinen berühmten Versuch mit einer aus zwei kupfernen Halbschalen bestehenden Kugel durch, Durchmesser ca. 41 cm. Die Kugel war zuvor leer gepumpt worden. Erst acht beidseitig vorgespannte Pferde vermochten die Kugel zu trennen. Die Vakuumpumpe hat O. v. GUERICKE auch erfunden, sie arbeitete nach dem Kolbenprinzip (1649). – Seither wurden die unterschiedlichsten Vakuumpumpen entwickelt. Im Extremfall können Hochvakua bis herunter auf 10^{-12} mbar (Millibar) erzeugt werden. Ein absolutes Vakuum ist technisch nicht realisierbar. – Das Vakuum im Weltraum ist deutlich geringer als die auf Erden technisch erreichbaren Vakua. Man schätzt, dass eine Million Atome auf $1\,\mathrm{m^3}$ entfallen, das bedeutet etwa 1 Atom pro $\mathrm{cm^3}$. Bei Normaldruck sind es auf Erden pro $\mathrm{cm^3}$ ca. $2{,}7 \cdot 10^{19}$ Luftteilchen!

3. Anmerkung

O. v. GUERICKE führte auch verschiedene Druckexperimente durch, unter anderem das oben beschriebene mit einem über zehn Meter langen Wasserrohr. Im Jahre 1660 konnte er hiermit aufgrund des Tiefstandes der Wassersäule ein Unwetter vorhersagen.

4. Anmerkung

ARISTOTELES (384–322 v. Chr.) vertrat die Auffassung, dass es keine Leere gäbe, kein Vakuum. Zudem sei Luft gewichtslos, ‚wie Feuer'. Die seinerzeitigen Versuche zeigten das Gegenteil. Da sich die Römische Kirche die aristotelische Naturlehre zu eigen machte, ergaben sich für die Naturforscher Schwierigkeiten: B. PASCAL (1623–1662) führte im Jahre 1648 mittels des von TORRICELLI angegebenen Barometers Reihenversuche in der Ebene und auf dem Gipfel eines 500 ‚Klafter' hohen Berges bei unterschiedlichem Wetter in Gegenwart von Zeugen durch, das tat er im Sommer wie im Winter. In der Ebene maß er immer 700 mm, auf dem Berg immer 610 mm. Das konnte und durfte nicht stimmen und trug ihm langwierige Auseinandersetzungen mit dem Jesuitenorden in Paris ein.

Abb. 2.74

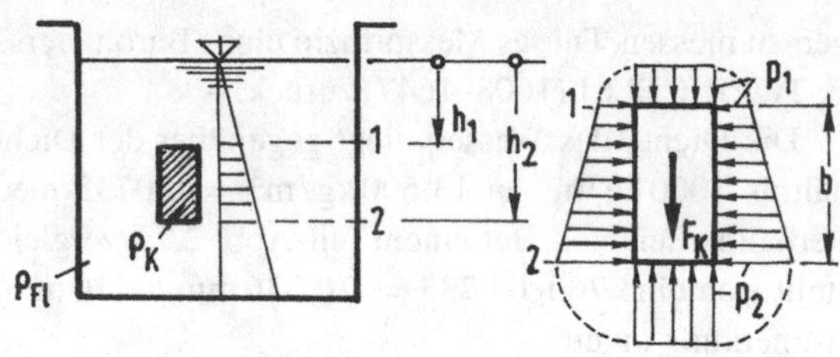

2.4.1.3 Auftrieb – Schweben – Tauchen – Schwimmen

Abb. 2.74 zeigt einen in einem Fluid schwebenden prismatischen Körper. Sind h_1 und h_2 die Druckhöhen unterhalb des Fluidspiegels, sind

$$p_1 = \rho_{\text{Fl}} \cdot g \cdot h_1 \quad \text{bzw.} \quad p_2 = \rho_{\text{Fl}} \cdot g \cdot h_2$$

die hier herrschenden hydrostatischen Drücke. ρ_{Fl} ist die Dichte des Fluids.

Ist ρ_K die Dichte des Körpers, und A die Fläche des Körpers in den Ebenen 1 und 2, gilt im Falle eines **Schwebezustandes** die Gleichgewichtsgleichung:

$$F_K + p_1 \cdot A - p_2 \cdot A = 0 \quad \rightarrow \quad \rho_K \cdot g \cdot V = \rho_{\text{Fl}} \cdot g \cdot (h_2 - h_1) \cdot A$$

$$\rightarrow \quad \rho_K \cdot g \cdot A \cdot b = \rho_{\text{Fl}} \cdot g \cdot b \cdot A \quad \rightarrow \quad \rho_K = \rho_{\text{Fl}}$$

Denn $h_2 - h_1 = b$ ist der Höhenunterschied, $V = A \cdot b$ ist das Volumen des Körpers. – Das bedeutet: Ist das Gewicht des Körpers gleich dem Gewicht des verdrängten Fluidvolumens, schwebt der Körper. Im Falle $\rho_K > \rho_{\text{Fl}}$ sinkt er, im Falle $\rho_K < \rho_{\text{Fl}}$ steigt er, der Körper erfährt einen Auftrieb, eine Auftriebskraft.

Dieses auf ARCHIMEDES (287–212 v. Chr.) zurückgehende Prinzip gilt unabhängig von der Körperform: Die Auftriebskraft ist gleich dem Gewicht (der Gewichtskraft) der vom Körper verdrängten Flüssigkeitsmenge und unabhängig von der Wassertiefe [1].

Beim Schwimmen taucht ein Teil des Körpers aus dem Wasser heraus. Im Falle des in Abb. 2.75 skizzierten prismatischen Körpers (seine Breite sei c) gilt im Schwimmzustand die Gleichgewichtsgleichung:

$$\text{Körpergewicht } F_K = \text{Auftrieb } F_A$$

$$\rho_K \cdot a \cdot b \cdot c = \rho_{\text{Fl}} \cdot a \cdot h \cdot c \quad \rightarrow \quad h = \frac{\rho_K}{\rho_{\text{Fl}}} \cdot b \quad \rightarrow \quad b - h = \left(1 - \frac{\rho_K}{\rho_{\text{Fl}}}\right) \cdot b$$

Das Maß $b - h$ nennt man Freibord.

Abb. 2.75

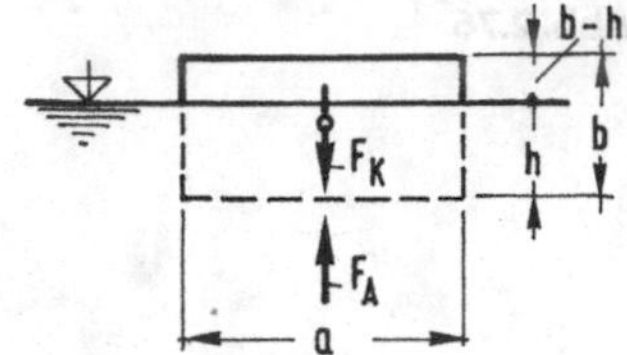

1. Anmerkung

Für die Unterwasser-Seefahrt, für die Gewerbe- und Sporttaucher-Technik und für die im Wasser lebenden Tiere hat das Auftriebsprinzip große Bedeutung. – Fische regulieren ihren Schwebezustand mittels ihrer Schwimmblase. Für die unterhalb von ca. 500 m Tiefe lebenden Fische herrscht tiefe Dunkelheit, man spricht dann von Tiefseefischen. Es gibt solche, deren Lebensraum bis in eine Tiefe von 10.000 m reicht!

2. Anmerkung

Auch in einem Gas erfahren Körper einen Auftrieb. Wegen der üblichen Gasdichte ist er eher gering. In der Lufthülle der Erde sinkt zudem die Dichte mit der Höhe (s. o.). In der Ballon-Technik wird der Gasauftrieb genutzt, ebenso in der Technik der Luftschiffe.

J.A.C. CHARLES (1746–1823) und N.L. ROBERT (1760–1810) gelang im Jahre 1783 die erste bemannte Fahrt mit einem seidenen Wasserstoff-Ballon über die Dauer von 2 Stunden und eine Strecke von 36 km. Die Gebrüder MONTGOLFIER (J.M. 1740–1810; J.E. 1745–1799) waren ihnen allerdings mit einem Heißluftballon zwei Monate zuvor gekommen. – F. Graf ZEPPELIN (1836–1917) erbaute das erste lenkbare, von Motoren angetriebene, Luftschiff mit starrem Rumpf. Die erste Fahrt mit LZ1 fand im Jahre 1900 statt. – Ab 2000 wurde der ‚Cargo-Lifter' entwickelt. Mit dieser ‚Lighter-Than-Air-Technologie' sollten Nutzlasten bis 160 t, später gar bis 400 t, transportiert werden, das Unternehmen scheiterte.

Abb. 2.76 zeigt einen Gasballon älterer Bauart und Abb. 2.77 das Luftschiff ‚Hindenburg', das im Jahre 1937 beim Anflug des Flugplatzes Lakehurst (USA) in Brand geriet und abstürzte (36 Tote). Der Absturz, ca. 100 m oberhalb des Landeplatzes, wurde wohl durch einen Funken infolge elektrostatischer Aufladung der Außenhaut (oder durch einen Blitz) ausgelöst. Die Kammern des Zeppelins waren mit Wasserstoff gefüllt gewesen, $\rho_{\text{Wasserstoff}} = 0{,}0899\,\text{kg}/\text{m}^3$. Das ist gegenüber Luft mit $\rho_{\text{Luft}} = 1{,}25\,\text{kg}/\text{m}^3$ wenig und ergibt demgemäß einen starken Auftrieb. Beim Landen der ‚Hindenburg' wurde Wasserstoff abgelassen.

Heutige Gasballone verwenden nicht-brennbares Helium $\rho_{\text{Helium}} = 0{,}1785\,\text{kg}/\text{m}^3$.

2.4.1.4 Hydraulische Presse

Abb. 2.78a zeigt einen Kugelbehälter mit einem aufgesetzten Zylinder und Kolben. Bei einer Verschiebung des Kolbens wird im Fluid (es sei hier eine Flüssigkeit) ein Druck aufgebaut. Der Kompressionsmodul ist hoch, die Flüssigkeit reagiert auf den Druck wie eine sehr strenge Feder (Gas reagiert wie eine weiche). Dieses Verhalten stellt sich bei beliebigen Behälterformen ein (Teilabbildung a/b). Das

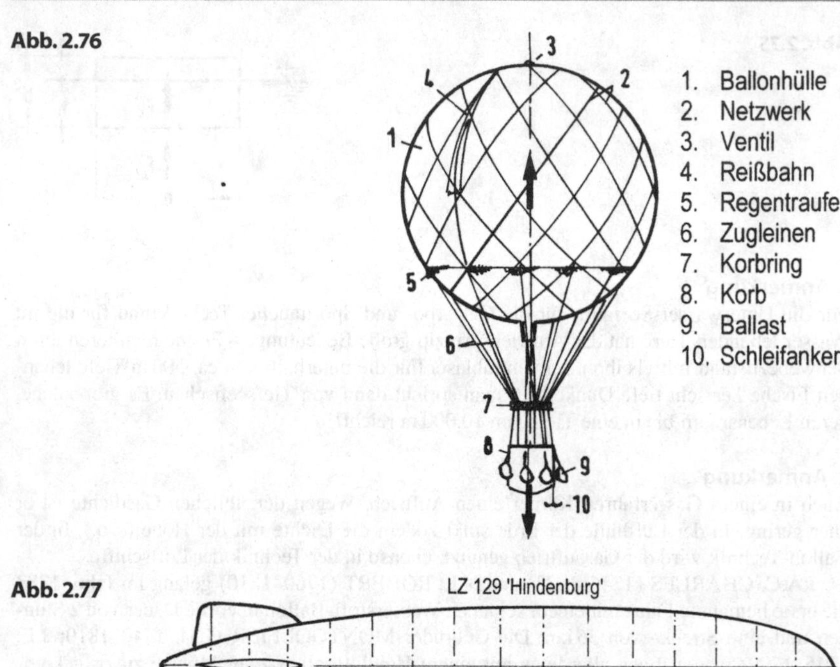

Abb. 2.76

Abb. 2.77

gilt auch für die in Teilabbildung c dargestellte Vorrichtung: An beiden Enden liegt ein Zylinder mit Kolben. Deren Kolbenflächen seinen A_1 und A_2, sie seien voneinander verschieden. Gegen den Kolben 1 wirke die Kraft $F_1 = p \cdot A_1$. Am Kolben 2 wird dadurch die Kraft $F_2 = p \cdot A_2$ ausgelöst, wenn p der Druck im Fluid ist. Wird jeweils p frei gestellt und die beiden Ausdrücke gleich gesetzt, folgt:

$$1\colon\ p = \frac{F_1}{A_1}, \quad 2\colon\ p = \frac{F_2}{A_2}$$

$$\rightarrow \quad p = p \quad \rightarrow \quad \frac{F_1}{A_1} = \frac{F_2}{A_2} \quad \rightarrow \quad F_2 = \frac{A_2}{A_1} \cdot F_1$$

Ist das Verhältnis A_2/A_1 groß, vermag eine geringe Kraft F_1 eine hohe Kraft F_2 zu induzieren. Das ist das Prinzip einer **hydraulischen Presse**.

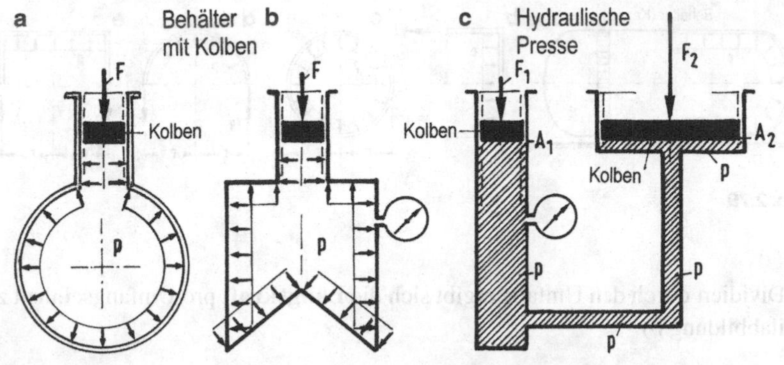

Abb. 2.78

Sieht man von der Kompressibilität des Fluids ab, verhalten sich die Kolbenwege reziprok zu den Kräften, was auf die Formel

$$\Delta_2 = \frac{A_1}{A_2} \cdot \Delta_1$$

führt, denn die an beiden Kolben verrichtete Arbeit ist gleich groß:

$$W_1 = F_1 \cdot \Delta_1, \quad W_2 = F_2 \cdot \Delta_2 = \frac{A_2}{A_1} \cdot F_1 \cdot \frac{A_1}{A_2} \cdot \Delta_1 = F_1 \cdot \Delta_1$$

Die in vielen Bereichen der technischen Hydraulik einwickelten Systeme arbeiten nach vorstehendem Prinzip, wobei Hydraulikpumpen und -speicher (auch als Puffer) mit den unterschiedlichsten Hydraulikölen zum Einsatz kommen, z. B. bei Handhabungsrobotern mit speziellen Regel- und Steuersystemen, ein weites Gebiet des Maschineningenieurwesens.

2.4.1.5 Beanspruchung in Behältern und Rohren – Kesselformel

In Abb. 2.79 ist ein liegender zylindrischer Behälter dargestellt, linksseitig im Längsschnitt, rechtsseitig in der Ansicht. Es möge sich um einen Gasbehälter handeln. Der Innendruck betrage p. Die Querschnittsfläche des Behälters ist $\pi \cdot r^2$. Auf die beiden Stirnseiten des Behälters wirken als Resultierende die gegengleichen Kräfte $p \cdot \pi r^2$. Sie stehen über die zylindrische Behälterwandung im Gleichgewicht.

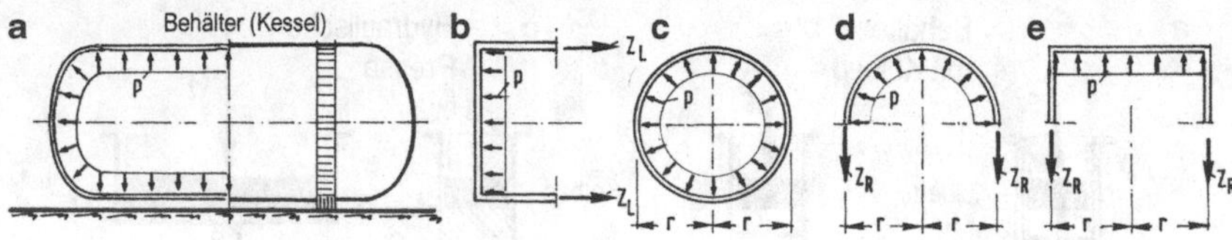

Abb. 2.79

Dividiert durch den Umfang ergibt sich die **Längskraft** pro Umfangseinheit zu (Teilabbildung b)

$$Z_L = \frac{p \cdot \pi r^2}{2\pi r} = \frac{1}{2} p \cdot r$$

In Querrichtung wirkt p radial auf die Behälterwand (Teilabbildung c). Wird ein Schnitt gelegt, folgt die **Ringkraft** pro Längeneinheit aus der Gleichgewichtsgleichung zu (Teilabbildung c/e):

$$Z_R = p \cdot r$$

Z_R ist doppelt so groß wieZ_L. Ist t die Blechdicke der Behälterwandung, beträgt die Ringspannung:

$$\sigma_R = \frac{Z_R}{t} = \frac{p \cdot r}{t}$$

Man spricht von der ‚Kesselformel'. – In der Blechhaut eines Kugelbehälters stellt sich der halbe Wert ein. –

Behälter werden heute geschweißt, ehemals wurden sie genietet. Die genieteten Verbindungen mussten gasdicht sein. – Alle Druckbehälter bedürfen eines Sicherheitsventils! Bei der Auslegung und beim Bau von Behältern aller Art ist ein umfangreiches Regelwerk unter Aufsicht diverser Ämter zu beachten.

2.4.1.6 Verbundene (‚kommunizierende') Röhren

Die Thematik hat nur für Systeme Bedeutung, in denen sich eine Flüssigkeit mit freier Oberfläche befindet. – Das einfachste und bekannteste Beispiel ist die Gießkanne (Abb. 2.80a). –

In einem offenen System mit einer Flüssigkeit konstanter Dichte, stellt sich ein ebener Fluidhorizont ein. In Höhe dieses Horizontes ist der Luftdruck gleichhoch.

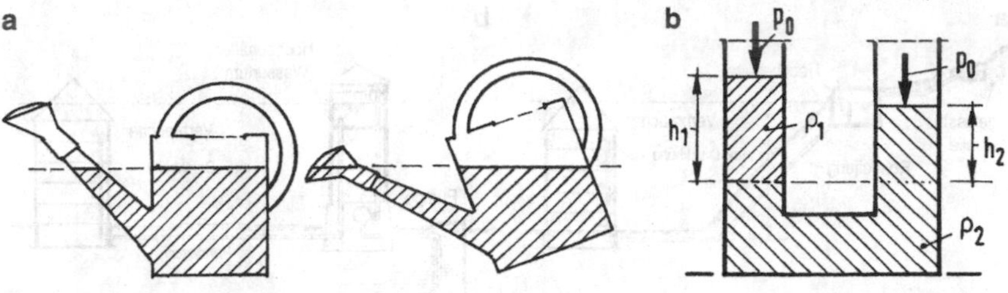

Abb. 2.80

Das Prinzip kann im Hochbau für ein Nivellement mit Hilfe eines gefüllten Wasserschlauchs zwischen solchen Räumen verwendet werden, die untereinander nicht unmittelbar zugänglich sind. Ehemals war diese ‚Wasserwaage' im Bauwesen sehr verbreitet. –

Handelt es sich um ein U-Rohrsystem mit zwei nichtmischbaren Flüssigkeiten unterschiedlicher Dichte, stellen sich unterschiedlich hohe Spiegel ein (Abb. 2.80b). In der Grenzebene der beiden Flüssigkeiten ist der Fluiddruck (praktisch) gleichgroß. Da der Querschnitt des U-Rohres beidseitig der Grenzfläche gleich groß ist, liefert die Gleichgewichtsgleichung an dieser Stelle für das Verhältnis der Höhen h_1 und h_2 bzw. jenes der Dichten ρ_1 und ρ_2:

$$p_0 + \rho_1 \cdot g \cdot h_1 = p_0 + \rho_2 \cdot g \cdot h_2 \quad \rightarrow \quad \frac{h_1}{h_2} = \frac{\rho_2}{\rho_1} \quad \rightarrow \quad \frac{\rho_1}{\rho_2} = \frac{h_2}{h_1}$$

Hieraus lässt sich die Dichte des einen Fluids bestimmen, wenn jene des andern bekannt ist.

In Abb. 2.81 ist das Aufbau der zwei verbreitetsten Wasserversorgungssysteme skizziert, links mit einer hochliegenden Quelle und benachbartem Hochbehälter in hügeligem oder bergigem Gelände, rechts mit einem Grundwasserbrunnen und einem Hochbehälter (Wasserturm) zwecks Aufbau des notwendigen Förderdrucks. Im zweitgenannten Falle wird der Druck vielfach nicht über einen Wasserturm sondern über Pumpen erzeugt. Das Rohrleitungssystem muss dem Druck standhalten. Für die Dimensionierung der Rohre geht man von der oben abgeleiteten Kesselformel aus. – In allen Rohrleitungssystemen tritt infolge Reibungsverlusten an Krümmern und Verengungen ein Druckverlust ein. – Ein Grenzfall geschlossener Rohrleitungssysteme sind offene Gerinne, wie in Aquädukten, Bächen, Flüssen, ohne und mit Verbau. Fragen dieser Art werden im Wasserbau (in der Hydraulik innerhalb des Bauingenieurwesens) bearbeitet.

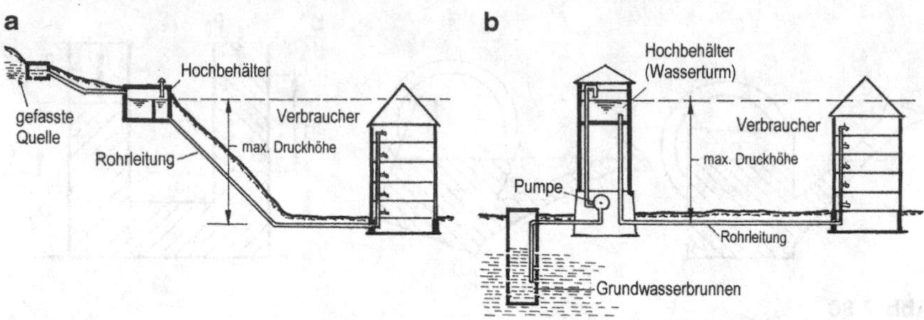

Abb. 2.81

2.4.1.7 Oberflächenspannung – Kapillarität

Vermöge der zwischen den Molekülen wirkenden intermolekularen Anziehungskräfte haften die Moleküle aneinander, bei fester Materie fest, bei flüssiger weniger fest, bei gasförmiger nur dann, wenn die Moleküle infolge eines sehr hohen Drucks eng zusammen gepresst liegen. Man nennt diese Haftung zwischen **gleichartigen** Molekülen **Kohäsion**. Abb. 2.82a zeigt Flüssigkeitsmoleküle mit einer freien Grenzfläche (in schematischer Darstellung). Entlang der Grenzfläche werden die Randmoleküle in das Innere gezogen.

Die intermolekularen Kräfte zwischen den Molekülen **unterschiedlicher** Materie wirken ebenfalls wechselseitig anziehend. Ihre Größe ist von der Stoffpaarung abhängig. Die hiermit einhergehende Haftung bezeichnet man als **Adhäsion**. Hierauf beruht beispielsweise die Klebung zwischen unterschiedlichen Feststoffen, auch Beschichtung und Lackierung. – Die adhäsive Wirkung zwischen den

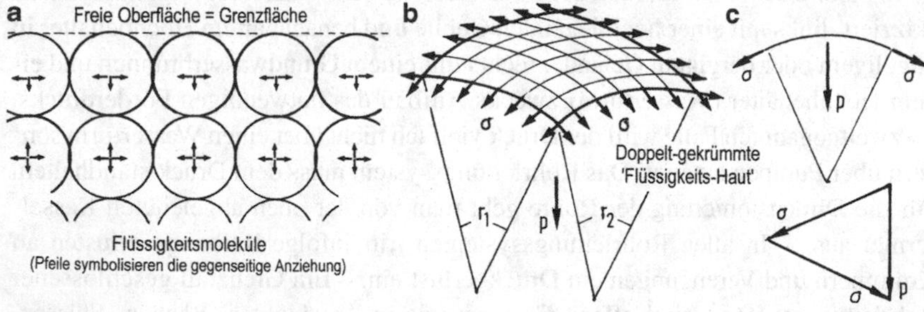

Abb. 2.82

Molekülen einer Flüssigkeit und einem Gas, z. B. zwischen Wasser und Luft, ist sehr gering, sodass in der Grenzfläche zwischen ihnen die kohäsive Wirkung der Flüssigkeitsmoleküle (nach innen) gegenüber den adhäsiven zwischen den Molekülen der Flüssigkeit und jenen der Luft weit überwiegt. Infolge der Kohäsion bleibt die freie Oberfläche der Flüssigkeit geschlossen, die Moleküle der Oberfläche bilden quasi eine Membran, in dieser herrscht die Oberflächenspannung σ. σ ist eine für die benachbarten Partner typische **Stoffkonstante** in der Dimension Kraft/Längeneinheit; Beispiele: Wasser gegen Luft: 0,073 N/m, Alkohol gegen Luft: 0,025 N/m.

Für die Grenzfläche zwischen Flüssigkeiten, die sich nicht mischen, gilt das Gesagte ebenfalls; Beispiele: Öl gegen Wasser: 0,020 N/m, Quecksilber gegen Wasser: 0,375 N/m.

Bei Schwerelosigkeit formt sich jeder Flüssigkeitskörper zu einer Kugel. Die Kugel weist von allen Körperformen das größte Volumen bei kleinster Oberfläche auf. Regentropfen verformen sich beim Fallen infolge des Luftwiderstandes etwas länglich, stromlinienförmig. Fein verstäubte Flüssigkeitstropfen haben dagegen im Schwebezustand näherungsweise Kugelform.

Im Falle einer gekrümmten Grenzfläche resultiert aus der Oberflächenspannung ein nach innen gerichteter Zug p. Er ‚hält die Flüssigkeit zusammen':

$$p = \sigma \cdot \left(\frac{1}{r_1} + \frac{1}{r_2} \right)$$

Die Wirkungsweise der Oberflächenspannung ist in Abb. 2.82b, c veranschaulicht.

Ist die Oberfläche kugelförmig, gilt $p = \sigma/2r$, ist sie zylindrisch $p = \sigma/r$. Die Formeln korrespondieren mit der oben abgeleiteten ‚Kesselformel'. r ist der lokale Krümmungsradius der Flüssigkeitsoberfläche (der ‚Flüssigkeitsmembran').

Liegt ein Flüssigkeitstropfen auf einer Platte, z. B. auf einer Glasplatte, ist die sich einstellende Tropfenform davon abhängig, ob die Adhäsionskraft zwischen dem Plattenmaterial und der Flüssigkeit größer oder kleiner als die Kohäsionskraft innerhalb der Flüssigkeit ist. Im erstgenannten Falle ($F_{\text{Adhäsion}} > F_{\text{Kohäsion}}$) wird die Flüssigkeit auf die Platte gezogen, sie breitet sich flach aus, es kommt zu einer **Benetzung** (Abb. 2.83a1), im zweitgenannten Falle ($F_{\text{Adhäsion}} < F_{\text{Kohäsion}}$) dominiert die nach innen gerichtete kohäsive Haftung zwischen den Flüssigkeitsmolekülen, sie ziehen sich zu einem Tropfen zusammen, es liegt der Fall einer **Nichtbenetzung** vor (Abb. 2.83a2). Genau betrachtet ist der Übergangspunkt dreiphasig. Die Wölbung des Tropfens auf der flachen Basis nennt man Meniskus.

Wird ein oben offenes Glasrohr (mit sauberer Innenwand) in eine Flüssigkeit getaucht, kommt es zu einer kapillaren Hebung oder Senkung, wie in Abb. 2.83b

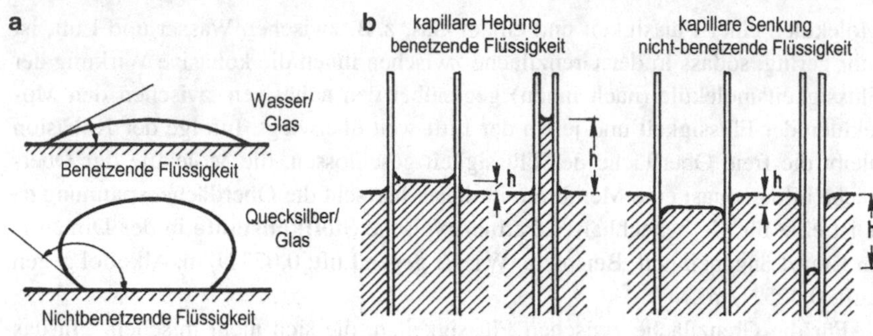

Abb. 2.83

erläutert. Hebung tritt bei einer benetzenden Flüssigkeit ein (z. B. bei Wasser), Senkung bei einer nicht benetzenden Flüssigkeit (z. B. bei Quecksilber). Die Höhe der Hebung bzw. Senkung ist der Grenzflächenspannung zwischen der Flüssigkeit und dem Röhrchenmaterial proportional. Sie ist reziprok zum Durchmesser des Röhrchens. Ist der Durchmesser gering, stellt sich eine große Höhendifferenz ein. Man spricht bei dieser Erscheinung von **Kapillarität**.

1. Anmerkung

Da die Oberflächenspannung von Wasser relativ groß ist, können ‚Wasserläufer' (es handelt sich um ein Insekt) dank ihrer vier langen Mittel- und Hinterbeine auf dem Wasser laufen ohne einzusinken. Das lässt sich auch mit dünnen Rasierklingen und feinen Nadeln erreichen. – Geschmolzene Metalle zeichnen sich durch eine hohe Oberflächenspannung aus, sie ist ca. 3- bis 4-mal höher als bei Quecksilber. – Verunreinigungen verändern die Oberflächenspannung stark. – Durch Tenside, die in Spül- und Waschmitteln und in Shampoos enthalten sind, tritt eine ‚Entspannung' des Wassers ein: Die Oberflächenspannung wird herabgesetzt, auch jene zwischen zwei flüssigen Phasen wie Wasser und Fett. Die adhäsive Haftung von Partikeln (Schmutz) auf Gegenständen und untereinander wird verringert bis aufgehoben, sie verbleiben als Suspension schwebend im Wasser. Das Wasser läuft beim Trocknen des Gegenstandes besser und ohne Rückstände ab. Heutige Tenside werden nahezu ausschließlich synthetisch hergestellt, ehemals nutze man aus Tierknochen gesiedete Seife.

2. Anmerkung

Auf der kapillaren Wirkung beruht das Aufsteigen von Wasser aus dem Wurzelwerk der Pflanzen über Stängel bzw. Stamm und Äste ins Blatt- und Nadelwerk der Bäume. Die Steighöhe in Bäumen ist auf ca. 130 m begrenzt. – Auch in Spalten, in porösen Materialien (Sand, Mauerwerk), in Papier, in Filze und in Schwämmen wirkt sich die Kapillarität in einer (häufig spontanen) Durchfeuchtung aus, als handle es sich um eine Saugwirkung. – Auch für die Atmung der Lunge hat die Kapillarität Bedeutung.

Abb. 2.84

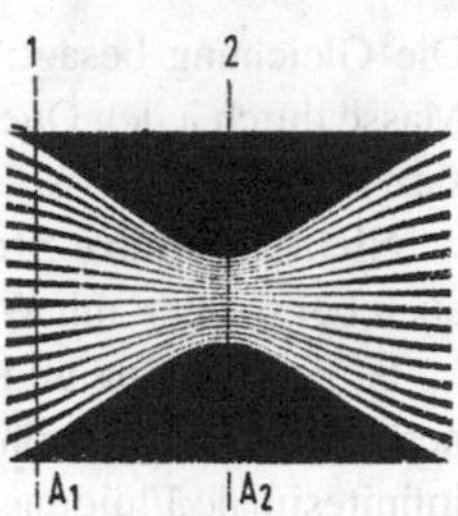

2.4.2 Dynamik der Fluide

2.4.2.1 Kontinuitätsgleichung

Wie ausgeführt, können Flüssigkeiten als inkompressibel betrachtet werden. Das gilt auch für strömende Gase, solange ihre Geschwindigkeit deutlich unter der Schallgeschwindigkeit des Gases liegt, etwa unter 30 %. Diese Bedingung ist für die natürlichen Luftströmungen oberhalb der Erdoberfläche gut erfüllt, selbst bei Starkwind und Orkan.

Unter der Annahme, dass vorstehende Bedingung erfüllt ist, können Gase wie inkompressible Fluide untersucht werden, hiervon wird im Folgenden bei der Behandlung der Strömungsprobleme in Luft ausgegangen.

Stromlinien kennzeichnen die Richtung der lokalen Strömungsgeschwindigkeit. Wo die Linien eng liegen, ist die Strömungsgeschwindigkeit hoch, wo sie weiter auseinander liegen, ist sie gering, vgl. Abb. 2.84. Stromlinien fasst man zu Stromröhren zusammen.

In einem realen Rohr wird die Strömung in erster Näherung als im Mittel gleichförmig verteilt betrachtet. Die Strömungsgeschwindigkeit (v) hat dann die Bedeutung eines Mittelwertes. Abb. 2.85a zeigt eine Stromröhre veränderlichen Querschnitts. Im Falle einer gleichförmigen **stationären Strömung** gilt:

$$A_1 \cdot v_1 = A_2 \cdot v_2$$

Abb. 2.85

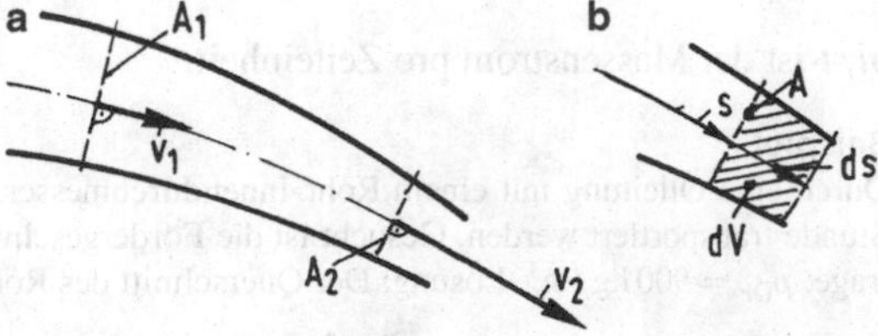

Die Gleichung besagt: Pro Zeiteinheit, z. B. pro Sekunde, tritt gleichviel fluide Masse durch jeden Querschnitt hindurch. Andernfalls wäre der Massenerhaltungssatz verletzt.

Nichtstationäre Strömungen liegen in schwingenden fluiden Systemen vor, auch bei solchen mit Wellencharakter. Sie bleiben hier ausgeklammert.

Ist ρ die Dichte und dV das Volumen eines infinitesimalen Fluidelementes innerhalb einer Stromröhre, wie in Abb. 2.85b angedeutet, so ist $dm = \rho \cdot dV$ die infinitesimale Fluidmasse, die sich mit der (gemittelten) Geschwindigkeit v über die Strecke ds bewegt. An der Stelle der Linienkoordinate s habe die Stromröhre den Querschnitt A, dann hat das infinitesimale Volumen die Größe $dV = A \cdot ds$ und es gilt:

$$dm = \rho \cdot A \cdot ds$$

Wird der Ausdruck durch die zum infinitesimalen Weg ds gehörende infinitesimale Zeitspanne dt dividiert, ergibt sich:

$$\frac{dm}{dt} = \rho \cdot A \cdot \frac{ds}{dt} = \rho \cdot A \cdot v$$

$v = ds/dt$ ist die Geschwindigkeit. Die durch jeden Querschnitt A pro Zeiteinheit strömende Fluidmenge (-masse) muss im Falle einer stationären Strömung konstant sein. Das ist ihr Kennzeichen. Das bedeutet:

$$\frac{dm}{dt} = \rho \cdot A \cdot v = \text{konst.} \quad \to \quad \frac{\dot{m}}{\rho} = A \cdot v$$

Der Punkt kennzeichnet die Ableitung nach der Zeit. Die linke Seite der Gleichung ist eine Konstante. Das führt (wie bereits oben angeschrieben) auf:

$$A \cdot v = \text{konst.} \quad (A_i \cdot v_i = \text{konst.})$$

Man spricht von der **Kontinuitätsgleichung**. Durch den Querschnitt A strömt während der Zeitdauer t im Falle einer stationären Strömung die Fluidmenge

$$m = \rho \cdot A \cdot v \cdot t \quad \to \quad m/t = \rho \cdot A \cdot v$$

m/t ist der Massenstrom pro Zeiteinheit.

Beispiel

Durch eine Ölleitung mit einem Rohr-Innendurchmesser 0,90 m sollen $4{,}0 \cdot 10^6$ kg Öl pro Stunde transportiert werden. Gesucht ist die Fördergeschwindigkeit. Die Dichte des Öls betrage: $\rho_{\text{Öl}} = 900\,\text{kg/m}^3$. Lösung: Der Querschnitt des Rohres beträgt:

$$A = \pi \cdot d^2/4 = \pi \cdot 0{,}9^2/4 = \underline{0{,}636\,\text{m}^2}$$

Der Massenstrom pro Sekunde folgt zu:

$$m/t = 4{,}0 \cdot 10^6\,\text{kg/h} = 4{,}0 \cdot 10^6/(60 \cdot 60\,\text{s}) = 1111\,\text{kg/s}.$$

Nach Umstellung der obigen Formel berechnet sich die gesuchte Geschwindigkeit zu:

$$v = \frac{m/t}{A \cdot \rho} = \frac{1111}{0{,}636 \cdot 900} = 1{,}74\,\text{m/s}$$

2.4.2.2 Energie-Gleichung – Bernoulli-Gleichung

Mit der Strömung, also der Bewegung des Fluids, gehen Energieumwandlungen einher. Das sei an dem in Abb. 2.86a (oben) dargestellten System erläutert. Es besteht aus zwei unterschiedlichen Zylindern mit Kolben und einer sie verbindenden Rohrleitung. Das Fluid unterliegt der Erdschwere. Bei einer Verschiebung des unteren Kolbens um s_1, wird das Fluid nach oben verdrängt, entsprechend verschiebt sich der obere Kolben um s_2. Hierbei wird Arbeit verrichtet. Arbeit ist gleich Kraft mal Weg. $F = p \cdot A$ ist die Kraft, p ist der vom Kolben ausgelöste Druck. Mit dem Kolbenweg s folgt die Kolbenarbeit zu $W = F \cdot s = p \cdot A \cdot s$. Die Differenz der von den beiden Kolben verrichteten Arbeiten beträgt:

$$p_1 \cdot A_1 \cdot s_1 - p_2 \cdot A_2 \cdot s_2 = p_1 \cdot V_1 - p_2 \cdot V_2 = (p_1 - p_2) \cdot V$$

Hierbei wird das Fluid als inkompressibel angenommen, das bedeutet: Die in den beiden Kolben verdrängten Volumina sind gleichgroß. p_1 ist der Druck des Fluids gegen den unteren Kolben und p_2 der Druck gegen den oberen.

Abb. 2.86

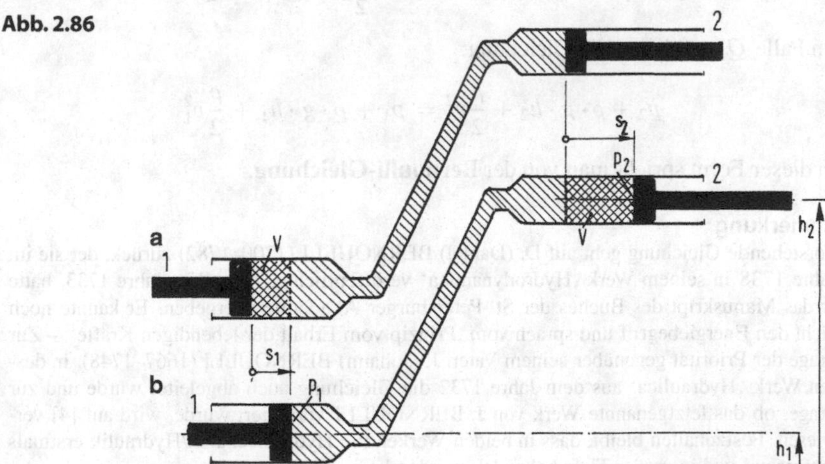

Die Fluidmasse $\rho \cdot V$ wird um die Höhendifferenz $(h_2 - h_1)$ gegen die Gravitation bewegt. Das bedeutet eine Zunahme der Lageenergie (potentiellen Energie) um

$$\rho \cdot V \cdot g \cdot (h_2 - h_1), \quad g = 9{,}81\,\mathrm{m/s^2}$$

Die Geschwindigkeiten der beiden Kolben seien v_1 bzw. v_2. Die Differenz der zugehörigen Bewegungsenergien (kinetischen Energien) ist:

$$\rho \cdot V \left(\frac{v_2^2}{2} - \frac{v_1^2}{2} \right) = \frac{\rho \cdot V}{2}(v_2^2 - v_1^2)$$

Hinweis
Die kinetische Energie berechnet sich zu: Masse mal Geschwindigkeit zum Quadrat, dividiert durch zwei: $m \cdot v^2/2$.

Infolge der inneren Reibungseffekte erwärmt sich das bewegte Fluid. Wärme ist eine Energieform (vgl. Kap. 3, ‚Thermodynamik'). Dieser Anteil wird zu $Q \cdot V$ angesetzt. Den Arbeiten an den Zylindern stehen damit folgende Energieanteile gegenüber:

$$(p_1 - p_2) \cdot V = \rho \cdot V \cdot g \cdot (h_2 - h_1) + \frac{\rho \cdot V}{2}(v_2^2 - v_1^2) + Q \cdot V$$

Nach Division durch V und Umstellung folgt aus der Energiebilanzierung:

$$(p_2 - p_1) + \rho \cdot g \cdot (h_2 - h_1) + \frac{\rho}{2}(v_2^2 - v_1^2) + Q = 0$$

Im Falle $Q = 0$ lautet die Gleichung:

$$p_2 + \rho \cdot g \cdot h_2 + \frac{\rho}{2} v_2^2 = p_1 + \rho \cdot g \cdot h_1 + \frac{\rho}{2} v_1^2$$

In dieser Form spricht man von der **Bernoulli-Gleichung**.

Anmerkung
Vorstehende Gleichung geht auf D. (Daniel) BERNOULLI (1700–1782) zurück, der sie im Jahre 1738 in seinem Werk ‚Hydrodynamica' veröffentlichte. Zuvor, im Jahre 1733, hatte er das Manuskript des Buches der St.-Petersburger Akademie übergeben. Er kannte noch nicht den Energiebegriff und sprach vom ‚Prinzip vom Erhalt der lebendigen Kräfte'. – Zur Frage der Priorität gegenüber seinem Vater, J. (Johann) BERNOULLI (1667–1748), in dessen Werk ‚Hydraulica' aus dem Jahre 1732 die Gleichung auch abgeleitet wurde und zur Frage, ob das letztgenannte Werk von J. BERNOULLI vordatiert wurde, wird auf [4] verwiesen. Festzuhalten bleibt, dass in beiden Werken die Hydromechanik/Hydraulik erstmals umfassend und in großer Tiefe behandelt worden ist.

Abb. 2.87

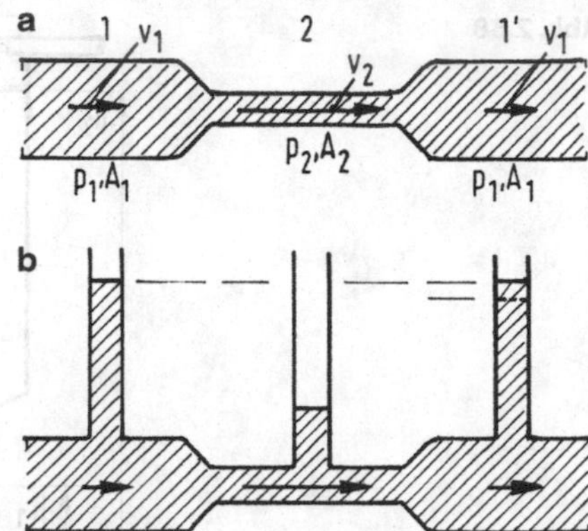

Für die in Abb. 2.87a skizzierte Strömung durch ein horizontal liegendes Rohr mit einer Verengung gilt im Falle eines reibungsfreien Fluids (wegen $h_2 - h_1 = 0$):

$$(p_2 - p_1) + \frac{\rho}{2}(v_2^2 - v_1^2) = 0 \quad \rightarrow \quad p_2 + \frac{\rho}{2}v_2^2 = p_1 + \frac{\rho}{2}v_1^2$$

Mit der Kontinuitätsgleichung

$$A_1 \cdot v_1 = A_2 \cdot v_2 \rightarrow v_2 = \frac{A_1}{A_2} \cdot v_1$$

lässt sich aus der Bernoulli-Gleichung die Druckdifferenz

$$\Delta p = p_2 - p_1 = \frac{\rho}{2}\left[1 - \left(\frac{A_1}{A_2}\right)^2\right] \cdot v_1^2 = \frac{\rho}{2}\left[1 - \left(\frac{d_1}{d_2}\right)^4\right] \cdot v_1^2$$

ableiten. d_1 bzw. d_2 sind die Rohrdurchmesser der beiden Rohrabschnitte.

Schließt man an die Rohrabschnitte 1 und 2 je ein Steigrohr an, stellen sich in diesen wegen der unterschiedlichen Drücke unterschiedliche Steighöhen ein, vgl. Teilabbildung b. Wo der Querschnitt eng und demgemäß die Geschwindigkeit hoch ist, ist der Druck gering. Das Entsprechende gilt umgekehrt. Führt man den Versuch durch, erkennt man, dass sich im rückwärtigen Rohrabschnitt eine etwas geringere Druckhöhe einstellt. Das beruht auf den Energie-‚Verlusten' im strömenden Fluid durch Reibung.

Beispiel

Aus einem großen Behälter wird Wasser entnommen. Die Höhendifferenz zwischen dem Wasserstand und der Austrittsöffnung sei $\Delta h = h_2 - h_1$ (Abb. 2.88). Es fließe ständig

Abb. 2.88

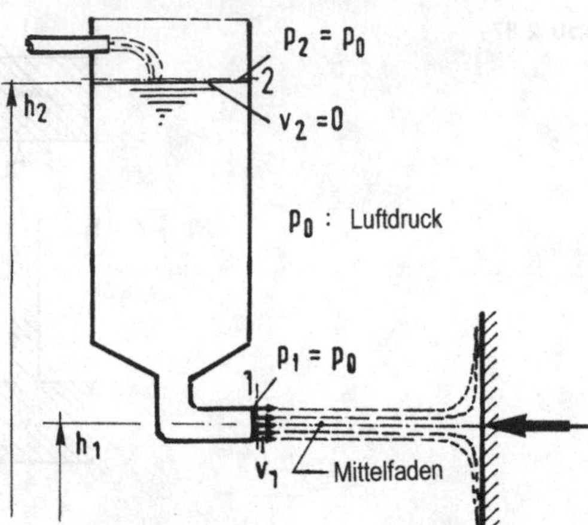

Wasser nach, die Füllhöhe im Behälter ändere sich dadurch nicht, die Sinkgeschwindigkeit ist dann Null ($v_2 = 0$). Die Luftdruckwerte in den Höhen 1 und 2 seien nahezu gleich ($p_1 \approx p_2 = p_0$). Die Bernoulli-Gleichung ergibt:

$$(p_2 - p_1) + \rho \cdot g \cdot (h_2 - h_1) + \frac{\rho}{2}(v_2^2 - v_1^2) = 0$$

$$\rightarrow (p_0 - p_0) + \rho \cdot g \cdot \Delta h + \frac{\rho}{2}(0 - v_1^2) = 0 \quad \rightarrow \quad v_1 = \sqrt{2\,g \cdot \Delta h}$$

Infolge diverser Reibungseinflüsse im Rohrleitungssystem liegt die Austrittsgeschwindigkeit real etwas niedriger. Die Einflüsse erfasst man durch die Ausflusszahl μ, dann gilt:

$$v_1 = \mu \cdot \sqrt{2\,g \cdot \Delta h}$$

μ wird in hydraulischen Versuchen ermittelt. Der Beiwert ist zudem von der Art der Ausflussmündung abhängig, scharfkantig: 0,60, abgerundet: 0,95.

Wie die Ausflussformel zeigt, geht der Querschnitt des Behälters nicht ein, nur die Füllhöhe. Bei sehr großer Höhendifferenz wäre der unterschiedliche Luftdruck in diesen Höhen einzurechnen.

Die Ausflussmenge folgt aus der Kontinuitätsgleichung:

$$m = \rho \cdot A_1 \cdot v_1 \cdot t$$

A_1 ist der Ausflussquerschnitt. ρ_1, A_1 und v_1 sind Konstante. t ist die Ausflussdauer: $t_{\text{Ausflussdauer}}$. Zusammengefasst gilt:

$$m = \rho \cdot A_1 \cdot \mu \cdot \sqrt{2\,g \cdot \Delta h} \cdot t_{\text{Ausflussdauer}}$$

Gegenüber der Mündung befinde sich eine starre Wand. Gegen diese ‚schießt' der Wasserstrahl, vgl. die Abbildung. Dadurch wird an dieser Stelle ein Druck ausgelöst. Auf die Schnitte 1 und 3 des Freistrahls wird die Bernoulli-Gleichung angewandt. Schnitt 1 liegt unmittelbar hinter der Mündung, die Geschwindigkeit ist hier v_1. Schnitt 3 fällt mit der Wand zusammen. Betrachtet werde der Mittelfaden des Strahls, er liegt horizontal, das bedeutet: $h_3 - h_1 = 0$. Der Stromfaden trifft die Wand frontal, die Geschwindigkeit des Fadens sinkt auf Null: $v_3 = 0$. Den lokalen Druck im Auftreffpunkt bezeichnet man als ‚**Staudruck**', abgekürzt mit q: $p_3 = p_0 + q$.

Aus der Bernoulli-Gleichung lässt sich der Staudruck nach Umformung ableiten:

$$(q + p_0 - p_0) + \rho \cdot g \cdot (0) + \frac{\rho}{2}(0 - v_1^2) = 0 \quad \rightarrow \quad q - \frac{\rho}{2}v_1^2 = 0$$

$$\rightarrow \quad q = \frac{\rho}{2}v^2, \quad v = v_1$$

Die dem Mittelfaden benachbarten Stromfäden werden zur Seite hin abgelenkt. Dadurch entsteht ein um das Zentrum gebündelter Druckbereich. Die resultierende Strahlkraft ist gleich dem Staudruck multipliziert mit der Querschnittsfläche des Strahls:

$$F = q \cdot A_1.$$

2.4.2.3 Ideale Strömung – Reale Strömung – Strömungswiderstand

Wird eine Strömung als reibungsfrei unterstellt, spricht man von einer **idealen Strömung.** Hierfür existiert eine auf L. EULER (1707–1783) zurück gehende Theorie (Potential-Theorie der idealen Strömung). Nach dieser Theorie gelingen für einige Umströmungsprobleme geschlossene analytische Lösungen. Hierzu gehört die Umströmung eines Kreiszylinders. Abb. 2.89a1 zeigt die zugehörigen Strömungslinien. Wie erkennbar, ist das Strömungsbild auf der Luv- und Leeseite gegengleich.

Der ungestörte Bereich weit vor dem Zylinder werde durch den Index 0 gekennzeichnet, entsprechend der Druck mit p_0 und die Geschwindigkeit mit v_0. Die

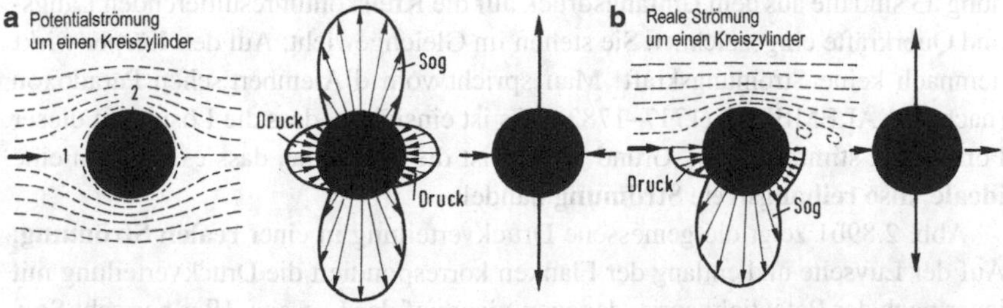

Abb. 2.89

Bewegung der Fluidpartikel innerhalb des mittigen Stromfadens wird im luvseitigen Staupunkt (1) auf Null abgebremst: $v_1 = 0$. Aus der Bernoulli-Gleichung lässt sich für diese Stelle im Verhältnis zum vorgelagerten ungestörten Bereich folgern:

$$(p_1 - p_0) + \frac{\rho}{2}(v_1^2 - v_0^2) = 0 \quad \text{mit } v_1 = 0 \quad \rightarrow \quad p_1 = \frac{\rho}{2}v_0^2 + p_0 = q + p_0$$

Somit steigt der Druck im Staupunkt gegenüber dem Umgebungsdruck (p_0) um:

$$q = \frac{\rho}{2}v_0^2$$

q ist der bereits im vorangegangenen Beispiel eingeführte **Staudruck**, also die Druckerhöhung im Staupunkt gegenüber dem (Luft-)Druck im ungestörten Umfeld. Die Stromfäden, die dem mittigen Stromfaden benachbart sind, werden nach beiden Seiten abgedrängt. An den Flanken des Zylinders (Punkt 2) erreicht die Geschwindigkeit nach der Potentialtheorie mit $v_2 = 2 \cdot v_0$ ihren höchsten Wert. Bezogen auf den Staupunkt (1) lautet die Bernoulli-Gleichung für diesen Punkt:

$$(p_2 - p_1) + \frac{\rho}{2}(v_2^2 - v_1^2) = 0 \quad \text{mit } v_1 = 0$$

$$\rightarrow \quad p_2 = -\frac{\rho}{2}v_2^2 + p_1 = -\frac{\rho}{2}(2 \cdot v_0)^2 + q + p_0$$

$$= -\frac{\rho}{2} \cdot 4 \cdot v_0^2 + \frac{\rho}{2}v_0^2 + p_0 = -3 \cdot \frac{\rho}{2}v_0^2 + p_0 = -3q + p_0$$

Im Vergleich zum Staupunkt tritt im Punkt 2 ein negativer Druck auf (ein Unterdruck = Sog), der dem Betrage nach dreimal so groß ist wie die Druckerhöhung im Staupunkt, also der Staudruck. Abb. 2.89a2 zeigt den vollständigen Druckverlauf über den Umfang des Kreiszylinders. Aus der Verteilung werden die hohen Sogkräfte an den beidseitigen Flanken deutlich. Die Druckverteilung auf der windabgewandten Seite, der Leeseite, entspricht jener auf der Luvseite. In Teilabbildung a3 sind die aus dem Umfangsdruck auf die Kreiskontur resultierenden Längs- und Querkräfte eingezeichnet. Sie stehen im Gleichgewicht: Auf den Körper wirkt demnach keine Strömungskraft! Man spricht vom d'Alembert'schen Paradoxon (nach J. d'ALEMBERT (1717–1783)). Es ist einsichtig, dass die Lösung in dieser Form nicht stimmen kann. Grund hierfür ist die Annahme, dass es sich um eine **ideale, also reibungsfreie Strömung** handelt.

Abb. 2.89b1 zeigt die gemessene Druckverteilung in einer **realen Strömung**: Auf der Luvseite und entlang der Flanken korrespondiert die Druckverteilung mit jener nach der Potentialtheorie, dagegen nicht auf der Leeseite. Hier herrscht Sog. Aus der Druckkraft auf der Luvseite und der Sogkraft auf der Leeseite baut sich die Strömungskraft auf. Der Körper reagiert mit einem gleichgroßen Strömungswiderstand. Dieser berechnet sich zu:

$$F_W = c_W \cdot \frac{\rho}{2} v_0^2 \cdot A$$

c_W ist der Strömungsbeiwert und A die Staufläche senkrecht zur Hauptströmungsrichtung. Die Strömungskraft wächst mit dem Quadrat der Geschwindigkeit! Dabei sind die Fälle ‚Strömung bewegt sich um einen ruhenden Körper' oder ‚Körper bewegt sich in einem ruhenden Fluid' äquivalent. – Mit der sogen. Navier-Stokes-Gleichung (nach C.H. NAVIER (1785–1836) und C.G. STOKES (1819–1903)) steht eine gegenüber der Potentialtheorie strengere Theorie für reibungsbehaftete (viskose) Fluide zur Verfügung. Wegen ihrer mathematischen Komplexität gelingen nur wenige praktisch verwertbare analytische Lösungen. Numerische Lösungen sind dank Computereinsatz zwischenzeitlich möglich geworden. Letztendlich ist die strömungsmechanische Forschung nach wie vor auf Versuche im Wasser- oder Windkanal angewiesen. Für die Ausmessung der c_W-Werte steht eine zuverlässige Versuchstechnik zur Verfügung, auch viel Erfahrung in den beteiligten aero-dynamischen Versuchsanstalten. Die Versuche werden in den Versuchsstellen an strömungsmechanisch äquivalenten Kleinkörper-Modellen durchgeführt. Es gibt inzwischen Windkanäle, in denen komplette PKW im Maßstab 1 : 1 untersucht werden können.

Abb. 2.90 zeigt praktische Beispiele für c_W-Werte und Druckverteilungen:

Teilabbildungen a/b: c_W-Werte für einzelne Körper.

Teilabbildung c: c_W-Werte für PKW unterschiedlicher Jahrgänge.

Teilabbildung d: Druck-Sog-Verteilung um einen PKW. Die Verteilung ist stark von der Karosserieform abhängig. Typisch und bedeutsam ist die Erkenntnis, dass über die ganze Länge des PKW oberseitig überwiegend Sogkräfte wirken, die das Fahrzeug von der Fahrbahn abzuheben trachten. Das Eigengewicht wirkt dem entgegen. Gleichwohl, bei sehr hoher Geschwindigkeit besteht die Gefahr, dass die Bodenhaftung verloren geht (in Kurven steigt sie dann zusätzlich und bei Seitenwind). Durch einen Heckspoiler gelingt es, rückwärtig einen vertikalen Druck in Richtung auf die Fahrbahn zu induzieren. Im Motorsport haben die angesprochenen Probleme große Bedeutung, inzwischen auch bei Hochgeschwindigkeitszügen: Bei den angestrebten hohen Zuggeschwindigkeiten von 350 bis 400 km/h (und gleichzeitiger Leichtbauweise) muss ein Abheben des Zuges aus den Gleisen absolut ausgeschlossen bleiben.

Teilabbildung e: Druck-Sog-Verteilung um eine geschlossene Halle mit Giebeldach. Auch hier sind es die Sogkräfte, insbesondere bei flach geneigten Dächern und Flachdächern, bevorzugt an den Kanten und Ecken, die bei der statischen

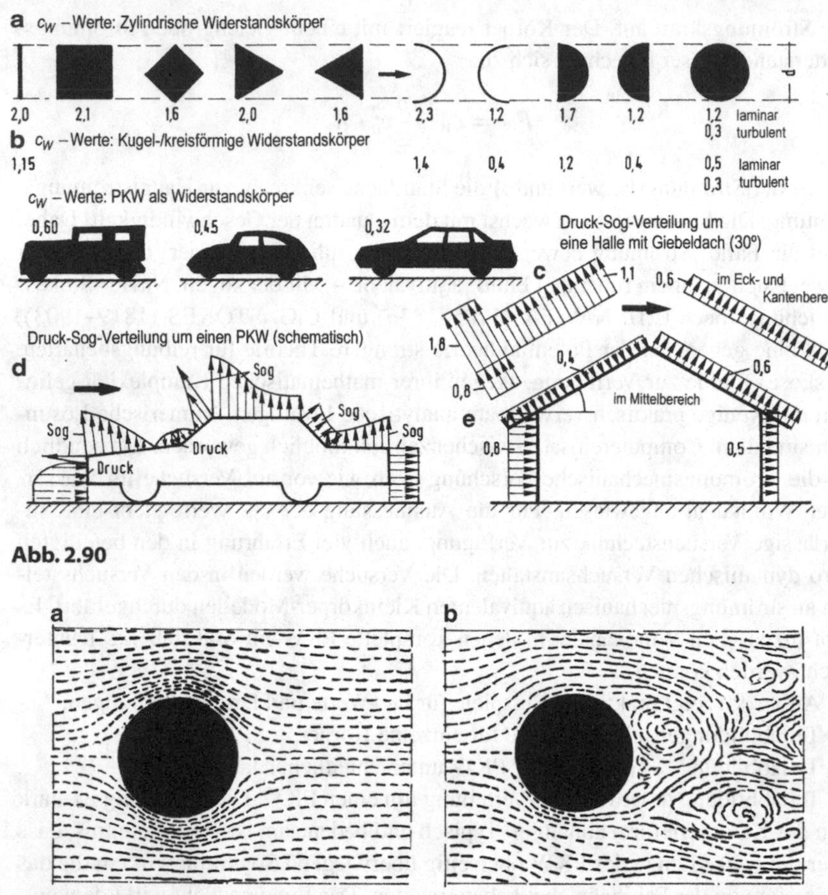

Abb. 2.90

Abb. 2.91

und konstruktiven Durchbildung eingehend berücksichtigt werden müssen, um Schäden in diesen Bereichen auszuschließen. Die Erfahrung lehrt, dass sich erste Sturmschäden zunächst immer entlang der Ränder einstellen und sich dann von hieraus fortpflanzen. – Für die unterschiedlichen Bauformen existieren in den Regelwerken des Konstruktiven Ingenieurbaus ausführliche Angaben (z. B. in DIN 1055, Teil 4).

In Abb. 2.91 sind zwei gemessene (hier nachgezeichnete) Strömungsfelder um einen Kreiszylinder einander gegenüber gestellt. Das Bild *links* steht für eine

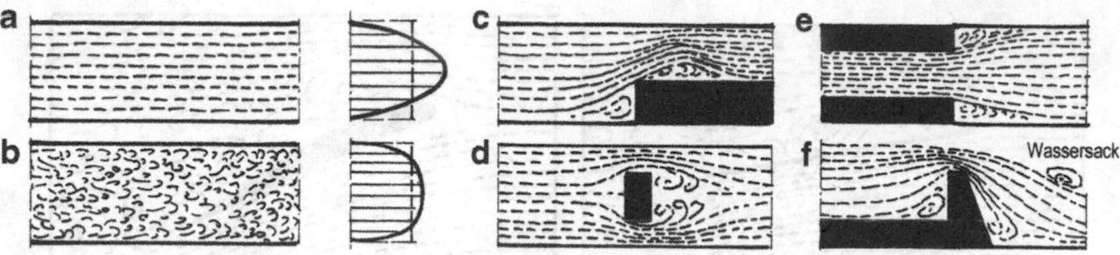

Abb. 2.92

‚schleichende' Strömung sehr geringer Geschwindigkeit. Man spricht bei dieser gleichförmig geschichteten Strömung von einer **laminaren**. Im Gegensatz dazu zeigt das *rechte* Bild eine **turbulente** Strömung: Im Nachlauf erkennt man Wirbel, die sich wechselweise von der Kontur ablösen. Ursache dafür ist die zwischen den Stromfäden wirkende Reibung, insbesondere jene zwischen dem Fluid und der Oberfläche der kreisförmigen Kontur: Unmittelbar auf der rauen Oberfläche wird die Bewegung des Fluids auf Null abgebremst. Innerhalb einer sehr dünnen **Grenzschicht** wächst die Geschwindigkeit von Null auf den Wert der regulären Umströmung an. Das ist der Ansatz der auf L. PRANDTL (1875–1953) zurückgehenden Grenzschichttheorie. Als Folge des großen Geschwindigkeitsunterschieds innerhalb der Grenzschicht wird die Strömung in dieser instabil: Aus ihr heraus rollen sich die Wirbel an den Flanken der Kreisstruktur im Wechsel auf. Hat der umströmte Körper Kanten, wird die Strömung an diesen lokal instabil und löst sich regellos turbulent ab. Man spricht in diesem Falle von Abreißströmung an einer Abreißkante.

In Abb. 2.92 sind unterschiedliche Strömungszustände gegenübergestellt:

Teilabbildung a: Laminare Strömung in einem Rohr mit parabolischer Geschwindigkeitsverteilung; darunter Teilabbildung b: Turbulente Rohrströmung (die maximale Geschwindigkeit liegt niedriger, ihr Verlauf innerhalb des Rohrquerschnittes ist gedrungener als bei laminarer Strömung (bei im Mittel gleicher Geschwindigkeit).

In den Teilabbildungen c bis f sind Beispiele für wirbelbehaftete Abreißströmungen dargestellt: c Strömung über eine Sprungstelle innerhalb einer Einengung hinweg, Teilabbildung d: Strömung um ein kantiges Hindernis, e: Strömung durch eine Einengung mit anschließender Aufweitung und f: Strömung über eine Barriere in einem offenen Gerinne. Alle diese Probleme haben praktische Bedeutung und werden in der technischen Strömungslehre/Hydraulik behandelt. Sie fallen übergeordnet in das Gebiet der Strömungsmechanik, hierzu gehört auch die Flugmechanik.

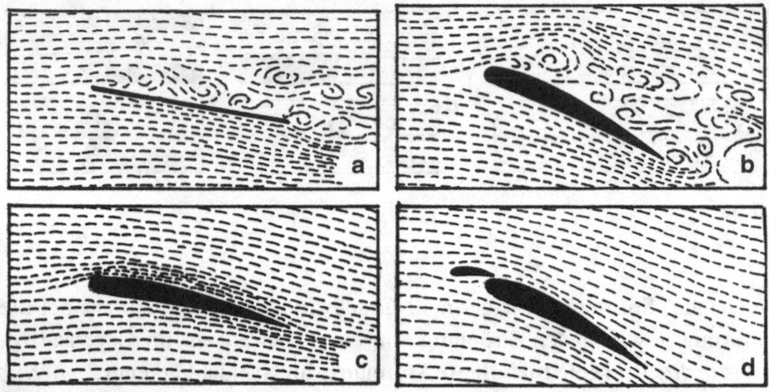

Abb. 2.93

2.4.2.4 Flugmechanik

Die Flugmechanik bildet die Grundlage für eines der größten Technikfelder überhaupt, die Luft- und Raumfahrttechnik [22–24]. Auch in diesem Falle steht die Bernoulli-Gleichung am Anfang. Mit einem schräg im Luftstrom liegenden ebenen Brett kann man nicht fliegen: Im Nachlauf bildet sich ein verwirbeltes unruhiges Turbulenzfeld. Ein definierter Auftrieb kommt nicht zustande (Abb. 2.93a).

Hat das Brett dagegen eine gewölbte, windschnittige Form geringer Dicke strömt das Fluid, also die Luft, unter- und oberseitig laminar ab. Nur an der scharfen Hinterkante bildet sich eine schmale Wirbelschleppe (Teilabbildung c). Durch die Wölbung des Profils nach oben liegen die Stromfäden oberseitig dichter, die Strömungsgeschwindigkeit ist hier höher als im ungestörten Bereich vor dem Profil. Gemäß der Bernoulli-Gleichung herrscht oberseitig Unterdruck (Sog). Unterseitig stellt sich bei einem schwachen Anstellwinkel ein geringer Überdruck ein. Aus dem Unterdruck oberseitig und dem Überdruck unterseitig baut sich ein resultierender Auftrieb auf (F_A). Dank der schlanken Stromlinienform des Profils ist der Strömungswiderstand selbst gering (F_W, als Rücktrieb bezeichnet). Zusammengefasst gilt:

$$\text{Aerodynamischer Auftrieb (lift):} \qquad F_A = c_A \cdot \rho \frac{v^2}{2} \cdot A$$

$$\text{Aerodynamischer Widerstand (drag):} \qquad F_W = c_W \cdot \rho \frac{v^2}{2} \cdot A$$

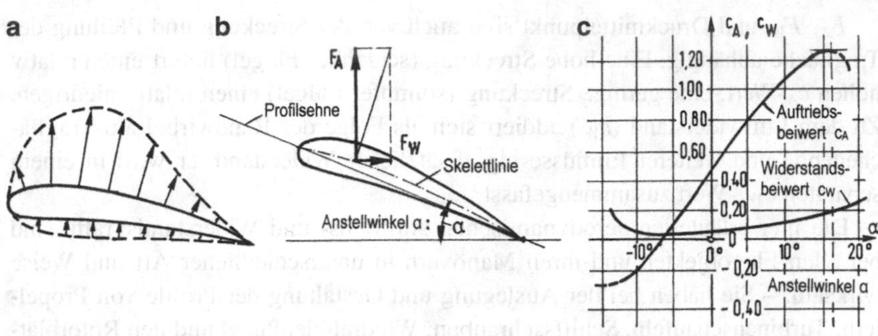

Abb. 2.94

Die Beiwerte c_A und c_W beziehen sich auf die Tragflügelfläche A. A ist die Fläche des Flügels in der Aufsicht (!), ggf. bezogen auf die Einheitslänge des Flügels in Richtung der Längserstreckung des Profils. Es kommen im Flugwesen die unterschiedlichsten Profile zum Einsatz. Zwischen ihren jeweiligen Vor- und Nachteilen muss ein Kompromiss gefunden werden. Die c_A- und c_W-Werte werden im Windkanal vermessen. Der c_W-Wert liegt i. Allg. deutlich niedriger als der c_A-Wert.

Es gibt für jedes Profil einen bestimmten (steilen) Anstellwinkel α, ab welchem der laminare Strömungsnachlauf in einen turbulenten umschlägt: Die Strömung reißt ab. Man spricht bei diesem Strömungsabriss auch von Stall (engl.). Der Tragflügel verliert seine stabile Auftriebseigenschaft (Abb. 2.93b).

Die Profile werden vielfach mit vorder- oder/und rückseitigen Klappen ausgestattet. Je nach Lage erfüllen sie unterschiedliche Funktionen: Erhöhung des Auftriebs beim Start oder des Widerstands bei der Landung. Mit ihnen lässt sich auch der Stallwinkel anheben.

Abb. 2.94a zeigt die prinzipielle Druck-Sogverteilung um ein Profil. Der Verlauf ist in ausgeprägter Weise vom Anstellwinkel abhängig. Zu jedem Winkel α gehört ein Auftriebsbeiwert c_A und ein Widerstandsbeiwert c_W. In Teilabbildung b sind Auftriebskraft F_A und Widerstandskraft F_W definiert. Werden die Beiwerte über dem Anstellwinkel aufgetragen, ergeben sich profil-typische Diagramme (Teilabbildung c). Der kritische Stall-Winkel liegt dort, wo die c_A-Kurve ihr Maximum erreicht, anschließend ‚stürzt' der Wert auf Null ab. Für die Auslegung des Flugobjekts bedarf es als weiterer Information noch der Angabe des sogenannten Druckmittelpunktes, in welchem die Resultierende aus F_A und F_W am Profil angreift, auch sie wird im Windkanal bestimmt.

F_A, F_W und Druckmittelpunkt sind auch von der Streckung und Pfeilung der Tragfläche abhängig. Eine hohe Streckung (schlanker Flügel) liefert einen relativ hohen c_A-Wert, eine geringe Streckung (stumpfer Flügel) einen relativ niedrigen. Zu dem Luftwiderstand (c_W) addiert sich als Folge des Randwirbel am Tragflächenende und weiterer Einflüsse ein zusätzlicher Widerstand, er wird in einem separaten c_{Wi}-Wert zusammengefasst.

Die hier erläuterten aerodynamischen Auftriebs- und Widerstandskräfte sind bei allen Flugobjekten und ihren Manövern in unterschiedlicher Art und Weise wirksam. – Sie haben bei der Auslegung und Gestaltung der Profile von Propellern, Turbinenschaufeln, Schiffsschrauben, Windmühlenflügel und den Rotorblättern von Windkraftanlagen eine gleichgroße Bedeutung.

Für die mit Überschallgeschwindigkeit fliegenden Objekte gilt eine über die klassische Flugmechanik hinausreichende Theorie. Auch sie stützt sich heutzutage neben Windkanalversuchen auf computergestützte Analysen, jetzt im Machbereich. Flugmechanik und -regelung sind schwierige Gebiete. Zur Dokumentation der Flugtechnik und ihrer Geschichte vgl. [25, 26].

Anmerkung

Die ersten Überlegungen zur Entwicklung eines Fluggerätes gehen auf G. CAYLEY (1773–1857) aus dem Jahre 1810 zurück. Ihm folgten weitere Forscher. Konkrete Projekte wurden dabei indessen nicht umgesetzt.

Es war schließlich O. LILIENTHAL (1848–1896), der gemeinsam mit seinem Bruder diverse Flugapparate aus Weidenholz und Bambus-Rohr baute, um damit ab 1891 bis zu sei-

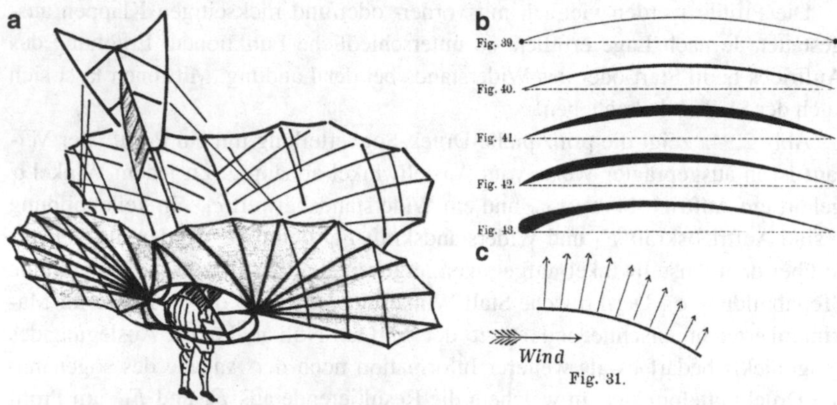

Abb. 2.95

Abb. 2.96

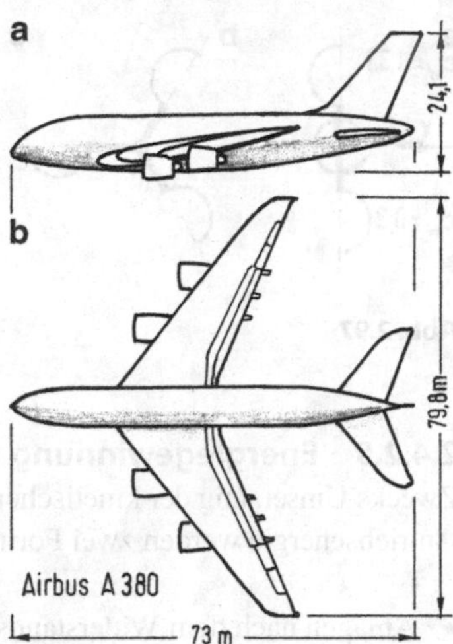

nem tödlichen Absturz mehr als 2000 Gleitflüge bis zu 350 m Weite zu machen (Abb. 2.95a). Zuvor hatte er die Mechanik des Vogelflugs studiert. Anhand von Versuchen mit einem Rotationsflugapparat erkannt er, dass der gewölbte Tragflügel im Gegensatz zum ebenen eine *hebende Kraft* erfährt, die er als Zentrifugalkraft der kreisförmigen Luftströmung deutete (Teilabbildungen b/c). Er fasste seine Versuchsergebnisse in seinem 1889 publizierten Buch ‚Der Vogelflug als Grundlage der Fliegekunst' zusammen. –

Das erste motorangetriebene Fluggerät startete am 17.12.1903, es war ein Doppeldecker, erbaut von den Gebrüdern O. und W. WRIGHT (Orville (1871–1948), Wilbur (1867–1912)). Diese Pioniertat der USA-Amerikaner wird bestritten. Der erste Motorflug könnte auch dem Franken G. WEISZKOPF (1874–1927) am 14.08.1901 mit einem Eindecker gelungen sein.

Die Entwicklung der Flugtechnik schritt zügig voran, beschleunigt durch den Einsatz von Flugzeugen beim Militär. Zunächst dominierte der Doppeldecker. Im Jahre 1915 baute H. JUNKERS (1859–1935) das erste Ganzmetallflugzeug (Ju1). Die hochfeste Aluminiumlegierung wurde damit zum Werkstoff für die Leichtbauweise in der Luftfahrttechnik. –

Dieser Entwicklung war der weitere Ausbau der Tragflügeltheorie durch F.W. LANCHESTER (1878–1946), N. JOUKOWSKY (1847–1921) und W. KUTTA (1867–1944) und die Entwicklung einer strömungsmechanischen Versuchstechnik im Windkanal vorangegangen, diesbezüglich ist L. PRANDTL (1875–1953) in Göttingen für seine Forschungen hervorzuheben. –

Hundert Jahre Luftfahrttechnik ermöglichen inzwischen den Bau der unterschiedlichsten zivilen und militärischen Flugzeuge und Geräte, einschließlich des Hubschraubers. Höhepunkt dieser Entwicklung war der Bau des Airbus A380 für maximal 840 Passagiere (Abb. 2.96). Die Entwicklung ist damit keinesfalls abgeschlossen. Insgesamt ist die Luft- und Weltraumtechnik eine faszinierende Ingenieurdisziplin.

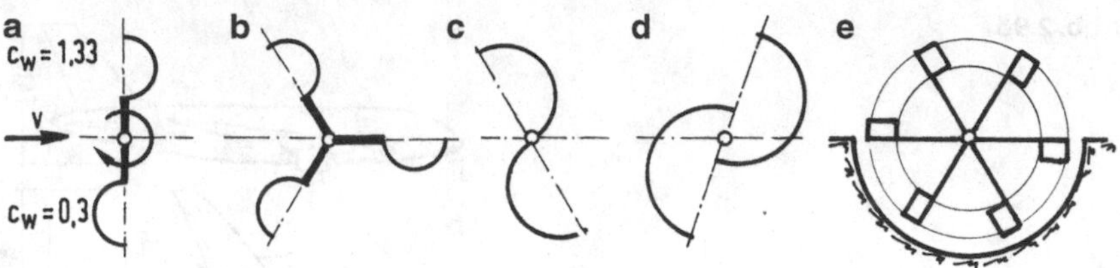

Abb. 2.97

2.4.2.5 Energiegewinnung durch Windkraft

Zwecks Umsetzung der kinetischen Strömungsenergie des Windes in mechanische Antriebsenergie werden zwei Formen unterschieden:

- Anlagen nach dem Widerstandsprinzip und
- Anlagen nach dem Auftriebsprinzip.

Zur ersten Gruppe zählen die mit vertikaler Achse arbeitenden Schalenkreuze (Abb. 2.97a, b), Savoniussysteme (Teilabbildung c, d) und Schirmsysteme (Teilabbildung e). Ihr Wirkungsgrad ist mit 0,10 bis 0,20 gering. Für großtechnische Aufgaben spielen sie daher keine bedeutende Rolle. Unter dem (aerodynamischen) Wirkungsgrad versteht man das Verhältnis der an die Rotorwelle abgegebenen Leistung zum Leistungsangebot des Windes innerhalb der Wandlerfläche.

Zur zweiten Gruppe nach dem Auftriebsprinzip zählen Rotoren (Windräder, Windturbinen) mit Flügeln (Blättern) unterschiedlicher Form und einem Querschnittsprofil in Anlehnung an die Luftfahrttechnik. Es werden Anlagen mit vertikaler und horizontaler Achse unterschieden. Zu den Vertikalanlagen gehören insbesondere die Darrieus-Windräder in O- und H-Form (nach G. DARRIEUS (1888–1979), im Jahre 1927 erfunden), vgl. Abb. 2.98. Sie arbeiten windrichtungsunabhängig ohne Nachführung. Sie weisen eine vergleichsweise einfache Bauart auf. Diesem Vorteil steht als Nachteil die bodennahe Lage mit entsprechend geringer Ausbeute gegenüber. Als weiterer Nachteil kommt hinzu, dass sich die Rotorblätter in Abhängigkeit vom Betriebszustand nicht verstellen lassen, zudem bedürfen sie zum Anlaufen einer externen Motorkraft. Die Systeme kommen überwiegend als Einzelanlagen zum Einsatz. Die größte Anlage wurde bisher in Kanada (4-MW-Darrieus-Anlage mit 115 m Höhe) gebaut, allerdings mit nicht befriedigendem Ergebnis. Konverter in H-Form wurden für Sonderfälle, z. B. auf Bergen, errichtet.

Für den großtechnischen Einsatz haben sich allein Windenergiekonverter mit horizontaler Achse auf freistehenden oder abgespannten Türmen durchgesetzt

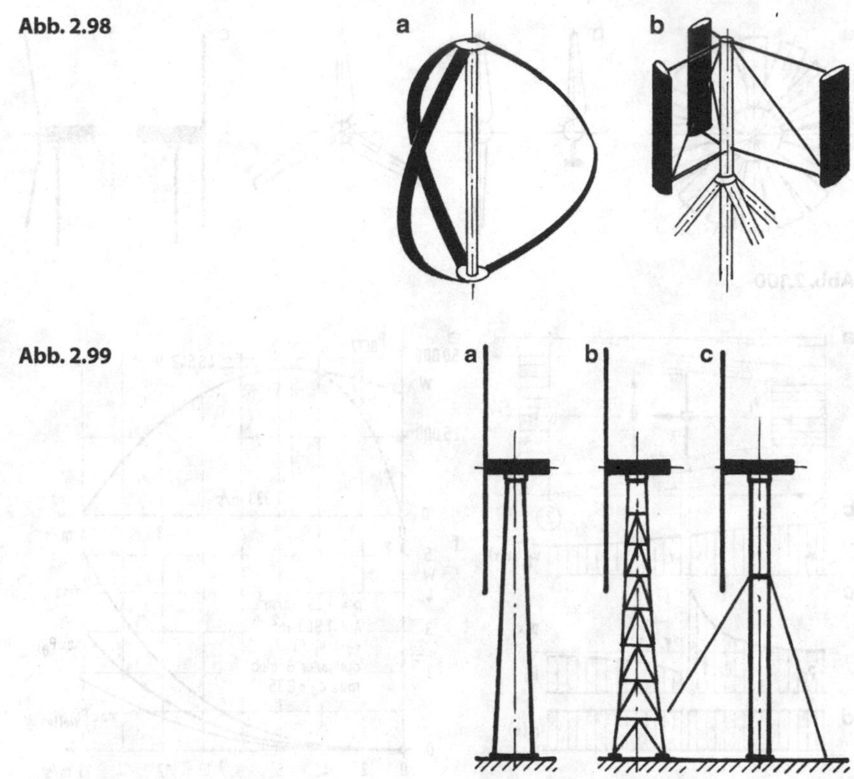

Abb. 2.98

Abb. 2.99

(Abb. 2.99). Hierbei werden Langsamläufer (Abb. 2.100a) und Schnellläufer mit 1 bis 3 Rotorflügeln unterschieden (Teilabbildung b), letztere als Luvläufer (mit Nachstellmechanik) oder Leeläufer (Teilabbildung c). Technik, Bau und Berechnung werden in [27–30] ausführlich abgehandelt, vgl. auch Schrifttum zur Strömungsmechannik.

Die Berechnung der mit einem Windkonverter zu erzeugenden Nutzenergie geht von einer Reihe von Annahmen aus, das wird im Folgenden in gebotener Kürze gezeigt: Steht quer zum Wind ein durchströmungsfähiges Objekt, hier in Form eines Windrades mit der kreisförmigen Wandlerfläche $A = \pi \cdot D^2/4$, so wird auf das Objekt eine Kraft F ausgeübt. D ist der Rotordurchmesser. Es kommt zu einer Verdrängung der Strömung. Es bildet sich eine Stromröhre veränderlichen Querschnitts aus, über deren ‚freie' Oberfläche per definitionem weder Luft zu- noch abströmt, Abb. 2.101a. Wegen der vergleichsweise geringen Strömungs-

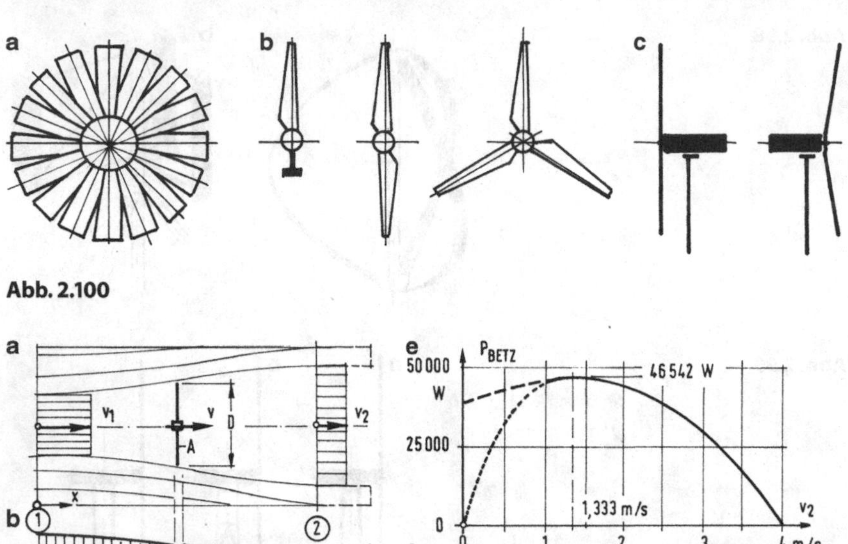

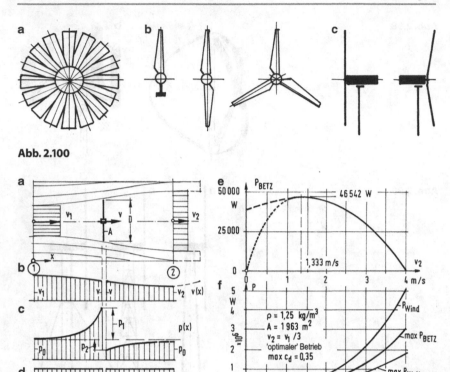

Abb. 2.100

Abb. 2.101

geschwindigkeit kann die Luft als inkompressibel angenommen werden, d. h. die Luftdichte kann mit $\rho = 1{,}25\,\mathrm{kg/m^3}$ angesetzt werden. Außerdem wird unterstellt, dass die Strömungsgeschwindigkeit entlang der Stromfäden innerhalb der Ebenen der Stromröhre konstant ist. Drall- und Randeffekte werden vernachlässigt, es handelt sich demnach um eine reibungsfreie Laminarströmung.

In der Ebene des Rotors betrage die Geschwindigkeit v. In den Ebenen weiter davor und weiter dahinter betrage sie v_1 bzw. v_2 (Teilabbildung b). Ist p_0 der Atmosphärendruck, lauten die Bernoulli-Gleichungen für den Vor- bzw. Nachlaufbereich (vgl. Teilabbildung c):

$$(p_1 - p_0) = \frac{\rho}{2}(v_1^2 - v^2); \quad (p_2 - p_0) = \frac{\rho}{2}(v_2^2 - v^2)$$

Der resultierende Strömungsdruck p und die Strömungskraft F folgen hieraus zu:

$$p = p_1 - p_2 = \frac{\rho}{2}(v_1^2 - v_2^2); \quad F = p \cdot A = \frac{\rho}{2}(v_1^2 - v_2^2) \cdot A$$

Der Massendurchsatz pro Zeiteinheit, also der Massenstrom $dm/dt = \dot{m}$, ist innerhalb der Ebenen der Stromröhre konstant (Teilabbildung d), es fließt keine Luft hinein, keine hinaus. In der Ebene des Rotors gilt:

$$\dot{m} = \rho \cdot A \cdot v$$

Gemäß dem Impulssatz beträgt die von der Strömung ausgeübte Kraft:

$$F = \dot{m} \cdot (v_1 - v_2)$$

$v_1 - v_2$ ist die Änderung der Geschwindigkeit innerhalb des hier betrachteten Strömungssystems, also innerhalb der Stromröhre. Die Gleichsetzung mit der obigen Gleichung für F ergibt:

$$v = \frac{1}{2}(v_1 + v_2)$$

Das bedeutet: Die Strömungsgeschwindigkeit in der Rotorebene ist gleich dem arithmetischen Mittel der Windgeschwindigkeiten vor und nach dem Rotor.

Die von einer Kraft verrichtete Arbeit ist ‚Kraft mal Weg'

$$W = F \cdot s.$$

Die Leistung ist Arbeit pro Zeiteinheit, also

$$P = dW/dt = d(F \cdot s)/dt = F \cdot ds/dt = F \cdot v.$$

Mit den Ausdrücken für F und v berechnet sich die aufgenommene Leistung zu:

$$P = F \cdot v = \frac{\rho}{4} \cdot A \cdot (v_1 + v_2)^2 \cdot (v_1 - v_2) \quad (= P_n\text{: Nennleistung})$$

Die Anströmgeschwindigkeit v_1 ist gegeben; die Abströmgeschwindigkeit v_2 ist abhängig von der Rotoranlage. Trägt man die Leistung für einen festen Wert von v_1 über v_2 auf, erhält man die Leistungskennlinie des Rotors.

Beispiel
$D = 50\,m$, $v_1 = 4\,\text{m/s}$. Abb. 2.101e zeigt den Verlauf von $P = P(v_2)$. Für $v_2 = 1\,\text{m/s}$ findet man z. B.:

$$P = \frac{1{,}25}{4} \cdot \frac{\pi \cdot 50^2}{4} \cdot (4{,}0 + 1{,}0)^2 \cdot (4{,}0 - 1{,}0) = 46.017\,\frac{\text{kg}}{\text{m}^3} \cdot \text{m}^2 \cdot \left(\frac{\text{m}}{\text{s}}\right)^2 \cdot \frac{\text{m}}{\text{s}}$$
$$= 46.017\,\frac{\text{kg}\,\text{m}^2}{\text{s}^3} = 46.017\,\frac{\text{N}\,\text{m}}{\text{s}} = 46.017\,\frac{\text{J}}{\text{s}} = 46.017\,\text{W} = \underline{46{,}017\,\text{kW}}$$

Würde die Anlage mit dieser Leistung eine Stunde laufen, wäre die Energieausbeute $E = 46{,}017\,\text{kW h}$.

Es gibt offensichtlich ein Maximum, also eine bestimmte Abströmgeschwindigkeit, bei welcher die Anlage am günstigsten arbeitet. Um diese zu erhalten, wird P nach v_2 differenziert und dieser Ausdruck Null gesetzt. Es ergibt sich:

$$v_{2,\text{max}} = \frac{1}{3} v_1$$

Das bedeutet, bei einer Reduzierung der Windgeschwindigkeit im Nachlauf auf ein Drittel der Anströmgeschwindigkeit, nimmt die Anlage die höchste Leistung auf. Für die maximal erreichbare Leistung folgt für diesen Fall:

$$P_{\text{max}} = \frac{16}{27} \cdot \frac{\rho}{2} \cdot A \cdot v_1^3 = \frac{16}{27} \cdot P_{\text{Wind}} \quad \text{mit } P_{\text{Wind}} = \frac{\rho}{2} A \cdot v_1^3$$

P_{max} ist abhängig von der dritten Potenz der Anströmgeschwindigkeit! P_{Wind} ist in dieser Gleichung die an den Rotor idealer Weise übertragbare Windleistung. Hiermit kann die Nennleistung (nach Umformung) zu

$$P_{\text{BETZ}} = \frac{1}{2}\left(1 + \frac{v_2}{v_1}\right) \cdot \left[1 - \left(\frac{v_2}{v_1}\right)^2\right] \cdot P_{\text{Wind}} = \eta_{\text{BETZ}} \cdot P_{\text{Wind}}$$

angeschrieben werden. η_{BETZ} ist der Wirkungsgrad nach A. BETZ (1885–1968). η_{BETZ} kennzeichnet die Energieentnahme pro Zeiteinheit aus der ungestörten Windströmung. Im günstigsten Falle ($v_2/v_1 = 1/3$; $v/v_1 = 2/3$) beträgt der Wirkungsgrad:

$$\max \eta_{\text{BETZ}} = \frac{16}{27} \approx 0{,}59 = 59\,\%, \quad \max P_{\text{BETZ}} = \max \eta_{\text{BETZ}} \cdot P_{\text{Wind}}$$

Die vorstehende Abschätzung wurde im Jahre 1926 von A. BETZ angegeben. Für $v_2 \to 0$ versagt die Lösung, weil hierfür der Eintrittsquerschnitt der Stromröhre

Abb. 2.102

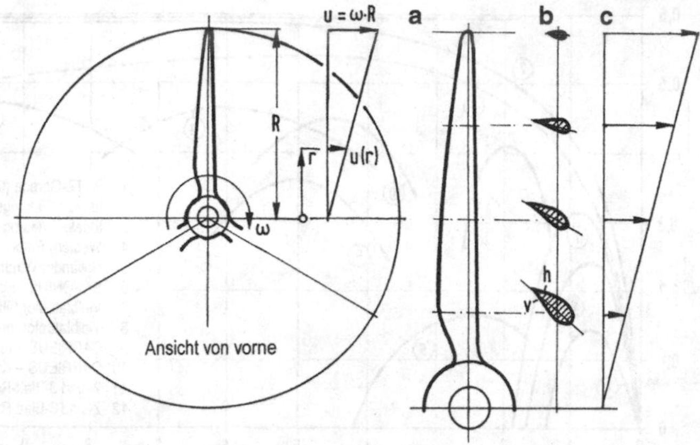

und damit der Massenstrom gegen Null gehen müsste. – Bei einer technischen Anlage lässt sich aus einer Reihe von Gründen ein Wirkungsgrad 0,59 nicht erreichen, vielmehr nur

$$\max P_{\text{Welle}} = \max c_d \cdot P_{\text{Wind}}$$

mit $\max c_d$ im Bereich 0,35 bis 0,45, ggf. etwas höher, nahe 0,5.

In Abb. 2.101f sind die Verläufe von P_{Wind} sowie von $\max P_{\text{BETZ}}$ und $\max P_{\text{Welle}}$ für das obige Beispiel (nach etwas längerer Rechnung) aufgetragen.

Gründe für den Abfall des Wirkungsgrades gegenüber dem Idealwert sind Luftreibungsverluste infolge der Drallströmung vor und hinter dem Rotor, sowie Verluste infolge von Widerstands-, Turbulenz- und Wirbeleffekten am Rotor. Hinzu kommt, dass die Windleistung in der Rotorebene nicht gleichförmig über die Rotorblätter entnommen werden kann. Zum einen ist deren Anzahl endlich, zum anderen bewegen sich die Blattquerschnitte innerhalb der Rotorebene nicht gleichförmig, sondern mit einer von der Blattwurzel bis zur Blattspitze linear anwachsenden Umfangsgeschwindigkeit $u_r = u \cdot r/R$, worin u die Geschwindigkeit an der Spitze, r der Radialabstand und R der Blattradius sind (Abb. 2.102). Die angestrebte Windgeschwindigkeitsabnahme am Rotor auf $2 \cdot v_1/3$ zur Erzielung des höchsten Wirkungsgrades ist nur bei Bezug auf eine bestimmte Blattzone und für eine bestimmte Drehzahl möglich. Durch variable Tiefe und Verwindung des Blattes (sowie fallweise durch eine Blattverstellung in Abhängigkeit von der Drehzahl) können die Unterschiede der Geschwindigkeitsminderung innerhalb der Rotorebene zwar verringert aber nie ganz aufgehoben werden.

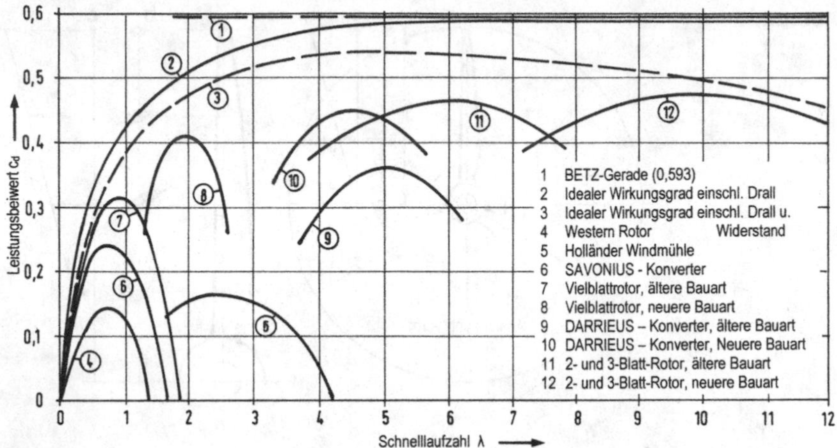

Abb. 2.103

Aus den vorangegangenen Erläuterungen wird deutlich, dass die Leistungsaufnahme rotor- und drehzahlabhängig ist. Zu deren Kennzeichnung wird die sogen. **Schnelllaufzahl**

$$\lambda = \frac{u}{v}$$

eingeführt. u ist die Umlaufgeschwindigkeit an der Blattspitze (s. o.) und $v \equiv v_1$ die Geschwindigkeit der ungestörten Windanströmung.

Der (maximale) Leistungsbeiwert nach BETZ ist drehzahlunabhängig ($16/27 = 0{,}593$), vgl. Kurve ① in Abb. 2.103. Wird die Drallströmung innerhalb der Stromröhre berücksichtigt, ergibt sich der in der Abbildung dargestellte Abfall (Kurve ②). Weitere Verluste entstehen durch den Profilwiderstand (Kurve ③). Der Leistungsbeiwert realer Anlagen kann nur unterhalb dieser Kurve verlaufen. In der erwähnten Figur sind mehrere anlagentypische Verläufe des Leistungsbeiwertes c_d in Abhängigkeit von λ (aus unterschiedlichen Quellen) zusammengestellt. Der Unterschied zwischen den Langsam- und Schnellläufern wird hieraus deutlich. Ein Schnellläufer setzt im Vergleich zum Langsamläufer bei gleicher Leistung wegen der höheren Drehzahl ein geringeres Drehmoment auf die Welle ab, ein bedeutender Vorteil bei der maschinenbaulichen Auslegung. Die Kurven in der Figur verdeutlicht weiterhin, wie der Leistungsbereich der verschiedenen Anlagentypen im Zuge der Entwicklung aerodynamisch ausgereifterer Blatt- und Betriebsformen verbessert und dabei das Optimalplateau verbreitert werden konnte.

Abb. 2.104

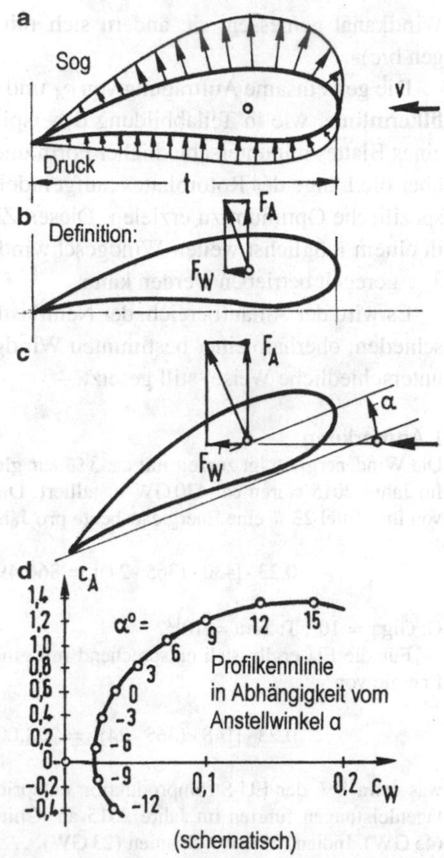

Abb. 2.104a zeigt, wie sich der Umfangsdruck um ein Auftriebsprofil einstellt: Der Druck auf der annähernd ebenen Unterseite und der Sog auf der gewölbten Oberseite liefern die Auftriebskraft F_A am Profil (vgl. den vorangegangenen Abschnitt zum Auftrieb eines Flugzeugflügels). Bei der Formfindung wird angestrebt, dass die Widerstandskraft F_W möglichst gering ist. F_A und F_W sind zu

$$F_A = c_A \cdot \frac{\rho}{2} v^2 \cdot A, \quad F_W = c_W \cdot \frac{\rho}{2} v^2 \cdot A$$

definiert. Als Bezugsfläche A wird das Produkt aus Blatttiefe t und Blattlänge vereinbart (Abb. 2.104a). Die aerodynamischen Beiwerte c_A und c_W werden im

Windkanal gemessen, sie ändern sich mit dem Anstellwinkel α (Teilabbildungen b/c).

Die gemeinsame Auftragung von c_A und c_W mit α als Parameter liefert die **Profilkennlinie**, wie in Teilabbildung d beispielhaft dargestellt. – Indem die Profile eines Blattes mit unterschiedlicher Form und mit unterschiedlichem Anstellwinkel über die Länge des Rotorblattes ‚aufgefädelt' werden, versucht man, das anlagenspezifische Optimum zu erzielen. Dieses Ziel ist dann erreicht, wenn die Anlage in einem möglichst weiten Windgeschwindigkeitsbereich in ihrem Optimalpunkt λ_{opt} geregelt betrieben werden kann.

Es wird der Anlaufbereich, der Nennlastbereich und der Überlastbereich unterschieden; oberhalb einer bestimmten Windgeschwindigkeit muss die Anlage (auf unterschiedliche Weise) still gesetzt. –

1. Anmerkung

Die Windenergie trägt zurzeit mit ca. 3 % zur globalen elektrischen Energiegewinnung bei. Im Jahre 2015 waren ca. 430 GW installiert. Das ergibt weltweit bei einer **Verfügbarkeit** von im Mittel 23 % eine Energieausbeute pro Jahr von

$$0{,}23 \cdot [430 \cdot (365 \cdot 24)] = 866.499\,\text{GW h/a} = 866\,\text{TW h/a},$$

G: Giga $= 10^9$, T: Tera $= 10^{12}$.

Für die EU ergibt sich entsprechend mit einer installierten Leistung von 148 GW eine Energie von

$$0{,}23 \cdot [148 \cdot (365 \cdot 24)] = 298.000\,\text{GW h/a} = 298\,\text{TW h/a},$$

was etwa 8 % der EU-Stromproduktion entspricht. – Die Rangfolge der installierten Anlagenleistungen führten im Jahre 2015 an: China (145 GW), USA (74 GW), Deutschland (45 GW), Indien (25 GW), Spanien (23 GW), ..., in der Summe 430 GW (s. o.). – Die Windenergietechnik wird weltweit progressiv ausgebaut, z. T. mit zweistelligen Zuwachsraten pro Jahr. In Abb. 2.105 ist die Installationsentwicklung in GW in der Zeit von 1995 bis 2015, also für die Zeitspanne der letzten 20 Jahre, wiedergegeben, in Deutschland verläuft sie schleppender, was auf dem ungenügenden Ausbau der Netz- und Speicherkapazität beruht. – Bis 2020 wird weltweit eine Steigerung auf 790 GW prognostiziert.

In Deutschland ist die Windenergie mit 23.000 Anlagen und 86 TW h zu 13,3 % an der Stromversorgung beteiligt (2015). In anderen europäischen Ländern liegt dieser Anteil bedeutender höher.

Technisch werden Windenergieanlagen (WEA) mit und ohne Getriebe unterschieden. Im erstgenannten Falle setzt das Getriebe die relativ geringe Drehzahl des Rotors (6 bis 19 Umdrehungen pro Minute) in 1500 U/min für den Antrieb des Asynchrongenerators um, im zweitgenannten Falle arbeitet ein Synchrongenerator in der Rotorlaufzahl mit anschließender elektrischer Regelung. Es wird dreiphasiger Drehstrom unterschiedlicher Spannung produziert, vgl. Bd. III, Abschn. 1.5.6. Die Spannung ist von der Größe der Anlage abhän-

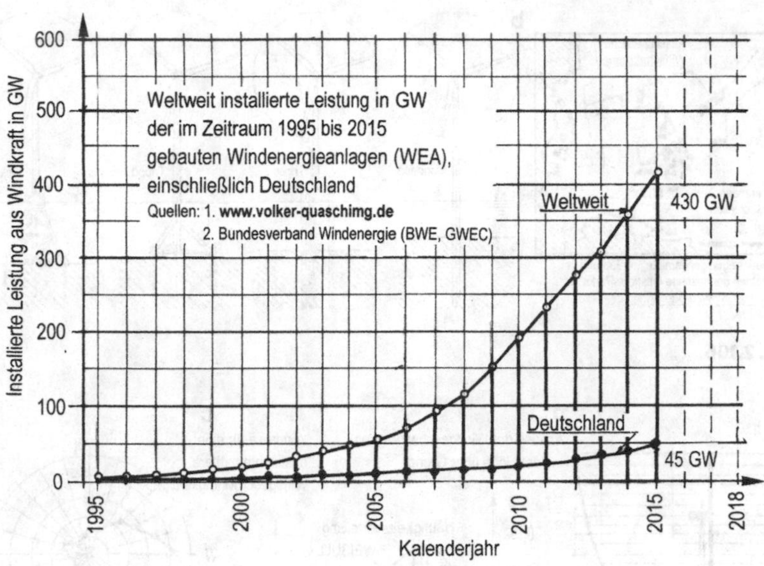

Abb. 2.105

gig: 12 bis 48 Volt bei Kleinstanlagen, 120 bis 240 Volt bei Kleinanlagen und 400 bis 690 Volt bei Groß- und Größtanlagen. In Abhängigkeit von der anschließenden Nutzung des Stroms bedarf es einer Umspannung (Transformation) in das örtliche Netz (230 V) oder in eine Überlandleitung (bis 380.000 Volt).

2. Anmerkung

Am Stromaufkommen ist der Offshoreanteil in Deutschland bislang nur gering beteiligt. Im Jahre 2015 waren 226 Anlagen in Nord- und Ostsee installiert (94 mit 865 MW bzw. 22 mit 51 MW, in der Summe 916 MW). Ein verstärkter Ausbau ist geplant, bis 2020 soll eine Leistung von 6500 MW errichtet sein (die ursprüngliche Planung (23.000 MW) wurde zurückgenommen). Abb. 2.106a zeigt die in der ‚Ausschließlichen Wirtschaftszone' für Deutschland ausgewiesenen Windparks. Diverse Projekte sind hier in der Planung, in der Genehmigung und im Ausbau. Lohnend sind nur Großanlagen mit mindestens 4, günstiger mit 5-MW-Leistung und einer verlässlichen Betriebsdauer von $\geq$ 15 bis 20 Jahren bei gleichzeitig hoher Verfügbarkeit. 8-MW-Turbinen sind in der Planung bzw. in der Erprobung.

Die Gründung der Türme bei Wassertiefen 20 bis 40 m ist technisch schwierig und der Korrosionsschutz im Salzwasser aufwendig, vgl. Abb. 2.106b. Für die Errichtung der Türme mit Maschinenhaus und Rotor bedarf es spezieller Montageschiffe. Pro Windpark ist ein Umspannwerk zu bauen, Unterwasserkabel (∅ 16 cm) sind zu verlegen. Die Wartung ist ebenfalls aufwendig.

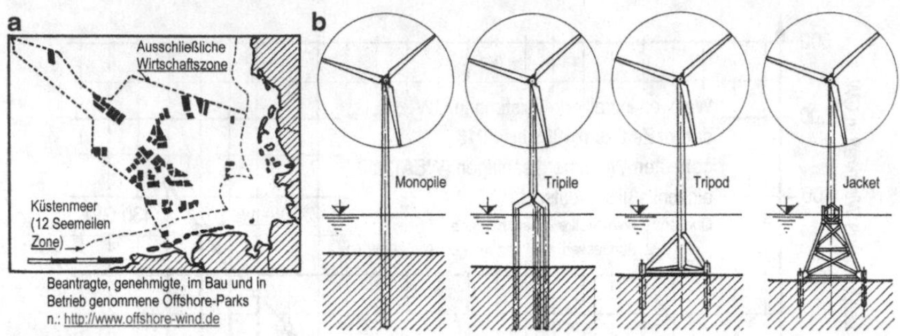

Abb. 2.106

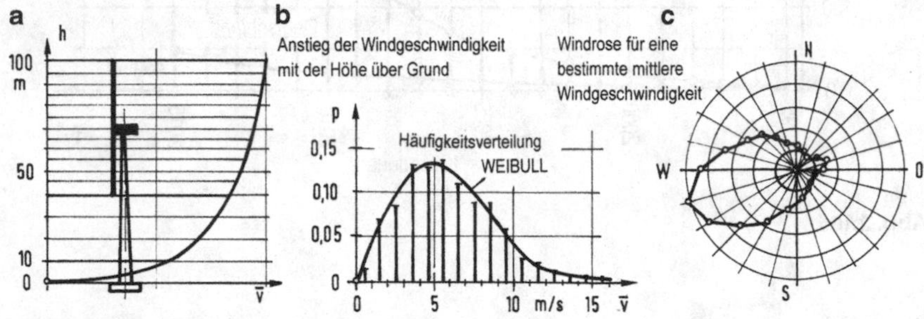

Abb. 2.107

3. Anmerkung

Für die Auslegung einer Windenergieanlage sind drei wichtige Standortfragen vorab zu beantworten (Abb. 2.107):

- Verlauf der mittleren Windgeschwindigkeit mit der Höhe über Grund/See (Teilabbildung a).
- Häufigkeitsverteilung der mittleren Windgeschwindigkeit übers Jahr verteilt (z. B. in 10 m Höhe, Teilabbildung b).
- Verteilung der Windrichtung (Windrose). In Deutschland dominiert Westwind (Teilabbildung c).

Um eine WEA wirtschaftlich betreiben zu können, sollte die mittlere Windgeschwindigkeit in 10 m Höhe $\geq 5\,\text{m/s}$ betragen, was in Deutschland in der Norddeutschen Tiefebene und in Mittelgebirgslagen der Fall ist. Der Betrieb von WEA-Anlagen im Süden ist eher unwirtschaftlich.

Maßgebend für den baulichen Entwurf sind die ,Richtlinie für Windenergieanlagen, Einwirkungen, Standsicherheitsnachweis für Turm und Gründung' des Deutschen Instituts für Bautechnik, Fassung März 2004 und DIN EN 61400-1:2015.

4. Anmerkung
Mit der Errichtung einer WEA sind mannigfaltige Probleme verbunden: Gefährdung von Vögeln und Fledermäusen, ,Verspargelung' der Landschaft, Geräuschentwicklung, Beeinträchtigung des Flugverkehrs (es müssen bestimmte Abstände zu Radar- und Funkanlagen eingehalten werden).

Da die Windenergiegewinnung in Deutschland vorrangig im Norden gelingt, bedarf es ausgedehnter Hochvolt-Stromtrassen.

2.5 Mechanik der Schwingungen

2.5.1 Einführung

Schwingungen (Oszillationen) treten in den unterschiedlichsten Formen auf: Ein Kind erlebt Schwingungen in der Wiege, später auf der Schaukelt und nochmals später auf dem Kirmes in der Schiffsschaukel, auch beim Geläut der Glocken.

Radfahrzeuge aller Art sind federnd aufgehängt und mit Stoßdämpfern ausgerüstet. Auch Boote und Schiffe schaukeln (schwingen), sie ,stampfen' oder ,rollen'.

Bäume und Türme schwingen im Wind. Kurzum, alle massebehafteten Strukturen vermögen zu schwingen; in Körpern und Kontinua sind es Dichteschwingungen.

Auch die Erde schwingt bei Sprengungen und Erdbeben, selbst die Sonne schwingt (pulsiert), auch alle Sterne.

Nach dem zeitlichen Verlauf unterscheidet man folgende Schwingungsformen:

- harmonische Schwingungen (sinus-/cosinusförmige),
- periodische Schwingungen mit zeitlich streng wiederkehrenden Merkmalen,
- aperiodische (stoßförmige, anschwellende, abklingende) Schwingungen,
- stochastische (regellos-zufällige) Schwingungen und
- chaotische (vollständig regellose) Schwingungen.

Entweder ist die Schwingung

- frei, dann geht sie von einer anfänglichen Anregung aus, oder sie ist
- erzwungen, dann ist sie fremderregt, selbsterregt oder parametererregt.

Nach der Art der Mechanik werden die Schwingungen mathematisch von linearen oder nichtlinearen Differentialgleichungen bzw. Differentialgleichungssystemen beherrscht. Dabei kann es sich um Schwingungen eines Einzelkörpers in Richtung eines oder mehrerer Freiheitsgrade handeln, um Schwingungen von Mehrkörpersystemen oder um solche stab-, platten- oder schalenförmiger Struktur, ein weites Feld der Mechanik.

2.5.2 Federschwinger – Freie Schwingungen

Abb. 2.108a zeigt einen gefederten Einmassenschwinger (Federschwinger) in seiner statischen Ruhelage. Um diese Ruhelage vermag er auf und ab zu schwingen. Der Schwingweg werde mit $y = y(t)$ abgekürzt. Man spricht auch von Auslenkung oder Elongation. Schwingt das System um den Weg y aufwärts (als positive Richtung definiert), werden im Feder- und Dämpfungselement Rückstellkräfte geweckt (Abb. 2.108b, c), sie betragen:

$$F_k = k \cdot y \quad \text{und} \quad F_d = d \cdot \dot{y}$$

Im betrachteten Zeitpunkt t ist $y = y(t)$ der Schwingweg, $\dot{y} = \dot{y}(t) = dy/dt$ ist die Schwinggeschwindigkeit. F_k ist die Federkraft = Federkonstante (k) mal Auslenkung (y). F_d ist die Dämpfungskraft, sie ändert sich proportional zur Geschwindigkeit, man spricht von viskoser Dämpfung (Abschn. 1.13.5), d ist die Dämpfungskonstante. k und d sind gemeinsam mit der Masse m gegeben, sie sind die Kenngrößen des Systems. Sie müssen bekannt, also gemessen worden sein.

Von der Masse m geht im Zeitpunkt t die Trägheitskraft F_m aus:

$$F_m = m \cdot \ddot{y}$$

Abb. 2.108

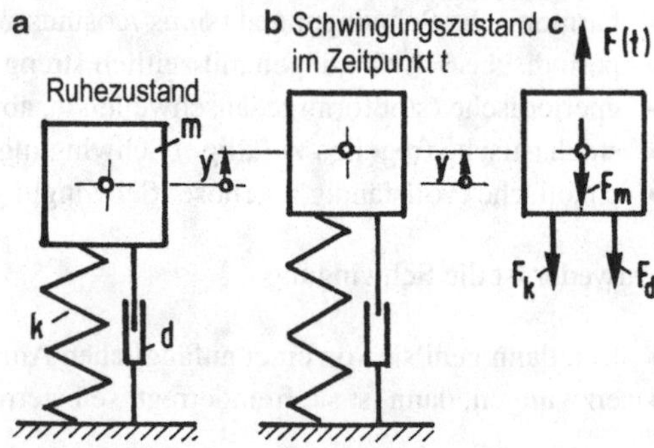

Sie wirkt *entgegen* der momentanen Bewegungsrichtung (Prinzip nach d'Alembert, Abschn. 1.5). $\ddot{y} = \ddot{y}(t) = d^2y/dt^2$ ist die Beschleunigung der Masse im momentanen Zeitpunkt t (F_m = Trägheitskraft = Masse mal Beschleunigung).

Auf den Körper wirke die äußere Kraft $F = F(t)$. Es kann sich, wie eingangs erwähnt, um eine harmonische (sinusförmige), eine periodische, eine impulsartige (stoßende) oder um eine stochastische (zufällig-regellose) Kraft handeln. Für jede dieser Lastarten existieren Lösungen. – Im Folgenden wird zunächst der Fall einer **freien Schwingung** ohne äußere Kraftanregung behandelt ($F(t) = 0$). Die zugehörige kinetische Gleichgewichtsgleichung lautet (Abb. 2.108c):

$$F_m + F_d + F_k = 0 \quad \rightarrow \quad m \cdot \ddot{y} + d \cdot \dot{y} + k \cdot y = 0.$$

Von dieser Bewegungsgleichung ausgehend lassen sich die freien Schwingungen eines Einmassen-Schwingers studieren.

Ist das **System ungedämpft**, verkürzt sich die Bewegungsgleichung zu:

$$F_m + F_k = 0 \quad \rightarrow \quad m \cdot \ddot{y} + k \cdot y = 0$$

Es handelt sich um eine lineare Differentialgleichung (zur Lösung vgl. Bd. I, Abschn. 3.8.2.2). Die Gleichung wird durch m dividiert und ω als Parameter eingeführt:

$$\ddot{y} + \frac{k}{m} \cdot y = 0 \quad \rightarrow \quad \ddot{y} + \omega^2 \cdot y = 0 \quad \text{mit } \omega^2 = \frac{k}{m} \text{ bzw. } \omega = \sqrt{\frac{k}{m}}$$

Die Lösung der Gleichung lautet:

$$y = C_1 \cdot \sin \omega t + C_2 \cdot \cos \omega t$$

Bildet man die zweite Ableitung, ergibt sich:

$$\ddot{y} = -\omega^2 \cdot C_1 \cdot \sin \omega t - \omega^2 \cdot C_2 \cdot \cos \omega t$$

Werden y und $\ddot{y}$ in die Differentialgleichung eingesetzt, wird die Gleichung für jeden Wert von t zu Null erfüllt, das bedeutet: Die Lösung ist richtig.

C_1 und C_2 sind Freiwerte. Sie folgen aus den Anfangsbedingungen der Bewegung. Es werde angenommen, dass die Bewegung von der Anfangsauslenkung $y(0) = y_0$ mit der Anfangsgeschwindigkeit $\dot{y}(0) = v_0$ ausgeht. Aus diesen beiden Bedingungen lassen sich C_1 und C_2 bestimmen (Zeitpunkt $t = 0$):

$$y(0) = C_1 \cdot \sin \omega 0 + C_2 \cdot \cos \omega 0 = C_1 \cdot 0 + C_2 \cdot 1 = y_0$$
$$\dot{y}(0) = \omega \cdot C_1 \cdot \cos \omega 0 - \omega \cdot C_2 \cdot \sin \omega 0 = \omega \cdot C_1 \cdot 1 - \omega \cdot C_2 \cdot 0 = v_0$$

Abb. 2.109

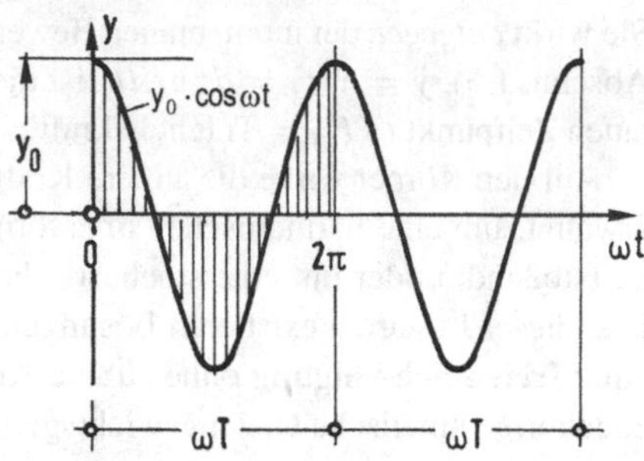

Die Freiwerte folgen aus den beiden Gleichungen zu:

$$C_1 = \frac{v_0}{\omega} \quad \text{und} \quad C_2 = y_0.$$

Die gesuchte Lösung lautet zusammengefasst, einschließlich der Geschwindigkeit $\dot{y}(t)$:

$$y(t) = \frac{v_0}{\omega} \cdot \sin\omega t + y_0 \cdot \cos\omega t$$

$$\dot{y}(t) = v_0 \cdot \cos\omega t - \omega \cdot y_0 \cdot \sin\omega t$$

Die Beschleunigung als Funktion der Zeit t, also $\ddot{y} = \ddot{y}(t)$, ist damit auch bekannt.

Betrachtet man als Beispiel den Fall, dass das System aus einer anfänglichen Ruhelage ($v_0 = 0$) mit der Anfangsauslenkung y_0 heraus frei gesetzt wird, ergibt sich ein cosinusförmiger Schwingungsverlauf über der Zeitachse, vgl. Abb. 2.109. Nach einem vollen Bewegungszyklus stellt sich die Amplitude, also der Maximalwert, wieder ein: $\hat{y} = y_0$. Nach der Zeitdauer T wiederholt sich der Bewegungsablauf, immer auf dieselbe Weise. Diese Zeitdauer bezeichnet man als **Periode**:

$$y_0 \cdot \cos\omega T = y_0 \quad \rightarrow \quad \cos\omega T = 1$$

Diese Bedingung ist für $\omega T = 2\pi$ erfüllt. Das liefert für die Periode den Ausdruck:

$$T = \frac{2\pi}{\omega} = 2\pi\sqrt{\frac{m}{k}} \quad \text{in der Einheit s (Sekunde)}$$

Würde das System beispielsweise 0,5 Sekunden für einen Schwingungszyklus benötigen ($T = 0{,}5\,\text{s}$), würde es in einer Sekunde zwei Zyklen durchlaufen. Die

Anzahl der Zyklen pro Sekunde bezeichnet man als **Frequenz**. Sie ist der Kehrwert der Periode (im Beispiel: $f = 1/T = 1/0{,}5 = 2{,}0\,1/\mathrm{s}$ = zwei Zyklen pro Sekunde):

$$f = \frac{1}{T} = \frac{1}{2\pi}\sqrt{\frac{k}{m}} = \frac{\omega}{2\pi} \quad \text{in der Einheit Hz (Hertz} = 1/\mathrm{s})$$

$\omega = 2\pi f = 2\pi/T$ nennt man **Kreisfrequenz**. T bezeichnet man auch als Schwingungsdauer.

Beispiel

Das System werde um y_0 ausgelenkt und frei gegeben. Die Anfangsgeschwindigkeit sei Null ($v_0 = 0$). In der auf y_0 bzw. $\omega \cdot y_0$ bezogenen Form lautet die vollständige Lösung des Problems:

$$\frac{y(t)}{y_0} = 1 \cdot \cos\omega t = \cos\omega t; \qquad \frac{\dot{y}(t)}{\omega \cdot y_0} = -1 \cdot \sin\omega t = -\sin\omega t$$

Beträgt die Periode des Systems $T = 1{,}0\,\mathrm{s}$, folgen Frequenz und Kreisfrequenz zu:

$$f = 1/1{,}0 = 1\,\mathrm{Hz} \quad \text{und} \quad \omega = 2\pi \cdot f = 2\pi \cdot 1{,}0 = 6{,}28\,1/\mathrm{s}.$$

Hierfür zeigt Abb. 2.110 den Graphen der Lösungsfunktion (= Cosinusfunktion) über die Dauer von 10 Zyklen, aufgetragen über ωt. – Wird die Schwinggeschwindigkeit für gleiche Zeitpunkte t über dem Schwingweg aufgetragen, bezeichnet man diesen Graphen als **Ortskurve**. Abb. 2.110b zeigt das Ergebnis (hier $\dot{y} = \dot{y}(t)$ über $y = y(t)$ jeweils in bezogener Form aufgetragen). Es handelt sich um eine Parameterdarstellung mit t als Parameter.

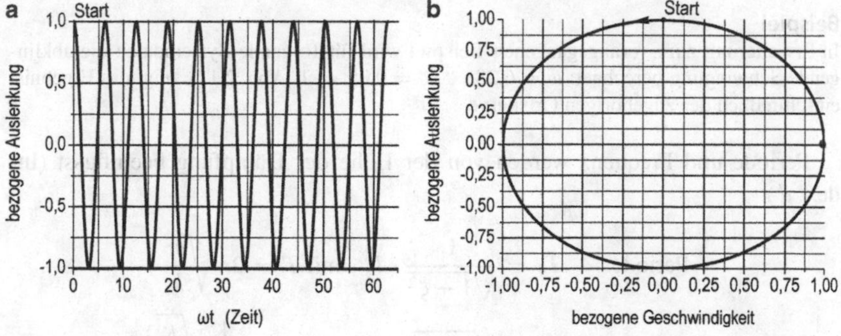

Abb. 2.110

Ist das **System gedämpft**, ist die Bewegungsgleichung in ihrer vollständigen Form zu lösen:

$$m \cdot \ddot{y} + d \cdot \dot{y} + k \cdot y = 0$$

Das ist etwas schwieriger. Die Lösung lautet (unter Verzicht auf ihre Herleitung):

$$\begin{aligned} y = {} & \frac{1}{2\omega\sqrt{\zeta^2 - 1}} \\ & \cdot \Big\{ \left[y_0 \cdot (\zeta + \sqrt{\zeta^2 - 1}) \cdot \omega + v_0 \right] \cdot e^{-(\zeta - \sqrt{\zeta^2-1})\cdot\omega t} \\ & - \left[y_0 \cdot (\zeta - \sqrt{\zeta^2 - 1}) \cdot \omega + v_0 \right] \cdot e^{-(\zeta + \sqrt{\zeta^2-1})\cdot\omega t} \Big\} \\ \dot{y} = {} & \frac{1}{2\omega\sqrt{\zeta^2 - 1}} \\ & \cdot \Big\{ -(\zeta - \sqrt{\zeta^2 - 1}) \cdot \omega \cdot \left[y_0 \cdot (\zeta + \sqrt{\zeta^2 - 1}) \cdot \omega + v_0 \right] \cdot e^{-(\zeta - \sqrt{\zeta^2-1})\cdot\omega t} \\ & + (\zeta + \sqrt{\zeta^2 - 1}) \cdot \omega \cdot \left[y_0 \cdot (\zeta - \sqrt{\zeta^2 - 1}) \cdot \omega + v_0 \right] \cdot e^{-(\zeta + \sqrt{\zeta^2-1})\cdot\omega t} \Big\} \end{aligned}$$

e ist die Exponentialfunktion, vgl. Abschn. 3.7.1.2 in Bd. I. ζ (Zeta) steht für:

$$\zeta = \frac{d}{d_{kr}} = \frac{d}{2m} \cdot \frac{1}{\omega} \quad \rightarrow \quad \frac{d}{2m} = \zeta \cdot \omega \quad \rightarrow \quad d = 2m\,\omega\zeta$$

ζ kennzeichnet die Dämpfung. Die angeschriebene Lösung unterstellt, dass d kleiner als die sogenannte **kritische Dämpfung** $d_{\mathrm{kr}} = 2m\,\omega = 2\sqrt{k \cdot m}$ ist. Liegt d darüber, ist die Dämpfung zu groß, eine Schwingung kommt dann nicht zustande, nur eine Kriechbewegung.

Beispiel

In Erweiterung zum vorangegangenen Beispiel wird für folgende Systemdaten die abklingende Schwingung berechnet: $\omega = 6{,}28\,\mathrm{s}^{-1}$, $\zeta = 0{,}05 \ll 1$. Abb. 2.111 zeigt das Ergebnis, einschließlich der zugehörigen Ortskurve.

Periode und Frequenz werden von der Höhe der Dämpfung beeinflusst (Index: d):

$$\text{Periode:} \quad T_d = \frac{1}{\sqrt{1 - \zeta^2}} \cdot T \quad \text{mit } T = 2\pi\sqrt{\frac{m}{k}}$$

$$\text{Frequenz:} \quad f_d = \sqrt{1 - \zeta^2} \cdot f \quad \text{mit } f = \frac{1}{2\pi}\sqrt{\frac{k}{m}}$$

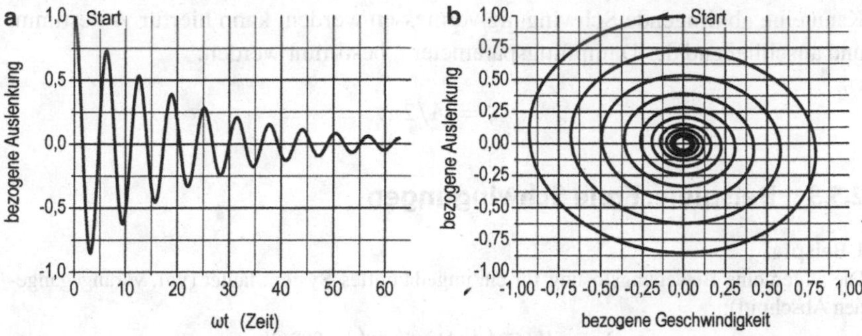

Abb. 2.111

ζ ist in den meisten praktischen Fällen von sehr geringer Größe. In solchen Fällen kann in guter Näherung gesetzt werden: $T_d \approx T$ und $f_d \approx f$.

In Fällen ($\zeta \ll 1$) gehorcht die Schwingung von der Anfangsauslenkung y_0 aus der Funktion

$$y(t) = y_0 \cdot e^{-\zeta\omega t} \cdot \cos\omega t.$$

In Zeitpunkten, die sich um die Periode T unterscheiden, stehen die Schwingwege in folgendem Verhältnis zueinander:

$$\frac{y(t)}{y(t+T)} = \frac{e^{-\zeta\omega t}}{e^{-\zeta\omega(t+T)}} = \frac{e^{-\zeta\omega t}}{e^{-\zeta\omega t} \cdot e^{-\zeta\omega T}} = e^{\zeta\omega T}$$

Werden beide Seiten logarithmiert, ergibt sich:

$$\ln\frac{y(t)}{y(t+T)} = \zeta \cdot \omega \cdot T = \zeta \cdot 2\pi f \cdot T = 2\pi \cdot \zeta = \Lambda$$

Das bedeutet: Der logarithmierte Quotient zweier aufeinander folgender Schwingungsamplituden ist bei einem viskos gedämpften System eine Konstante. Man nennt diesen Quotienten **logarithmisches Dekrement** der gedämpften Schwingung und kürzt es mit Λ ab. Sind $\hat{y}_i$ und $\hat{y}_{i+1}$ zwei aufeinander folgende Amplituden, berechnet sich das log. Dekrement zu:

$$\Lambda = \ln\frac{\hat{y}_i}{\hat{y}_{i+1}}$$

Kann eine abklingende Schwingung vermessen werden, kann hierfür Λ bestimmt und anschließend der Dämpfungsparameter ζ bestimmt werden:

$$\zeta = \Lambda/2\pi.$$

2.5.3 Beispiele: Freie Schwingungen

1. Beispiel

Die allgemeine Bewegungslösung für ein ungedämpftes System lautet (vgl. vorangegangenen Abschnitt):

$$y = y(t) = C_1 \cdot \sin \omega t + C_2 \cdot \cos \omega t$$

Schwingt das System von der statischen Ruhelage aus ($y(0) = 0$) und erreicht es nach der Zeit

$$t = T/4 \quad \rightarrow \quad \omega t = \pi/2$$

die **Amplitude** (Schwingweite) $\hat{y}$, lauten die Bedingungen, aus denen die Freiwerte C_1 und C_2 bestimmt werden können:

$$y(\omega t = 0) = C_1 \cdot 0 + C_2 \cdot 1 = 0$$
$$y(\omega t = \pi/2) = C_1 \cdot 1 + C_2 \cdot 0 = \hat{y}$$

Hieraus ergeben sich die Freiwerte zu: $C_1 = \hat{y}$, $C_2 = 0$. Die Lösung ergibt sich in diesem Falle als Sinusschwingung: $y = \hat{y} \cdot \sin \omega t$. Sie ist in Abb. 2.112a, einschließlich Zeigerdiagramm, dargestellt. – Setzt die Schwingung zu Beginn mit dem Nullphasenwinkel φ_0 ein ($t = 0$), lautet die Lösung:

$$y = \hat{y} \cdot \sin(\omega t + \varphi_0)$$

Abb. 2.112b zeigt den Graphen.

Abb. 2.112

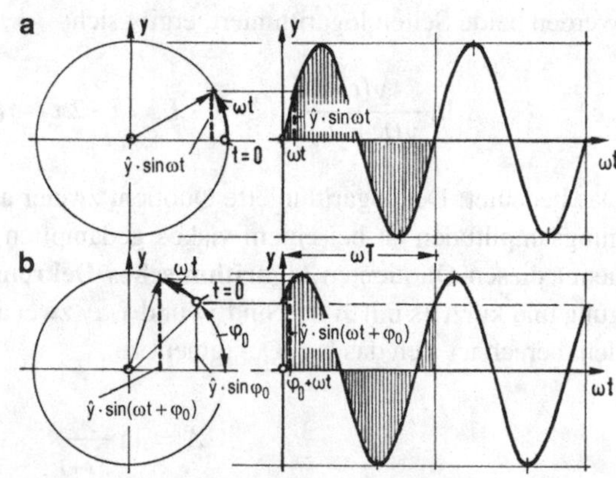

Abb. 2.113

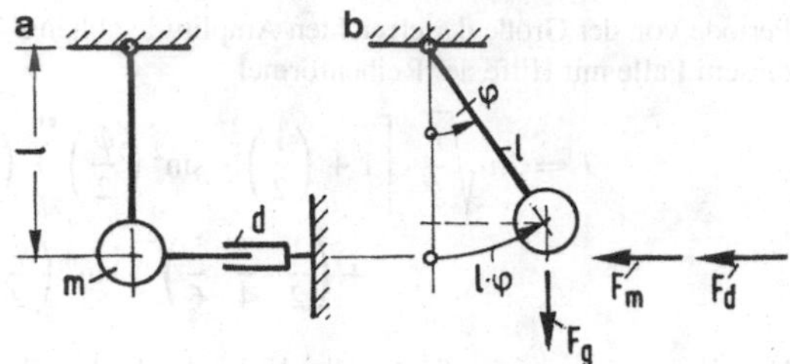

2. Beispiel

Punktpendel: Ein Pendel mit einem punktförmigen Körper der Masse m und einer Pendelstange der Länge l, ist ein idealisiertes Modell. Man spricht von einem ‚Mathematischen Pendel' oder einem Fadenpendel. Abb. 2.113a zeigt das Modell, wobei der Pendelkörper (real müsste er als Punkt gezeichnet sein) hier zusätzlich mit einem Dämpfungselement verbunden ist. Die Pendelausschläge seien im Verhältnis zur Pendellänge ‚klein' (φ kleiner ca. 5°). φ ist der Pendelwinkel. Im ausgeschwungenen Zustand wirkt auf den Körper die vertikale Gravitationskraft (die Gewichtskraft) $F_g = m \cdot g$ ($g = 9{,}81\,\mathrm{m/s^2}$: Erdbeschleunigung). In horizontaler Richtung greifen die Dämpfungskraft $F_d = d \cdot (l \cdot \dot{\varphi})$ und die Trägheitskraft $F_m = m \cdot (l \cdot \ddot{\varphi})$ am Körper an. $(l \cdot \varphi)$ ist die seitliche Auslenkung, also der Schwingweg (eine ‚kleine' Auslenkung vorausgesetzt!). Bezogen auf den gelenkigen Aufhängepunkt folgt aus der Momentengleichgewichtsgleichung die Bewegungsgleichung des Problems:

$$F_g \cdot (l \cdot \varphi) + (F_d + F_m) \cdot l = 0 \quad \rightarrow \quad m \cdot g \cdot l \cdot \varphi + d \cdot l^2 \cdot \dot{\varphi} + m \cdot l^2 \cdot \ddot{\varphi} = 0$$

$$\rightarrow \quad m \cdot l \cdot \ddot{\varphi} + d \cdot l \cdot \dot{\varphi} + m \cdot g \cdot \varphi = 0 \quad \rightarrow \quad \ddot{\varphi} + \frac{d}{m} \cdot \dot{\varphi} + \frac{g}{l} \cdot \varphi = 0$$

In diesem Falle bezieht das System aus der Gravitation (der Erschwere) seine Rückstellwirkung. Der Vergleich mit der Bewegungsgleichung des Federschwingers (siehe vorangegangenen Abschnitt),

$$\ddot{y} + \frac{d}{m} \cdot \dot{y} + \frac{k}{m} \cdot y = 0,$$

zeigt eine vollständige Analogie zwischen den Gleichungen.

Im Falle des **ungedämpften Pendels** folgt die Kreisfrequenz und alles weitere durch Analogieschluss:

$$\omega = \sqrt{\frac{g}{l}}; \quad f = \frac{\omega}{2\pi} = \frac{1}{2\pi}\sqrt{\frac{g}{l}}, \quad T = \frac{1}{f} = 2\pi\sqrt{\frac{l}{g}}$$

Entsprechend kann die Bewegungsfunktion übernommen werden (auch für den gedämpften Fall).

Die vorstehende Lösung für das ungedämpfte Pendel ist eine Näherung. Sie gilt hinreichend genau für kleine Pendelwinkel, nicht für große. Im Falle großer Ausschläge ist die

Periode von der Größe der erreichten Amplitude abhängig; die Schwingungsperiode kann in diesem Falle mit Hilfe der Reihenformel

$$T = 2\pi\sqrt{\frac{l}{g}} \cdot \left[1 + \left(\frac{1}{2}\right)^2 \cdot \sin^2\left(\frac{\hat{\varphi}}{2}\right) + \left(\frac{1}{2}\cdot\frac{3}{4}\right)^2 \cdot \sin^4\left(\frac{\hat{\varphi}}{2}\right) + \left(\frac{1}{2}\cdot\frac{3}{4}\cdot\frac{5}{6}\right)^2 \cdot \sin^6\left(\frac{\hat{\varphi}}{2}\right) + \cdots\right]$$

berechnet werden, $\hat{\varphi}$ ist die Amplitude des Auslenkwinkels (in Bogenmaß). –

Um die strenge Lösung für große Schwingungswinkel herleiten zu können, muss von der Differentialgleichung

$$\ddot{\varphi} + \frac{g}{l} \cdot \sin\varphi = 0 \quad \rightarrow \quad \ddot{\varphi} + \omega^2 \cdot \sin\varphi = 0$$

ausgegangen werden. Der Lösungstyp dieser Gleichung gehört zu den sogen. ‚Elliptischen Integralen', die Fachliteratur gibt Auskunft.

3. Beispiel

Schwerependel: Ein Schwerependel schwinge in einem gasförmigen Umfeld, beispielsweise in Luft, Abb. 2.114. Bei der Bewegung wird auf den Körper eine aerodynamische Widerstandskraft ausgeübt. Sie ist dem Betrage nach dem Quadrat der Geschwindigkeit proportional (vgl. Abschn. 2.4.2.3). A sei die Verdrängungsfläche des Körpers, ρ die Luftdichte und c_W der Strömungsbeiwert:

$$F_W = c_W \cdot \frac{\rho}{2} \cdot v^2 \cdot A$$

Die Festwerte werden zu einer Konstanten zusammengefasst:

$$F_W = d \cdot v^2 \quad \rightarrow \quad d = c_W \cdot \frac{\rho}{2} \cdot A \quad \rightarrow \quad [d] = \mathrm{N/(m/s)^2}$$

Abb. 2.114

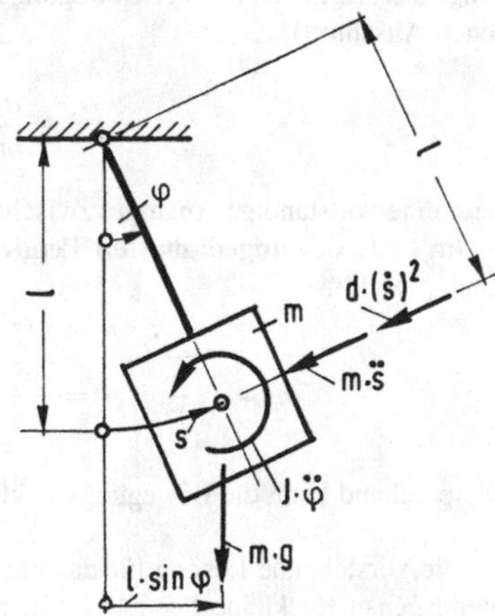

Abb. 2.115

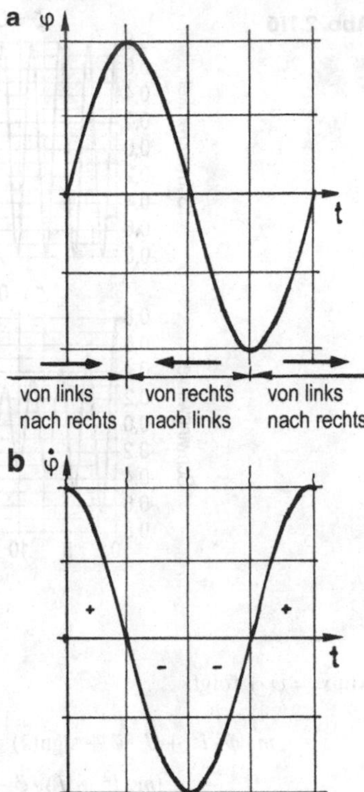

F_W hat die Bedeutung einer rückstellenden Dämpfungskraft. Sie wirkt immer der Bewegung entgegen. Dieser Sachverhalt wird durch die Signum-Funktion beschrieben. Ist $s = \varphi \cdot l$ der bogenförmige Schwingweg, lautet ihre Definition:

Schwingung in Richtung nach rechts: $\text{sign}(s) = +$,
Schwingung in Richtung nach links: $\text{sign}(s) = -$.
Damit gilt für F_W:

$$F_W = \text{sign}(\dot{s}) \cdot d \cdot \dot{s}^2 \quad \text{mit } \dot{s} = \dot{\varphi} \cdot l$$

In Abb. 2.115 ist erklärt, wie durch das Vorzeichen der Geschwindigkeit ($\dot{s}$ bzw. $\dot{\varphi}$) die Richtung von F_W gekennzeichnet wird.

Bezogen auf den Aufhängepunkt des Pendels lautet die kinetische Gleichgewichtsgleichung (Abb. 2.114):

$$\left(\sum M = 0\right): \quad (m \cdot \ddot{s}) \cdot l + J \cdot \ddot{\varphi} + \text{sign}(\dot{s}) \cdot d \cdot \dot{s}^2 \cdot l + m \cdot g \cdot l \cdot \sin\varphi = 0$$

Abb. 2.116

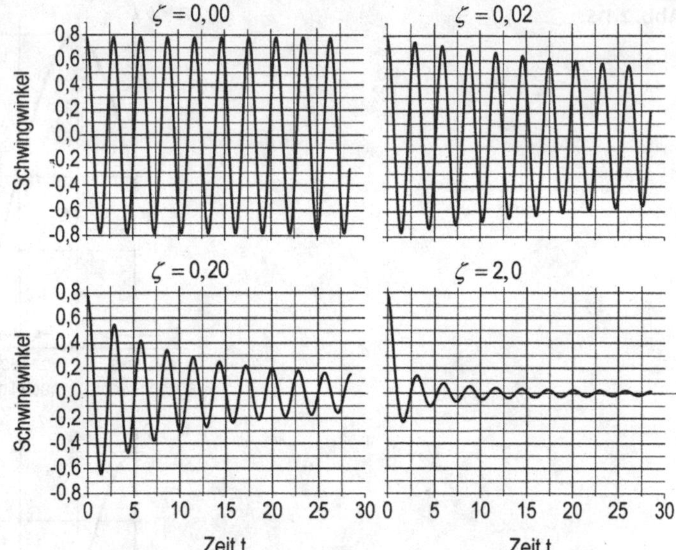

Mit $s = \varphi \cdot l$ folgt:

$$m \cdot \ddot{\varphi} \cdot l^2 + J \cdot \ddot{\varphi} + \operatorname{sign}(\dot{s}) \cdot d \cdot \dot{\varphi}^2 \cdot l^3 + m \cdot g \cdot l \cdot \sin\varphi = 0$$

$$\rightarrow \quad (m \cdot l^2 + J) \cdot \ddot{\varphi} + \operatorname{sign}(\dot{\varphi}) \cdot d \cdot l^3 \cdot \dot{\varphi}^2 + m \cdot g \cdot l \cdot \sin\varphi = 0$$

Nach weiterer Umformung lautet die zu lösende Differentialgleichung:

$$\ddot{\varphi} + \operatorname{sign}(\dot{\varphi}) \cdot \zeta \cdot \dot{\varphi}^2 + \omega^2 \cdot \sin\varphi = 0$$

Die Abkürzungen bedeuten:

$$\zeta = \frac{d \cdot l^3}{m \cdot l^2 + J}, \quad [\zeta] = 1; \quad \omega = \sqrt{\frac{m \cdot g \cdot l}{m \cdot l^2 + J}}, \quad [\omega] = \frac{1}{\mathrm{s}}$$

Hinweis: Der Dämpfungskennwert ζ hat hier eine andere Bedeutung wie im obigen Abschnitt!

Die Differentialgleichung lässt sich analytisch nicht lösen, wohl numerisch, z. B. mit Hilfe des Verfahrens nach Runge-Kutta. Es werde folgendes Zahlenbeispiel behandelt: Eine Stahlkugel mit einem Durchmesser 0,30 m und einer 2,0 m langen Pendelstange schwinge in Luft. Die Parameter ζ und ω findet man für $c_W = 0{,}5$ aus vorstehenden Formeln nach Zwischenrechnung zu: $\zeta = 0{,}0004$ und $\omega = 2{,}21\ \mathrm{s}^{-1}$. Ausgehend von einer Anfangsauslenkung $\varphi_0 = \frac{\pi}{4} = 45°$ zeigt Abb. 2.116 (links oben) die Lösung für den dämpfungsfreien Fall

($\zeta = 0$). Für die drei frei gewählten ζ-Werte 0,02; 0,20 und 2,0 sind in Abb. 2.115 die numerisch berechneten Schwingungen wiedergegeben. Aus dem Abklingcharakter erkennt man, dass die Dämpfung von nicht-viskoser Art ist. Ist das System dämpfungsfrei und werden nur ‚kleine' Amplituden erreicht, lautet die zugehörige Differentialgleichung $\ddot{\varphi} + \omega^2 \cdot \sin\varphi = 0$, wie es sein muss. Der Fall wurde oben diskutiert.

2.5.4 Eigenfrequenzen einfacher Schwingungssysteme – Beispiele

Die Kenntnis der Eigenfrequenz hat in der Schwingungsmechanik die allergrößte Bedeutung. Für einfache Systeme, wie beim zuvor behandelten Federschwinger oder Pendel, lassen sich explizite Formeln zur Berechnung der Eigenfrequenz herleiten.

Für komplizierte Systeme stehen spezielle Methoden für Rechnungen von Hand zur Verfügung. Sie wurden ehemals eingesetzt. Sie führten nach langwierigen Rechnungen zum Ergebnis. Dank des Computers und der hierfür unter Verwendung des Matrizenkalküls entwickelten numerischen Methoden, lassen sich solche Berechnungen heutzutage auf vergleichsweise einfache Weise erledigen, auch für verwickelte Systeme. Die Bestimmung der Eigenfrequenz (bzw. der Eigenfrequenzen bei mehrläufigen und kontinuierlichen Systemen) steht dabei stets am Anfang einer Schwingungsuntersuchung (vgl. z. B. [10]).

Anhand von Abb. 2.117 werden im Folgenden Hinweise zur Eigenfrequenzberechnung einiger einfacher Systeme gegeben. Sie gelten ausschließlich für ‚kleine' Schwingwege und unter der Maßgabe, dass der Einfluss der Dämpfung auf die Höhe der Eigenfrequenz vernachlässigbar gering ist.

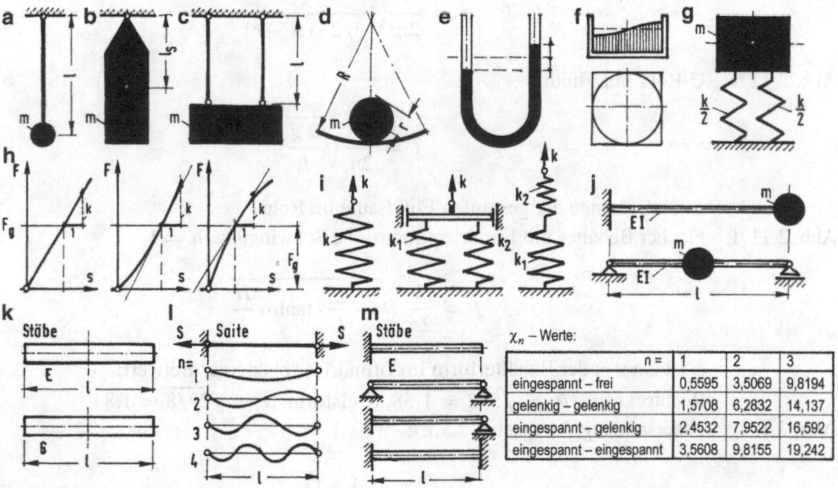

n =	1	2	3
eingespannt – frei	0,5595	3,5069	9,8194
gelenkig – gelenkig	1,5708	6,2832	14,137
eingespannt – gelenkig	2,4532	7,9522	16,592
eingespannt – eingespannt	3,5608	9,8155	19,242

Abb. 2.117

Abb. 2.117a: Punktpendel (Abschn. 2.5.3, 2. Beispiel):

$$f = \frac{1}{2\pi}\sqrt{\frac{g}{l}}; \quad g = 9{,}81\,\mathrm{m/s^2}$$

Abb. 2.117b: Schwerependel (Abschn. 2.5.3, 3. Beispiel):

$$f = \frac{1}{2\pi}\sqrt{\frac{m\,g \cdot l}{m\,l^2 + J}} = \frac{1}{2\pi}\sqrt{\frac{m\,g \cdot l}{J_0}}$$

J_0 ist das sich auf den Drehpunkt beziehende Trägheitsmoment. Sind m und l bekannt, kann J_0 bzw. J nach Messung der Schwingungsperiode mittels vorstehender Formel und deren Umstellung berechnet werden.

Abb. 2.117c: Transversalpendel:

$$f = \frac{1}{2\pi}\sqrt{\frac{g}{l}}$$

Bei den Schwingungen entstehen Wechselkräfte in den Haltestangen!

Abb. 2.117d: Rollende Kugel in einer Hohlkugel:

$$f = \frac{1}{2\pi}\sqrt{\frac{g}{7/5 \cdot (R - r)}}$$

Rollende Walze in einer Hohlwalze:

$$f = \frac{1}{2\pi}\sqrt{\frac{g}{3/2 \cdot (R - r)}}$$

Abb. 2.117e: U-Rohr mit Fluid:

$$f = \frac{1}{2\pi}\sqrt{\frac{2\,g}{L}}$$

L ist die Länge der gesamten Fluidsäule im Rohr.

Abb. 2.117f: Flacher Behälter mit Fluid, antimetrische Schwingung, $n = 1$:

$$f = \frac{1}{2\pi}\sqrt{\alpha \cdot \frac{g}{L} \cdot \tanh \alpha \frac{H}{L}}$$

α ist ein von der Behälterform im Grundriss abhängiger Beiwert:
Rechteckform: $\alpha = \sqrt{5/2} = 1{,}58$, Kreisform: $\alpha = \sqrt{27/8} = 1{,}84$

Abb. 2.117g: Federschwinger (Abschn. 2.5.2):

$$f = \frac{1}{2\pi}\sqrt{\frac{k}{m}}$$

Abb. 2.117h: Ist die Federkennlinie nichtlinear, z. B. progressiv (wie bei Elastomer-Federn) oder degressiv (wie bei Tellerfedern), wird in Höhe der statischen (Eigengewichts-)Einsenkung die Tangente an die Federlinie gelegt. Die Federkonstante ist jene Kraft (z. B. in N) die zu einer Verschiebung $s = 1$ (z. B. in m) gehört, k ergibt in der Einheit Kraft durch Länge (z. B. in N/m).

Abb. 2.117i: Die Federkonstante gekoppelter Federn wird gemäß der vorstehenden Vorschrift bestimmt:

Parallelschaltung zweier Federn mit den Federkonstanten k_1 und k_2:

$$s = \frac{k}{k_1 + k_2} = 1 \quad \rightarrow \quad k = k_1 + k_2$$

Serienschaltung zweier Federn mit den Federkonstanten k_1 und k_2: Infolge k längt sich die Feder 1 um k/k_1 und die Feder 2 um k/k_2. Die Summe wird gleich Eins gesetzt:

$$s = \frac{k}{k_1} + \frac{k}{k_2} = 1 \quad \rightarrow \quad k = \frac{1}{1/k_1 + 1/k_2}$$

Abb. 2.117j: Einfache Träger mit einer Einzelmasse am freien Ende. Die Biegesteifigkeit sei EI, E ist der Elastizitätsmodul und I das Flächenträgheitsmoment. Mit Hilfe der Methoden der Festigkeitslehre bzw. Statik wird die Durchbiegung am Ort der Masse infolge einer Einzelkraft bestimmt. Indem die Durchbiegung gleich ‚Eins' gesetzt wird, erhält man die Federkonstante:

Freiträger der Länge l: $k = 3\,EI/l^3$:

$$f = \frac{1}{2\pi}\sqrt{\frac{3EI}{m\,l^3}}$$

Einfacher Träger der Länge l, mittig belastet: $k = 48\,EI/l^3$:

$$f = \frac{1}{2\pi}\sqrt{\frac{48EI}{m\,l^3}}$$

Soll die Massebelegung des Trägers berücksichtigt werden und beträgt diese μ in kg/m, ist in der Formel für m im Falle des Freiträgers $m + \mu \cdot l/3$ und im Falle des einfachen Trägers $m + \mu \cdot l/2$ zu setzen.

Abb. 2.117k: Längseigenschwingungen bzw. Torsionseigenschwingungen eines Trägers:

$$f_n = \frac{n}{2l}\sqrt{\frac{E}{\rho}} \quad \text{bzw.} \quad f_n = \frac{(n + 1/2)}{2l}\sqrt{\frac{G}{\rho}},$$

ρ ist die Materialdichte.

Abb. 2.117l: Saite mit der Zugkraft S und der Massebelegung μ (z. B. in kg/m):

$$f_n = \frac{n}{2l}\sqrt{\frac{S}{\mu}}, \quad n = 1, 2, 3, \ldots$$

Abb. 2.117m: Stäbe mit der Biegesteifigkeit EI und der Massebelegung μ (z. B. in kg/m):

$$f_n = \chi_n \frac{1}{l^2}\sqrt{\frac{EI}{\mu}}, \quad n = 1, 2, 3, \ldots$$

Die χ_n-Werte sind in Teilabbildung m2 für vier unterschiedliche Randbedingungen angegeben.

Bei der Saite und den Stäben ist jeder Eigenfrequenz f_n eine bestimmte Eigenschwingungsform zugeordnet, man spricht verkürzt von Eigenform. Das gilt stets für alle Strukturen und Kontinua mit Massebelegung! Abb. 2.118 zeigt die erste, zweite, und dritte Eigenform des Freiträgers (eingespannt – frei).

Mit wachsender Eigenfrequenzordnung, wird der Einfluss der Schubverzerrung und Rotationsträgheit auf die Höhe des Frequenzwertes bedeutender.

Neben den aufgeführten Berechnungsbehelfen existieren im Fachschrifttum weitere. Eine computergestützte Berechnung wird heutzutage bei technischen Fragestellungen vorgezogen.

Abb. 2.119 zeigt hierfür ein Beispiel: Dargestellt sind die ersten vier Eigenformen für einen Fernsehturm. Die zugehörigen Eigenfrequenzen sind eingetragen. Den Eigenformen der Biegelinien (an der Spitze des Turmes auf ‚Eins' normiert) sind die für den Biegewinkel der Stabachse, für das Biegemoment und die Querkraft (Transversaalkraft) geltenden, zugeordnet.

Dass sich mit den heute zur Verfügung stehenden Berechnungsverfahren zuverlässige Ergebnisse erzielen lassen, ist in Abb. 2.120 bzw. in Abb. 2.121 für den **Münchner Fernsehturm** dokumentiert. Die berechneten ersten vier Eigenfrequenzen sind den gemessenen gegenübergestellt [31].

Anmerkung

Die dritte Eigenfrequenz ließ sich nicht zuverlässig bestimmen, weil die Messdosen im Turmschaft in Höhe des Knotens der zugehörigen Eigenform für das Biegemoment lagen.

Abb. 2.118

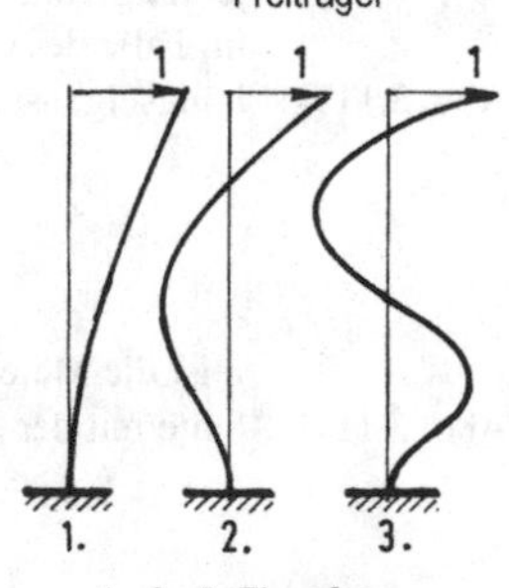

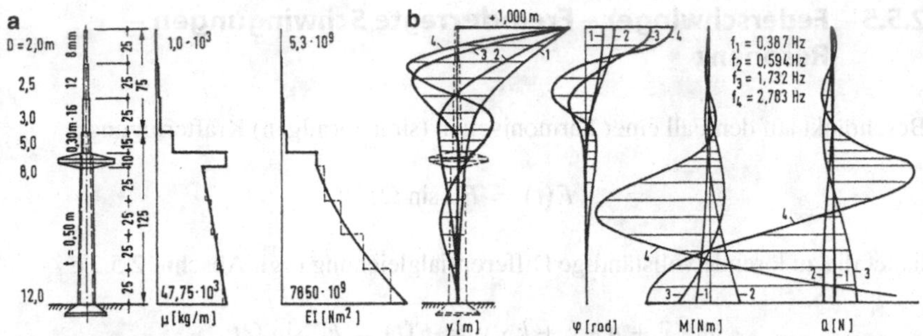

Turm mit Massebelegung und Steifigkeit

Eigenformen, jeweils normiert auf y = 1m an der Turmspitze

Abb. 2.119

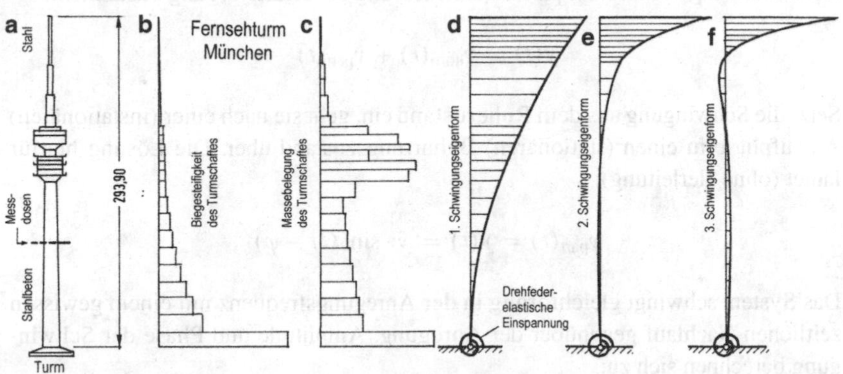

Abb. 2.120

Fernsehturm München: Eigenfrequenz / Eigenschwingzeit (Rechnung / Messung)

	Theorie	Einspannung	f bzw. T	n = 1	n = 2	n = 3	n = 4	
Rechnung	1. Ordnung	starr	f	0,186	0,763	1,045		Hz
	1. Ordnung	elastisch	f	0,182	0,755	1,034	≈ 1,8	Hz
	2. Ordnung	starr	f	0,180	0,757	1,038		Hz
	2. Ordnung	elastisch	f	0,176	0,749	1,027		Hz
	2. Ordnung	elastisch	T	5,70	1,34	0,974	≈ 0,55	s
Messung (Mittelwert)			f	0,181	-	0,98	≈ 1,7	Hz
			T	5,53	-	1,02	≈ 0,59	s

Abb. 2.121

2.5.5 Federschwinger – Fremderregte Schwingungen – Resonanz

Beschränkt auf den Fall einer harmonischen (sinusförmigen) Krafterregung

$$F(t) = \hat{F} \cdot \sin \Omega t$$

lautet die zu lösende vollständige Differentialgleichung (vgl. Abschn. 2.5.2):

$$m \cdot \ddot{y} + d \cdot \dot{y} + k \cdot y = F(t) = \hat{F} \cdot \sin \Omega t$$

$\hat{F}$ ist die Amplitude und Ω die Kreisfrequenz der harmonischen Krafterregung.

Die Lösung der Differentialgleichung setzt sich aus der homogenen Lösung der freien Schwingung und der partikulären Lösung der Krafterregung zusammen:

$$y(t) = y_{\text{hom}}(t) + y_{\text{part}}(t)$$

Setzt die Schwingung aus dem Ruhezustand ein, geht sie nach einer (instationären) Anlaufphase in einen (stationären) Beharrungszustand über. Die Lösung hierfür lautet (ohne Herleitung):

$$y_{\text{part}}(t) = y(t) = \hat{y} \cdot \sin(\Omega t - \varphi)$$

Das System schwingt gleichförmig in der Anregungsfrequenz mit einem gewissen zeitlichen Nachlauf gegenüber der Anregung. Amplitude und Phase der Schwingung berechnen sich zu:

$$\hat{y} = \frac{1}{\sqrt{\left[1 - \left(\frac{\Omega}{\omega}\right)^2\right]^2 + \left(2\zeta \frac{\Omega}{\omega}\right)^2}} \cdot \frac{\hat{F}}{k}, \quad \tan \varphi = \frac{2\zeta \frac{\Omega}{\omega}}{1 - \left(\frac{\Omega}{\omega}\right)^2}$$

Setzt die Erregung aus, kommt das System infolge der dem System innewohnenden Dämpfung nach einer gewissen (instationären) Auslaufphase wieder zur Ruhe. Die Dauer der Anlauf- und Auslaufphase sind von der Höhe der Dämpfung abhängig.

Um die Beharrungsschwingung zu charakterisieren, ist es üblich, die Schwingungsamplitude ($\hat{y}$) auf jene statische Verschiebung zu beziehen, die eine Kraft, die gleich der Kraftamplitude ist, verursachen würde, also bezogen auf:

$$y_{st} = \frac{\hat{F}}{k}$$

Abb. 2.122

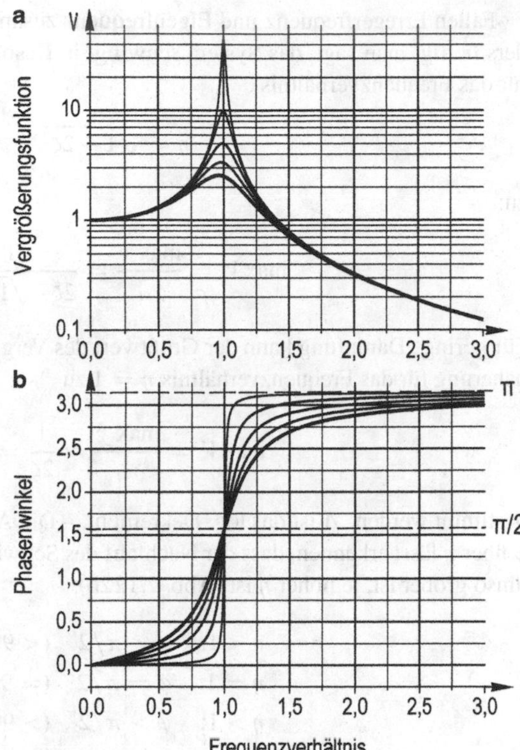

k ist die Federkonstante. Das Verhältnis von $\hat{y}$ zu y_{st} nennt man **Vergrößerungsfunktion**. Man kürzt es mit V ab:

$$V = \frac{\hat{y}}{y_{st}} = \frac{1}{\sqrt{(1-\eta^2)^2 + (2\zeta\eta)^2}}, \quad \tan\varphi = \frac{2\zeta\eta}{1-\eta^2}$$

Hierin kennzeichnet η das Verhältnis Erregerfrequenz zur Eigenfrequenz des Systems (Frequenzverhältnis):

$$\eta = \frac{\Omega}{\omega} \quad \text{mit } \omega = \sqrt{\frac{k}{m}}$$

In Abb. 2.122a ist der Verlauf der Vergrößerungsfunktion (V) über dem **Frequenzverhältnis** (η) für verschiedene **Dämpfungsgrade** (ζ) aufgetragen.

Fallen Erregerfrequenz und Eigenfrequenz zusammen, ist die Reaktion besonders heftig; man sagt, das System schwingt in **Resonanz**. Der Maximalwert folgt für das Frequenzverhältnis

$$\eta = \sqrt{1 - 2\zeta^2}$$

zu:

$$\max V = \frac{\max \hat{y}}{y_{st}} = \frac{1}{2\zeta \cdot \sqrt{1 - \zeta^2}}$$

Für geringe Dämpfung kann der Größtwert des Vergrößerungsfaktors in guter Annäherung für das Frequenzverhältnis $\eta = 1$ zu

$$\max V = \frac{\max \hat{y}}{y_{st}} \approx \frac{1}{2\zeta} = \frac{\pi}{\Lambda}$$

bestimmt werden. Λ ist das log. Dekrement. – Die Auftragung des Phasenwinkels φ über η lässt erkennen, dass der Nachlauf des Schwingweges gegenüber der Kraft umso größer ist, je höher η ist (Abb. 2.122b):

$$\begin{aligned} \eta < 1: &\quad \varphi < \pi/2 \quad (< 90°), \\ \eta = 1: &\quad \varphi = \pi/2 \quad (= 90°), \\ \eta > 1: &\quad \varphi > \pi/2 \quad (> 90°). \end{aligned}$$

Im Falle $\eta \gg 1$: $\varphi \rightarrow \pi$ ($\rightarrow$ 180°) schwingt das System in Gegenphase zur Krafterregung.

2.5.6 Beispiele: Fremderregte Schwingungen

1. Beispiel

Das Resonanzspektrum in Abb. 2.122a lässt erkennen, dass die Vergrößerungsfunktion V für Frequenzverhältnisse η größer ca. 1,4 kleiner Eins wird. Je größer der Abstand zwischen η und der Resonanzstelle ist, umso mehr nähert sich V gegen Null! Das bedeutet, das fremderregte System befindet sich nahezu im Ruhezustand. Aus diesem Befund kann ein Nutzen für die Auslegung einer **Maschinengründung** gezogen werden: Um die Maschine möglichst vibrationsfrei zu betreiben, ist die Eigenfrequenz der Anlage möglichst niedrig einzustellen. Das zeigt die Formel für das Frequenzverhältnis $\eta = \Omega/\omega$. Da die Erregerfrequenz Ω betriebsbedingt fest liegt, kann das Ziel nur über die Einstellung der Eigenfrequenz des Systems erreicht werden. Um einen hohen η-Wert zu erhalten, muss $\omega = \sqrt{k/m}$ mög-

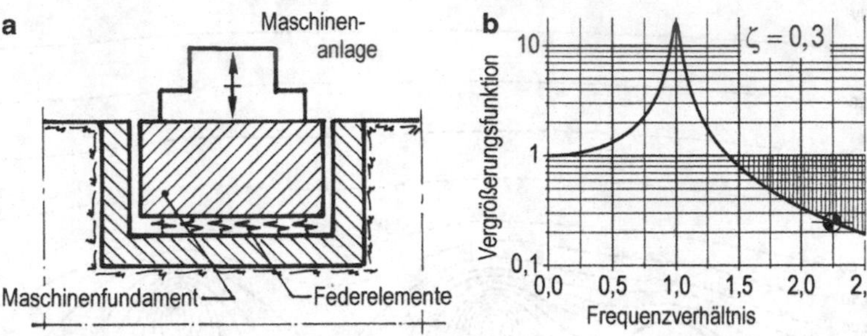

Abb. 2.123

lichst niedrig liegen. Entweder muss die Federkonstante k, also die Steifigkeit der Gründung, niedrig liegen oder die Masse des Fundamentes m muss möglichst groß sein, oder beides gemeinsam. Tatsächlich werden Maschinenfundamente in dieser Weise ausgelegt. Abb. 2.123a zeigt das Prinzip einer solchen Lösung. Vielfach genügt eine alleinige ‚weiche' Aufstellung der Maschine auf Spiralfeder- oder Gummifederelementen. Es kommen auch gelochte Kork- oder Elastomermatten (Elastomer = Gummi) zum Einsatz. Sie werden unter dem Fundament oder direkt unter der Maschine angeordnet. Man sagt: Die Maschine arbeitet im überkritischen Bereich (Abb. 2.123b). Die Lösung hat einen Nachteil: Während des Anlaufs und während des Auslaufs durchläuft die Anlage die Resonanzstelle, was mit einer gewissen Unruhe oder gar mit stärkeren Schwingungen einhergeht.

2. Beispiel

Schwingungsfähige Strukturen können durch ein strömendes Medium (Luft, Wasser) zu Schwingungen angeregt werden. Man spricht von **strömungsinduzierten Schwingungen**. Sie beruhen auf fluid-elastischen Wechselwirkungen zwischen der schwingenden Struktur und dem strömenden Fluid, welches die kinetische Anregungs-Energie mit sich führt. Im Falle von Wind werden folgende Phänomene unterschieden:

- **Böeninduzierte** Schwingungen in Richtung des Windes bei Sturm/Orkan.
- **Wirbelinduzierte** Schwingungen zylindrischer Objekte, insbesondere solcher mit Kreisquerschnitt. Betroffen sind z. B. hohe, schlanke Industrieschornsteine. Die Schwingungen stellen sich quer zur Windrichtung ein. Man spricht von einer Kármán'schen Querschwingung, da das Strömungsphänomen erstmals von T. v. KÁRMÁN (1881–1963) im Jahre 1912 potential-theoretisch behandelt wurde.
- **Bewegungsinduzierte** Schwingungen schlanker Strukturen mit einem aeroelastisch instabilen Querschnittsprofil. Setzt die Bewegung bei einer bestimmten kritischen Windgeschwindigkeit ein, werden die Luftkräfte von der schwingenden Struktur so gesteuert, dass die Schwingung immer stärker angefacht wird, wie beispielsweise bei vereisten Freileitungsseilen oder bei torsionsweichen Flugzeugtragflügeln oder auch bei Hängebrücken; man spricht von Flatterschwingungen.

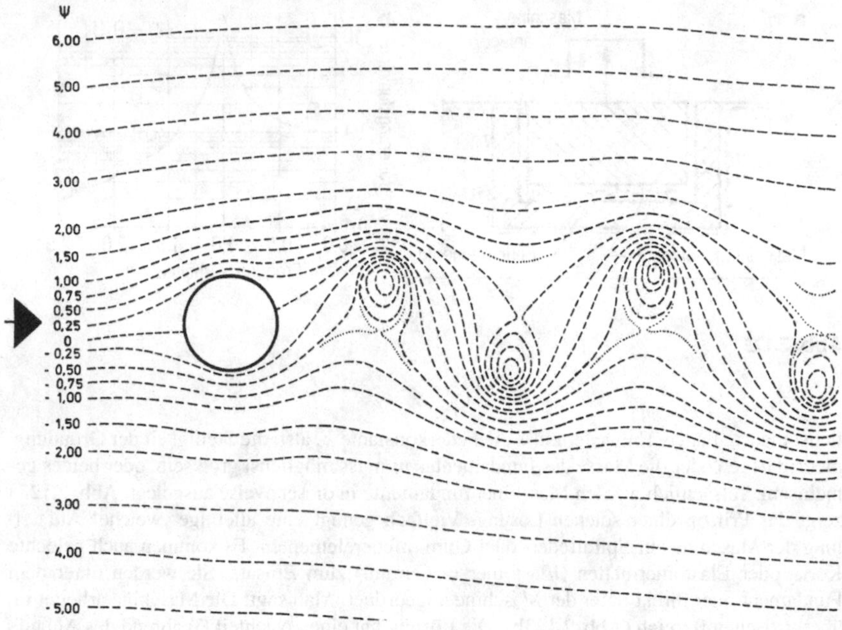

Abb. 2.124

Abb. 2.124 zeigt eine sich hinter einem Zylinder bildende Wirbelstraße (hier als Potentialströmung modelliert). Durch die sich im Wechsel ablösenden Wirbel wirkt auf den Zylinder eine Wechselkraft in der Ablösefrequenz. Die Ablösefrequenz der Wirbel folgt dem Gesetz:

$$f = S \cdot \frac{v}{d}$$

v ist die Geschwindigkeit der Wind- oder Wasserströmung und d der Durchmesser des Kreiszylinders. Mit S ist die sogen. Strouhal-Zahl abgekürzt, erstmals experimentell bestimmt von V. STROUHAL (1850–1922). Sie beträgt etwa $S = 0{,}2$.

Herrscht eine Windgeschwindigkeit, bei welcher die Ablösefrequenz der Wirbel mit der Eigenfrequenz der Struktur übereinstimmt, kann es zu Resonanzschwingungen kommen. Die sich aufschaukelnden Schwingungen können so heftig sein, dass die bauliche Anlage einstürzt. Diese Gefahr ist besonders groß, wenn die Eigendämpfung der Struktur gering ist. Die kritische Windgeschwindig-

Abb. 2.125

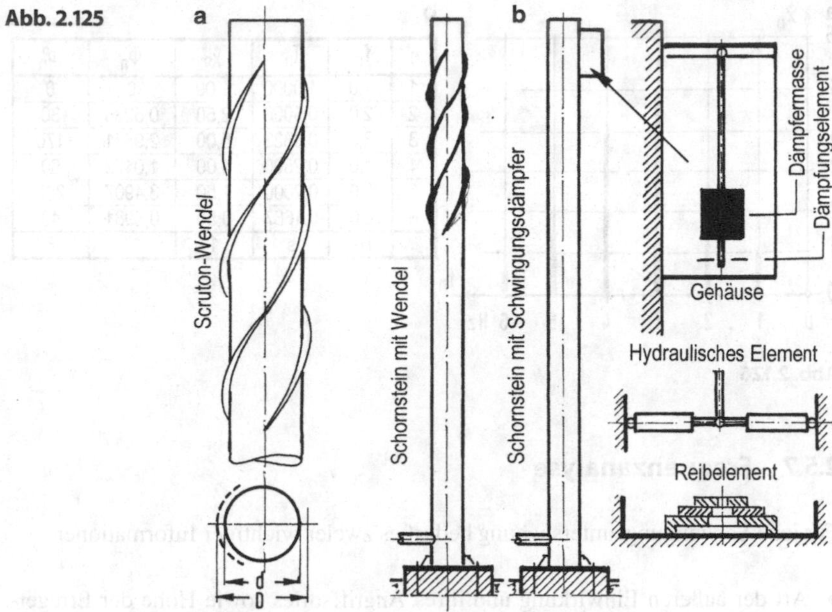

keit folgt aus der Gleichsetzung der Eigenfrequenz mit der Ablösefrequenz:

$$S \cdot \frac{v_{\text{krit}}}{d} \stackrel{!}{=} f_{\text{eig}} \quad \rightarrow \quad v_{\text{krit}} = \frac{d}{S} \cdot f_{\text{eig}} = \frac{d}{0{,}2} \cdot f_{\text{eig}} = 5 \cdot d \cdot f_{\text{eig}}$$

Beträgt der Durchmesser der kreiszylindrischen Struktur beispielsweise 1,0 m und die Eigenfrequenz 1,25 Hz, beträgt die kritische Windgeschwindigkeit:

$$v_{\text{krit}} = 5 \cdot 1{,}0 \cdot 1{,}25 = 6{,}25\,\text{m/s}.$$

Das ist eine bei stärkerem Wind häufig auftretende (mittlere) Windgeschwindigkeit. Das Objekt wäre demnach als schwingungsgefährdet einzustufen. Abhilfe gelingt durch eine Störwendel, welche die Ausbildung einer stabilen Wirbelstraße unterbindet, oder mit Hilfe eines Schwingungsdämpfers, mit dem die Dämpfung der turmartigen Anlage wirkungsvoll angehoben werden kann (Abb. 2.125a, b).

a

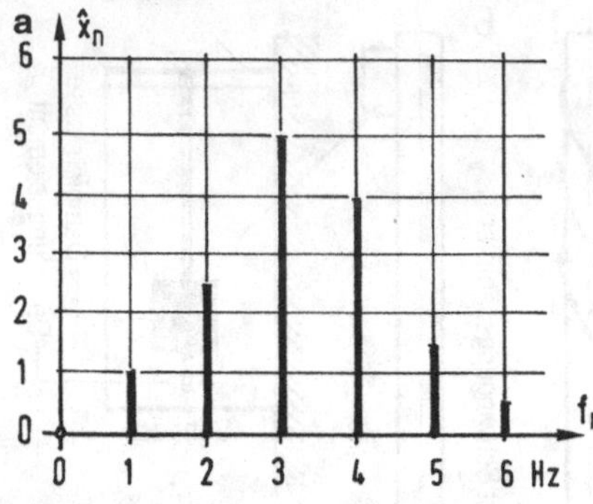

b

n	f_n	T_n	$\hat{x}_n$	$\hat{\varphi}_n$	φ^o_n
1	1,0	1,0000	1,00	0	0
2	2,0	0,5000	2,50	0,5236	30
3	3,0	0,3333	5,00	2,9671	170
4	4,0	0,2500	4,00	1,0472	60
5	5,0	0,2000	1,50	3,4907	200
6	6,0	0,1667	0,50	0,6981	40
	Hz	s	1		°

Abb. 2.126

2.5.7 Frequenzanalyse

Für jede Schwingungsuntersuchung bedarf es zweier wichtiger Informationen:

- Art der äußeren Einwirkung und ihres Angriffsortes sowie Höhe der Erregerfrequenz, wobei es sich auch um zwei oder mehrere Erregerfrequenzen handeln kann oder um ein Erregerfrequenzband zwischen einem unteren und oberen Grenzwert.
- Höhe der Eigenfrequenz oder der Eigenfrequenzen jener Struktur, die der äußeren Einwirkung ausgesetzt ist und die untersucht werden soll.

Führt eine theoretische Berechnung nicht zum Ziel, muss gemessen werden.

Es werde ein **Beispiel** betrachtet: Die dynamische Größe, für die das Frequenzspektrum gesucht ist, werde mit $x = x(t)$ abgekürzt. Die periodische Funktion setze sich aus sechs harmonischen (sinusförmigen) Anteilen additiv zusammen:

$$x(t) = \sum_{n=1}^{6} x_n \cdot \sin(2\pi f_n + \varphi_n)$$

($\sum$ ist das Symbol für eine Summe, hier über 6 Anteile; n ist die Laufvariable.)

In Abb. 2.126a ist das diskrete Amplitudenspektrum für das Beispiel dargestellt. In Teilabbildung b sind alle Kennwerte der sechs sinusförmigen Anteile tabellarisch aufgelistet, das sind die Amplituden ($\hat{x}_n$) und Nullphasenwinkel (φ_n) in Abhängigkeit von den sechs Frequenzen f_n, $n = 1, 2, 3, 4, 5, 6$. – Abb. 2.127 gibt die Überlagerung der sechs

Abb. 2.127

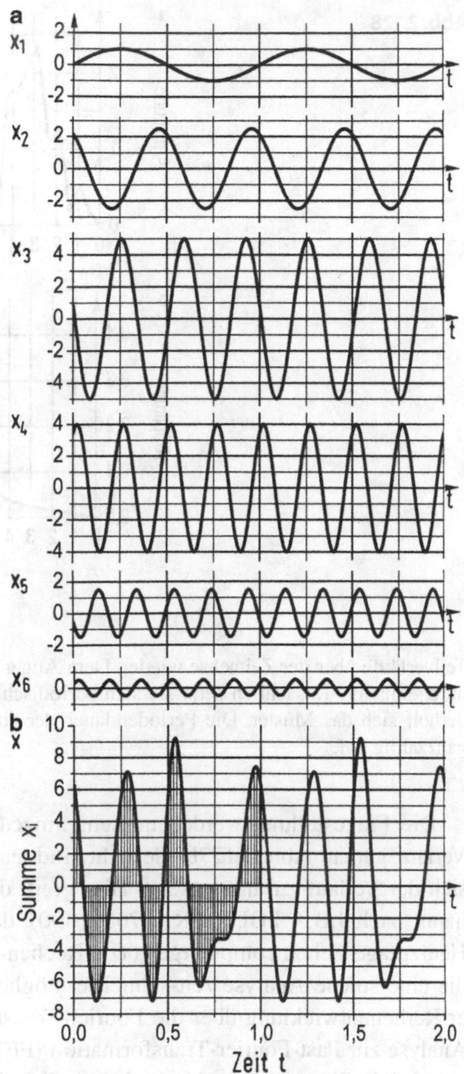
a
x1
2
0
-2
t
x2
2
0
-2
t
x3
4
2
0
-2
-4
t
x4
4
2
0
-2
-4
t
x5
2
0
-2
t
x6
0
t
b
x
10
8
6
4
2
0
-2
-4
-6
-8
Summe x
t
0,0
0,5
1,0
1,5
2,0
Zeit t

Abb. 2.128

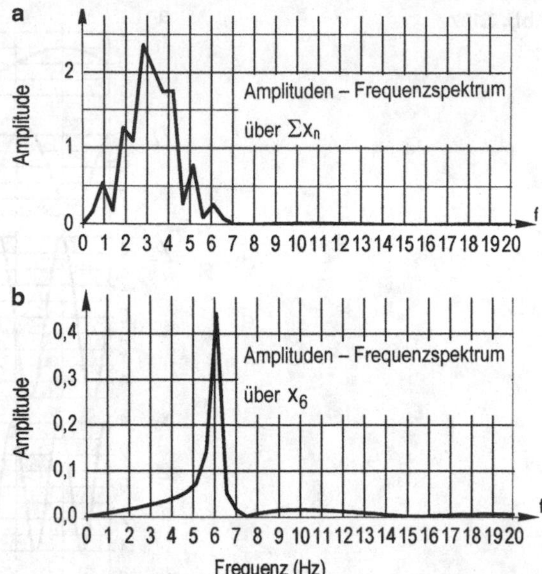

Teilverläufe über der Zeitachse wieder. Dem Augenschein nach ist die Überlagerung höchst unregelmäßig. Tatsächlich setzt sie sich periodisch mit der Periode 1,0 s fort, mit ihr wiederholt sich das Muster. Die Periodendauer der einzelnen Verläufe gehen in 1,0 s jeweils ganzzahlig auf.

Die Fragestellung werde nunmehr umgedreht: Gegeben sei der dynamische Verlauf gemäß Abb. 2.127b. Gesucht sind jene harmonischen Anteile, aus denen sich der Verlauf zusammensetzt. Hier greift die sogenannte Fourier-Analyse, benannt nach J.B.J. FOURIER (1768–1830), der sie im Jahre 1822 publizierte. – Heutzutage stehen computergestützte Rechen- und Messverfahren zur Verfügung, die eine solche Analyse zeit-schnell ermöglichen. Sie haben sich aus der Fourier-Reihenentwicklung über die Fourier-Transformation und die diskrete Fourier-Analyse zur Fast-Fourier-Transformation (FFT, Schnelle Fourier-Transformation) entwickelt. Sie spielen in der modernen Signalverarbeitung eine zentrale Rolle.

Wird der Verlauf in Abb. 2.127b mit Hilfe eines kommerziellen Rechenprogramms einer FFT-Analyse unterzogen, gewinnt man das in Abb. 2.128 wiedergegebene Amplitudenspektrum. Der Schrieb in Teilbild a ermöglicht es, anhand der

'Peaks', also der einzelnen Spitzen, die diskreten Frequenzen 1,0; 2,0; 3,0; 4,0; 5,0 und 6,0 Hz zu identifizieren. Diese Information ist i. Allg. die gesuchte. Die Höhe der einzelnen Amplituden korrespondiert indessen nicht mit jenen der Ausgangswerte! – Eine FFT für den alleinigen Verlauf von $x_6 = x_6(t)$ ergibt das in Abb. 2.128b wieder gegebene Ergebnis: Bei $f = 6{,}0\,\text{Hz}$ liegt ein scharfer Peak, wie es sein muss (eigentlich wäre ein Strich zu erwarten). Die Spitze des Peaks erreicht auch hier nur etwa die Hälfte des Ausgangswertes

Mit Hilfe sogenannter 'Befensterungen' gelingt es, den Amplitudenfehler weitgehend zu reduzieren.

Ist $x = x(t)$ die zu analysierende periodische Größe bzw. Funktion, berechnen sich die Fourier-Koeffizienten mittels der Formeln:

$$a_0 = \frac{2}{T}\int_0^T x(t)\,dt; \quad a_n = \frac{2}{T}\int_0^T x(t)\cdot\cos 2\pi f_n t\,dt;$$

$$b_n = \frac{2}{T}\int_0^T x(t)\cdot\sin 2\pi f_n t\,dt$$

Hiermit baut sich die angenäherte Funktion als Summe auf:

$$x(t) \approx \frac{a_0}{2} + \sum_n (a_n\cdot\cos 2\pi f_n t + b_n\cdot\sin 2\pi f_n t);$$

$$f_n = n\cdot\frac{2\pi}{T}, \quad n = 1, 2, 3, \ldots$$

T ist die Periode der Entwicklung. Die Formeln für die Fourier-Koeffizienten ergeben sich aus der Bedingung, dass das Integral über dem Abweichungsquadrat zwischen der approximierten und der vorgelegten Funktion zu einem Minimum wird.

Ist die vorgelegte Funktion $x = x(t)$ von analytischer Art, gelingt in vielen Fällen eine analytische Integration, um die Fourier-Koeffizienten zu bestimmen, im anderen Falle muss numerisch integriert werden.

Liegt die Funktion $x = x(t)$ als gemessener Schrieb vor, lassen sich a_0, a_n und b_n mit Hilfe der Diskreten Fourier-Analyse computergestützt finden oder mittels der FFT.

Abb. 2.129

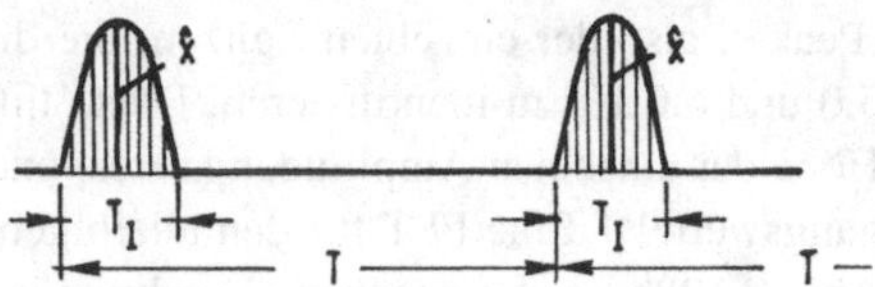

1. Beispiel

Gegeben sei die in Abb. 2.129 dargestellte Abfolge halbsinusförmiger Impulse innerhalb der Periode T. Die Dauer der Einzelimpulse betrage T_I. Der Spitzenwert der Impulse sei $\hat{x}$. Die Fourier-Koeffizienten ergeben sich nach längerer Rechnung zu:

$$a_0 = \frac{4}{\pi} \cdot \frac{T_I}{T} \hat{x}, \quad a_n = 2\pi \frac{T_I/T}{\pi^2 - (2n\pi \cdot T_I/T)^2} [\hat{x} \cdot (1 + \cos 2n\pi \cdot T_I/T)]$$

$$b_n = 2\pi \frac{T_I/T}{\pi^2 - (2n\pi \cdot T_I/T)^2} [\hat{x} \cdot \sin 2n\pi \cdot T_I/T]$$

Für den Fall $T_I/T = 1/4$ und $\hat{x} = 1$ weist die Tabelle in Abb. 2.130a die ersten 12 Fourier-Koeffizienten aus. In Teilabbildung b sind die Spektren von a_n und b_n über $n = 1$ bis $n = 12$ dargestellt. – Beschränkt auf die ersten fünf Harmonischen ergibt deren Summe das

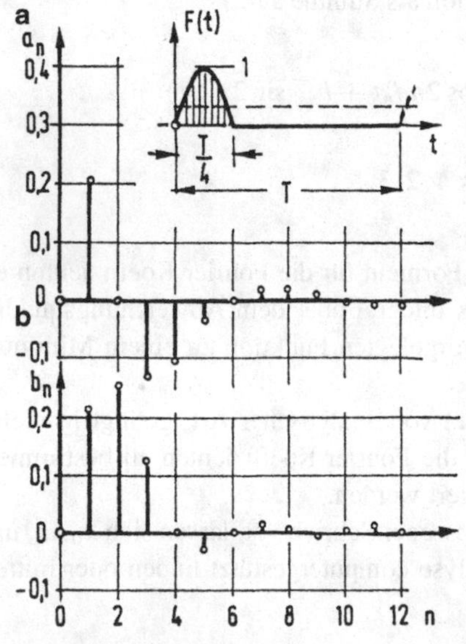

c

n	a_n	b_n
0	0,31766	0
1	0,21188	0,21188
2	0	0,25000
3	-0,12765	0,12765
4	-0,10676	0
5	-0,03065	-0,03065
6	0	0
7	-0,01448	0,01449
8	-0,02188	0
9	-0,00860	-0,00860
10	0	0
11	-0,00578	0,00578
12	-0,00978	0

Abb. 2.130

Abb. 2.131

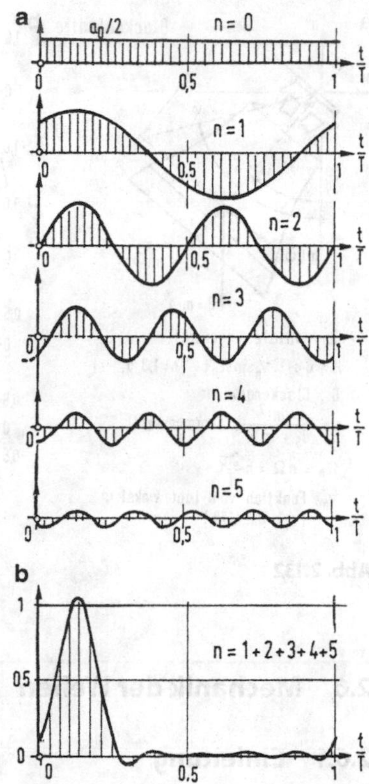

in Abb. 2.131b wieder gegebene Ergebnis, offensichtlich wird schon mit $n = 5$ Gliedern eine recht gute Annäherung an den vorgelegten Impulsverlauf erreicht.

2. Beispiel

Durch die Schwingungen einer Glocke werden über den Glockenstuhl horizontale Kräfte $H = H(t)$ auf den Glockenturm ausgeübt. Sie sind in ihrer Größe und in ihrem zeitlichen Verlauf vom Läutewinkel $\hat{\varphi}$ abhängig. Die Formel in Abb. 2.132a erlaubt die Berechnung der Horizontalkraft H über die Dauer einer Schwingungsperiode in Form einer Fourier-Reihe. In Teilabbildung b ist der bezogene Verlauf $H/G \cdot c$ für einen Läutewinkel $\hat{\varphi} = 60°$ dargestellt. c ist ein Formbeiwert, der die Glocke über ihr Trägheitsmoment kennzeichnet. – Abb. 2.132b, c zeigt, wie sich der antimetrische Kraftverlauf durch die Harmonischen $n = 1$, $n = 3$ und $n = 5$ zusammensetzt. Falls eine der zugehörigen Frequenzen mit der Grundfrequenz des Glockenturmes zusammenfällt, besteht die Gefahr einer Resonanzanregung in dieser Teilfrequenz. Einzelheiten können DIN 4178 entnommen werden.

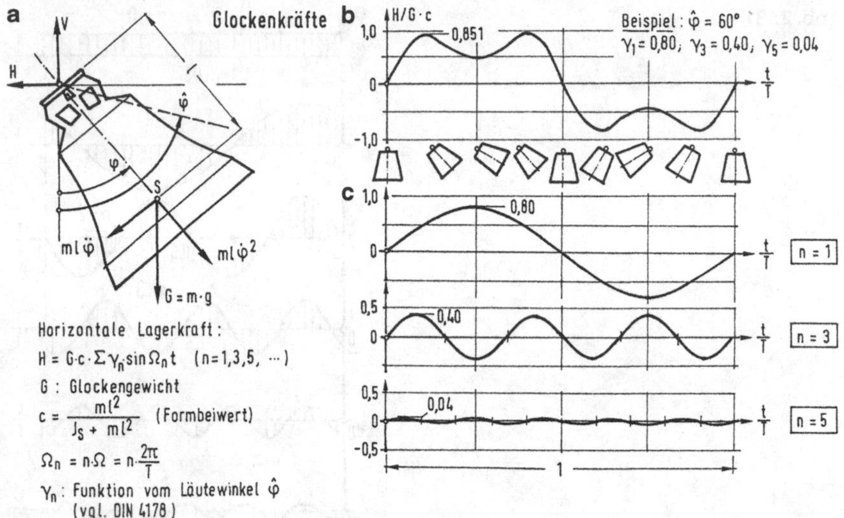

Abb. 2.132

2.6 Mechanik der Wellen

2.6.1 Einleitung

Im vorangegangenen Abschnitt (Schwingungsmechanik) wurden zyklische Bewegungen materieller Körper und Kontinua als Bewegungsvorgang innerhalb eines energetisch geschlossenen Systems behandelt. Wellen beschreiben auch einen schwingenden Vorgang. Im Gegensatz zu ‚stehenden' Schwingungen ‚laufen' sie. Sie ändern sich periodisch nicht nur mit der Zeit, sondern auch räumlich (meist in beiden Fällen harmonisch). Sie transportieren dabei Energie und Impuls. Materie wird von der Welle nicht transportiert!

Im Folgenden werden **mechanische Wellen** eines schwingungsfähigen (massebehafteten) Kontinuums untersucht, beschränkt auf eindimensional (linienförmig) fortschreitende Wellen. Daneben gibt es zwei- und dreidimensionale Wellen in der Fläche bzw. im Raum. Beispiele dafür sind Kreis- und Kugelwellen.

Der Form nach werden Längswellen (Longitudinalwellen) und Querwellen (Transversalwellen) unterschieden. Erstgenannte gehen mit Zug-Druck-Verzerrungen bzw. Zug-Druck-Spannungen in Längsrichtung, zweitgenannte mit Schub-

Gleitungen bzw. Schub-Spannungen quer dazu einher. In einem elastischen Stab pflanzen sie sich mit unterschiedlicher Geschwindigkeit fort:

$$\text{Longitudinalwellen:} \quad c = \sqrt{\frac{E}{\rho}} \quad E\text{: Elastizitätsmodul}$$

$$\text{Transversalwellen:} \quad c = \sqrt{\frac{G}{\rho}} \quad G\text{: Schubmodul}$$

ρ ist die Stoffdichte. Der Schubmodul liegt niedriger als der Elastizitätsmodul, folglich liegt die Fortpflanzungsgeschwindigkeit der Transversalwelle niedriger als jene der Longitudinalwelle. – Da Fluide und Gase praktisch keine, allenfalls nur eine sehr geringe Schub-/Scherfestigkeit besitzen, können sich mechanische Wellen in diesen (z. B. Schallwellen) nur als Longitudinalwellen fortpflanzen.

Bei den mechanischen Wellen schwingen die einzelnen Massenteilchen um ihre statische Ruhelage, die Teilchen selbst verbleiben am Ort!

Alle mechanischen Wellen klingen im Medium infolge innerer Reibungseinflüsse auf Null ab. Sie laufen aus, wenn der Raum unbegrenzt ist.

Neben den genannten gibt es weitere Wellenformen, z. B. jene vom Love- und Rayleigh-Typ (Oberflächenwellen), die in der Seismik eine Rolle spielen, und jene vom Morrison-Typ, die in der Meeresmechanik Bedeutung haben.

Elektromagnetische Wellen sind von einer grundsätzlich anderen Art. Gleichwohl stimmt ihre kinematische Beschreibung mit jener der mechanischen Wellen überein. Sie werden in Bd. III, Abschn. 1.7 getrennt behandelt. Elektromagnetische Wellen schwingen transversal, sie sind zudem polarisiert. Sie sind nicht an ein schwingungsfähiges Kontinuum gebunden, sie pflanzen sich auch im Vakuum fort. Ein Beispiel dafür ist Licht, das sich mit Lichtgeschwindigkeit fortpflanzt: $c_0 \approx 3 \cdot 10^8\,\text{m/s}$ (= konstant). In Medien (Gasen, Fluiden und Festkörpern) liegt die Lichtgeschwindigkeit niedriger, sie ist dann stoffabhängig.

Der Wellenfortpflanzung elektromagnetischer Wellen liegen andere physikalische Prozesse zugrunde als jene mechanischer Wellen. Welcher Natur sie genau sind, ist immer noch nicht vollständig geklärt. Es handelt sich letztlich um die wellenförmige Ausbreitung von Energie und Impuls in einem elektromagnetischen Feld. Dieser Vorgang ist nur schwierig zu begreifen, zumal das Feld auch als Teilchenstrom gedeutet werden kann, es sind Teilchen, die Impuls und Energie tragen.

Materiewellen haben im Mikrokosmos der Atome und Moleküle, also in der ‚Welt der Elementarteilchen', Bedeutung. Eine Materiewelle ist keine reale Welle in physikalischem Sinne, sondern ein mathematisches Konstrukt. Sie gibt die Wahrscheinlichkeit dafür an, dass sich ein Teilchen zu einem bestimmten Zeitpunkt an einem bestimmten Ort befindet. Man spricht daher auch von Wahrscheinlichkeitswelle. Ihre Theorie fällt in das Gebiet der Quantenmechanik (Bd. IV, Abschn. 1.1.10).

Beschleunigte Massen vermögen **Gravitationswellen** im Raum-Zeit-Kontinuum auszulösen, so postuliert es die Allgemeine Relativitätstheorie. Ihr Nachweis ist schwierig. Im Jahre 2016 ist der Nachweis erstmals gelungen. Quelle der Wellen war eine Verschmelzung zweier Schwarzer Löcher, vgl. zur Thematik Bd. III, Abschn. 4.3.9.

2.6.2 Kinematik des ebenen Wellenfeldes – Ausbreitungsgeschwindigkeit

Eine sinusveränderliche (harmonische), sich in eine Richtung linear ausbreitende Welle, lässt sich durch die Funktion

$$u(x,t) = \hat{u}\sin 2\pi\left(\frac{t}{T} - \frac{x}{\lambda}\right) \quad \text{(a)}$$

kinematisch beschreiben. Hierbei steht $u(x,t)$ für die Verschiebung der materiellen Teilchen in Richtung der Ortskoordinate x zum Zeitpunkt t. $\hat{u}$ ist die Amplitude dieser Schwingung. t ist die Zeitkoordinate. Es handelt sich um eine zyklische Bewegung im Orts- **und** Zeitraum.

Abb. 2.133a zeigt einen Stab, der sich in Richtung x erstreckt. Er kann (als Modell) durch eine Folge von Massenteilchen ersetzt werden, die untereinander

Abb. 2.133

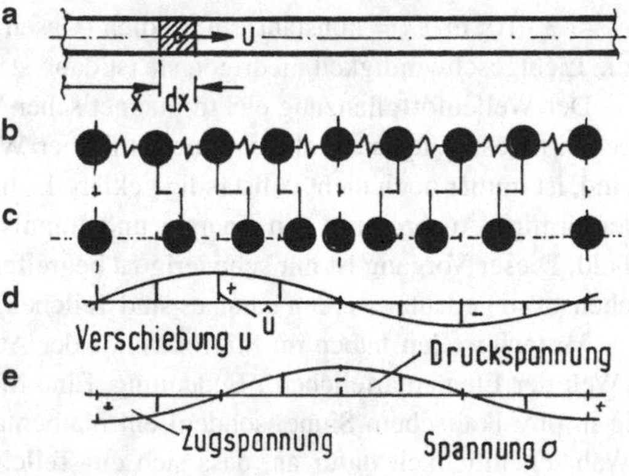

federelastisch verbunden sind (Teilabbildung b). Teilabbildung c zeigt, wie die Massen hin und her schwingen. Für einen **festen Zeitpunkt** $t = t_0$ beschreibt die Funktion

$$u(x) = \hat{u} \cdot \sin 2\pi \left(\frac{t_0}{T} - \frac{x}{\lambda} \right) = \hat{u} \cdot \left(\sin 2\pi \frac{t_0}{T} \cdot \cos 2\pi \frac{x}{\lambda} - \cos 2\pi \frac{t_0}{T} \cdot \sin 2\pi \frac{x}{\lambda} \right)$$

die Wellenbewegung entlang der Ortsachse. Ein bestimmter Merkmalswert wiederholt sich, wenn $x = \lambda$ ist, genauer, wenn $x = n \cdot \lambda$ ist, wobei n eine ganze positive Zahl ist ($n = 1, 2, 3, \ldots$). λ ist die **Wellenlänge**.

Für einen **festen Ort** $x = x_0$ beschreibt die Funktion

$$u(t) = \hat{u} \cdot \sin 2\pi \left(\frac{t}{T} - \frac{x_0}{\lambda} \right) = \hat{u} \cdot \left(\sin 2\pi \frac{t}{T} \cdot \cos 2\pi \frac{x_0}{\lambda} - \cos 2\pi \frac{t}{T} \cdot \sin 2\pi \frac{x_0}{\lambda} \right)$$

die Wellenbewegung entlang der Zeitachse. Ein bestimmter Merkmalswert wiederholt sich, wenn $t = T$ ist. T ist die **Periode** (Schwingungszeit). Anstelle T, also der Dauer eines Zyklus, wird vielfach mit der Anzahl der Zyklen pro Zeiteinheit gerechnet. Das ist die **Frequenz**. Sie ist der Kehrwert von T. Im Gegensatz zum vorangegangenen Abschnitt (Schwingungsmechanik) wird die Frequenz bei der Beschreibung von Wellen hier mit ν abgekürzt! Die formelmäßige Beziehung zwischen T und ν lautet:

$$\nu = 1/T \quad \text{bzw.} \quad T = 1/\nu.$$

Die Einheiten von λ, T und ν sind:

$$[\lambda] = \text{m}, \quad [T] = \text{s}, \quad [\nu] = 1/\text{s} = \text{Hz (Hertz)}$$

Beispiel

Die Frequenz sei 50 Hz, dann beträgt die Dauer einer Schwingung: $1/50 = 0{,}02$ s. 50 Hz steht für 50 Schwingungen pro Sekunde.

In Abb. 2.134 ist die Wellenbewegung veranschaulicht. Der Pfeil im schraffierten Orts-Zeit-Feld markiert die Wellenfortpflanzung in Orts- *und* Zeitrichtung: Wenn das Argument der Sinusfunktion in Formel (a) einen bestimmten Merkmalswert erstmals wieder annimmt, z. B. einen gleichgerichteten Nulldurchgang, dann hat sich die Welle in Richtung x um λ *und* in Richtung t um T fortgepflanzt. Zwei aufeinander folgende Nulldurchgänge (Knoten) sind demgemäß durch

$$\frac{t}{T} - \frac{x}{\lambda} = 0 \quad \rightarrow \quad \frac{x}{t} = \frac{\lambda}{T} = \lambda \cdot \nu$$

Abb. 2.134

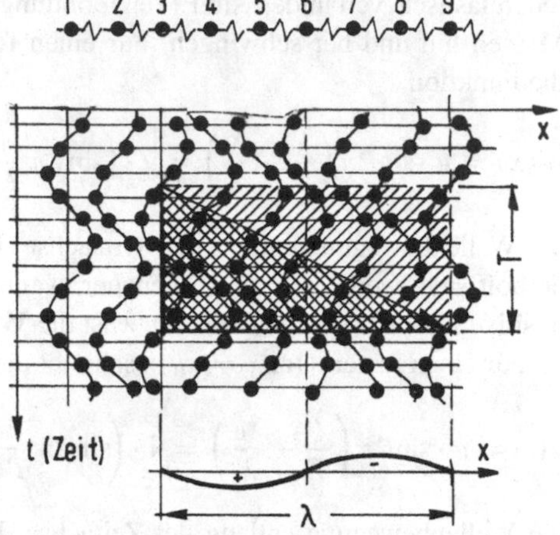

bestimmt. x/t ist die **Fortpflanzungsgeschwindigkeit** der Welle, sie wird mit c abgekürzt. Man nennt c auch **Ausbreitungs-, Phasen- oder Wellengeschwindigkeit**:

$$c = \lambda \cdot \nu \tag{b}$$

Zur Veranschaulichung vgl. das schraffierte Dreieck in Abb. 2.134. Die Beziehung ist wichtig, sehr wichtig. Sie gilt für alle oben beschriebenen Wellenarten!

Mit der Frequenz ν bzw. Kreisfrequenz $\omega = 2\pi\nu$ lautet die Gleichung der harmonischen Welle (a):

$$u(t,x) = \hat{u} \cdot \sin 2\pi\nu \left(t - \frac{x}{c}\right) = \hat{u} \cdot \sin\omega \left(t - \frac{x}{c}\right) \tag{c}$$

Vielfach wird anstelle der Wellenlänge λ mit der Größe

$$k = \frac{2\pi}{\lambda}$$

gerechnet. Man nennt die Größe $k/2\pi = 1/\lambda$ Wellenzahl. Das ist die Anzahl der Wellen pro Längeneinheit. Hiermit lautet die Gleichung der harmonischen Welle:

$$u(x,t) = \hat{u} \cdot \sin(\omega t - kx)$$

Abb. 2.135

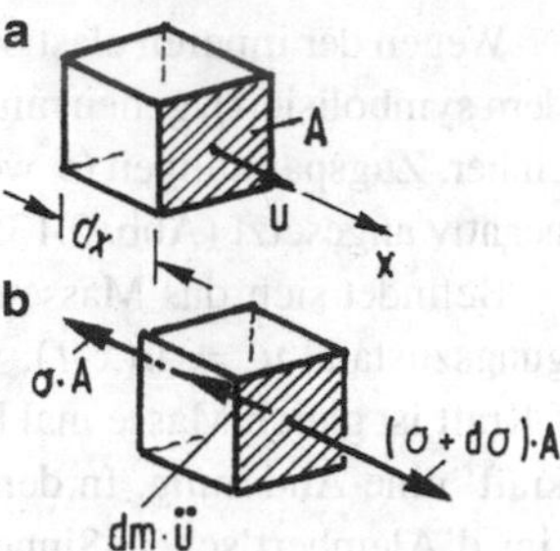

2.6.3 Wellengleichung – Wellenlösung

Die im vorangegangenen Abschnitt angegebene Funktion für die Ausbreitung einer linienförmigen Welle (a) / (c) wird im Folgenden hergeleitet. Dazu wird von einem materiellen Träger der Welle, von einem langen Stab, ausgegangen. Abb. 2.135 zeigt ein infinitesimales (‚unendlich kleines') Element, das aus dem Stab heraus gelöst ist. Der Querschnitt des Stabes sei A, das Material habe die Dichte ρ, der Elastizitätsmodul sei E.

Im Ruhezustand sei der Stab verzerrungs- und damit spannungsfrei. Das Verformungs- bzw. Schwingungsverhalten sei dissipationsfrei (dämpfungsfrei).

Das aus dem Stab heraus getrennte Element hat das Volumen $dV = A \cdot dx$, Abb. 2.135a. Die Masse dieses (infinitesimalen) Volumenelementes beträgt (ρ ist die Dichte des Materials):

$$dm = \rho \cdot dV = \rho \cdot A \cdot dx$$

Im Bewegungszustand schwingen die Massenelemente um die Ruhelage. Das System kann modellmäßig als Schwingerkette gedeutet werden, wie in Abb. 2.133b skizziert.

Die Bewegungsordinate der in Längsrichtung x hin- und her schwingenden Materieteilchen sei $u = u(x,t)$. Deren Schwinggeschwindigkeit ist dann $v = \partial u/\partial t = \dot{u}$ und deren Schwingbeschleunigung $a = \partial^2 u/\partial t^2 = \ddot{u}$. Die Geschwindigkeit v der schwingenden Teilchen bezeichnet man mit **Schnelle**.

Anmerkung

Aus Gründen der Schreiberleichterung wird die partielle Ableitung nach der Zeitordinate t durch einen Punkt und die partielle Ableitung nach der Ortsordinate x durch einen Strich gekennzeichnet, jeweils hochgestellt, z. B. bei der Veränderlichen u:

$$\frac{\partial u}{\partial t} = \dot{u}; \quad \frac{\partial u}{\partial x} = u'$$

Wegen der inneren elastischen Kopplung der Teilchen (in Abb. 2.133 durch Federn symbolisiert), gehen mit den Bewegungsoszillationen Zug-/Druckspannungen einher. Zugspannungen (σ werden im Folgenden als positiv, Druckspannungen als negativ angesetzt (Abb. 2.135)!

Befindet sich das Massenteilchen dm an der Stelle x im momentanen Bewegungszustand $u = u(x,t)$, wirkt im Volumenelement die Trägheitskraft $dm \cdot \ddot{u}$ (‚Kraft ist gleich Masse mal Beschleunigung'). Dadurch erfährt die innere ‚Spannkraft' eine Änderung. In dem frei geschnittenen Element wird die Trägheitskraft (im d'Alembert'schen Sinne) entgegen der positiven Bewegungsordinate angesetzt. Die Spannung $\sigma = \sigma(x,t)$ erfährt bei Fortschreiten vom Schnittufer x zum Schnittufer $x + dx$ die Änderung $d\sigma$, wie in Abb. 2.135b dargestellt. Die kinetische Gleichgewichtgleichung (in Richtung x) lautet:

$$\sigma \cdot A - (\sigma + d\sigma) \cdot A + dm \cdot \ddot{u} = 0 \quad \rightarrow \quad -d\sigma \cdot A + dm \cdot \ddot{u} = 0$$

$$\rightarrow \quad d\sigma \cdot A = \rho \cdot A \cdot dx \cdot \ddot{u}$$

Umgestellt folgt:

$$\frac{\partial \sigma}{\partial x} = \rho \cdot \ddot{u} \quad \rightarrow \quad \sigma' = \rho \cdot \ddot{u} \tag{d}$$

Das Hooke'sche Formänderungsgesetz zwischen Spannung σ und Verzerrung ε (Dehnung/Stauchung) lautet:

$$\sigma = E \cdot \varepsilon$$

Spannung σ und Verzerrung ε verhalten sich über E proportional zueinander. Die Verzerrung ist die auf dx bezogene Längenänderung du, hier also:

$$\varepsilon = \frac{\partial u}{\partial x} = u' \rightarrow \quad \sigma = E \cdot u' \tag{e}$$

Die Änderung der Spannung in Richtung der Längeneinheit dx ist die Ableitung von σ nach x:

$$\sigma' = E \cdot u'' \tag{f}$$

Indem diese Verzerrungsbeziehung (f) mit der Gleichgewichtsgleichung (d) verknüpft wird, erhält man die gesuchte Grundgleichung des Problems, also die gesuchte **Wellengleichung**:

$$E \cdot u'' = \rho \cdot \ddot{u} \quad \rightarrow \quad \ddot{u} = \frac{E}{\rho} \cdot u'' \quad \text{(ausführlich: } \frac{\partial^2 u}{\partial t^2} = \frac{E}{\rho} \cdot \frac{\partial^2 u}{\partial x^2}\text{)}$$

Mit der Abkürzung

$$c = \sqrt{\frac{E}{\rho}} \quad \left[\frac{m}{s}\right] \tag{g}$$

lautet die zu lösende partielle Differentialgleichung für $u = u(x,t)$:

$$\ddot{u} = c^2 \cdot u'' \quad \left(\text{ausführlich: } \frac{\partial^2 u}{\partial t^2} = c^2 \cdot \frac{\partial^2 u}{\partial x^2}\right) \tag{h}$$

Wie man durch Einsetzen bestätigen kann, ist

$$u(x,t) = \hat{u} \cdot \sin 2\pi\nu\left(t - \frac{x}{c}\right) \tag{i}$$

die Lösung der Differentialgleichung; sie kennzeichnet die harmonische Eigenbewegung der Welle, vgl. den vorangegangenen Abschnitt. $\hat{u}$ ist die Amplitude der sich in $+x$-Richtung mit der (Eigen-) Frequenz ν ausbreitenden Welle. – Geschwindigkeit (Schnelle) v und Beschleunigung a der hin und her oszillierenden Massenteilchen folgen aus $u(x,t)$ durch ein- bzw. zweimalige Ableitung nach t:

$$\begin{aligned} v = \dot{u}(x,t) &= 2\pi\nu \cdot \hat{u} \cdot \cos 2\pi\nu\left(t - \frac{x}{c}\right) \\ &= \hat{v} \cdot \cos 2\pi\nu\left(t - \frac{x}{c}\right) \quad \text{mit } \hat{v} = 2\pi\nu \cdot \hat{u} \\ a = \ddot{u}(x,t) &= -(2\pi\nu)^2 \cdot \hat{u} \cdot \sin 2\pi\nu\left(t - \frac{x}{c}\right) \\ &= -\hat{a} \cdot \sin 2\pi\nu\left(t - \frac{x}{c}\right) \quad \text{mit } \hat{a} = (2\pi \cdot \nu)^2 \cdot \hat{u} \end{aligned}$$

Die Änderung der Spannung in der Zeiteinheit ist die Ableitung von (e) nach t:

$$\dot{\sigma} = E \cdot \dot{u}' \tag{j}$$

Die obige Gleichung (f) für σ' wird nach x und die vorstehende Gleichung für $\dot{\sigma}$ nach t differenziert, das ergibt:

$$\sigma'' = \rho \cdot \ddot{u}' \quad \text{bzw.} \quad \ddot{\sigma} = E \cdot \ddot{u}'$$

Die Freistellung dieser beiden Gleichungen nach $\ddot{u}'$ und ihre Gleichsetzung liefert, wenn noch die Beziehung für die Fortpflanzungsgeschwindigkeit berücksichtigt wird:

$$\frac{\sigma''}{\rho} = \frac{\ddot{\sigma}}{E} \quad \rightarrow \quad \ddot{\sigma} = c^2 \cdot \sigma'' \quad \left(\text{ausführlich: } \frac{\partial^2 \sigma}{\partial t^2} = c^2 \cdot \frac{\partial^2 \sigma}{\partial x^2}\right) \tag{k}$$

Das ist eine zur obigen Wellengleichung für $u(x,t)$ äquivalente Form; die Lösung dieser Gleichung lautet:

$$\sigma(x,t) = -\hat{\sigma} \cdot \cos 2\pi\nu \left(t - \frac{x}{c}\right) \tag{l}$$

Die Richtigkeit bestätigt man wieder durch Einsetzen in (k).

$u = u(x,t)$ wird hieraus mittels Integration über x bestimmt (vgl. (c) u. (g)):

$$u(x,t) = \frac{\hat{\sigma}}{2\pi\nu} \cdot \frac{1}{\rho \cdot c} \cdot \sin 2\pi\nu \left(t - \frac{x}{c}\right) \tag{m}$$

(Siehe hierzu die Teilabbildungen d und e in Abb. 2.133.)

Aus der Gleichsetzung von (i) und (m) findet man die Beziehung zwischen der Verschiebungsamplitude $\hat{u}$ und der Spannungsamplitude $\hat{\sigma}$:

$$\hat{u} = \frac{\hat{\sigma}}{2\pi\nu \cdot \rho c} \quad \text{bzw.} \quad \hat{\sigma} = 2\pi\nu \cdot \rho c \cdot \hat{u} \tag{n}$$

Die obigen Gleichungen für Schnelle (v) und Beschleunigung (a) lauten damit:

$$\begin{aligned}
v = \dot{u}(x,t) &= 2\pi\nu \cdot \hat{u} \cdot \cos 2\pi\nu \left(t - \frac{x}{c}\right) = \frac{\hat{\sigma}}{\rho c} \cdot \cos 2\pi\nu \left(t - \frac{x}{c}\right) \\
&= \hat{v} \cdot \cos 2\pi\nu \left(t - \frac{x}{c}\right) \\
a = \ddot{u}(x,t) &= -(2\pi\nu)^2 \cdot \hat{u} \cdot \sin 2\pi\nu \left(t - \frac{x}{c}\right) \\
&= -2\pi\nu \cdot \frac{\hat{\sigma}}{\rho c} \cdot \sin 2\pi\nu \left(t - \frac{x}{c}\right) \\
\rightarrow \quad a &= -\hat{a} \cdot \sin 2\pi\nu \left(t - \frac{x}{c}\right)
\end{aligned}$$

Für die Amplituden von v und a gilt somit:

$$\hat{v} = \frac{\hat{\sigma}}{\rho c} \quad \text{und} \quad \hat{a} = 2\pi\nu \cdot \frac{\hat{\sigma}}{\rho c} \tag{o1}$$

Zeitlich liegen die Amplituden von u und σ orthogonal zueinander, d. h. $\hat{\sigma}$ tritt gegenüber $\hat{u}$ mit dem Phasenwinkel $\pi/2$ verzögert auf, vgl. dazu Abb. 2.133d, e; σ liegt dagegen mit v in Phase. Nach $\hat{\sigma}$ freigestellt, folgt mit $\hat{v} = 2\pi\nu \cdot \hat{u}$:

$$\hat{\sigma} = \rho c \cdot 2\pi\nu \cdot \hat{u} = \rho c \cdot \hat{v} \tag{o2}$$

Das Produkt ρc bezeichnet man als **Wellenwiderstand**, hierbei handelt es sich, wie aus der Formel erkennbar ist, um eine Stoffkonstante. Sie wird i. Allg. mit Z abgekürzt: $Z = \rho c$.

Wie weiter erkennbar, tritt in $u'(x,t)$ und damit in $\sigma(x,t) = E \cdot u'(x,t)$ die Cosinusfunktion auf. Für $\sigma(x,t)$ folgt:

$$\sigma(x,t) = -\rho c \cdot 2\pi\nu \cdot \hat{u} \cdot \cos 2\pi\nu \left(t - \frac{x}{c}\right) = -\rho c \cdot \hat{v} \cdot \cos 2\pi\nu \left(t - \frac{x}{c}\right) \quad \text{(p)}$$

Als Beispiel ist der Verlauf für $t = 0$ in Abb. 2.133e über die Dauer einer Wellenlänge dargestellt.

Je höher der Wellenwiderstand ρc ist, umso höher ist die im Medium ausgelöste Spannung. Die Darstellung in Abb. 2.133e steht stellvertretend für die gegenseitige Verschiebung in den Federn und die dadurch in diesen geweckten Kräfte bzw. Spannungen.

2.6.4 Energie- und Leistungsdurchsatz

Die Masse dm des infinitesimalen Volumenelementes dV oszilliert während eines Schwingungszyklus zwischen den Energieformen

- **maximale potentielle Energie** im Moment der größten Auslenkung $\max u = \hat{u}$ (v ist Null) und
- **maximale kinetische Energie** im Moment des Nulldurchgangs. Die Schnelle beträgt in diesem Moment $\max v = \hat{v}$ (u ist Null).

Die kinetische Energie von dm erreicht beim Nulldurchgang ihr Maximum:

$$\max dE_{\text{kin}} = \frac{1}{2} dm \cdot \hat{v}^2 = \frac{1}{2} \rho \hat{v}^2 \, dV$$

Als **Energiedichte** w bezeichnet man die (mittlere) Energie pro Volumenelement. Ausgehend von $\hat{v} = 2\pi\nu \cdot \hat{u}$ findet man jenen Anteil von w, der von der **kinetischen Energie** beigetragen wird, zu:

$$\frac{\max dE_{\text{kin}}}{dV} = \frac{1}{2}\rho \cdot (2\pi\nu \cdot \hat{u})^2 = \frac{1}{2}\rho\hat{v}^2 = 2\pi^2 \cdot \rho \cdot \nu^2 \cdot \hat{u}^2 = \frac{1}{2}\frac{\hat{\sigma}^2}{\rho c^2} \quad \text{(q)}$$

Der Anteil ist dem Quadrat von $\hat{u}$ bzw. $\hat{\sigma}$ proportional.

Abb. 2.136

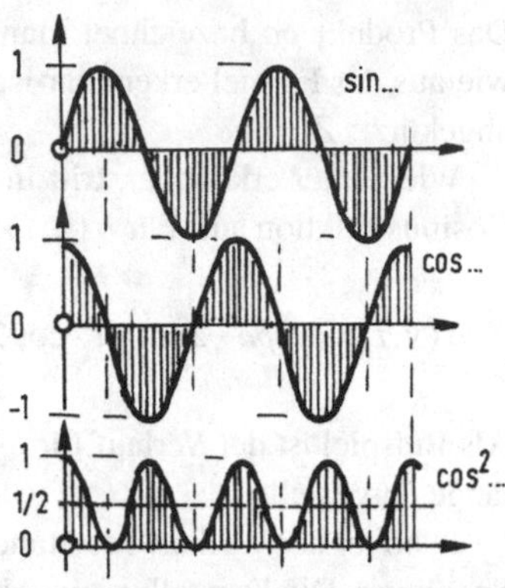

Eine andere Form der Herleitung geht von jener kinetischen Energie aus, die dem Massenelement an der Stelle x im momentanen Zeitpunkt t innewohnt:

$$dE_{\text{kin}} = \frac{1}{2} dm \cdot v^2(x,t) = \frac{1}{2} \rho dV \cdot v^2(x,t)$$

Setzt man für $v = v(x,t)$ obige Gleichung für v ein, ergibt sich die auf das Volumen des Massenelementes dm bezogene ‚Dichte' der kinetischen Energie im Zeitpunkt t zu:

$$\begin{aligned} \frac{dE_{\text{kin}}}{dV} &= \frac{1}{2} \rho \cdot (2\pi\nu)^2 \cdot \hat{u}^2 \cdot \cos^2\left[2\pi\nu\left(t - \frac{x}{c}\right)\right] \\ &= 2\pi^2 \rho \cdot \nu^2 \hat{u}^2 \cdot \cos^2\left[2\pi\nu\left(t - \frac{x}{c}\right)\right] \end{aligned}$$

In Abb. 2.136 sind zur Kennzeichnung von u, v und v^2 die Verläufe von sin, cos und $\cos^2$ entlang der Zeitachse über die Dauer zweier Zyklen dargestellt. Wie es sein muss, ist v^2 und damit die kinetische Energiedichte, positiv definit. Der Zeitmittelwert der Energiedichte eines vollen Zyklus der Periode T ergibt sich nach Zwischenrechnung zu:

$$\overline{\frac{dE_{\text{kin}}}{dV}} = \frac{1}{T} \int_0^T \frac{dE_{\text{kin}}}{dV}\, dt = \pi^2 \rho \cdot \nu^2 \cdot \hat{u}^2 = \frac{1}{4} \frac{\hat{\sigma}^2}{\rho c^2}$$

Das ist der halbe Wert von max dE_{kin}/dV in obiger Gleichung.

Abb. 2.137

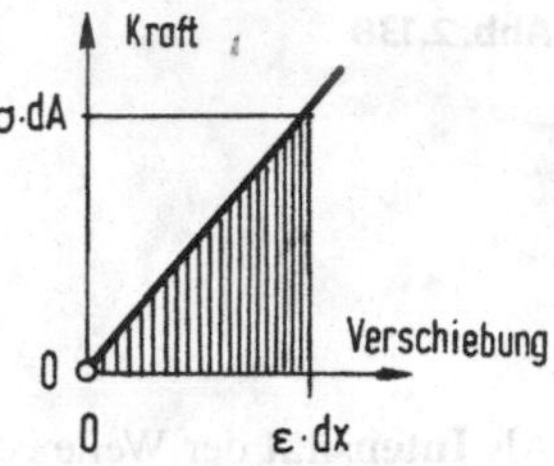

Die **potentielle Energie** des Massenelementes ist gleich der gespeicherten Formänderungsarbeit. Das ist der Inhalt des schraffierten Dreiecks unter der in Abb. 2.137 dargestellten elastischen Kraft-Verschiebungs-Kurve.

Die zur Kraft $\sigma \cdot dA$ gehörende Verschiebung ist $\varepsilon \cdot dx$. Demnach gilt:

$$dE_{\text{pot}} = \frac{1}{2} \cdot \sigma \, dA \cdot \varepsilon \, dx = \frac{1}{2} \sigma \cdot \varepsilon \, dV$$

Mit $\varepsilon = u'$ und $\sigma = E \cdot \varepsilon = Eu'$ folgt die ‚Dichte' der potentiellen Energie zu:

$$\frac{dE_{\text{pot}}}{dV} = \frac{1}{2} E u'^2$$

Wird von $u = u(x,t)$ die Ableitung nach x gebildet

$$u' = -\hat{u} \frac{2\pi\nu}{c} \cdot \cos 2\pi\nu \left(t - \frac{x}{c} \right)$$

und diese Beziehung in vorstehende Gleichung eingesetzt, ergibt sich:

$$\begin{aligned} \frac{dE_{\text{pot}}}{dV} &= \frac{1}{2} E \cdot \hat{u}^2 \frac{4\pi^2\nu^2}{c^2} \cdot \cos^2 \left[2\pi\nu \left(t - \frac{x}{c} \right) \right] \\ &= 2\pi^2 \rho \cdot \nu^2 \cdot \hat{u}^2 \cdot \cos^2 \left[2\pi\nu \left(t - \frac{x}{c} \right) \right] \end{aligned}$$

Wird hiervon der Zeitmittelwert für einen Zyklus gebildet, erhält man denselben Ausdruck wie für die kinetische Energie. Wie aus den Gleichungen erkennbar, liegen kinetische und potentielle Energie in Phase. Die Summe aus beiden Mittelwerten ist die gesuchte Energiedichte:

$$w = \overline{\frac{dE_{\text{kin}}}{dV}} + \overline{\frac{dE_{\text{pot}}}{dV}} = 2\pi^2 \cdot \rho \cdot \nu^2 \cdot \hat{u}^2 = \frac{1}{2} \rho \cdot \hat{v}^2 = \frac{1}{2} \frac{\hat{\sigma}^2}{\rho c^2} \qquad \text{(r)}$$

Abb. 2.138

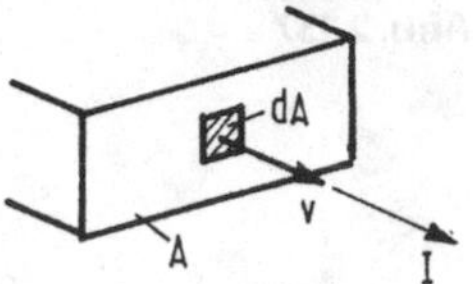

Als **Intensität** der Welle ist jene Energie definiert, die pro Zeiteinheit dt die Flächeneinheit dA im Mittel durchsetzt, vgl. Abb. 2.138. Sie lässt sich wie folgt herleiten: Pro Zeiteinheit schreitet die Welle um den Weg $c \cdot dt$ fort. Der mittlere Energiedurchsatz beträgt demnach:

$$\overline{dE} = \underline{w \cdot dA} \cdot \underline{c \cdot dt} = w \cdot c \cdot dA \cdot dt \tag{s}$$

Der mittlere Energiedurchsatz pro Flächen- *und* Zeiteinheit ist:

$$I = \frac{\overline{dE}}{dA \cdot dt} = w \cdot c = 2\pi^2 \cdot \rho c \cdot \nu^2 \cdot \hat{u}^2 = \frac{1}{2}\rho c \cdot \hat{v}^2 = \frac{1}{2}\frac{\hat{\sigma}^2}{\rho c} \tag{t}$$

I ist eine Leistungsgröße, man nennt sie **Energiestromdichte** der Welle. I ist die **zeitgemittelte Leistung** der Welle. Sie ist proportional zum Quadrat der Auslenkung und Schnelle.

Wird $\hat{\sigma} = \rho c \cdot \hat{v}$ in die Gleichung für I eingesetzt, ergibt sich:

$$I = \frac{1}{2}\hat{\sigma} \cdot \frac{\hat{\sigma}}{\rho c} = \frac{1}{2}\hat{\sigma}\hat{v} \tag{u}$$

Dieses Ergebnis lässt sich auch wie folgt herleiten bzw. deuten: Die augenblickliche Leistung des sich oszillierend um den kleinen Weg $du(t)$ verschiebenden Massenteilchens dm ist das Produkt aus der momentanen auf dA bezogenen Kraft $\sigma(t) \cdot dA/dA = \sigma(t)$ und der momentanen Geschwindigkeit $v(t)$:

$$\sigma(t) \cdot v(t) \quad \text{denn} \quad \left[\frac{\sigma(t) \cdot dA}{dA} \cdot du(t)\right] \Big/ dt = \sigma(t) \cdot \frac{du(t)}{dt} = \sigma(t) \cdot v(t)$$

Wird über dieses Produkt über die Dauer einer Periode T integriert und anschließend durch T dividiert, liefert das die (mittlere) Intensität des Wellenfeldes:

$$I = \frac{1}{T}\int\limits_T \sigma(t) \cdot v(t)\, dt$$

Mit

$$\sigma = -\hat{\sigma} \cdot \cos 2\pi\nu\left(t - \frac{x}{c}\right) \quad \text{und} \quad v = \hat{v} \cdot \cos 2\pi\nu\left(t - \frac{x}{c}\right)$$

folgt für das Integral nach Zwischenrechnung:

$$I = \frac{1}{2}\hat{\sigma}\hat{v}, \tag{u}$$

womit (u, *oben*) bestätigt ist. Der Ausdruck ist gleichwertig mit:

$$I = \frac{1}{2}\rho c \cdot (2\pi\nu)^2 \cdot \hat{u}^2$$

Bei einer Leistungsmessung wird vielfach von den **Effektivwerten** der Spannung $\sigma(t)$ und Schnelle $v(t)$ ausgegangen. Sie sind wie folgt definiert:

$$\sigma_{\text{eff}} = \frac{1}{2}\sqrt{\int_T \sigma^2(t)\,dt}; \quad v_{\text{eff}} = \frac{1}{2}\sqrt{\int_T v^2(t)\,dt} \tag{v}$$

Werden in diese Definitionsbeziehungen für die sich harmonisch ausbreitende Welle die gefundenen Gleichungen für $\sigma(t)$ und $v(t)$ eingesetzt, liefern Integration und Umformung:

$$\sigma_{\text{eff}} = \frac{\hat{\sigma}}{\sqrt{2}} \quad \text{und} \quad v_{\text{eff}} = \frac{\hat{v}}{\sqrt{2}} \tag{w}$$

Aufgelöst nach den Amplituden, gilt:

$$\hat{\sigma} = \sqrt{2} \cdot \sigma_{\text{eff}} \quad \text{und} \quad \hat{v} = \sqrt{2} \cdot v_{\text{eff}}$$

Setzt man dieses Ergebnis in (u) für I ein, erhält man:

$$I = \sigma_{\text{eff}} \cdot v_{\text{eff}} \tag{x}$$

Die sich aus der kinetischen und potentiellen Energie aufbauende Energiedichte folgt aus: $w = I/c$. – Damit ist die Wellentheorie relativ ausführlich dargestellt.

1. Anmerkung

Mit der Ausbreitung der Welle geht eine Dissipation einher, d. h. eine Energiezerstreuung. Die Energiestromdichte I sinkt. Irgendwann kommt die Wellenbewegung zum Erliegen. Die mechanische Energie wandelt sich (überwiegend) in Wärme um. Hierfür sind unterschiedliche Mechanismen verantwortlich, insbesondere innere Reibungsvorgänge im Material. Mit der Energieabnahme verringern sich alle Feldgrößen ($\hat{u}$, $\hat{v}$, $\hat{a}$, $\hat{\sigma}$, w, I). – Das Abklingen der Bewegung kann durch eine Absorptionskonstante beschrieben werden, sie ist abhängig vom Medium bzw. vom Stoff, in welchem sich die Welle ausbreitet.

2. Anmerkung
Bei Kreis- und Kugelwellen in der Ebene bzw. im Raum sinkt die Energiestromdichte I mit zunehmendem Abstand von der Quelle, die Energie verteilt sich auf einen immer größer werdenden Kreisumfang bzw. auf ein immer größer werdendes Kugelvolumen. Ist I_Q die Intensität auf der Umfangslinie bzw. -fläche unmittelbar um die Energie abstrahlende Quelle, beträgt die Intensität im Abstand r von der Quelle für eine

- Kreiswelle (Zylinderwelle)

$$I = I_Q \cdot \frac{r_Q}{r}$$

- und für eine Kugelwelle:

$$I = I_Q \cdot \left(\frac{r_Q}{r}\right)^2$$

Hierin ist r_Q der Radius unmittelbar um die Quelle. – Vorstehende Beziehungen gelten im Fernfeld ($r > 2\lambda$). Im Nahfeld liegen komplizierte Druckverhältnisse vor. Bei ausreichender Entfernung kann das Wellenfeld lokal als ein sich linear fortpflanzendes ebenes Feld angenähert werden. Da im Nenner der vorstehenden Ausdrücke r bzw. r^2 steht, ‚verflüchtigt' sich die abgestrahlte Energie in großer Entfernung vollständig (was nicht auf Stoffdämpfung beruht).

2.6.5 Ergänzungen und Beispiele

1. Beispiel
Als Folge einer kontinuierlichen äußeren Erregung durch einen Schwingungserreger durchlaufe eine Longitudinalwelle eine stählerne Schiene (Abb. 2.139). Gesucht sind alle maßgebenden Feldgrößen der Welle.

Abb. 2.139

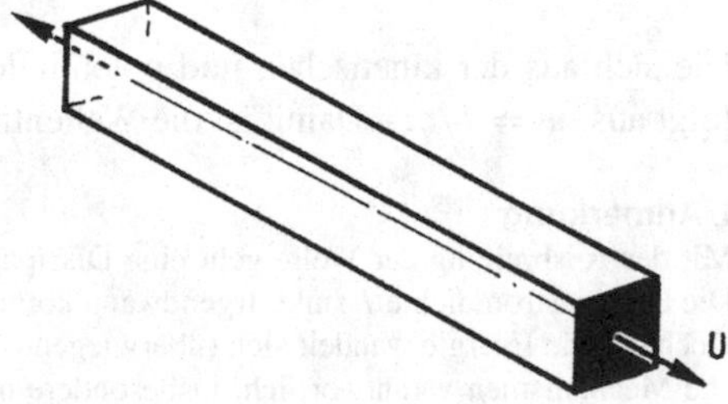

Die Dichte von Stahl beträgt: $\rho = 7850\,\text{kg/m}^3$. – Elastizitäts- und Gleitmodul sind:

$$E = 210.000\,\text{N/mm}^2 = 210.000 \cdot 10^6\,\text{N/m}^2$$
$$G = 81.000\,\text{N/mm}^2 = 81.000 \cdot 10^6\,\text{N/m}^2 = 0{,}386 \cdot E$$

Die Fortpflanzungsgeschwindigkeiten der Longitudinal- und Transversalwelle berechnen sich zu:

$$c_{\text{long}} = \sqrt{\frac{E}{\rho}} = \sqrt{\frac{210.000 \cdot 10^6}{7850}} = \underline{5172}\,\frac{\text{m}}{\text{s}}$$
$$c_{\text{tran}} = \sqrt{0{,}386} \cdot c_{\text{long}} = 0{,}621 \cdot c_{\text{long}} = \underline{3212}\,\frac{\text{m}}{\text{s}}$$

Durch den Schwingungserreger werde eine Dehnungsamplitude $\hat{\varepsilon} = 10^{-3}$ mit der Erregerfrequenz $\nu = 100\,\text{Hz}$ eingeprägt. Die zugehörige Spannungsamplitude berechnet sich zu:

$$\hat{\sigma} = E \cdot \hat{\varepsilon} = 210.000 \cdot 10^6 \cdot 10^{-3} = 210.000 \cdot 10^3\,\text{N/m}^2 = \underline{210\,\text{N/mm}^2}$$

Die Beanspruchung liegt im elastischen Bereich. Das Problem fällt somit in den Gültigkeitsbereich der hier behandelten Theorie elastischer Wellen. (Die Theorie plastischer Wellen ist ungleich schwieriger. Das gilt insgesamt für alle in die Plastizitätstheorie fallenden Aufgaben innerhalb der Kontinuumsmechanik).

Die Welle pflanzt sich wegen $c = \lambda \cdot \nu$ mit der Wellenlänge $\lambda = c/\nu = 5172/100 = 51{,}72\,\text{m}$ fort.

Der Wellenwiderstand berechnet sich zu:

$$Z = \rho c = 7850 \cdot 5172 = 4{,}060 \cdot 10^7\,\frac{\text{N/m}^2}{\text{m/s}} \quad \left[\frac{\text{kg}}{\text{m}^3} \cdot \frac{\text{m}}{\text{s}} = \frac{\text{N/m}^2}{\text{m/s}}\right]$$

Die Amplituden von $u(x,t)$, $v(x,t)$ und $a(x,t)$ ergeben sich zu:

$$\hat{u} = \frac{\hat{\sigma}}{2\pi\nu \cdot \rho c} = \frac{210.000 \cdot 10^3}{2\pi \cdot 100 \cdot 4{,}060 \cdot 10^7} = \frac{210.000 \cdot 10^3}{628{,}3 \cdot 4{,}060 \cdot 10^7} = 8{,}232 \cdot 10^{-3}\,\text{m}$$
$$= \underline{8{,}232\,\text{mm}}$$
$$\hat{v} = \frac{\hat{\sigma}}{\rho c} = \frac{210.000 \cdot 10^3}{4{,}060 \cdot 10^7} = \underline{5172}\,\frac{\text{m}}{\text{s}} = \underline{5{,}172}\,\frac{\text{mm}}{\text{s}}$$

(das stimmt hier zufällig mit c überein)

$$\hat{a} = 2\pi\nu \cdot \hat{v} = 628{,}3 \cdot 5{,}172 = \underline{3249{,}6}\,\frac{\text{m}}{\text{s}^2} = \underline{3{,}250}\,\frac{\text{mm}}{\text{s}^2}$$

Für Energiedichte, Intensität und Wellendruck folgt:

$$w = 2\pi^2 \cdot \rho \cdot \nu^2 \cdot \hat{u}^2 = 2\pi^2 \cdot 7850 \cdot 100^2 \cdot (8{,}323 \cdot 10^{-3})^2 = \underline{105.000}\,\frac{\text{J}}{\text{m}^3}$$

Abb. 2.140

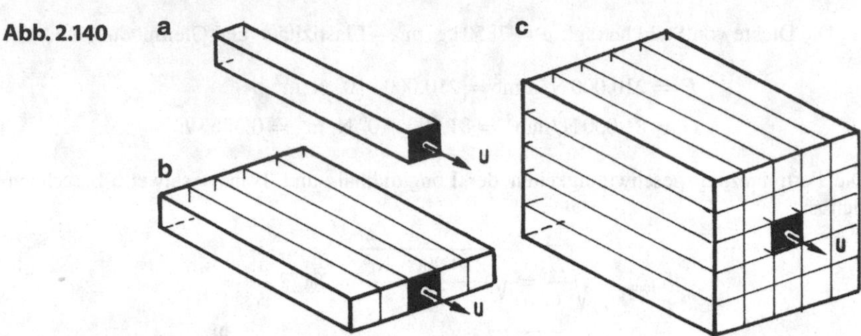

Die Formeln $w = \frac{1}{2}\rho \cdot \hat{v}^2$ und $w = \frac{1}{2}\frac{\hat{\sigma}^2}{\rho c^2}$ liefern dasselbe Ergebnis, wie es sein muss.

$$I = \frac{1}{2}\hat{\sigma} \cdot \hat{v} = \frac{1}{2} \cdot 210.000 \cdot 10^3 \cdot 5{,}172 = \underline{5{,}431 \cdot 10^8 \ \frac{\text{W}}{\text{m}^2}}$$

Hätte die Schiene einen quadratischen Querschnitt □ 1 cm × 1 cm, müsste der Schwingungserreger mit einer Leistung

$$P = I \cdot A = 5{,}431 \cdot 10^8 \cdot (10^{-2} \cdot 10^{-2}) = 5{,}431 \cdot 10^4\,\text{W} = 5{,}431 \cdot 10^1\,\text{kW} = \underline{54{,}21\,\text{kW}}$$

betrieben werden.

Trifft eine Welle auf eine Wand (allgemeiner, auf eine Grenzfläche), wird sie von dieser reflektiert. Dabei wird ein Druck auf das ‚Hindernis' ausgeübt. Man spricht hierbei von **Wellendruck** (bei elektromagnetischen Wellen von Lichtdruck), abgekürzt mit q:

Der Wellendruck berechnet sich beim Auftreffen auf eine ‚harte' Wand zu:

$$q = \rho\hat{v}^2 = \frac{\hat{\sigma}^2}{\rho c^2} = \frac{2I}{c}$$

Für das vorliegende Beispiel berechnet sich der Druck zu:

$$q = \rho \cdot \hat{v}^2 = 7850 \cdot 5{,}172^2 = 210.000\,\text{N/m}^2$$

Die vorstehende Behandlung gilt für einen (schlanken) Stab, der sich quer zur Längsrichtung unbehindert verjüngen und verdicken kann. Ist der Stab Bestandteil einer Platte oder eines Körpers, wird eine solche Verformung verhindert. Das wirkt sich als Erhöhung der Steifigkeit aus. In solchen Fällen kann die Phasengeschwindigkeit einer Longitudinalwelle in einer Platte und in einem Körper nach folgenden Formeln berechnet werden (Abb. 2.140b, c):

$$\text{Platte:} \quad c = \sqrt{\frac{E}{\rho} \cdot \frac{1}{(1-\mu^2)}}$$

$$\text{Körper:} \quad c = \sqrt{\frac{E}{\rho} \cdot \frac{1-\mu}{(1+\mu)(1-2\mu)}}$$

Abb. 2.141

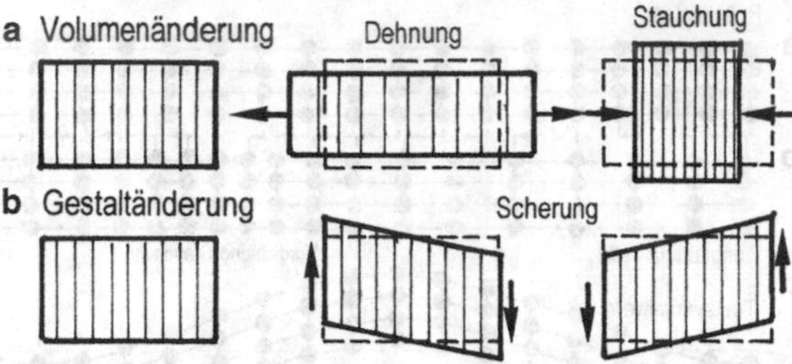

μ ist die Querdehnungszahl (Poisson'sche Konstante). Für Stahl gilt $\mu = 0{,}3$, für Beton und Steine $\mu \approx 0{,}1$. Für Material, das querdehnungsfrei ist, wäre $\mu = 0{,}5$ zu setzen. Dafür ergäbe sich c zu unendlich. –

Transversalwellen gehen mit keiner Volumenänderung einher, wie in Abb. 2.141 erläutert, sondern nur mit einer Gestaltänderung, eine Abhängigkeit von μ besteht daher nicht. Bei einer Longitudinalwelle tritt dagegen im Zuge der Zug/Druck-Beanspruchung eine Verschmälerung bzw. Verdickung ein, folglich ist c in diesem Falle von μ abhängig.

2. Beispiel

Für ein gespanntes **Seil** berechnet sich die Phasengeschwindigkeit der Transversalwelle nach der Formel:

$$c = \sqrt{\frac{\sigma}{\rho}} = \sqrt{\frac{S}{m}}$$

σ: Spannung, ρ: Materialdichte; S: Seilkraft, m: Massenbelegung pro Längeneinheit. Wird in der ersten Wurzel Zähler und Nenner um A (Querschnitt des Seiles) erweitert, folgt die zweite Wurzel:

$$c = \sqrt{\frac{\sigma \cdot A}{\rho \cdot A}} = \sqrt{\frac{S}{m}}, \quad [S] = \mathrm{N}, \quad [m] = \mathrm{kg/m}$$

Die Formel gilt für alle biegeweichen Stränge, z. B. für Saiten.

Für ein Spiralseil Ø40 mit einer Massenbelegung $m = 8{,}6\,\mathrm{kg/m}$ und einer Seilkraft $S = 400.000\,\mathrm{N}$ ergibt sich die Wellengeschwindigkeit beispielsweise zu:

$$c = \sqrt{\frac{400.000}{8{,}6}} = 215\,\mathrm{m/s}$$

Die Seilwelle ist das typische Beispiel einer Transversalwelle. In Richtung des Seiles kann sich gleichzeitig eine Longitudinalwelle ausbreiten.

In schwingungsfähigen elastischen Körpern treten i. Allg. alle Wellenformen gleichzeitig auf, einschließlich Biege- und Torsionswellen. Je nach Art und Richtung der Erregung dominiert die eine oder andere. Dabei gelten für jede einzelne Wellenform die oben hergeleiteten Formeln für die unterschiedlichen Wellenfeldgrößen.

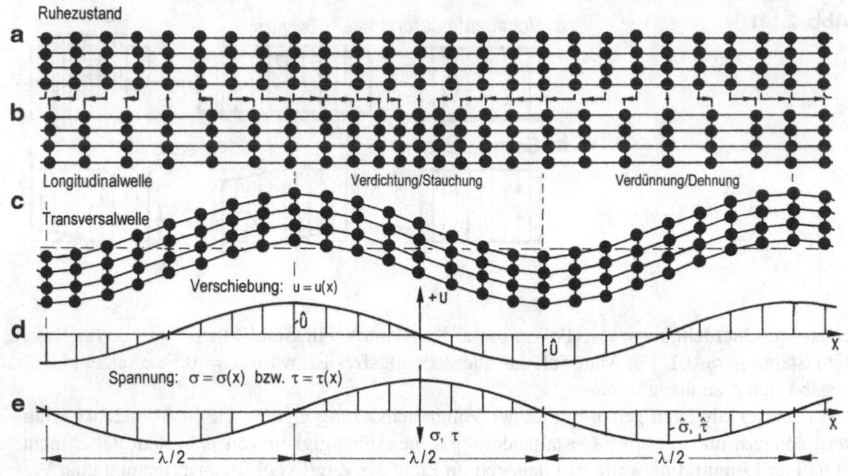

Abb. 2.142

In Abb. 2.142 sind in Ergänzung zu Abb. 2.133 eine in x-Richtung fortschreitende Longitudinalwelle und eine Transversalwelle einander gegenüber gestellt. Die Ausprägung der Letzteren ist anschaulicher.

3. Beispiel

Überlagerung zweier gleich gerichteter Wellen gleicher Frequenz: Abb. 2.143 zeigt das Ergebnis der Überlagerung. In Teilabbildung a liegen $u_1(x,t)$ und $u_2(x,t)$ in Phase, in

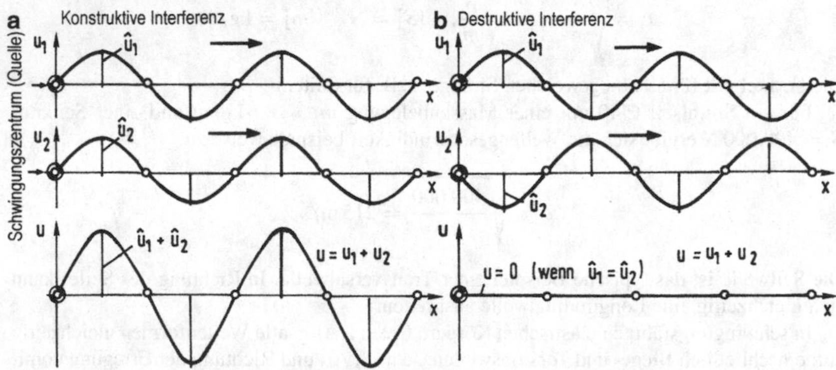

Abb. 2.143

Abb. 2.144

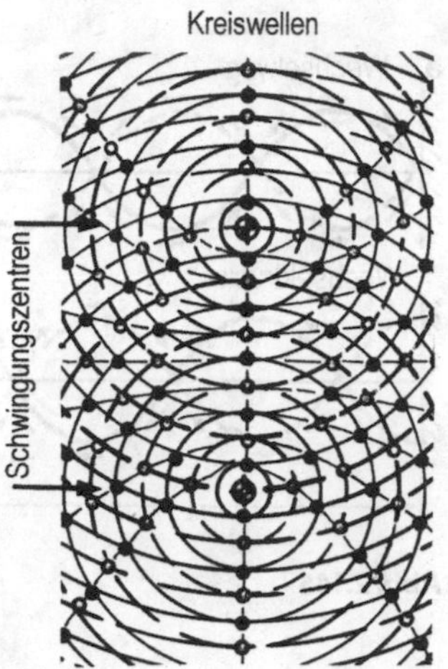

Teilabbildung b um $\lambda/2$ zueinander versetzt, also in Gegenphase. Im erstgenannten Falle tritt eine Verdoppelung der Verschiebung ein, im zweitgenannten eine Auslöschung, sofern $\hat{u}_1 = \hat{u}_2 = \hat{u}$ ist.

Man spricht bei dieser Art der Überlagerung von **Interferenz**, bei einer Verstärkung von ‚Konstruktiver Interferenz', bei einer Tilgung von ‚Destruktiver Interferenz'. – Es gilt das Gesetz der ‚Ungestörten Überlagerung': Ganz gleich wie das Wellenfeld beschaffen ist, jede Welle durchläuft das Feld, der ursprünglichen Richtung folgend, unbehindert, wobei sie mit allen anderen Wellen interferiert. –

An Grenzflächen kommt es zu einer Reflektion, in gewissen Fällen zu einer Beugung (Umlenkung). Auf diese Probleme wird bei der Behandlung des Lichts eingegangen. – Abb. 2.144 zeigt, wie gleichartige Kreiswellen, die von zwei Quellen ausgehen, interferieren. Wo die Differenz der Laufwege der Wellen u_1 und u_2 gleich $n \cdot \lambda$ ist ($n = 1, 2, 3, \ldots$) kommt es zu Konstruktiver Interferenz.

4. Beispiel

Abb. 2.145 zeigt **stehende Wellen** zwischen zwei gleichartigen Wänden. Die halbe Wellenlänge ($\lambda/2$) geht ganzzahlig im Wandabstand l auf (im Bild drei Halbwellen). Die Welle unterliegt keiner Dissipation. Die Longitudinalwelle läuft zwischen den sie reflektierenden Wänden hin und her, die Gegenwelle entsprechend, dadurch entsteht der Eindruck einer ortsfesten (stehenden) Welle. Die Beschaffenheit der beidseitigen Grenzflächen bestimmt das Bewegungsbild. Sind beide Grenzflächen ‚hart', wird hier jede Bewegung zu Null unterbunden. Hier liegen Knoten, die Schnelle erreicht hier ihren höchsten Wert, verbunden mit dem jeweils höchsten Wechseldruck. Die Welle wird hart reflektiert. Es tritt ein Phasensprung um π ein (Abb. 2.145a). Handelt es sich um ‚weiche' Grenzflächen, ist nur eine Wellenform möglich, bei welcher der Wechseldruck an den Grenzflächen zu Null wird, nach der Reflektion läuft die Welle in sich selbst (ohne Phasensprung) zurück (Abb. 2.145b).

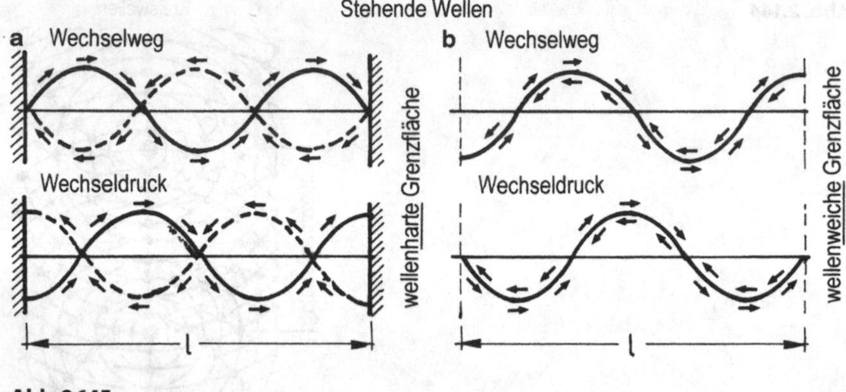

Abb. 2.145

Für den Hinlauf einer Welle gilt die Funktion

$$u_1 = \hat{u} \cdot \sin 2\pi \left(\frac{t}{T} - \frac{x}{\lambda}\right)$$

und für den Rücklauf:

$$u_2 = \hat{u} \cdot \sin 2\pi \left(\frac{t}{T} + \frac{x}{\lambda}\right)$$

Die Superposition (Überlagerung) der Wellen ergibt:

$$u = \hat{u} \cdot \sin 2\pi \left(\frac{t}{T} - \frac{x}{\lambda}\right) + \hat{u} \cdot \sin 2\pi \left(\frac{t}{T} + \frac{x}{\lambda}\right)$$

Unter Heranziehung des trigonometrischen Additionstheorems

$$\sin(\alpha \mp \beta) = \sin\alpha \cdot \cos\beta \mp \cos\alpha \cdot \sin\beta$$

liefert die Auswertung für die überlagerte Welle:

$$u = 2\hat{u} \cdot \sin 2\pi \frac{t}{T} \cdot \cos 2\pi \frac{x}{\lambda}$$

Diese Funktion kennzeichnet keine fortlaufende, sondern eine **stehende Welle**: An jedem Punkt x schwingt die Materie sinusförmig mit der Periode T.

Die Amplitude ($2\,\hat{u}$) und der Nulldurchgang (Knoten) treten jeweils an derselben Stelle auf. Es handelt sich um eine ortsfeste Schwingung! Energie wird von einer stehenden Welle im zeitlichen Mittel nicht befördert.

Abb. 2.146

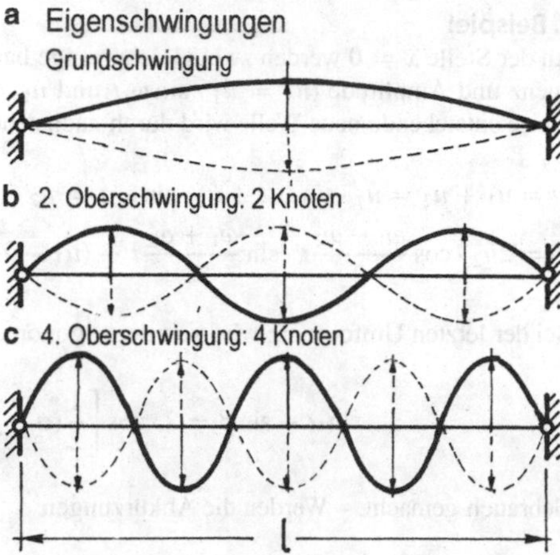

Hat die Schwingungsform einer stehenden Welle im Abstand l einen ‚Bauch' ($l = \lambda/2 \rightarrow \lambda = 2l$), spricht man von der Grundschwingung (Abb. 2.146a), stellen sich zwei ‚Bäuche' und ein Knoten ein ($l = \lambda \rightarrow \lambda = l$), spricht man von der 1. Oberschwingung oder von der 2. Harmonischen, bei drei Bäuchen und zwei Knoten ($l = 3/2 \cdot \lambda \rightarrow \lambda = 2/3 \cdot l$) von der 2. Oberschwingung oder 3. Harmonischen (Abb. 2.146b), usf.

Für die n-te Oberschwingung mit $n - 1$ Knoten gilt:

$$l = (n+1)\frac{\lambda}{2} \quad \rightarrow \quad \lambda = \frac{2}{n+1}l$$

Im Falle einer Saite kann aus

$$c = \sqrt{\frac{\sigma}{\rho}} = \lambda \cdot \nu = \frac{2}{n+1} \cdot l \cdot \nu$$

auf die Frequenz

$$\nu_n = \frac{n+1}{2l}\sqrt{\frac{\sigma}{\rho}} \quad (n = 1, 2, 3, \ldots)$$

für die n-te Oberschwingung geschlossen werden. (Auf Abschn. 2.7.4.3, 1. Ergänzung, wird verwiesen.)

Auf der Erzeugung stehender Wellen beruhen alle Musikinstrumente, sowohl die Saiteninstrumente wie Geige, Cello, Bass, Zitter, Klavier usf. als auch die Blasinstrumente wie Flöte, Posaune, Saxophon, Orgel usw. Bei Letzteren wird in der Röhre eine stehende Luftwelle erzeugt. Indem durch Setzen der Griffe auf die Länge der schwingenden Saite bzw. Luftsäule Einfluss genommen wird, verändert sich die Frequenz der stehenden Welle, die ihrerseits über das Instrument als Resonanzkörper die umgehende Luft zu Schwingungen anregt. Von dieser Quelle breitet sich der Ton bzw. die Tonfolge als Luftwelle (Schall) aus, vgl. Abschn. 2.7.4.

5. Beispiel
An der Stelle $x = 0$ werden zwei gleichphasige harmonische Wellen unterschiedlicher Frequenz und Amplitude ($u_1 = \hat{u}_1 \cdot \sin\omega_1 t$ und $u_2 = \hat{u}_2 \cdot \sin\omega_2 t$) überlagert. Die auf diese Weise entstehende neue Welle wird durch nachstehende Funktion beschrieben:

$$u = u_1 + u_2 = \hat{u}_1 \cdot \sin\omega_1 t + \hat{u}_2 \cdot \sin\omega_2 t = \hat{u}_2 \cdot (\sin\omega_1 t + \sin\omega_2 t) + (\hat{u}_1 - \hat{u}_2) \cdot \sin\omega_1 t$$
$$= 2\hat{u}_2 \cdot \cos\frac{\omega_1 - \omega_2}{2} t \cdot \sin\frac{\omega_1 + \omega_2}{2} t + (\hat{u}_1 - \hat{u}_2) \cdot \sin\omega_1 t$$

Bei der letzten Umformung wird von der trigonometrischen Beziehung

$$\sin\alpha + \sin\beta = 2 \cdot \cos\left[\frac{1}{2}(\alpha - \beta)\right] \cdot \sin\left[\frac{1}{2}(\alpha + \beta)\right]$$

Gebrauch gemacht. – Werden die Abkürzungen

$$\Delta\omega = \frac{\omega_1 - \omega_2}{2}; \quad \bar{\omega} = \frac{\omega_1 + \omega_2}{2} \quad \text{und} \quad \Delta\hat{u} = \hat{u}_1 - \hat{u}_2$$

eingeführt, lautet die Funktion für die überlagerte Welle:

$$u = 2 \cdot \hat{u}_2 \cdot \cos\Delta\omega t \cdot \sin\bar{\omega} t + \Delta\hat{u} \cdot \sin\omega_1 t$$

Abb. 2.147 zeigt drei Beispiele: Die Frequenzen der beiden Ausgangswellen (Teilwellen, Partialwellen, Primärwellen) sind $\nu_1 = 1{,}04\,\text{Hz}$ und $\nu_2 = 0{,}96\,\text{Hz}$. Die Frequenzen sind eng benachbart. Die Amplituden der drei Teilwellen stehen im Verhältnis

$$1:1, \quad 1:0{,}666 \quad \text{und} \quad 1:0{,}333$$

zueinander. (alle Werte hier frei gewählt).

Im ersten Falle spricht man von einer ‚reinen' **Schwebung** (Abb. 2.147a), in den beiden anderen Fällen von einer ‚unreinen'.

Für die reine Schwebung lautet die Funktion mit

$$\hat{u} = \hat{u}_1 = \hat{u}_2 \quad \rightarrow \quad \Delta\hat{u} = 0: \qquad u = 2 \cdot \hat{u} \cdot \cos\Delta\omega t \cdot \sin\bar{\omega} t$$

Die Dauer zwischen zwei Nullpunkten (Knoten) der Schwebung berechnet sich zu:

$$T_{\text{Schwebung}} = \frac{2\pi}{\omega_1 - \omega_2} = \frac{\pi}{\Delta\omega}$$

Für die Dauer der eigentlichen Schwingung gilt (vgl. Abb. 2.148):

$$T_{\text{Schwingung}} = \frac{2 \cdot 2\pi}{\omega_1 + \omega_2} = 2\frac{\pi}{\bar{\omega}},$$

Abb. 2.147

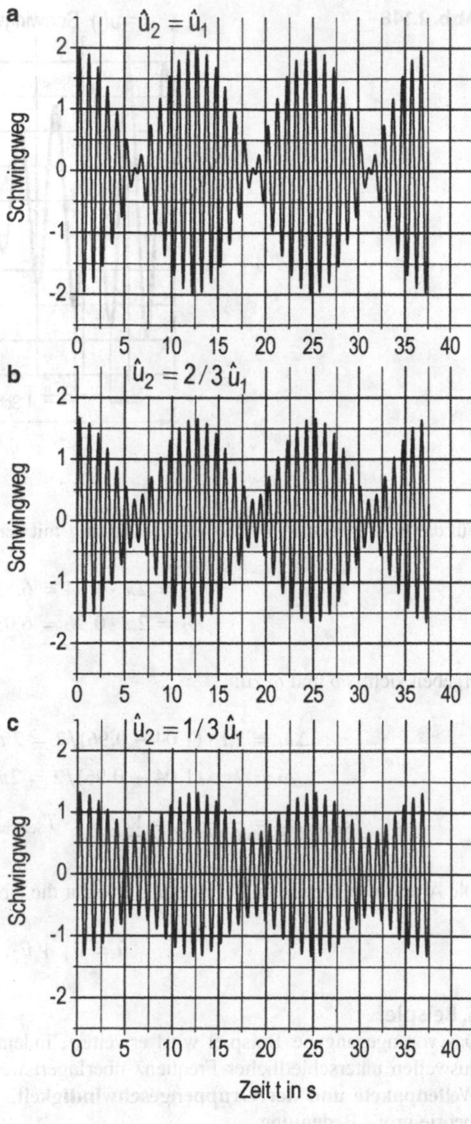
a
$\hat{u}_2 = \hat{u}_1$
b
$\hat{u}_2 = 2/3\,\hat{u}_1$
c
$\hat{u}_2 = 1/3\,\hat{u}_1$
Schwingweg
Zeit t in s
2
1
0
-1
-2
0
5
10
15
20
25
30
35
40

Abb. 2.148

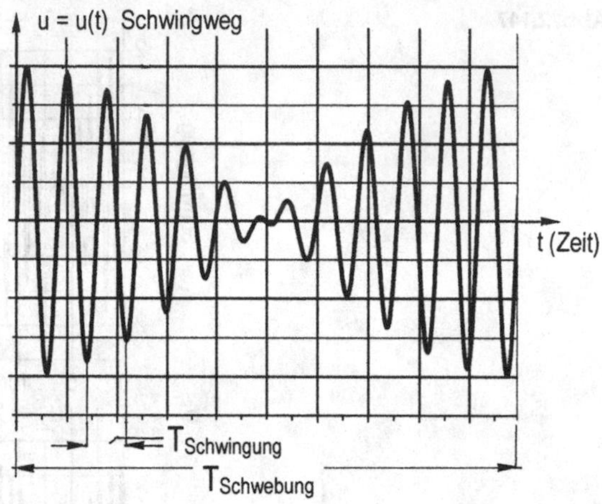

Für das Zahlenbeispiel der reinen Schwebung mit den Kreisfrequenzen

$$\omega_1 = 2\pi \cdot 1{,}04 = 6{,}5345\,1/\text{s},$$
$$\omega_2 = 2\pi \cdot 0{,}96 = 6{,}0319\,1/\text{s}$$

ergeben sich $\Delta\omega$ und $\bar{\omega}$ zu:

$$\Delta\omega = 2\pi \cdot (1{,}04 - 0{,}96)/2 = 2\pi \cdot 0{,}04 = \underline{0{,}2513}\,1/\text{s},$$
$$\bar{\omega} = 2\pi \cdot (1{,}04 + 0{,}96)/2 = 2\pi \cdot 1{,}00 = \underline{6{,}2832}\,1/\text{s}$$
$$T_{\text{Schwebung}} = \frac{\pi}{0{,}2513} = \underline{12{,}5\,\text{s}}, \quad T_{\text{Schwingung}} = 2\frac{\pi}{6{,}2832} = \underline{1{,}00\,\text{s}}$$

Die Amplitude der reinen Schwebung erreicht die Größe:

$$\hat{u} = \hat{u}_1 + \hat{u}_2.$$

6. Beispiel

Das vorangegangene Beispiel wird erweitert, indem nicht nur zwei sondern mehrere Sinuswellen unterschiedlicher Frequenz überlagert werden. Das führt auf das **Konzept der Wellenpakete und der Gruppengeschwindigkeit**. Das Konzept hat in der Informationstheorie große Bedeutung.

Betrachtet werde als erstes die Überlagerung zweier Wellen gleicher Amplitude unterschiedlicher Frequenz im Startpunkt $x = 0$:

$$u = \hat{u} \cdot (\sin \omega_1 t + \sin \omega_2 t)$$

$u_1 = \hat{u} \cdot \sin\omega_1 t$ und $u_2 = \hat{u} \cdot \sin\omega_2 t$ sind die Teilwellen. – Es werden, wie im vorangegangenen Beispiel, die Abkürzungen

$$\bar{\omega} = \frac{\omega_1 + \omega_2}{2} \quad \text{und} \quad \Delta\omega = \frac{\omega_1 - \omega_2}{2}$$

vereinbart. Umgestellt gilt:

$$\omega_1 = \bar{\omega} + \Delta\omega \quad \text{und} \quad \omega_2 = \bar{\omega} - \Delta\omega$$

Werden diese Ausdrücke in die Ausgangsgleichung eingesetzt, lautet sie:

$$u = \hat{u} \cdot [\sin(\bar{\omega} + \Delta\omega)t + \sin(\bar{\omega} - \Delta\omega)t]$$

Mit der trigonometrischen Beziehung $\sin\alpha + \sin\beta = 2 \cdot \sin\frac{1}{2}(\alpha + \beta) \cdot \cos\frac{1}{2}(\alpha - \beta)$ folgt nach Umformung für $u = u(t)$:

$$u = 2 \cdot \hat{u} \cdot \cos\Delta\omega t \cdot \sin\bar{\omega}t$$

Wie erkennbar, handelt sich um eine Sinuswelle mit der mittleren Kreisfrequenz $\bar{\omega}$. Dieser ist eine Cosinuswelle mit der Kreisfrequenz $\Delta\omega$ überlagert. Im Zusammenspiel dieser beiden Schwingungen ergibt sich der charakteristische Verlauf der überlagerten Welle.

Fällt das Teilwellenpaar zusammen, gilt $\bar{\omega} = \omega_1 = \omega_2$ und $\Delta\omega = 0$. Da $\cos 0 = 1$ ist, ergibt sich einsichtiger Weise bei der Überlagerung eine Sinuswelle mit derselben Frequenz wie die (identischen) Teilwellen. Abb. 2.149a zeigt einen solchen Verlauf für $\bar{\omega} = 6{,}2832\,1/\mathrm{s}$ über eine Zeitdauer von 60 Sekunden. Die Amplitude ist auf ‚Eins' normiert.

Als nächstes wird ein Teilwellenpaar mit $\nu_1 = 1{,}04\,\mathrm{Hz}$ und $\nu_2 = 0{,}96\,\mathrm{Hz}$ betrachtet. Hierfür ergeben sich $\bar{\omega}$ und $\Delta\omega$ zu:

$$\bar{\omega} = 2\pi\,\frac{1{,}04 + 0{,}96}{2} = \underline{6{,}2832\,1/\mathrm{s}}, \qquad \Delta\omega = 2\pi\,\frac{1{,}04 - 0{,}96}{2} = \underline{0{,}2513\,1/\mathrm{s}}$$

Abb. 2.149b zeigt das Ergebnis der Überlagerung ($\bar{\omega} \pm \Delta\omega$), wiederum mit auf Eins normierter Amplitude, das Ergebnis ist eine typische Schwebung (entspricht 5. Beispiel).

Als weiteres werden insgesamt 2 Teilwellenpaare überlagert (Abb. 2.149c):

$$\begin{aligned} \bar{\omega} \pm \Delta\omega&: \quad u_{\mathrm{I}} = 2\hat{u} \cdot \cos\Delta\omega t \cdot \sin\bar{\omega}t \\ \bar{\omega} \pm \Delta\omega/2&: \quad u_{\mathrm{II}} = 2\hat{u} \cdot \cos(\Delta\omega/2)t \cdot \sin\bar{\omega}t \end{aligned}$$

Das Ergebnis dieser Überlagerung ist in Abb. 2.149c wiedergegeben. Auf diese Weise kann fortgefahren werden. – Werden die Bereiche $\Delta\omega$ beidseitig von $\bar{\omega}$ in zehn Intervalle zerlegt und die Summe aus den zehn Paaren gebildet, findet man den in Teilabbildung d gezeigten Verlauf. Der im Ursprung liegende Block dominiert immer stärker, man spricht von einem **Wellenpaket** oder einer **Wellengruppe**.

In Abb. 2.150a–d ist die Überlagerung anhand eines ω-Diagramms erklärt: Über den Kreisfrequenzen $\omega \pm \Delta\omega/n$ sind die paarweise superponierten Teilwellen markiert, wobei die Amplitude aller Teilwellen konstant ist.

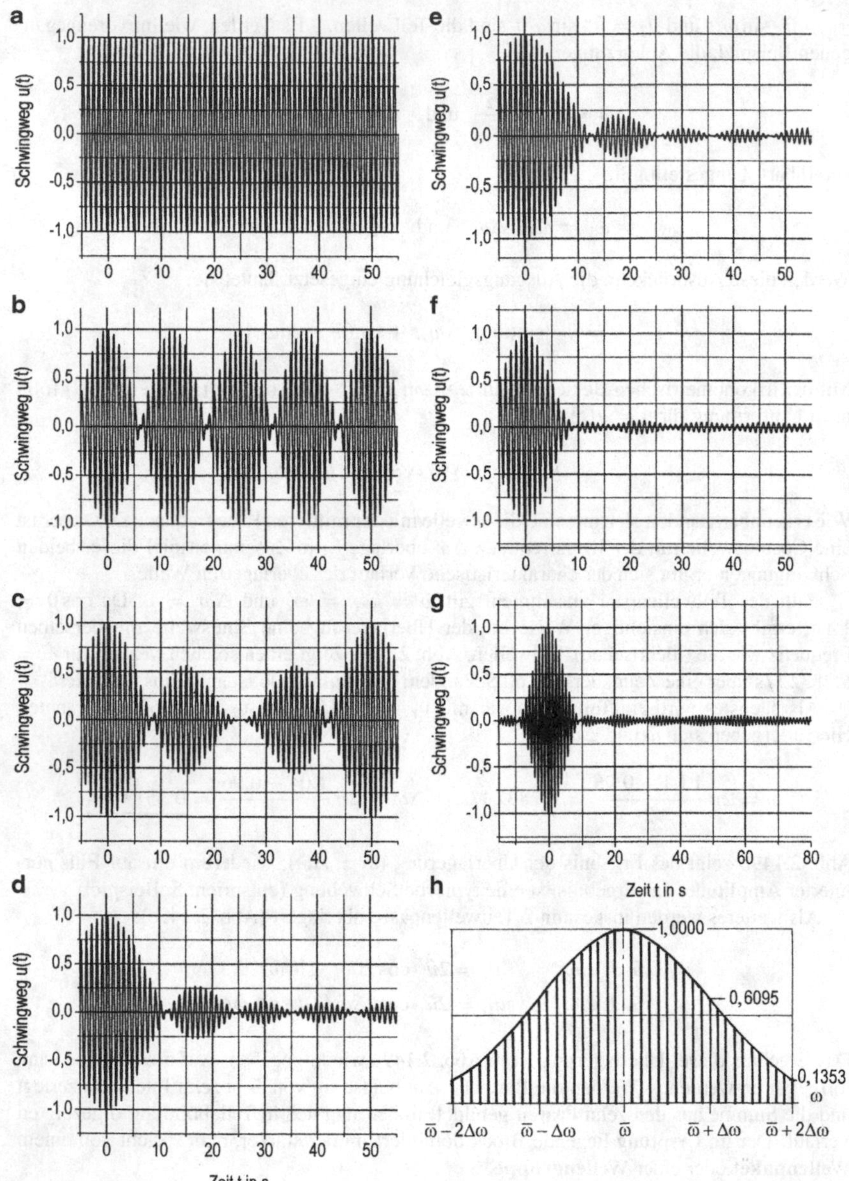
a
b
c
d
e
f
g
h
Schwingweg u(t)
1,0
0,5
0,0
-0,5
-1,0
0
10
20
30
40
50
60
80
Zeit t in s
1,0000
0,6095
0,1353
ω
$\bar{\omega}-2\Delta\omega$
$\bar{\omega}-\Delta\omega$
$\bar{\omega}$
$\bar{\omega}+\Delta\omega$
$\bar{\omega}+2\Delta\omega$

Abb. 2.149

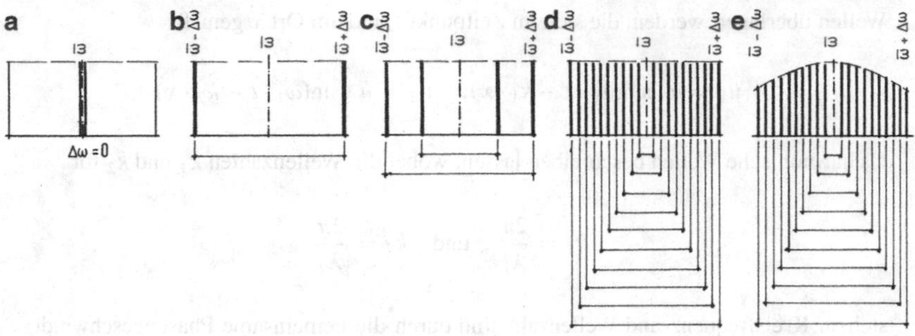

Abb. 2.150

Abb. 2.149e zeigt ein weiteres Beispiel. In diesem Falle sind die Amplituden unterschiedlich gewichtet. Die Gewichtung geht aus Abb. 2.149h hervor. Sie folgt der Funktion

$$G(\omega) = \exp\left[-\frac{(\bar{\omega} - \Delta\omega)^2}{2(\Delta\omega)^2}\right]$$

exp = Exponentialfunktion.

Würde man unendlich viele Teilwellenpaare überlagern, die mit dieser Funktion gewichtet werden, ergäbe sich ein singuläres Wellenpaket! $G(\omega)$ ist die Fourier-Transformierte des Wellenpakets. Sie hat hier die Form der Gauß'schen Glockenkurve. Um diese Aussage zu prüfen, wird die Überlagerung auf zwanzig Funktionenpaare erweitert, jetzt mit verdoppelter Bandbreite (also $\pm 2\Delta\omega$). Abb. 2.149f, g zeigt das Ergebnis, vgl. auch Abb. 2.149h.

Kommentar

- Im vorangegangenen 5. Beispiel wird ein Paar harmonischer Wellen mit eng benachbarten Frequenzen überlagert. Es entsteht eine Schwebung. Sie kann in der Form

$$u(t) = \hat{u}_{\mathrm{mod}}(t) \cdot \sin \bar{\omega} t \quad \text{mit } \hat{u}_{\mathrm{mod}}(t) = 2u \cdot \cos \Delta\omega t$$

  angeschrieben und in dieser Form als **amplitudenmodulierte Schwingung** gedeutet werden: Die Amplitude ist nicht konstant sondern ist mit der **Modulations-Kreisfrequenz** $\Delta\omega$ als schwach veränderliche Sinusschwingung (als Schwebung, als Einhüllende) einer Cosinusschwingung mit der **Träger-Kreisfrequenz** $\bar{\omega}$ überlagert.
- Im 6. Beispiel ist $\bar{\omega}$ nach wie vor als Träger-Kreisfrequenz einer Sinusschwingung zu sehen. Dieser Schwingung ist eine amplitudenmodulierte Schwingung in Form eines Wellenpakets überlagert, wobei das Paket durch die Überlagerung einer großen Zahl frequenzbenachbarter Teilwellen innerhalb der Modulations-Kreisfrequenzbreite $\pm\Delta\omega$ zustande kommt.
- Die Darstellung im 5. und 6. Beispiel geht von Wellen aus, die am Ort $x = 0$ überlagert werden. Die Darstellung kann in den Ortsbereich erweitert werden, indem z. B. zwei

Wellen überlagert werden, die sich im Zeitpunkt t und am Ort x gemäß

$$u_1 = \hat{u} \cdot \sin(\omega_1 \cdot t - k_1 \cdot x), \quad u_2 = \hat{u} \cdot \sin(\omega_2 \cdot t - k_2 \cdot x)$$

als harmonische Wellen beschreiben lassen, wobei die Wellenzahlen k_1 und k_2 für

$$k_1 = \frac{2\pi}{\lambda_1} \quad \text{und} \quad k_2 = \frac{2\pi}{\lambda_2}$$

stehen. Kreisfrequenz und Wellenzahl sind durch die gemeinsame Phasengeschwindigkeit miteinander verbunden:

$$c = \nu \cdot \lambda = \nu_1 \cdot \lambda_1 = \frac{\omega_1}{2\pi} \cdot \frac{2\pi}{k_1} = \frac{\omega_1}{k_1} = \frac{\omega_2}{k_2}$$

Die Überlagerung von u_1 und u_2 ergibt nach Umformung:

$$u = u_1 + u_2 = 2\hat{u} \cdot \cos(\Delta\omega \cdot t - \Delta k \cdot x) \cdot \sin(\bar{\omega} \cdot t - \bar{k} \cdot x)$$

Die Funktion beschreibt dieselbe Schwebung wie zuvor. Die Schwebung bewegt sich in Zeit und Raum mit der **Gruppengeschwindigkeit**:

$$c_{\text{Gruppe}} = \frac{\bar{\omega}}{\bar{k}}$$

Die Überlagerung vieler Teilwellenpaare und ihre Gruppierung um $\bar{\omega}$ und $\bar{k}$ ist auf die gleiche Art und Weise möglich. Die so entstehende Wellengruppe bewegt sich mit der angeschriebenen Gruppengeschwindigkeit in Zeit und Raum.

Vermittelst der Modulation kann jede Information in Form einer Wellengruppe transportiert werden. Das Prinzip der Informationstechnologie ist damit im Kern angedeutet. (Eine weitergehende Vertiefung des Stoffes ist in diesem Rahmen nicht möglich; auf das Fachschrifttun wird verwiesen, z. B. auf [32, 33].)

- **Neben der Amplitude kann auch die Frequenz und die Phase moduliert werden, womit weitere Informationsübertagungsmöglichkeiten zur Verfügung stehen. Eine reine harmonische Welle kann kein Signal übertragen, allenfalls einen Brummton.**
- Es gibt Medien, für die die oben dargestellte Form der Wellentheorie einer Modifikation bedarf. Das ist dann der Fall, wenn die Fortpflanzungsgeschwindigkeit von der Wellenlänge abhängig ist. Das ist z. B. bei allen nicht-elastischen Wellen mit großen Amplituden gegeben, bei Oberflächenwellen von Fluiden, auch bei elektromagnetischen Wellen in allen materiellen Medien. Man spricht bei dieser Erscheinung von **Dispersion**. Die oben angeschriebene Formel für die Gruppengeschwindigkeit gilt nur für dispersionsfreie Wellen! – Schallwellen in Luft sind dispersionsfrei.

2.7 Akustik

2.7.1 Schallmechanik (Grundlagen)

2.7.1.1 Schall – Schallwellen – Schallgeschwindigkeit

Unter Schall versteht man gängiger Weise Luftschwingungen, die das Trommelfell im Ohr zu Schwingungen anregen. Das hierbei übertragene Signal wird im Gehirn identifiziert. Schallerreger (Schallquelle) kann eine schwingende Saite (z. B. einer Geige), eine schwingende Membran (z. B. einer Trommel), ein schwingender Stab (z. B. einer Stimmgabel) oder ein sonstiger schwingungsfähige Körper sein, z. B. eine Glocke. Nicht zuletzt sind es die Stimmbänder in der Kehle, die in Verbindung mit Zunge und Gaumen, dem Menschen Sprechen und Singen ermöglichen. Beim Schallerreger kann es sich auch um eine schwingende Luftsäule handeln (wie bei einer Flöte oder Orgelpfeife). – Schall breitet sich nicht nur in Luft sondern auch in anderen Gasen, sowie in Flüssigkeiten und Feststoffen aus. Schall benötigt als mechanische Schwingung einen **Schallträger**, im Vakuum vermag sich kein Schall auszubreiten! Eine ausführliche Behandlung bieten u. a. [34, 35].

Abb. 2.151 zeigt das bereits in Abschn. 2.6.2 behandelte ebene Wellenfeld. Dargestellt ist ein Strang mit diskreten Massen und Federn als Modell für das elastische Kontinuum. In Richtung des Stranges schwingen die Massen hin und her, es handelt sich um longitudinale (längsgerichtete) Dichtewellen. Die Ortskoordinate

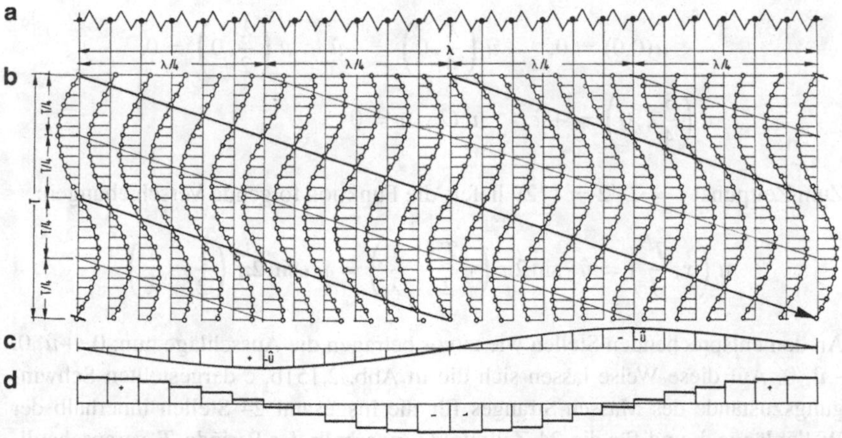

Abb. 2.151

in Richtung des Stranges ist x, die Zeitkoordinate ist t. Für einen bestimmten Ton, also eine bestimmte Frequenz, schwingen die Massenteilchen harmonisch (sinusförmig). Kinematisch lässt sich deren Hin-und-Her-Bewegung in Richtung x und mit der Zeit t fortschreitend, durch die Funktion

$$u(x,t) = \hat{u} \cdot \sin 2\pi\nu \left(t - \frac{x}{c}\right) = \hat{u} \cdot \sin 2\pi \left(\nu t - \frac{x}{\lambda}\right) = \hat{u} \cdot \sin 2\pi \left(\frac{t}{T} - \frac{x}{\lambda}\right)$$

beschreiben, vgl. den vorangegangenen Abschn. 5.6 (Wellen). ν ist die Frequenz und $T = 1/\nu$ die Wellenperiode. λ ist die Wellenlänge. ν und λ sind mit der Ausbreitungsgeschwindigkeit durch die Beziehung

$$c = \nu \cdot \lambda$$

miteinander verknüpft.

Die Beschreibung gilt für ein ebenes Wellenfeld. In x-Richtung schreitet die Welle um die Wellenlänge λ und in t-Richtung um die Wellenperiode T fort, dann stellt sich der Ausgangszustand wieder ein. Für den Zeitpunkt $t = 0$ lautet die Wellenfunktion:

$$u(x,0) = \hat{u} \cdot \sin 2\pi \left(-\frac{x}{\lambda}\right);$$

an den Stellen $x = 0$, $x = \lambda/4$, $x = \lambda/2$, $x = 3/4 \cdot \lambda$ und $x = \lambda$ liefert die Gleichung folgende Ausschläge (vgl. Abb. 2.151c):

$$u(0{,}0) = 0, \quad u\left(\frac{\lambda}{4}, 0\right) = -\hat{u}, \quad u\left(\frac{\lambda}{2}, 0\right) = 0,$$
$$u\left(\frac{3}{4}\lambda, 0\right) = +\hat{u}, \quad u(\lambda, 0) = 0$$

Zum Zeitpunkt $t = T/2 = 1/2\nu$ liefert die Funktion folgende Verschiebungen:

$$u\left(x, \frac{T}{2}\right) = \hat{u} \cdot \sin 2\pi \left(\nu \frac{T}{2} - \frac{x}{\lambda}\right) = \hat{u} \cdot \sin 2\pi \left(\frac{1}{2} - \frac{x}{\lambda}\right)$$

An den entsprechenden Stellen wie zuvor betragen die Ausschläge nun: 0, $+\hat{u}$, 0, $-\hat{u}$, 0. Auf diese Weise lassen sich die in Abb. 2.151b, c dargestellten Schwingungszustände des Massen-Stranges für die insgesamt 24 Stellen innerhalb der Wellenlänge λ und für die 24 Zeitpunkte innerhalb der Periode T veranschaulichen. Ist der Anfangszustand zu $x = 0$ und $t = 0$ vereinbart, wiederholt sich die

Gase	c m/s	Flüssigkeiten	c m/s	Feststoffe	c m/s
Luft, 0°C	332	Süßwasser, 0°C	1408	Blei	1250
Luft, 20°	343	Süßwasser, 20°C	1480	Kupfer	3750
Stadtgas,	450	Salzwasser, 20°C	1520	Aluminium	5100
Helium, 0°C	970	Benzin	1170	Eisen (Stahl)	5130
Wasserstoff, 0°C	1280	Alkohol	1210	Glas (Quarzglas)	5370
O_2: 317, N_2: 340 bei 0°C		Quecksilber	1450	Granit	6000

Abb. 2.152

Wellenbewegung jeweils nach dem vollständigen Durchgang der Welle durch den Strang in Richtung x um die Strecke λ und in Richtung t nach der Zeit T. Der Ausgangszustand wiederholt sich dann identisch. Für das Argument der sinusförmigen Wellenfunktion bedeutet das:

$$T - \frac{\lambda}{c} = 0 \quad \rightarrow \quad \frac{1}{\nu} - \frac{\lambda}{c} = 0 \quad \rightarrow \quad c = \nu \cdot \lambda$$

c ist die Ausbreitungsgeschwindigkeit des Wellenzuges, in Abb. 2.151b durch Pfeile markiert. Man erkennt, dass sowohl örtlich (entlang x) wie zeitlich (entlang t) ein Signal, eine Information, übertragen wird.

In den verschiedenen Übertragungsmedien ist die Schallgeschwindigkeit unterschiedlich, sie ist stoffabhängig. Für Luft in Höhe der Erdoberfläche (bei 101,3 kPa Luftdruck) gelten für c folgende Annäherungen (alternativ), c in m/s:

$$c = (331 + 0{,}6 \cdot \vartheta) \quad \text{oder} \quad c = 20{,}05 \cdot \sqrt{273{,}2 + \vartheta}$$
$$\text{oder} \quad c = 332 \cdot \sqrt{1 + \vartheta / 273{,}2}$$

ϑ ist die Lufttemperatur in °C. Für $\vartheta = 20\,°\text{C}$ liefern die Formeln der Reihe nach: 343,0; 343,3 bzw. 343,9 m/s. In größerer Höhe über der Erdoberfläche gelten andere Gesetze, das beruht auf der Änderung der Dichte und der Lufttemperatur über die Höhe. Der Einfluss der Luftfeuchte ist eher gering.

Anmerkung

Merkregel bei Blitz und Donner: 3 Sekunden zwischen Blitz und Donner bedeuten eine Blitzentfernung von ca. 1 km. Man zähle laut nach Aufleuchten des Blitzes: Einundzwanzig, Zweiundzwanzig usf. und multipliziere die Zahl minus 20 mit 350 m.

Die Tabelle in Abb. 2.152 enthält für gasförmige, flüssige und feste Stoffe Anhaltswerte für die Ausbreitungsgeschwindigkeit c in m/s. Da es sich beim Schall um Druckschwankungen handelt, ist verständlich, dass c vom Kompressionsmodul K und von der Dichte ρ des Mediums abhängig ist:

$$c = \sqrt{\frac{K}{\rho}}$$

K kennzeichnet die Elastizität (die ,Steifigkeit') und ρ die Dichte des schwingenden Stoffes. Flüssigkeiten sind im Vergleich zu Gasen weitgehend inkompressibel (hohe Steifigkeit = hoher K-Modul), Gase haben andererseits eine geringe Dichte. So werden die Werte in der Tabelle verständlich. Bei Gasen lässt sich die Funktion der Schallgeschwindigkeit von Druck und Temperatur nur auf der Basis der Gastheorie herleiten (Bd. I, Abschn. 2.7.3). – Interessant ist der Sachverhalt, dass c bei konstanten Bedingungen unabhängig von der Frequenz ist, gleichgültig, ob es sich um ein sphärisches oder ebenes Wellenfeld handelt, das gilt auch für alle anderen Phänomene bei der Wellenausbreitung (Reflektion, Brechung, Beugung, Interferenz), auch bei der Absorption.

2.7.1.2 Schallfeld – Schallfeldgrößen

Wenn der Schall von einer Punktquelle ausgeht, ist das Schallfeld kugelförmig (sphärisch). Sind es viele Quellen, kommt es zu den unterschiedlichsten Überlagerungen. In diesem Abschnitt wird von einer einzelnen ortsfesten monofrequenten Schallquelle ausgegangen. Mit wachsendem Abstand von der Quelle wird die Krümmung der Wellenfront immer geringer, dann kann das Wellenfeld lokal als ein ebenes angenähert werden (Abb. 2.153a).

Im Schallfeld pflanzen sich, wie bei jeder Wellenbewegung, Energie und Impuls fort. Die Ausbreitung erfolgt von Ort zu Ort mit der im vorangegangenen Abschnitt aufgezeigten Ausbreitungsgeschwindigkeit c. Die Lautstärke vor Ort wird von der abgestrahlten Schallleistung und vom Abstand bestimmt.

Im Schallfeld schwingen die Teilchen bei einem reinen Ton sinusförmig (harmonisch) mit der Tonfrequenz ν:

$$u = u(x,t) = \hat{u} \cdot \sin 2\pi\nu \left(t - \frac{x}{c}\right)$$

u ist der Schwingweg des stofflichen Teilchens um die Ruhelage und $\hat{u}$ die zugehörige Amplitude. Die Teilchengeschwindigkeit (Schallschnelle, Schallwechselgeschwindigkeit) ist die Ableitung von $u(x,t)$ nach der Zeit t:

$$v = v(x,t) = \hat{v} \cdot \cos 2\pi\nu \left(t - \frac{x}{c}\right), \quad \hat{v} = 2\pi\nu \cdot \hat{u}$$

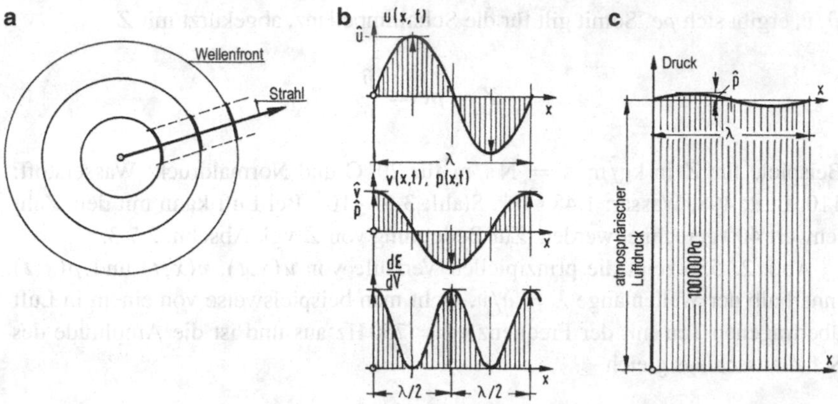

Abb. 2.153

Schallschnelle $v(x, t)$ und **Schalldruck** (Schallwechseldruck) $p(x, t)$ sind innerhalb der Akustik die wichtigsten Feldgrößen. –

Die Schallschwingungen überlagern sich dem mittleren Druck im Medium (bei Luft ist es der Luftdruck vor Ort, Abb. 2.153c). Bei einem monofrequenten Schall, also einem einfachen Ton, verlaufen auch die Druckschwankungen harmonisch.

Hinweis

In Abschn. 2.6 (Theorie der Wellen) wurde der Druck mit Spannung $\sigma(x, t)$ benannt und war als Zugspannung positiv vereinbart. Im Folgenden wird der Druck mit $p(x, t)$ abgekürzt und dabei als Druck positiv! Das entspricht der üblichen Definition in der Akustik.

Der Schalldruck $p(x, t)$ verläuft cosinusförmig (wie $v(x, t)$) und somit gegenüber $u(x, t)$ um die Phase $\pi/2$ (90°) verzögert:

$$p = p(x,t) = \hat{p} \cdot \cos 2\pi\nu \left(t - \frac{x}{c}\right)$$

Die Druckamplitude dieser harmonischen Druckschwankungen berechnet sich zu (vgl. Abschn. 2.6.3, (l)):

$$\hat{p} = 2\pi\nu \cdot \rho c \cdot \hat{u} = \rho c \cdot \hat{v}$$

Das Produkt ρc ist der Wellenwiderstand. Anhand der in Abb. 2.152 angegebenen c-Werte und der zugehörigen Stoffdichten ρ kann der **Wellenwiderstand** berechnet werden. Man spricht auch von der **Schallimpedanz**. Bildet man den Quotienten

$\hat{p}/\hat{v}$, ergibt sich ρc. Somit gilt für die Schallimpedanz, abgekürzt mit Z:

$$Z = \rho c = \frac{\hat{p}}{\hat{v}}$$

Beispiele für Z in $\mathrm{kg/m^2\,s} = \mathrm{N\,s/m^3}$ für 20 °C und Normaldruck: Wasserstoff: 110, Luft: 408, Wasser: $1{,}48 \cdot 10^6$, Stahl: $3{,}95 \cdot 10^7$. Bei Luft kann mit dem Zahlenwert 400 gerechnet werden. Zur Bedeutung von Z vgl. Abschn. 2.7.3.

Abb. 2.153b zeigt die prinzipiellen Verläufe von $u(x,t)$, $v(x,t)$ und $p(x,t)$ innerhalb der Wellenlänge $\lambda = c/\nu$. Geht man beispielsweise von einem in Luft übertragenen Ton mit der Frequenz $\nu = 750\,\mathrm{Hz}$ aus und ist die Amplitude des Schallausschlags gleich

$$\hat{u} = 1 \cdot 10^{-5}\,\mathrm{m} = 1 \cdot 10^{-2}\,\mathrm{mm} = 0{,}10\,\mathrm{mm} = 10\,\mu\mathrm{m},$$

ergibt sich die Amplitude des Schallwechseldrucks für $\rho_{\mathrm{Luft}} = 1{,}21\,\mathrm{kg/m^3}$ und $c_{\mathrm{Luft}} = 337\,\mathrm{m/s}$ in Pa (Pascal $= \mathrm{N/m^2}$) zu:

$$\begin{aligned}\hat{p} &= 2\pi\nu \cdot \rho c \cdot \hat{u} = 2\pi \cdot 750 \cdot 1{,}21 \cdot 337 \cdot 1 \cdot 10^{-5} \\ &= \underline{19{,}22\,\mathrm{Pa}} \approx 20\,\mathrm{Pa} \quad (\mathrm{kg\,m/s^2/m} = \mathrm{N/m^2})\end{aligned}$$

Die Schallwechselamplitude $\hat{p} = 20\,\mathrm{Pa}$ liegt für das menschliche Ohr nahe der Erträglichkeit. Die Schmerzgrenze liegt im Bereich 25 bis 30 Pa, i. M. bei 27,5 Pa. Der Norm-Luftdruck auf der Erdoberfläche beträgt 101.325 Pa. Ein Druck von 27,5 Pa ist davon der 27,5/101.325 = 0,000271-fache Teil, also viel weniger als in Abb. 2.153c zur Veranschaulichung dargestellt. Aus dieser Abschätzung wird deutlich, um welch' geringe Ausschläge der Luftmoleküle und um welch' geringe Luftdruckschwankungen es sich beim Schall letztlich handelt.

Der Mensch hat ein breites Hörvermögen, es reicht von ca. 0,00002 Pa bis 27,5 Pa, bei 10 Pa setzt erstes Schmerzempfinden ein. Ab 0,4 Pa ist bei lang andauernder Einwirkung mit Gehörschäden zu rechnen, ab 20 Pa bei kurzdauernder.

Neben der Schallschnelle $v(x,t)$ und dem Schallwechseldruck $p(x,t)$ ist die **Schallstärke** I (**Schallintensität**) eine weitere wichtige Feldgröße. Wie in Abschn. 2.6.4 erläutert, ist I ein Maß für den mittleren Energiedurchsatz pro Flächen- und Zeiteinheit. Weil auf die Zeiteinheit bezogen, handelt es sich bei I um eine Leistungsgröße. Sie bestimmt sich nach der Formel (Abschn. 2.6.4, (u)):

$$I = \frac{1}{2}\hat{p} \cdot \hat{v}$$

Wie oben angegeben, ist $\hat{p}$ die Amplitude des Schallwechseldrucks und $\hat{v}$ die Amplitude der Schallschnelle. Zwischen $\hat{p}$ und $\hat{v}$ besteht die Beziehung:

$$\hat{v} = \frac{\hat{p}}{\rho \cdot c}$$

Somit kann I auch zu

$$I = \frac{1}{2} \cdot \frac{\hat{p}^2}{\rho \cdot c}$$

angeschrieben werden; der Schallwechseldruck geht quadratisch in I ein.

Für das obige Beispiel ergibt sich I zu:

$$I = \frac{1}{2} \cdot \frac{19{,}22^2}{1{,}21 \cdot 337} = \underline{0{,}453\,\mathrm{W/m^2}} \quad (\mathrm{N\,m/m^2 = J/m^2 \cdot s = W/m^2})$$

Wie in Abschn. 2.6.4 weiter erläutert, kann I aus den Effektivwerten von p und v bestimmt werden:

$$I = p_{\mathrm{eff}} \cdot v_{\mathrm{eff}} \quad \text{mit } p_{\mathrm{eff}} = \hat{p}/\sqrt{2}, \quad v_{\mathrm{eff}} = \hat{v}/\sqrt{2}$$

Diese Berechnungsform hat für die Schallmessung Bedeutung: Die Effektivwerte lassen sich bei einem Tongemisch auf der Basis der Signaltheorie messen. Über die Schallkennimpedanz Z sind die Effektivwerte miteinander verknüpft:

$$Z = \rho \cdot c = \frac{\hat{p}}{\hat{v}} = \frac{p_{\mathrm{eff}}}{v_{\mathrm{eff}}}$$

Die Energieschwankungen im Schallfeld sind positiv definit, ihr Verlauf ist in Abb. 2.153b (unten) angedeutet.

Als **Energiedichte** w ist die mittlere Energie vereinbart, die das Schallfeld pro Volumeneinheit durchsetzt (Abschn. 2.6.4). Sie berechnet sich im ebenen Schallfeld zu:

$$w = 2\pi^2 \cdot \rho \cdot \nu^2 \cdot \hat{u}^2 = \frac{1}{2}\rho \cdot \hat{v}^2 = \frac{1}{2} \cdot \frac{\hat{p}^2}{\rho \cdot c^2}$$

Für obiges Zahlenbeispiel ergibt sich:

$$w = 2\pi^2 \cdot 1{,}21 \cdot 750^2 \cdot (1 \cdot 10^{-5})^2 = 0{,}00134\,\mathrm{N\,m/m^3} = \underline{0{,}00134\,\mathrm{J/m^3}}$$

Auch dieses Ergebnis lässt erkennen, wie gering die beim Luftschall übertragenen Energien sind.

Die Leistung einer Schallquelle ist die in der Zeiteinheit (1 Sekunde) bezogene abgestrahlte Schallenergie: Die Schallquelle hat eine Leistung von einem Watt, wenn von ihr in der Sekunde eine Energie von 1 Joule abgestrahlt wird. Wird die Leistung nach allen Richtungen, quasi kugelförmig, abgestrahlt, nimmt sie mit dem Quadrat des Abstandes ab ($1/r^2$). Anhaltswerte für Leistungsabstrahlungen in Watt: Gängige Unterhaltungssprache, eher gedämpft: 0,0000007; Spitzenleistung der menschlichen Stimme: 0,002; Musikinstrumente, in fortissimo gespielt: Geige: 0,001; Flügel: 0,2; Trompete: 0,3; Orgel: 1 bis 10; Pauke: 10; Autohupe: 5, Großlautsprecher: 100 und mehr; alle Angaben in Watt.

2.7.2 Sprechen – Hören

Mittels seiner Stimmbänder im Kehlkopf vermag der Mensch einen Ton zu erzeugen. Hohe Töne entstehen bei hoher Anspannung der Bänder, tiefe bei geringer. Die Luft aus der Lunge strömt durch die Stimmritze der Stimmbänder. Die hierbei angeregte Luftschwingung ergibt den Ton. Dieser Ton wäre praktisch unhörbar, wenn er nicht durch die Resonanzräume in Mund und Rachen, in Brust- und Stirnhöhle, auf eine hörbare Höhe verstärkt würde. Mit Lippe und Zunge werden die unterschiedlichen Laute gebildet. So gelingt es, zu sprechen und zu singen. Das geschieht durch Rückkopplung mit dem eigenen Hören. (Taubgeborene bleiben stumm.) Die Frequenzen der durch das Sprechen ausgelösten Luftschwingungen liegen beim erwachsenen Mann zwischen 65 bis 320 Hz, bei der erwachsenen Frau zwischen 200 bis 400 Hz (schreiende Säuglinge erreichen 1000 Hz). Für Sänger/Sängerinnen gilt: Bass 65 bis 320 Hz, Tenor 130 bis 430 Hz, Alt 170 bis 640 Hz, Sopran 260 bis 830 Hz.

Im Gehirn aller heutigen homo sapiens steht dasselbe Grundprogramm zum Erlernen des Sprechens zur Verfügung. Das wird neben anderen Hinweisen als Indiz für die Abstammung des Menschen von einem gemeinsamen Ahnen, unabhängig von seiner Rasse und seinem kontinentalen Lebensraum, angesehen (Bd. V, Abschn. 1.2.6.1 und 1.5.5).

Der Mensch vermag nur deshalb artikuliert zu sprechen, weil sich der Kehlkopf nach dem ersten Lebensjahr absenkt und sich dabei die Rachenhöhle bildet (A. PORTMANN (1897–1982), Abb. 2.154a). – Bei Menschenaffen findet diese Umformung nicht statt, auch nicht bei allen anderen Wirbeltieren. Sie vermögen daher auch nicht zu sprechen, sondern nur zu quieken, grunzen, knurren, schnalzen und zu schmatzen. – Einzelheiten vermittelt die Neuro-Linguistik.

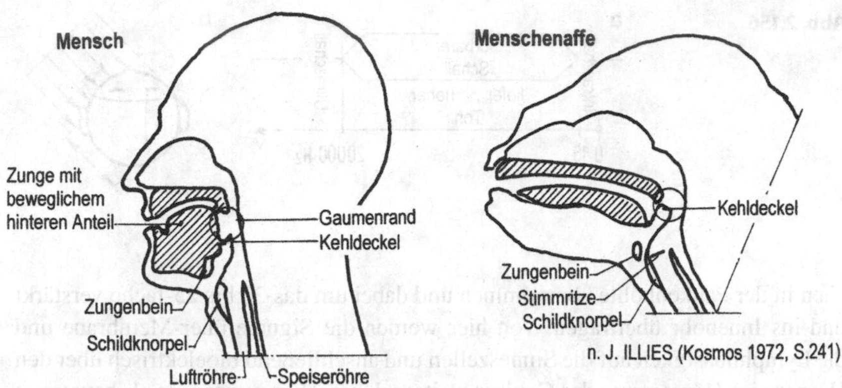

Abb. 2.154

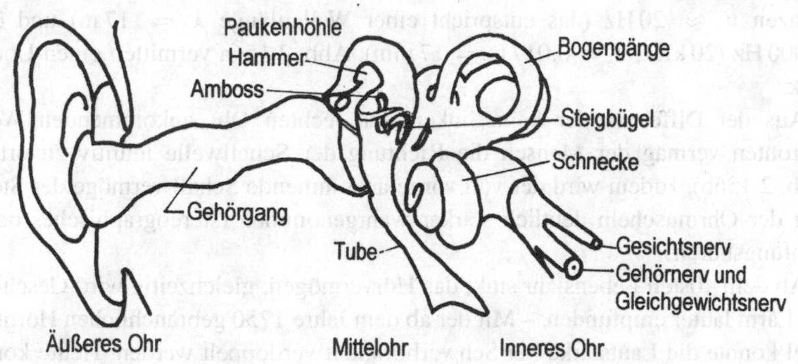

Abb. 2.155

Jüngere Funde lassen darauf schließen, dass der Neandertaler, der sich parallel zum Menschen entwickelte und vor ca. 25.000 Jahren ausstarb, vielleicht auch sprechen konnte. An den fossilen Resten konnte nachgewiesen werden, dass die Zungenbeine und die Ansätze für die Sprechmuskeln mit jenen des Menschen vergleichbar sind.

Hören vermag der Mensch dank seiner Ohren. Das Ohr besteht aus dem äußeren Ohr, dem Mittelohr und dem Innenohr (Abb. 2.155). Die Schallwelle wird von der Ohrmuschel (max. ca. $10\,\mathrm{cm}^2$ groß) aufgefangen und gelangt zum Trommelfell. Dabei werden die für das Sprachverstehen wichtigen Frequenzen im Gehörgang verstärkt. Die Schwingungen des Trommelfells werden von den Gehörknöchel-

Abb. 2.156

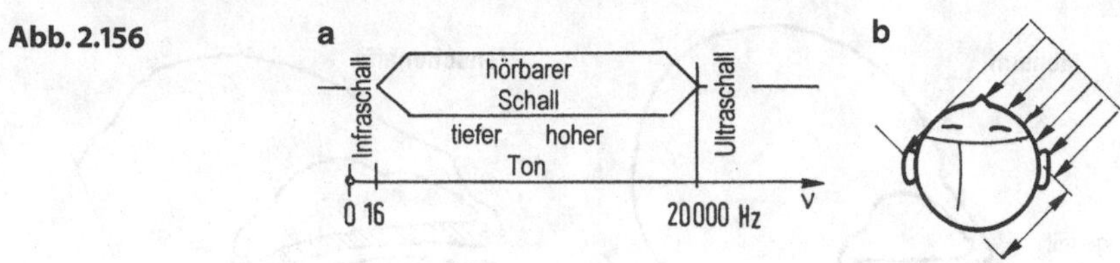

chen in der Paukenhöhle übernommen und dabei um das 20 bis 25-fache verstärkt und ins Innenohr übertragen. Von hier werden die Signale über Membrane und die Lymphflüssigkeit auf die Sinneszellen und anschließend bioelektrisch über den Hörnerv ins Hörzentrum des Gehirns weitergeleitet. Hier werden sie als bewusstes Hören und Verstehen verarbeitet.

Das Hörempfinden bzw. -vermögen liegt beim Menschen zwischen den Frequenzen $\nu \approx 20\,\text{Hz}$ (das entspricht einer Wellenlänge $\lambda = 17\,\text{m}$) und ca. 20.000 Hz (20 kHz, $\lambda = 0{,}017\,\text{m} = 17\,\text{mm}$). Abb. 2.156a vermittelt einen Überblick.

Aus der Differenz der beim linken und rechten Ohr ankommenden Wellenfronten vermag der Mensch die Richtung der Schallwelle intuitiv zu orten (Abb. 2.156b), zudem wird der von vorne ankommende Schall vermöge der Stellung der Ohrmuscheln deutlich stärker wahrgenommen (stereographisches oder Richtungshören).

Ab dem 40sten Lebensjahr sinkt das Hörvermögen, gleichzeitig wird Geschrei und Lärm lauter empfunden. – Mit der ab dem Jahre 1750 gebräuchlichen Hörmuschel konnte die Lautstärke bei Schwerhörigkeit verdoppelt werden. Heute kommen In-Ohr-Geräte als Verstärker zum Einsatz, sie sitzen unsichtbar im Gehörgang.

Zur Belüftung der Paukenhöhle und zum Druckausgleich dient die etwa 3,5 cm lange sogen. Eustachische Röhre zwischen Nasen- und Rachen-Raum.

Anmerkung

Bei den Tieren ist der Frequenzbereich des Hörens und Ortens von jenem des Menschen verschieden und, wie alle anderen Fähigkeiten, an die Lebensumstände evolutionär angepasst. – Fledermäuse stoßen laufend hohe Töne bis in den zweistelligen kHz-Bereich aus und können deren Echo orten. Ihr Hörvermögen reicht bis 210 kHz. Dank dieser Fähigkeiten können sie sich auch bei völliger Dunkelheit orientieren und Beutetiere im Flug fangen. Die ersten diesbezüglichen Versuche stellte L. SPALLANZANI (1729–1799) an. – Die große Wachsmotte kann Töne bis 300 kHz wahrnehmen, andere Insekten bis 200 kHz, was es ihnen ermöglicht, den jagenden Fledermäusen auszuweichen.

2.7.3 Hörempfinden – Schallpegel – Schallspektrum

2.7.3.1 Unbewerteter Schallpegel (Lärmpegel)

Wie ausgeführt, ist das Hörvermögen des Menschen durch eine große Breite ausgezeichnet. Für die verschiedenen Schallfeldgrößen gilt:

- Im **Frequenz**bereich (ν) 16 bis 20 Hz als untere und 16.000 bis 20.000 Hz als obere Grenze. Das sind ca. 10 Oktaven. Mit zunehmendem Alter sinkt insbesondere der obere Wert.
- Im **Schalldruck**bereich (p) von ca. 0,00002 Pa über 20 Pa (schmerzhaft) bis 27,5 Hz (unerträglich, es wird nichts mehr ‚gehört', sondern nur noch Schmerz empfunden): Diesen Grenzwerten entsprechen Schallstärken, also Schallintensitäten, die gemäß

$$I = \frac{1}{2}\hat{p} \cdot \hat{v} = \frac{1}{2}\rho \cdot \hat{v}^2 = \frac{1}{2} \cdot \frac{\hat{p}^2}{\rho \cdot c} = p_{\text{eff}} \cdot v_{\text{eff}};$$

$$p_{\text{eff}} = \hat{p}/\sqrt{2}, \quad v_{\text{eff}} = \hat{v}/\sqrt{2}$$

  mit $\rho = 1{,}21\,\text{kg/m}^3$ und $c = 343\,\text{m/s}$ berechnet werden können.
- Im **Schallstärke**bereich (I) untere Grenze ca. $0{,}5 \cdot 10^{-12}\,\text{W/m}^2$ und obere Grenze ca. $1\,\text{W/m}^2$.

Zur physiologischen Bewertung der Lautstärke sind die physikalischen Größen $\hat{v}$, $\hat{p}$ und I nicht unmittelbar geeignet. Um Schalldruck und Schallstärke als energetische Größen mit dem menschlichen **Hörempfinden** in Verbindung zu bringen, geht die Bewertung der Schallstärke von deren Amplitudenwerten aus (genauer von deren Effektivwerten bei vielfrequenten Tönen und Geräuschen). Nach dem von W.E. WEBER (1804–1891) und G.T. FECHNER (1801–1882) vorgeschlagenen Empfindungsgesetz besteht beim Menschen zwischen der Stärke der Hörempfindung (also dem empfundenen Sinnesreiz E) und der Stärke des einwirkenden Reizes R der Zusammenhang: $E = k \cdot \log R$. Von diesem Vorschlag ausgehend, werden die gemessenen Effektivwerte durch einen zugeordneten (genormten) Bezugswert dividiert und hiervon der **dekadische** Logarithmus genommen. Diesen Wert bezeichnet man als (Lautstärke-)Pegel, abgekürzt durch L. Als Einheit dient das Dezibel (dB), benannt nach A.G. BELL (1847–1922).

Im Einzelnen wurden vereinbart bzw. sind genormt (p steht im Folgenden für p_{eff} und v für v_{eff}, die Bezugswerte sind durch den Index 0 gekennzeichnet):

- **Pegel des Schall(wechsel)drucks** in dB:

$$L_p = 10 \cdot \log \frac{p^2}{p_0^2} = 20 \cdot \log \frac{p}{p_0} \quad (\text{invers: } p = p_0 \cdot 10^{L_p/20})$$

(Kennwert des Pegels ist die **Differenz der Logarithmen** von p^2 gegenüber jenem von p_0^2:

$$\log p^2 - \log p_0^2 = \log(p^2/p_0^2) = 2 \cdot \log(p/p_0).$$

Als Bezugswert p_0 ist der Schalldruck an der Hörschwelle vereinbart worden, also am leisesten noch hörbaren Ton im Bereich der höchsten Empfindlichkeit. Dieser Bereich liegt beim Menschen bei 1000 Hz:

$$p_0 = 2 \cdot 10^{-5}\,\text{N/m}^2 = 20\,\mu\text{Pa} = 2 \cdot 10^{-4}\,\mu\text{bar} \quad (\mu\text{: } 10^{-6}, \text{Mikro-})$$

Für $p = p_0$ folgt $L_p = 0$. Somit ist der Schalldruckpegel normativ an der Hörschwelle zu Null vereinbart. An der Schmerzschwelle ($\hat{p} = 20\,\text{N/m}^2$) berechnet sich der Pegel zu:

$$L_p = 20 \cdot \log(20/20 \cdot 10^{-6}) = 20 \cdot \log(10^6) = 20 \cdot 6 = 120.$$

- **Pegel der Schallschnelle** in dB:

$$L_v = 10 \cdot \log \frac{v^2}{v_0^2} = 20 \cdot \log \frac{v}{v_0} \quad (\text{invers: } v = v_0 \cdot 10^{L_v/20})$$

Bezugsschallschnelle:

$$v_0 = 5 \cdot 10^{-8}\,\text{m/s} = 50\,\text{nm/s} \quad (\text{n: } 10^{-9}, \text{Nano-})$$

- **Pegel der Schallintensität (Schallstärke)** in dB:

$$L_I = 10 \cdot \log \frac{I}{I_0} \quad (\text{invers: } I = I_0 \cdot 10^{L_I/10})$$

Bezugsintensität:

$$I_0 = 10^{-12}\,\text{W/m}^2$$

Abb. 2.157

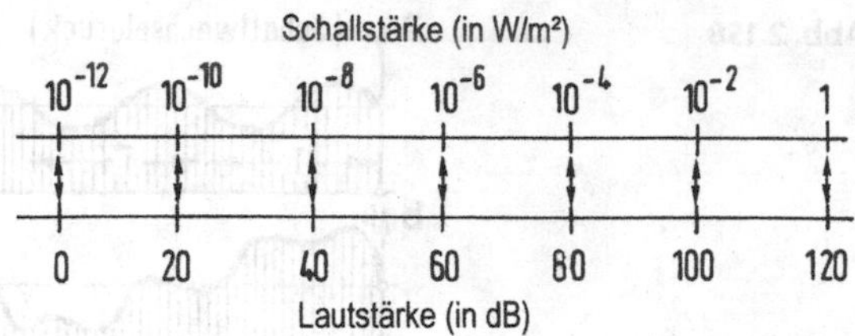

Der Pegel für die Schallleistung (L_p) ist entsprechend definiert. – Wird die Bezugskennimpedanz für ebene Schallwellen (und kugelförmige im Fernfeld) zu

$$Z_0 = \frac{p_0}{v_0} = 400\,\frac{\mathrm{N\,s}}{\mathrm{m}^3}, \quad \text{d. h. } I = \frac{p^2}{Z_0} = Z_0\,v^2$$

eingeführt, gehen die Pegel ineinander über, d. h. sie sind dann einander gleich.

Eine Verdoppelung bzw. Halbierung des Schalldrucks (p) führt zu einer Änderung des L_p-Pegels um ± 6 dB, denn

$$\pm 10 \cdot \log 2^2 = \pm 10 \cdot 0{,}6021 \approx \pm 10 \cdot 0{,}60 = \pm 6\,\mathrm{dB}$$

Eine Verdoppelung bzw. Halbierung des Schallstärke (I) führt zu einer Änderung des L_I-Pegels um ± 3 dB, denn

$$\pm 10 \cdot \log 2 = \pm 10 \cdot 0{,}3010 \approx \pm 10 \cdot 0{,}30 = \pm 3\,\mathrm{dB}$$

Bei einer Verzehnfachung der Schallstärke (I) steigt der L_I-Pegel um 10 dB, bei einer Verhundertfachung um 20 dB, bei einer Vertausendfachung um 30 dB.

Die Darstellung in Abb. 2.157, in welcher die Schallstärke I in $\mathrm{W/m^2}$ dem zugeordneten Lautstärkepegel L_I in dB gegenübergestellt ist, macht den Zusammenhang zwischen diesen Größen deutlich.

2.7.3.2 Schallspektrum – Ton, Klang, Lärm, Knall

Handelt es sich um eine harmonische Schallwelle mit fester Frequenz, spricht man von einem (physikalischen) Ton, Abb. 2.158a. Überlagern sich zwei oder mehrere harmonische Schallwellen mit jeweils definierter Frequenz, entsteht ein Klang, wobei die Frequenzen in einem ganzzahligen Verhältnis stehen müssen, damit sie im musikalischen Sinne als Klang empfunden werden. Die untere Frequenz bestimmt die Tonhöhe, die Obertöne die Klangfarbe; der Zeitverlauf des Schallwechseldrucks ist periodisch, das Spektrum weist zwei oder mehrere diskrete Werte auf

Abb. 2.158

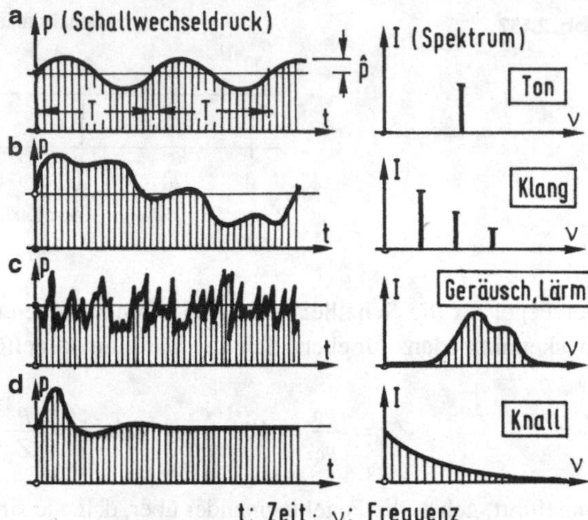

(Abb. 2.158b). Treten innerhalb des Frequenzbandes (unendlich) viele harmonische Anteile auf, und sind die Werte von stochastischem Typ, spricht man von Geräusch (Rauschen), bei erhöhter Intensität von Lärm (Abb. 2.158c). Bei sehr hoher Intensität und kurzer Dauer handelt es sich um einen Knall (Abb. 2.158d).

Nach der Frequenz werden unterschieden:

- $\nu \leq 20\,\text{Hz}$: Infraschall (nicht hörbar)
- $\nu = 20$ bis $20.000\,\text{Hz}$ ($= 20\,\text{kHz}$): Hörschall
- $\nu = 20\,\text{kHz}$ bis $1\,\text{GHz}$: Ultraschall (nicht hörbar)
- $\nu \geq 1\,\text{GHz}$: Hyperschall

In dem Spektrum des als Lärm charakterisierten Schallfeldes ist der Schalldruck kontinuierlich über der Frequenz verteilt (Abb. 2.158c).

Der Schalldruck lässt sich nach elektro-akustischer Wandlung messen. Die wichtigsten Einwert-Kenngrößen des Schalldrucks sind sein Effektivwert und die zugehörige Schallintensität:

$$p_{\text{eff}} = \sqrt{\lim_{T\to\infty} \frac{1}{T} \cdot \int_0^T p^2(t)\,dt}; \quad I = \frac{p_{\text{eff}}^2}{Z}$$

Das bedeutet: Es wird der quadratische Zeitmittelwert für die Zeitdauer T gebildet und hieraus die Wurzel gezogen. Da $p = p(t)$ um den barometrischen Ruhedruck schwankt, ist p_{eff} bei einem stationären Schallfeld mit der Standardabweichung des regellosen Wechseldrucks identisch. Alle in der Signaltheorie entwickelten Analysemethoden sind auf $p(t)$ anwendbar, auch bei einem impulsartigen Schallfeld. Modernen computergestützten Mess- und Analyseverfahren liegt die Schnelle-Fourier-Transformation zugrunde: FFT (Fast-Fourier-Transformation, vgl. Abschn. 2.5.7). Historisch bedingt kommen bei den Mehrwert-Verfahren nach wie vor Filtermethoden zum Einsatz: Hierbei wird der Effektivwert des Schalldrucks mittels eingebauter Filter für voreingestellte Frequenzbandbreiten gemessen und dieser Wert über der Mittelfrequenz des jeweiligen Frequenzbandes aufgetragen. Das liefert das Spektrum für $p(t)$. Dem Effektivwert $p_{\text{eff},i}$ jedes Bandes ist die Intensität

$$I_i = \frac{p_{\text{eff},i}^2}{Z}$$

zugeordnet, das ergibt das Spektrum für I: Die Summe der auf diese Weise ermittelten Intensitäten je Bandbreite liefert die Gesamtintensität des Schallfeldes:

$$I = \sum I_i$$

Die Messgeräte bestehen aus einem Mikrophon, welches den Schalldruck aufnimmt, und einem Verstärker. Bei der elektro-akustischen Wandlung werden planmäßige Verzerrungen vorgenommen, um den sogen. bewerteten Schallpegel zu gewinnen. Die elektro-akustischen Messgeräte und -verfahren sind umfassend genormt; Einzelheiten vermittelt das technische Schrifttum [36–39].

2.7.3.3 Bewerteter Schallpegel (Lautstärkepegel)

Die Empfindungen des menschlichen Gehörs sind nicht physikalischer sondern physiologischer und psychologischer Natur. Sowohl die (untere) Hörschwelle wie die (obere) Schmerzschwelle sind stark von der Frequenz abhängig (und natürlich vom Alter und der Konstitution der Person). Das Gebiet der höchsten Empfindlichkeit liegt bei ca. 1000 Hz (1 kHz). Das Hörvermögen sinkt, je mehr sich die Schallfrequenz den Bereichsgrenzen nähert. Bei gleich hohem Schallpegel werden tiefe Töne weniger laut empfunden als höhere. Abb. 2.159 zeigt Kurven gleicher Lautstärke (d. h. gleicher Empfindlichkeit) für Normalhörende nach ISO 225:2006, ehemals nach DIN 45630-2:1967.

Die Kurven wurden durch Hörvergleichsmessungen bestimmt. Es handelt sich also nicht um physikalisch sondern subjektiv gewonnene Ergebnisse. Einsichtiger Weise wird ein Ton umso lautstärker empfunden, je höher der Schalldruck und

Abb. 2.159

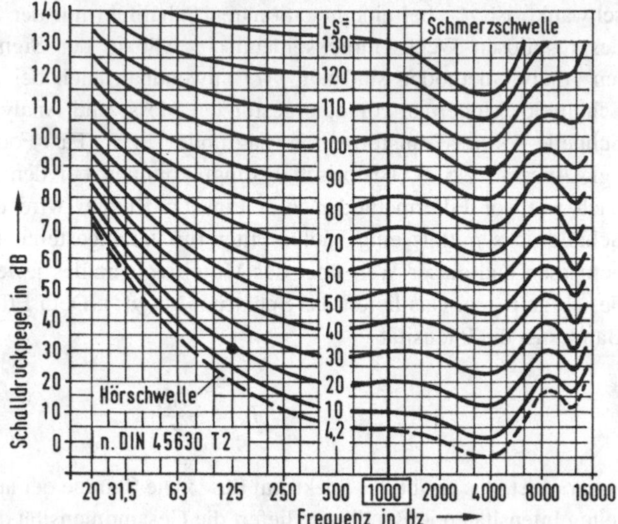

damit der Schallpegel ist. Als Referenzwert für die Definition des **Lautstärkepegels** L_S wurde der Ton bei 1000 Hz und als **Einheit 1 phon** gewählt (maßgebend DIN 1318:1970).

Die L_S-Kurven in Abb. 2.159 wurden dadurch gewonnen, dass der Schalldruckpegel L_p eines mit der Frequenz ν gesendeten Messtones solange variiert wurde, bis eine repräsentative Anzahl von Hörern den Ton als gleichlaut wie den 1000-Hz-Bezugston mit dem eingestellten Schalldruckpegel L_p (in dB = phon) empfand. In dieser Form wurden die Kurven (international) genormt. Ihrer Entstehung nach gelten sie für reine Einzeltöne, nicht dagegen für breitbandigen Lärm.

Kennt man von einem Ton die Frequenz und den Schalldruck bzw. dessen Pegel L_p, kann dem Diagramm die Lautstärke des Tons in phon entnommen werden.

Beispiele

1) $\nu = 125\,\text{Hz}$, $L_p = 31\,\text{dB}$. Aus Abb. 2.159 findet man den Lautstärkepegel zu $L_S = 20\,\text{phon}$. (Je tiefer der Ton ist, umso geringer ist sein Lautstärkepegel L_S in phon im Vergleich zu seinem Schallpegel L_p in dB.)

2) $\nu = 4000\,\text{Hz}$, $L_p = 88\,\text{dB}$. Aus Abb. 2.159 folgt der Lautstärkepegel zu $L_S = 100\,\text{phon}$. (Hier liegt L_S in phon höher als L_p in dB.)

Aus den Kurven des Diagramms erkennt man die Empfindlichkeitsabnahme des Ohres zu tiefen Frequenzen hin. Außerdem erkennt man gewisse Verstärkungsbereiche um 4 kHz. – Ein Unterschied im Lautstärkepegel von 1 phon wird gerade

Abb. 2.160

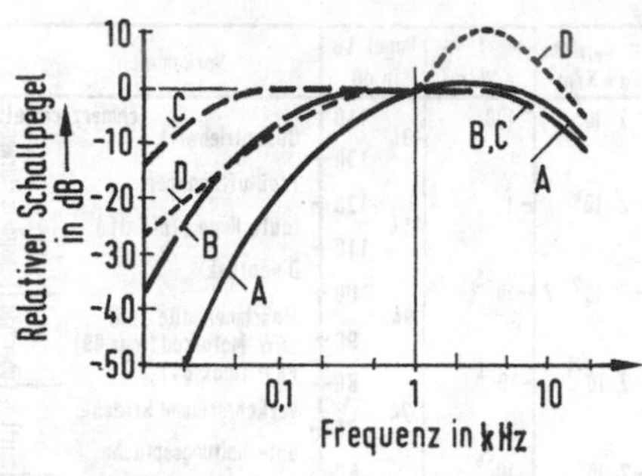

noch wahrgenommen. Aus diesem Grund wird L_S nur in ganzzahligen phon-Einheiten und L_p nur in ganzzahligen dB-Einheiten angegeben.

Um die komplexen Zusammenhänge bei der subjektiven Schallwahrnehmung zu objektivieren und messtechnisch erfassen zu können, wurden Frequenzbewertungen vereinbart und genormt. Hierzu wird der gemessene Schalldruck mittels einer im Messgerät eingebauten Schaltung in Abhängigkeit von der Frequenz geschwächt oder verstärkt. Die Bewertungen gehen aus Abb. 2.160 hervor, die Bewertungen sind in Abhängigkeit von der Frequenz genormt. Es gibt vier verschiedene Bewertungen: A, B, C und D. Die bewerteten Schallpegel nennt man L_A, L_B, L_C und L_D. Sie werden durch eine Erweiterung der dB-Einheit gekennzeichnet, z. B. dB(A). – Verbreitet ist die A-Bewertung. Soll das Lautstärkeempfinden eines sinusförmigen Schalls oberhalb 60 dB angenähert werden, empfiehlt sich eine B-Bewertung, oberhalb 100 dB eine C-Bewertung (auch bei Körperschallmessungen). Den Fluglärmmessungen wird i. Allg. die D-Bewertung zugrunde gelegt. Ein Vergleich der Kurven in Abb. 2.159 und in Abb. 2.160 verdeutlicht, wie mit dem bewerteten Schallpegel versucht wird, das menschliche Hörempfinden bei der Messung zu berücksichtigen. (Streng genommen gelten sowohl der unbewertete wie der bewertete Pegel für reine Töne.)

Für eine Bewertung der absoluten Lautheit und Lästigkeit realer Schall- und Lärmimmissionen sind die Schallpegel allein nicht ausreichend. Die bei allen Schall- und Lärmschutzmaßnahmen angegebenen Pegel (überwiegend mit A-Bewertung) sind vorrangig als Referenzwerte zu begreifen, um normative Anforderungen festlegen zu können und das letztlich immer zu Vergleichszwecken, z. B. zur Beurteilung einer Schall- oder Lärmschutzmaßnahme relativ zum ungeschützten Fall.

Aus Abb. 2.161 (linksseitig) können die Beziehungen zwischen Schalldruck, Schallintensität und Schallpegel und das in Bezug zu einigen Schallquellen ent-

$p = p_{eff}$ in Pa = N/m²	I in W/m²	Pegel L_p in dB	Vorkommen	
$2 \cdot 10^2$	100	140	Schmerzschwelle	besonders starker Lärm
		134	Düsentriebwerk	
		130	Preßlufthammer	
$2 \cdot 10^1$	1	120		
		114	laute Hupe (1 m Entf.)	
		110	Discothek	
$2 \cdot 10^0 = 2$	10^{-2}	100		
		94	Maschinenhalle	übermäß. Lärm
		90	LKW Motorrad (max 89)	
$2 \cdot 10^{-1}$	10^{-4}	80	PKW (max 84)	
		74	Verkehrsreiche Strasse	mittl. Lärm
		70	Unterhaltungssprache	
$2 \cdot 10^{-2}$	10^{-6}	60		
		54	Büroraum	wenig Lärm
		50	Wohnraum	
$2 \cdot 10^{-3}$	10^{-8}	40		
		34	Leseraum	
		30	Schlafraum	lärmfrei
$2 \cdot 10^{-4}$	10^{-10}	20		
		14	Rundfunkstudio	
		10	Tiefe Höhle	
$2 \cdot 10^{-5}$	10^{-12}	0	Hörschwelle	

Verkehrslärm (Anhaltswerte)

PKW-Verkehr, freie Strecke, 25 m Entfernung, asphaltierte Straße:

20 PKW/h	50 dB (A)	500 PKW/h	64 dB (A)
50 "	54 "	1000 "	67 "
100 "	57 "	2000 "	70 "
200 "	60 "	5000 "	74 "

Innerstädtische Erhöhung bei Hausfluchtenabstand von
10 m um 10 dB (A)
30 m um 6 dB (A)
50 m um 4 dB (A)
bei betonierten Straßen: 5 dB (A)
bei gepflasterten Straßen: 10 dB (A)
bei starken Steigungen u. Kreuzungen: 10 dB (A)
Lärmgrenzwerte (1989, EG):
PKW: 77 dB (A)
LKW<3,5 t: 79 dB (A)
<150 kW: 83 dB (A)

Vorbeifahr-Schallpegel in 25 m Abstand
dB (A): 100, 95, 90, 85, 80, 75, 70
km/h: 0, 50, 100, 150, 200, 250, 300
TGV-A (300 km/h), IC (200 km/h), ICE (300 km/h), S-Bahn

Abb. 2.161

nommen werden. In der Zusammenstellung sind auch Angaben zum Verkehrslärm enthalten (rechtsseitig).

Beispiel

Der Schallpegel (Schalldruckpegel) eines Tones mit $\nu = 125\,\text{Hz}$ sei unbewertet zu $L_p = 70\,\text{dB}$ gemessen worden. Gesucht sind die bewerteten Pegel.

Ausgehend von $\rho = 1{,}21\,\text{kg/m}^3$ und $c = 343\,\text{m/s}$ werden berechnet: Wellenlänge und Kennimpedanz:

$$\lambda = c/\nu = 343/125 = \underline{2{,}74}\,\text{m}, \quad Z = \rho \cdot c = 1{,}21 \cdot 343 = \underline{415}\,\text{N s/m}^3$$

Effektivwert und Amplitude des Schalldrucks (hier reiner Ton):

$$p = p_{\text{eff}} = p_0 \cdot 10^{L_p/10} = 2 \cdot 10^{-5} \cdot 10^{70/20} = 2 \cdot 10^{-5} \cdot 10^{3,5} = 2 \cdot 10^{-1,5} = 2 \cdot 0{,}03162$$
$$= 0{,}06325 = \underline{6{,}325 \cdot 10^{-2}\,\text{N/m}^2}\ \text{(Pa)}$$
$$\hat{p} = \sqrt{2} \cdot p_{\text{eff}} = \underline{8{,}945 \cdot 10^{-2}\,\text{N/m}^2}$$

Effektivwert und Amplitude der Schallschnelle:

$$v_{\text{eff}} = p_{\text{eff}}/Z = 6{,}325 \cdot 10^{-2}/415 = \underline{1{,}524 \cdot 10^{-4}\,\text{m/s}},$$
$$\hat{v} = \sqrt{2} \cdot v_{\text{eff}} = \sqrt{2} \cdot 1{,}524 \cdot 10^{-4} = \underline{2{,}155 \cdot 10^{-4}\,\text{m/s}}$$

Schallintensität und zugehöriger Pegel:

$$I = \frac{p_{\text{eff}}^2}{Z} = \frac{(6{,}325 \cdot 10^{-2})^2}{415} = 0{,}964 \cdot 10^{-5}\,\frac{\text{N m}}{\text{s}} \cdot \frac{1}{\text{m}^2} = \underline{0{,}964 \cdot 10^{-5}\,\frac{\text{W}}{\text{m}^2}},$$

$$L_I = 10 \cdot \log \frac{0{,}964 \cdot 10^{-5}}{10^{-12}} \approx 10 \cdot \lg 10^7 = 10 \cdot 7 = \underline{70}\,\text{dB}$$

Den Lautstärkepegel entnimmt man aus Abb. 2.159 zu $L_S = 67$ phon. Die bewerteten Pegel betragen (Abb. 2.160):

$$L_A = 70 - 16{,}1 = 54\,\text{dB(A)}, \quad L_B = 70 - 4{,}2 = 66\,\text{dB(B)},$$

$$L_C = 70 - 0{,}2 = 70\,\text{dB(C)}, \quad L_D = 70 - 6 = 64\,\text{dB(D)}.$$

(Die Abzüge sind hier nicht dokumentiert, vgl. einschlägiges Schrifttum.)

Annahme: Aufgrund einer Schutzmaßnahme konnte der Pegel um 5 dB gesenkt werden: $70 - 5 = 65$ dB. Der Schalldruck beträgt hierfür:

$$p = p_0 \cdot 10^{L_P/20} = 2 \cdot 10^{-5} \cdot 10^{65/20} = \underline{3{,}557 \cdot 10^{-2}\,\text{N/m}^2}$$

Das bedeutet eine Abnahme von p um mehr als die Hälfte:

$$\Delta p = (6{,}325 - 3{,}557) \cdot 10^{-2} = \underline{2{,}768 \cdot 10^{-2}\,\text{N/m}^2}$$

2.7.3.4 Lärmschutz

Im Trend wachsen weltweit die Städte und mit ihnen Wohndichte und innerstädtischer Verkehr. Die höchste Lärmbelastung geht vom Verkehr aus, und das gleichermaßen auf der Straße, auf der Schiene und im Luftraum, letzteres vorrangig in Einflugschneisen und in Flughafennähe. Eine hohe Dauerbelastung ist gesundheitsschädlich, insbesondere während der Nacht (Herz- und Kreislauferkrankungen). Durch Lärmschutzmaßnahmen wird versucht, die Belastung zu reduzieren. Das zählt zu den Aufgaben der Stadt- und Landesplanung. 40 dB gilt als Schwelle für von außen eindringenden Dauerlärm, meist werden höhere Werte zugelassen. Ab einem Dauerlärmpegel 65 dB ist mit einer Erkrankung der betroffenen Personen zu rechnen. Das gilt bereits ab 50 dB bei regelmäßigem nächtlichen Flugverkehr.

Unterschieden werden aktiver und passiver Lärmschutz. Aktive Maßnahmen setzten an der Quelle an. Straßenverkehr: Einrichtung von 30-km/h-Zonen, offene und geschlossene Tunnel, Lärmschutzwände und begrünte -wälle (10 dB), Flüsterasphalt (5 bis 8 dB, im Laufe der Zeit abnehmend). Schienenverkehr: Gleis in einem Schotterbett (insbesondere auf Brücken, 4 dB), Dämmmatten und Dämmelemente unter Schwellen und Schienen (2 dB), Schallschutzwände, hoch (bis 20 dB), niedrig, näher am Gleis (bis 5 dB), Schutzwälle (wie Wände wirkend). Die Klammerwerte geben einen Anhalt zur Wirksamkeit der Maßnahme. Hinzu treten Fahr-

und Flugzeiteinschränkungen bis Verbote im Nacht-Tag-Wechsel, Verkehrsverlagerung (vielfach auch im Bestreben, die Schadstoffbelastung zu reduzieren), Trennung von PKW- und Schwerlastverkehr. Alle diese Maßnahmen sind Gegenstand lokaler und regionaler Planung und unterliegen vielfältiger behördlicher Regelungen (vgl. Bundes- und Landesämter für Umweltschutz). Passive Maßnahmen gehören zu den Aufgaben der Siedlungsplaner, Architekten und Tragwerksplaner: Lage und Ausrichtung der Wohnsiedlung und -gebäude, Fassadengestaltung, Verwendung schallschluckenden Materials, Lärmschutzfenster. Die Schutzwirkung letzterer ist ausgeprägt: Abhängig von der Verkehrsdichte (Kfz pro Stunde) und vom Abstand des Gebäudes von der Straße wird die Schallschutzklasse gewählt, I bis VI, Klasse I (ca. 25 dB), Klasse VI (> 50 dB).

Anmerkung
Soll geprüft werden, wie sich eine Lärmschutzmaßnahme (2) im Vergleich zum ungeschützten Ausgangszustand (1) auf den Lärmpegel (auf die Schallintensität I) auswirkt, ist zu rechnen:

$$\Delta L_I = L_{I2} - L_{I1} = 10 \cdot \log \frac{I_2}{I_0} - 10 \cdot \log \frac{I_1}{I_0} = 10 \cdot (\log I_2 - \log I_0 - (\log I_1 - \log I_0))$$

$$\rightarrow \quad \Delta L_I = 10 \cdot (\log I_2 - \log I_1) = 10 \cdot \log \frac{I_2}{I_1}$$

Beispiel
Nach der Lärmschutzmaßnahme werde $I_2/I_1 = 0{,}5$ gemessen, in Dezibel sind das:

$$\Delta L_I = 10 \cdot \log 0{,}5 = -3{,}01.$$

Die Auswirkung auf den Schalldruckpegel berechnet sich mittels der Formel:

$$\Delta L_p = 20 \cdot (\log p_2 - \log p_1) = 20 \cdot \log \frac{p_2}{p_1}$$

Aus der Tabelle in Abb. 2.162 geht der Zusammenhang zwischen den Kennwerten hervor.

2.7.4 Akustik der Musikinstrumente

2.7.4.1 Einführung

Wie in Abschn. 2.7.1.1 ausgeführt, überträgt die Luft die von einem vibrierenden Körper ausgelösten Luftdruckschwankungen mit der Schallgeschwindigkeit $c = 334\,\text{m/s}$ ($\vartheta = 20\,°\text{C}$). **Mechanisch** wirkende Musikinstrumente erzeugen

Abb. 2.162

Schallstärke Schallintensität Schallleistung			Schalldruck		
ΔL_I	ΔI		ΔL_p	Δp	
30	1000-fach	größer	30	31,6-fach	größer
20	100-fach		20	10-fach	
10	10-fach		10	3,16-fach	
6	4-fach		6	2-fach	
3	2-fach		3	1,41-fach	
0	1		0	1	
-3	0,50-fach	kleiner	-3	0,71-fach	kleiner
-6	0,25-fach		-6	0,50-fach	
-10	0,10-fach		-10	0,316-fach	
-20	0,01-fach		-20	0,10-fach	
-30	0,001-fach		-30	0,0316-fach	

Schallfelder dadurch, dass gewisse Teile des Instruments schwingen, eine Saite (wie bei einer Geige, gestrichen, gezupft, geschlagen), eine Membran (wie bei einer Trommel), ein Stab (wie bei der Stimmgabel, Abb. 2.163), ein ganzer Körper (wie bei einer Glocke) oder eine Luftsäule innerhalb eines röhrenförmigen Instruments (wie bei der Flöte, Orgelpfeife, Trompete, Horn). Diese Schwingungen werden an die umgebende Luft weitergeben. Die menschliche Stimme gehört auch dazu: Die von den Stimmbändern ausgehenden Luftschwingungen werden in der Rachen-Mund-Höhle verstärkt. **Elektrisch** wirkende Musikinstrumente erzeugen den Schall über ein Mikrophon (Abb. 2.164). – Die vom Ohr empfangenen Töne lösen beim Menschen ein Hörempfinden aus, es ist nicht physikalischer, sondern subjektiv-psychologischer Natur.

Die Schallwellen pflanzen sich als Longitudinalwellen fort; für sie gelten die in Abschn. 2.7 zusammengefassten physikalischen Gesetze. Die Frequenz bestimmt die **Tonhöhe** der Schallwelle und die Intensität (die Amplitude) deren **Lautstärke**. Die Obertöne bestimmen die **Klangfarbe** durch ihr Verhältnis zum Grundton und durch das Einsetzten und Abklingen ihrer Schwingungen, was wiederum von der Charakteristik des Instrumentes abhängig ist und selbstredend vom Können des Musikers. Auf die Klangfarbe kommt es an. Wenn zwei Tönen viele gemeinsame Obertöne eigen sind, werden sie als konsonant (wohlklingend) empfunden, im

Abb. 2.163

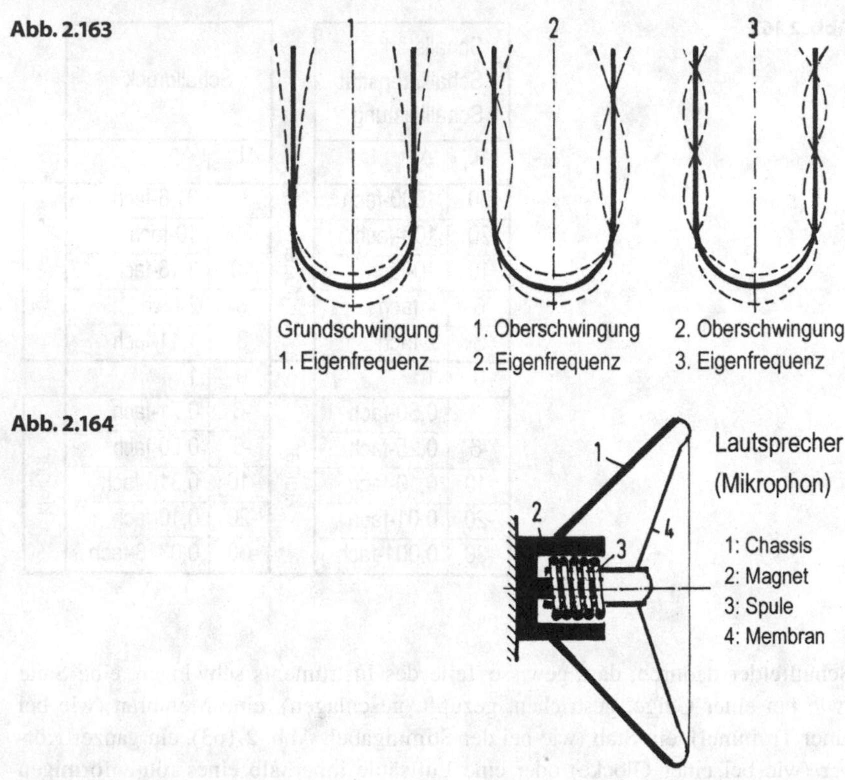

Abb. 2.164

anderen Falle als dissonant (misstönend). Ein weites Feld der Instrumenten- und Musikkunde (Musikwissenschaft) [40, 41].

2.7.4.2 Tonskalen

Von den tiefen zu den hohen Tönen fortschreitend werden beim Hören wiederkehrende Intervalle erkennbar, wohl etwas dem Menschen (evolutionär?) Angeborenes.

Es war PYTHAGORAS von TARENT (570–510 v. Chr.), der mit Hilfe eines Einsaiten-Instruments, einem Monochord, Studien zu den Tonhöhen anstellte und eine Tonskala entwarf. An dem Instrument konnten Saitenspannung und Saitenlänge unterschiedlich eingestellt werden. Saitenlänge und Saitenfrequenz stehen reziprok zueinander: Wird die Saitenlänge halbiert, verdoppelt sich die Frequenz, das umfasst eine Oktave. Eine abermalige Halbierung der Länge ergibt eine weite-

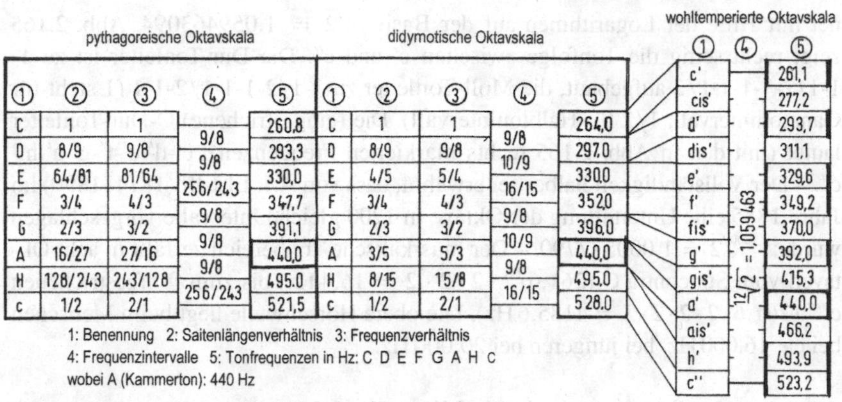

pythagoreische Oktavskala

①	②	③	④	⑤
C	1	1		260,8
			9/8	
D	8/9	9/8		293,3
			9/8	
E	64/81	81/64		330,0
			256/243	
F	3/4	4/3		347,7
			9/8	
G	2/3	3/2		391,1
			9/8	
A	16/27	27/16		440,0
			9/8	
H	128/243	243/128		495,0
			256/243	
c	1/2	2/1		521,5

didymotische Oktavskala

①	②	③	④	⑤
C	1	1		264,0
			9/8	
D	8/9	9/8		297,0
			10/9	
E	4/5	5/4		330,0
			16/15	
F	3/4	4/3		352,0
			9/8	
G	2/3	3/2		396,0
			10/9	
A	3/5	5/3		440,0
			9/8	
H	8/15	15/8		495,0
			16/15	
c	1/2	2/1		528,0

wohltemperierte Oktavskala

①	⑤
c'	261,1
cis'	277,2
d'	293,7
dis'	311,1
e'	329,6
f'	349,2
fis'	370,0
g'	392,0
gis'	415,3
a'	440,0
ais'	466,2
h'	493,9
c''	523,2

④: $\sqrt[12]{2} = 1{,}059463$

1: Benennung 2: Saitenlängenverhältnis 3: Frequenzverhältnis
4: Frequenzintervalle 5: Tonfrequenzen in Hz: C D E F G A H C
wobei A (Kammerton): 440 Hz

Abb. 2.165

re Oktave. Da die Tonhöhe mit der Frequenz und die Lautstärke mit dem Quadrat der Frequenz ansteigt, folgen die Oktavfrequenzen der algebraischen Reihe 1 : 2 : 3 : 4 usf. und die der zugehörigen Schallintensitäten der geometrischen Reihe 1 : 4 : 9 : 16 usw. Bei einer 2/3-Teilung der Saite hört man eine Quinte zum Grundton, bei einer 3/4-Teilung eine Quarte, beide werden als konsonant empfunden. Zusammengefasst lauten die Tonbuchstaben für die Saitenlängenverhältnisse 1 : 3/4 : 2/3 : 1/2 und mit C als Grundton: C : F : G : c. Von ARCHYTAS von TARENT (429–347 v. Chr.) wurde die große und kleine Terz mit der 4/5- bzw. 5/6-Saitenlängenteilung eingeführt. Zwischen den Oktavtönen lassen sich weitere Töne, orientiert an entsprechenden Saitenteilungen, vereinbaren. –

In Abb. 2.165 ist die pythagoreische Oktavskala angegeben und daneben die didymotische (nach DIDYMOS von ALEXANDRIA (398–312 v. Chr.)). Die erstgenannte Tonfolge wird als ‚harmonisch', die zweitgenannte als ‚rein' bezeichnet. Die Töne tragen der Reihe nach folgende Benennungen (mit dem Seitenlängenverhältnis in Klammer): Sekund (8/9), Große Terz (4/5), Quart (3/4), Quint (2/3), Sext (3/5), Septim (8/15), Oktav (1/2). Die in Abb. 2.165 eingetragenen Frequenzen zwischen C und c (bzw. c' und c'') sind so berechnet, dass der Ton A (Kammerton) die Frequenz 440 Hz aufweist. – Neben den Genannten beschäftigten sich in der Antike und später im Mittelalter bis in die Neuzeit viele weitere mit musiktheoretischen Fragen. L. EULER (1707–1783) schlug im Jahre 1739 in seiner Schrift ‚Tentamen novae theoriae musicae' vor, die Tonwerte mit Hilfe von Logarithmen auf der Basis 2 zu berechnen. – Auf H. BELLERMANN (1833–1903) geht die ‚wohltemperierte' Oktave zurück, mit 12 gleichen Intervallen, berechnet mit Hilfe der Logarithmen auf der Basis $\sqrt[12]{2} = 1{,}059463094$. Abb. 2.165 zeigt rechtsseitig die Tonfolge zwischen c′ und c″. Die Dur-Tonleiter ist zu 1-1-1/2-1-1-1-1/2 aufgebaut, die Moll-Tonleiter zu 1-1/2-1-1-1/2-1-1 (1 steht für Ganztonintervall, 1/2 für Halbtonintervall). Die (eingestrichene) C-Dur-Tonleiter lautet (mit den in Abb. 2.165 rechts markierten Frequenzen): c′-d′-e′-f′-g′-a′-h′-c″. – Der Vollständigkeit halber sei erwähnt, dass von A.J. ELLIS (1814–1890) im Jahre 1885 eine Unterteilung der Oktave in 1200 gleiche Intervalle vorgeschlagen wurde: $\sqrt[1200]{2} = 1{,}000577790$. – Der musikalische Tonbereich zerfällt in acht Oktaven vom Subcontra C ($261{,}6/2 \cdot 2 \cdot 2 \cdot 2 = 16{,}4\,\text{Hz}$) bis zum fünfgestrichenen c‴‴ ($261{,}6 \cdot 2 \cdot 2 \cdot 2 \cdot 2 = 4185{,}6\,\text{Hz}$). Die obere Hörschwelle liegt beim Menschen bei ca. 16.000 Hz, bei jüngeren bei 20.000 Hz.

2.7.4.3 Musikinstrumente und ihre Eigenfrequenzen

Hohle Baumkörper und ähnliches, auf denen getrommelt wurde, waren wohl die ersten Toninstrumente der Frühmenschen. Zu den ältesten zählen Flöten aus Knochen und Elfenbein. Im Jahre 2008 wurde in der Höhle ‚Hohe Fels' in der Nähe von Blaubeuren eine 22 cm lange und 8 mm dicke Flöte aus dem Speicherknochen eines Gänsegeiers mit fünf Grifflöchern gefunden. Das Alter wurde zu 35.000 Jahre bestimmt (Abb. 2.166). – Auch Saiteninstrumente gehören zu den ältesten.

Wie in Abschn. 2.5.2 gezeigt, berechnet sich die Eigenfrequenz eines Feder-Masse-Systems nach der Formel:

$$\nu = \frac{1}{2\pi}\sqrt{\frac{k}{m}}$$

k ist die Federkonstante und m die Masse, k kennzeichnet die Steifigkeit und m die Trägheit des Systems. Mit der Steife steigt die Frequenz, mit der Masse fällt sie. Der Verlauf der Eigenschwingung als Funktion der Zeit (t) ist sinusförmig (harmonisch):

$$y(t) = \hat{y} \cdot \sin 2\pi \nu t$$

$\hat{y}$ ist die Amplitude. – Dem Prinzip nach gilt das Gesagte auch für Musikinstrumente, sie bestehen aus Saiten, Stäben, Membranen, Platten, Schalen oder Röhren,

Abb. 2.166 Flöte aus der Höhle 'Hohe Fels', Alter 35000 Jahre

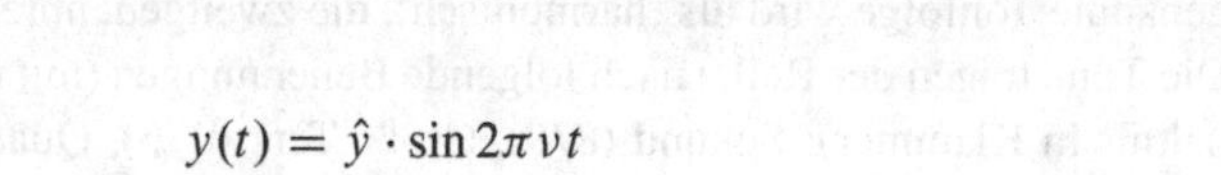

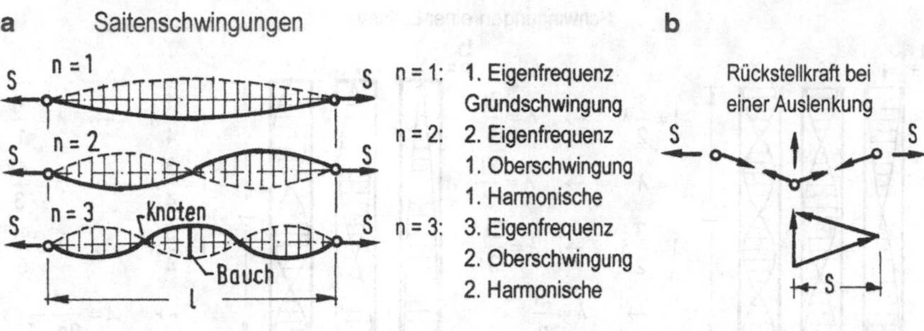

Abb. 2.167

die harmonisch schwingen, wenn sie durch Schlagen, Zupfen, Streichen oder Blasen zu Schwingungen angeregt werden. Sie schwingen in der für sie typischen Grundfrequenz (ν_1) und in höheren Eigenfrequenzen ($\nu_2, \nu_3, \ldots$) und das in der jeweils zugeordneten Eigenschwingungsform (vgl. Abschn. 2.5.4).

Die mit der Schwingung verbundene Beanspruchung des Instruments ist sehr gering, das gilt auch für die Größe der Bewegungen im Verhältnis zu den Abmessungen der schwingenden Teile. Da ein linear-elastisches System vorliegt, können die Eigenfrequenzen/-formen auf der Grundlage der Elastizitätstheorie berechnet werden, ergänzt durch Messungen. Je komplizierter das Instrument aufgebaut ist, umso mehr ist der Instrumentenbauer auf Versuche und Erfahrung angewiesen, In [42, 43] werden die Instrumente und ihre Eigenschaften ausführlich behandelt.

Wie erwähnt, unterscheiden sich die Musikinstrumente durch das schwingende Medium. Entweder handelt es sich um ein schwingendes mechanisches Teil oder um eine schwingende Luftsäule. Zur ersten Gruppe zählen als wichtigste die **Saiteninstrumente**. –

In Abb. 2.167 sind die ersten drei Eigenschwingungsformen einer Saite skizziert. Die Saite wird durch die Zugkraft $S = \sigma \cdot A$ gespannt (σ: Spannung je Flächeneinheit, A: Querschnittfläche der Saite). Ist $\mu = \rho \cdot A$ die Massebelegung je Längeneinheit (ρ: Materialdichte) und l die Länge, berechnen sich die Eigenfrequenzen der Saite zu:

$$\nu_n = \frac{n}{2l}\sqrt{\frac{\sigma}{\rho}} \quad \rightarrow \quad \nu_n = \frac{n}{2l}\sqrt{\frac{S}{\mu}} \quad (n = 1, 2, 3, \ldots)$$

Bei der Auslenkung der Saite wird die rücktreibende Federwirkung geweckt (Abb. 2.167b zeigt das Prinzip). – Aus der Formel geht hervor, dass die Frequenz mit anwachsender Spannkraft steigt, mit anwachsender Länge sinkt. Insofern ist

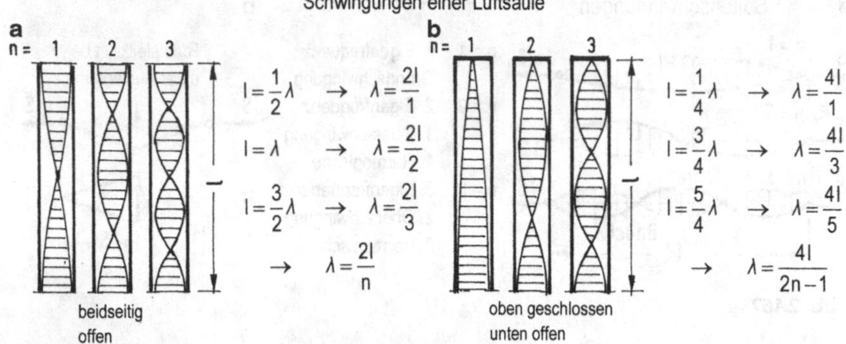

Abb. 2.168

verständlich, dass Saiteninstrumente mit hoher Tonlage eine geringe Länge aufweisen (Geige, Bratsche) und solche mit tiefer Tonlage eine große (Cello, Bass). Das gilt im Prinzip auch für Blasinstrumente (Piccoloflöte–Alphorn). –

Der von einem Saiteninstrument ausgehende Ton beruht nur geringfügig auf der Schwingung der Saiten selbst, sondern dominant auf der Schwingung des Resonators, also von Decke und Boden des (dünnwandigen) Holzkastens. Über den Steg werden die Saitenschwingungen auf den Resonator übertragen, dabei werden unterschiedliche Bereiche des Resonanzkörpers angeregt. Von ihnen gehen die eigentlichen Schallwellen aus. Zu den Streichinstrumenten gehören auch: Gitarre, Banjo, Laute, Mandoline, Zitter, Harfe, Klavier, Flügel. Bei den Streichinstrumenten werden bis zu $n = 10$ (und mehr) Oberschwingungen geweckt (je mehr, je hochwertiger das Instrument). Bei den durch Hammerschlag angeregten Saiten (Klavier) liegt die Anzahl der Obertöne deutlich niedriger.

Bei **Blasinstrumenten** wird der Ton durch die innerhalb der Röhre schwingende Luftsäule ausgelöst. Spannung, Masse und Geschwindigkeit der im Inneren der Röhre schwingenden Luft entsprechen in ihren Mittelwerten den atmosphärischen Verhältnissen vor Ort. Diesen Mittelwerten überlagern sich die Luftschwingungen im Rohr. Die hiermit verbundenen Druckschwankungen übertragen sich auf das Rohr als Resonator. Von hier werden der Grundton und die Obertöne abgestrahlt. Länge, Durchmesser, Dicke und das Material des Rohres bestimmen Tonhöhe und Klangfarbe des Instruments.

In Abb. 2.168 sind die beiden Schwingungsgrundformen aller Blasinstrumente skizziert, es ist die beidseitig offene und die einseitig offene/einseitig geschlossene (gedackte) Röhre (Pfeife). Mit den hin- und her schwingenden Luftpartikeln gehen entsprechende Druckschwankungen (um den Mittelwert) einher. Am offenen Ende liegt ein ‚Schwingungsbauch' und ein ‚Druckknoten', am geschlossenen Ende ist es umgekehrt. Nur so kann sich im Innenraum eine stehende Welle, also eine stationäre Schwingung, ausbilden. Bei Berücksichtigung dieser Randbedingungen geht die Länge l der Röhre in eine unterschiedliche Anzahl Wellenlängenanteile auf. Sie sind für die ersten drei Eigenschwingungen in Abb. 2.168 angeschrieben. Daraus lassen sich über $c = \nu \cdot \lambda$ die zugehörigen Eigenfrequenzen angeben (Schallwellengeschwindigkeit ist gleich Frequenz mal Wellenlänge):

Beidseitig offene Röhre:

$$l = n \cdot \frac{\lambda_n}{2} \quad \rightarrow \quad \lambda_n = \frac{2l}{n} \quad \rightarrow \quad \nu_n = \frac{n \cdot c}{2l} \quad (n = 1, 2, 3, \ldots)$$

Einseitig offene/einseitig geschlossene Röhre:

$$l = (2n-1)\frac{\lambda_n}{4} \quad \rightarrow \quad \lambda_n = \frac{4l}{2n-1}$$

$$\rightarrow \quad \nu_n = \frac{(2n-1) \cdot c}{4l} \quad (n = 1, 2, 3, \ldots)$$

Die vorstehenden Formeln gelten nur als Anhalt, denn dort, wo das Mundstück liegt, handelt es sich nur eingeschränkt um ein offenes Ende. An dem nach außen offenen Ende reicht die schwingende Luftsäule über das reale Ende etwas hinaus; es bedarf einer ‚Mündungskorrektur' in der Größenordnung ca. 0,3 des Rohrdurchmessers. – Beim Blasen entsteht hinter dem Mundstück eine lokale Wirbelschleppe. Sie regt die Luftsäule zu den eigentlichen Schwingungen an. Die Erzeugung der Luftwirbel beruht auf unterschiedlichen Mechanismen: Es kann sich um eine schmale Öffnung, eine Schneide, eine Kombination aus beiden, ein einfaches oder doppeltes Rohrblatt (das gemeinsam mit der Zunge schwingt) oder ein kelchförmiges Mundstück (in welchem die Luftwirbel in Verbindung mit den Lippen generiert werden) handeln. – Durch Grifflöcher, Klappen, Ventile kann auf die Länge der schwingenden Luftsäule Einfluss genommen werden, oder, wie bei der Posaune, durch Ineinanderschieben der Rohrteile. Bei der Orgel stehen die Pfeifen fester Länge nebeneinander, wie bei der Panflöte. In Abb. 2.169 sind Einzelheiten zu den Blasinstrumenten angedeutet, wegen weitere Details wird auf die Literatur verwiesen. Zur Geschichte, Entwicklung und Fertigung der Instrumente lässt sich viel Interessantes erzählen (vgl. oben). –

Die **Trommelinstrumente** und die sogen. **Selbstklinger**, wie Stimmgabel, Triangel, Gong, Glocke oder Xylophon, sind zwei weitere Instrumentengruppen. Hier sind es die Biegeschwingungen der stab-, platten- oder schalenförmigen Teile oder

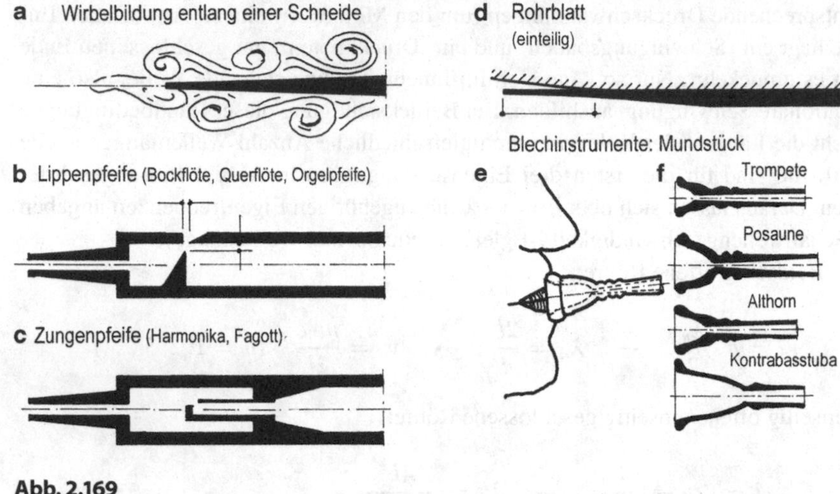

Abb. 2.169

des ganzen Körpers, von denen die Schallwellen unmittelbar ausgehen. Auch die Vibrationen der Zungen einer Harmonika, eines Akkordeons oder der oben erwähnten Rohrblätter bei Oboe und Klarinette sind Biegeschwingungen, sie gehören also zu den Stabschwingern.

1. Ergänzung: Saitenschwingungen

Abb. 2.170a zeigt eine Saite im Schwingungszustand. Sie hat die Länge l.Sist ihre Spannkraft. Die Massebelegung ist entlang der Saite konstant: $\mu = \rho \cdot A$, ρ ist die Dichte und A die Querschnittsfläche. Qua Definition ist eine Saite biegeschlaff, d. h., bei einer Auslenkung werden keine Biegemomente geweckt. Die Auslenkung an der Stelle$x$ im Zeitpunkt t ist gleich $u = u(x,t)$. – Gedanklich wird aus der Saite ein infinitesimales (unendlich kurzes) Element herausgetrennt (Teilbild b). Beidseitig der Schnittufer werden die hier wirkenden Kraftkomponenten angetragen, es sind dieses die Transversalkraft T und die Längskraft L linkerseits und $T + dT$ bzw. $L + dL$ rechterseits. dT und dL sind die Änderungen der Kräfte T und L bei Fortschreiten um dx. Genau besehen sind es die linearen Zuwächse ihrer Taylor-Entwicklung:

$$\left(\frac{dT}{dx} + \frac{1}{2!}\frac{d^2T}{dx^2} + \ldots\right) dx \approx \frac{dT}{dx} dx \approx dT$$

Die Schwingungsauslenkung wird im Verhältnis zur Saitenlänge als so klein angesehen, dass es genügt, nur den linearen Term zu berücksichtigten. Die Zunahme der Saitenkraft bei der Auslenkung wird aus dem gleichen Grund als von höherer Ordnung klein unterdrückt. (bezüglich Zuschärfungen vgl. z. B. [10]).

Abb. 2.170

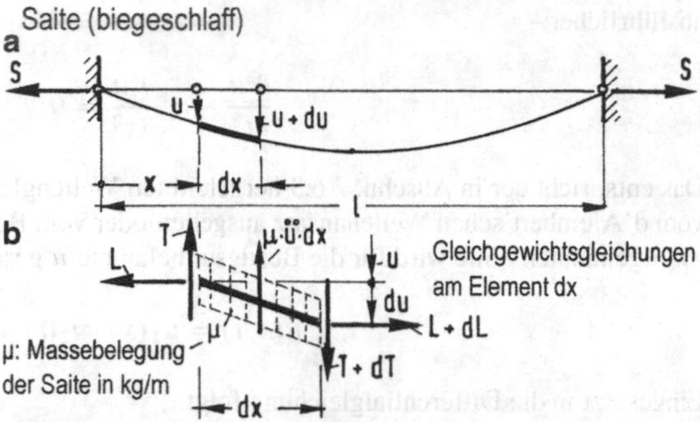

An dem Element dx werden im Augenblick der Auslenkung $u = u(x, t)$ die drei Gleichgewichtsgleichungen $\sum L = 0$, $\sum T = 0$ und $\sum M = 0$ formuliert: Die Summe aller Kräfte in Längs- und Querrichtung sowie die Summe aller Momente ist gleich Null. Dabei wird die entgegen der momentanen Auslenkung wirkende Trägheitskraft $\mu \cdot dx \cdot \ddot{u}$ berücksichtigt (Kraft ist gleich Masse mal Beschleunigung, d'Alembert'sche Kraft, Abschn. 1.5). Aus Gründen der Schreiberleichterung bedeuten im Folgenden ein hoch gestellter Punkt die Ableitung nach der Zeit t und ein hochgestellter Strich die Ableitung nach der Längsordinate x, z. B.: $\partial u/\partial t = \dot{u}$, $\partial u/\partial x = u'$. Das Symbol $\rightarrow$ steht für ‚daraus folgt'. – Die Gleichgewichtsgleichungen ergeben der Reihe nach:

$$\sum L = 0: \quad L - (L + dL) = 0 \quad \rightarrow \quad dL = 0 \quad \rightarrow \quad L = \text{konst} = S$$

$$(S\text{: Saitenspannkraft})$$

$$\sum T = 0: \quad T - (T + dT) + \mu \ddot{u}\, dx = 0 \quad \rightarrow \quad dT = \mu \ddot{u}\, dx \quad \rightarrow \quad T' = \mu \ddot{u}$$

$$\sum M = 0: \quad T \cdot dx - L \cdot du + (\mu \ddot{u}\, dx) \cdot \frac{dx}{2} = 0 \quad \rightarrow \quad T = L \cdot u' = S \cdot u'$$

$$(\text{denn } L = S = \text{konst})$$

Wird T nach x differenziert und diese Ableitung mit T' aus der 2. Gleichgewichtsgleichung. verknüpft, folgt:

$$T' = S \cdot u'' \quad \rightarrow \quad \mu \cdot \ddot{u} = S \cdot u'' \quad \rightarrow \quad \ddot{u} - \frac{S}{\mu} \cdot u'' = 0$$

Für die Vorzahl des zweiten Terms in der Gleichung wird vereinbart:

$$c = \sqrt{\frac{S}{\mu}}$$

Damit lautet die zu lösende partielle Differentialgleichung

$$\ddot{u} - c^2 \cdot u'' = 0,$$

ausführlicher:

$$\frac{\partial^2 u}{\partial t^2} - c^2 \frac{\partial^2 u}{\partial x^2} = 0$$

Das entspricht der in Abschn. 2.6.3 hergeleiteten Wellengleichung. – Zur Lösung kann man vom d'Alembert'schen Wellenansatz ausgehen oder vom Bernoulli'schen Produktansatz. Im zweitgenannten Falle wird für die Bezugsunbekannte u gesetzt:

$$u(x,t) = u_1(x) \cdot u_2(t)$$

Eingesetzt in die Differentialgleichung folgt:

$$u_1(x) \cdot \ddot{u}_2(t) - c^2 \cdot u_1''(x) \cdot u_2(t) = 0 \quad \rightarrow \quad \frac{\ddot{u}_2}{u_2} - c^2 \frac{u_1''}{u_1} = 0$$

Der erste Term ist eine Funktion von t, der zweite eine Funktion von x. Von Null verschiedene Lösungen der partiellen Differentialgleichung existieren nur, wenn die beiden Terme (dem Betrage nach) gleich sind; es wird gesetzt:

$$\frac{\ddot{u}_2}{u_2} = -k^2, \quad c^2 \frac{u_1''}{u_1} = +k^2$$

Damit zerfällt die partielle Differentialgleichung in zwei gewöhnliche Differentialgleichungen, sie lauten einschließlich ihrer Lösungen (wie man durch Einsetzten überprüfen kann):

$$\ddot{u}_2 + k^2 \cdot u_2 = 0 \quad \rightarrow \quad u_2 = A \cdot \sin kt + B \cdot \cos kt$$

$$u_1'' + \left(\frac{k}{c}\right)^2 \cdot u_1 = 0 \quad \rightarrow \quad u_1 = C \cdot \sin \frac{k}{c} x + D \cdot \cos \frac{k}{c} x$$

Ist die Saite an beiden Enden fest verankert, lauten die Randbedingungen:

$$x = 0{:} \quad u = 0 \quad \rightarrow \quad u_1 = 0 \quad \rightarrow \quad C \cdot 0 + D \cdot 1 = 0 \quad \rightarrow \quad D = 0$$

$$x = l{:} \quad u = 0 \quad \rightarrow \quad u_1 = 0 \quad \rightarrow \quad C \cdot \sin \frac{k}{c} l = 0$$

Die zweite Nullbedingung liefert eine Gleichung für die Unbekannte k:

$$C \neq 0{:} \quad \sin \frac{k}{c} l = 0 \quad \rightarrow \quad \frac{k}{c} l = n\pi \quad \rightarrow \quad k = n \frac{\pi c}{l} \quad (n = 1, 2, 3, \ldots)$$

Nunmehr kann die Lösung für die Saitenschwingungen zusammengefasst werden:

$$u = \sum_{n=1}^{\infty} u_n = \sum_{n=1}^{\infty} \left[C_n \cdot \sin \frac{n\pi x}{l} \left(A_n \cdot \sin \frac{n\pi c}{l} t + B_n \cdot \cos \frac{n\pi c}{l} t \right) \right]$$

Die einzelnen Eigenschwingungen verlaufen harmonisch. Die jeweils zugehörige Eigenkreisfrequenz bzw. Eigenfrequenz betragen:

$$\omega_n = \frac{n\pi c}{l} = n\pi\sqrt{\frac{S}{\mu l^2}} \quad \to \quad \nu_n = \frac{\omega_n}{2\pi} = \frac{n}{2}\sqrt{\frac{S}{\mu l^2}} \quad (n = 1, 2, 3, \ldots)$$

Gleichwertig mit obiger Gleichung für u ist die Formulierung:

$$u = \sum_{n=1}^{\infty} u_n = \sum_{n=1}^{\infty} (A_n \cdot \sin\omega_n t + B_n \cdot \cos\omega_n t) \cdot C_n \cdot \sin\frac{n\pi x}{l}$$

Zu $n = 1$ gehört eine Schwingung mit einer Halbwelle, zu $n = 2$ eine solche mit zwei Halbwellen, usw., vgl. Abb. 2.167. Mit A_n und B_n kann den Anfangsbedingungen zum Zeitpunkt $t = 0$ genügt werden, wenn, ausgehend von den Eigenformen, fremderregte Schwingungen analysiert werden sollen.

Die Theorie der schwingenden Saite war die erste, in welcher der Differentialkalkül auf ein praktisches mechanisches Problem angewandt wurde, beginnend mit B. TAYLOR (1685–1731), J. d'ALEMBERT (1717–1783), J. (Johann) BERNOULLI (1667–1748) und D. BERNOULLI (1700–1782), vollendet von J.L. LAGRANGE (1736–1813) [4]. Die Klärung des Problems der harmonischen Welle bzw. Schwingung war insofern bedeutsam, weil J. FOURIER (1768–1830) im Jahre 1801 aufzeigen konnte, dass jede **periodische** (stehende) Welle bzw. Schwingung aus harmonischen Anteilen besteht und sie sich aus solchen eindeutig zusammensetzten lässt, vgl. die folgende Ergänzung.

2. Ergänzung

Abb. 2.171a zeigt vier harmonische Funktionen, die einem Ton ($n = 1$) und drei äquidistanten Obertönen entsprechen mögen. Außerdem zeigt sie deren Überlagerung, einschließlich der zugehörigen Frequenz- und Phasenspektren, wie in Abschn. 2.5.7 im Zusammenhang mit der **Fourier-Analyse** behandelt. Es entsteht bei der Überlagerung eine periodische Funktion, deren Periode gleich der Dauer der niedrigfrequentesten harmonischen Komponente ist.

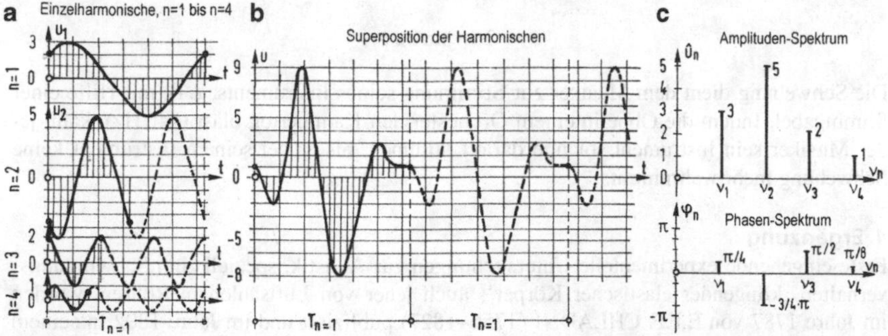

Abb. 2.171

Abb. 2.172

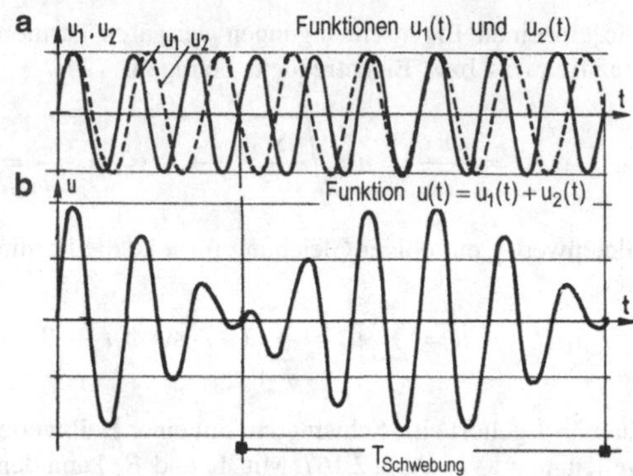

Im Umkehrschluss lässt sich jede periodische Funktion in ihre harmonischen Komponenten zerlegen.

3. Ergänzung

Zwei Töne gleicher Intensität (Amplitude), deren Frequenzen eng benachbart liegen, überlagern sich zu einem Ton, der regelmäßig auf- und abschwillt. Die Erscheinung heißt **Schwebung**. Abb. 2.172 zeigt ein Beispiel. Die Schwebung verläuft selbst wieder harmonisch und wird als selbständiger Ton empfunden. Sind $y_1 = a \cdot \sin 2\pi\nu_1 t$ und $y_2 = a \cdot \sin 2\pi\nu_2 t$ die Funktionen der beiden Einzeltöne und ν_1 und ν_2 deren Frequenzen, gilt für die überlagerte Funktion $z = y_1 + y_2$ mit $\Delta\nu = \nu_2 - \nu_1$ als Frequenzdifferenz, wobei $\nu_2 > \nu_1$ unterstellt ist:

$$z = b \cdot \sin(2\pi\nu_1 + \pi \cdot \Delta\nu)t \quad \text{mit}\, b = \sqrt{2(1 + \cos 2\pi\Delta\nu t)} \cdot a$$

$T = 1/\Delta\nu$ ist die Periode der Schwebung. Die Amplitude ist eine Funktion der Zeit: $b = b(t)$, vgl. die Abbildung. Geht $\Delta\nu$, also die Differenz zwischen den Frequenzen der beiden Einzeltöne, gegen Null (die Einzeltöne stimmen dann überein) folgt:

$$z = 2a \cdot \sin 2\pi\nu t.$$

Die Schwebung dient dem Musiker zur Stimmung seines Instruments, z. B. mit Hilfe einer Stimmgabel. Indem die Oboe in einem Orchester den Kammerton bläst (440 Hz), kann jeder Musiker sein Instrument solange darauf stimmen, bis er bei seinem Instrument keine Schwebung mehr wahrnimmt.

4. Ergänzung

Erste eingehende experimentelle Untersuchungen zur Akustik, speziell zum Schwingungsverhalten ‚klingender elastischer Körper', auch jener von Luftsäulen in Rohren, wurden im Jahre 1787 von E.F.F. CHLADNI (1756–1827) publiziert und im Jahre 1802 in seinem Akustikbuch zusammengefasst [44]. Dazu brachte er mit feinem Sand bestreute dünne Eisenplatten durch Streichen mit einem Geigenbogen zum ‚zittern'. Dadurch konnte er deren

Abb. 2.173

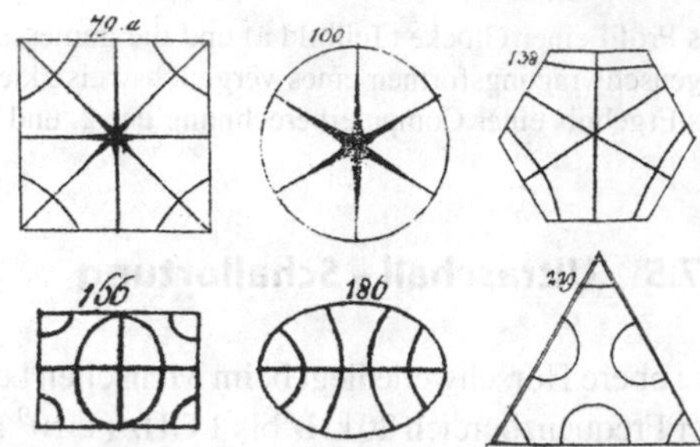

entnommen den Kupfertafeln aus 'Akustik' von E.F.F. CHLADNI, 1802

Eigenschwingungsformen anhand der sich entlang der Knotenlinien ansammelnden Sandfiguren aufzeigen. Abb. 2.173 zeigt eine kleine Auswahl. Auch behandelte er verschiedene Oktavteilungen einschl. jene mit dem $\sqrt[12]{2}$-Intervall sowie die ‚schwebende Temperatur' und diverse Besonderheiten der Musikinstrumente. Sich selbst sah er als Naturforscher und Künstler, bestritt mit seinen Versuchen seinen Lebensunterhalt und wurde sogar von Napoleon empfangen.

> *Auch kommt mir bey meinen Reisen sowohl wie bey meinen Arbeiten eine feste Gesundheit, wie auch eine durch ehemalige Verhältnisse und durch die Vereitelung vieler Wünsche zur Gewohnheit gewordene Unempfindlichkeit gegen manches Unangenehme aber desto mehrere Empfänglichkeit für jede Art von angenehmen Eindrücken sehr wohl zu Statten.*

Auch heute noch ist man in der Instrumentenkunde im Wesentlichen auf experimentelle Untersuchungen in schallisolierten Laboren angewiesen [45]: Abb. 2.174 zeigt als Beispiel

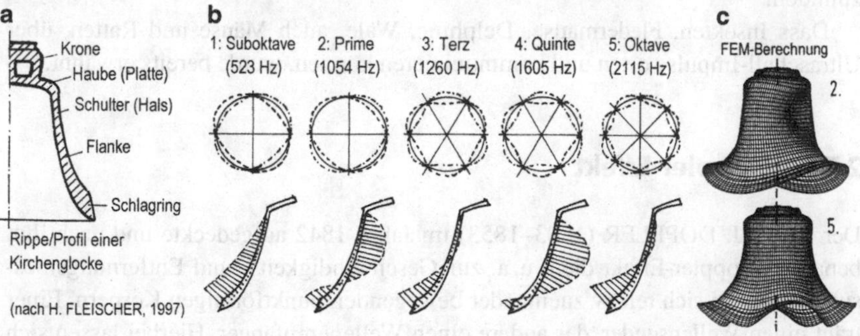

Abb. 2.174

das Profil einer Glocke (Teilbild a) und die gemessenen ersten fünf (zentralsymmetrischen) Eigenschwingungsformen eines vergleichsweise kleinen Glockenkörpers (Teilbild b) sowie das Ergebnis einer Computerberechnung der 2. und 5. Eigenschwingungsform (Teilbild c).

2.7.5 Ultraschall – Schallortung

Die obere Hörschwelle liegt beim Menschen bei 20.000 Hz = 20 kHz ($20 \cdot 10^3$ Hz). Der Frequenzbereich 20 kHz bis 1 GHz ($1 \cdot 10^9$ Hz) wird als Ultraschall, der Bereich darüber, als Hyperschall bezeichnet. – Zur technischen Erzeugung von Ultraschallwellen in Stoffen, gleich welchen Aggregatzustandes, wird überwiegend der sogen. piezoelektrische Effekt genutzt, der bei gewissen Kristallen (wie Quarz) und Keramiken auftritt. Er wurde im Jahre 1880 von P. CURIE (1859–1906) und J. CURIE (1855–1941) entdeckt: Unter eingeprägter Verformung entsteht durch die Deformation des Gitters im Material ein elektrisches Feld. Umgekehrt erzeugt ein angelegtes elektrisches Wechselfeld mechanische Schwingungen des Materials und zwar solche hoher bis höchster Frequenz und Stärke (in $\mathrm{W/m^2}$). Die Wellenlänge ist entsprechend gering, was eine streng gerichtete Bündelung und Abstrahlung ermöglicht.

Zur Anwendung kommt die Ultraschalltechnik bei der Vermessung im Meer (Auslotung der unterseeischen Morphologie, Ortung von Schiffswracks und Fischschwärmen). Bedeutsam ist die Technik vor allem als ungefährliches medizinisches Verfahren zur Diagnostik der Organe im Körperinneren. Es kommen unterschiedliche Echo-Sonographie- und Bildgebungs-Verfahren zum Einsatz (1 bis 10 MHz). Möglich ist auch die Zertrümmerung von Galle- und Nierensteinen. – Ultraschall wird auch in der zerstörungsfreien Materialforschung und -prüfung eingesetzt, um Material- und Schweißnahtfehler in metallischen Werkstoffen aufzufinden.

Dass Insekten, Fledermäuse, Delphine, Wale, auch Mäuse und Ratten, über Ultraschall-Impulse orten und kommunizieren können, wurde bereits erwähnt.

2.7.6 Doppler-Effekt

Der von C.J. DOPPLER (1803–1853) im Jahre 1842 aufgedeckte und nach ihm benannte Doppler-Effekt dient u. a. zur Geschwindigkeits- und Entfernungsmessung von zwei sich relativ zueinander bewegenden punktförmigen Körpern. Einer trägt einen Wellensender, der andere einen Wellenempfänger. Hierbei lassen sich drei Fälle unterscheiden:

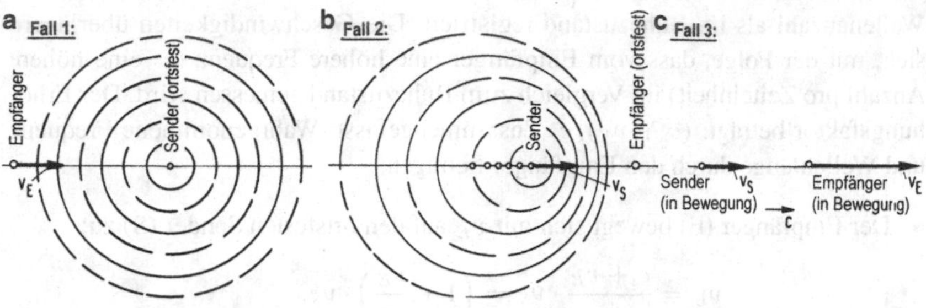

Abb. 2.175

Fall 1: Der Wellensender ist ortsfest, der Empfänger (E) bewegt sich mit der Geschwindigkeit v_E auf den Sender (S) zu (Abb. 2.175a) oder entfernt sich von ihm.

Fall 2: Der Empfänger ist ortsfest, der Wellensender bewegt mit der Geschwindigkeit v_S auf den Empfänger zu (Abb. 2.175b) oder entfernt sich von ihm.

Fall 3: Wellensender und Empfänger bewegen sich mit den Geschwindigkeiten v_S bzw. v_E (Abb. 2.175c) gleichgerichtet aufeinander zu. Bewegen sie sich gegengerichtet, ist eine der Geschwindigkeiten negativ.

Die Fälle 1 und 2 sind Sonderfälle von Fall 3. Ein weiterer Fall wäre, wenn sich Sender und Empfänger nicht auf einer Geraden aufeinander zu, sondern sich in einem gewissen Abstand aneinander vorbei bewegen.

Wie gezeigt, beträgt die Ausbreitungsgeschwindigkeit einer Welle im allseitig ruhenden, homogenen Medium: $c = \nu \cdot \lambda$. ν ist die Wellenfrequenz und λ die Wellenlänge.

Fall 1 (Abb. 2.175a) Das vom **ortsfesten Sender** ausgehende Wellenfeld ist stationär: Frequenz und Wellenlänge sind konstant. Handelt sich um eine Schallwelle, wie hier behandelt, strahlt der Sender einen definierten Ton aus.

Geht man in diesem Falle von einer Schallgeschwindigkeit $c = 340\,\mathrm{m/s}$ aus und beträgt die Tonfrequenz beispielsweise $\nu_S = 500\,\mathrm{Hz}$, beträgt die Wellenlänge:

$$\lambda_S = c/\nu_S = 340/500 = 0{,}68\,\mathrm{m}.$$

Ein Schwingungszyklus dauert: $T_S = 1/\nu_S = 1/500 = 0{,}002\,\mathrm{s}$.

Bewegt sich der Empfänger mit der Geschwindigkeit v_E auf den ortsfesten Sender zu, wird vom Empfänger pro Zeiteinheit, z. B. in einer Sekunde, eine größere

Wellenanzahl als im Ruhezustand registriert. Die Geschwindigkeiten überlagern sich, mit der Folge, dass vom Empfänger eine höhere Frequenz (= eine höhere Anzahl pro Zeiteinheit) im Vergleich zum Ruhezustand gemessen wird. Der Erhöhungsfaktor beträgt: $(c + v_E)/c$. Zusammengefasst: Wahrgenommene Frequenz und Wellenlänge durch den Empfänger betragen:

- Der Empfänger (E) bewegt sich mit v_E auf den ortsfesten Sender (S) zu:

$$\nu_E = \frac{c + v_E}{c} \cdot \nu_S = \left(1 + \frac{v_E}{c}\right) \cdot \nu_S$$
$$\rightarrow \quad \lambda_E = \frac{1}{(1 + \frac{v_E}{c})} \cdot \lambda_S = \frac{c}{c + v_E} \cdot \lambda_S$$

- Der Empfänger entfernt sich mit der Geschwindigkeit v_E vom ortsfesten Sender weg:

$$\nu_E = \frac{c - v_E}{c} \cdot \nu_S = \left(1 - \frac{v_E}{c}\right) \cdot \nu_S$$
$$\rightarrow \quad \lambda_E = \frac{1}{(1 - \frac{v_E}{c})} \cdot \lambda_S = \frac{c}{c - v_E} \cdot \lambda_S$$

In den vorstehenden Formeln ist v_E jeweils als *positiv definit* vereinbart!

Für das zuvor behandelte Zahlenbeispiel ($\nu_S = 500\,\text{Hz}$, $\lambda_S = 0{,}68\,\text{m}$) liefern die Formeln, wenn für die Geschwindigkeit des Empfängers $v_E = 100\,\text{m/s}$ gilt:

- E bewegt sich mit v_E auf S zu: $\nu_E = 647\,\text{Hz}$; $\lambda_E = 0{,}53\,\text{m}$.
- E bewegt sich mit v_E von S weg: $\nu_E = 353\,\text{Hz}$; $\lambda_E = 0{,}96\,\text{m}$.

Fall 2 (Abb. 2.175b) Bewegt sich der Sender mit der Geschwindigkeit v_S auf den **ortsfesten Empfänger** zu, ist das gesendete Wellenfeld offensichtlich nicht mehr stationär. Die Wellenfronten werden vom Sender, der sich mit der Geschwindigkeit v_S bewegt, mit der Frequenz ν_S abgestrahlt. In Richtung auf den Empfänger liegen die Wellenfronten dichter als im Ruhezustand, die Länge jeder Welle wird vom Empfänger als um den Faktor $(c - v_S)/c$ kürzer registriert:

$$\lambda_E = \frac{c - v_S}{c} \cdot \lambda_S = \left(1 - \frac{v_S}{c}\right) \cdot \lambda_S \quad \rightarrow \quad \nu_E = \frac{1}{(1 - \frac{v_S}{c})} \cdot \nu_S = \frac{c}{c - v_S} \cdot \nu_S$$

Entfernt sich der Wellensender mit v_S vom ortsfesten Empfänger, ist die vom Empfänger registrierte Welle um den Faktor $(c + v_S)/c$ länger:

$$\lambda_E = \frac{c + v_S}{c} \cdot \lambda_S = \left(1 + \frac{v_S}{c}\right) \cdot \lambda_S \quad \rightarrow \quad \nu_E = \frac{1}{(1 + \frac{v_S}{c})} \cdot \nu_S = \frac{c}{c + v_S} \cdot \nu_S$$

Auch hier ist v_S *positiv definit*! – Für das zuvor behandelte Zahlenbeispiel mit $\nu_S = 500\,\text{Hz}$ und $\lambda_S = 0{,}68\,\text{m}$ liefern die Formeln, wenn $v_S = 100\,\text{m/s}$ beträgt:

- S bewegt sich mit v_S auf E zu: $\lambda_E = 0{,}48\,\text{m}$; $\nu_E = 708\,\text{Hz}$.
- S bewegt sich mit v_S von E weg: $\lambda_E = 0{,}88\,\text{m}$; $\nu_E = 386\,\text{Hz}$.

Fall 3 (Abb. 2.175c) Bewegen sich der Sender mit der Geschwindigkeit v_S und der Empfänger mit der Geschwindigkeit v_E, jeweils relativ zur ruhenden Luft, lauten die Formeln:

- E und S nähern sich einander, d. h. der Abstand von E und S verkleinert sich:

$$\nu_E = \frac{c + v_E}{c - v_S} \cdot \nu_S \quad \rightarrow \quad \lambda_E = \frac{c - v_S}{c + v_E} \cdot \lambda_S$$

- E und S entfernen sich voneinander, d. h. der Abstand von E und S vergrößert sich:

$$\nu_E = \frac{c - v_E}{c + v_S} \cdot \nu_S \quad \rightarrow \quad \lambda_E = \frac{c + v_S}{c - v_E} \cdot \lambda_S$$

Um v_S bestimmen zu können, muss v_E bekannt sein.

1. Anmerkung (Beispiel)

Für Geschwindigkeitskontrollen mittels Radar wird der Dopplereffekt genutzt. Hierbei sendet das Radargerät keine Schallwelle, sondern eine elektromagnetische Welle aus. Deren Geschwindigkeit ist gleich der Lichtgeschwindigkeit. Die Lichtgeschwindigkeit beträgt im Vakuum (und mit guter Annäherung in Luft): $c = 3{,}0 \cdot 10^8\,\text{m/s}$.

Die Welle wird vom auszumessenden Objekt reflektiert, nach Empfang der reflektierten Welle lässt sich die Geschwindigkeit des Objektes relativ zum Radarsender berechnen. Es handelt sich also in diesem Falle um eine hin und rück laufende Welle! Radar steht für ‚Radio Detecting And Ranging'. Das System arbeitet mit relativ kurzen Wellen im Dezimeter- bis Millimeterbereich.

Von dem **ortsfesten Radarsender** (S) wird die Welle mit der Frequenz ν_S gesendet. Das sich nähernde Fahrzeug ist der Empfänger (E), von ihm wird die Welle mit der Frequenz ν_E empfangen. Durch Reflektion wird das Fahrzeug zum Sender (S′), das Radargerät wird zum Empfänger (E′). Abb. 2.176 zeigt den Ablauf. Die Geschwindigkeit des Fahrzeugs sei v. Dann gilt:

$$\text{S} \rightarrow \text{E (Fall 1a):} \quad \nu_E = (1 + v/c) \cdot \nu_S$$

$$\text{S}' \rightarrow \text{E}' \text{ (Fall 2a)} \quad \nu_{E'} = \frac{1}{(1 - v/c)} \cdot \nu_{S'}$$

Abb. 2.176

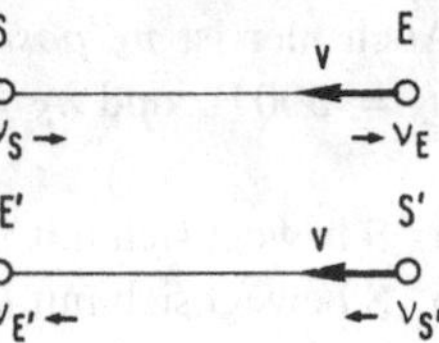

S′ ist identisch mit E: $\nu_{S'} = \nu_E$. Somit gilt:

$$\nu_{E'} = \frac{1}{(1 - v/c)} \cdot \nu_{S'} = \frac{1}{(1 - v/c)} \cdot \nu_E = \frac{1}{(1 - v/c)} \cdot (1 + v/c) \cdot \nu_S$$

$$\rightarrow \quad \nu_{E'} = \frac{(1 + v/c)}{(1 - v/c)} \cdot \nu_S$$

Die Frequenzdifferenz zwischen der Sende- und der Empfangswelle in S = E′ berechnet sich zu:

$$\Delta\nu = \nu_{E'} - \nu_S = \left(\frac{1 + v/c}{1 - v/c} - 1\right) \cdot \nu_S = 2\frac{v/c}{1 - v/c} \cdot \nu_S$$

Da $v/c \ll 1$ ist, lässt sich der Ausdruck mittels einer Reihenentwicklung verkürzen. Das ergibt:

$$\frac{1}{1 - v/c} = 1 + \frac{v}{c} + \left(\frac{v}{c}\right)^2 + \left(\frac{v}{c}\right)^3 + \cdots \approx 1$$

zu

$$\Delta\nu = 2\frac{v}{c} \cdot \nu_S \quad \rightarrow \quad v = \frac{\Delta\nu}{\nu_S} \cdot \frac{c}{2}$$

Bei Annäherung des Fahrzeugs ist v positiv, bei Entfernung negativ zu setzen. Den Frequenzunterschied bezeichnet man als ‚Dopplerfrequenz' oder ‚Dopplerverschiebung'. – Systeme zur Verkehrsüberwachung arbeiten mit $\nu_S = 34{,}3\,\text{GHz} = 34{,}3 \cdot 10^9\,\text{Hz}$. Die zugehörige Wellenlänge beträgt:

$$\lambda_S = c/\nu_S = (3 \cdot 10^8\,\text{m/s})/(34{,}3 \cdot 10^9\,1/\text{s}) = 0{,}00875\,\text{m} = 8{,}75\,\text{mm}$$

Fährt ein Fahrzeug mit 50 km/h, ergibt die Rechnung $\Delta\nu = 1{,}143 \cdot 10^7\,\text{Hz}$. Hieraus wird deutlich, auf welch' geringe Frequenzunterschiede (bezogen auf die Senderfrequenz) es ankommt, um geringe Geschwindigkeitsunterschiede zuverlässig registrieren zu können.

2. Anmerkung

In der Astronomie hat der Doppler-Effekt für die Entfernungsmessung ferner Himmelskörper große Bedeutung: Entfernt sich ein Himmelskörper vom irdischen Beobachter, macht sich das in einer Verschiebung der Wellenlänge im Spektrum bemerkbar. Das beruht darauf, dass die Linien der verschiedenen leuchtenden Elemente im Spektrum an ganz bestimmten Stellen (= Frequenzen bzw. Wellenlängen) liegen. Deren spektrale Lage (also deren Wellenlänge im elektromagnetischen Spektrum) lässt sich durch Labormessung auf Erden exakt bestimmen. Wenn die Linien im Spektrum des sich entfernenden (leuchtenden) Himmelskörpers verschoben erscheinen, wird dieser Befund als Doppler-Verschiebung gedeutet. Licht ist von elektromagnetischer Wellennatur. Deren Geschwindigkeit ist im Vakuum gleich der Lichtgeschwindigkeit: $c = 3{,}0 \cdot 10^8$ m/s. Entfernt sich der Himmelskörper (S), wirkt sich das im Spektrum als ‚Rotverschiebung' ($\lambda_E > \lambda_S$) beim Empfänger (E) aus, bei Annäherung als ‚Blauverschiebung' ($\lambda_E < \lambda_S$); vgl. Bd. III, Abschn. 4.3.2. – Bei sehr hoher Geschwindigkeit des Himmelskörpers im Verhältnis zur Erde, sei es eines Sternes oder einer Galaxie, ist relativistisch zu rechnen. Es gelten dann modifizierte Formeln, vgl. Bd. III, Abschn. 4.1.4.5.

2.7.7 Überschallgeschwindigkeit

Ein mit der Bewegung des punktförmigen Wellensenders in Verbindung stehendes Phänomen ist die Ausbreitung des Wellenfeldes bei Überschallgeschwindigkeit, womit gemeint ist, dass die Schallquelle eine höhere Geschwindigkeit als der Schall selbst hat. Bei elektromagnetischen Wellen kann dieses Problem nicht auftreten, da es keine über der Lichtgeschwindigkeit liegende Geschwindigkeit gibt.

Nähert sich die Geschwindigkeit des Schallsenders der Schallgeschwindigkeit, drängen sich die Schallwellen immer enger zusammen (siehe hierzu Abb. 2.176b). Erreicht v_S die Schallgeschwindigkeit c, liegen die Wellen in der Frontlinie unendlich nahe zusammen, es entsteht eine Stoßwelle mit einer steilen Wellenfront hoher Kompression. Der unmittelbar folgende Druckausgleich breitet sich als Knall aus. Dieser Fall ist in Abb. 2.177a skizziert.

Ist v_S größer als c (hier Schallgeschwindigkeit), entsteht der in Teilabbildung b dargestellte Stoßwellenkegel: Erreicht der Flugkörper den Punkt A, hat die Schallwelle erst den Punkt B erreicht, das Entsprechende gilt für die Punkte A′ und B′ usf. Der halbe Öffnungswinkel des Kegels folgt aus (Abb. 2.177b):

$$\sin\alpha = \frac{c \cdot t}{v_S \cdot t} = \frac{c}{v_S}$$

Je höher die Fluggeschwindigkeit v_S ist, umso spitzer ist die kegelförmige Kopfwelle. Der Schnitt des Kegels mit der Erdoberfläche ist bei Horizontalflug eine Hyperbel. Entlang dieser Hyperbellinie wird der Knall wahrgenommen. Es handelt sich somit um eine Knallschleppe, die der Flugkörper hinter sich her

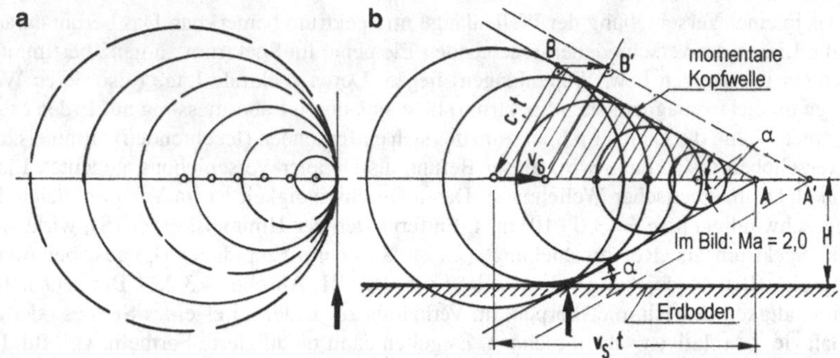

Abb. 2.177

zieht. Die Überschallgeschwindigkeit wird als Quotient Fluggeschwindigkeit zu Schallgeschwindigkeit (v_S/c) in Ma (Mach) angegeben, benannt nach E. MACH (1838–1916). Die Stoßwelle bezeichnet man auch als Schockwelle, Machwelle oder Machkopfwelle. Die Machzahl ist keine SI-Einheit. Da die Schallgeschwindigkeit in großer Höhe von den dort herrschenden meteorologischen Bedingungen (Druck, Temperatur) abhängig ist, kann aus der Mach-Zahl nicht unmittelbar genau auf die Fluggeschwindigkeit geschlossen werden, vice versa. Bei $c = 340\,\mathrm{m/s}$ entspricht 1 Ma der Fluggeschwindigkeit $v_S = c = 340\,\mathrm{m/s}$, umgerechnet in Stundenkilometer: $3{,}6 \cdot 340 = 1224\,\mathrm{km/h}$. das bedeutet, 2 Ma entspricht 2448 km/h, usf. Dort, wo die Stoßwelle den Boden trifft, wird ein kurzzeitiger hoher Schalldruck geweckt.

Anmerkung

Flugzeuge mit Propellerantrieb können die Überschallgeschwindigkeit nicht erreichen, nur solche mit Strahl- oder Raketenantrieb. 1947 wurde die Schallmauer erstmals von einer amerikanischen *Bell-X-1* mit vier Raketenmotoren durchbrochen, Alkohol und flüssiger Sauerstoff dienten als Treibmittel. Der Flugkörper wurde in 6000 m Höhe von einem B29-Bomber abgesetzt, in 10.000 m Höhe erreichte die X-1 im Horizontalflug für die Dauer von 18 Sekunden Ma = 1,06. Seit 1950 fliegen Militärjets regelmäßig mit Überschallgeschwindigkeiten. – Das amerikanische unbemannte Fluggerät *X-51A WaveRider* erreichte inzwischen in 15.000 m Höhe über die Dauer von 150 Sekunden eine Geschwindigkeit von Ma = 5,1, angetrieben von einem sogen. *Scramjet*-Triebwerk. Der *Scramjet*-Flugkörper X-43-A erreichte über die Dauer von 10 Sekunden Ma = 9,6! Man spricht bei Flügen mit solchen Geschwindigkeiten von Hyperschallflug. – Der ehemalige zivile Flugbetrieb mit der russischen *Tupolew Tu-144* und der französischen *Concorde*, die mit Überschallgeschwindigkeit unterwegs waren, wurde wegen Unwirtschaftlichkeit und technischer Probleme in den Jahren 1999 bzw. 2003 eingestellt.

2.8 Astronomie I: Himmelsmechanik – Sonne, Planeten, Monde und Kometen

Durch die Gravitation sind alle Himmelskörper untereinander verbunden. Die von dieser Bindung ausgehenden Kräfte sind real und geheimnisvoll zugleich. Was fesselt die Erde an die Sonne, was den Mond an die Erde?

Aufgabe der Himmelsmechanik ist es, die freie Bewegung der Himmelskörper in dem von ihren Massen aufgebauten Gravitationsfeld zu berechnen, wobei das Feld als Folge der Bewegung der Körper eine ständige Veränderung erfährt. –

In ihren Anfängen widmete sich die Himmelsmechanik ausschließlich der Dynamik der Planeten, der Kometen und des Mondes innerhalb des Sonnensystems (Ephemeriden Rechnung). Inzwischen befasst sie sich auch mit der Bewegung der Sterne und Sternhaufen in den Galaxien, zumal ca. 30 % aller Sterne, wie man heute weiß, Doppel- oder Mehrfachsysteme mit einem gebundenen Schwerpunkt sind.

Es waren zunächst französische Mathematiker, die die Theorie der Himmelsmechanik schufen: A.C. CLAIRAULT (1713–1765), J.L. LAGRANGE (1736–1813), P.S.M. LAPLACE (1749–1827), U.J.J. Le VERRIER (1811–1877), J.H. POINCARE (1854–1912). Als besonderer Höhepunkt gilt die Entdeckung des Planeten Neptun durch F.G. GALLE (1812–1910) im Jahre 1846 dank eines Hinweises von Le VERRIER, der den vermuteten Ort aus einer Bahnstörung des Planeten Uranus rechnerisch abgeleitet hatte. – Die Lösung des Drei- und Mehrkörperproblems zählt nach wie vor zu den klassischen Aufgaben der analytischen Himmelmechanik. Inzwischen dominieren auch hier, wie überall, die computergestützten Methoden der numerischen Mathematik. – Zur Geschichte der Astronomie wird auf [46, 47], als erzählerische Einführung in die Astronomie auf [48–52], als Sachbuch auf [53–57] und als Lehrbuch (auch für interessierte Laien) auf [58–60] verwiesen.

2.8.1 Astronomische Entfernungsmessungen im Altertum

Die älteste astronomische Vermessung geht auf ARISTARCHOS von SAMOS (310–230 v. Chr.) zurück: Der Mond erscheint im ersten Viertel als Halbmond. Das bedeutet, der Winkel zwischen den Achsen Mond-Sonne und Mond-Erde ist ein rechter (90°). Lässt sich zu diesem Zeitpunkt der Winkel zwischen den Richtungen Erde-Sonne und Erde-Mond bestimmen, der Winkel werde mit α abgekürzt, gilt (Abb. 2.178):

$$\cos\alpha = \frac{r_{\text{Mond}}}{r_{\text{Erde}}}$$

Abb. 2.178

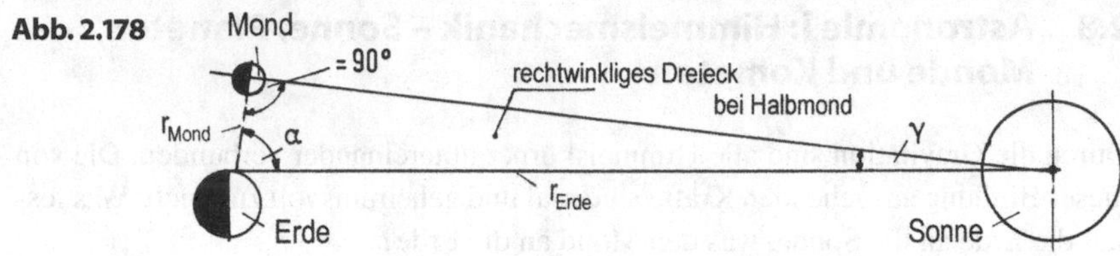

Hierbei ist r_{Mond} der **Bahnradius des Mondes um die Erde** und r_{Erde} der Bahnradius der Erde um die Sonne. ARISTARCH bestimmte α zu 87°; das ergibt:

$$\frac{r_{\text{Mond}}}{r_{\text{Erde}}} = \cos 87° = 0{,}0523 = \frac{1}{19}$$

Dieser Quotient, Aristarch'sche Zahl genannt, galt weit bis ins Mittelalter als gesicherter Wert, also ca. 1700 Jahre lang. Tatsächlich beträgt α 89,853°, was auf

$$\frac{r_{\text{Mond}}}{r_{\text{Erde}}} = 0{,}002566 = \frac{1}{390}$$

führt. Die erste Neubestimmung geht auf J. KEPLER (1571–1630) zurück, der den Quotienten seinerzeit zu 1/400 ermittelte.

ERATOSTHENES von KYRENE (284–202 v. Chr.) bestimmte erstmals die **Größe der Erdkugel**: Ihm war bekannt, dass sich am Tag der Sommersonnenwende die Sonne in einem tiefen Brunnen in Syene spiegelt (Syene ist das heutige Assuan am oberen Nil). Das bedeutet: Die Sonne steht in diesem Moment exakt senkrecht zu der an diesem Ort an die Erdkugel angelegten Tangentialebene. Bekannt war auch, dass zu diesem Zeitpunkt ein Obelisk in Alexandria einen Schatten mit dem Schattenwinkel $\alpha = 7°10' = 7{,}16°$ wirft (Abb. 2.179).

Abb. 2.179

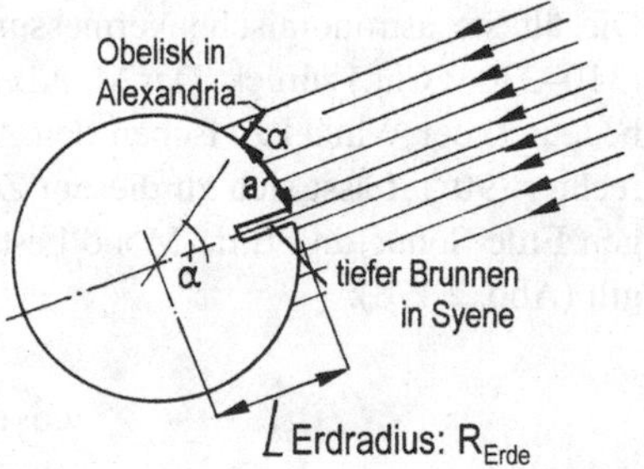

Ist R_{Erde} der Erdradius, gilt demnach bei Ansatz einer parallelen Sonneneinstrahlung (in Annäherung):

$$\operatorname{arc}\alpha \cdot R_{\text{Erde}} = a = \text{Entfernung Syene/Alexandria}$$

Die Entfernung zwischen den beiden Städten beträgt ca. 5000 (ägyptische) Stadien. Mit diesem Wert folgt der Erdradius zu:

$$R_{\text{Erde}} = \frac{a}{\operatorname{arc}\alpha} = \frac{5000}{7{,}16 \cdot \pi/180} = 40.011 \text{ Stadien.}$$

Das liefert einen Erdumfang von $2 \cdot 40.011 \cdot \pi = 251.400$ Stadien. Wird eine (ägyptische) Stadie zu 157,5 m = 0,1575 km angesetzt, ergeben sich Radius und Umfang der Erde zu:

$$\begin{aligned} R_{\text{Erde}} &= 6302\,\text{km} && \text{(ca. 6368 km);} \\ U_{\text{Erde}} &= 2 \cdot \pi \cdot 6302 = 39.597\,\text{km} && \text{(ca. 40.011 km)} \end{aligned}$$

Die Klammerwerte geben die heute gültigen Mittelwerte an. Der Vergleich lässt erkennen, dass ERATOSTHENES eine sehr genaue Bestimmung gelang (ca. 1 % genau), wobei einschränkend gesagt werden muss, dass sowohl die Entfernung a wie auch die genaue Länge einer Stadie nicht sicher überliefert bzw. bekannt sind. Die Idee der Messung ist in jedem Falle bestechend.

Eine weitere bedeutende Messung gelang HIPPARCHOS von NIKAIA (190–125 v. Chr.) und zwar die Bestimmung des Durchmessers der Erdbahn um die Sonne. Für HIPPARCH stand die Erde nicht im Mittelpunkt der Welt! Die Bestimmung gelang ihm aus der von ihm gemessenen Zeit, die eine totale Mondfinsternis dauert, in der sich der Mond im Kernschatten der Erde bewegt. Abb. 2.180 zeigt diese Situation im Himmelsraum, d. h. die Lage von Erde und Mond zueinander während einer Mondfinsternis: Für einen Umlauf um die Erde benötigt der Mond 29,5 Tage. Die Dauer einer Mondfinsternis bestimmte HIPPARCH zu $2\frac{2}{3} = 2{,}67$ Stunden. Da sich der Mond täglich um $360°/29{,}5 = 12{,}2°$ auf seiner Bahn um die Erde weiter bewegt, sind das in Bogengrad bzw. -minuten in 2,67 Stunden: $(2{,}67/24) \cdot 12{,}2° = 1{,}357° = 81{,}4'$. Das ist in Abb. 2.180 jener Winkel 2δ, um den der Mond im Erdschatten wandert.

Aus der Figur entnimmt man: $\alpha + \beta = \gamma + \delta$. Denn es gilt $\gamma = \alpha + \varepsilon$ und $\delta = \beta - \varepsilon$, womit $\gamma + \delta = \alpha + \varepsilon + \beta - \varepsilon = \alpha + \beta$ bestätigt ist. Gemessen wurde der Winkel γ seinerzeit zu $15{,}5'$ (das ist jener Winkel unter dem der Radius der Sonnenscheibe von der Erde aus erscheint). Aus der Figur folgt:

$$\alpha \cdot r_{\text{Erdbahn}} = \beta \cdot r_{\text{Mondbahn}} \quad \rightarrow \quad \beta = \frac{r_{\text{Erdbahn}}}{r_{\text{Mondbahn}}} \cdot \alpha$$

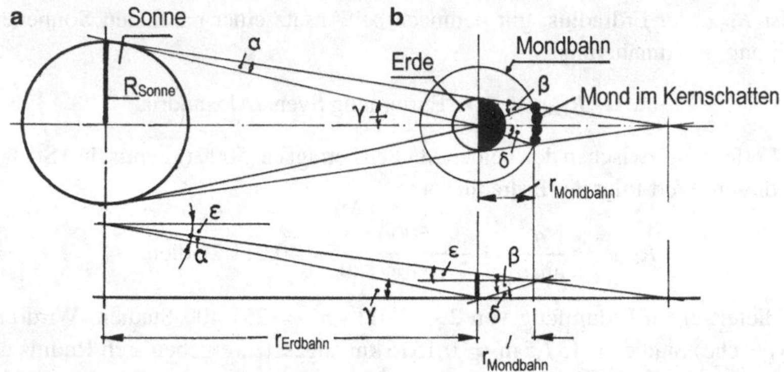

Abb. 2.180

Setzt man das Bahnverhältnis nach ARISTARCH zu 19 an (s. o.), ergibt sich:

$$\beta = 19 \cdot \alpha$$

Nunmehr kann β mit dem Winkel $\delta = 81,4'/2$ bestimmt werden:

$$\alpha + 19 \cdot \alpha = 15{,}5' + 81{,}4'/2 = 56{,}2' \quad \rightarrow \quad \alpha = 2{,}81'; \quad \beta = 19 \cdot \alpha = 53{,}4'$$

Für die Radien von Mond- und Erdbahn findet man damit schließlich:

$$r_{\text{Mondbahn}} = R_{\text{Erde}} / \operatorname{arc} \beta = 6302/(53{,}4' \cdot \pi/180 \cdot 60) = 406.000\,\text{km}$$
$$r_{\text{Erdbahn}} = R_{\text{Erde}} / \operatorname{arc} \alpha = 6302/(2{,}81' \cdot \pi/180 \cdot 60) = 7.710.000\,\text{km}$$

Bei dieser Rechnung ist der Erdradius nach ERATOSTHENES zu 6302 km angesetzt.

HIPPARCHOS war ein sehr exakter Beobachter. Er gilt als Begründer der astronomischen Mathematik, insbesondere der Trigonometrie. Da seiner Berechnung die Aristarch'sche Zahl 19 zugrunde lag, waren die von ihm ermittelten Bahnradien zwar falsch, das von ihm angewandte Messprinzip ist indessen wiederum bestechend. Geht man von der korrekten Zahl aus, nämlich 390, ergibt sich:

$$\alpha = 0{,}1437' \quad \rightarrow \quad \beta = 56{,}06'$$
$$\rightarrow \quad r_{\text{Mondbahn}} = 386.455\,\text{km} = 386 \cdot 10^3\,\text{km};$$
$$r_{\text{Erdbahn}} = 150.760.000\,\text{km} = 151 \cdot 10^6\,\text{km}$$

Diese Werte stimmen gut mit den heute gültigen überein.

Anmerkung

Geht man von dem von HIPPARCHOS ermittelten Wert für den Erdbahnradius aus, ergibt sich für die Bahngeschwindigkeit der Erde um die Sonne der Wert:

$$2\pi \cdot 7.710.000/(364{,}25 \cdot 24 \cdot 60 \cdot 60) = 1{,}54\,\text{km/s}.$$

Der richtige Wert ist 30,1 km/s. Da das Gravitationsgesetz im Altertum nicht bekannt war, konnte nicht erkannt werden, dass eine Bahngeschwindigkeit 1,54 km/s zur Gewährleistung einer stabilen Sonnenumrundung viel zu gering ist.

2.8.2 Das Weltbild des PTOLEMÄUS

Das Weltbild des C. PTOLEMÄUS (100–160 n. Chr.), das in seinem Hauptwerk ‚Almagest' zusammengefasst ist und $1\frac{1}{2}$ Jahrtausende Bestand haben sollte, wird ‚Geozentrisches Weltbild' genannt, weil es die Erde in den Mittelpunkt der Welt stellt. Diesem Weltbild gingen ein Jahrtausend währende astronomische Beobachtungen und Deutungen voraus. Die Babylonier waren die ersten, denen genauere astronomische Beobachtungen und Erkenntnisse gelangen, u. a. erkannten sie Perioden im Himmelsgeschehen, z. B. wiederkehrende Planetenstellungen. Über die ägyptische Astronomie ist wenig Konkretes bekannt. Bestimmend für die weitere Entwicklung der Astronomie wurden die Beobachtungen und Berechnungen der Griechen. Sie wurden im vorangegangenen Abschnitt kurz dargestellt. Ergänzend sind zu den Genannten nachfolgende astronomische Gelehrte zu erwähnen:

- THALES von MILET (650–560 v. Chr.): Er sah die Erde als eine auf dem Wasser schwimmende Scheibe.
- Für die Pythagoreer, die sich auf PYTHAGORAS von SAMOS (580–500 v. Chr.) beriefen, bewegten sich die Planeten einschließlich Sonne und Mond auf Kreisen innerhalb der Ekliptik mit ihren Tierkreissternbildern, also in der Ebene des Himmeläquators und das in unterschiedlicher Entfernung zur Erde. Die Fixsterne sahen sie ebenso.
- Später kursierten erste heliozentrische Ansätze, wonach sich die Planeten Merkur und Venus um die Sonne bewegen würden. – Für ANAXAGORAS von KLAZOMENAI (500–428 v. Chr.) war die Erde eine Kugel. – Auf EUDOXOS von KNIDOS (400–350 v. Chr.) geht das erste sphärische Weltmodell zurück: Er nahm an, dass sich alle Himmelskörper auf kugeligen Sphären um die Erde bewegen, wobei sich jede einzelne Sphäre um eine eigene Achse dreht. Für die Planeten führte er Epizykeln ein. Die Erde wurde etwas aus dem Mittelpunkt der die Epizykeln tragenden Planeten-Kreisbahnen verschoben. Diese Epizykel- und Exzentertheorie wurde von HERAKLEIDOS von

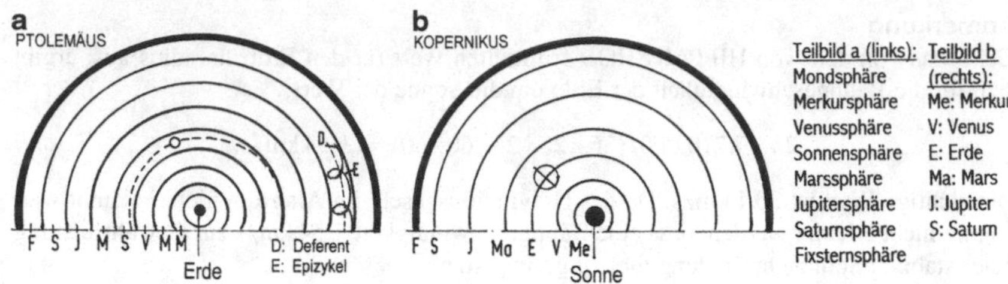

Abb. 2.181

PONTOS (388–310 v. Chr.) und in der Folge von APOLLONIOS von PERGE (ca. 260–190 v. Chr.) weiter vervollkommnet, u. a. mit der Ansicht, dass sich die Erde einmal täglich um ihre Achse dreht. – Von ARISTARCH (s. o.) wurde die Sonne als ruhender Mittelpunkt des Planetensystems und der Fixsternsphäre gesehen, eine Auffassung, die sich bekanntlich nicht durchsetzte.

- HIPPARCH von NIKAIA (s. o.) erstellte mit ca. 1000 Fixsternen den ersten ausführlichen Sternenkatalog.

Alle vorgenannten Deutungen und Messungen (vgl. auch Bd. I, Abschn. 1.2.3 und 3.5.1) und vieles mehr, wurde von C. PTOLEMÄUS aufgegriffen und mathematisch vervollkommnet. Für das christlich geprägte Abendland wurde dieses geozentrische Weltbild mit der Erde als Mittelpunkt des von Gott erschaffenen Kosmos zur absoluten Wahrheit, von der Kirche zum Glaubensdogma, erhoben.

Abb. 2.181a zeigt das Sphärenmodell. Die zeitweise rückläufigen Planetenbewegungen vor dem Hintergrund der Fixsternsphäre wurden durch kompliziertes Epizykelbahnen erklärt, hierbei ist der Deferent der Trägerkreis des Planeten. Abb. 2.181a zeigt als Beispiel die Saturn-Epizykeln. Die Sonnenbahn liegt im Modell leicht exzentrisch. Die im Laufe der Jahrhunderte aufgetretenen Abweichungen im Umlauf der Planeten wurden durch Korrekturen an den Epizykeln ausgeglichen.

2.8.3 Das Weltbild des KOPERNIKUS

In seinem Hauptwerk ‚De revolutionibus orbium coelestium' (Über die Bewegung der Himmelskörper) schlug NICOLAUS KOPERNIKUS (1473–1543) das heliozentrische Weltbild vor. Danach liegt die Sonne im Zentrum der Welt, die Erde ist ein Planet mit einem Mond. Die Drehung der Fixsternsphäre entsteht durch die

Abb. 2.182

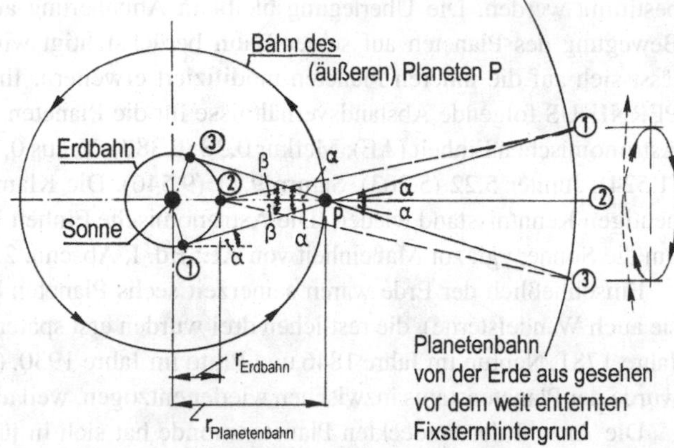

Rotation der Erde um ihre Achse (Abb. 2.181b). Genau besehen sah auch KOPERNIKUS den Mittelpunkt der Planeten-Kreisbahnen nicht im Zentrum der Sonne gelegen, sondern im Mittelpunkt der Erdbahn und der lag für ihn etwas exzentrisch zum Sonnenmittelpunkt. Da KOPERNIKUS bei der Ausarbeitung seines Modells auf die antiken Entfernungsdaten angewiesen war, boten die von ihm berechneten Planetenbahnen gegenüber jenen nach dem ptolemäischen Modell zunächst keine wesentlichen Vorteile, weshalb das neue Weltmodell auch wenig Zustimmung unter seinen Zeitgenossen fand. Nach wie vor stellte auch er sich die rückläufige Bewegung der Planeten durch deren Epizykelbahnen verursacht vor.

Tatsächlich kommt es durch die Bewegung der Erde um die Sonne vor dem Fixsternhintergrund zu einer gelegentlichen rückläufigen Bewegung der Planeten. Diese Bewegung ist nur scheinbar rückläufig, was sich wie folgt erklären lässt:

Nimmt man einen äußeren Planeten P als feststehend an und bewegt sich die Erde auf ihrer Bahn von der Stellung 1 über 2 nach 3 (Abb. 2.182), verläuft die Planetenbahn, von der Erde aus betrachtet, scheinbar rückläufig. Der Winkel α, unter dem von P aus der Erdradius gemessen werden könnte, ist bei der Stellung 1 am größten, bei der Stellung 2 gleich Null und bei der Stellung 3 in Gegenrichtung wieder am größten. Man nennt α die jährliche Parallaxe des Planeten. Indem β in der Stellung 2 gemessen wird und zwar für jenen Ort des Fixsternhimmels, an dem der Planet scheinbar bei der Stellung 1 stand und aus der Überlegung heraus, dass die Fixsternsphäre im Vergleich zur Planetenbahn unendlich weit entfernt ist, somit $\alpha = \beta$ ist, kann das Verhältnis des Planetenbahnradius zum Erdbahnradius aus

$$\frac{r_{\text{Erdbahn}}}{r_{\text{Planetenbahn}}} = \sin\alpha$$

bestimmt werden. Die Überlegung bleibt in Annäherung auch gültig, wenn die Bewegung des Planeten auf seiner Bahn berücksichtigt wird. Die Abschätzung lässt sich auf die inneren Planeten modifiziert erweitern. Im Ergebnis fand KOPERNIKUS folgende Abstandsverhältnisse für die Planeten von der Sonne in der Astronomischen Einheit (AE): Merkur 0,38 (0,387), Venus 0,72 (0,723), Mars 1,52 (1,524), Jupiter 5,22 (5,203), Saturn 9,21 (9,546). Die Klammerwerte geben den heutigen Kenntnisstand wieder. (Die Astronomische Einheit ist der Erdbahnradius um die Sonne, vgl. zur Maßeinheit von AE: Bd. I, Abschn. 2.4). –

Einschließlich der Erde waren seinerzeit sechs Planeten bekannt (man nannte sie auch Wandelsterne), die restlichen drei wurden erst später entdeckt: Uranus im Jahre 1781, Neptun im Jahre 1846 und Pluto im Jahre 1930. (Dem Letztgenannten wurde der Planetenstatus inzwischen wieder entzogen, weil als zu klein befunden.)

Die Anzahl der entdeckten Planetenmonde hat sich in jüngerer Zeit dank der genaueren Beobachtungsmöglichkeiten deutlich vergrößert, heute liegt die Anzahl bei 175. Einschließlich jener um die Zwergplaneten sind es wohl 250 (2015).

2.8.4 Das Weltbild des de BRAHE

Mit T. de BRAHE (1546–1601) gelang der Durchbruch in ein neues astronomisches Zeitalter. Mittels seiner hochgenauen Instrumente war eine Vermessung der Planeten und Sterne mit einer bis dahin unerreichten Präzision möglich. Vom dänischen König gefördert, vermaß er als Hofastronom von der Sternwarte Uraniborg aus den Himmel. Die Sternwarte lag auf der Insel Hven im Öresund. Im Jahre 1596 kam er nach Augsburg. Im Jahre 1599 wurde er schließlich nach Stationen in Leipzig, Rostock und Basel kaiserlicher ‚Mathematicus' in Prag. Er hinterließ einen riesigen Datenfundus.

Darüber hinaus machte er sich auch Gedanken über die Gestalt der Welt und entwarf das in Abb. 2.183 schematisch skizzierte Weltmodell: Es war wohl als Kompromiss gedacht: Sonne und Mond umrunden die Erde, alle anderen Planeten die Sonne, die inneren auf Kreisen. die äußeren auf Epizykeln.

Insgesamt war das 16. Jahrhundert noch von großer Unsicherheit geprägt, wenngleich die Fortschritte in der Astronomie bedeutend waren. Die Erfindung des Fernrohres (1608) trug dazu bei. Von G. GALILEI (1564–1642) wurden hiermit vier Jupitermonde entdeckt, auch die Ringe des Saturns. Erst seit 1980 weiß man aufgrund neuer Textfunde, dass GALILEI um die Jahreswende 1612/13 den Planeten Neptun bereits gesichtet hat. Den in sein Tagebuch eingetragenen Befund deutete er indessen als (Fix-)Stern.

Abb. 2.183

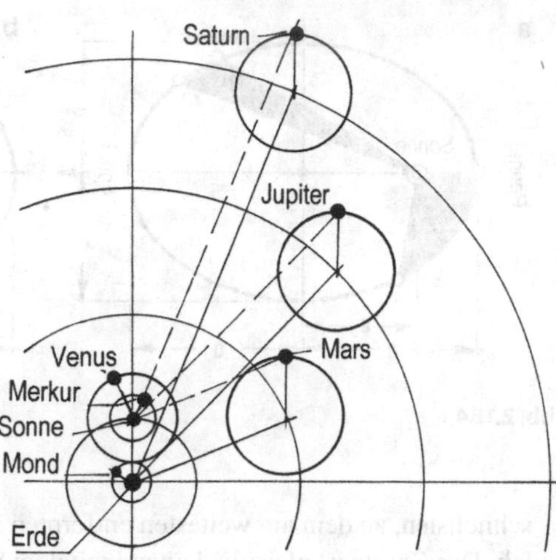

2.8.5 Planetengesetze von KEPLER

Im Jahre 1601 wurde J. KEPLER (1571–1630) in Prag Nachfolger von de BRAHE. Hier diente er dem Kaiser Rudolf II als Hofastronom (und Astrologe). Er hatte schon einige Zeit zuvor bei de BRAHE als Assistent gearbeitet. Auf der Grundlage des hinterlassenen Datenmaterials entwickelte er später die nach ihm benannten kinematischen Gesetze, wozu er wohl 15 Lebensjahre benötigte. Das 1. und 2. Gesetz wurde im Jahre 1609 (in ‚Astronomia Nova') und das 3. Gesetz im Jahre 1619 veröffentlicht (in ‚Harmonice Mundi'). Im Jahre 1627 brachte er die sogen. Rudolphini'schen Tafeln heraus, die eine bedeutend genauere Berechnung der Planetenbahnen ermöglichten.

In jüngeren Jahren war er in seinem Denken noch stark religiös-metaphysisch geprägt gewesen, sein erstes Buch ‚Mysterium Cosmographicum' (1596) ist dafür Beleg.

Die Kepler'schen Gesetze lauten:

1. **Die Bahnen der Planeten um die Sonne sind Ellipsen, die Sonne liegt in einem der beiden Brennpunkte der Ellipse.**
2. **Der von der Sonne zu den Planeten gezogene Ortsvektor überstreicht in gleichen Zeiten gleiche Flächen** (Abb. 2.184a). Man spricht vom Flächensatz. An dem der Sonne nächsten Bahnpunkt (Perihel) bewegt sich der Planet am

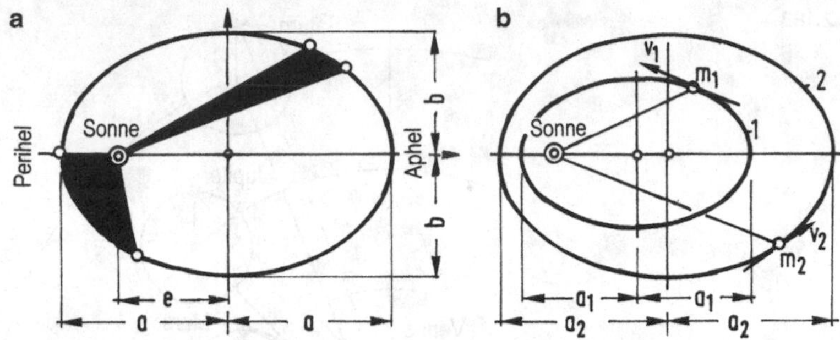

Abb. 2.184

schnellsten, an dem am weitesten entfernten Bahnpunkt (Aphel) am langsamsten. Das Gesetz ist gleichbedeutend mit dem Satz von der Drehimpulserhaltung des Planeten auf seiner Bahn.

3. **Die Quadrate der Umlaufzeiten** T **zweier beliebiger Planeten verhalten sich wie die 3. Potenz ihrer großen Halbachsen** (Abb. 2.184b):

$$\frac{T_1^2}{T_2^2} = \frac{a_1^3}{a_2^3} = K$$

   K ist eine für das ganze Sonnensystem geltende Konstante, die Konstante war KEPLER noch nicht bekannt.

Die Gesetze wurden von KEPLER nicht aus irgendwelchen Naturgesetzen hergeleitet, sondern phänomenologisch gefunden. Erst I. NEWTON (1642–1727) konnte die Gesetze theoretisch bestätigen bzw. aus ihnen das Gravitationsgesetz folgern.

Die Vorgehensweise KEPLERs bei der Herleitung des 1.Gesetzes lässt sich wie folgt erläutern (Abb. 2.185): Die Umlaufzeiten der Planeten in Tagen waren seinerzeit bekannt, z. B. Mars 687 Tage. Das bedeutet, nach einem Marsjahr steht Mars (von der Sonne aus betrachtet) wieder an derselben Stelle. Wird als Ausgangszeitpunkt jene Konstellation gewählt, bei welcher Sonne-Erde-Mars auf einer Linie liegen und wird diese Stellung der Erde mit E_0 abgekürzt (Zeitpunkt 0), so steht Mars nach 687 Tagen wieder an derselben Stelle, nicht dagegen die Erde, ihre Stellung in der gemeinsamen Bewegungsebene ist jetzt E_1. Gegenüber E_0 ist E_1 um $2 \cdot 365 - 687 = 43$ Tage weiter vorgerückt. Nach abermals 687 Tagen erreicht der Mars wieder seinen Ausgangsort, die Erde befindet sich am Ort E_2, usw. Die Winkel α_1, α_2 usw. konnte KEPLER dem Datenmaterial seines Vorgängers de BRAHE entnehmen.

Abb. 2.185

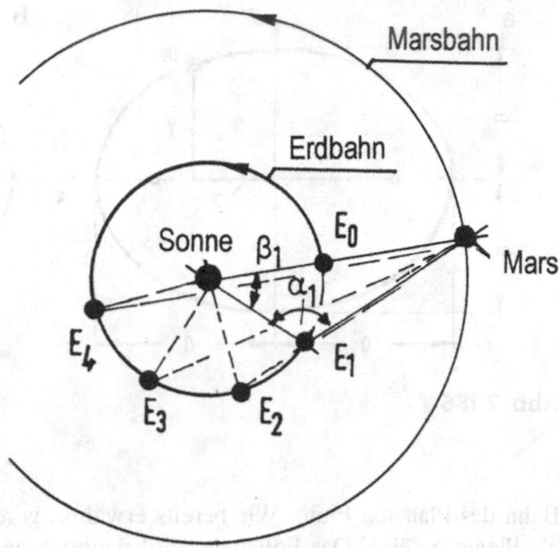

Die Winkel β_1, β_2 usw. ergeben sich aufgrund des sich aufsummierenden Nachlaufs. Ausgehend von den so gewonnenen Bahnelementen konnte KEPLER die Bahnpunkte zeichnen und dabei die elliptische Form der Mars- und Erdbahn erkennen. Für die Bahnen der anderen Planeten gelang ihm der Nachweis auf analogem Wege. Das 2. und 3. Gesetz konnte KEPLER ebenfalls aus den Messdaten kinematisch folgern. – Die überaus sorgfältige Arbeitsweise von J. KEPLER lässt sein Werk *Astronomia Nova* [61] erkennen.

1. Anmerkung

Die Gleichung der mit ihrem Mittelpunkt im Nullpunkt eines $x - y$-Koordinaten-Systems aufgespannten Ellipse lautet (Abb. 2.186a):

$$\frac{x^2}{a^2} + \frac{y^2}{b^2} = 1$$

a ist die große und b die kleine Halbachse der Ellipse. Deren Brennpunkte liegen im Abstand e vom Mittelpunkt entfernt (Abb. 2.186b):

$$e = \sqrt{a^2 - b^2}$$

Als numerische Exzentrizität bezeichnet man den Quotienten

$$\varepsilon = \frac{e}{a}$$

Es erweist sich, dass die Planetenbahnen im Gegensatz zur Darstellung zu Abb. 2.186 eher Kreise als Ellipsen sind, ihre numerische Exzentrizität ist sehr gering. Abb. 2.187 zeigt die

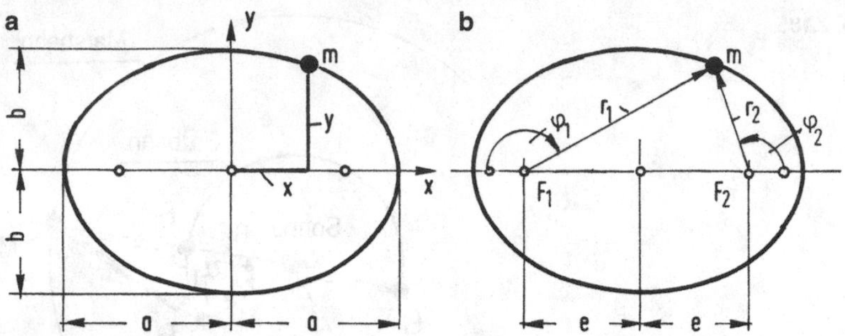

Abb. 2.186

Bahn des Planeten Pluto. Wie bereits erwähnt, wird Pluto seit dem Jahre 2006 nicht mehr als Planet geführt. Das Folgende wird dennoch an dessen Bahn erläutert, die Bahn weist nämlich im Vergleich mit den Bahnen aller anderen Wandelsterne die größte Exzentrizität auf, dennoch erscheint sie als Bild eher als Kreis: Aus der größten und kleinsten Entfernung zwischen Sonne und dem Planeten mit 49,3 AE und 29,7 AE folgt die große Halbachse zu:

$$a = (49{,}3 + 29{,}7)/2 = 39{,}5\,\text{AE}$$

Die Exzentrizität beträgt demnach:

$$e = 39{,}5 - 29{,}7 = 9{,}80\,\text{AE},$$

vgl. Abb. 2.186.

Weiter folgt: $b = \sqrt{a^2 - e^2} = 38{,}26\,\text{AE}$ und $\varepsilon = e/a = 0{,}248$. Hiermit kann die in Abb. 2.187 wiedergegebene Bahnkurve gezeichnet werden. Obwohl die Exzentrizität relativ groß ist, ähnelt die Bahnkurve dem Augenschein nach eher einem Kreis.

2. Anmerkung

Gegenüber einer Darstellung in kartesischen Koordinaten ist es vorteilhafter, die elliptischen Planetenbahnen in Polarkoordinaten darzustellen. Über die Theorie der Kegelschnitte lassen sich dadurch neben der Ellipsenbahn auch die Hyperbel- und Parabelbahn erfassen. Im Falle der Ellipse dient einer der Brennpunkte als Ursprung des Polarkoordinatensystems, vgl. Abb. 2.188. Hiervon ausgehend werden der Radiusvektor r und der Winkel φ gegenüber der großen Halbachse als Bestimmungsstücke vereinbart. Für die Ellipse gilt alternativ für r:

$$r = \frac{a^2 - e^2}{a + e \cdot \cos\varphi} = \frac{1 - \varepsilon^2}{1 + \varepsilon \cdot \cos\varphi} \cdot a = \frac{1}{(1 + \varepsilon \cdot \cos\varphi)} \cdot b = \frac{p}{1 + \varepsilon \cdot \cos\varphi} \cdot a$$

Es bedeuten:

$$\varepsilon = \frac{e}{a}; \quad p = \frac{b}{a} \quad (\varepsilon < 1)$$

Abb. 2.187

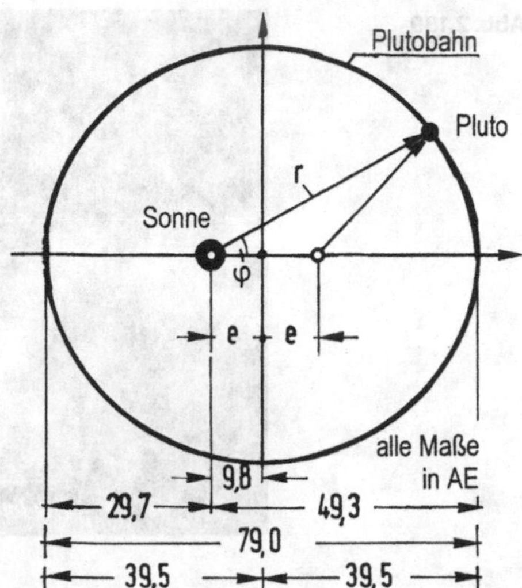

Die Formel mit dem Parameter p ist auch auf die Hyperbel ($\varepsilon > 1$) und die Parabel ($\varepsilon = 1$) anwendbar. Für den Kreis gilt: $\varepsilon = 0$. Alle Kegelschnitte haben demnach in Polarkoordinaten (deren Nullrichtung vom Pol bis zum nächstgelegenen Scheitel weist) Gleichungen derselben Form. In Abb. 2.188 sind die Kegelschnitte für $p = 4{,}0$ gemeinsam dargestellt.

Abb. 2.188

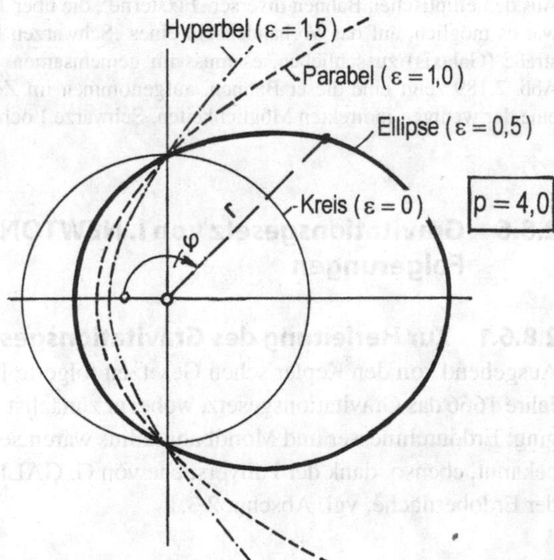

Abb. 2.189

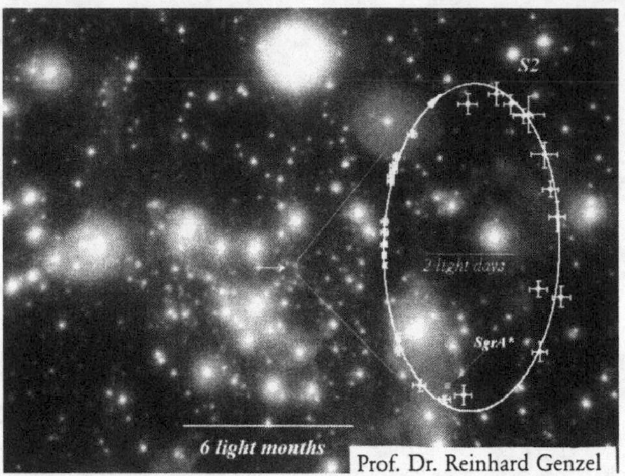

Als weitere Form der Ellipsendarstellung dient die sogen. Exzentrische Anomalie und der zugehörige Scheitelkreis. Mit dieser Darstellung lassen sich die drei Kepler'schen Gesetze geschlossen darstellen. Diese Darstellungsform wird in den Fachbüchern der Astronomie abgehandelt.

3. Anmerkung

Aus den elliptischen Bahnen diverser ‚Fixsterne', die über Jahre hinweg vermessen wurden, war es möglich, auf das Vorhandensein eines ‚Schwarzen Loches' im Zentrum der Milchstraße (Galaxis) zu schließen, es muss im gemeinsamen Brennpunkt der Bahnen liegen. Abb. 2.189 zeigt eine dieser Bahnen, aufgenommen im Zentrum der Milchstraße. Das ist eine der wenigen indirekten Möglichkeiten, Schwarze Löcher zu orten.

2.8.6 Gravitationsgesetz von I. NEWTON und einige Folgerungen

2.8.6.1 Zur Herleitung des Gravitationsgesetzes

Ausgehend von den Kepler'schen Gesetzen folgerte I. NEWTON (1642–1727) im Jahre 1666 das Gravitationsgesetz, wobei er zunächst vom System Erde-Mond ausging; Erddurchmesser und Mondbahnradius waren seinerzeit in guter Annäherung bekannt, ebenso, dank der Fallversuche von G. GALILEI, die Beschleunigung auf der Erdoberfläche, vgl. Abschn. 2.3.1.

Abb. 2.190

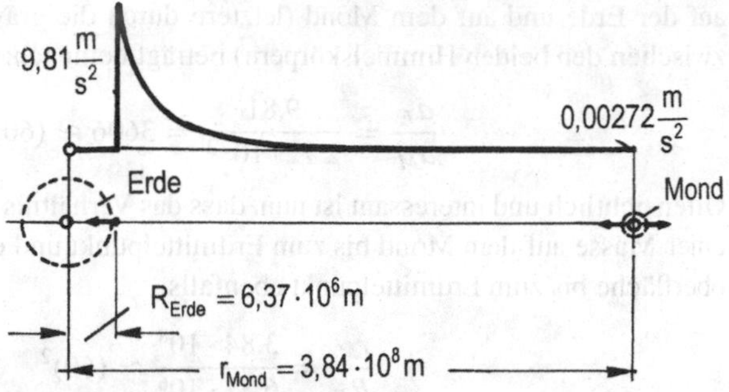

Abb. 2.190 zeigt das Erde-Mond-System. Die heute gültigen Größen sind hierin eingetragen:

Erdradius: $R_E = 6{,}37 \cdot 10^6$ m,
Mondbahnradius: $r_M = 3{,}84 \cdot 10^8$ m,
Erdbeschleunigung: $a_E = g = 9{,}81\,\text{m/s}^2$

(Indizes: E: Erde, M: Mond).

Geht man von einer Kreisbewegung aus, berechnet sich die Bahngeschwindigkeit des Mondes zu (Bahnlänge durch Umlaufzeit):

$$v_M = \frac{2\pi \cdot r_M}{T_M}$$

T_M ist die (siderische) Dauer der Umrundung des Mondes um die Erde, sie beträgt: $T_M = 27{,}32\,\text{d}$ (d: Tage).

Die zentrifugale Beschleunigung des Mondes aus seiner Bahn heraus, berechnet sich hiermit zu (Abschn. 2.2.3):

$$a_M = \frac{v_M^2}{r_M} = \frac{4\pi^2 \cdot r_M^2}{T_M^2 \cdot r_M} = \frac{4\pi^2 \cdot r_M}{T_M^2} = \frac{4\pi^2 \cdot 3{,}84 \cdot 10^8}{(27{,}32 \cdot 24 \cdot 60 \cdot 60)^2} = \underline{2{,}72 \cdot 10^{-3}\,\text{m/s}^2}$$

Damit der Mond seine Bahn nicht verlässt, muss er vermöge der Gravitations-Wechselwirkung von seinem Mutterplaneten, der Erde, durch eine Kraft angezogen werden, die die Fliehkraft aufhebt. Das bedeutet, er muss eine Beschleunigung in Richtung Erdmittelpunkt erfahren, der dem zuvor ausgerechneten Wert entspricht, also $2{,}72 \cdot 10^{-3}\,\text{m/s}^2$. Eine Masse auf der Erdoberfläche wird zum Erdmittelpunkt mit $g = 9{,}81\,\text{m/s}^2$ beschleunigt. Das Verhältnis der Beschleunigungen auf der Erde und auf dem Mond (letztere durch die gravitative Wechselwirkung zwischen den beiden Himmelskörpern) beträgt demnach:

$$\frac{a_E}{a_M} = \frac{9{,}81}{2{,}72 \cdot 10^{-3}} = 3606 \approx (60)^2$$

Offensichtlich und interessant ist nun, dass das Verhältnis des Abstandes zwischen einer Masse auf dem Mond bis zum Erdmittelpunkt und einer Masse auf der Erdoberfläche bis zum Erdmittelpunkt ebenfalls

$$\frac{r_M}{R_E} = \frac{3{,}84 \cdot 10^8}{6{,}37 \cdot 10^6} \approx (60)^2$$

beträgt. Daraus folgerte NEWTON, dass die Schwerebeschleunigung, die von der Erde ausgeht, mit dem Quadrat des Abstandes abnimmt. Zudem folgerte er, dass die Anziehungskraft zwischen zwei Körpern ihrer Masse jeweils proportional ist. Das führte auf das Gesetz für die Gravitationskraft:

$$F = G \cdot \frac{m_1 \cdot m_2}{r^2}$$

Hierin ist r der Abstand zwischen den Schwerpunkten der beiden Körper mit den Massen m_1 bzw. m_2. Die Kraft wirkt wechselseitig. G ist eine Konstante, sie war I. NEWTON zunächst nicht bekannt.

G lässt sich nur durch Messung bestimmen, was erstmals H. CAVENDISH (1731–1810) im Jahre 1798 gelang. Abb. 2.191 zeigt die von ihm hierfür gebaute Gravitationswaage: Der Balken der Waage hängt an einem dünnen Quarzfaden. Teilabbildung b zeigt das System in der Aufsicht. Mit der Waage war es möglich, unterschiedlich schwere Bleikugeln mit unterschiedlichen gegenseitigen Abständen zu realisieren. Die Kraft ist gleich der Drehfederkonstanten des Fadens multipliziert mit dem sich einstellenden Drehwinkel. Auf diese Weise wurde von CAVENDISH für die unterschiedlichsten Waagebeladungen der Wert

$$G = 6{,}754 \cdot 10^{-11}\,\mathrm{m^3\,kg^{-1}\,s^{-2}}$$

gefunden. Ebenso konnte er die Gleichheit von träger und schwerer Masse zeigen.

Weitere Messungen wurden später von J.H. POYNTING (1852–1914): 6,698 und K. BRAUN (1850–1918): 6,658 angestellt. Nochmals später wurden die Messungen von L. EÖTVÖS (1848–1919) und seinen Nachfolgern mit abermals gesteigerter Genauigkeit fortgesetzt und hierbei die Materialunabhängigkeit von G bestätigt.

Die von EÖTVÖS konstruierte Drehwaage war so empfindlich, dass er sie zur gravimetrischen Lagerstättenerkundung (Erdölprospektion) erfolgreich einsetzen konnte.

Abb. 2.191

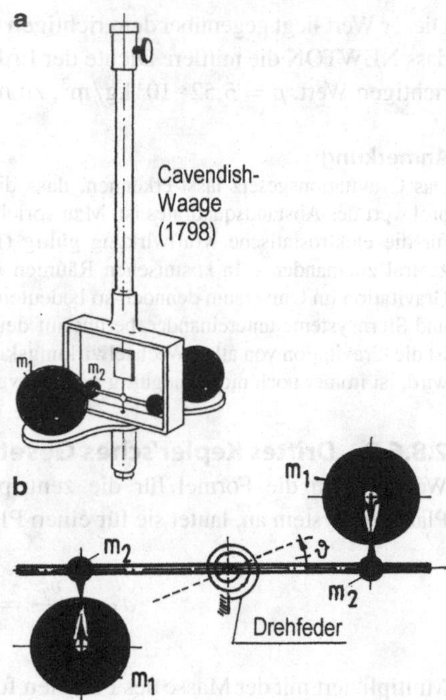

Ergänzend sei erwähnt, dass NEWTON eine Abschätzung von G versuchte, indem er die mittlere Dichte des Erdkörpers zu $\rho = 5 \cdot 10^3\,\text{kg/m}^3$ ansetzte, das ergab eine Erdmasse von

$$m_E = \rho_E \cdot V_E = \rho_E \cdot \frac{4}{3}\pi \cdot R_E^3 = 5 \cdot 10^3 \cdot \frac{4}{3}\pi \cdot (6{,}37 \cdot 10^6)^3 = 5{,}43 \cdot 10^{24}\,\text{kg}$$

Wird die Schwerkraft eines auf der Erdoberfläche liegenden Körpers mit der Masse m $(F = m \cdot g)$ mit der auf den Körper einwirkenden Gravitationskraft durch die Erde mit der Masse m_E im Abstand R_E vom Erdmittelpunkt gleichgesetzt, folgt:

$$g \cdot m = G \cdot \frac{m_E \cdot m}{R_E^2}$$

$$\rightarrow \quad G = \frac{g \cdot R_E^2}{m_E} = \frac{9{,}81 \cdot (6{,}37 \cdot 10^6)^2}{5{,}43 \cdot 10^{24}} = 7{,}35 \cdot 10^{-11}\,\text{m}^3\,\text{kg}^{-1}\,\text{s}^{-2}$$

Dieser Wert liegt gegenüber dem richtigen um ca. 10 % zu hoch, was darauf beruht, dass NEWTON die mittlere Dichte der Erde mit $\rho = 5 \cdot 10^3\,\mathrm{kg/m^3}$ gegenüber dem richtigen Wert, $\rho = 5{,}52 \cdot 10^3\,\mathrm{kg/m^3}$, zu niedrig abgeschätzt hatte.

Anmerkung

Das Gravitationsgesetz lässt erkennen, dass die Gravitationskraft proportional zum Reziprokwert des Abstandsquadrates ist. Man spricht daher vom $(1/r^2)$-Kraftgesetz. Es ist auch für die elektrostatische Kraftwirkung gültig (Bd. III, Abschn. 2.2.1). Die Kräfte wirken zentral zueinander. – In kosmischen Räumen ist $(1/r^2)$ ein winziger Wert. Dass sich die Gravitation im Universum dennoch so bedeutend auswirkt, z. B. im Wechselspiel der Sterne und Sternsysteme untereinander, beruht auf den beteiligten riesigen Massen. Grundsätzlich ist die Gravitation von allen Wechselwirkungskräften die schwächste. Wodurch sie ausgelöst wird, ist immer noch nicht endgültig geklärt, vgl. hier Bd. IV, Abschn. 1.3.6.

2.8.6.2 Drittes Kepler'sches Gesetz

Wendet man die Formel für die zentripetale Beschleunigung auf das Sonne-Planeten-System an, lautet sie für einen Planeten, der die Sonne umkreist:

$$a_P = \frac{v_P^2}{r_P} = \frac{4\pi^2 \cdot r_P}{T_P^2}$$

Multipliziert mit der Masse des Planeten folgt damit die vom Planeten auf die Sonne hin gerichtete Kraft, die mit der von der Sonne ausgehenden Gravitationskraft im Gleichgewicht steht, zu:

$$F_P = m_P \cdot a_P = \frac{4\pi^2 \cdot m_P \cdot r_P}{T_P^2}$$

Gemäß dem 3. Keplerschen Gesetz gilt für die Umlaufbahn des Planeten:

$$T_P^2 = K \cdot r_P^3$$

Setzt man diesen Ausdruck in vorstehende Gleichung ein, ergibt sich:

$$F_P = \frac{4\pi^2 \cdot m_P \cdot r_P}{K \cdot r_P^3} = \left(\frac{4\pi^2}{K}\right) \cdot \frac{m_P}{r_P^2} = \gamma \cdot \frac{m_P}{r_P^2}$$

Das Ergebnis bestätigt das $(1/r^2)$-Gesetz. Im Rückschluss ist es der Beweis für das 3. Kepler'sche Gesetz. (In der vorangegangenen Beweisführung allerdings unter der Annahme, dass sich der Planet auf einer Kreisbahn bewegt!)

Abb. 2.192

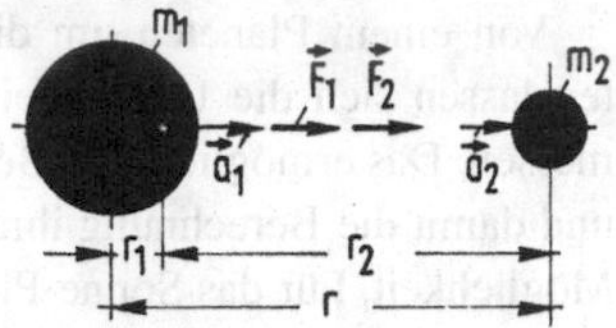

Wegen des Wechselwirkungsgesetzes (Lex III nach NEWTON) gilt für die zwischen den Massen m_1 und m_2 wirkenden Gravitationskräfte (Abb. 2.192):

$$\vec{F}_1 = -\vec{F}_2: \quad |F| = |m_1 \cdot a_1| = |m_2 \cdot a_2| \quad \text{mit } a_1 = \gamma \cdot \frac{m_1}{r^2} \text{ und } a_2 = \gamma \cdot \frac{m_2}{r^2}$$

Im Falle einer kreisförmigen Bewegung rotieren m_1 und m_2 um einen gemeinsamen Mittelpunkt. Die Abstände r_1 und r_2 stehen im Verhältnis

$$\frac{r_1}{r_2} = \frac{m_2}{m_1}$$

zueinander (Hebelgesetz), siehe Abb. 2.192. Das lässt sich wie folgt zeigen: Aus der Gleichgewichtsgleichung $m_1 \cdot a_1 = m_2 \cdot a_2$ und der Gleichheit der Umlaufzeiten $T_1 = T_2$ der beiden Massen um den gemeinsamen Schwerpunkt, ergibt sich mit

$$a_1 = \frac{4\pi^2 \cdot r_1}{T_1^2} \quad \text{und} \quad a_2 = \frac{4\pi^2 \cdot r_2}{T_2^2}$$

das Abstandsverhältnis aus

$$m_1 \cdot \frac{4\pi^2 \cdot r_1}{T_1^2} = m_2 \cdot \frac{4\pi^2 \cdot r_2}{T_2^2}$$

zu:

$$m_1 \cdot r_1 = m_2 \cdot r_2 \quad \rightarrow \quad \frac{r_1}{r_2} = \frac{m_2}{m_1}$$

Hieraus lässt sich mit $r = r_1 + r_2$ die Formel

$$r_1 = \frac{r}{1 + m_1/m_2}$$

für die Berechnung des gemeinsamen Schwerpunktes anschreiben.

Von einem Planeten um die Sonne oder von einem Mond um einen Planeten lassen sich die Umlaufzeiten und die gegenseitigen Abstände relativ genau messen. Das ermöglicht die Bestimmung der Masse des jeweiligen Muttergestirns und damit die Berechnung ihrer mittleren Dichte. Fehlt ein Satellit, entfällt diese Möglichkeit. Für das Sonne-Planeten-System geht die Lösung von nachstehenden Beziehungen aus (Index S: Sonne, P: Planet):

$$F = G \cdot \frac{m_S \cdot m_P}{r_P^2} \quad \text{und} \quad F = m_P \cdot a_P = m_P \cdot \frac{4\pi^2 r_P}{T_P^2}$$

Werden die Kräfte gleich gesetzt, ergibt sich:

$$m_S = \frac{4\pi^2 r_P^3}{G \cdot T_P^2}; \quad \rho_S = \frac{m_S}{V_S}$$

Entsprechend folgt für ein Planeten-Mond-System (Index P: Planet, M: Mond):

$$m_P = \frac{4\pi^2 r_M^3}{G \cdot T_M^2}; \quad \rho_P = \frac{m_P}{V_P}$$

G ist die Gravitationskonstante: $G = 6{,}6742 \cdot 10^{-11}\,\mathrm{m^3\,kg^{-1}\,s^{-2}}$.

Die Bestimmung setzt eine möglichst exakte Kenntnis der Bahnparameter voraus. V ist in den Formeln das Volumen des jeweiligen Himmelskörpers.

Die Umlaufzeit eines Satelliten im Abstand r_{Satellit} um einen Himmelskörper, wobei unter Satellit ganz allgemein ein Planet um die Sonne, ein Mond um seinen Planeten oder ein technischer Erdsatellit um die Erde gemeint ist, folgt nach Umstellung obiger Gleichungen zu:

$$T_{\text{Satellit}} = 2\pi \sqrt{\frac{r_{\text{Satellit}}^3}{G \cdot m_{\text{Himmelskörper}}}}$$

Die Bahngeschwindigkeit des Satelliten bestimmt sich aus:

$$v_{\text{Satellit}} = \frac{2\pi \cdot r_{\text{Satellit}}}{T_{\text{Satellit}}} = \sqrt{\frac{G \cdot m_{\text{Himmelskörper}}}{r_{\text{Satellit}}}}$$

Sind Umlaufzeit T_{Satellit} und Abstand r_{Satellit} genau bekannt, berechnet sich die Masse des Himmelskörpers mittels der Formel:

$$m_{\text{Himmelskörper}} = 4\pi^2 \frac{r_{\text{Satellit}}^3}{G \cdot T_{\text{Satellit}}^2} = \frac{v_{\text{Satellit}}^2 \cdot r_{\text{Satellit}}}{G}$$

Hiermit lässt sich zum Beispiel die Masse der Sonne (ganz allgemein die Masse eines Sterns) oder eines Planeten bestimmen, wenn sich Abstand und Umlaufzeit des Satelliten messen lassen (wobei im Falle eines Planeten die Masse seiner Monde, die ihn mit derselben Umlaufzeit begleiten, enthalten ist).

Beispiel

Jupiter ist der größte und massereichste Planet im Sonnensystem (vgl. Abschn. 2.8.10.8). Er wird von einer großen Zahl von Monden mit Durchmessern zwischen 2 km und 5000 km umkreist. Vier der Monde wurden bereits im Jahre 1610 von G. GALILEI entdeckt. Ganymed ist der größte von ihnen. Von ihm ausgehend wird gerechnet:

$$r_{\text{Satellit}} = 1{,}070 \cdot 10^9\,\text{m}, \quad T_{\text{Satellit}} = 7{,}155\,\text{a} = 6{,}18192 \cdot 10^5\,\text{s}$$

Aus obiger Gleichung folgt die Masse des Planeten zu:

$$m_{\text{Jupiter}} = 1{,}897 \cdot 10^{27}\,\text{kg}.$$

Der mittlere Radius des Planeten beträgt:

$$R_{\text{Jupiter}} = 6{,}984 \cdot 10^7\,\text{m}.$$

Hiermit berechnet sich das Volumen

$$V_{\text{Jupiter}} = \frac{4}{3}\pi \cdot R^3_{\text{Jupiter}} = 1{,}427 \cdot 10^{24}\,\text{m}^3$$

und die mittlere Dichte zu:

$$\rho = \frac{m_{\text{Jupiter}}}{V_{\text{Jupiter}}} = \frac{1{,}897 \cdot 10^{27}}{1{,}427 \cdot 10^{24}} = 1329\,\frac{\text{kg}}{\text{m}^3} \quad (\text{Erde: } \rho = 5520\,\frac{\text{kg}}{\text{m}^3})$$

Jupiter weist eine vergleichsweise große Abplattung auf:

$$R_{\text{Äquator}} = 7{,}1492 \cdot 10^7\,\text{m}, \quad R_{\text{Pol}} = 6{,}6990 \cdot 10^7\,\text{m}$$

Die ‚Abplattung' ist zu

$$f = \frac{R_{\text{Äquator}} - R_{\text{Pol}}}{R_{\text{Äquator}}} = 0{,}0630$$

definiert.

Für den größten und kleinsten Bahnabstand zur Sonne wurden für Jupiter die in Abb. 2.193a angeschriebenen Werte gemessen. Hieraus folgen die Parameter a, e, b und 29,8 der elliptischen Bahn zu (vgl. Abschn. 2.8.5):

$$a = (7{,}41 + 8{,}15) \cdot 10^{11}/2 = 7{,}780 \cdot 10^{11}\,\text{m},$$
$$e = (7{,}780 - 7{,}410) \cdot 10^{11} = 0{,}370 \cdot 10^{11}\,\text{m},$$
$$b = \sqrt{a^2 - e^2} = 7{,}771 \cdot 10^{11}\,\text{m},$$
$$\varepsilon = \frac{e}{a} = \frac{0{,}370 \cdot 10^{11}}{7{,}780 \cdot 10^{11}} = 0{,}048$$

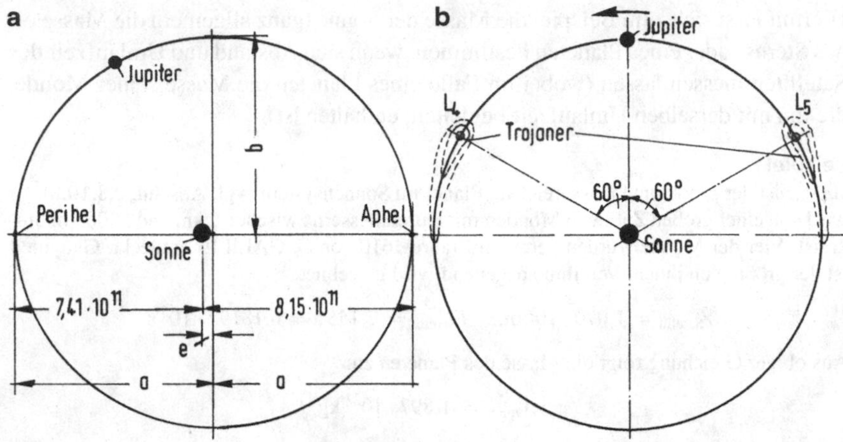

Abb. 2.193

Ausgehend vom 3. Keplerschen Gesetz wird die Umlaufzeit berechnet, wobei auf die Bahndaten der Erde Bezug genommen wird:

$$T^2_{\text{Jupiter}} = \frac{a^3_{\text{Jupiter}}}{a^3_{\text{Erde}}} \cdot T^2_{\text{Erde}} = (T^2_{\text{Erde}} \cdot a^{-3}_{\text{Erde}}) \cdot a^3_{\text{Jupiter}}$$

Für T_{Erde} ist deren siderische Umlaufzeit zu

$$T_{\text{Erde,sid.}} (= a_{\text{sid.}}) = 365\,\text{d}\,6\,\text{h}\,9\,\text{min}\,9{,}54\,\text{s} = 365{,}25636\,\text{d} = 3{,}1558150 \cdot 10^7\,\text{s}$$

und für die große Halbachse $a_{\text{Erde}} = 1{,}496 \cdot 10^{11}$ m anzusetzen. Für den obigen Klammerausdruck, der Kepler'schen Konstanten K (siehe Abschn. 2.8.5), ergibt sich:

$$K = T^2_{\text{Erde}} \cdot a^{-2}_{\text{Erde}} = 2{,}97459 \cdot 10^{-19}\,\text{s}^2\,\text{m}^{-3}$$

Für T_{Jupiter} liefert die Rechnung:

$$T_{\text{Jupiter}} = 3{,}742659 \cdot 10^8\,\text{s} = 11{,}86\,\text{a}_{\text{sid.}}.$$

Im Umfeld von Jupiter befinden sich mehr als 60 Monde und mindestens zwei (schwache) Ringsysteme. – Interessant sind zwei sogen. Trojanergruppen, die sich auf der Jupiterbahn mit derselben Geschwindigkeit wie der Planet selbst bewegen. Die Trojaner zählen zu den Planetoiden. Ihre Lage fällt mit den sogen. Librations- oder Lagrange-Punkten des Dreikörperproblems ‚Sonne-Planet-Planetoid' zusammen. Planetoiden an diesen Stellen wurden 1772 von J.L. LAGRANGE vorausgesagt und hundert Jahre später hier tatsächlich entdeckt

(Abb. 2.193b). Wie die Figur zeigt, bilden die Librationspunkte mit dem Planeten und der Sonne je ein gleichseitiges Dreieck. Die Trojaner liegen an diesen Punkten nicht fest sondern durchlaufen nierenförmige Bahnen mit einer Umlaufperiode von mehr als 150 Jahren. Körperlich haben die Trojaner keine Kugelform. Hektor ist mit ca. 400 km × 300 km der größte Brocken unter ihnen. Die Anzahl der Trojaner wird auf mehrere Tausend geschätzt.

2.8.6.3 Erdsatelliten – Geostationäre Satelliten

Die um die Erde kreisenden Satelliten unterliegen selbstredend den Gesetzen von NEWTON und KEPLER, wobei Erde und Satellit jeweils als Punktmasse behandelt werden können. Die Bewegung im Raum ist eine Funktion der sechs Kepler'schen Bahnelemente. Die Funktion kann auf der Grundlage der sechs Lagrange-Störungs-Differentialgleichungen ermittelt werden. Hierbei ist es notwendig, den gravitativen Einfluss von Mond und Sonne, den Einfluss des Luftwiderstandes und jenen des solaren Strahlungsdrucks als Störgrößen mit zu erfassen. Heutzutage kommen dafür praktisch ausschließlich Verfahren der numerischen Mathematik in Form von Zeitschrittverfahren zur Lösung der Bewegungsgleichungen zum Einsatz.

Die Aufgabe, die ein Satellit zu erfüllen hat, bestimmt seine Bahnhöhe (H). Zu jeder Bahnhöhe gehört eine bestimmte (mittlere) Bahngeschwindigkeit:

$$v_{\text{Satellit}} = \sqrt{\frac{G \cdot m_{\text{Erde}}}{r_{\text{Satellit}}}}, \quad m_{\text{Erde}} \approx 6 \cdot 10^{24}\,\text{kg};$$

$$r_{\text{Satellit}} = R_{\text{Erde}} + H, \quad R_{\text{Erde}} = 6{,}370 \cdot 10^6\,\text{m}, \quad T_{\text{Satellit}} = 2\pi \cdot r_{\text{Satellit}}/v_{\text{Satellit}}$$

Für den (fiktiven) Fall $H = 0$ findet man: $v_{\text{Satellit}} = 7926\,\text{m/s} = 7{,}93\,\text{km/s}$, man spricht von der 1. Kosmischen Geschwindigkeit, $T_{\text{Satellit}} = 5049\,\text{s} = 1\,\text{h}\,24\,\text{m}\,9\,\text{s}$.

Satelliten werden für zivile und militärische Zwecke eingesetzt, im erstgenannten Falle z. B. für navigatorische, geodätische, geophysikalische und meteorologische Aufgaben. Entsprechend unterscheiden sie sich bezüglich Bauform, Energieversorgung und Messsystem. Mit den europäischen Sentinel-Satelliten ist seit 2014 ein hochauflösendes digitales **Erdbeobachtungssystem** in 13 Farben im Einsatz.

Große Bedeutung haben Navigations- und Positionierungssysteme, Abk.: GNSS (Global Navigation Satellite System):

- GPS (Global Positioning System, USA), seit 1993 in Betrieb, 21 Satelliten + 3 Reservesatelliten in 20.200 km Höhe:

$$r = R_{\text{Erde}} + 20.200 = \underline{26.570\,\text{km}};$$
$$T = 42.751\,\text{s} \approx 11\,\text{h}\,53\,\text{min}$$

(Abb. 2.194).

Abb. 2.194

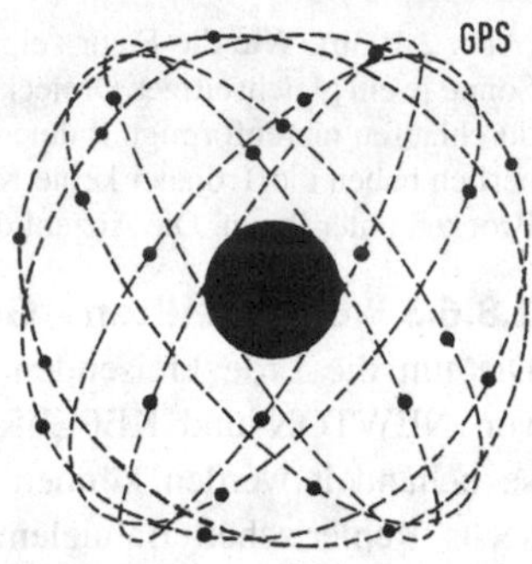

- GLONASS (Global Navigation Satellite System, Russland), seit 2010 in Betrieb und im weiteren Ausbau, 21 Satelliten + Reservesatelliten, in 19.100 km Höhe über der Erde:

$$r = R_{\text{Erde}} + 19.100 = \underline{25.470\,\text{km}};$$
$$T = 40.119\,\text{s} \approx 11\,\text{h}\,09\,\text{min}$$

- Galileo (EU): 30 Satelliten in 23.616 km Höhe,

$$r = R_{\text{Erde}} + 23.616 = \underline{29.986\,\text{km}};$$
$$T = 52.613\,\text{s} \approx 14\,\text{h}\,22\,\text{min},$$

  Inbetriebnahme 2018, dann mit ca. 13 Milliarden € aufgelaufenen Kosten, Kosten während des Betriebs jährlich 600 Millionen €.
- Beidou (China), im Aufbau mit 35 geplanten Satelliten.
- Terrar-X-Radarsatellit, seit 2007 in Betrieb, niedrig fliegend in 514 km Höhe,

$$r = R_{\text{Erde}} + 514 = \underline{6884\,\text{km}};$$
$$T = 5674\,\text{s} \approx 1\,\text{h}\,35\,\text{min}.$$

Eine Sonderstellung nehmen die sogenannten **Geostationären Satelliten** ein: Sie werden so positioniert, dass sie exakt über einem bestimmten Punkt der Erdoberfläche stehen, das bedeutet, sie bewegen sich synchron mit der Eigenrotation der Erde. Ihre Umlaufbahn lässt sich wie folgt angeben: Die Lage eines geostationären Satelliten bleibt am Himmel dann ortsfest, wenn die Dauer seines Umlaufs gleich einem Sterntag (siderischer Tag) ist. Die siderische Umlaufzeit T der Erde beträgt:

$$23\,\text{h}\,56\,\text{m}\,4\,\text{s} = 86.164\,\text{s} \quad (< 24 \cdot 60 \cdot 60 = 86.400\,\text{s}).$$

Abb. 2.195

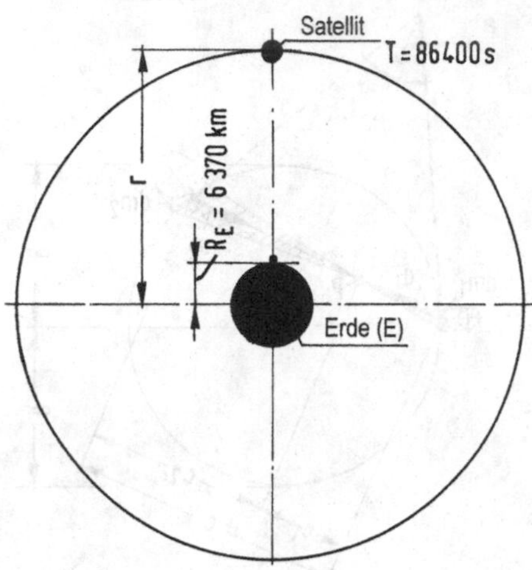

Auf der Erdoberfläche ist die Erdbeschleunigung im Abstand R_{Erde} vom Erdmittelpunkt gleich $g = 9{,}81\,\text{m/s}^2$ (Abb. 2.195). Diese Beschleunigung nimmt quadratisch mit der Höhe ab. Das bedeutet, im Abstand r vom Erdmittelpunkt beträgt die Erdbeschleunigung:

$$g \cdot \left(\frac{R_{\text{Erde}}}{r}\right)^2$$

Wird diese Beschleunigung mit der zentripetalen Beschleunigung, die der Satellit auf seiner Bahn erfährt, gleichgesetzt, also mit $\frac{4\pi^2 r}{T^2}$, folgt nach Umformung:

$$r_{\text{Geostationärer Satellit}} = \sqrt[3]{\frac{g \cdot R^2_{\text{Erde}} \cdot T^2}{4\pi^2}},$$

T beträgt, wie angegeben, $T = 86.164\,\text{s}$.

Mit den in Abb. 2.195 angeschriebenen Größen ergibt sich:

$$r_{\text{Geostationärer Satellit}} = 42.164\,\text{km},$$

also eine Höhe ca. 35.786 km über der Erde.

Typische geostationäre Satelliten sind Wettersatteliten, z. B. Meteosat in seinen verschiedenen technischen Versionen (seit 1997 im Einsatz) und die Systeme Astra, Entelsat, Inmarsat, Alphasat und weitere, die der Telekommunikation dienen bzw. dienten.

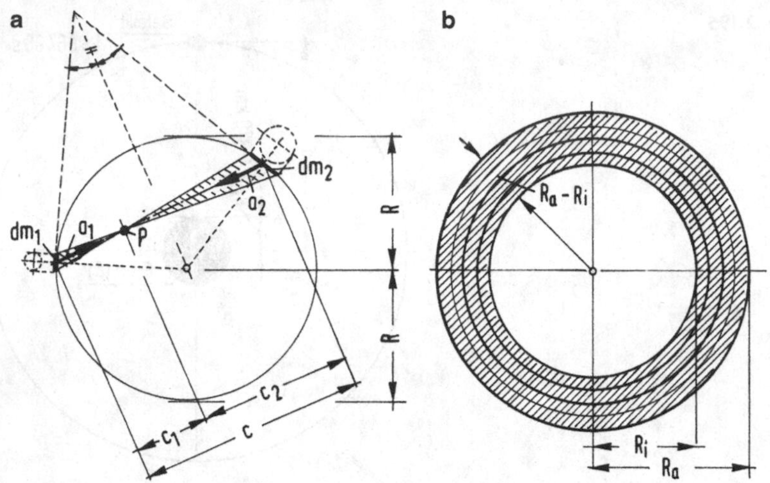

Abb. 2.196

2.8.6.4 Gravitation innerhalb und außerhalb einer Kugelmasse

Die bisherigen Überlegungen in diesem Kapitel gingen von der Vorstellung einer gravitativen Wechselwirkung zwischen zwei Punktmassen aus, das bedeutet, die Masse der wechselwirkenden Körper wurde in deren Schwerpunkt konzentriert gedacht. Die Aufgabenstellung wird im Folgenden auf einen Körper endlicher Ausdehnung, einen Kugelkörper, erweitert.

Bevor das Problem für die Vollkugel gelöst wird, muss geklärt werden, welche gravitative Kraft auf eine Punktmasse m im Innenraum einer **dünnwandigen Hohlkugel** von dieser ausgeübt wird. Die Oberfläche einer solchen Hohlkugel beträgt $A = 4\pi R^2$, wenn R ihr Radius ist. Ist d die Wanddicke und ρ die Dichte, berechnen sich Volumen und Masse der Hohlkugel in Annäherung zu:

$$V = A \cdot d = 4\pi R^2 \cdot d, \quad M = \rho \cdot V = \rho \cdot 4\pi R^2 \cdot d$$

Es handelt sich um eine sehr dünne Kugelschale! Innerhalb der Kugelschale wird ein beliebiger Punkt P betrachtet. Ein wiederum beliebiger geradliniger Strahl, der durch P hindurch tritt, trifft die Schale in zwei Punkten, 1 und 2, vgl. Abb. 2.196a.

Zwei von P ausgehende infinitesimale Strahlenkegel (in der Abbildung schraffiert) mit gleichgroßen Öffnungswinkeln und mit dem zuvor erklärten Strahl im Zentrum, schneiden aus der Schalenfläche zwei infinitesimale Flächenelemente dA

heraus. Sie haben eine gegengleiche Winkellage. Sie stehen im Verhältnis

$$\frac{dA_1}{dA_2} = \frac{c_1^2}{c_2^2}$$

zueinander. c_1 und c_2 sind die Abstände zwischen dem Punkt P und den Punkten 1 und 2. Vorstehende Relation gilt immer, auch dann, wenn Punkt P nicht in der durch den Mittelpunkt der Hohlkugel verlaufenden Ebene liegt. Die beiden infinitesimalen Strahlenkegel müssen nur, wie vorausgesetzt, einen gleichgroßen räumlichen Zentriwinkel haben.

Die Gravitationsbeschleunigungen, die von den infinitesimalen Massen dm_1 und dm_2 in Richtung auf Punkt P ausgehen, sind:

$$a_1 = G\frac{dm_1}{c_1^2} = G\frac{\rho \cdot dA_1 \cdot d}{c_1^2}, \quad a_2 = G\frac{dm_2}{c_2^2} = G\frac{\rho \cdot dA_2 \cdot d}{c_2^2}$$

Bildet man das Verhältnis a_1/a_2, findet man unter Einbeziehung der oben angeschriebenen Relation für dA_1/dA_2:

$$\frac{a_1}{a_2} = \frac{G \cdot \rho \cdot d}{G \cdot \rho \cdot d} \cdot \frac{dA_1}{c_1^2} \cdot \frac{c_2^2}{dA_2} = 1$$

Das bedeutet: Die Beschleunigungen, die eine Masse m in irgendeinem beliebigen Punkt P infolge der jeweils gegenüberliegenden infinitesimalen Masse auf der Hohlkugelfläche erfährt, sind gegengleich. Deren Summe hebt sich zu Null auf. Diese Überlegung kann auf die gesamte Schale der Hohlkugel erweitert werden: Was für den betrachteten Punkt gilt, gilt für jeden anderen auch. Das bedeutet: Innerhalb einer Kugelschale mit homogener Massenbelegung ist die Gravitation Null. – Eine Kugelschale mit endlicher Dicke (Abb. 2.196b) kann aus unendlich vielen Schalen infinitesimaler Dicke zusammengefügt gedacht werden. Da für jede dieser Schalen die vorangegangene Aussage gilt, gilt sie auch für den Innenraum einer Kugelschale endlicher Dicke.

Eine (massive) Vollkugel lässt sich aus einer inneren (i) Vollkugel und einer äußeren (a) Hohlkugel zusammensetzen. In Abb. 2.197a ist dargestellt, wie sich eine Vollkugel mit dem Radius R auf dreierlei Weise aus einer kleineren Vollkugel und einer passenden größeren Hohlkugel aufbauen lässt. Auf der Oberfläche einer inneren Vollkugel mit dem Radius r_i und der Masse

$$M_i = \rho \cdot V_i = \rho \cdot \frac{4}{3}\pi \cdot r_i^3$$

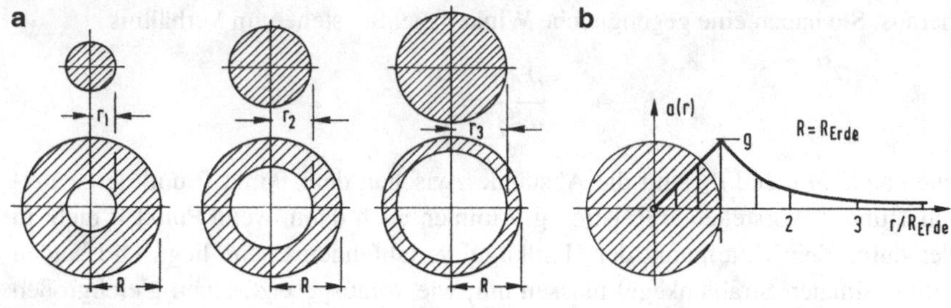

Abb. 2.197

beträgt die zum Mittelpunkt hin gerichtete Gravitationsbeschleunigung:

$$a_i = G \cdot \frac{M_i}{r_i^2}$$

Die Dichte der Vollkugel und damit jene der Teilkugeln sei homogen. Wird der obige Ausdruck für M_i in die Formel für a_i eingesetzt, lautet sie:

$$a_i = \frac{4}{3}\pi \cdot G \cdot \rho \cdot r_i$$

Das bedeutet: Die Beschleunigung wächst linear mit dem Radius der inneren Vollkugel an. Da von der äußeren Hohlkugel keine Gravitationswirkung nach innen ausgeht, gilt das vorstehend angeschriebene Ergebnis für jeden innerhalb der Vollkugel im Abstand r_i vom Kugelzentrum entfernt liegenden Punkt und das für alle Punkte bis zur Oberfläche der Kugel. Kurzum, die Gravitationsbeschleunigung im Inneren einer Vollkugel im Abstand r vom Mittelpunkt berechnet sich zu:

$$a(r) = \frac{4}{3}\pi \cdot G \cdot \rho \cdot r$$

Abb. 2.197b zeigt den linearen Anstieg. Wird die Formel mit R^3/R^3 erweitert, folgt:

$$a(r) = G \cdot \left[\rho \cdot \frac{4}{3}\pi \cdot R^3\right] \cdot \frac{1}{R^2}\frac{r}{R} = G \cdot \frac{M}{R^2} \cdot \frac{r}{R}$$

M ist die Masse der Vollkugel mit dem Radius R. Diese Kugel kann z. B. mit der Erdkugel gleichgesetzt werden. Dann gilt für jeden beliebigen Punkt im Erdinneren im Abstand r vom Mittelpunkt:

$$a(r) = G \cdot \frac{M_{\text{Erde}}}{R_{\text{Erde}}^2} \cdot \frac{r}{R_{\text{Erde}}} = g \cdot \frac{r}{R_{\text{Erde}}} \quad (r \leq R_{\text{Erde}})$$

Auf der Erdoberfläche ist

$$g = G \cdot \frac{M_{\text{Erde}}}{R_{\text{Erde}}^2}$$

die Erdbeschleunigung, vgl. Abschn. 2.8.6.1. Auf eine Masse m auf der Erdoberfläche wirkt die Gravitationskraft:

$$F = -a(R) \cdot m = -G \cdot \frac{M_{\text{Erde}} \cdot m}{R_{\text{Erde}}^2} \quad (r = R_{\text{Erde}})$$

Das ist derselbe Wert, der sich ergibt, wenn die Erdmasse im Zentrum vereinigt gedacht wird. Damit ist gezeigt, dass die Masse eines kugelförmigen Körpers wie eine Punktmasse in dessen Zentrum (= Schwerpunkt) behandelt werden kann.

Außerhalb der Erde beträgt die Gravitationsbeschleunigung:

$$a(r) = G \cdot \frac{M_{\text{Erde}}}{r^2} = g \cdot \left(\frac{R_{\text{Erde}}}{r}\right)^2 \quad (r > R_{\text{Erde}})$$

Entsprechend ergibt sich die Kraft auf eine Masse m im Abstand r vom Zentrum: $F(r) = -m \cdot a(r)$ für $r > R_{\text{Erde}}$. Der Verlauf der Gravitationsbeschleunigung ist in Abb. 2.197b wiedergegeben.

2.8.7 Energie im Gravitationsfeld

2.8.7.1 Potentielle und kinetische Energie im Gravitationsfeld

Um die potentielle Energie eines Körpers der Masse m im gemeinsamen Gravitationsfeld mit dem Körper der Masse M zu berechnen, wird das in Abb. 2.198a dargestellte Koordinatensystem aufgespannt. Der Radiusvektor $\vec{r}$ reiche vom Nullpunkt bis zum Punkt mit dem Abstand $r = |\vec{r}|$. In Richtung des Radiusvektors, also in Richtung des Einheitsvektors $\vec{e}_r$, wirke die Kraft $\vec{F}$. Sie sei eine Funktion des Abstandes r. Die von $\vec{F}$ bei einer Verschiebung um $d\vec{r}$ geleistete Arbeit ist:

$$dW = \vec{F} \cdot d\vec{r}; \quad \vec{F} = \vec{F}(r)$$

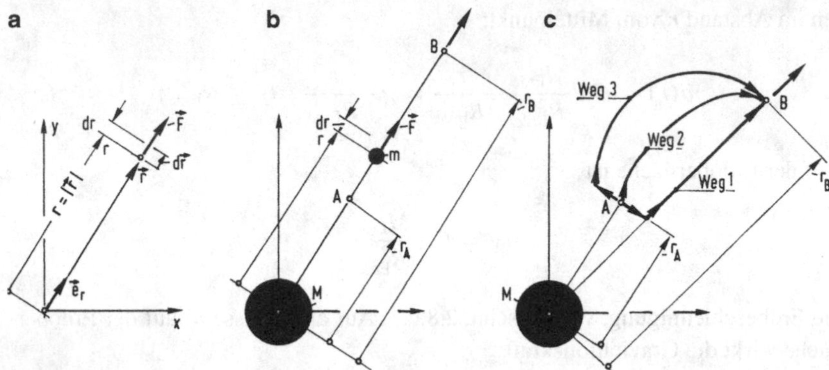

Abb. 2.198

Auf dem Weg von $r = r_A$ bis $r = r_B$ verrichtet die Kraft die Arbeit (Abb. 2.198b):

$$W = \int_{r_A}^{r_B} \vec{F} \cdot d\vec{r}$$

Vgl. Abschn. 1.11; daselbst Abb. 1.25. $\vec{F}$ werde nunmehr mit jener Anziehungskraft identifiziert, die die Masse m im Abstand r infolge der Gravitationswechselwirkung mit der Masse M, die im Nullpunkt liege, erfährt:

$$\vec{F} = -G \cdot \frac{M \cdot m}{r^2} \cdot \vec{e}_r$$

Dem Ausdruck ist ein Minuszeichen voran gesetzt, weil die Gravitationskraft in Richtung M, also entgegen der Positivdefinition von $\vec{F}$ bzw. $\vec{e}_r$, wirkt. Wird $\vec{F}$ in die obige Gleichung für W eingesetzt, lautet der Ausdruck für die Arbeit:

$$W = -\int_{r_A}^{r_B} G \cdot \frac{M \cdot m}{r^2}\, dr$$

Es werde nunmehr W für den Fall berechnet, dass die Masse m ins Unendliche verschoben wird. Die Integration erstreckt sich dann von $r = r_A$ bis $r = r_B = \infty$. Im Unendlichen ist die Gravitationswirkung Null. Mit der allgemeinen Lösung des

Integrals $\int r^{-2}\,dr = -r^{-1} = -\frac{1}{r}$ folgt für W:

$$W = \left[+G \cdot \frac{M \cdot m}{r}\right]_{r_A}^{\infty} = 0 - G \cdot \frac{M \cdot m}{r_A}$$

Dieses Ergebnis wird auch gewonnen, wenn andere Integrationswege gewählt werden, wie in Abb. 2.198c angedeutet: Wege 1, 2 oder 3. – Auf Kreisbogen um M wird in tangentialer Richtung keine Arbeit geleistet, sondern nur auf zentralen Wegkomponenten, die von M aus radial nach außen gerichtet sind. Als Ergebnis der Integration kann festgehalten werden, dass die Lageenergie (potentielle Energie) E_{pot} im Gravitationsfeld im Abstand r gleich

$$E_{\text{pot}} = -G \cdot \frac{M \cdot m}{r}$$

ist. E_{pot} ist die von r bis $r = \infty$ im Gravitationsfeld aufsummierte Arbeit. Sie steht im Abstand r als Arbeitsvermögen im Gravitationsfeld zur Verfügung.

Bewegt sich die Masse m im Abstand r relativ zur Masse M mit der Geschwindigkeit v, wohnt ihr des weiteren die Bewegungsenergie (kinetische Energie) E_{kin} inne:

$$E_{\text{kin}} = \frac{1}{2} m \cdot v^2$$

Die Gesamtenergie im Gravitationsfeld beträgt demnach:

$$E = E_{\text{kin}} + E_{\text{pot}} = \frac{1}{2} m \cdot v^2 - G \cdot \frac{M \cdot m}{r}$$

Innerhalb eines **geschlossenen Systems**, z. B. Erde/Mond oder Sonne/Planet, ist E (zeitlich) konstant. Es gilt das Energieerhaltungsgesetz. Ist M die Masse des Zentralgestirns, m jene des Satelliten und r der Abstand des Satelliten vom Zentralgestirn, kann aus vorstehender Beziehung gefolgert werden (vgl. hier Abb. 2.184a):

- Ist r klein (Perihelstellung bei einer Planetenbahn), ist v groß,
- ist r groß (Aphelstellung bei einer Planetenbahn), ist v klein.

Als **Beispiel** werde verfolgt, wie sich die Energie eines Körpers der Masse m ändert, wenn der Körper vom Punkt B im Abstand r_B vom Mittelpunkt der Masse M in Richtung M bis zum Punkt A im Abstand r_A herunter fällt (Abb. 2.199a). Die potentielle Energie ändert sich

$$\text{von } -G \cdot \frac{M \cdot m}{r_B} \quad \text{auf } -G \cdot \frac{M \cdot m}{r_A}.$$

Abb. 2.199

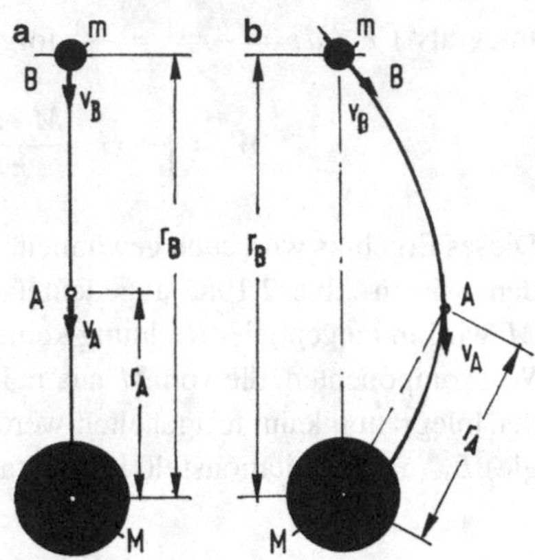

Die Differenz (Änderung ‚neu' gegen ‚alt') beträgt dann:

$$\Delta E_{\text{pot}} = -G \cdot M \cdot m \cdot \left(\frac{1}{r_A} - \frac{1}{r_B} \right)$$

Hat der Körper in der Höhe B die Geschwindigkeit v_B und in der Höhe A die Geschwindigkeit v_A, ergibt sich die Änderung der kinetischen Energie zu:

$$\Delta E_{\text{kin}} = \frac{m \cdot v_A^2}{2} - \frac{m \cdot v_B^2}{2} = \frac{m}{2} \cdot (v_A^2 - v_B^2)$$

Die Änderung der Energie auf der Bahn von B nach A beträgt demgemäß insgesamt:

$$\Delta E = \Delta E_{\text{pot}} + \Delta E_{\text{kin}} = -G \cdot M \cdot m \cdot \left(\frac{1}{r_A} - \frac{1}{r_B} \right) + \frac{m}{2} \cdot (v_A^2 - v_B^2)$$

Da es sich um ein abgeschlossenes System mit $E =$ konst. handelt, ist diese Änderung Null ($\Delta E = 0$). Das ermöglicht es, v_A aus der vorstehenden Gleichung frei zu stellen:

$$v_A = \sqrt{v_B^2 + 2GM \left(\frac{1}{r_A} - \frac{1}{r_B} \right)}$$

Die Abnahme der potentiellen Energie bei der Bewegung von B nach A geht mit einer Zunahme der kinetischen Energie und damit der Geschwindigkeit einher. Das gilt auch, wenn die Bewegung auf einer krummlinigen Bahn erfolgt, wie in Abb. 2.199b dargestellt.

Fällt der Körper mit der Masse m aus der Höhe B ($v_B = 0$) in Richtung auf einen kugelförmigen Körper der Masse M mit dem Radius R, gilt beim Aufschlag auf die Oberfläche des Körpers mit $r_A = R$ und $r_B = R + H$ (Abb. 2.200):

$$-G \cdot M \cdot m \cdot \left(\frac{1}{R} - \frac{1}{R + H} \right) + \frac{m}{2} \cdot v_A^2 = 0$$

Abb. 2.200

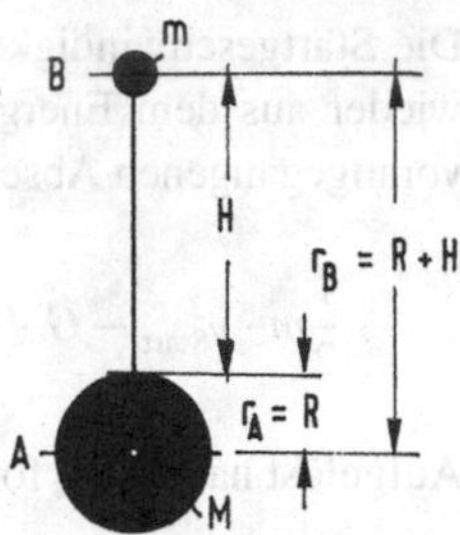

Hieraus kann v_A frei gestellt werden:

$$v_A = \sqrt{2 \cdot \frac{G \cdot M}{R^2} \cdot \frac{H}{1 + H/R}}$$

Im Falle der Erde ist $G \cdot M/R^2$ die Erdbeschleunigung, also gleich g. In diesem Falle gilt, wenn der Fall aus geringer Höhe erfolgt ($H \ll R$):

$$v_A = \sqrt{2\,g \cdot \frac{H}{1 + H/R}} \approx \sqrt{2gH}$$

Das ist die Aufschlaggeschwindigkeit beim Fall auf die Erde (auf Abschn. 2.3.1 wird verwiesen).

2.8.7.2 Startgeschwindigkeit einer Rakete in eine Satellitenumlaufbahn

Die für unterschiedliche Zwecke eingesetzten Erdsatelliten umkreisen die Erde auf vorab festgelegten Kreisbahnen. Der Bahnradius, bezogen auf den Erdmittelpunkt, ist von der Aufgabenstellung der Satellitenmission abhängig. Gesucht ist die Startgeschwindigkeit, um eine Bahn im Abstand r zu erreichen. Auf dieser Bahn muss die Bahngeschwindigkeit des Satelliten so groß sein, dass Gleichgewicht zwischen der zentrifugalen und gravitativen Kraft auf die Satellitenmasse m besteht:

$$m \cdot \frac{v^2}{r} = G \cdot \frac{m \cdot M}{r^2} \quad (v \equiv v_{\text{Satelliten-Kreisbahn}})$$

Hieraus folgt die Bahngeschwindigkeit des Satelliten, die erreicht werden muss:

$$v_{\text{Satelliten-Kreisbahn}} = \sqrt{G \cdot M/r} = \sqrt{g \cdot R^2/r}$$

Die Startgeschwindigkeit, um diese Bahngeschwindigkeit zu erreichen, lässt sich wieder aus dem Energieerhaltungsgesetz berechnen (vgl. die Ausführungen im vorangegangenen Abschnitt):

$$\frac{1}{2}m \cdot v^2_{\text{Start}} - G \cdot \frac{M \cdot m}{R} - \left(\frac{1}{2}m \cdot v^2_{\text{Satelliten-Kreisbahn}} - G \cdot \frac{M \cdot m}{r}\right) = 0$$

Aufgelöst nach v_{Start} folgt:

$$v_{\text{Start}} = \sqrt{2GM\left(\frac{1}{R} - \frac{1}{2r}\right)} = \sqrt{2gR\left(1 - \frac{1}{2}\frac{R}{r}\right)}$$

($r = r_{\text{Satelliten-Bahnradius}}$, M: Erdmasse, R: Erdradius).

2.8.7.3 Fluchtgeschwindigkeit einer Rakete

Soll eine Trägerrakete von der Erde aus eine Sonde in den Weltraum, also in die Unendlichkeit des Alls, befördern, muss sie das Gravitationsfeld der Erde überwinden. Beim Verlassen der Erdoberfläche bedarf es der Startenergie:

$$E_{\text{Start}} = \frac{1}{2}mv^2 - G \cdot \frac{M \cdot m}{R}$$

Hierin ist M die Erdmasse, R der Erdradius und m die Masse der Rakete mit Treibstoff und Nutzlast. v ist die gesuchte Startgeschwindigkeit. Diese muss so hoch eingestellt sein, dass bei Erreichen des unendlich entfernten Raumes die Geschwindigkeit der Rakete und damit ihre kinetische Energie gerade Null sind; die potentielle Energie geht bei Erreichen $r = \infty$ ohnehin gegen Null. Beim Start muss demnach (mindestens) folgende Bedingung erfüllt sein:

$$\Delta E = E_{\text{Start}} - E_{\text{Beim Flug wird } r=\infty \text{ erreicht}} = \frac{1}{2}m \cdot v^2_{\text{Flucht}} - G \cdot \frac{M \cdot m}{R} - (0 - 0) = 0$$

Hieraus folgt die sogen. Fluchtgeschwindigkeit zu:

$$v_{\text{Flucht}} = \sqrt{2 \cdot GM/R} = \sqrt{2 \cdot g \cdot R}$$

Man spricht auch von der 2. Kosmischen Geschwindigkeit.

Für die Erde findet man mit $M = 6 \cdot 10^{24}$ kg und $R = 6370 \cdot 10^3$ m:

$$v_{\text{Flucht}} = 11.200\,\text{m/s} = 11{,}2\,\text{km/s}$$

(Auf dem Mond beträgt die Fluchtgeschwindigkeit ca. 1,6 km/s, auf dem Planeten Jupiter ca. 60 km/s.) Ist $v < v_{\text{Flucht}}$, kehrt das Projektil zurück. Beim Start muss $v \geq v_{\text{Flucht}}$ erfüllt sein, um den freien Weltraum zu erreichen. Die Formel für v_{Flucht} gilt unabhängig von der Masse der Rakete! Abhängig von deren Masse sind selbstredend Anfangsbeschleunigung und Antriebskraft einzustellen.

2.8.7.4 Potentielle Energie außerhalb und innerhalb einer Kugelmasse

Die potentielle Energie der Punktmasse m im gemeinsamen Gravitationsfeld mit der Kugelmasse M ist **außerhalb** der Kugelmasse gleich

$$E_{\text{pot}} = -G\frac{M \cdot m}{r} \quad (r \geq R),$$

vgl. Abschn. 2.8.7.4.

Innerhalb der Kugelmasse lässt sich die potentielle Energie analog zu Abschn. 2.8.6.4 herleiten, vgl. auch Abb. 2.197a. Die Gravitationskraft ist demgemäß zu

$$F(r) = -m \cdot a(r) = -G \cdot \frac{M \cdot m}{R^2} \cdot \frac{r}{R}$$

gegeben. Bei einer infinitesimalen Verschiebung von $F(r)$ um dr wird die Arbeit

$$dW = -F(r)\,dr$$

verrichtet. Wird die Gleichung für $F(r)$ eingesetzt, ergibt sich nach Integration:

$$dW = G \cdot \frac{M \cdot m}{R^2} \cdot \frac{r}{R}\,dr$$

$$\rightarrow \quad W(r) = G \cdot \frac{M \cdot m}{R^2} \cdot \frac{1}{R} \int r\,dr = G \cdot \frac{M \cdot m}{R^2} \cdot \frac{1}{R} \cdot \frac{r^2}{2} + C$$

Der Freiwert C folgt aus der Bedingung, dass $W(r)$ im Abstand $r = R$ vom Zentrum entfernt, also auf der Kugeloberfläche, gleich der potentiellen Energie an dieser Stelle ist, also gleich dem hier vorhandenen Arbeitsvermögen:

$$W(R) = G \cdot \frac{M \cdot m}{R^2} \cdot \frac{1}{R} \cdot \frac{R^2}{2} + C = -G \cdot \frac{M \cdot m}{R} \quad \rightarrow \quad C = -\frac{3}{2} G \cdot \frac{M \cdot m}{R}$$

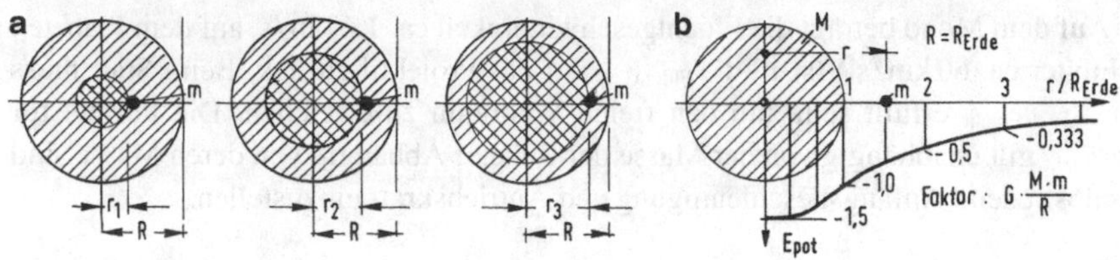

Abb. 2.201

Wird C eingesetzt, folgt nach kurzer Umformung:

$$E_{\text{pot}} = -\frac{G}{2} \cdot \frac{M \cdot m}{R} \cdot \left[3 - \left(\frac{r}{R}\right)^2\right]$$

Im Zentrum ($r = 0$) beträgt die potentielle Energie:

$$E_{\text{pot}}(r = 0) = -\frac{3}{2} G \cdot \frac{M \cdot m}{R}$$

Das ist dem Betrage nach der 1,5-fache Wert des Wertes von E_{pot} an der Oberfläche. Abb. 2.201b zeigt den Verlauf von E_{pot} inner- und außerhalb der Kugelmasse.

2.8.8 Gravitationsenergie – Eigenenergie

Eine Konfiguration von Massen (ein Massenkontinuum) besitzt aufgrund der gegenseitigen Abstände der Massenelemente eine potentielle (Eigen-)Energie. Sie kann als jene Arbeit gedeutet werden, die aufgewendet werden muss, um die Massenkonfiguration aus dem Unendlichen in die betrachtete Stellung zu verschieben.

2.8.8.1 Gravitationsenergie einer Konfiguration aus Punktmassen

Für zwei Punktmassen m_1 und m_2 mit dem gegenseitigen Abstand r_{12} beträgt die potentielle Energie (Abb. 2.202a):

$$E_{\text{pot}} = -G \cdot \frac{m_1 \cdot m_2}{r_{12}} = -\frac{1}{2} G \cdot \left(\frac{m_1 \cdot m_2}{r_{12}} + \frac{m_2 \cdot m_1}{r_{21}}\right)$$

Abb. 2.202

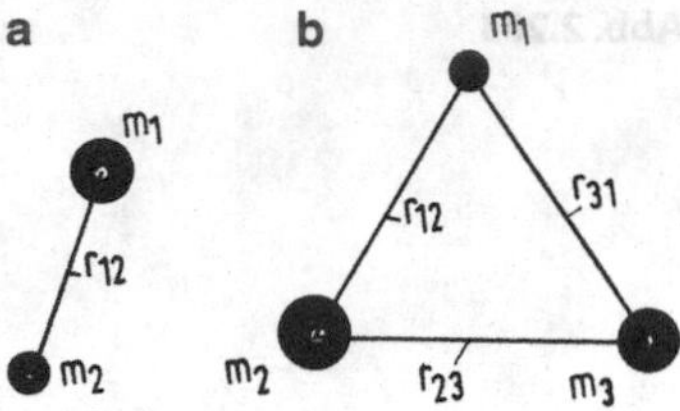

Bei drei Punktmassen gilt beispielsweise (Abb. 2.202b):

$$E_{\text{pot}} = -G \cdot \left(\frac{m_1 \cdot m_2}{r_{12}} + \frac{m_2 \cdot m_3}{r_{23}} + \frac{m_3 \cdot m_1}{r_{31}} \right)$$
$$= -\frac{1}{2} G \cdot \left(\frac{m_1 \cdot m_2}{r_{12}} + \frac{m_2 \cdot m_1}{r_{21}} + \frac{m_2 \cdot m_3}{r_{23}} + \frac{m_3 \cdot m_2}{r_{32}} + \frac{m_3 \cdot m_1}{r_{31}} + \frac{m_1 \cdot m_3}{r_{13}} \right)$$

Offensichtlich lassen sich für E_{pot} bei n Punktmassen zwei alternative Formeln anschreiben:

$$E_{\text{pot}} = -G \cdot \sum_{i \neq j} \frac{m_i \cdot m_j}{r_{ij}} \quad \text{oder} \quad E_{\text{pot}} = -\frac{1}{2} G \cdot \sum_{i=1}^{n} \sum_{j=1}^{n} \frac{m_i \cdot m_j}{r_{ij}}$$

In der rechtsseitigen Alternative sind Terme mit $i = j$ auszuschließen, anderenfalls wäre das die Eigenenergie einer Masse mit sich selbst.

Die vorstehende Betrachtung gilt gleichermaßen

- für die Konfiguration von Himmelskörpern in fester räumlicher Zuordnung, z. B. für Sterne in einer Galaxie wie.
- für die Konfiguration von Atomen in einem festen Verbund.

Beispiel

Unter der Annahme, dass eine Galaxie aus n Sternen besteht, die (im Mittel) alle dieselbe Masse M und denselben gegenseitigen Abstand r haben, folgt aus vorstehender Formel:

$$E_{\text{pot}} = -\frac{1}{2} G \cdot (n-1) \cdot n \cdot \frac{M^2}{r}$$

Wird von 800 Milliarden Sternen mit einer mittleren Masse gleich der Sonnenmasse ausgegangen, ergibt die Rechnung ($M = 2 \cdot 10^{30}$ kg, $r = 3 \cdot 10^{21}$ m):

$$E_{\text{pot}} = -\frac{1}{2} \cdot 6{,}67 \cdot 10^{+11} \cdot (8 \cdot 10^{+11}) \cdot (8 \cdot 10^{-11}) \cdot \frac{(2 \cdot 10^{30})^2}{3 \cdot 10^{21}} = -285 \cdot 10^{50} \approx \underline{-3 \cdot 10^{52}\,\text{J}}$$

Die Einheit kommt durch folgende Umrechnung zustande: $\text{m}^2\,\text{kg}\,\text{s}^{-2} = \text{N}\,\text{m} = \text{J}$ (Joule).

Abb. 2.203

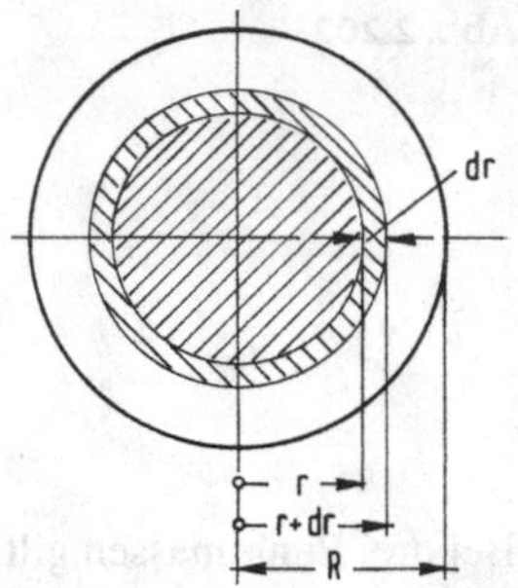

2.8.8.2 Gravitationsenergie einer Kugelmasse

Gegeben ist eine Kugelmasse mit dem Radius R. Die Dichte ρ sei im Mittel konstant (die Masse sei homogen verteilt). Zum Zwecke der Lösung wird zunächst die potentielle Energie zwischen der wechselwirkenden Kugelmasse mit dem Radius r und der benachbarten Kugelschale mit der Dicke dr formuliert (Abb. 2.203):

$$dE_{\text{pot}} = -G \cdot \frac{(\rho \cdot \frac{4}{3}\pi \cdot r^3) \cdot (\rho \cdot 4\pi r^2\,dr)}{r} = -G\rho^2 \cdot \frac{16}{3}\pi^2 \cdot r^4\,dr$$

Anschließend wird über alle Wechselwirkungen von $r = 0$ bis $r = R$ integriert:

$$E_{\text{pot}} = \int\limits_{r=0}^{r=R} dE_{\text{pot}} = -G\rho^2\frac{16}{3}\pi^2 \cdot \int\limits_0^R r^4\,dr = -G\rho^2\frac{16}{3}\pi^2 \cdot \frac{r^5}{5}\bigg|_0^R$$

$$= -G\rho^2\frac{16}{15}\pi^2 \cdot R^5$$

Die Vollkugel mit dem Radius R hat die Masse:

$$M = \rho \cdot \frac{4}{3}\pi \cdot R^3$$

Wird ρ freigestellt und in vorstehende Gleichung für E_{pot} eingeführt, lautet das gesuchte Ergebnis:

$$E_{\text{pot}} = -\frac{3}{5}G \cdot \frac{M^2}{R}$$

Beispiel
Unterstellt man, die Sonne habe eine homogene Masseverteilung mit der mittleren Dichte ρ, berechnet sich E_{pot} zu:

$$E_{\text{pot}} = -\frac{3}{5} \cdot 6{,}67 \cdot 10^{-11} \cdot \frac{(2 \cdot 10^{30})^2}{7 \cdot 10^8} = \underline{2{,}29 \cdot 10^{41}\ \text{Joule}}$$

Tatsächlich ist die Dichteverteilung innerhalb der Sonne ungleichförmig, weshalb der wirkliche Wert von dem hier berechneten abweicht.

Die Gravitationsenergie hat die Bedeutung einer **Bindungsenergie**. Es ist jene Energie, die frei wird, wenn sich die ursprünglich im Unendlichen liegenden materiellen Bestandteile zu einem Kugelkörper gravitativ vereinigen. Absolut gesehen hält die Energie die Kugelmasse zusammen, sie bindet sie, und löst bei ausreichender Größe der Masse infolge des sich hierbei einstellenden hohen Drucks und der hierauf beruhenden hohen Temperatur die Kernfusion im Inneren des Körpers aus. Insofern beruht auch das Fusionsfeuer der Sterne letztlich auf der Wirkung der Gravitation.

2.8.9 Beispiele zur Himmelsmechanik

In den voran gegangenen Abschnitten wurden Grundfragen, welche die Kräfte auf Massen und deren potentielle und kinetische Energie in einem Gravitationsfeld betreffen, diskutiert. Hiervon ausgehend werden anschließend einige elementare Beispiele zur Himmelsmechanik behandelt.

1. Beispiel
Ausgehend von der Theorie der Kegelschnitte in Polarkoordinaten werden im Folgenden Formeln zur **Berechnung der Bahnelemente** von Planeten und Monden ohne Nachweis zusammengestellt.

Für die Beschreibung einer elliptischen Bahnkurve gilt alternativ (vgl. Abb. 2.186 und 2.204):

$$r = \frac{a^2 - e^2}{a + e \cdot \cos\varphi} = \frac{1 - \varepsilon^2}{1 + \varepsilon \cdot \cos\varphi} \cdot a = \frac{1}{1 + \varepsilon \cdot \cos\varphi} \cdot b = \frac{p}{1 + \varepsilon \cdot \cos\varphi}$$

a ist die große und b die kleine Bahnhalbachse einer elliptischen Bahn ($\varepsilon < 1$). Für die Kreisbahn als Sonderfall der elliptischen Bahn gilt: $a = b = r$ ($\varepsilon = 0$). e ist der Abstand der Brennpunkte vom Mittelpunkt der Bahnkurve. Im Brennpunkt wird das Koordinatensystem r, φ aufgespannt, r: Bahnradius; φ: Winkel (wahre Anomalie); ε: numerische Exzentrizität:

$$\varepsilon = \frac{e}{a}; \quad p = \frac{b}{a}$$

Abb. 2.204

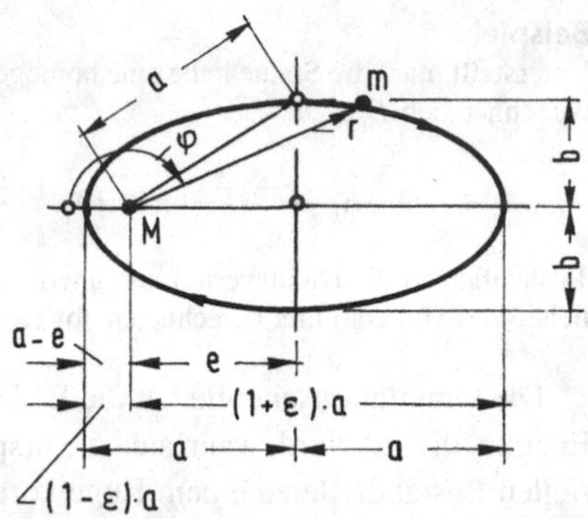

Geschwindigkeit in einem beliebigen Bahnpunkt:

$$v = \sqrt{G \cdot M \left(\frac{2}{r} - \frac{1}{a}\right)}$$

Perihelgeschwindigkeit:

$$v_{\text{per}} = \sqrt{\frac{G \cdot M}{a} \left(\frac{1+\varepsilon}{1-\varepsilon}\right)},$$

Aphelgeschwindigkeit:

$$v_{\text{aph}} = \sqrt{\frac{G \cdot M}{a} \left(\frac{1-\varepsilon}{1+\varepsilon}\right)}$$

G: Gravitationskonstante, M: Masse des Zentralgestirns.

Beispiel: Bahn des Erdkörpers

Berechnung einiger Bahnkennwerte:

$$a = 149{,}6 \cdot 10^9\ \text{m}, \quad \varepsilon = 0{,}0168; \quad e = 2{,}513 \cdot 10^9\ \text{m};$$
$$b = \sqrt{a^2 - e^2} = 149{,}62 \cdot 10^9\ \text{m}; \quad b/a = 0{,}99986$$

Perihelabstand:

$$r = a(1-\varepsilon) = 0{,}9832 \cdot a = 147{,}1 \cdot 10^9\ \text{m},$$

Aphelabstand:

$$r = a(1+\varepsilon) = 1{,}0168 \cdot a = 152{,}1 \cdot 10^9\ \text{m}.$$

a

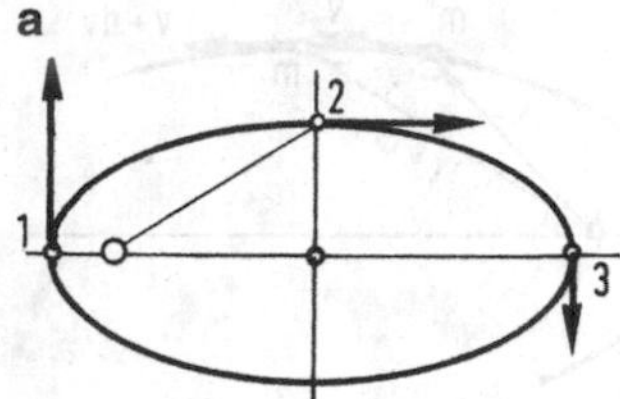

b

Punkte	v	E_{pot}	E_{kin}	$-0{,}5\,E_{pot}$	E_{kin}/E_{pot}
1	30,3	−5,394	2,743	2,697	−0,5085
2	29,8	−5,216	2,565	2,779	−0,4917
3	29,3	−5,304	2,653	2,652	−0,5002
	$\cdot 10^3$ m/s	$\cdot 10^{33}$ J	$\cdot 10^{33}$ J	$\cdot 10^{33}$ J	

Abb. 2.205

Im Mittel beträgt der Abstand zwischen Sonne und Erde: $r = 149{,}6 \cdot 10^9$ m = AE (Astronomische Einheit). Geschwindigkeiten im Perihel und Aphel:

$$v_{\text{per}} = 30{,}30 \cdot 10^3\ \text{m/s} \quad \text{bzw.:} \quad v_{\text{aph}} = 29{,}30 \cdot 10^3\ \text{m/s},$$

$$\text{Mittelwert: } v_{\text{mittel}} = 29{,}80 \cdot 10^3\ \text{m/s}$$

(Masse der Sonne: $M_{\text{Sonne}} = 1{,}99 \cdot 10^{30}$ kg), Geschwindigkeit im Schnittpunkt der Hochachse mit der Bahnkurve (Punkt 2 in Abb. 2.205): $v = 29{,}80 \cdot 10^3$ m/s.

Für $m_{\text{Erde}} = 5{,}974 \cdot 10^{24}$ kg lassen sich die in der Tabelle der Abb. 2.205 eingetragenen Werte für die potentielle und kinetische Energie in den Punkten 1 (Perihel), 2 und 3 (Aphel) mittels nachstehender Formeln berechnen:

$$E_{\text{pot}} = -G\frac{M_{\text{Sonne}} \cdot m_{\text{Erde}}}{r}; \quad E_{\text{kin}} = \frac{1}{2} \cdot m_{\text{Erde}} \cdot v^2$$

Man erkennt, dass in guter Annäherung

$$E_{\text{kin}} = -\frac{1}{2} \cdot E_{\text{pot}}$$

gilt. Das ist kein Zufall, sondern Aussage des sogen. Virialsatzes (s. u.). – Im vorliegenden Falle ist die Umlaufbahn der Erde nahezu kreisförmig. Für Kreisbahnen gilt der Virialsatz exakt, im Übrigen im zeitlichen Mittel.

E_{pot} ist jenes Arbeitsvermögen des sich um das Zentralgestirn bewegenden Trabanten, das er innehätte, wenn er im Gravitationsfeld aus seiner Bahn ins Unendliche verschoben würde. Bezogen auf das Zentralgestirn ist der Weg vom Perihel ins Unendliche länger als vom Aphel. Demgemäß ist $E_{\text{pot,per}}$ größer als $E_{\text{pot,aph}}$, absolut gesehen.

Bildet man für verschiedene Bahnpunkte die Summe $E = E_{\text{pot}} + E_{\text{kin}}$, bestätigt man für jeden Punkt der Bahn:

$$E = -2{,}651 \cdot 10^{33}\ \text{J} = \text{konst.}$$

Die Energie ändert sich auf der Bahn somit nicht, wie es das Energieerhaltungsgesetz verlangt.

Abb. 2.206

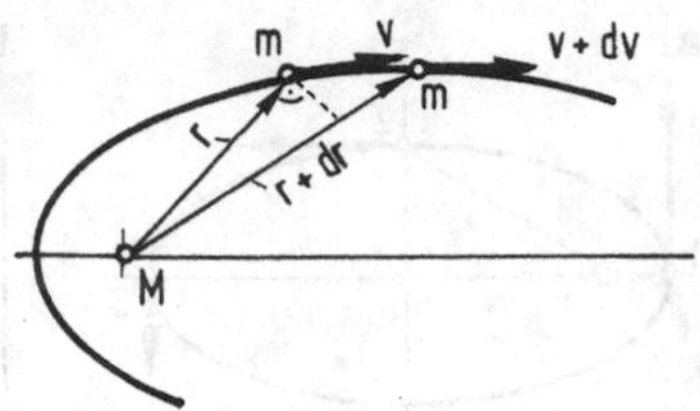

2. Beispiel Virialsatz

Betrachtet man zwei Bahnpunkte in infinitesimalem Abstand, unterscheiden sich die Radiusvektoren dem Betrage nach um $(r+dr)-r = dr$ (Abb. 2.206). Die potentiellen Energien differieren in den beiden Punkten um:

$$\Delta E_{\text{pot}} = -\frac{GM \cdot m}{r+dr} - \left(-\frac{GM \cdot m}{r}\right) = GM \cdot m \left(\frac{1}{r} - \frac{1}{r+dr}\right)$$

$$= \frac{GM \cdot m}{r}\left(1 - \frac{1}{1+dr/r}\right)$$

Wird der Klammerterm entwickelt, folgt:

$$1 - \frac{1}{1+dr/r} = 1 - \left[1 - \frac{dr}{r} + \left(\frac{dr}{r}\right)^2 - \left(\frac{dr}{r}\right)^3 + \cdots\right] \approx \frac{dr}{r}$$

Somit gilt:

$$\Delta E_{\text{pot}} = \frac{GM \cdot m}{r} \cdot \frac{dr}{r}$$

Die kinetischen Energien in den beiden Punkten differieren um

$$\Delta E_{\text{kin}} = \frac{1}{2} m \cdot (v+dv)^2 - \frac{1}{2} \cdot m \cdot v^2 \approx \frac{1}{2} m \cdot 2v \cdot dv \approx mv \cdot dv$$

Bildet man den Quotienten $\Delta E_{\text{kin}}/\Delta E_{\text{pot}}$, erhält man:

$$\frac{\Delta E_{\text{kin}}}{\Delta E_{\text{pot}}} = \frac{m \cdot v \cdot dv}{GM \cdot m \cdot dv} \cdot r^2 = \frac{r^2}{GM} \cdot v \frac{dv}{dr}$$

Geht man für v von

$$v = \left(\frac{GM}{r}\right)^{\frac{1}{2}} = (GM)^{\frac{1}{2}} \cdot r^{-\frac{1}{2}}$$

aus und differenziert nach r, folgt:

$$\frac{dv}{dr} = (GM)^{\frac{1}{2}} \cdot \left(-\frac{1}{2}\right) r^{-\frac{3}{2}}$$

Werden v und ihre Ableitung in den obigen Ausdruck für $\Delta E_{\text{kin}}/\Delta E_{\text{pot}}$ eingesetzt, ergibt sich:

$$\frac{\Delta E_{\text{kin}}}{\Delta E_{\text{pot}}} = -\frac{r^2}{GM} \cdot (GM)^{\frac{1}{2}} \cdot r^{-\frac{1}{2}} \cdot (GM)^{\frac{1}{2}} \cdot \frac{1}{2} \cdot r^{-\frac{3}{2}} = -\frac{1}{2}$$

Damit ist der Virialsatz erläutert, nicht bewiesen, denn die Reihenentwicklung und der Lösungsansatz für $v = v(r)$ gelten so nicht streng, sondern nur in Annäherung, im zeitlichen Mittel.

Wird r gleich r_{Mittel} gesetzt, erhält man für die Erde die Bahngeschwindigkeit zu:

$$v = \sqrt{\frac{GM}{r_{\text{Mittel}}}} = \sqrt{\frac{6{,}6742 \cdot 10^{-11} \cdot 1{,}99 \cdot 10^{30}}{149{,}6 \cdot 10^{9}}} = 29{,}80 \cdot 10^3\ \text{m/s}$$

Der Virialsatz wurde ursprünglich für abgeschlossene Systeme in der Statistischen Mechanik der Gase eingeführt, er erlaubt auch Abschätzungen für Sternsysteme.

3. Beispiel

Für die elliptische Bahn des **Halley'schen Kometen** gelten folgende Bahnparameter in der Astronomischen Einheit AE $= 149{,}6 \cdot 10^9$ m:

$$a = 17{,}960\ \text{AE}, \quad b = 4{,}585\ \text{AE}, \quad e = 17{,}365\ \text{AE}, \quad \varepsilon = 0{,}96687$$

Berechnet man die Geschwindigkeiten im Zeitpunkt der Bewegung durch das Perihel und das Aphel ergibt sich: $v_{\text{per}} = 5{,}417 \cdot 10^4$ m/s bzw. $v_{\text{aph}} = 9{,}12 \cdot 10^2$ m/s. Der Rechnung liegen für Sonne und Komet folgende Massen zugrunde: $M_{\text{Sonne}} = 1{,}99 \cdot 10^{30}$ kg, $m_{\text{Komet}} = 1{,}00 \cdot 10^{14}$ kg.

Die Geschwindigkeit im fernen Umkehrpunkt fällt offensichtlich nahezu auf Null ab. In Abb. 2.207a ist der Verlauf der Geschwindigkeit für einen halben Umlauf über dem Winkel

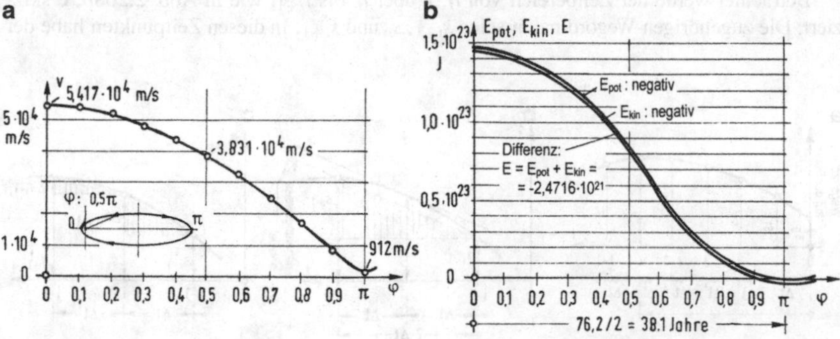

Abb. 2.207

α aufgetragen, berechnet nach der oben angeschriebenen Formel. Der Verlauf von E_{pot} und E_{kin} ist in Abb. 2.207b wiedergegeben. Für alle Bahnpunkte findet man: $E = -2{,}4716 \cdot 10^{21}\,J = \text{konst.}$, wie es sein muss.

Mit Hilfe des 3. Kepler'schen Gesetzes lässt sich die Dauer eines vollen Umlaufs des Kometen berechnen, ausgehend von der Umlaufzeit der Erde (Indizes E: Erde, K: Komet):

$$\frac{T_K^2}{T_E^2} = \frac{a_K^3}{a_E^3} \quad \rightarrow \quad T_K = T_E \cdot \sqrt{\frac{a_K^3}{a_E^3}} = 1\,\text{a} \cdot \sqrt{\frac{(17{,}950\,\text{AE})^3}{(1\,\text{AE})^3}} = \underline{76{,}11\,\text{a}}\ (\text{Jahre})$$

4. Beispiel

Gesucht ist ein Formelsystem, mit dem es gelingt, eine **Satelliten- oder Raketenbahn numerisch zu berechnen**. Es soll sich dabei ganz allgemein um die Bahn eines Planeten, eines Mondes, eines Kometen, eines Raumsatelliten oder einer Trägerrakete im Gravitationsfeld eines ‚Muttergestirns' handeln.

Ausgehend von einem Anfangszustand zum Zeitpunkt $t = 0$ werden Schritt für Schritt die Bahnordinaten berechnet, entweder als Raumkurve im Koordinatensystem x, y, z oder vereinfacht als Bahnkurve in der Ebene im Koordinatensystem x, y (oder r, φ). Die Aufgabe fällt in das Gebiet der numerischen Mathematik. – Im Folgenden wird ein sehr einfacher Algorithmus für die Berechnung eines ebenen Bahnverlaufes vorgestellt. Dazu werden im Zeitpunkt t für den Bewegungszustand des (Flug-)Körpers der Masse m vereinbart:

$x = x(t),\ y = y(t)$: Bahnordinaten

$v_x = v_x(t),\ v_y = v_y(t)$: Geschwindigkeitskomponenten in Richtung x bzw. y

$a_x = a_x(t),\ a_y = a_y(t)$: Beschleunigungskomponenten in Richtung x bzw. y

Der Weg entlang der Bahnkurve sei $s = s(t)$. Abb. 2.208a zeigt die Wegordinaten zu definierten Zeitpunkten. Das Zeitintervall zwischen diesen Zeitpunkten wird als jeweils gleich lang angesetzt, es wird also mit einer ‚äquidistanten' Zeitskala gerechnet. Die Zeitpunkte werden durch die Laufvariable i von $i = 0, 1, 2, \ldots$ über $i-1, i, i+1$ usw. gekennzeichnet. Im Zeitpunkt t_i sind $i \cdot \Delta t$ Zeitintervalle seit Anfang der Bewegung durchlaufen.

Betrachtet werde der Zeitbereich von t_{i-1} über t_i bis t_{i+1}, wie in Abb. 2.208b, c skizziert. Die zugehörigen Wegordinaten seien s_{i-1}, s_i und s_{i+1}. In diesen Zeitpunkten habe der

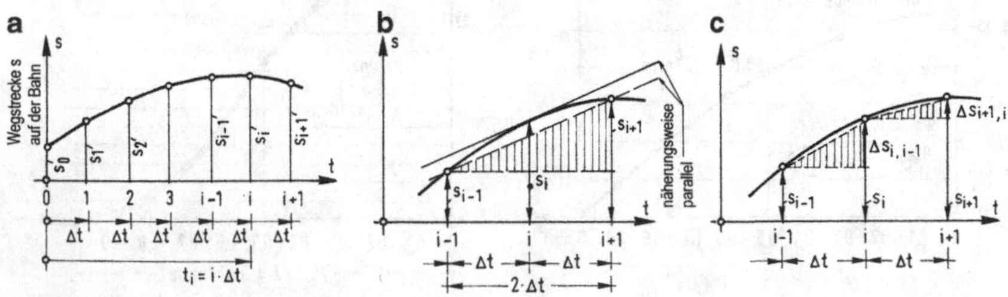

Abb. 2.208

Körper die Bahngeschwindigkeiten v_{i-1}, v_i und v_{i+1} und in Richtung der Bahnkurve die Bahnbeschleunigungen a_{i-1}, a_i und a_{i+1}. Geschwindigkeit und Beschleunigung werden im Folgenden durch einen bzw. zwei hoch gestellte Punkte gekennzeichnet:

$$s = s(t), \quad v = \dot{s} = \dot{s}(t), \quad a = \ddot{s} = \ddot{s}(t).$$

Die Geschwindigkeit im Zeitpunkt t_i wird als Steigung der Bahnkurve über der Zeitspanne $2 \cdot \Delta t$ bei Fortschreiten von t_{i-1} bis t_{i+1} angenähert (Abb. 2.208b)

$$v_i = \dot{s}_i = \frac{s_{i+1} - s_{i-1}}{2 \cdot \Delta t} = \frac{1}{2 \cdot \Delta t}(s_{i+1} - s_{i-1})$$

Neben dieser geometrischen Deutung gibt es eine andere: Der stetige Bahnverlauf wird durch einen polygonalen ersetzt (Abb. 2.208c). Von den Steigungen zwischen den Punkten $i - 1$ und i sowie zwischen i und $i + 1$ wird der Mittelwert gebildet und dieser Wert als Näherung für die Geschwindigkeit im Punkt i angesehen:

$$\frac{\Delta s_{i-1,i}}{\Delta t} = \frac{s_i - s_{i-1}}{\Delta t}, \quad \frac{\Delta s_{i,i+1}}{\Delta t} = \frac{s_{i+1} - s_i}{\Delta t}$$

$$\rightarrow \quad \dot{s}_i = \frac{1}{2}\left(\frac{\Delta s_{i-1,i}}{\Delta t} + \frac{\Delta s_{i,i+1}}{\Delta t}\right) = \frac{1}{2}\left(\frac{s_i - s_{i-1}}{\Delta t} + \frac{s_{i+1} - s_i}{\Delta t}\right) = \frac{1}{2 \cdot \Delta t}(s_{i+1} - s_{i-1})$$

Die Beschleunigung im Punkt i berechnet sich aus der bezogenen Änderung der Geschwindigkeiten in den beiden benachbarten Intervallen nach einer entsprechenden Formel:

$$\ddot{s}_i = \frac{\frac{\Delta s_{i,i+1}}{\Delta t} - \frac{\Delta s_{i-1,i}}{\Delta t}}{\Delta t} = \frac{1}{\Delta t}\left(\frac{s_{i+1} - s_i}{\Delta t} - \frac{s_i - s_{i-1}}{\Delta t}\right) = \frac{1}{(\Delta t)^2}(s_{i+1} - 2s_i + s_{i-1})$$

Mit den vorstehenden Gleichungen sind die beiden gesuchten Differenzenformeln abgeleitet. – Neben der vorstehenden Herleitung, die vom geometrischen Bewegungsablauf ausgeht, lassen sich die Formeln auch mittels der Taylor-Entwicklung herleiten. Dieser Weg hat den Vorteil, dass ein Fehlerglied anfällt, welches eine Aussage über den Genauigkeitsgrad der Formel erlaubt. Auch lassen sich auf diese Weise spezielle Randformeln angeben und Differenzenformeln höherer Genauigkeit finden. – Neben dem auf den vorstehenden Formeln basierenden Differenzenverfahren, stehen für die Lösung der Bewegungsdifferentialgleichungen hochgenaue Zeitschrittverfahren zur Verfügung. Die Fachbücher zur numerischen Mathematik geben Auskunft: Verfahren nach Euler-Chauchy, Heun, Runge-Kutta, Houbolt, Newmark, Wilson und anderen [62, 63], vgl. auch [10]. Zur Thematik Himmelsmechanik existieren keine elementaren Einführungen, auf die Fachbücher vom K. STUMPFF (1885–1970) und M. SCHNEIDER (1935–2016) wird verwiesen, vgl. auch [64]. – In den anschließenden Beispielen wird geprüft, welche Genauigkeit mit den oben abgeleiteten Formeln erreicht werden kann.

5. Beispiel

Die **Internationale Raumstation ISS** (Intern. Space Station) hat eine Masse von ca. 415.000 kg. Die Höhe ihrer kreisförmigen Bahn ist variabel. Geht man im Beispiel von

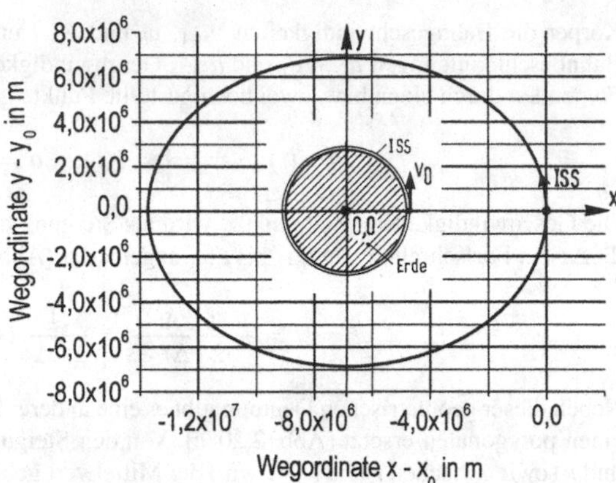

Abb. 2.209

$h = 493 \cdot 10^3$ m über dem Erdboden aus und setzt den Radius der Erdkugel zu $6363 \cdot 10^3$ m an, beträgt der Abstand vom Erdmittelpunkt: $r_{\text{ISS}} = (6370 + 493) \cdot 10^3 = 6863 \cdot 10^3$ m. Mit $m_{\text{Erde}} = 5{,}9 \cdot 10^{24}$ kg berechnet sich die Umlaufzeit zu:

$$T_{\text{ISS}} = 2\pi\sqrt{\frac{r_{\text{ISS}}^3}{G \cdot m_{\text{Erde}}}} = 2\pi\sqrt{\frac{(6{,}863 \cdot 10^6)^3}{6{,}6742 \cdot 10^{-11} \cdot 5{,}9 \cdot 10^{24}}} = \underline{5692{,}8\,\text{s}}$$

In Stunden beträgt die Umlaufzeit: $T = 5692{,}8/3600 = 1{,}581$ h und die Geschwindigkeit:

$$v_{\text{ISS}} = 2\pi\frac{6{,}863 \cdot 10^6}{5692{,}8} = \underline{7574{,}748\,\text{m/s}} = 27.269\,\text{km/h}$$

Berechnet man die Kreisbahn numerisch mit Hilfe obiger Formeln, ausgehend von den Startkoordinaten $x_0 = 6{,}863 \cdot 10^6$ m und $y_0 = 0$ m und der Startgeschwindigkeit $v_0 = 7574{,}748$ m/s, muss erwartet werden, dass der Ausgangspunkt nach einer Umrundung wieder erreicht wird. Abb. 2.209 zeigt die berechnete Kreisbahn. (Wegen der unterschiedlichen Skalierung in Richtung x und y erscheint der Kreis in der Figur als Ellipse. Auf die Wiedergabe des Rechenprogramms wird unter Hinweis auf das nächste Beispiel verzichtet.)

Die Auswirkung von vier unterschiedlichen Zeit-Schrittweiten Δt auf das Ergebnis der numerischen Berechnung wird aus der folgenden Gegenüberstellung deutlich, wenn die Dauer einer Bahnumrundung mit dem oben angegebenen Rechenwert $T = 5692{,}8$ s verglichen wird:

$\Delta t = 1$ s: 5694,1 s (0,023 %)

$\Delta t = 2$ s: 5695,4 s (0,046 %)

$\Delta t = 5$ s: 5698,0 s (0,091 %)

$\Delta t = 10$ s: 5703,1 s (0,180 %)

Abb. 2.210

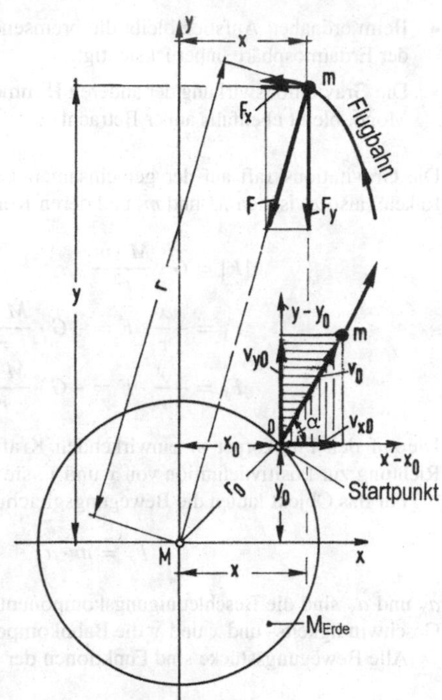

Die Klammerwerte geben die relative Abweichung zum strengen Wert in Prozent an. Einsichtiger Weise sinkt die Genauigkeit der Rechnung je größer Δt gewählt wird. Insgesamt ist die Genauigkeit des Resultats als sehr gut zu bewerten.

6. Beispiel: Berechnung einer Raketenbahn im Gravitationsfeld der Erde

Abb. 2.210 zeigt einen kugelförmigen Körper mit der Masse M, es handele sich um die Erde. Im Zentrum wird das Koordinatensystem x, y aufgespannt. Gesucht sei die Bahnkurve einer Rakete mit der Masse m, die im Startpunkt 0 mit den Koordinaten x_0, y_0 und mit der Geschwindigkeit v_0 unter einem definierten Winkel abgeschossen wird. Die Geschwindigkeitskomponenten im Startpunkt werden mit v_{x0} und v_{y0} abgekürzt. Sie müssen, wie x_0, y_0, bekannt sein. Gesucht sind im Zeitpunkt t die Bahnkoordinaten $x = x(t)$ und $y = y(t)$ des Flugobjektes. Es wird im Folgenden der einfachste Fall unter nachstehenden Voraussetzungen gelöst:

- Die Masse m wird als konstant betrachtet. Tatsächlich verliert die Rakete Treibstoff, ihre Masse verringert sich. Ist der Treibstoff verbrannt, bewegt sich die Rakete ab diesem Zeitpunkt frei im Gravitationsfeld. Streng genommen sind somit zwei Flugphasen zu unterscheiden: Flug der Rakete als Körper mit zeitveränderlicher Masse $m = m(t)$ unter Schub, anschließend freier Flug als Körper ohne Schub.

- Beim erdnahen Aufstieg bleibt die bremsende Wirkung des Luftwiderstandes innerhalb der Erdatmosphäre unberücksichtigt.
- Die Gravitationswirkung der anderen Himmelskörper, insbesondere jener von Sonne und Mond, bleibt ebenfalls außer Betracht.

Die Gravitationskraft auf der gemeinsamen Linie zwischen dem Erdmittelpunkt und der Rakete, also zwischen M und m, und deren Komponenten in Richtung x und y betragen:

$$|F| = G \cdot \frac{M \cdot m}{r^2}$$
$$F_x = -\frac{x}{r} \cdot F = -G \cdot \frac{M \cdot m}{r^2} \cdot \frac{x}{r} = -G\frac{M \cdot m}{r^3}x$$
$$F_y = -\frac{y}{r} \cdot F = -G \cdot \frac{M \cdot m}{r^2} \cdot \frac{y}{r} = -G\frac{M \cdot m}{r^3}y$$

Die auf den Flugkörper m einwirkenden Kraftkomponenten haben die entgegen gesetzte Richtung zur Positivdefinition von x und y, sie sind daher negativ, vgl. Abb. 2.210.

Für das Objekt lauten die Bewegungsgleichungen:

$$F_x = m \cdot a_x, \quad F_y = m \cdot a_y$$

a_x und a_y sind die Beschleunigungskomponenten in Richtung x und y. v_x und v_y sind die Geschwindigkeits- und x und y die Bahnkomponenten.

Alle Bewegungsstücke sind Funktionen der Zeit t; zusammengefasst:

$$x = x(t), \quad y = y(t);$$
$$v_x = v_x(t), \quad v_y = v_y(t);$$
$$a_x = a_x(t), \quad a_y = a_y(t)$$

Der Abstand, also der Radiusvektor zwischen den Mittelpunkten der beiden beteiligten Körper mit den Massen M und m ist ebenfalls eine Funktion der Zeit:

$$r = r(t) = \sqrt{x^2(t) + y^2(t)}$$

Die kinetischen Gleichgewichtsgleichungen im Bahnpunkt x, y zum Zeitpunkt t lauten:

$$-G\frac{M \cdot m}{r^3}x - m \cdot a_x = 0 \quad \rightarrow \quad a_x + G\frac{M}{r^3}x = 0 \quad \rightarrow \quad \frac{d^2x}{dt^2} + G \cdot \frac{M}{r^3} \cdot x = 0$$
$$-G\frac{M \cdot m}{r^3}y - m \cdot a_y = 0 \quad \rightarrow \quad a_y + G\frac{M}{r^3}y = 0 \quad \rightarrow \quad \frac{d^2y}{dt^2} + G \cdot \frac{M}{r^3} \cdot y = 0$$

Über $r = r(t)$ sind die beiden Differentialgleichungen miteinander gekoppelt; ausgeschrieben lautet das Differentialgleichungssystem:

$$\frac{d^2x}{dt^2} + GM \cdot \frac{x}{(x^2 + y^2)^{1/2}} = 0, \quad \frac{d^2y}{dt^2} + GM \cdot \frac{y}{(x^2 + y^2)^{1/2}} = 0$$

Eine analytische Lösung dieses gekoppelten Gleichungssystems ist schwierig; man spricht vom Zweikörperproblem. Das Problem zählt zu den sehr frühzeitig behandelten Aufgaben der Himmelsmechanik. – Zum Zwecke der numerischen Lösung werden die Beschleunigungskomponenten im Zeitpunkt t durch die im 4. Beispiel hergeleiteten Formeln ersetzt. Das bedeutet: Die Differentialgleichungen werden in Differenzengleichungen überführt:

$$\frac{1}{(\Delta t)^2}(x_{i+1} - 2x_i + x_{i-1}) + GM \cdot \frac{x_i}{r_i^3} = 0 \quad \rightarrow \quad x_{i+1} = \left[2 - \frac{GM}{r_i^3}(\Delta t)^2\right] \cdot x_i - x_{i-1}$$

$$\frac{1}{(\Delta t)^2}(y_{i+1} - 2y_i + y_{i-1}) + GM \cdot \frac{y_i}{r_i^3} = 0 \quad \rightarrow \quad y_{i+1} = \left[2 - \frac{GM}{r_i^3}(\Delta t)^2\right] \cdot y_i - y_{i-1}$$

$$r_i^3 = (x_i^2 + y_i^2)^{3/2}$$

Im Startpunkt 0 sind x_0, y_0 und v_{x0}, v_{y0} gegeben. Für den ersten Zeitschritt von 0 bis 1 wird modifiziert gerechnet:

$$x_1 = x_0 + v_{0x} \cdot \Delta t, \quad y_1 = y_0 + v_{0y} \cdot \Delta t$$

Im Zeitpunkt 1 sind damit die Bahnwerte bekannt. Da auch die Werte für Punkt 0 bekannt sind, kann mittels obiger Formeln von Bahnpunkt 1 auf Punkt 2 geschlossen (extrapoliert) werden, weiter von 2 auf 3, von 3 auf 4 und so fortlaufend, was sich unschwer programmieren lässt.

Zahlenbeispiel

Die Rakete starte von der Erdoberfläche im Punkt 0 mit den Koordinaten: $x_0 = y_0 = 4{,}50 \cdot 10^6$ m ($r_0 = 6{,}370 \cdot 10^6$ m, Radius des Erdkörpers) und den Geschwindigkeitskomponenten $v_{x0} = 750\,\text{m/s}$ und $v_{y0} = 1300\,\text{m/s}$. Bezogen auf das Koordinatensystem gemäß Abb. 2.210 berechnet sich α aus $\tan\alpha = v_{y0}/v_{x0}$ zu $\alpha = 60°$. Nach Programmierung des Algorithmus liefert die Zahlenrechnung das in Abb. 2.211a wieder gegebene Ergebnis. Offensichtlich kehrt der Flugkörper nach einer gewissen Flugdauer um und schlägt später auf

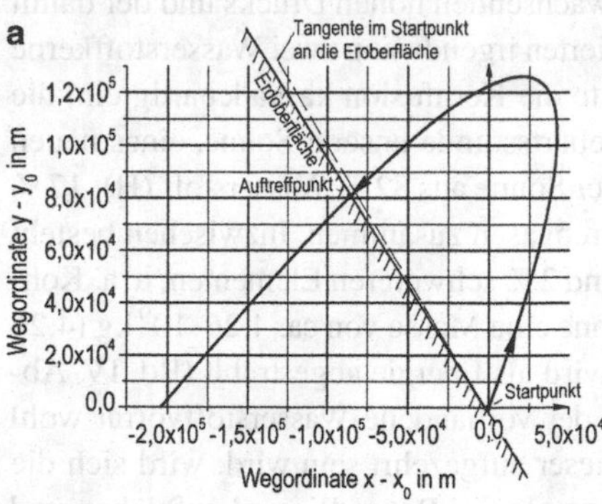

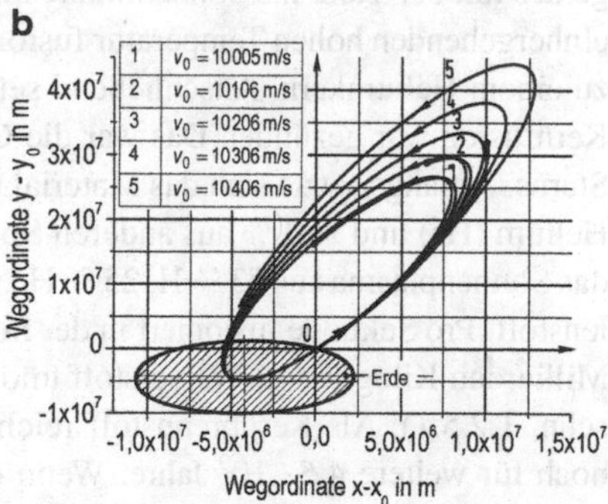

Abb. 2.211

der Erde wieder auf. Berechnungen mit den unterschiedlichen Zeitschrittweiten $\Delta t = 1$ s, 2 s und 5 s liefern praktisch identische Ergebnisse.

Die Fluchtgeschwindigkeit von der Erde beträgt mit den im Zahlenbeispiel angesetzten Werten ($M = 5{,}9 \cdot 10^{24}$ kg, $R = 6{,}370 \cdot 10^6$ m): $v_{\text{Flucht}} = 11.200$ m/s. Abb. 2.211b zeigt den Bahnverlauf für fünf unterhalb der Fluchtgeschwindigkeit liegende Startgeschwindigkeiten v_0, jeweils mit einem Startwinkel $\alpha = 60°$. Bezogen auf die an den Startpunkt angelegte Tangente ist das ein Winkel von $45° + 60° = 105°$. Wie erkennbar, unterscheiden sich die Auftreffpunkte nur wenig voneinander.

Inzwischen hat sich sehr viel ‚Weltraummüll' aus ausgebrannten Raketen- und anderen Trümmerteilen, sowie aus inaktiven Satelliten, angesammelt. Ca. 20.000 große Teile werden von der Erde aus verfolgt, von insgesamt 300 Millionen Teilen bis herab in den mm-Bereich! Es wird daran geforscht, den Müll zu entsorgen, indem er gezielt eingefangen und in einen Absturzorbit überführt wird.

2.8.10 Sonnensystem

2.8.10.1 Sonne und Planeten (Wandelsterne)

Bezogen auf das Alter des Universums mit $13{,}82 \cdot 10^9$ Jahren ist das Sonnensystem mit $4{,}56 \cdot 10^9$ Jahren vergleichsweise jung. Das Sonnensystem liegt ca. 26.000 Lichtjahre (Lj) vom Zentrum der Galaxis (der Milchstraße) entfernt, also an deren Rand. Das System ist aus einer riesigen, wohl 50 bis 100 Lj umfassenden Wolke verwirbelten molekularen Gases und Staubes, dem solaren Urnebel, entstanden. Der Staub stammte aus den mineralischen und metallischen Partikelresten einer oder mehrerer vorangegangener Sternexplosionen (Supernovae). Durch gravitative Wirkung bündelte sich im Zentrum der Wolke vorrangig Wasserstoffgas als leichtestes Element zu einem gewaltigen kugelförmigen Körper, der Sonne. Infolge des mit der Tiefe ins Sonneninnere anwachsenden hohen Drucks und der damit einhergehenden hohen Temperatur fusionierten irgendwann zwei Wasserstoffkerne zu einem Heliumkern. Anschließend setzte die Kernfusion kaskadenartig ein, die Kernfusion war gezündet. Das war die Geburtsstunde unserer Sonne, eines neuen Sterns. Anfangs setzte sich das Material der Sonne aus 82 % Wasserstoff (H), 17 % Helium (He) und zu 1 % aus anderen Spurengasen zusammen. Inzwischen besteht das Sonnenplasma aus 73 % H, 25 % He und 2 % schwereren Elementen, u. a. Kohlenstoff. Pro Sekunde fusioniert in der Sonne eine Masse von ca. $4{,}26 \cdot 10^9$ kg (4,26 Milliarden Kilogramm) Wasserstoff und wird als Energie abgestrahlt (Bd. IV, Abschn. 1.2.5.1). Als Kernbrennstoff reicht der vorhandene Wasserstoffvorrat wohl noch für weitere $4{,}5 \cdot 10^9$ Jahre. Wenn dieser aufgezehrt sein wird, wird sich die Sonne (sie ist ein Stern der Größe G2V) zu einem ‚Roten Riesen' aufblähen und dabei die Bahn von Merkur und Venus, gar jene der Erde, erreichen. Schließlich

Abb. 2.212

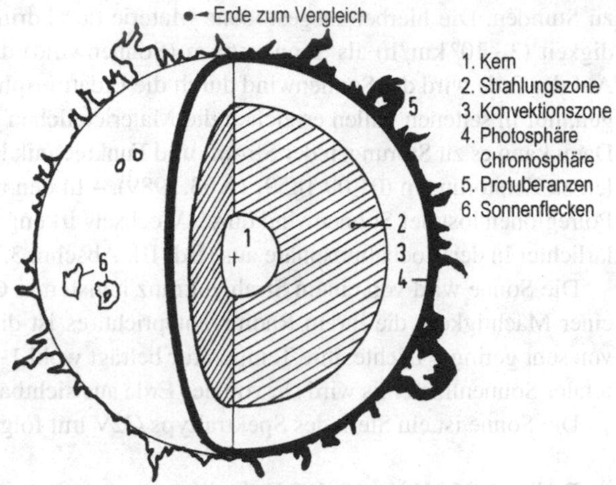

wird sie, nachdem sie ihre gewaltige materielle Hülle schichtenweise abgestoßen hat, zu einem ‚Weißen Zwerg' schrumpfen und irgendwann nach weiterer Abkühlung verlöschen (Bd. III, Abschn. 3.9.8.4 und 3.9.8.5).

Abb. 2.212 zeigt die Sonne in schematischer Darstellung. Im Zentrum liegt der Kern, die Temperatur beträgt hier ca. $15 \cdot 10^6$ K. Dem Kern schließen sich die Strahlungs- und Konvektionszone an. In der Strahlungszone erreicht die Temperatur ca. $2 \cdot 10^6$ K. Zum Rand hin folgt die Photosphäre (nur 400 km mächtig). Sie hat eine körnige Oberfläche in Form von etwa rechteckiger Granularen, quasi ‚blubbernden' Gasballen. Die Temperatur beträgt hier 5770 K. Aus dieser Schicht dringt die elektromagnetische Strahlung (vorrangig sichtbares Licht) aus, welche die Chromosphäre anschließend passiert. Letztere ist mit 12.000 km mächtiger als die Photosphäre. Ihre Dichte ist gering, sie geht in die Korona über.

Bedingt durch die unterschiedliche Rotation der inneren Schichten zueinander und die hiermit verbundene Reibung baut sich im Sonnenkörper ein gewaltiges Magnetfeld mit wechselnder Polung auf. Durch dessen Kräfte wird heißes solares Plasma aus der Sonne heraus geschleudert, man spricht von Protuberanzen. Sie erreichen Höhen bis 100.000 km, gelegentlich noch höher aufsteigend. Die Form der filamentartigen Protuberanzen ist überwiegend schleifenartig.

Auch die Sonnenflecken (um 500 bis 1000 K kühler) mit einer Ausdehnung bis 10.000 km beruhen auf der Wirkung des solaren Magnetfeldes. Sie treten in elfjährigem Rhythmus verstärkt auf, ebenso, damit in Verbindung stehend, die sogen. Flares mit verstärkter UV- und Röntgenstrahlung, sowie die koronalen Massenauswürfe (CMEs). Das sind solare Eruptionen. Sie dauern wenige Minuten bis zu Stunden. Die hierbei ausgestoßene Materie durchdringt mit hoher Geschwindigkeit ($3 \cdot 10^6$ km/h) als Sonnensturm (Sonnenwind) das ganze Sonnensystem. Auf der Erde wird der Sonnenwind durch die Erdatmosphäre weitgehend abgefangen, nur in seltenen Fällen erreichen die Materieteilchen die Oberfläche der Erde. Dann kann es zu Störungen der Strom- und Funktechnik kommen, in seltenen Fällen zu Zerstörungen (01.09.1859, 13.03.1989). – In den nördlichen und südlichen Polregionen löst der Sonnenwind durch Wechselwirkung mit dem Magnetfeld Polarlichter in der Hochatmosphäre aus (Bd. III, Abschn. 3.7).

Die Sonne wird von einem Strahlenkranz ionisierten Gases umhüllt und das in einer Mächtigkeit, die ihrem Radius entspricht, es ist die sogen. Korona. Sie ist von sehr geringer Dichte, ihre Temperatur beträgt wohl $1 \cdot 10^6$ K und mehr. Nur bei totaler Sonnenfinsternis wird sie von der Erde aus sichtbar.

Die Sonne ist ein Stern des Spektraltyps G2V mit folgenden Merkmalen:

- Radius $6{,}96 \cdot 10^8$ m (≙ 109 Erdradien),
- Masse $1{,}99 \cdot 10^{30}$ kg (≙ 333.000 Erdmassen), die Masse der Sonne umfasst ca. 99,3 % der Masse des gesamten Sonnensystems,
- Mittlere Dichte 1409 kg/m^3 (≙ 25,5 % mittlere Erddichte), die Dichte im Sonnenkörper ist extrem unterschiedlich, innen 100.000 kg/m^3, außen 10 kg/m^3,
- Periode der Eigenrotation ca. 25 Tage am Äquator und ca. 34 Tage an den Polen,
- Geschwindigkeit der Sonne in Richtung auf das Sternbild Herkules (einschließlich des gesamten Sonnensystems) ca. 20 km/s. Die Umlaufgeschwindigkeit des Sonnensystems um das Zentrum der Galaxis beträgt rund 220 km/s und die Umlaufzeit $2{,}25 \cdot 10^8$ Jahre, man spricht vom ‚Kosmischen Jahr'.

Wie ausgeführt, formte sich das Sonnensystem einst aus einer rotierenden Materiescheibe gewaltigen Ausmaßes. Die Rotationsenergie hatte das Gesamtsystem von vorangegangenen Supernovae bezogen, aus deren Materie sich das Ganze bildete, insbesondere die Sonnenmasse im Zentrum der Scheibe. Das Gesetz von der Erhaltung des Drehimpulses verlangt, dass die Rotation über alle Zeiten aufrechterhalten bleibt.

Außerhalb der Sonne verklumpten die harten Partikel innerhalb der Scheibe zu Flocken, zu Brocken, zu Blöcken und schließlich zu steinigen Planetesimalen, die sich zu Planeten gravitativ ballten. Am Ort ihrer Bildung hatten die Planeten jene Geschwindigkeit, die eine stabile Umlaufbahn sicherte, die demgemäß mit den Grundgesetzen der Mechanik, in diesem Falle mit den Kepler'schen Gesetzen, korrespondierte.

Zunächst bildeten sich in relativ kurzer Zeit (in ca. $10 \cdot 10^6$ Jahren) in größerer Entfernung von der Sonne die Gasplaneten Jupiter, Saturn, Uranus und Neptun.

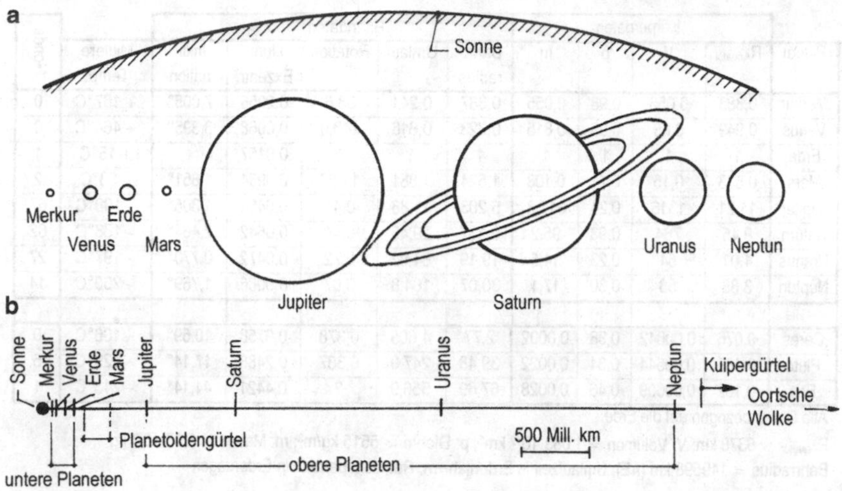

Abb. 2.213

Sie haben einen festen Kern aus Gestein und Eis. Später entstanden in einem vergleichsweise langen Zeitraum (in ca. 100 bis 300 · 10^6 Jahren) die sogen. terrestrischen Planeten Merkur, Venus, Erde und Mars. Sie bestehen vorrangig aus mineralischer und metallischer Materie, umgeben von einer dünnen gasförmigen Atmosphäre (Merkur trägt keine).

Während der Entstehungsphase wurden die planetarischen Körper durch die Kollisionsenergie der einschlagenden Materie glutflüssig erhitzt, die schwereren Metalle, vorrangig Eisen und Nickel, sanken in den Kernbereich ab, die leichteren Mineralien verblieben im Randbereich. Auf diese Weise hat sich auch die Erde in ihre unterschiedlichen Kern- und Krustenschalen ausdifferenziert.

Zwischen den inneren und äußeren Planetensystemen bewegt sich innerhalb einer kreisringförmigen Scheibe eine riesige Anzahl von Planetoiden (Asteroiden) unterschiedlicher Form und Größe.

Außerhalb des Neptuns kreisen weitere Kleinplaneten, eingebettet in einen gigantischen Materiestrom, dem sogenannten Kuiper-Gürtel (man spricht in dem Falle von Transneptun-Objekten (TNO)). Nochmals entfernter kreisen in der das Sonnensystem allseits umgebenden Oort'schen Wolke weitere Körper bei tiefster Temperatur. Aus den genannten Bereichen stammen viele der gelegentlich bis ins Innere des Sonnensystems eindringenden Kometen.

Abb. 2.213 zeigt den Aufbau des Planetensystems. In der Tabelle der Abb. 2.214 sind die wichtigsten Kenndaten der acht Planeten des Sonnensystems (bezogen

Planet	Körperdaten $R_{Äquator}$	V	ρ	m	Bahndaten Bahnradius	Umlauf	Rotation	Num. Exzentr.	Inklination	Mittlere Temp.	Monde
Merkur	0,383	0,056	0,98	0,055	0,387	0,241	58,6	0,2056	7,005°	+167°C	0
Venus	0,949	0,86	0,95	0,815	0,723	0,616	243,0	0,0068	3,395°	+464°C	0
Erde	1	1	1	1	1	1	1	0,0157	-	+15°C	1
Mars	0,533	0,15	0,71	0,108	1,524	1,881	1,026	0,0934	1,851°	−63°C	2
Jupiter	11,21	1316	0,24	317,8	5,203	11,86	0,41	0,0484	1,305°	−108°C	67
Saturn	9,45	764	0,93	95,2	9,537	29,45	0,44	0,0542	2,484°	−138°C	62
Uranus	4,01	64	0,23	14,5	19,19	84,02	0,72	0,0472	0,770°	−197°C	27
Neptun	3,88	58	0,30	17,1	30,07	164,8	0,67	0,0086	1,769°	−200°C	14
Ceres	0,076	0,00042	0,38	0,0002	2,77	4,605	0,378	0,0758	10,59°	−106°C	0
Pluto	0,186	0,00644	0,34	0,0022	39,48	247,9	6,387	0,2488	17,14°	−229°C	5
Eris	0,182	0,00609	0,46	0,0028	67,69	556,9	?	0,4421	44,14°	−243°C	1

Alle Daten bezogen auf die Erde:
$R_{Äquator}$ = 6378 km; V: Volumen = $1{,}083 \cdot 10^{12}$ km³; ρ: Dichte = 5515 kg/m³; m: Masse = $5{,}97 \cdot 10^{24}$ kg
Bahrradius = 149598 km (AE); Umlaufzeit in Erdenjahren, Rotationsperiode in Erdentagen

Abb. 2.214

auf die Erde) zusammengefasst. Die drei Kleinplaneten Ceres, Pluto und Eris sind in der Tabelle mit aufgenommen. Ceres bewegt sich innerhalb des Planetoiden-Gürtels. Pluto (einschließlich seiner fünf Monde) und Eris umkreisen die Sonne in eisiger Entfernung im Kuipergürtel. Pluto wurde ehemals zu den Planeten gezählt. Im Jahre 2006 wurde ihm von der IAU (Internationale Astronomische Union) der Status eines Planeten aberkannt, zu gering sei seine Größe, zu exzentrisch seine Bahnebene. Im Jahre 2015 konnte die Raumsonde ‚New Horizons' Pluto im Vorbeiflug vermessen, anschließend soll sie den Kuipergürtel weiter erkunden.

Die Astronomie wird in vielen Büchern abgehandelt, überwiegend mit farbigem Bildmaterial und interessanten Details, auch zur Geschichte der Disziplin. Die Himmelskunde hat die Menschen seit alters her fasziniert. Zur Vertiefung sei auf die Zeitschrift *Sterne und Weltraum* verwiesen und zwecks eines anspruchsvolleren Einstiegs auf die bereits zitierte Literatur [53–60] und auf [65]. Die Sonne selbst ist ein faszinierender Stern [66, 67].

2.8.10.2 Stellung der Planeten – synodische/siderische Zeit

Wie ausgeführt, werden die um die Sonne kreisenden kugelförmigen Himmelskörper als Planeten bezeichnet. Sie bewegen sich näherungsweise in einer gemeinsamen Ebene auf elliptischen Bahnen. Als Bezugsebene dient die Bahnebene der Erde um die Sonne, man nennt sie ekliptikale Ebene und ihre Randlinie am Him-

Abb. 2.215

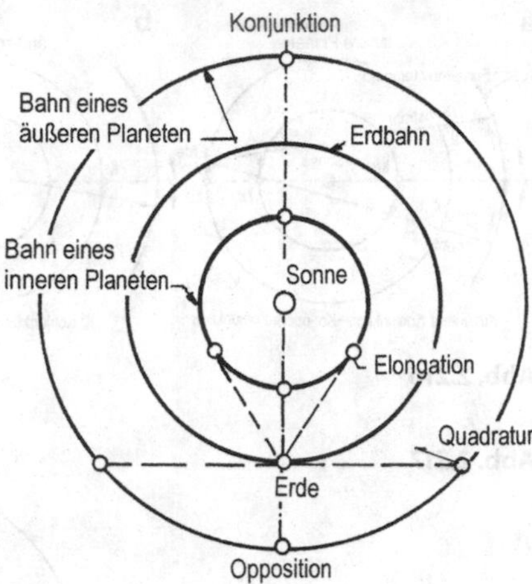

mel **Ekliptik**. Gegenüber dieser Ebene weisen die anderen Planetenbahnen eine mehr oder minder große Winkel-Neigung (Inklination) auf (vgl. Abb. 2.214). – Die Planeten werden bezüglich ihrer Stellung zur Erde in innere und äußere und bezüglich ihres Aufbaues als untere und obere bezeichnet. Die inneren Planeten sind Merkur und Venus und die unteren die erdähnlichen Planeten Merkur bis Mars. – Abb. 2.215 enthält Benennungen zur Kennzeichnung der Planetenstellungen.

In den jährlich erscheinenden astronomischen Jahrbüchern sind die monatlichen Planetenstellungen vor dem Himmelshintergrund und den im Laufe des Jahres entlang der Ekliptik wechselnden Tierkreiszeichen ausgewiesen.

Die unteren (erdähnlichen) Planeten umschließen keine Materie-Ringe, wohl alle oberen. Letztere werden von vergleichsweise vielen Monden umkreist (Abschn. 2.8.10.8).

Abb. 2.216a zeigt, wie die inneren Planeten von der Erde aus vor dem Fixsternhimmel erscheinen, sie stehen entweder in unterer oder oberer Konjunktion in Bezug zur Erde.

Bei den äußeren Planeten sind Konjunktion und Opposition markante Stellungen (Teilabbildung b). Aus den Abbildungen wird deutlich, wann die Planeten von der Erde aus gut, mäßig oder nicht sichtbar sind. Merkur ist wegen seiner Sonnennähe stets nur kurz zu sehen, Venus dagegen als Abend- und Morgenstern überwiegend in schönem Glanz, Mars in Opposition um Mitternacht als kleiner Stern in rötlichem Licht. – Die inneren Planeten kreisen schneller als die Erde, die äußeren langsamer. Abb. 2.216c zeigt als Beispiel die wechselnde scheinbare

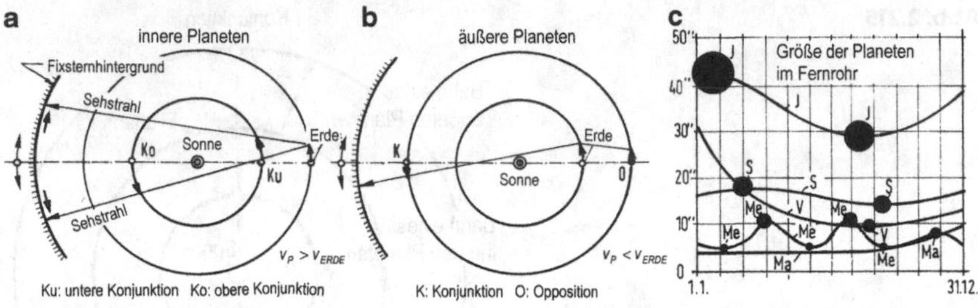

Abb. 2.216

Abb. 2.217

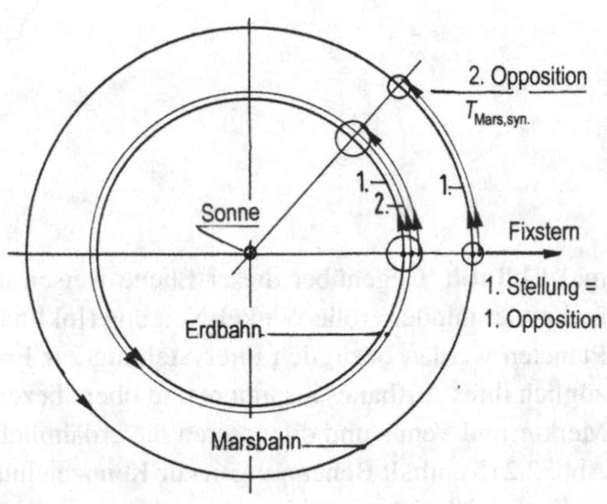

Größe und Helligkeit der Planeten im Laufe eines Jahres, was durch den unterschiedlichen Abstand zwischen ihnen und der Erde im Jahreslauf bedingt ist. (Die gelegentlich von der Erde aus zu beobachtende mutmaßliche Rückbewegung der äußeren Planeten in Form einer Schleife vor dem Himmelshintergrund wurde bereits in Verbindung mit Abb. 2.182 erklärt, vgl. auch Abb. 2.216b.)

Ein wichtiger Parameter jeder Planeten- und Mondbahn ist die Umlaufzeit, sie wird auch als Periode bezeichnet. – Als Beispiel werde die Umlaufzeit des Planeten Mars um die Sonne betrachtet. Mars gehört zu den äußeren Planeten. Abb. 2.217 zeigt seine Umlaufbahn und jene der Erde. Die Umlaufperiode der Erde beträgt: $T_{\text{Erde}} = 365{,}25636\,\text{d}$, d = Erdentag.

Die Oppositionsstellung von Mars und Erde sei für die folgende Betrachtung die Bezugsposition. In diesem Falle liegen Sonne, Erde und Mars auf einer Geraden. Vollendet der Mars einen vollen Umlauf, erscheint er, von der Sonne aus gesehen, exakt an derselben Stelle am Fixsternhimmel. Die Dauer dieses Umlaufs bezeichnet man als seine **siderische Periode**, sie kennzeichnet den wahren Umlauf des Planten, hier: $T_{\text{Mars,sid.}}$.

Mars bewegt sich langsamer als die Erde, seine siderische Periode dauert mehr als zweimal so lange wie die Erdumlaufbahn, sie beträgt: $T_{\text{Mars,sid.}} = 686{,}98\,\text{d}$. Für Mars und Erde folgen die Winkelgeschwindigkeiten ($\omega = v/r = 2\pi/T$) aus:

$$\omega_{\text{Erde}} = \frac{2\pi}{T_{\text{Erde}}}; \quad \omega_{\text{Mars}} = \frac{2\pi}{T_{\text{Mars,sid.}}}$$

Abb. 2.217 zeigt neben der ersten auch die nachfolgende Oppositionsstellung der beiden Planten. Bei dieser hat sich Mars einmal um die Sonne und darüber hinaus noch ein gewisses Stück weiter bewegt. Die Zeit, die der Planet für diese Strecke benötigt, also von Opposition bis zur nächsten Opposition, bezeichnet man als seine **synodische Periode**, sie ist die auf **die Erde bezogene Umlaufzeit**. Die Erde benötigt bis zum Erreichen dieser Stellung einen zusätzlichen Umlauf, anders stellt sich die erneute Opposition nicht ein. Der von Mars überstrichene Winkel bis zum Erreichen dieser ins Auge gefassten Stellung ist seine Winkelgeschwindigkeit mal seiner synodischen Periode. Für die Erde gilt das Analoge, ergänzt um den Winkel 2π (vgl. Abb. 2.217):

$$\omega_{\text{Mars}} \cdot T_{\text{Mars,syn.}} = 2\pi + \omega_{\text{Erde}} \cdot T_{\text{Mars,syn.}}$$

Setzt man obige Ausdrücke in die Gleichung ein, folgt nach Umformung:

$$\frac{1}{T_{\text{Mars,syn.}}} = \frac{1}{T_{\text{Erde}}} - \frac{1}{T_{\text{Mars,sid.}}}$$

In Zahlen ergibt sich für den Planeten Mars mit $T_{\text{Mars,sid.}} = 686{,}98\,\text{d}$:

$$\frac{1}{T_{\text{Mars,syn.}}} = \frac{1}{365{,}25636\,\text{d}} - \frac{1}{686{,}98\,\text{d}} = \frac{1}{779{,}94\,\text{d}} \rightarrow \quad T_{\text{Mars,syn.}} = 779{,}94\,\text{d}$$

Für die beiden inneren Planeten gilt eine modifizierte Formel.

Da sich die Planeten nicht auf einer Kreis- sondern auf einer Ellipsenbahn bewegen, haben die diskutierten Umlaufzeiten die Bedeutung von mittleren Perioden.

Auch für die Umrundung eines Mondes um seinen Planeten interessiert die Fragestellung. Sie werde am Beispiel des Erdmondes geklärt: Abb. 2.218 zeigt den Umlauf der Erde um die Sonne und gleichzeitig den Umlauf des Mondes um die Erde und das für zwei unterschiedliche Zeitpunkte bzw. Mondstellungen.

Die dargestellten Stellungen unterscheiden sich um die Dauer einer vollständigen Umkreisung des Mondes um die Erde: Stellungen 1 und 2. In diesen Stellungen

Abb. 2.218

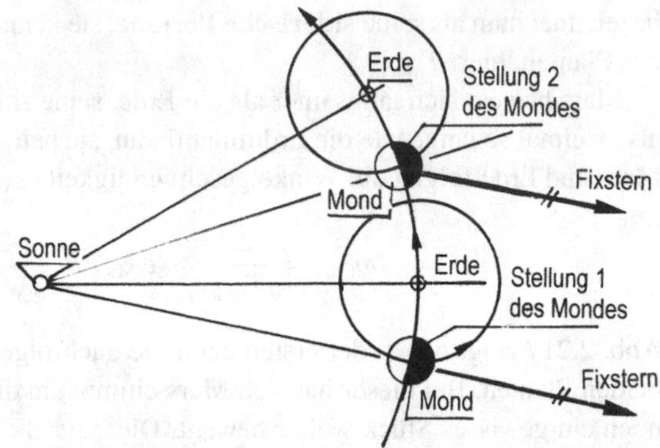

erscheint der Mond von der Erde aus jeweils exakt als Halbmond. Diese Zeit zwischen zwei gleichen Mondphasen bezeichnet man als synodische Periode des Mondes: $T_{\text{Mond,syn.}}$. Sie lässt sich exakt von der Erde aus messen. Die hierbei vom Mond überstrichene Bahnlänge ist etwas länger als es der vollen Umkreisung der Erde um 360° entspricht. Bei seiner Umkreisung der Erde um 360° würde ein Fixstern vom Mond aus gesehen mit einer festen Visiereinrichtung wieder an derselbe Stelle erscheinen. Das wäre seine siderische Periode: $T_{\text{Mond,sid.}}$. Die synodische Periode dauert länger als die siderische. Die Perioden sind über die Formel

$$\frac{1}{T_{\text{Mond,sid.}}} = \frac{1}{T_{\text{Erde}}} + \frac{1}{T_{\text{Mond,syn.}}}$$

miteinander verknüpft. In Zahlen folgt für $T_{\text{Mond,syn.}} = 29{,}53059\,\text{d}$:

$$\frac{1}{T_{\text{Mond,sid.}}} = \frac{1}{365{,}25636\,\text{d}} + \frac{1}{29{,}53059\,\text{d}} = \frac{1}{27{,}32166\,\text{d}}$$

$$\rightarrow \quad T_{\text{Mond,sid.}} = 27{,}32166\,\text{d}$$

Erwähnt sei an dieser Stelle die sogen. Titius-Bode-Formel. Sie besagt, dass der mittlere Abstand der Planeten von der Sonne (in Astronomischen Einheiten, AE) in Annäherung der Formel

$$r_n = 0{,}4 + 0{,}3 \cdot 2^n$$

gehorcht (aufgedeckt wurde sie von D. TITIUS (1729–1796) und E. BODE (1747–1826)). Für den Exponenten n ist zu setzen: Merkur: $n = -\infty$, Venus: $n = 0$,

Abb. 2.219

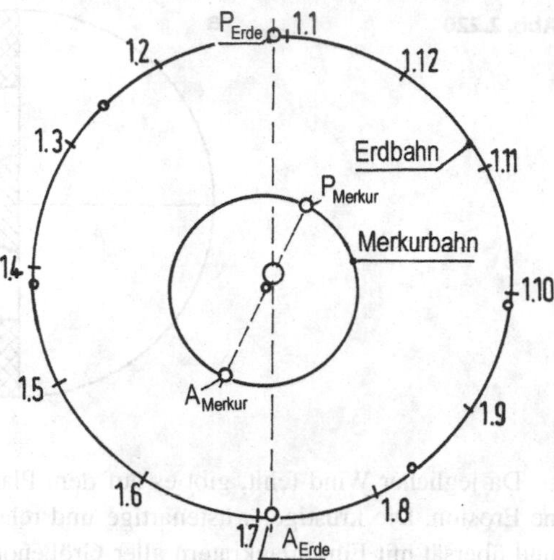

Erde: $n = 1$, Mars: $n = 2$, Planetoiden: $n = 3$, Jupiter: $n = 4$, usf. Die Abweichungen liegen im Wenige-Prozent-Bereich. Beim Neptun liegt die Abweichung allerdings bei 27 %. Auch für den Planetoidengürtel ist die Formel zu ungenau. Ein inneres Naturgesetz, das der Formel zugrunde liegen könnte, ist nicht bekannt.

2.8.10.3 Merkur

Abb. 2.219 zeigt die Bahnen von Erde und Merkur um die Sonne, einschließlich ihrer Perihel- und Aphelstellungen (A und P) in Verbindung mit den kalendarischen Erddaten. – Die mittlere Dichte des Merkur ist etwas geringer als jene der Erde, was auf einen vergleichbaren Aufbau mit einem Eisen-Nickel-Kern schließen lässt, er erfasst wohl ca. 3/4 des Durchmessers (Abb. 2.220). Das Magnetfeld ist dennoch schwach, was vermutlich auf der langsamen Rotation des Planeten beruht. Dadurch werden nur geringe gegenseitige Schiebungen und Reibungen innerhalb des Eisenkerns induziert.

Wegen der Nähe zur Sonne und ihrer starken gravitativen Wirkung einerseits und des von der Sonne ausgehenden starken Sonnenwindes andererseits, konnte sich auf dem Planeten keine gasförmige Atmosphäre bilden bzw. halten. Dieser Umstand hat extreme Temperaturunterschiede zwischen Tag und Nacht zur Folge. Das beruht auch auf der bereits erwähnten sehr langen Rotationsperiode, sie dauert 58,6 Erdentage und der Umlauf um die Sonne 88 Erdentage. Das gemeinsam hat zur Folge, dass, bezogen auf die Sonne, ein Sonnentag auf dem Planeten $1{,}98 \approx 2$ Merkurjahre dauert!

Abb. 2.220

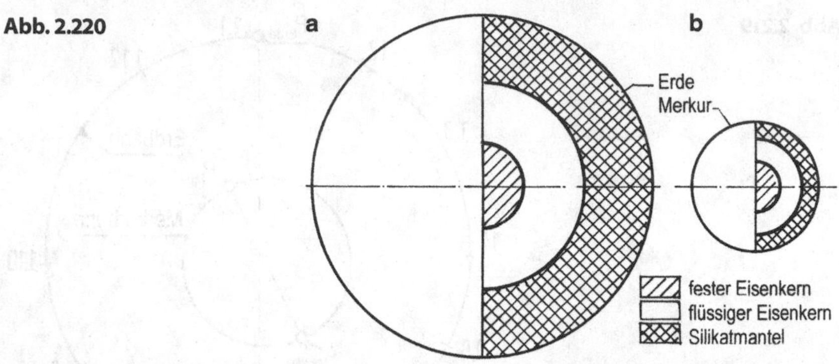

Da jeglicher Wind fehlt, gibt es auf dem Planeten seit seiner Entstehung keine Erosion. Die krustige, wüstenartige und relativ flache Oberfläche ist sehr alt und übersät mit Einschlagkratern aller Größenordnungen, der größte weist einen Durchmesser von ca. 1550 km auf, es ist das Carolis-Becken.

2.8.10.4 Venus

Die Venusbahn verläuft fast kreisförmig. Die Entfernung bis zur Sonne beträgt ca. 0,7 AE. Der Planet hat mit einem Durchmesser von 12.104 km nahezu die Größe der Erde.

Seine mittlere Dichte beträgt 5250 kg/m^3, das sind 95 % der Erddichte. Der Durchmesser des Eisenkerns wird zu 6000 km geschätzt.

Je nach Stellung in Bezug zur Erde erscheint der Planet von der Erde aus als eine Sichel mit einem Abstand von $42 \cdot 10^6$ km oder als kleine runde Scheibe mit einem Abstand von $258 \cdot 10^6$ km von der Erde, vgl. Abb. 2.221.

Gegenüber der Erde weist der Planet einige Besonderheiten auf:

- Die Rotation um die eigene Achse ist gegenläufig zum Drehsinn der Bahn um die Sonne, man nennt eine solche Rotation retrograd. Die Dauer eines Um-

Abb. 2.221

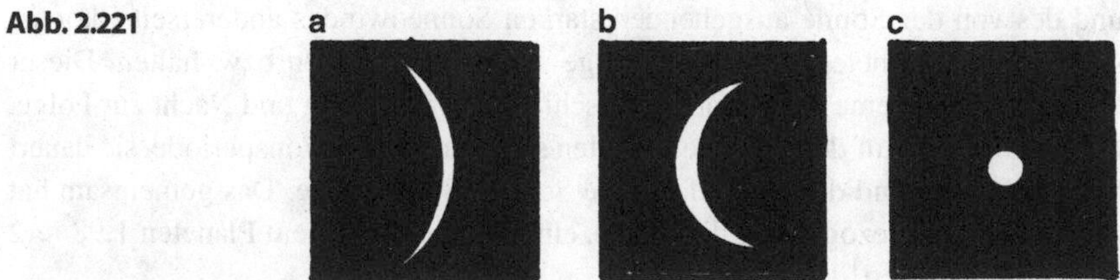

laufs um die Sonne beträgt 225 Erdentage, die Dauer einer Rotation um die eigene Achse 243 Erdentage. Das bedeutet: Der Venustag dauert länger als ein Venusjahr! Als Folge dieser extrem langsamen Rotation stellen sich, wie beim Merkur, nur geringe gegenseitige Bewegungen innerhalb des flüssigen Eisenkerns ein, was auch in diesem Falle das schwache magnetische Feld erklärt.

- Auf der Oberfläche lastet eine ca. 100 km mächtige sehr dichte Gashülle aus 96 % Kohlendioxid (auf der Erde sind es 0,03 %) und 3,5 % Stickstoff sowie Spuren von Argon. Am Boden herrscht ein Druck von 90 bar, das ist das 90-fache des atmosphärischen Drucks auf Erden in Höhe des Meeresspiegels. Druck und Dichte sind innerhalb der Venusatmosphäre unterschiedlich gestaffelt, das gilt auch für die Strömungsverhältnisse mit zum Teil extrem heftigen Stürmen in unterschiedlichen Höhen.
- Die Oberfläche der Venus ist von außen nicht einsehbar. Dank der vielen, seit 1966 durchgeführten Raummissionen ist der Planet inzwischen umfassend kartiert. Die Oberfläche zeigt mehr als 1000 Vulkane, auch ausgedehnte Lavaflüsse und -becken. Die Vulkane sind überwiegend aktiv. Der Venusmantel ist glühend heiß, ebenso die unteren Schichten der Gashülle, wohl bis max. 500 °C! Das hat zur Folge, dass die Temperaturunterschiede auf der Venustag- und Venusnachtseite vergleichsweise gering sind, obwohl die Eigenrotation so lange dauert und obwohl nur 2 % des Sonnenlichts die Venusoberfläche erreicht. Die Gashülle wirkt wie eine Isolierung, wie ein ‚Treibhaus'. Lebensformen, wie auf der Erde, konnten sich auf dem Planten nicht entwickeln. Wasser ist nur in geringstem Umfang vorhanden und das in Form von Schwefelsäuretröpfchen.

2.8.10.5 Erde

Von der Sonne aus gesehen, ist die Erde der dritte Planet. Die Erde zu erforschen ist Aufgabe der Geowissenschaften.

Die Bahn der Erde um die Sonne ist nahezu kreisförmig ($\varepsilon = 0{,}01674$). Größter und kleinster Abstand von der Sonne unterscheiden sich nur geringfügig: $1{,}471 \cdot 10^{11}$ m (Perihel, sonnennächste Stellung am 2. Januar), $1{,}521 \cdot 10^{11}$ m (Aphel, sonnenfernste Stellung am 5. Juli). Der mittlere Abstand ist mit $1{,}495979 \cdot 10^{11}$ m als Astronomische Einheit (AE) vereinbart – Die Geschwindigkeit auf der Bahn um die Sonne beträgt im Mittel $29{,}8\,\mathrm{km/s} = 107.219\,\mathrm{km/h}$. – Das Jahr dauert 365,25636 Tage. – Die siderische Rotationsperiode um die eigene Achse dauert 23 h 56 min 4,099 s und die synodische (gegenüber der Sonne) 24 h (24 Stunden, $24 \cdot 60 \cdot 60 = 86.400$ Sekunden). – Umlaufbahn und Rotation weisen denselben Drehsinn auf, vgl. Abb. 2.222.

Gegenüber der ekliptikalen Ebene ist die Rotationsachse um 66,55° geneigt. Lage und Richtung der Drehachse bleiben bei der Umrundung der Sonne unver-

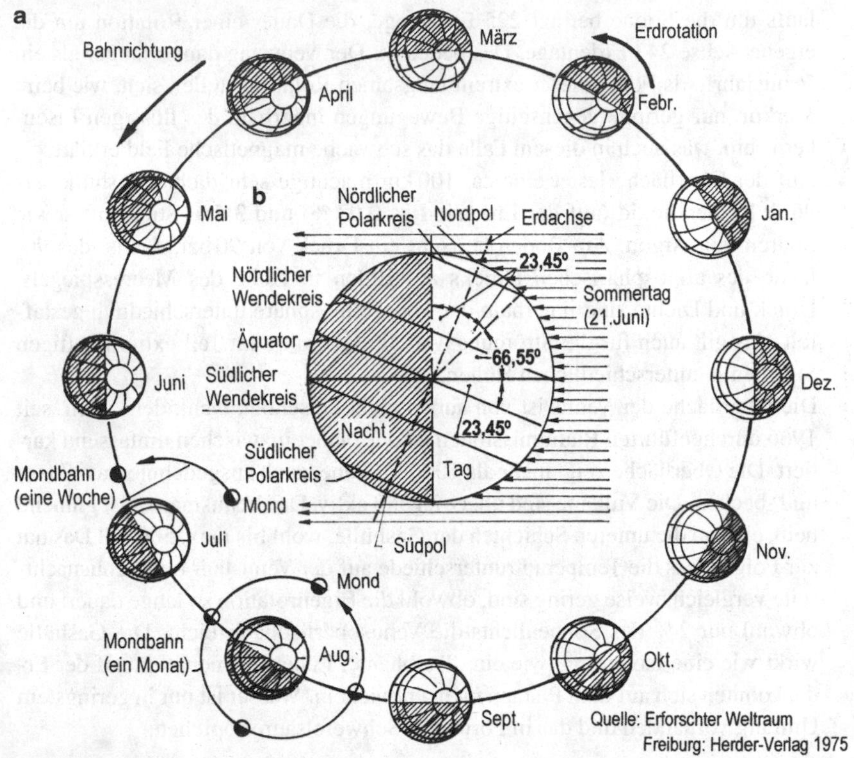

Abb. 2.222

ändert. Dadurch ist der Sonneneinfall auf der Erdoberfläche im Laufe des Jahres unterschiedlich. Auf diesem Umstand beruhen die Jahreszeiten.

Aus Abb. 2.222 gehen alle weiteren Einzelheiten hervor: Pole, Polarkreise, Wendekreise und Äquator. Ab 21. Juni geht polseits des nördlichen Polarkreises die Sonne nicht mehr unter, polseits des südlichen Polarkreises nicht mehr auf (±66,55° Breite). Das Entsprechende gilt umgekehrt ab 21. Dezember. Am 21. März bzw. 23. September sind Tag und Nacht gleich lang (Tag- und Nachtgleiche).

Der Form nach ist die Erde ein abgeplattetes Rotationsellipsoid, die Abplattung beträgt:

$$f = \frac{6376{,}137 - 6356{,}752}{6378{,}137} = 0{,}00335 = \frac{1}{298{,}253}$$

Diese Ausformung beruht auf der von der Erdrotation ausgehenden zentrifugalen Beschleunigung, sie ist in der Äquatorebene am größten. Man bezeichnet die Erdform als **Geoid**. Der Erdkörper ist gegenüber einem idealen Rotationsellipsoid nochmals unregelmäßiger (‚kartoffelartig') geformt. Das beruht auf der Dichte- bzw. Masseinhomogenität innerhalb des mehrschaligen Erdaufbaues. – Die Erde gliedert sich wie folgt von innen nach außen: Innerer fester Eisen-Nickel-Kern (Radius 1230 km), flüssiger Eisen-Nickel-Mantel (2260 km dick), innerer (viskoser) und äußerer (fester) Silikat-Mantel (insgesamt ca. 2900 km dick). Die Dicke der Erdkruste selbst ist gering, die ozeanische Kruste zwischen 8 bis 10 km, jene unter dem Festland bis 50 km dick. Die feste (spröde) Kruste besteht vorrangig aus basischen und sauren Silikaten (vgl. hier Bd. IV, Abschn. 2.4.2.2)

Das magnetische Feld beruht auf den gegenseitigen Materialverschiebungen innerhalb der metallisch-flüssigen Kernschale. Da die Erde relativ schnell rotiert, hat das einen vergleichsweise starken Magnetismus zur Folge. Die magnetische Feldstärke klingt außerhalb des Erdkörpers rasch ab (Bd. III, Abschn. 1.4.1). Ohne das Magnetfeld hätte sich wohl Leben auf Erden nicht entwickeln können, es verhindert das Eindringen der Partikel des Sonnenwindes bis zur Erdoberfläche.

Während die Atmosphäre auf den Nachbarplaneten Venus und Mars vorrangig aus CO_2 besteht (auf dem Mars nur in sehr geringer Dichte), ist hiervon auf der Erde nur wenig vorhanden, auf der Erde dominieren bis etwa 100 km Höhe Stickstoff (N_2, 78 %), Sauerstoff (O_2, 21 %) und 1 % Edelgase. Der Höhe nach weist die Erdatmosphäre einen wechselnden Schichtenaufbau mit stark veränderlichen Druck- und Temperaturverhältnissen auf (vgl. Bd. III, Abschn. 2.7.4).

Eine Besonderheit des Erdkörpers ist seine **Präzession**. Hierunter versteht man die zeitveränderliche Verlagerung der Rotationsachse entlang des Außenmantels eines (virtuellen) Kegels, dessen Spitze im Erdschwerpunkt ruht. Abb. 2.223a zeigt die Schwenkung der Drehachse und den zugehörigen Drehsinn. Die Umlaufzeit dieser kreiselnden Bewegung beträgt 25.750 Jahre (‚Platonisches Jahr'). In diesem Zeitraum durchmisst der Nordpol am nördlichen Sternenhimmel einen Kreis (der Südpol einen entsprechenden). Abb. 2.223b zeigt die Kreisbahn des Nordpols am Himmel, beginnend im Jahre 2000 v. Chr. über 0 (Chr. Geb.) bis 2000 n. Chr. (heute) und so fort. Die Abbildung zeigt die Konstellation der Sterne auf dem Himmelsgewölbe, welche die Erdbewohner während eines Platonischen Jahres in Richtung der Rotationsachse sehen.

Die Präzession hat ihre Ursache in dem in der Äquatorebene liegenden Wulst, der durch die Zentripetalbeschleunigung hervor gerufenen wird. Der Wulst hat eine Dicke (eine Überwölbung) von ca. 20 km. Er liegt nicht in der Bahnebene, ist also nicht zur Sonne hin gerichtet (Abb. 2.224a). Der der Sonne zugewandte Teil des Wulstes unterliegt einer stärkeren Anziehung als der von ihr abgewandte. Dadurch

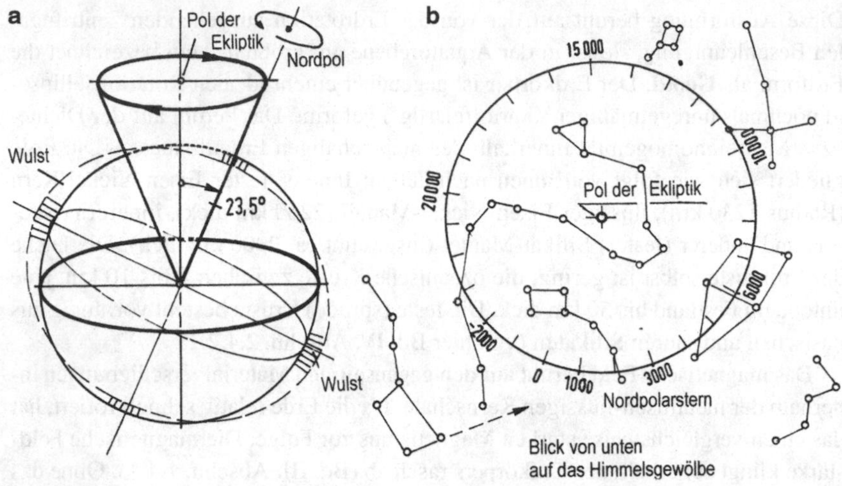

Abb. 2.223

Abb. 2.224

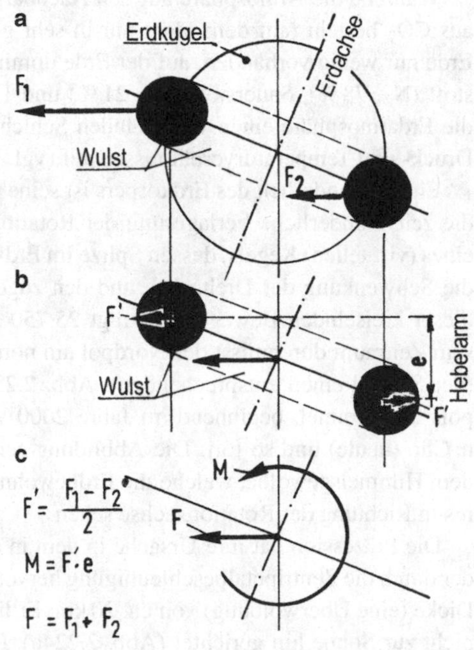

besteht die Tendenz, die Erdachse aufzurichten, wie in Abb. 2.224b, c schematisch angedeutet. Der der Erde innewohnende Drehimpuls um die Rotationsachse wirkt dem entgegen. Die Erdachse weicht dem eingeprägten Kippmoment aus. Die Erde verhält sich wie ein Kreisel. – Auch der Mond ist an der Präzession beteiligt, seine Bahnebene fällt nicht genau mit der äquatorialen zusammen. Gegenüber der ekliptikalen ist seine Bahnebene unter dem Winkel 5,15° geneigt. Man spricht von lunisolarer Präzession.

Der Einfluss der übrigen Planeten auf die Erdbahn (planetare Präzession) ist verschwindend gering, wohl bewirkt deren Gravitation eine schwache langfristige Verlagerung der ekliptikalen Ebene.

Da sich bei der Umrundung der Sonne nicht der Erdmittelpunkt auf der elliptischen Bahn bewegt sondern der gemeinsame Schwerpunkt des Erde-Mond-Systems, liegt der Schwerpunkt des Mondes im Laufe eines Mondumlaufs einmal der Sonne näher (Neumond) und einmal der Sonne ferner (Vollmond). Dieser Umstand bewirkt ein weiteres geringes Kippen der Erdachse. Das macht sich in einer kurzperiodischen Schwankung der Erdachse bemerkbar (Periode: 18,6 Jahre). Man nennt dieses Phänomen **Nutation**. – Schließlich verändern sich der Neigungswinkel der Erdachse im Zyklus von ca. 41.000 Jahren und die Bahnexzentrizität im Zyklus von ca. 110.000 Jahren. – Mit alledem sind bei gleichbleibender Sonneneinstrahlung, kontinuierliche Schwankungen des Erdklimas verbunden: Kalt- und Warmzeiten wechseln sich in kurz- und langfristig überlagernden Zyklen ab und das mit unterschiedlicher Intensität innerhalb der verschiedenen Regionen der Erde, ein kompliziertes Geschehen mit erheblichen Auswirkungen auf das Klima und die irdischen Lebensbedingungen (Bd. V, Abschn. 1.2.7).

2.8.10.6 Erdmond – Sonnen- und Mondfinsternis – Gezeiten

Der Mond ist ein vergleichsweise großer Trabant. Man spricht beim Erde-Mond-System daher auch von einem Doppelplaneten. – Die Exzentrizität ist mit $\varepsilon = 0{,}0549$ sehr gering, das bedeutet, die Mondbahn um die Erde ist nahezu kreisförmig. Der Mond bewegt sich auf seiner Bahn mit 1,023 km/s. Die siderische Umlaufzeit um die Erde dauert 27 d 7 h 43,7 min = 27,32166 d, die synodische ca. $2\frac{1}{2}$ Tage länger (vgl. oben). –

Rotationssinn und Umlaufsinn stimmen beim Mond überein, ihre Dauer ist gleichlang! Das bedeutet: Der Mond dreht sich während der Umrundung der Erde exakt einmal um seine eigene Achse (man spricht von gebundener Rotation). Das hat zur Folge, dass der Mond der Erde immer nur seine ‚Vorderseite' zukehrt, die ‚Rückseite, ist von der Erde aus nicht einsehbar. (Wegen minimaler Geschwindigkeitsschwankungen ist dennoch etwas mehr als die Hälfte zu sehen.) Dank der

Abb. 2.225

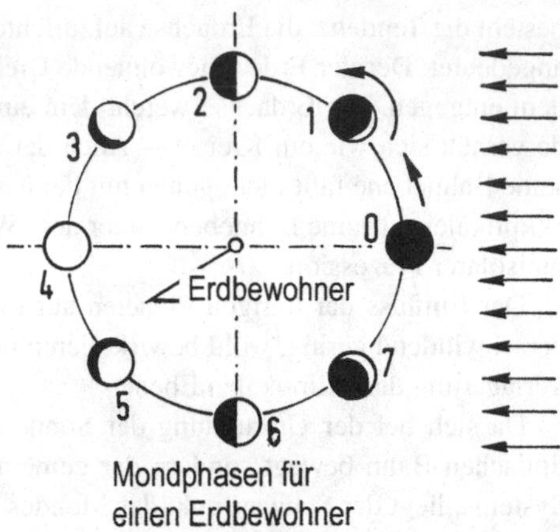

Mondmissionen ist die Oberfläche des Mondes inzwischen im Detail kartiert, auch seine ‚Rückseite'.

Die Bahnebene des Mondes stimmt mit jener der Erde weitgehend überein (Bahnneigung 5,15°). Die unterschiedlichen Mondphasen sind von der Erde aus gut nachvollziehbar:

Neumond – Halbmond – Vollmond – Halbmond – Neumond (Abb. 2.225).

Nach gewissen Zeiträumen kommt es zu einer Übereinstimmung der Himmelskörper auf der Linie Sonne-Mond-Erde, dann spricht man von einer **Sonnenfinsternis** (einer partiellen oder totalen, Abb. 2.226a).

Bei einer Übereinstimmung auf der Linie Sonne-Erde-Mond stellt sich eine **Mondfinsternis** ein (Abb. 2.226b). Die Zeit, in welcher der Mond im Kernschatten verweilt, beträgt etwa 1,5 Stunden, jene der Finsternis insgesamt ca. 7 Stunden (Abb. 2.227).

In Abb. 2.228 ist das Entstehen einer Sonnenfinsternis nochmals genauer dargestellt, sie kann nur bei Neumond auftreten: In Teilabbildung a erkennt man den Bereich der totalen Finsternis auf der Erde im Kernschatten und die beidseitig liegenden Bereiche der partiellen Finsternis. Die Dauer einer totalen Sonnenfinsternis beträgt 7 Minuten und 31 Sekunden. Auf der Erde wird dabei ein Streifen von 272 km Breite erfasst. In Teilabbildung b ist der bei der Sonnenfinsternis in Süddeutschland am 11.08.1999 überstrichene Streifen wiedergegeben.

Der Mond besitzt praktisch keine Atmosphäre, die Temperaturunterschiede zwischen Nacht und Tag sind auf der Mondoberfläche mit −160 °C und +120 °C sehr hoch. Die Oberfläche ist absolut trocken. Es wird vermutet, dass sich in größeren Tiefen Spuren von Wasser befinden.

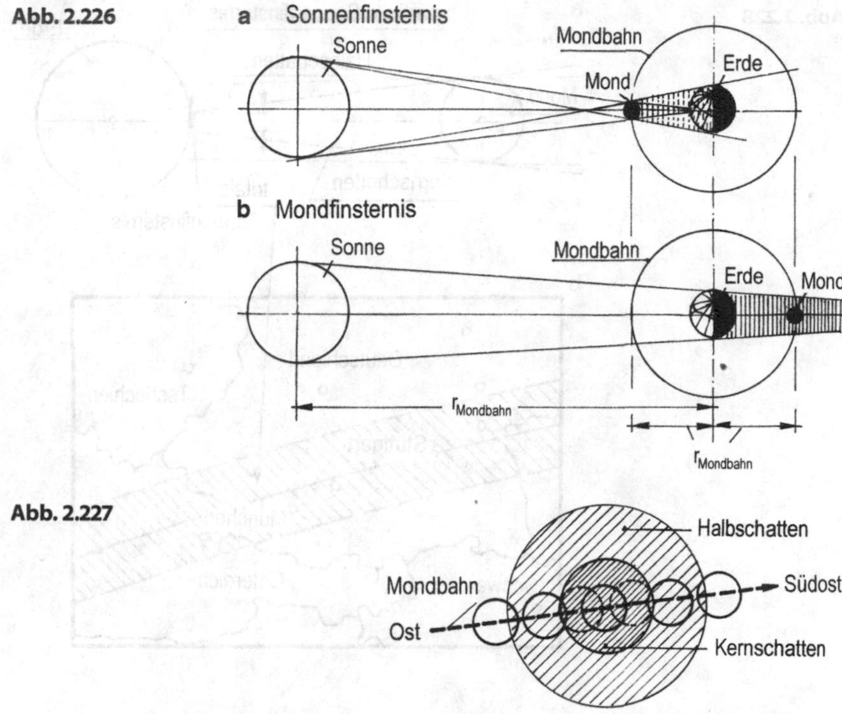

Abb. 2.226

Abb. 2.227

Bei den bisherigen sechs Missionen wurde der Mond von 12 Menschen betreten. Die erste Mondlandung fand 1969 statt, die fünf weiteren folgten bis 1972, bei jeder waren 2 Astronauten beteiligt.

Der Trabant ist inzwischen gut erforscht. Dank der mitgebrachten Bodenproben geht man bezüglich seiner Entstehung von folgendem Szenario aus: Kurz nach ihrer Ausformung vor ca. 4,53 Milliarden Jahren kollidierte die Erde mit einem instabilen, etwa marsgroßen Asteroiden (man gab ihm den Namen ‚Theia'). Hierbei wurde glutzähes Material aus beiden Körpern herausgeschleudert, vorrangig silikates aus den oberen Schichten. Aus diesem Material bildete sich der Mond auf einer sehr nahen Umlaufbahn. Im Erdkörper verblieb ein relativ hoher Eisenanteil aus beiden Körpern. Das könnte erklären, warum der Mond nur einen relativ kleinen metallischen Kern besitzt: Die mittlere Dichte der Erde beträgt 5515 kg/m^3, jene des Mondes 3343 kg/m^3. Im Laufe der Jahrmilliarden wuchs der Abstand zwischen Mond und Erde an, von rund 20.000 km zu Anfang auf 384.000 km heute, was u. a. auf dem mit der Gezeitenwirkung einhergehenden ‚Verlust' an kinetischer

Abb. 2.228

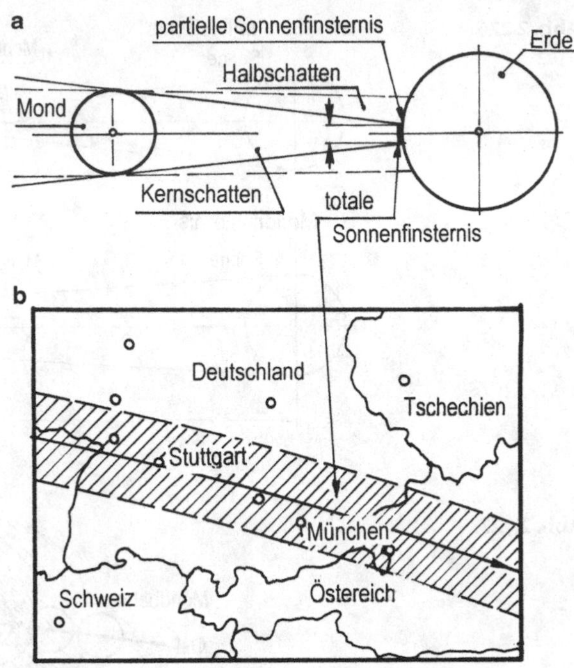

Energie beruht. In heutiger Zeit nimmt der Abstand zwischen Erde und Mond alle 100 Jahren um ca. 3,8 m zu. – Man geht davon aus, dass die Erde ihre außerordentlich hohe Bahn- und Rotationsstabilität der Nähe zum Mond und der Rotation um den gemeinsamen Schwerpunkt zu verdanken hat. Den erdnahen Planeten Venus und Mars fehlt ein solcher stabilisierender Partner, deren Rotation ist vergleichsweise kreiselnd-schlingernd. Ohne die hohe Stabilität ihrer Bahnparameter hätte die Erde nicht jenes gleichförmige Klima gehabt, das für die Entwicklung der hohen Lebensformen auf Erden notwendig war.

Gegen die oben erläuterte Hypothese, wonach der Mond aus dem Material der Erde und jenem des seinerzeitigen Kollisionsasteroiden entstanden ist, gibt es Einwände: In diversen Mondproben wurden dieselben prozentualen Anteile an Elementen bestimmt, wie sie sich auf der Erde finden. Der Asteroid müsste demnach dieselben Anteile enthalten haben wie auf der Erde, soll doch der Mond aus beiden entstanden sein, was als eher unwahrscheinlich angesehen wird.

Die Nähe von Mond und Erde und die Rotation um ihren gemeinsamen Schwerpunkt bewirkt das **Gezeiten-Phänomen** mit Ebbe und Flut. Um es zu erklären,

Abb. 2.229

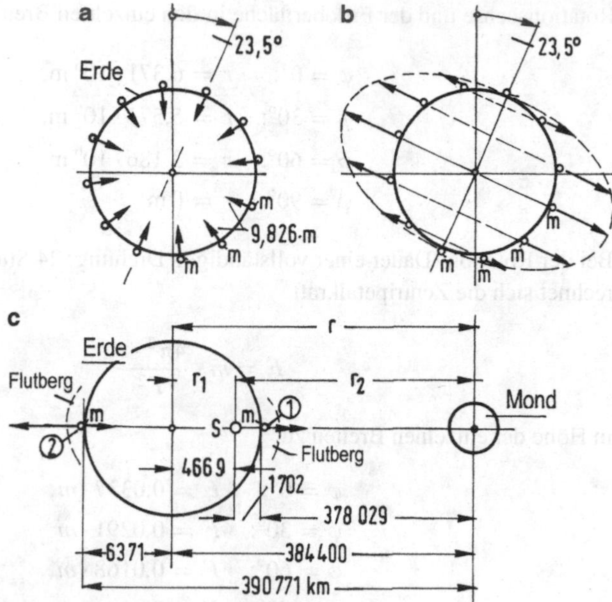

wird zunächst untersucht, welche Kräfte auf eine (Probe-)Masse m an verschiedenen Orten auf der Erdoberfläche einwirken (etwa $m = 1$ kg). Der Einfluss des Mondes werde dabei zunächst nicht einbezogen. Setzt man für die Erde

$$m_{\text{Erde}} = m_E = 5{,}974 \cdot 10^{24}\,\text{kg}; \quad R_{\text{Erde}} = R_E = 6{,}371 \cdot 10^6\,\text{m (Mittelwert)}$$

an, folgt die gravitative Kraft auf die (Probe-)Masse m zu:

$$F = G \cdot \frac{m \cdot m_E}{R_E^2} = 6{,}6742 \cdot 10^{-11} \cdot \frac{m \cdot 5{,}974 \cdot 10^{24}}{(6{,}371 \cdot 10^6)^2} = 9{,}826 \cdot m.$$

Die Kraft wirkt in Richtung auf den Erdmittelpunkt (Abb. 2.229a).

Da sich der Abstand zwischen m und der Rotationsachse mit der geographischen Breite ändert, sind die zentripetalen Kräfte auf die Masse m an den verschiedenen Orten auf der Erdoberfläche unterschiedlich groß (Teilabbildung b). Ausgehend von der Ebene des Erdäquators betragen die Abstände zwischen der

Rotationsachse und der Erdoberfläche in den einzelnen Breitengraden:

$$\begin{aligned}
\varphi &= 0^\circ: & r &= 6{,}371 \cdot 10^6\,\text{m},\\
\varphi &= 30^\circ: & r &= 5{,}571 \cdot 10^6\,\text{m},\\
\varphi &= 60^\circ: & r &= 3{,}186 \cdot 10^6\,\text{m},\\
\varphi &= 90^\circ: & r &= 0\,\text{m}
\end{aligned}$$

Bei der Rotation (Dauer einer vollständigen Drehung: 24 Stunden = 66.400 s) berechnet sich die Zentripetalkraft

$$F = m \cdot \frac{4\pi^2 \cdot r}{T^2}$$

in Höhe der einzelnen Breiten zu:

$$\begin{aligned}
\varphi &= 0^\circ: & F &= 0{,}0337 \cdot m,\\
\varphi &= 30^\circ: & F &= 0{,}0291 \cdot m,\\
\varphi &= 60^\circ: & F &= 0{,}0168 \cdot m,\\
\varphi &= 90^\circ: & F &= 0
\end{aligned}$$

Den Verlauf der Kräfte über den Erdumfang zeigt Abb. 2.220b. Sie sind um zwei Größenordnungen kleiner als die oben ausgewiesene, radial wirkende Gravitationskraft. Die Zentripetalkräfte sind mit den (konstanten) gravitativen Kräften unter Berücksichtigung der Winkelrichtung vektoriell zu überlagern. Die Wirkung der zentripetalen Beschleunigung führt, wie ausgeführt, zur Geoidform des Erdkörpers, selbstredend einschließlich der Wasseroberfläche der Ozeane.

Den vorstehenden Kräften auf die Massen m überlagern sich jene, die durch den Mond hervorgerufen werden. Sie entstehen erstens durch die Anziehung des Mondes und zweitens durch die Zentripetalbeschleunigung der Erde-Mond-Rotation um die durch den gemeinsamen Schwerpunkt des Erd-Mond-Systems verlaufende Achse, die nicht mit der Rotationsachse zusammenfällt, sondern senkrecht auf der Erde-Mond-Ebene steht. Der Abstand des Systemschwerpunktes vom Erdmittelpunkt folgt aus (vgl. Abb. 2.229c):

$$r_1 = \frac{1}{1 + m_1/m_2} \cdot r$$

Hierin ist zu setzen: $m_1 = m_{\text{Erde}}$, $m_2 = m_{\text{Mond}} = 7{,}348 \cdot 10^{22}\,\text{kg}$ und $r = 384.400\,\text{km}$ (mittlerer Abstand zwischen Erde und Mond). Die Rechnung ergibt:

$r_1 = 4669$ km. Der Schwerpunkt des Systems liegt innerhalb des Erdkörpers! Die unterschiedlichen Abstände der Massen auf der Erdoberfläche von der gemeinsamen Rotationsachse lassen sich nunmehr angeben. Die eine Hälfte der Wulst-Masse liegt dem Mond näher ①, die andere liegt dem Mond ferner ②, entsprechend sind die Anziehungskräfte, die vom Mond bewirkt werden, unterschiedlich. Sie berechnen sich für eine Masse m, einmal in Richtung auf den Mond und einmal in Gegenrichtung zu:

①: $r = 3{,}7803 \cdot 10^8$ m: $F = 3{,}4318 \cdot 10^{-5} \cdot m \rightarrow$
②: $r = 3{,}9077 \cdot 10^8$ m: $F = 3{,}2116 \cdot 10^{-5} \cdot m \rightarrow$

(vgl. Abb. 2.229c): Die Drehung um den gemeinsamen Schwerpunkt dauert etwa einen Monat, genau: $27{,}32166\,d = 2{,}3606 \cdot 10^6$ s. Mit den Abständen 1702 km ① und 11.040 km ② folgen die zentripetalen Kräfte aus dieser Drehung zu:

①: $r = 1{,}702 \cdot 10^6$ m: $F = 1{,}2058 \cdot 10^{-5} \cdot m \rightarrow$
②: $r = 11{,}040 \cdot 10^6$ m: $F = 7{,}8002 \cdot 10^{-5} \cdot m \leftarrow$

Die gravitativen Kräfte auf m vom Mond und die zentripetalen Kräfte des Erd-Mond-Systems auf m sind offensichtlich von gleicher Größenordnung, ihre Überlagerung in den Punkten ① und ② ergibt:

①: $F = (3{,}4318 + 1{,}2058) \cdot 10^{-5} \cdot m = 4{,}6376 \cdot 10^{-5} \cdot m \rightarrow$
②: $F = (3{,}32116 - 7{,}8002) \cdot 10^{-5} \cdot m = -4{,}5886 \cdot 10^{-5} \cdot m \leftarrow$

Hiermit ist erläutert, warum sich immer zwei etwa gleich hohe Flutberge in den Meeren der Erde in Richtung und in Gegenrichtung zum Mond bilden. ‚Unter diesen örtlich und zeitlich nur schwach veränderlichen Flutbergen dreht sich die Erde um ihre Rotationsachse täglich hinweg'. Das führt zweimal am Tag zu Ebbe und Flut. Die Flutberge brechen sich an den Küsten (= Brandung). Hierbei wird die ihnen innewohnende Energie zerstreut. Eine entsprechende Energiedissipation ist mit der Gezeitenwirkung im Erd- und Mondkörper verbunden (sie werden ständig ‚geknetet'). Das alles geht zu Lasten der Rotationsenergie von Erde und Mond und der Bahnenergie des Erde-Mond-Systems: Die Rotations- und Umrundungszeiten steigen an, der gegenseitige Abstand wächst.

Die oben erläuterte Ursache für das Gezeitenphänomen dürfte keinesfalls erschöpfend dargestellt sein, hierzu gehört auch die Frage des Drehimpulstransfers innerhalb des Systems in den zurückliegenden Erdzeiten, dabei wäre auch die Frage interessant, wie mächtig die Gezeiten und ihre Auswirkungen waren, als sich Mond und Erde in der Frühzeit noch viel näher umrundeten.

2.8.10.7 Mars

Der Mars ist mit einem Äquatordurchmesser von 6794 km nur etwa halb so groß wie die Erde. Seine mittlere Dichte beträgt 3940 kg/m^3, das sind 72 % der Erddichte. Insgesamt erreicht die Masse des Mars nur ca. 11 % der Erdmasse. Es handelt sich somit um einen vergleichsweise kleinen Planeten. – Die Umrundung der Sonne währt ca. 687 Erdentage ($T_{\text{Mars,sid.}}$). Die Rotation um die eigene Achse dauert mit 27,623 h etwas länger als die Erdrotation. – Je nach Bahnstellung schwankt die Entfernung zwischen Erde und Mars zwischen ca. $55{,}8 \cdot 10^6$ km und dem 7,1-fachen Wert davon, entsprechend unterschiedlich erscheint die Größe des Planeten von der Erde aus als rötliche Scheibe.

Die Marsatmosphäre ist sehr dünn, sie besteht zu 95 % aus CO_2, und zu 3 % aus N_2 sowie aus Spuren von Argon. Der Gasdruck auf der Marsoberfläche erreicht nur 1 % des atmosphärischen Drucks auf Erden. – Die Äquatorneigung ist mit 25,20° ca. 7 % größer als jene der Erde, es gibt vergleichbare Jahreszeiten. – Die Temperatur beträgt im Mittel −63 °C, sie schwankt zwischen ca. −140 °C (eisig) und 30 °C (warm).

Die Oberfläche ist überwiegend sandig-wüstenartig und mit gerölligen Stein- und Felsbrocken übersät. Es handelt sich um eisenoxidisches (rostiges) Bodenmaterial, einschließlich Anteilen aus Si, Mg, Ka, Al. Vieles ist basaltisches Eruptivmaterial (Lava) aus der ehemals aktiven Vulkantätigkeit herrührend. Der Vulkanismus muss mächtig gewesen sein. Uralte erloschene Vulkanberge erreichen Höhen bis 26.000 m. Großräumig gibt es Graben- und Rillenformationen sowie eine riesige Anzahl von Einschlagkratern unterschiedlicher Größe. Flussbette lassen auf ehemals gewaltige Ströme schließen. – An den Polen breiten sich in den Marswintern große Eiskappen aus (bei −120 °C), bestehend aus Wasser- und CO_2-Trockeneis. Während der Marssommer verbleiben hiervon meist nur kleine Reste (bei −15 °C) übrig. In den oberen Breiten des Mars werden nach wie vor ausgedehnte Wasservorkommen in Form von Permaeis im Krustengestein vermutet. –

Die bisherigen Marsmissionen mit Marsorbitern und Marsrovern erlauben ein detailreiches Bild vom Nachbarplaneten. Die Oberfläche ist weitgehend kartiert. Künftige Missionen werden das Bild weiter vervollständigen. Insbesondere geht es auch um die Frage, ob sich organische Substanzen oder gar fossile Lebensformen einfachster Art, z. B. in Form von Bakterien oder Mikroben, aus früherer Zeit finden lassen. Der im Jahre 2004 abgesetzte Rover ‚Opportunity' hat in zehn Jahren etwa 40 km abgefahren, lebensfreundliche Spuren hat er nicht entdeckt. – Ob es je einen bemannten Flug zum Mars geben wird, bleibt abzuwarten. Ein tieferer Sinn für ein solches Unternehmen erschließt sich einem kaum. – Eine aktuelle Dokumentation zur Marsforschung einschließlich Bildmaterial enthält [68].

Abb. 2.230

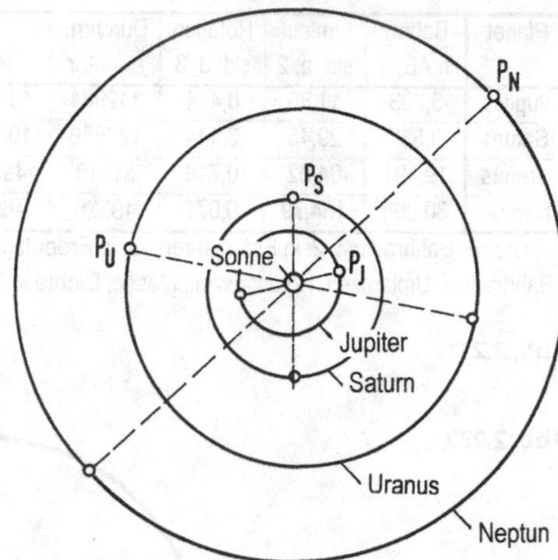

Der Planet wird von zwei kleinen Monden umkreist, Phobos und Deimos, sie haben keine Kugelform.

2.8.10.8 Gasplaneten Jupiter, Saturn, Uranus und Neptun

Die vier großen Gasplaneten haben eine Reihe von Gemeinsamkeiten:

- Es herrscht eisige Kälte, die tiefsten Oberflächentemperaturen erreichen ca. −120 °C bei Jupiter und ca. −200 °C bei Neptun.
- Die Bahnen der Planeten fallen weitgehend mit der ekliptikalen Ebene zusammen, es sind näherungsweise Kreise. Abb. 2.230 zeigt zeitgleiche Perihelpositionen.
- Von der Erde aus sind die Gasplaneten umso ungünstiger sichtbar, je weiter sie entfernt liegen, da auch ihr Durchmesser im Vergleich zum nächstgelegenen Jupiter, im Verhältnis 1 : 0,84 : 0,36 : 0,35 abnimmt, vgl. Tabellen in Abb. 2.214 und 2.231.
- Die Dauer ihrer Eigendrehung ist vergleichsweise kurz (≈ 10/10,6/17/16 Stunden), entsprechend hoch ist die Umfangsgeschwindigkeit auf der Oberfläche. Das bedingt sehr hohe Windgeschwindigkeiten in ihrer Atmosphäre. Auf Jupiter werden bis zu 500 km/h erreicht, auf Saturn und Uranus bis zu 250 km/h.
- Die hohe Rotationsgeschwindigkeit hat außerdem eine starke Abplattung zur Folge. Das beruht auch auf dem wenig festen Material der äußeren Planeten-

Planet	Bahnr. in AE; 1	Umlauf sid. a; 2	Rotation sid. d; 3	Durchm. Äquator	Durchm. Pol	Masse	Dichte	Monde	Ringe
Jupiter	5,203	11,86	0,414	142984	133706	317,8	0,24	67	ja
Saturn	9,537	29,45	0,444	120536	108728	95,2	0,13	62	ja
Uranus	19,191	84,02	0,718	51118	49946	14,5	0,23	27	ja
Neptun	30,069	164,79	0,671	49528	46682	17,1	0,30	14	--

1: Großer Bahnradius; 2: in Erdenjahren, 3: in Erdentagen; Durchmesser in km
Bahnradius, Umlaufzeit, Rotationszeit, Masse, Dichte in Bezug zur Erde

Abb. 2.231

Abb. 2.232

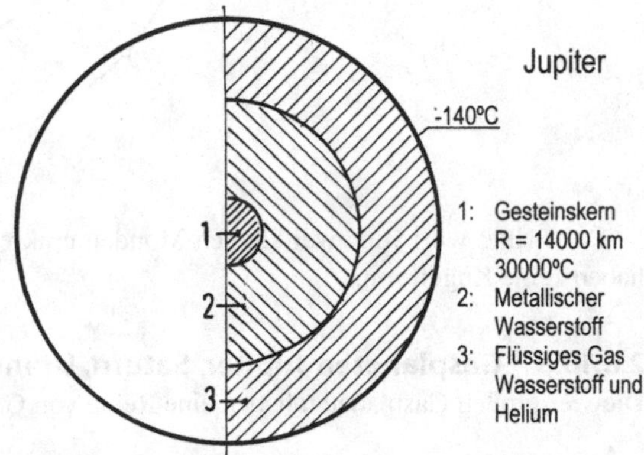

schale, der Kruste. Die Abplattung der vier Planeten beträgt: 0,065/0,098/0,023/0,058.

Bei Saturn ist die Abplattung mit ca. 11 % am höchsten.

- Die mittlere Dichte ist bei allen vier Planeten ähnlich gering, was auf einen vergleichbaren Aufbau schließen lässt. – Abb. 2.232 zeigt den schalenförmigen Aufbau des Planeten Jupiter: Im Inneren wachsen Druck und Temperatur stark an. Der Gesteinskern umfasst wohl 15 bis 20 Erdmassen. Die zweite Schale besteht aus Wasserstoff in metallisch-flüssiger Konfiguration, die dritte aus verflüssigtem Gas (H und He), der Übergang von der flüssigen Schale zur gasförmigen Hülle, beides in großer Mächtigkeit, ist eher fließend. Neben Wasserstoff und Helium ist in der Hülle Ammoniak und kristalliner Wasserdampf vorhanden. Die Drehung der einzelnen Schalen verläuft nicht synchron, man spricht von differentieller Rotation.

Abb. 2.233

Jupiter mit 'Rotem Fleck'
(Foto von der Voyager-Sonde, NASA)

Jupiter vereinigt ca. 65 % der Masse aller Planeten in sich. Von ihm geht ein starker gravitativer Einfluss auf die Bahn aller anderen Planeten und Kometen aus. Charakteristisch sind Hell-Dunkel-Wolkenbänder und ein riesiger ortsfester Wolkenwirbel, der sogenannte ‚Große Rote Fleck', mit einer Ausdehnung von ca. 40.000 km, vgl. Abb. 2.233. – In der Hülle des Planeten toben regelmäßig gewaltige Gewitterstürme mit hoher Blitzfolge. – Seit Juli 2016 wird die Physik des Planeten von dem NASA-Satelliten ‚Juno' erkundet. – Von den 67 Monden sind die vier größten bereits von G. GALILEI im Jahre 1610 entdeckt worden: Io, Europa, Ganymed und Kallisto. Astronomisch sind sie wegen ihrer unterschiedlichen Beschaffenheit sehr interessant. Sie bilden um Jupiter quasi ein eigenes ‚Planetensystem'. Unter ihrer dicken Eiskruste werden gewaltige Ozeane aus flüssigem Wasser vermutet. Die Raumsonde ‚Juice' soll sie ab dem Jahre 2030 (in einer Entfernung von nur 800 km) detailliert untersuchen.

Dank des Ringsystems mit seiner sehr differenzierten, sogenannten Cassinischen Teilung, ist **Saturn** der wohl berühmteste Planet im Sonnensystem. Der Ring (ca. 400 m dick) umfasst hunderttausend Einzelringe. Sie bestehen aus

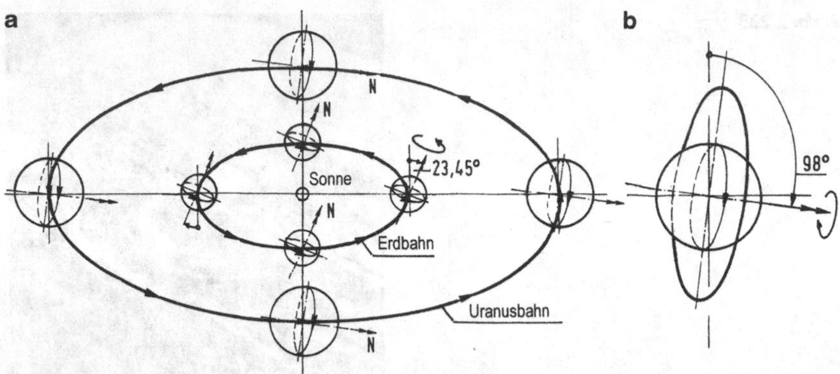

Abb. 2.234

Brocken von zehn Meter Durchmesser bis herunter zu sandigem Gestein in Staubkorngröße, zudem aus tiefgefrorenem Eis (Wasser, Methan und Ammoniak). Auch Saturn wird von vielen Monden umkreist. Titan ist der größte und ist von einer Atmosphäre aus N_2, und CH_4 umgeben.

Die Besonderheit des Planeten **Uranus** ist die Lage seiner Rotationsachse und die zur Bahnrichtung gegenläufige Rotationsrichtung. Abb. 2.234 gibt hierzu Auskunft. Auch Uranus hat zwei Ringsysteme. Sie sind indessen nur schwach ausgeprägt und liegen weit auseinander. Der Planet wurde im Jahre 1781 entdeckt.

Neptun zieht in eisiger Ferne seine Bahn. Sein Umlauf um die Sonne dauert ca. 165 Erdenjahre; entdeckt wurde der Planet im Jahre 1846.

Wie ausgeführt, werden die Gasplaneten von einer großen Zahl von Monden unterschiedlichster Größe und Beschaffenheit begleitet. Dank der von den Raumsonden angefertigten Fotos im Verlauf der bislang erfolgreich durchgeführten Missionen und der dabei durchgeführten Messungen sind die Gasplaneten, ihre Monde und ihre Ringsysteme gut erforscht. In den Büchern und Zeitschriften der Astronomie sind die Erkundungsergebnisse ausführlich dokumentiert.

Ob es den bislang nur anhand himmelsmechanischer Berechnungen georteten massereichen Gasplaneten Planet Nr. 9 wirklich gibt, weit hinter dem Kuipergürtel gelegen, müssen Teleskopbeobachtungen noch bestätigen (2015/2016).

2.8.10.9 Zwergplaneten – Planetoiden (Asteroiden) – Meteoriden

Außer den Planeten mit ihren Monden umkreisen noch viele weitere kleine und große Objekte die Sonne. Sie verteilen sich

Abb. 2.235

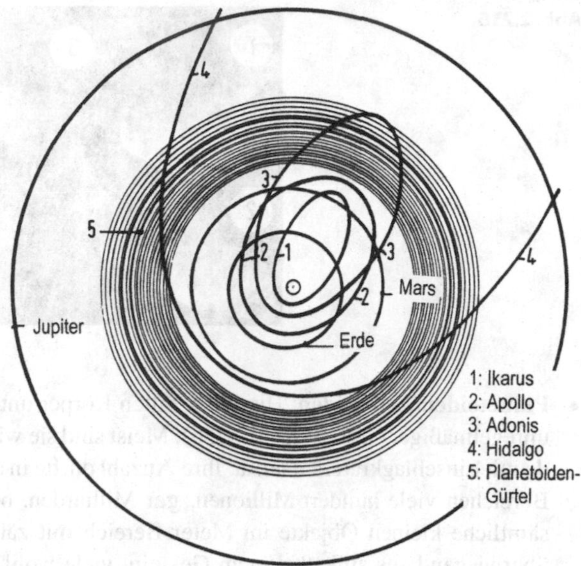

- auf den Hauptgürtel (auch Planetoiden- oder Asteroidengürtel genannt) im Abstand von 2,2 bis 3,2 AE von der Sonne entfernt, zwischen Mars und Jupiter gelegen (Abb. 2.235),
- den Kuipergürtel jenseits des Neptuns und
- auf die noch weiter entfernt liegende Oort'sche Wolke.

In den beiden letztgenannten Bereichen herrscht eisige Kälte. Die Körper bestehen aus Eis und mineralischem Gestein.

Es werden unterschieden:

- **Zwergplaneten** (auch Kleinplaneten genannt): Es sind relativ große Himmelskörper, von deren Masse eine so hohe Schwerkraft während ihrer Entstehung ausging, dass sich aus den aufgesammelten Planetesimalen eine Kugelform bilden konnte, zumindest näherungsweise. Während die Planeten das meiste Material bei ihrer Entstehung rundum gravitativ aufsammelten, verblieb im Umfeld der Zwergplaneten noch viel Material übrig. – Ein großer Zwergplanet im Asteroiden-Hauptgürtel ist: Ceres (975 km). Größere Zwergplaneten im Kuipergürtel sind Eris (2326 km), Pluto (2374 km), Sedna (1700 km), Orcus (1700 km), Makemake (1502 km). Quaoar (1250 km) und Haumea (ein ellipsoider Körper, 1920 × 1540 × 990 km). Die Klammerwerte geben den Durchmesser der Kleinplaneten an. Zum Teil werden sie von Monden umkreist.

Abb. 2.236

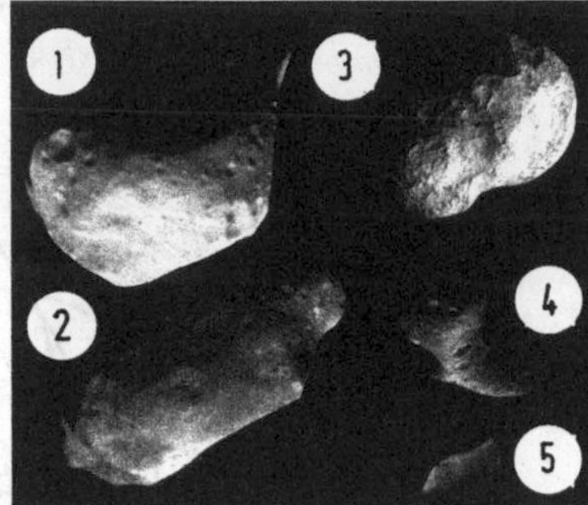

① Mathilde (253)
② Ida (243)
③ Steins (2867)
④ Eros (433)
⑤ Gaspra (951)

Quelle: NASA

- **Planetoiden/Asteroiden**: Hierunter fallen Körper unterschiedlicher Größe mit unregelmäßiger Gestalt (Abb. 2.236). Meist sind sie wie alle Planeten und Monde mit Einschlagkratern übersät. Ihre Anzahl dürfte in allen drei oben genannten Bereichen viele hundert Millionen, gar Milliarden, betragen, wenn man auch sämtliche kleinen Objekte im Meter-Bereich mit zählt. Die Körper bestehen überwiegend aus silikathaltigem Gestein, viele wohl auch aus nickelhaltigem Eisen. – Ca. 600.000 Objekte sind dezidiert bekannt, davon tragen 17.000 einen Namen. Im Zuge der laufenden Durchmusterung werden ständig weitere gesichtet und in die Registrierung aufgenommen.

Im Hauptgürtel gibt es eine große Zahl von Asteroiden, die sich auf elliptischen Bahnen der Erde nähern, zum Teil bis in den inneren Mondbahnbereich hinein! In diesem Falle spricht von Erdbahnkreuzern oder von NEOs (Near Earth Objects). Von ihnen wurden bisher mehr als 19.500 Objekte mit Durchmessern zwischen 100 und 1000 Metern entdeckt. 1500 werden wegen ihres Bahnverlaufs als ‚potenziell' gefährlich bewertet. – Für die Gefährdungseinstufung wurde die sogen. Turin-Skala entwickelt.

Vor 65 Millionen Jahren, also am Ende der Kreidezeit, traf ein 10 km großer Asteroid die Erde. Hierbei wurde ein Krater von 180 km Durchmesser geschlagen. Durch die aufgewirbelte Materie verdunkelte sich die Welt. Während der unmittelbar sich anschließenden Eiszeit wurde die gesamte Pflanzen- und Tierwelt auf Erden weitgehend vernichtet, dazu gehörte auch die Welt der Dinosaurier.

Es sind auf der festen Erdkruste ca. 190 **Asteroidenkrater** identifiziert, unter anderem der Barring-Krater in der Wüste von Arizona mit 1260 m Durchmesser und 174 m Tiefe. Er bildete sich vor 49.000 Jahren beim Einschlag eines 20 m großen Brockens; er war wohl Teil eines 47 m großen Körpers, der in 14 km Höhe beim Eindringen in die Atmosphäre zerbarst. – Im Bereich des heutigen Deutschlands wurden das Nördlinger Ries (⌀20 km) und das Steinheimer Becken

(⌀3,5 km) erst im Jahre 1904 als Einschlagkrater identifiziert. Sie entstanden vor mehr als 15 Millionen Jahren zeitgleich, als ein großer Brocken beim Eindringen in die Erdatmosphäre auseinander brach. – Infolge der Erdplattenverschiebung, der tektonischen Gebirgsverwerfungen und der starken Verwitterung und Erosion ist die überwiegende Zahl der die Erde einstmals getroffenen Einschlagkrater getilgt (ca. 175 Krater konnten bisher als solche identifiziert werden). Wo immer diese Voraussetzungen wegen einer nicht vorhandenen Atmosphäre nicht gegeben sind, wie auf den Planeten Merkur, Mars und dem Erdmond, sind die Oberflächen seit der Frühzeit des Sonnensystems stark vernarbt. – Auf die Thematik der von einem Asteroideneinschlag ausgehenden Gefährdung wird in Bd. V, Abschn. 1.2.8 nochmals eingegangen.

Als **Meteoriden** bezeichnet man Objekte im mm- bis cm-Durchmesser-Bereich. Tritt ein solches Objekt in die Atmosphäre der Erde ein, spricht man von einem **Meteoriten oder Meteor**. Je nach Größe und Fallgeschwindigkeit dringt der Körper mehr oder weniger tief in die Lufthülle ein. Infolge Reibung an den Luftmolekülen und der hierbei entstehenden enormen Reibungshitze schmilzt das Material, was mit einem Aufleuchten einher geht. – Kleine Objekte im mm- bis ein bis zwei cm-Bereich verdampfen dabei in 90 bis 110 km Höhe. Sie tauchen am nächtlichen Himmel mit einer kurzen Leuchtspur auf, es sind die vertrauten **Sternschnuppen**. Zu bestimmten Zeiten treten sie verstärkt auf und zwar dann, wenn sich die Erde durch die Relikte eines ehemals zerborstenen Kometen bewegt. Offiziell werden 64 Meteorströme unterschieden, zu ihnen zählen die Perseiden (in der Zeit von 10.08. bis 14.08), die Leoniden (11.11. bis 20.11.) und die Geminiden (12.12. bis 15.12.).

Mittelgroße Objekte (bis 5 cm) dringen in die Lufthülle bis auf eine Tiefe von 50 km herab ein, große bis auf eine Tiefe von 10 km. Im letztgenannten Falle spricht man von Feuerkugeln oder **Boliden** und zwar dann, wenn sie ca. fünf Minuten oder länger leuchten, häufig mit einem Lichtblitz einhergehend. Ihr Licht erreicht Vollmondhelligkeit. In Europa gehen im Mittel 50 Feuerkugeln im Jahr nieder. Vielfach erreichen sie die Erdoberfläche in zum Teil abgeschmolzenem Zustand. Beim Aufschlag wird ein Teil der kinetischen Energie in Wärme umgesetzt. Der Aufschlag wird als Explosion wahrgenommen.

Die Herkunft der Meteoriden ist unterschiedlich. Entweder stammen sie als Irrläufer aus dem außerplanetarischen Raum oder es sind Überbleibsel aus der Frühzeit des sich ausformenden Sonnensystems. Überwiegend handelt es sich, wie ausgeführt, um Materiereste ehemaliger Kometen.

2.8.10.10 Kometen (Schweifsterne)

Im Sonnensystem sind knapp 1000 Kometen bekannt. Es sind vergleichsweise kleine Körper. Sie bestehen aus mineralischem Staub, Wasser und Gasen in tief gefrorenem Zustand (u. a. Kohlenoxid, Methan, Ammoniak). Nähert sich der Komet der Sonne, erwärmt sich seine Oberfläche. Von dieser trennen sich feinste Partikel in höchster Verdünnung ab. Es bildet sich eine Hülle aus Staub und Gas um den Kometen. Mit zunehmender Annäherung an die Sonne lösen sich immer weitere Bestandteile ab und ‚verdampfen'. Die Partikel begleiten den Kometen als Schweif auf seiner Bahn. Durch den Lichtdruck des Sonnenwindes wird der Staubschweif vom Kometen weggedrängt. Der Schweif kann eine Länge von tausenden Kilometern erreichen. Die Gashülle um den Kern (die Koma) und der Schweif leuchten des Nachts im Sonnenlicht.

Es kann vorkommen, dass ein Komet in Sonnennähe auseinander bricht, wie im Jahre 2000 der Komet ‚Linear', vermutlich weil entweichender Wasserdampf den Kern sprengte. – Es kommt auch vor, dass ein Komet vom Planeten Jupiter vermöge dessen hoher Gravitation angezogen wird und dabei in diesen hineinstürzt, wie es im Jahre 1994 dem Kometen ‚Shoemaker-Levy 9' erging. Um 1960 war er vom Planeten eingefangen worden und hatte ihn mehr als 30 Jahre als Mond umkreist. Ähnliche Fälle sind belegt, auch solche, bei denen der Komet aus seiner ‚Mondbahn' um Jupiter wieder heraus geschleudert wurde.

Es werden **periodische** und **nichtperiodische** Kometen unterschieden. Periodische Kometen durchstreifen den Raum um die Sonne auf einer elliptischen Bahn mit relativ kurzer Orbit-Zeit, wie beim ‚Encke-Kometen' alle 3,3 Jahre oder mit einer sehr langen, wie beim ‚Kohoutek-Kometen' alle 75.000 Jahre. Nichtperiodische Kometen bewegen sich auf einer Hyperbel- oder Parabelbahn und erscheinen nach ihrem Auf- und Abtauchen nie wieder. – Bei der Sonnenumrundung verlieren die periodischen Kometen viel Masse, im Laufe der Zeit nimmt ihre Helligkeit ab, irgendwann verlöschen sie.

Am bekanntesten, weil am hellsten, ist der ‚**Halleysche Komet**', benannt nach E. HALLEY (1656–1742), der das Erscheinen des Kometen im Jahre 1758 anhand historischer Aufzeichnungen zutreffend voraussagen konnte. Das Auftauchen des Kometen ist ca. 30-mal anhand geschichtlicher Belege bezeugt. Seine Wiederkehrperiode beträgt 76,1 Jahre. Im Jahre 2061 wird ‚Halley' wieder erscheinen.

Seine Abmessungen werden zu 8 mal 15 km geschätzt. 1986 wurde der Komet von fünf Raumsonden im Vorbeiflug erkundet, die ESA-Sonde ‚Giotto' kam ihm mit 600 km am nächsten.

Nach dem 3. Keplerschen Gesetz gilt mit dem Index H für Halleyscher Komet und E für Erde (Abschn. 2.8.5):

$$\frac{T_H^2}{T_E^2} = \frac{a_H^3}{a_E^3} \quad \rightarrow \quad a_H = \frac{T_H^{2/3}}{T_E^{2/3}} \cdot a_E = \frac{76{,}1^{2/3}}{1^{2/3}} \cdot a_E = 17{,}96\,\text{AE}$$

Abb. 2.237

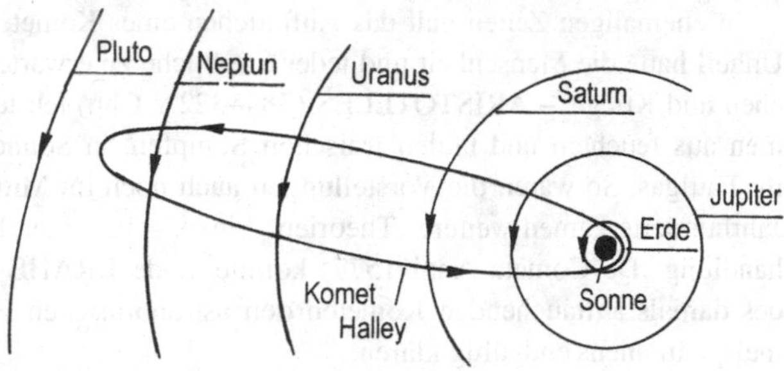

Die numerische Exzentrizität beträgt $\varepsilon = 0{,}967$. Das ergibt für die Kennwerte des elliptischen Umlaufs:

$$e_H = \varepsilon_H \cdot a_H = 0{,}967 \cdot 17{,}96 = 17{,}37\,\text{AE}; \quad b_H = \sqrt{1 - \varepsilon_H^2} \cdot a_H = 4{,}48\,\text{AE}$$

$$a_H + e_H = 35{,}33\,\text{AE}; \quad a_H - e_H = 0{,}59\,\text{AE}; \quad 2a_H = 35{,}92\,\text{AE}$$

Das Perihel der Bahn liegt zwischen Merkur (0,38 AE) und Venus (0,72 AE) und das Aphel außerhalb des äußersten Planeten, also zwischen Neptun und Pluto; vgl. Abb. 2.237. Mit dem ‚Stern von Bethlehem' hat der Komet nichts gemein.

Die Kometen stammen überwiegend aus fernen Regionen des Sonnensystems, ihre Materie ist uralt, weil unverändert. Einige wurden vielleicht als Irrläufer aus dem kosmischen Raum von der Sonne eingefangen. Jenseits des Planeten Neptun, also weit draußen innerhalb der Oort'schen Wolke, dürfte es einige Milliarden Kometen geben.

Ihre Erkundung erlaubt Rückschlüsse auf frühe Entwicklungsstadien des Sonnensystems. Neuere Forschungen lassen vermuten, dass sich aus ihrem riesigen Reservoir an Wassereis die irdischen Ozeane im Frühstadium der Erde gebildet haben, als sie (und vereiste Asteroiden) in großer Zahl auf der Erde niedergingen.

Die im Jahre 2004 gestartete ESA-Sonde ‚Rosetta' erreichte im Jahre 2014 den Kometen ‚67P/Tschurjumonow-Gerasimenka' (genannt ‚Tschuri') und umrundete ihn. Auf dem Flug dorthin hatte die Sonde im Jahre 2008 den Asteroiden ‚Šteins' (⌀4,5 km) und im Jahre 2010 den Asteroiden ‚Lutetia' (⌀100 km) passiert und erforscht. Der von der Sonde aus ca. 23 km Höhe abgeworfenen Lander ‚Philae' erreichte die Oberfläche des Kometen nach ca. sieben Stunden Abstieg. Wegen der extrem geringen Gravitationskraft (nur ca. 1/100.000-tel der Erdbeschleunigung) konnte das Gerät keine sichere Position einnehmen und kippte zur Seite. Das Manöver der Sonde gilt dennoch als Meisterwerk der Weltraumforschung

In ehemaligen Zeiten galt das Auftauchen eines Kometen als Menetekel, viel Unheil hatte die Menschheit und jeder Sterbliche zu erwarten, Hungersnöte, Seuchen und Kriege. – ARISTOTELES (384–322 v. Chr.) lehrte: Die Kometen stammen aus feuchten und faulen irdischen Sümpfen, in Sonnennähe entzünde sich ihr Faulgas. So waren die Vorstellungen auch noch im Mittelalter. Im Laufe der Jahrhunderte kamen weitere ‚Theorien' hinzu. – In seiner 1577 publizierten Abhandlung ‚De Cometa Anni 1577' konnte T. de BRAHE (1546–1601) anhand des damals auftauchenden Kometen den astronomischen Hintergrund des Himmelsphänomens endgültig klären.

Es ist nachvollziehbar, dass in alten Zeiten der Kometen-Spuk bei den Zeitgenossen Furcht und Schrecken auslöste, für die Astrologen war das ein einträgliches Geschäft. Dass ihre Zunft in heutiger Zeit immer noch viele Anhänger und Gläubige findet, verwundert.

Literatur

1. SCHNEIDER, I: Archimedes – Ingenieur, Naturwissenschaftler, Mathematiker, 2. Aufl. Berlin: Springer Spektrum 2015
2. VITRUV: Zehn Bücher über Architektur – De Architectura Libri Decem, 2. Aufl. Wiesbaden: Marix Verlag 2015
3. KURRER, K.-E.: Geschichte der Baustatik – Auf der Suche nach dem Gleichgewicht, 2. Aufl. Berlin: Ernst & Sohn 2015
4. SZABO, I.: Geschichte der mechanischen Prinzipien, 2. Aufl. Basel: Birkhäuser 1979
5. PETERSEN, C.: Statik und Stabilität der Baukonstruktionen, 2. Aufl. Wiesbaden: Vieweg 1982
6. STRAUB, H.: Geschichte des Bauingenieurwesens – Ein Überblick von der Antike bis in die Neuzeit, 4. Aufl. Basel: Birkhäuser 1992
7. MAHNKEN, R.: Lehrbuch der Technischen Mechanik – Statik – Grundlagen und Anwendungen. Berlin: Springer 2012
8. MAGNUS, K.: Der Kreisel: Theorie und Anwendungen. Berlin: Springer 1971
9. MAHNKEN, R.: Lehrbuch der Technischen Mechanik – Dynamik – Eine anschauliche Einführung, 2. Aufl. Berlin: Springer 2012
10. PETERSEN, C.: Dynamik der Baukonstruktionen. Wiesbaden: Vieweg 2000
11. HEINTZ, V. u.a.: Achterbahnfahrt im Physikunterricht. Physik Unserer Zeit 40 (2009), Heft 2, S. 90-95
12. SCHWARZ, H.R. u. KÖCKLER N.: Numerische Mathematik, 8. Aufl. Berlin: Springer-Vieweg 2011
13. MATHELITSCH, L. u. THALLER, S.: Physik des Sports. Weinheim: Wiley-VCH 2015

14. PAULUS, G.G.: Das Blasrohr. Physik in unserer Zeit 30 (1999), H. 1, S. 19–22

15. CRANZ, C.: Äußere Ballistik oder Theorie der Bewegung des Geschosses von der Mündung der Waffe ab bis zum Eindringen in das Ziel, 5. Aufl. Berlin: J. Springer 1925

16. KOVACS, E. v.: Raketen-Einmaleins – Einführung in die elementaren Grundlagen der Himmelsmechanik und der Raketentechnik. Berlin: F. Dümmlers Verlag 1970

17. STÜMKE, H.: Grundzüge der Flugmechanik und Ballistik. Berlin: Springer 2013

18. OERTEL, H. (Hrsg.): Prandtl – Führer durch die Strömungslehre – Grundlagen und Phänomene, 13. Aufl. Wiesbaden: Springer-Vieweg 2012

19. OERTEL, H., BÖHLE, M. u. REVIOL, T.: Strömungsmechanik für Ingenieure und Naturwissenschaftler, 7. Aufl. Wiesbaden: Springer Vieweg 2015 (Übungsbuch, 8. Aufl. 2012)

20. KUHLMANN, H.: Strömungsmechanik: Eine kompakte Einführung für Physiker und Ingenieure, 2. Aufl. Freising: Pearson Studium 2014

21. DURST, F.: Grundlagen der Strömungsmechanik – Eine Einführung in die Theorie der Strömungen und Fluide. Berlin: Springer 2006

22. HAFER, X. u. SACHS, G.: Flugmechanik – Moderne Entwürfe und Steuerungskonzepte, 3. Aufl. Berlin: Springer 2014

23. FICHTER, W. u. GRIMM, W.: Flugmechanik. Herzogenrath (Aachen): Shaker Verlag 2009

24. STEINER, W. u. SCHAGERL, M.: Raumflugmechanik – Dynamik und Steuerung von Raumfahrzeugen. Berlin: Springer 2014

25. GRANT, R.G.: Fliegen – Die Geschichte der Luftfahrt. Starnberg: Dorling Kinderley 2003

26. ROSSOW, C.-C., WOLF, K. u HORST, P. (Hrsg.): Handbuch der Luftwaffentechnik. München: Hanser 2014

27. HAU, E.: Windkraftanlagen – Grundlagen, Technik, Einsatz, Wirtschaftlichkeit, 5. Aufl. Berlin: Springer 2014

28. GASCH, R. u. Mitwirkende: Windkraftanlagen – Grundlagen, Planung und Betrieb, 8. Aufl. Wiesbaden: Springer Vieweg 2013

29. JARRAS, L., OBERMAIR, G.M. u. VOIGT, W.: Windenergie – Zuverlässige Integration in die Energieversorgung. Berlin: Springer 2009

30. HEIER, S.: Windkraftanlagen – Systemauslegung, Netzintegration und Regelung, 5. Aufl. Wiesbaden: Vieweg+Teubner 2009

31. PETERSEN, C.: Schwingungen turmartiger Bauwerke im böigen Wind unter Berücksichtigung der vertikalen Phasenkorrelation am Beispiel des Münchner Fernsehturms, in: Beiträge zur Anwendung der Aeroelastik im Bauwesen, Heft 7: München: TUM, Inst. Bauingenieurwesen II 1975

32. TRÄNKLER, H.R. u. FISCHERAUER, G.: Das Ingenieurwissen: Messtechnik. Berlin: Springer-Vieweg 2014

33. MÜHL, T.: Einführung in die Messtechnik - Grundlagen, Messverfahren, Anwendungen, 4. Aufl. Berlin: Springer-Vieweg 2014
34. MÜLLER, G. u. MÖSER, M. (Hrsg.): Taschenbuch der Technischen Akustik, 3. Aufl. Berlin: Springer 2003
35. SKUDRZYK, E.: Die Grundlagen der Akustik. Berlin: Springer 2014
36. MÖSER, M (Hrsg.): Messtechnik der Akustik. Berlin: Springer 2010
37. MÖSER, M.: Technische Akustik, 10. Aufl. Berlin Springer 2015
38. HENN, H., SIMAMBARI, G.R. u. FALLEN, M.: Ingenieurakustik, 4. Aufl. Wiesbaden: Vieweg+Teubner 2008
39. WEINZIERL, S. (Hrsg.): Handbuch der Audiotechnik. Berlin: Springer 2008
40. GOEBEL, J. (Hrsg.), HALL, D:E: Musikalische Akustik: Ein Handbuch. Mainz: Schott Music 2008
41. WEINZIERL, S. (Hrsg.): Akustische Grundlagen der Musik. Laaber: Laaber-Verlag 2014
42. VALENTIN, E.: Handbuch der Musikinstrumentenkunde. Kassel: Bosse-Verlag 2004
43. ELSTE, M. u. BAINES, A.: Lexikon der Musikinstrumente. Stuttgart: Metzler 2010
44. CHLADNI, E.F.F.: Die Akustik – Mit 12 Kupfertafeln. Leipzig: Breitkopf und Härtel 1802 (Nachdruck: Hildesheim: Georg Olms Verlag 2004)
45. FLEISCHER, H.: Glockenschwingungen. Forsch.-Berichte 02/89 u. 04/89. Inst. für Mechanik, Fak. LRT, UniBwM 1989
46. HAMEL, J,: Geschichte der Astronomie – In Texten von Hesiod bis Hubble. 2. Aufl. Essen: Magnus-Verlag 2004
47. KRAFFT, F.: Die bedeutendsten Astronomen. Wiesbaden: Marix 2007
48. KIPPENHAHN, R.: 100 Milliarden Sonnen – Geburt, Leben und Tod der Sterne. München: Piper 1980
49. SOBEL, D.: Und die Sonne stand still – Wie Kopernikus unser Weltbild revolutionierte. Berlin: Berlinverlag 2011
50. HORNUNG, H.: Astronomische Streiflichter: Sternbilder, Gestirne und ihre Geschichten. Köln: Anaconda-Verlag 2005
51. HORNUNG, H.: Streifzüge durch das All – Forscher enträtseln ferne Welten. München: dtv 2008
52. HORNUNG, H.: Wunderbarer Sternenhimmel – Das Weltall entdecken und verstehen. Köln: Anaconda-Verlag 2014
53. FRIEDRICH, S., FRIEDRICH, P. u. SCHRÖDER, K.-P.: Handbuch Astronomie – Grundlagen und Praxis für Hobby-Astronomen. Erlangen: Oculum-Verlag 2014 (im Verlag weitere Bücher für Hobby-Astronomen)
54. GONDOLATSCH, F., GROSCHOPF, C. u. ZIMMERMANN, O.: Astronomie I – Die Sonne und ihre Planeten. Stuttgart: Klett-Verlag 1978

55. ZIMMERMANN, O.: Astronomisches Praktikum, 6. Aufl. Heidelberg: Spektrum Akad. Verlag 2003

56. HERRMANN, D.B.: Die Kosmos-Himmelskunde (mit CD-ROM Redshift3). Stuttgart: Kosmos 2004

57. KELLER, H.-U.: Kompendium der Astronomie – Zahlen, Daten, Fakten. Stuttgart: Kosmos 2008

58. LESCH, H. (Hrsg.): Astronomie – Die kosmische Perspektive, 5. Aufl. München: Pearson Studium 2010

59. WEIGERT, A., WENDKER, H.J. u. WISOTZKI, L.: Astronomie und Astrophysik – Ein Grundkurs, 5. Aufl. Weinheim: Wiley VCH 2010

60. UNSÖLD, A. u. BASCHEK, B.: Der Neue Kosmos – Einführung in die Astronomie und Astrophysik. 7. Aufl. Berlin: Springer Spektrum 2002

61. KEPLER, J.: Astronomia Nova (1609) – Neue ursächlich begründete Astronomie. Übersetzt von Max Caspar (1929). Mit Glossar und einer Einleitung versehen von KRAFFT, F. Wiesbaden: Marix 2005

62. OPFER, G.: Numerische Mathematik für Anfänger, 5. Aufl. Wiesbaden: Vieweg+Teubner 2008

63. PLATO, R.: Numerische Mathematik kompakt. 4. Aufl. Wiesbaden: Vieweg+Teubner 2010 (es gibt dazu ein Übungsbuch)

64. DANBY, J.M.A.: Fundamentals of Celestial Mechanics, 2nd ed. Richmond: Willmann Bell, Inc. 2003

65. DEMTRÖDER, W.: Experimentalphysik 4. 3. Aufl. (Abschn. 10: Unser Sonnensystem). Berlin: Springer 2010

66. COHEN, R.: Die Sonne – Der Stern, um den sich alles dreht. Zürich: Arche-Verlag 2012

67. BANISCH, J.: Die Sonne – Eine Einführung für Hobby-Astronomen. 2. Aufl. Erlangen: Oculum-Verlag 2014

68. JAUMANN, R. u. KÖHLER, U.: Der Mars – Ein Planet voller Rätsel. Köln: Edition Fackelträger 2013

Thermodynamik 3

3.1 Einführung – Historische Anmerkungen

Unter dem Begriff Thermodynamik werden alle Erscheinungen zusammengefasst, die mit dem Begriff Wärme in Verbindung stehen. Man hätte als Überschrift auch ‚Wärmelehre' oder ‚Wärmetheorie' wählen können. – Wärme beruht in allen Aggregatzuständen eines Stoffes, als Festkörper, als Flüssigkeit oder als Gas, auf der thermischen Bewegung seiner Atome bzw. Moleküle, also auf deren kinetischer Energie. Deren Bewegung ist entweder gebunden, wie in Festkörpern, oder frei, wie in Flüssigkeiten und Gasen. Wärme ist eine Energieform. Je höher der Energieeintrag ist, umso intensiver ist die thermische Bewegung der Teilchen und umso höher ist die Temperatur. Dabei zeigt sich, dass die kinetische Wärmeenergie linear mit der absoluten Temperatur T ansteigt, vice versa. Ausgehend von dieser Erkenntnis lassen sich eigentlich alle Wärmevorgänge deuten und begreifen.

Die Sinnesempfindungen kalt und warm sind vermutlich den meisten tierischen Lebewesen eigen. Sicher haben auch die Urmenschen warm als wohltuend empfunden, wenn sie sich um das Lagerfeuer scharten und als belastend, wenn sie der brütenden Sonnenhitze ausgesetzt waren. Am Feuer garten sie ihre Beute, härteten später Ziegel aus Lehm, brannten Töpfe aus Ton, schmolzen Metalle aus Erz. In ihren Mythen und Religionen spielte das Feuer eine wichtige Rolle, auch bei den Opferriten. Die griechischen Naturphilosophen, wie ARISTOTELES. sahen im Feuer eines der vier Urelemente, später kam ein weiteres hinzu (Bd. I, Abschn. 1.1.2). So stellte man sich auch im Mittelalter die Dinge noch vor. Man wusste wohl, wie Wärme entsteht, was Wärme ist, wusste man nicht.

Ein erster wichtiger Schritt, um die Frage, was Wärme ist, zu klären, war die Erfindung des Thermometers. Hiermit konnte die Höhe der Temperatur in Graden gemessen werden, was quantifizierende Experimente ermöglichte. Erfunden wurde das Thermometer mit einer passenden Skala im Jahre 1714 von D.G. FAH-

C. Petersen, *Naturwissenschaften im Fokus II*, DOI 10.1007/978-3-658-15298-7_3

RENHEIT (1686–1736) und später nochmals im Jahre 1742 von A. CELSIUS (1701–1744) mit einer modifizierten Skala, vgl. Bd. I, Abschn. 2.6.

Die erste Wärmehypothese geht auf J. BLACK (1728–1799) zurück. Er postulierte 1760 einen ‚latenten und verborgenen Wärmestoff', den er ‚Caloricum' nannte. *Wenn sich der Zustand eines Körpers ändert, entbindet oder verschluckt er Caloricum.* Man sah das Substrat quasi wie eine schwerelose unsichtbare Flüssigkeit, die beim Wärmeübergang von einem Körper auf den anderen übergeht oder von ihm aufgenommen wird, ähnlich, wie das von G.E. STAHL (1659–1734) postulierte ‚Phlogiston', eine im Stoff verborgene Substanz, welche beim Verbrennen entweicht. Die Wärmestoffhypothese lag vielen späteren Forschern bei ihren Überlegungen und Berechnungen zugrunde, um Probleme der Wärmeübertragung zu lösen, wie z. B. bei A.L. de LAVOISIER (1743–1794), P.S.M. LAPLACE (1749–1827), J.B.J. FOURIER (1768–1830) und S. CARNOT (1796–1832). Mit der Hypothese gelangen erfolgreiche Schlüsse!

Was sich mit dem Ansatz indessen nicht erklären ließ, war die durch Reibung bewirkte Erwärmung eines Körpers (bekanntlich erwärmen sich beim Reiben die Handflächen).

R. BOYLE (1627–1691) vermutete schon früh, Wärme beruhe auf der Bewegung atomarer Partikel im Inneren der Stoffe, so deutete auch D. BERNOULLI (1700–1782) den Gasdruck auf eine das Gasvolumen begrenzende Wand und schuf damit die Grundlage der Gastheorie. G.W. LEIBNIZ (1646–1716) hatte bereits zuvor die ‚lebendige Kraft' im Inneren der Stoffe ins Spiel gebracht und damit indirekt den Energiebegriff eingeführt. B. THOMPSON (1753–1814, später Lord RUMFORT, Planer des Englischen Gartens in München) hatte beim Aufbohren von Kanonenrohren festgestellt, dass die hierbei aufgewandte Reibungsarbeit proportional zur Wärme ist, die dabei entsteht. Aus alle dem wurden die entscheidenden Folgerungen gezogen: **Wärme ist eine Energieform**. Sie entsteht, wenn Arbeit verrichtet wird. Antriebsarbeit geht in Wärme über und umgekehrt. R. MAYER, J.P. JOULE, später R. CLAUSIUS und H. v. HELMHOLTZ schufen die tragfähigen Fundamente der Thermodynamik. J.C. MAXWELL und L. BOLTZMANN bauten das Gebiet der Statistischen Mechanik aus, die Theorie der Mehrkörpersysteme, speziell die Theorie der Gase, die im Jahrhundert zuvor eher phänomenologisch entwickelt worden war [1].

Die Thermodynamik ist eine der physikalischen Disziplinen, auf denen die moderne Technik, gemeinsam mit anderen, fundiert ist. Sie ist faszinierend, weil sich mit ihr Begriffe wie Energie und Entropie behandeln und klären lassen, damit auch so wichtige Themen wie energetische Antriebe und allgemeine Energieversorgung, schließlich viele Phänomene des Alltags. – Zur Thermodynamik wird neben den zahlreichen Grundlagenbüchern der Physik auf [2–4] verwiesen.

Im Folgenden werden zunächst die Abhängigkeiten zwischen den Größen Volumen (V) und Druck (p) als Funktion der Temperatur (T) für Feststoffe, Flüssigkeiten und Gase behandelt. Für den gasförmigen Aggregatzustand der Stoffe lassen sich die Gesetze mit Hilfe des Impulssatzes herleiten und auf diese Weise die Thermischen Gasgesetze begründen. Sie standen am Anfang der Physik (vgl. Bd. I, Abschn. 2.7). Anschließend werden die Hauptsätze der Wärmetheorie diskutiert, einschließlich aller hierauf beruhenden vielfältigen Folgerungen. Sie sind für viele Erscheinungen in der Natur von fundamentaler Bedeutung, selbstredend für viele Bereiche der Technik, man denke an Antriebsmotoren aller Art.

3.2 Verhalten von Festkörpern, Flüssigkeiten und Gasen bei Wärmeeintrag

3.2.1 Festkörper bei Wärmeeinwirkung

Bei einer Erhöhung der Temperatur um ΔT verlängert sich ein Stab aus homogenem Material, beispielsweise aus Metall, um die Länge Δl_T. Δl_T wächst linear mit ΔT an:

$$\Delta l_T = \alpha_T \cdot l \cdot \Delta T \quad \rightarrow \quad l_T = l + \Delta l_T = (1 + \alpha_T \cdot \Delta T) \cdot l \qquad [\alpha_T] = K^{-1}$$

l ist die Ausgangslänge des Stabes (Abb. 3.1a). Das Gesetz besagt: Die **Längenänderung** Δl_T eines Stabes ist der Temperaturänderung ΔT proportional. Steigt die Temperatur, verlängert sich der Stab, sinkt sie, verkürzt sich der Stab. Bei einem Anstieg der Temperatur werden die Molekülschwingungen intensiver, sie nehmen einen größeren Raum inne, es tritt eine Volumenvergrößerung ein; bei einer Abkühlung verkleinert sich das Volumen.

Anmerkungen

Ein Temperaturanstieg oder -abfall kann anstelle mit ΔT in Kelvin (K) auch mit $\Delta\vartheta$ in Grad Celsius (°C) charakterisiert werden: $\Delta T \equiv \Delta\vartheta$. –

Als tiefste bislang auf Erden gemessene Außentemperatur gilt offiziell der Wert $\vartheta = -93{,}2\,°C$, er wurde im Zentrum der Antarktis registriert.

α_T ist in obiger Formel der **Temperatur-Ausdehnungskoeffizient.** α_T ist eine Stoffkonstante. In Abb. 3.1c sind Werte notiert. Sie gelten für gängige atmosphärischen Bedingungen. – Als Dehnung bezeichnet man die auf die ursprüngliche Länge bezogene Längenzunahme; die **Temperaturdehnung** beträgt demnach:

$$\varepsilon_T = \frac{\Delta l_T}{l} = \alpha_T \cdot \Delta T$$

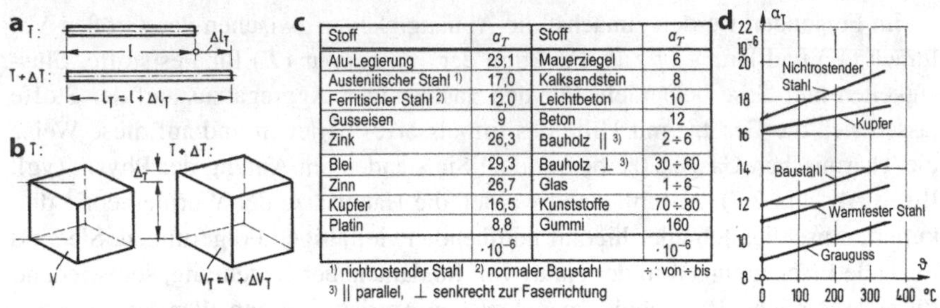

Stoff	α_T	Stoff	α_T
Alu-Legierung	23,1	Mauerziegel	6
Austenitischer Stahl [1)]	17,0	Kalksandstein	8
Ferritischer Stahl [2)]	12,0	Leichtbeton	10
Gusseisen	9	Beton	12
Zink	26,3	Bauholz ‖ [3)]	2 ÷ 6
Blei	29,3	Bauholz ⊥ [3)]	30 ÷ 60
Zinn	26,7	Glas	1 ÷ 6
Kupfer	16,5	Kunststoffe	70 ÷ 80
Platin	8,8	Gummi	160
	$\cdot 10^{-6}$		$\cdot 10^{-6}$

[1)] nichtrostender Stahl [2)] normaler Baustahl ÷ : von ÷ bis
[3)] ‖ parallel, ⊥ senkrecht zur Faserrichtung

Abb. 3.1

So gesehen, ist α_T die Dehnung bei einer Temperaturerhöhung um $\Delta T = 1\,\text{K}$. Man bezeichnet α_T daher auch als Temperatur-Dehnzahl.

Bei einem Körper in Flächenform mit der **Fläche** A gilt:

$$\Delta A_T = \beta_T \cdot A \cdot \Delta T \quad \rightarrow \quad A_T = A + \Delta A_T = (1 + \beta_T \cdot \Delta T) \cdot A$$

mit $\beta_T = 2 \cdot \alpha_T$.

Wird ein Körper mit dem **Volumen** V in Gänze gleichförmig erwärmt, wächst das Volumen um:

$$\Delta V_T = \gamma_T \cdot V \cdot \Delta T \quad \rightarrow \quad V_T = V + \Delta V_T = (1 + \gamma_T \cdot \Delta T) \cdot V$$

mit $\gamma_T = 3 \cdot \alpha_T$.

In Abb. 3.1b ist die Volumenvergrößerung eines Würfels veranschaulicht.

1. Anmerkung

Für einen Quader mit den Kantenlängen a, b, c gilt streng und genähert:

$$\begin{aligned} V_T &= [(1 + \alpha_T \cdot \Delta T) \cdot a] \cdot [(1 + \alpha_T \cdot \Delta T) \cdot b] \cdot [(1 + \alpha_T \cdot \Delta T) \cdot c] \\ &= (1 + \alpha_T \cdot \Delta T)^3 \cdot a \cdot b \cdot c = (1 + \alpha_T \cdot \Delta T)^3 \cdot V \approx (1 + \alpha_T \cdot \Delta T) \cdot V \end{aligned}$$

Im Allgemeinen können die Anteile mit α_T^2 und α_T^3, die sich beim Ausmultiplizieren des Klammerterms hoch drei ergeben, als Terme höherer Kleinheitsordnung vernachlässigt werden.

2. Anmerkung

Genau betrachtet, ist α_T keine Konstante. Abb. 3.1d zeigt, wie α_T mit der Temperatur schwach ansteigt. Auf die Berücksichtigung dieses Effektes kann bei praktischen Berechnungen verzichtet werden. Ausnahmen bilden Untersuchungen zu speziellen Komponenten in der Kraftwerks- und Anlagentechnik, ebenso in der Tiefkühltechnik und bei Untersuchungen von Brandzuständen, bei welchen die Temperatur hohe Werte erreicht.

Ist α_{T0} die Dehnzahl bei $\vartheta = 0\,°\text{C}$ und nimmt sie linear mit der Temperatur zu, gilt: $\alpha_T = \alpha_{T0} + \mu_T \cdot \vartheta$. μ_T ist der Steigungskoeffizient. Aus Abb. 3.1d entnimmt man beispielsweise für Stahl: $\mu_T \approx 0{,}007 \cdot 10^{-6}$, das bedeutet: $\alpha_T = (12{,}0 + 0{,}007 \cdot \vartheta) \cdot 10^{-6}$. Steigt die Temperatur von ϑ_1 auf ϑ_2 an, berechnet sich die Temperaturdehnung eines Stabes zu:

$$\varepsilon_T = \frac{\Delta l_T}{l} = \left[\alpha_{T0} \cdot (\vartheta_2 - \vartheta_1) + \frac{\mu_T}{2}(\vartheta_2^2 - \vartheta_1^2)\right]$$

3. Anmerkung

Es gibt eine Eisen-Nickel-Legierung mit 36 % Nickel, die sich durch einen extrem geringen α_T-Koeffizienten auszeichnet: $\alpha_T = 0{,}5 \cdot 10^{-6}$. Der Werkstoff wurde 1896 von C.E. GUILLAUME (1861–1938, Nobelpreis 1920) entdeckt. Die Legierung kommt als Material für Schiffstanks zum Einsatz, in denen verflüssigtes Erdgas bei $-168\,°\text{C}$ transportiert wird.

3.2.2 Ergänzungen und Beispiele zur Verformung von Festkörpern bei Wärmeeinwirkung

Treten in Bauteilen technischer Anlagen gegenüber der Aufstellungstemperatur (z. B. 10 °C) Temperaturschwankungen von beispielsweise $\Delta T = \Delta\vartheta = \pm 25\,\text{K}$ auf, beträgt die Längenänderung im Falle einer 100 m langen Stahlkonstruktion, etwa einer 100 m langen Stahlbrücke:

$$\Delta l_T = \alpha_T \cdot l \cdot \Delta\vartheta = \pm 12{,}0 \cdot 10^{-6} \cdot 100 \cdot 25 = \pm 0{,}030\,\text{m} = \pm 30\,\text{mm}$$

Der Doppelhub beträgt $2 \cdot \Delta l = 60\,\text{mm}$. – Wenn Temperaturverformungen blockiert werden, besteht die Gefahr, dass in einer Konstruktion Schäden in Form von Abplatzungen oder Rissen entstehen. Um sie zu vermeiden, werden in baulichen Anlagen Dehnfugen in größeren Abständen eingeplant. – Bei Brücken werden an einem der beiden Brückenenden verschiebliche Rollen- oder Gleitlager zwischen Brücke und Widerlager angeordnet (Abb. 3.2a, b), bei kurzen Brücken genügen sogenannte Verformungslager (Gummilager).

Abb. 3.2c, d zeigt zwei spezielle Lagertypen des modernen Brückenbaues in Form eines Topf- und eines Kalottenlagers. Sie zeichnen sich durch eine geringe Bauhöhe aus, was von Vorteil ist.

Bei Rohrleitungen, insbesondere solchen zum Transport heißgehender Medien, müssen in die Rohrleitung Kompensatoren eingebaut werden (Abb. 3.3b). Bei langen Leitungen werden Rohrbereiche mit U- oder Lyra-Bogen zwischengeschaltet, wie in Abb. 3.3c skizziert.

Abb. 3.2

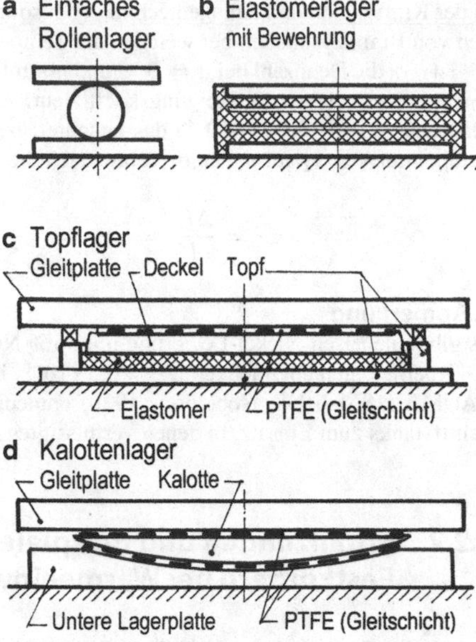

Wird die Längenänderung vollständig verhindert, entstehen **Zwängungsspannungen**:

$$\Delta\sigma_T = E \cdot \Delta\varepsilon_T = E \cdot \frac{\Delta l_T}{l} = E \cdot \alpha_T \cdot \Delta\vartheta$$

E ist der Elastizitätsmodul des Materials, vgl. Abschn. 2, Abb. 3.17. $\Delta\sigma_T$ ist unabhängig von der Länge! Kann sich keine Längenänderung einstellen, bauen sich Druckspannungen auf. Sie können bei schlanken Baugliedern ein seitliches Ausknicken auslösen. Aus diesem Grund wurden ehemals Eisenbahnschienen auf Lücke verlegt. Verzichtete man darauf, bestand die Gefahr einer Gleisverwerfung an heißen Tagen (Abb. 3.3d). Heute liegen die Schienen lückenlos auf schweren Betonschwellen, die tief im Schotter eingebettet sind. Durch deren Schwere wird ein Ausknicken des Gleises verhindert. Gleichwohl, die Erfahrung zeigt, dass an extrem heißen Sommertagen und bei länger andauernder direkter Sonneneinstrahlung dennoch Gleisverwerfungen möglich sind. Das gilt auch für Schnellstraßen (Autobahnen) mit einem Belag aus fugenlos verlegten Betonplatten geringer Dicke (20 cm, die Dicke sollte 30 cm betragen). Oberseitig kann die Temperatur auf 50 °C und höher ansteigen, unterseitig bleibt sie deutlich darunter. Man spricht beim Aufwölben des Straßenbelags von ‚Blow-up'. Sie tritt sprungartig auf und bedeutet eine tödliche Gefahr für die Verkehrsteilnehmer!

Abb. 3.3

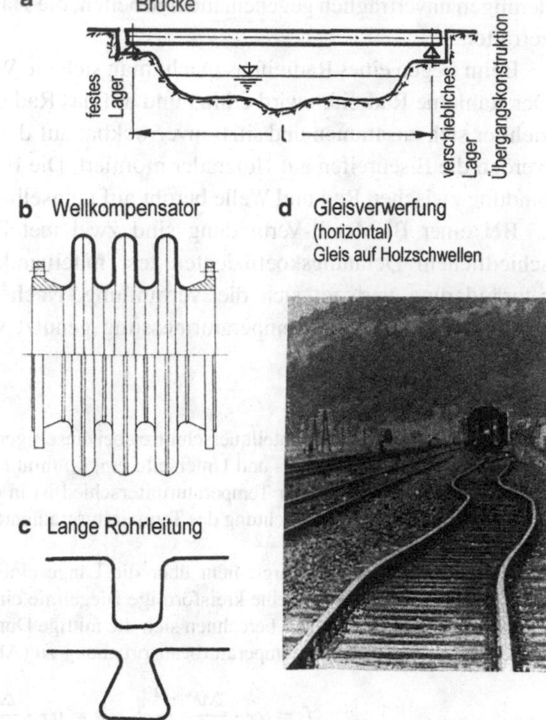

Zwängungen und fallweise Verwerfungen treten auch dort auf, wo Materialien mit unterschiedlichem Temperaturausdehnungskoeffizient fest miteinander verbunden sind und wo zwischengeschaltete Dehnungselemente (Gummileisten, Schrauben mit Langlöchern) fehlen. Gefährdet sind beispielsweise untereinander fest gefügte Bauteile aus Stahl, Aluminium, Kunststoff oder/und Glas. Deren Dehnverhalten ist z. T. sehr verschieden.

Die Spulen der Elektromagneten des LHC (Large Hadron Collider) am CERN werden auf 1,9 K über dem absoluten Temperaturnullpunkt ($0\,\text{K} = -271{,}15\,°\text{C}$) mit flüssigem Helium abgekühlt, dabei verkürzt sich der ca. 27 km lange Ring um 80 cm. Den hiermit verbundenen Verschiebungen müssen die Lager des Ringrohres zwängungsfrei folgen können.

Die Bauweisen Stahlbeton und Spannbeton sind nur möglich, weil Stahl und Beton etwa die gleichen Temperaturausdehnungskoeffizienten aufweisen. Wäre das nicht so, würden Stahlbewehrung (Armierung) und Beton bei Temperaturänderungen unverträglich gegeneinander arbeiten, die Haftung der Bewehrung würde zerrüttet.

Beim Legen eines Radreifens macht man sich die Wärmeausdehnung zu Nutze: Der stählerne Radreifen wird erhitzt und auf das Rad geschoben, nach Abkühlung zieht er sich zusammen und sitzt unverrückbar auf dem Rad fest. So wurden bzw. werden die Eisenreifen auf Holzräder montiert. Die Fertigung einer Schrumpfverbindung zwischen Rad und Welle beruht auf demselben Prinzip.

Bei einer Bi-Metall-Verbindung sind zwei metallische Elemente mit unterschiedlichem Dehnungskoeffizienten fest miteinander verbunden. Bei Temperaturänderung verbiegt sich die Verbindung. Nach Eichung kann ein solches Bi-Metall-Element zur Temperaturmessung genutzt werden, z. B. als Steuerelement in Thermostaten.

Beispiele

Stellt sich innerhalb eines Bauteilquerschnittes bei einseitiger Temperaturerhöhung ein Temperaturgefälle zwischen Ober- und Unterseite ein, krümmt sich das Bauteil. Das kann z. B. ein Stab sein (Abb. 3.4a). Der Temperaturunterschied ist in der Abbildung mit $\Delta\vartheta$ und die Dicke des Querschnittes in Richtung des Temperaturgradienten mit h abgekürzt. Die örtliche Krümmung beträgt: $\kappa = \alpha_T \cdot \frac{\Delta\vartheta}{h}$

Ist ein solcher Temperaturgradient über die Länge eines Trägers konstant vorhanden, stellt sich (bei h =konstant) eine kreisförmige Biegelinie ein. Für einen beidseitig gelenkig gelagerten Träger der Länge l berechnen sich die mittige Durchbiegung f und der Enddrehwinkel φ bei einer solchen Temperaturbeanspruchung zu (Abb. 3.4b):

$$f = \alpha_T \cdot \frac{\Delta\vartheta}{h} \cdot \frac{l^2}{8}; \quad \varphi = \alpha_T \cdot \frac{\Delta\vartheta}{h} \cdot \frac{l}{2}$$

Da sich Brückenträger infolge einer Temperatureinwirkung und unter Verkehrslast über den Auflagern um den Winkel φ verkanten (drehen), müssen die hier liegenden Brückenlager

Abb. 3.4

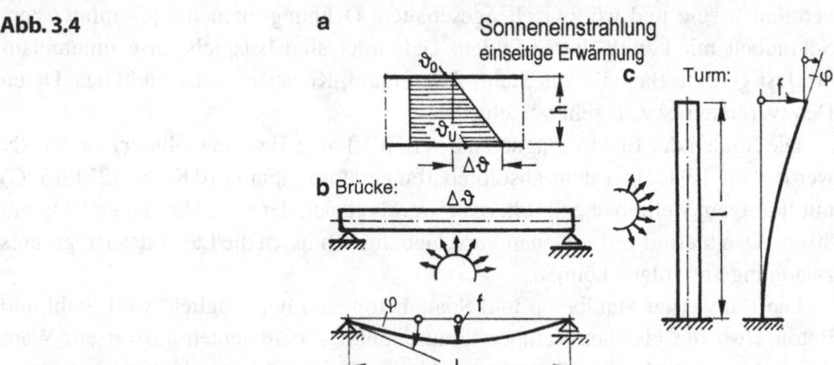

nicht nur verschieblich, sondern auch kippfähig sein, damit Zwängungen und Beschädigungen am Tragwerk und an den Lagern vermieden werden.

Ein (turmartiger) Freiträger verbiegt sich bei Sonneneinstrahlung, wie in Abb. 3.4c skizziert. Im Falle einer konstanten Dicke berechnen sich Durchbiegung und Drehwinkel am freien Ende zu:

$$f = \alpha_T \cdot \frac{\Delta\vartheta}{h} \cdot \frac{l^2}{2}; \quad \varphi = \alpha_T \cdot \frac{\Delta\vartheta}{h} \cdot l$$

Bei turmartigen Antennenträgern dürfen aus funktechnischen Gründen bestimmte Grenzwinkel φ_{Grenze} in Höhe der Antenne nicht überschritten werden, anderenfalls würde die Sendekeule zu stark verzerrt. Gitterkonstruktionen sind in solchen Fällen gegenüber vollwandigen (rohrartigen) Konstruktionen im Vorteil, weil sich nur geringere Temperaturverformungen einstellen.

3.2.3 Flüssigkeiten bei Wärmeeinwirkung

Flüssigkeiten füllen ein Volumen aus. Für die Volumenänderung bei einer Temperaturerhöhung gilt obige Formel für ΔV_T unverändert:

$$\Delta V_T = \gamma_T \cdot V \cdot \Delta T \quad \rightarrow \quad V_T = V + \Delta V_T = (1 + \gamma_T \cdot \Delta T) \cdot V$$

Hierbei ist unterstellt, dass die Flüssigkeit eine freie Oberfläche hat. Der Volumenausdehnungskoeffizient γ_T liegt 10- bis 100-mal höher als im Aggregatzustand ‚fest', was auf dem a priori lockeren Molekülverband beruht. In der Tabelle der Abb. 3.5a sind γ_T-Werte für gängige atmosphärische Bedingungen als Anhalt ausgewiesen. Die von der Temperatur abhängige Dehnzahl von Wasser geht aus Abb. 3.5b hervor.

Abb. 3.5

a

Stoff	γ_T
Quecksilber	180
Glycerin	480
Mineralöl	700
Maschinenöl	900
Benzin	1000
Benzol	1100
Alkohol	1100
Äther	1600
	$\cdot 10^{-6}$

b

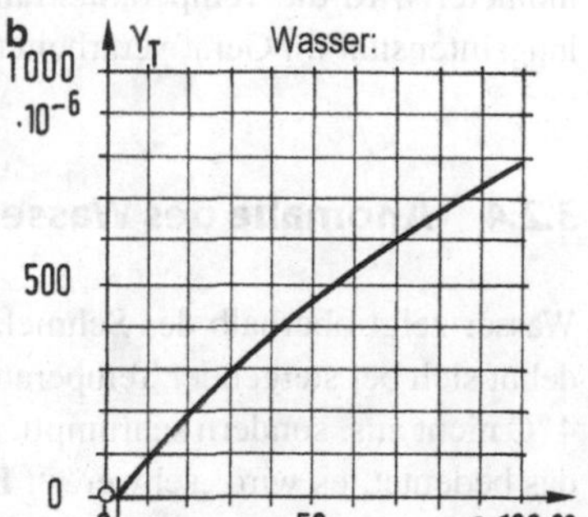

Erhöht sich die Temperatur einer Flüssigkeit und gleichzeitig die Temperatur des **offenen Gefäßes**, das die Flüssigkeit enthält, wird man zunächst die Volumenänderung des Gefäßes und anschließend die Volumenänderung der Flüssigkeit bestimmen, um die Auswirkung der Temperaturerhöhung auf die Füllhöhe im Gefäß zu berechnen.

Ist die Flüssigkeit in einem **Gefäß eingeschlossen**, entwickelt sich bei einer Temperaturerhöhung oder -senkung ein Über- bzw. Unterdruck. Flüssigkeiten verhalten sich sehr ‚steif', der Kompressionsmodul liegt hoch, d. h. eine Flüssigkeit ist nur schwach kompressibel. Die sich bei Temperaturanstieg aufbauende Druckerhöhung folgt aus: $\Delta p_T = K \cdot \Delta V_T / V$. K ist der Kompressionsmodul. Für Wasser gilt: $K \approx 2 \cdot 10^9\,\mathrm{N/m^2}$.

Hinweis

Für Festkörper berechnet sich K über den Elastizitätsmodul E zu: $K = E/3 \cdot (1-2\mu)$, μ ist die Querkontraktionszahl, für Stahl gilt z. B.: $\mu = 0{,}3$.

Für Flüssigkeitsthermometer ist Quecksilber (Hg) als Füllung geeignet, da es zwischen −39 °C und +356 °C flüssig ist. Zudem ist der Ausdehnungskoeffizient im Temperaturbereich von −35 °C bis +350 °C weitgehend konstant, auch tritt keine Benetzung der Röhren-Innenwandung ein. Nachteilig ist die Toxizität (Giftigkeit) des Stoffes. Aus diesem Grund kommen heutzutage für Flüssigkeitsthermometer Toluol (−90 °C bis +110 °C) oder Pentan (−200 °C bis +35 °C) zum Einsatz, auch Alkohol oder Ethanol. Der γ_T-Wert der genannten Flüssigkeiten beträgt in allen Fällen ca. $1{,}100 \cdot 10^{-3}$.

Die Verwendung von Quecksilber für Fieberthermometer (Messspanne: +36 °C bis +44 °C) ist inzwischen verboten. – Alternativ werden Digitale Fieberthermometer eingesetzt. Sie messen die von einem Sensor erfasste Temperaturänderung über die hierbei auftretende elektrische Widerstandsänderung. – Beim Infrarotthermometer wird die Temperaturstrahlung (meist im Ohr) gemessen und die Strahlungsintensität im Gerät verarbeitet.

3.2.4 Anomalie des Wassers

Wasser zeigt oberhalb des Schmelzpunktes (±0 °C) ein unübliches Verhalten: Es dehnt sich bei steigender Temperatur oberhalb von ±0 °C bis zur Temperatur $\vartheta =$ 4 °C nicht aus, sondern schrumpft. Die Dichte steigt in diesem Temperaturbereich, das bedeutet, es wird ‚schwerer'. Erst oberhalb $\vartheta = 4$ °C dehnt sich Wasser aus, die Dichte sinkt, es wird ‚leichter'. Zusammengefasst: Bei $\vartheta = 4$ °C ist Wasser

Abb. 3.6

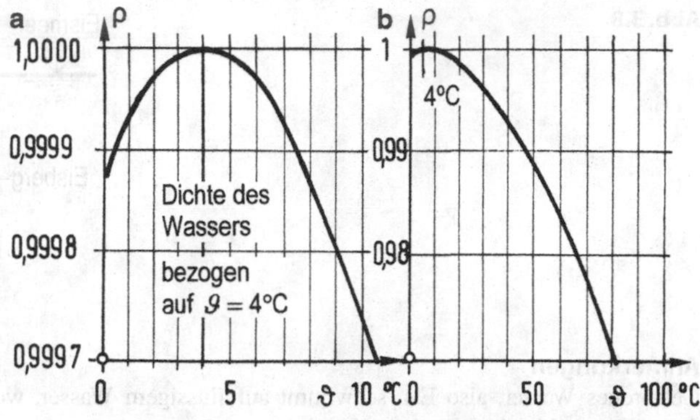

Abb. 3.7

am dichtesten (‚schwersten'). Abb. 3.6 zeigt die Dichte-Temperatur-Kurve destillierten Wassers für zwei Temperaturbereiche. Diese sogen. Anomalie des Wassers beruht auf der temperaturabhängigen Packungsdichte der Wassermoleküle. Sie ist bei $\vartheta = 4\,°C$ am höchsten.

Wenn bei tiefer Lufttemperatur im Winter die Temperatur der oberflächennahen Wasserschicht eines stehenden Gewässers auf $\vartheta = 4\,°C$ sinkt, taucht das derart erkaltete Wasser der Oberfläche in die Tiefe ab, wärmeres Wasser steigt auf. Erst wenn das Wasser im gesamten Becken weitgehend auf 4 °C abgekühlt ist, beginnt das Gewässer, von der Oberfläche aus, zu gefrieren (Abb. 3.7). Ein Durchfrieren des Gewässers tritt bei ausreichender Tiefe nicht ein. Eis ist zudem ein schlechter Wärmeleiter, unter der Eisdecke bleibt die Wärme bei einer Temperatur 4 °C ‚gefangen'. Das ermöglicht der Flora und Fauna am Grund des Gewässers zu überleben. Ohne diese Anomalie des Wassers hätte sich das Leben auf Erden nicht entwickeln können!

Abb. 3.8

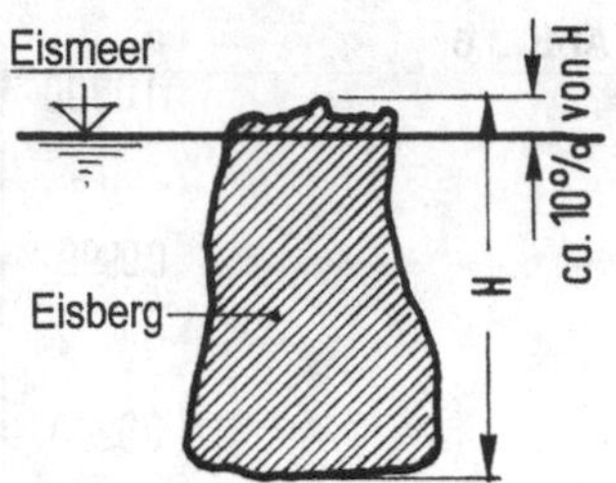

Anmerkungen

Gefrorenes Wasser, also Eis, schwimmt auf flüssigem Wasser, weil es, wie erläutert, im festen Zustand leichter ist als im flüssigen. –

Wegen des Salzgehaltes liegt die Dichte von Meerwasser höher, sie beträgt ca. 1025 kg/m^3. Die Dichte eines Eisberges (aus Süßwasser bestehend!) beträgt wegen der Lufteinschlüsse nur ca. 920 kg/m^3. Die Spitze des schwimmenden Eisberges ragt daher ca. 10 % aus dem Wasser heraus, wie man mit Hilfe des archimedischen Prinzips bestätigen kann (Abb. 3.8).

Unter Druck sinkt der Schmelzpunkt des Wassers, man spricht von Druckschmelzen. Hierauf beruht das Wandern der Gletscher: Unter ihrer Eigenlast verflüssigt sich das Eis am Boden des Gletschers. Die darüber liegende Eismasse gleitet ab. – Unter den Kufen von Schlitten und Schlittschuhen schmilzt das Eis infolge des lokal hohen Drucks. Der Reibungskoeffizient sinkt dadurch nochmals weiter ab. Bei strenger Kälte wirkt das Eis beim Eislaufen ‚stumpf', weil sich der Effekt nicht so ausprägen kann.

In (Fels-)Spalten gefrierendes Wasser dehnt sich aus (unterhalb 4 °C, wie gezeigt), was sich als Sprengkraft auf das Gestein auswirkt. Das befördert, gemeinsam mit dem abfließenden Wasser, die Erosion der Gebirge. – Gefüllte Wasserleitungen können beim Gefrieren bersten. – Das durch Risse unter Fahrbahndecken von Straßen eindringende Wasser vermag den Belag beim Frost aufzusprengen, wodurch der Schaden progressiv fortschreitet. (Die Abhängigkeit des Schmelzpunktes von Druck und tieferer Temperatur ist bei Wasser recht komplex. Neben der oben erwähnten Anomalie gibt es weitere, insofern ist Wasser ein ‚besonderer Saft'.)

3.2.5 Gase bei Wärmeeinwirkung

3.2.5.1 Ideale Gase – Thermisches Gasgesetz

Im gasförmigen Aggregatzustand bewegen sich die Atome/Moleküle nochmals intensiver als im flüssigen. Sie sind untereinander losgelöst. Ihre mittlere Geschwindigkeit steigt mit der Temperatur. Der Raum wird von den Gasatomen/-molekülen im Mittel gleichförmig ausgefüllt. Im Vergleich zum flüssigen Aggregatzustand sind Teilchen- und Massendichte extrem gering. Man spricht von einem **idealen Gas**, wenn das Eigenvolumen der Teilchen im Vergleich zum Gasvolumen so

Abb. 3.9

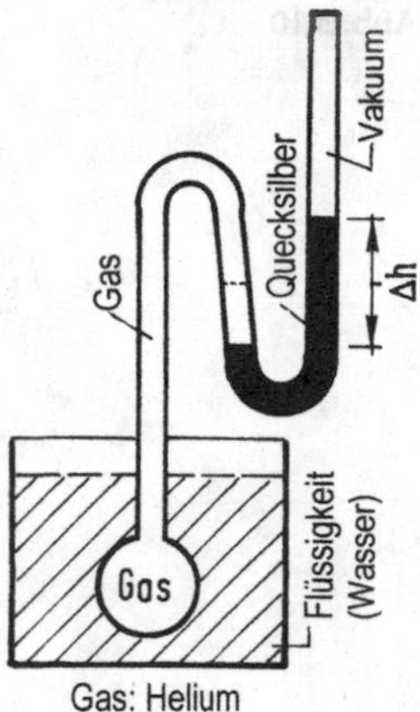

gering ist, die Teilchen liegen dann soweit auseinander, dass ihre gegenseitige gravitative Wechselwirkung vernachlässigt werden kann.

Bei konstantem Druck dehnt sich Gas umso stärker aus, je höher die Temperatur ansteigt. Dabei dehnt es sich im Gegensatz zur Fest- und Flüssigphase nicht nach einem stoffabhängigen sondern in allen Fällen nach einem **stoffunabhängigen Gesetz** aus! Es lautet:

$$\Delta V_T = \gamma_T \cdot \Delta T \cdot V \quad \rightarrow \quad V_T = V + \Delta V_T = (1 + \gamma_T \cdot \Delta T) \cdot V$$

mit $\gamma_T = \frac{1}{273{,}15} = 0{,}003661 \cdot \text{K}^{-1}$.

Mit Hilfe des in Abb. 3.9 dargestellten Gasthermometers kann die Temperatur einer Flüssigkeit gemessen werden: Durch den Druck des erwärmten Gases wird der Flüssigkeitsspiegel der im gewinkelten Rohr liegenden Flüssigkeit (z. B. schweres Quecksilber) um Δh verschoben. Damit geht eine Änderung der Gewichtskraft in der Flüssigkeitssäule einher. Nach entsprechender Eichung des Flüssigkeitsstands, z. B. orientiert am Schmelz- und/oder Siedepunkt von Wasser, kann die Apparatur als Thermometer eingesetzt werden. Geeignet ist das Gasthermometer von −270 °C bis ca. 1000 °C. Werden hiermit unterschiedliche Gase vermessen, bestätigt man folgenden Befund:

$$p \cdot V = n \cdot R \cdot T$$

Das ist das **Thermische Gasgesetz für ideale Gase**; es handelt sich um ein Naturgesetz! Es gilt in Annäherung auch für reale Gase, vorausgesetzt, die Temperatur im Gas ist hoch genug und liegt weit genug vom Siedepunkt der Flüssigphase ent-

Abb. 3.10

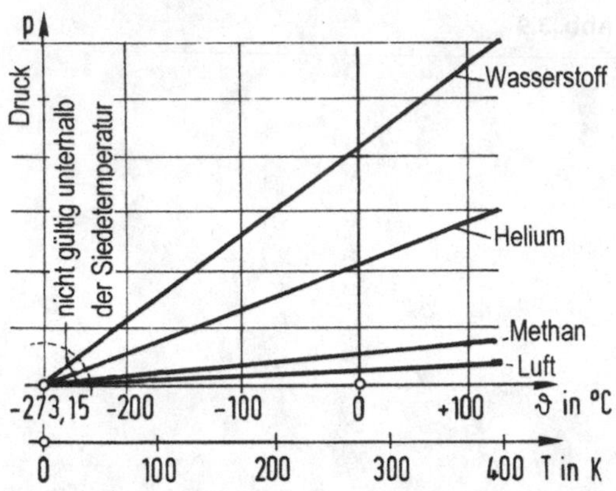

fernt. Das Gesetz besagt: Das Produkt aus Druck (p) und Volumen (V) ist der absoluten Temperatur (T), gemessen in Kelvin, proportional. Abb. 3.10 zeigt den Graphen p als Funktion von T, wenn V konstant ist. Alle Geraden gehen vom absoluten Nullpunkt aus. Die Gültigkeit endet dort, wo der Stoff bei sehr tiefer Temperatur vom gasförmigen in den flüssigen Zustand übergeht. – Beispiele für die Siedetemperatur bei Umgebungsdruck:

Stickstoff (N_2): $-196\,°C$
Sauerstoff (O_2): $-183\,°C$,
Methan (CH_4): $-162\,°C$,
Wasserstoff (H): $-253\,°C$,
Helium (He): $-269\,°C$.

In obiger Gleichung bedeuten weiter:

n: Teilchenmenge in Mol,
R: Universelle Gaskonstante:

$$R = 8{,}316\,\text{J}/(\text{mol}\,\text{K}) = 8{,}316\,\text{N}\,\text{m}\,\text{mol}^{-1}\,\text{K}^{-1}$$

Wird das Thermische Gasgesetz umgestellt, gilt für zwei Zustände 1 und 2:

$$\frac{p \cdot V}{n \cdot T} = R \quad \rightarrow \quad \frac{p_1 \cdot V_1}{n_1 \cdot T_1} = \frac{p_2 \cdot V_2}{n_2 \cdot T_2}$$

Hiervon ausgehend folgen die für ein ideales Gas geltenden Gesetze, wie sie in der Frühzeit der Physik erkannt und postuliert wurden (Bd. I, vgl. Abschn. 2.7.3).

Abb. 3.11

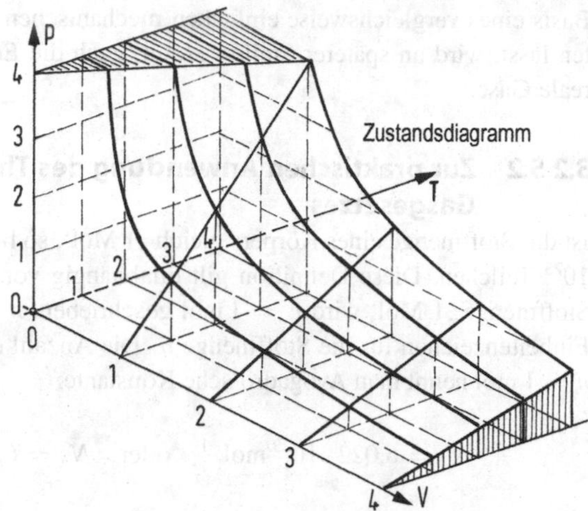

Die erste zutreffende Deutung und Beschreibung des Gasdrucks geht auf D. BERNOULLI (1700–1782) zurück, publiziert in seiner Schrift ‚Hydrodynamica' (1738).

Die Gasgesetze lauten:

- Gesetz von R. BOYLE und E. MARIOTTE: $T = \text{konst}$: $p \cdot V = \text{konst}$
- Erstes Gesetz von J.G. GAY-LUSSAC: $p = \text{konst}$: $V/T = \text{konst}$
- Zweites Gesetz von J.G. GAY-LUSSAC: $V = \text{konst}$: $p/T = \text{konst}$
- Gesetz von A. AVOGADRO: Alle Gase, gleich welchen chemischen Stoffes, enthalten unter gleichen Bedingungen gleich viele Teile (Atome oder Moleküle).

Für die Zustände eines idealen Gases mit einer bestimmten Stoffmenge gilt nach Umstellung obiger Gleichung: $\frac{p \cdot V}{T} = n \cdot R = \text{konst}$.

Die gegenseitige Abhängigkeit der Zustandsgrößen p, V und T nach diesem Gesetz zeigt Abb. 3.11 in einem dreidimensionalen Zustandsdiagramm. Es hat die Form einer hyperbolisch gekrümmten Fläche. Die Darstellung ist schematisch zu sehen. Aus dem Diagramm ist die Abhängigkeit zwischen zwei Größen erkennbar, wenn die jeweils dritte konstant gehalten wird: Kurven für $T = \text{konst}$ sind Hyperbeln: $p \cdot V = \text{konst}$.

Dieses Gesetz wurde von R. BOYLE und E. MARIOTTE als erstes Gasgesetz entdeckt. Auf die Erläuterungen in Bd. I, Abschn. 2.7.3 wird an dieser Stelle nochmals verwiesen. – Wie sich das Thermische Gasgesetz für ideale Gase auf der

Basis eines vergleichsweise einfachen mechanischen Modells herleiten bzw. deuten lässt, wird an späterer Stelle gezeigt, auch die Erweiterung des Gesetzes auf reale Gase.

3.2.5.2 Zur praktischen Anwendung des Thermischen Gasgesetzes

Ist die Stoffmenge eines Körpers gleich ‚1 Mol', so besteht der Körper aus $6{,}022 \cdot 10^{23}$ Teilchen. Diese Definition gilt unabhängig vom Aggregatzustand. Für eine Stoffmenge ‚1 Mol' wird $n = 1\,\text{mol}$ geschrieben, n ist das Formel- und mol das Einheitenzeichen für die Stoffmenge n. Die Anzahl der Teilchen der Stoffmenge $n = 1\,\text{mol}$ nennt man Avogadro'sche Konstante:

$$N_A = 6{,}022 \cdot 10^{23}\,\text{mol}^{-1} \quad \text{oder} \quad N_A = 6{,}022 \cdot 10^{26}\,\text{kmol}^{-1}$$

kmol heißt Kilomol, das ist das 1000-fache von einem Mol.

Teilchen können Atome, Ionen, Moleküle oder andere Elementarteilchen sein. Im Folgenden wird unter dem Begriff ein ‚Teilchen' ein (Gas-)Molekül verstanden (wenn nichts anderes gesagt ist). Moleküle bilden die Bausteine der Materie, auch der Gase, von Ausnahmen abgesehen, z. B. Edelgase, sie sind einatomig.

Hat ein Körper eines bestimmten Stoffes die Stoffmenge $n = 1\,\text{mol}$, nennt man die zugehörige Masse ‚Molare Masse' m_M. Sie wird in kg gemessen. Man erhält die Molare Masse eines Stoffes, indem man die absolute Masse des einzelnen Moleküls (m_a) mit N_A multipliziert. Die absolute Masse m_a erhält man, indem die relative Atommasse (m_r) mit der Atomaren Einheit $u = 1{,}6605 \cdot 10^{-27}\,\text{kg}$ multipliziert wird. Die Molare Masse bleibt für einen Stoff beim Wechsel des Aggregatzustandes unverändert, da sich die Anzahl der Moleküle beim Übergang in einen anderen Aggregatzustand weder vergrößert noch verkleinert: Es gilt das Massenerhaltungsgesetz.

Beispiel

Kohlendioxid CO_2: C: $m_r = 12{,}011$, O: $m_r = 15{,}999$ (Angaben zur Relativen Atommasse m_r und zum Periodensystem der Elemente enthält Bd. I, Abschn. 2.7 und 2.8). Die Molare Masse berechnet sich in folgenden Schritten:

$$\begin{aligned} CO_2:\quad & m_r = 12{,}011 + 2 \cdot 15{,}999 = 44{,}009 \\ \rightarrow\quad & m_a = 1{,}6605 \cdot 10^{-27} \cdot 44{,}009 = 73{,}081 \cdot 10^{-27}\,\text{kg} \\ & m_M = 73{,}081 \cdot 10^{-27}\,\text{kg} \cdot 6{,}022 \cdot 10^{23}\,\text{mol}^{-1} = \underline{440{,}096 \cdot 10^{-4}\text{kg}\,\text{mol}^{-1}} \\ & \quad\;\; = 0{,}044096\,\text{kg}\,\text{mol}^{-1} \approx \underline{44\,\text{g/mol}} \end{aligned}$$

Von dem Gas werde eine Menge der Masse $m = 1$ kg betrachtet. Deren Stoffmenge beträgt:

$$n = \frac{m}{m_M} = \frac{1000\,\text{g}}{44\,\text{g/mol}} = \underline{22{,}7\,\text{mol}}$$

Hierfür lautet die Gasgleichung:

$$p \cdot V = n \cdot R \cdot T \quad \rightarrow \quad p\left[\frac{\text{N}}{\text{m}^2}\right] \cdot V[\text{m}^3] = n[\text{mol}] \cdot R\left[\frac{\text{N m}}{\text{mol K}}\right] \cdot T[\text{K}]$$

$$\rightarrow p \cdot V = 22{,}7 \cdot 8{,}315 \cdot T \quad \rightarrow p \cdot V = 188{,}75 \cdot T$$

Von dieser Gleichung ausgehend können unterschiedliche Fragestellungen bearbeitet werden.

Als ‚Normbedingungen' sind (auf der Erdoberfläche) die Zustandsgrößen Luftdruck und Lufttemperatur zu $p = 1{,}01325 \cdot 10^5$ Pa und $\vartheta = 0\,°\text{C}$ ($T = 273{,}15$ K) vereinbart. 1 kg eines CO_2-Gases nimmt unter diesen Bedingungen folgendes Volumen ein:

$$V = \frac{188{,}75 \cdot T}{p} = \frac{188{,}75 \cdot 273{,}15}{1{,}01325 \cdot 10^5} = 0{,}5088\,\text{m}^3 = 508{,}8\,\text{dm} = (508{,}8\,\text{l})$$

Dividiert man dieses Volumen durch die Stoffmenge $n = 22{,}7$mol, ergibt sich das Molare Volumen zu:

$$V_M = \frac{V}{n} = \frac{0{,}5088\,\text{m}^3}{22{,}7\,\text{mol}} = \underline{0{,}0224\,\text{m}^3/\text{mol}} = \underline{22{,}4\,\text{m}^3/\text{kmol}} \quad \underline{(22{,}4\,\text{l/mol})}$$

Alle Gase nehmen unter gleichen Bedingungen dasselbe Molare Volumen ein, die Anzahl der Moleküle ist hierin für alle Gase gleichgroß (Satz von AVOGADRO). Dieser sich aus der allgemeinen Gasgleichung für ideale Gase ergebende Befund konnte auch für die meisten realen Gase experimentell bestätigt werden. Ist die Dichte des realen Gases sehr hoch, gilt die Thermische Gasgleichung nicht mehr. Die Gleichung bedarf dann einer Modifikation.

3.2.5.3 Einführung in die kinetische Gastheorie

Betrachtet werde ein **einatomiges Gas**, das sich in einem geschlossenen Raum befindet. Die Anzahl der Atome sei N. Die Atome werden als kleine harte Kügelchen gedeutet. Ihre Einzelmasse sei m_a. Wenn sie gegen die Wand, die den Raum umgibt, prallen, möge dieser Prallstoß vollelastisch sein, das bedeutet, es wird beim Stoß keine Energie zerstreut (dissipiert). Von den Atomen wird ein einzelnes heraus gegriffen. Es trage die Nummer i. i ist die Laufvariable von $i = 1$ bis $i = N$. Im momentanen Zeitpunkt t habe das Atom i die Geschwindigkeit v_i. Deren Komponenten in den Richtungen x, y, z seien v_{ix}, v_{iy}, v_{iz} (Abb. 3.12a).

Abb. 3.12 a b

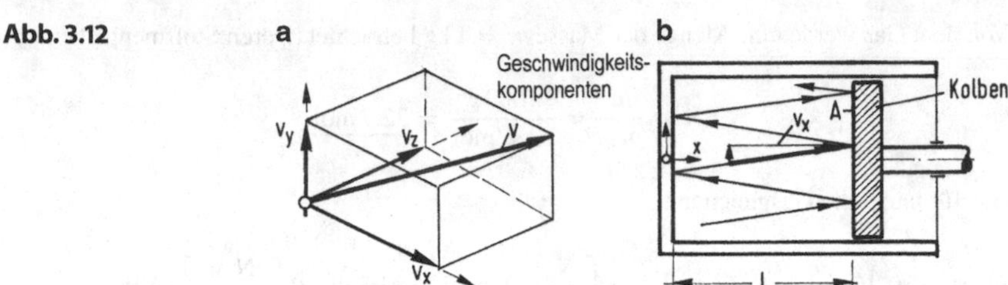

Innerhalb des Zeitintervalls Δt (von t bis $t + \Delta t$) bewege sich das betrachtete Atom mehrfach zick-zack-förmig zwischen den Trennwänden in Richtung x hin und her. Die Raumtiefe in dieser Richtung sei l.

Die eine Wand des Raumes sei ein Kolben mit der Fläche A. Das Volumen im Zylinder ist dann $V = A \cdot l$, vgl. Abb. 3.12b. Durch Verschieben des Kolbens kann das Volumen verändert werden. Innerhalb des Zeitintervalls Δt legt das Atom auf seinem Zick-Zack-Kurs insgesamt die Strecke $v_{ix} \cdot \Delta t$ zurück (Weg = Geschwindigkeit mal Zeit). Bei jedem zweiten Prallstoß trifft das Atom auf die Kolbenfläche. Innerhalb Δt beträgt demnach die Anzahl der Stöße gegen die Kolbenfläche:

$$\frac{v_{ix} \cdot \Delta t}{2l}$$

Bei jedem dieser Stöße ist der Impuls des Atoms i gleich $m_a \cdot v_{ix}$ (Impuls = Masse mal Geschwindigkeit). Sowohl beim Aufprall wie anschließend beim Rückprall wird ein Impuls abgesetzt, denn der Prallstoß ist, wie vorausgesetzt, elastisch. Die Summe der beiden Impulse auf die Kolbenfläche ist demnach: $2 \cdot m_a \cdot v_{ix}$. In der Zeiteinheit Δt beträgt somit der Gesamtimpuls auf die Fläche des Kolbens:

$$\Delta I_{ix} = 2\, m_a \cdot v_{ix} \cdot \frac{v_{ix} \cdot \Delta t}{2l} = \frac{m_a \cdot \Delta t}{l} \cdot v_{ix}^2$$

Der abgesetzte Impuls wird hier mit I abgekürzt. Es ist der Einzelimpuls des Atoms i mit der Geschwindigkeit v_{ix} in Richtung x. Da die N Atome dieselbe Masse aber unterschiedliche Geschwindigkeiten haben, bewirken sie gemeinsam im Zeitintervall Δt die Impulsänderung:

$$\Delta I_x = \frac{m_a \cdot \Delta t}{l} \cdot \sum_{i=1}^{N} v_{ix}^2 = \frac{m_a \cdot \Delta t}{l} \cdot N \cdot \sum_{i=1}^{N} \frac{v_{ix}^2}{N}$$

Hinweis
$\sum$ ist das Summenzeichen. Die Summe erstreckt sich von $i = 1$ bis $i = N$.

Die Geschwindigkeit der einzelnen Atome ist ungleich. Handelt es sich beispielsweise um 5 Atome ($N = 5$) mit den Geschwindigkeiten 1, 5, 3, 5, 6, beträgt der Summenausdruck in vorstehender Gleichung:

$$\frac{1^2 + 5^2 + 3^2 + 5^2 + 6^2}{5} = \frac{1 + 25 + 9 + 25 + 36}{5} = \frac{96}{5} = 19{,}2$$

Einen solchen Ausdruck nennt man ‚quadratischen Mittelwert'. Der Ausdruck wird durch das Symbol $\langle \cdot \rangle$ gekennzeichnet. Mit dieser Vereinbarung kann die Gleichung für ΔI_x zu $\Delta I_x = \frac{m_a \cdot \Delta t}{l} \cdot N \cdot \langle v_x^2 \rangle$ angeschrieben werden. Die im Mittel innerhalb des Zeitintervalls Δt in Richtung x auf die Kolbenfläche A abgesetzte Kraft ist gemäß Lex II (Kraft = zeitliche Änderung des Impulses, vgl. Abschn. 1.5; die zeitliche Änderung ist hier Δt):

$$F = F_x = \frac{\Delta I_x}{\Delta t} = N \cdot \frac{m_a \cdot \langle v_x^2 \rangle}{l}$$

Der auf die Kolbenfläche wirkende Druck $p = F/A$ beträgt (Kraft durch Fläche):

$$p = \frac{F}{A} = N \cdot \frac{m_a \cdot \langle v_x^2 \rangle}{A \cdot l} = \frac{N}{V} \cdot m_a \cdot \langle v_x^2 \rangle$$

Das Gas sei homogen: Es gibt innerhalb des Gasvolumens keine bevorzugte Richtung: Die quadratischen Mittelwerte der drei Geschwindigkeitskomponenten sind gleichgroß. Jede Komponente liefert denselben Anteil an der Geschwindigkeit v:

$$\langle v_x^2 \rangle = \left\langle v_y^2 \right\rangle = \langle v_z^2 \rangle = \langle v^2 \rangle / 3$$

Damit nimmt die Gleichung für p folgende Form an:

$$p = \frac{N}{V} \cdot m_a \cdot \frac{1}{3} \langle v^2 \rangle \quad \rightarrow \quad p \cdot V = \frac{2}{3} \cdot N \cdot \left\langle \frac{m_a \cdot v^2}{2} \right\rangle \qquad \text{(a)}$$

Die Größe

$$\langle E_{\text{kin}} \rangle = \left\langle \frac{m_a \cdot v^2}{2} \right\rangle \qquad \text{(b)}$$

ist die mittlere (durchschnittliche) kinetische Energie der einzelnen Teilchen (hier der einzelnen Atome). Multipliziert mit N, erhält man die gesamte im Volumen V

enthaltene mittlere kinetische Energie des Gases. Von diesem Ansatz ausgehend, wird die Temperatur des Gases zu

$$\langle E_{\text{kin}} \rangle = \frac{3}{2} \cdot k_B \cdot T \tag{c}$$

definiert. Die mittlere kinetische Energie der Gasteilchen und die Temperatur im Gas verhalten sich proportional zueinander.

In dieser Vereinbarung ist $(3/2) \cdot k_B$ ein Proportionalitätsfaktor. k_B kann nur im Experiment bestimmt werden. Die Definition bedeutet: Wenn die mittlere kinetische Energie des Gases Null ist, ist auch T gleich Null. Dem Erreichen der Temperatur Null (also dem Absinken der Gastemperatur auf Null), gehen die Aggregatzustände flüssig und fest voraus. Im Temperaturnullpunkt kommt jede Bewegung der Teilchen zum Erliegen. –

Wird (a) über (b) mit der Vereinbarung gemäß (c) verknüpft, folgt:

$$p \cdot V = N \cdot k_B \cdot T \tag{d}$$

Damit ist das **Thermische Gasgesetz für ideale Gase** hergeleitet. Im vorliegenden Fall für einatomige Gase. Das Gesetz wurde durch unzählige Experimente verifiziert. Hierbei wurde für k_B der Wert: $k_B = 1{,}381 \cdot 10^{-23}\,\text{J/K}$ bestimmt. Auch k_B ist eine **Naturkonstante**! Sie wurde nach L. BOLTZMANN (1844–1906) benannt, man spricht daher auch von der Boltzmann'schen Konstante.

Die Herleitung des Gesetzes mag erstaunen, weil der für makroskopische Körper (‚elastische Kugeln') geltende Impulssatz offensichtlich zu einem zutreffenden Ergebnis führt, hier für mikroskopische Partikel (Atome)! Noch mehr: Die Herleitung gilt unverändert auch für **mehratomige** Gase. In diesem Falle werden anstelle der Atome die Gasmoleküle als winzige kugelförmige Teilchen mit der Masse m_a begriffen, wobei m_a die gemeinsame Masse jener Atome beinhaltet, die im Molekül vereinigt sind. Während sich ein einzelnes Atom nur in drei Richtungen translatorisch bewegen kann, haben die Atome in einem Molekül zusätzliche Bewegungsmöglichkeiten (Freiheitsgrade), unter anderem rotatorische. Das führt auf einen modifizierten Ausdruck für die innere Energie des Gases und damit zu einer modifizierten Definition der Temperatur (vgl. Abschn. 3.2.5.5, 1. Ergänzung).

Herrschen in zwei unterschiedlichen Gasen gleichen Volumens V gleicher Druck p und gleiche Temperatur T, enthalten sie gleich viele Teile, wie man aus

$$N = \frac{p \cdot V}{k_B \cdot T}$$

erkennt: Die rechte Seite ist unabhängig von der chemischen Sorte des Gases! Das ist die Aussage des Avogadro'schen Gesetzes.

Die Stoffmenge n eines Gasvolumens in Mol kann berechnet werden, indem die Gesamtanzahl der Teilchen durch N_A (Avogadro-Konstante) dividiert wird:

$$n = N/N_A$$

Setzt man $N = n \cdot N_A$ in (d) ein, erhält man einen modifizierten Ausdruck für das abgeleitete Gasgesetz:

$$p \cdot V = n \cdot N_A \cdot k_B \cdot T = N \cdot k_B \cdot T \qquad \text{(e)}$$

Wird schließlich noch die Universelle Gaskonstante zu

$$R = N_A \cdot k_B = 8{,}316 \frac{\mathrm{J}}{\mathrm{mol\,K}}$$

vereinbart, erhält man:

$$p \cdot V = n \cdot R \cdot T \qquad \text{(f)}$$

Die Gleichungen (d), (e) und (f) sind gleichwertige Versionen des Thermischen (kinetischen) Gasgesetzes. Das Gesetz gilt für ideale Gase. Wird (e) nach p, also nach dem Gasdruck im Volumen V, frei gestellt, folgt schließlich:

$$p = \frac{N}{V} \cdot k_B \cdot T = \rho_N \cdot k_B \cdot T \; ; \quad \rho_N = \frac{N}{V}$$

ρ_N ist die Teilchendichte im Gas, Einheit [m^{-3}]. Der Gasdruck ist dieser Dichte und der Temperatur proportional.

3.2.5.4 Barometrische Höhenformel

Zwischen den Luftschichten z und $z + \Delta z$ über Grund beträgt die (Luft-)Druckdifferenz (Abb. 3.13):

$$\Delta p = p(z) - p(z + \Delta z) = -\rho \cdot g \cdot \Delta z$$

Die Gleichung beinhaltet die Gleichgewichtsbedingung in lotrechter Richtung. ρ ist die Luftdichte und g die Erdbeschleunigung. In der Höhe $z + \Delta z$ ist der Druck geringer als in der Höhe z, bei Anstieg um Δz sinkt der Druck, die Druckänderung in obiger Gleichung ist daher negativ.

Erläuterung zur Gleichgewichtsgleichung: A ist der Querschnitt der Luftsäule, $\rho \cdot A \cdot \Delta z$ ist die Masse und $(\rho \cdot A \cdot \Delta z) \cdot g$ die Gewichtskraft des Volumens der Schichtdicke Δz. Wird diese durch A dividiert, ergibt sich: $|\Delta p| = |\Delta F/A| =$

Abb. 3.13

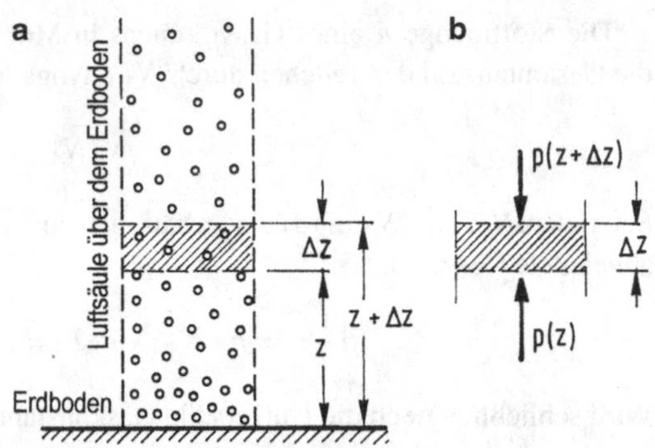

$|\rho \cdot g \cdot \Delta z|$. – Ist N die Anzahl der Luftteilchen (O_2, N_2) einer Volumeneinheit V in Höhe z und ist m_a die Teilchenmasse, berechnet sich die Dichte der Luft zu:

$$\rho = \frac{N \cdot m_a}{V} \quad \rightarrow \quad N = \frac{\rho \cdot V}{m_a}$$

Die Gasgleichung (e) nimmt damit folgende Form an (auf die Indizierung von k_B mit B wird verzichtet):

$$p \cdot V = N \cdot k \cdot T \quad \rightarrow \quad p \cdot V = \frac{\rho \cdot V}{m_a} \cdot k \cdot T \quad \rightarrow \quad \rho = \frac{m_a \cdot p}{k \cdot T}$$

Die Teilchendichte ρ ist proportional zum Druck p: Je höher der Druck, umso höher die Dichte. –

Nach Übergang von der finiten Dicke Δz der betrachteten Luftschicht auf die infinitesimale Dicke dz, lautet die obige Gleichgewichtsbedingung:

$$dp = -\rho \cdot g \cdot dz = -\frac{m_a \cdot g}{k \cdot T} \cdot p \cdot dz \quad \rightarrow \quad \frac{dp}{dz} + \frac{m_a \cdot g}{k \cdot T} \cdot p = 0$$

Das ist eine Differentialgleichung für den Druck p in der Höhe z: $p = p(z)$. Die Lösung lautet

$$p(z) = C \cdot e^{-\frac{m_a \cdot g}{k \cdot T} \cdot z}$$

Indem diese Lösung in die Differentialgleichung eingesetzt wird, kann ihre Richtigkeit bestätigt werden. Der in der Lösung vorhandene Freiwert C kann aus der Bedingung, dass der Druck am Boden ($z = 0$) gleich p_0 ist, gewonnen werden: Setzt man $p(z) = p(z_0) = p_0$ für $z = z_0 = 0$ folgt unmittelbar:

$$C = p_0.$$

Abb. 3.14

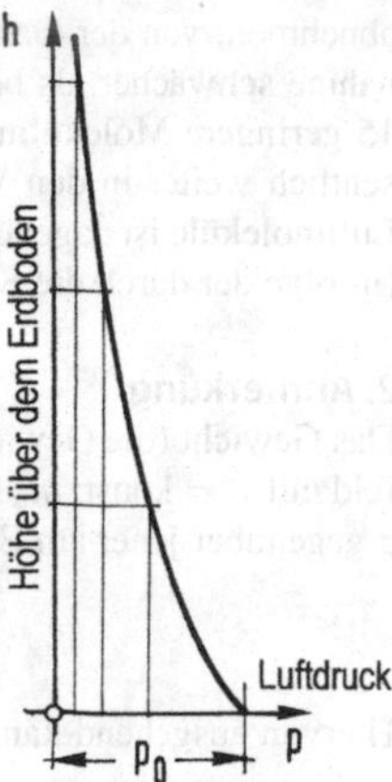

Die gesuchte **barometrische Höhenformel** lautet damit

$$p(z) = p_0 \cdot e^{-\frac{m_a \cdot g}{k \cdot T} \cdot z} = p_0 \cdot e^{-\frac{\rho_0}{p_0} \cdot g \cdot z}, \qquad \text{(g)}$$

wenn noch aus der Gasgleichung $\rho = \rho_0$ für $p = p_0$ frei gestellt und in die vorstehende Gleichung eingesetzt wird:

$$\rho_0 = \frac{m_a \cdot p_0}{k \cdot T} \rightarrow \frac{m_a}{k \cdot T} = \frac{\rho_0}{p_0}$$

Grundlage der vorangegangenen Herleitung ist die Annahme, dass Erdbeschleunigung und Temperatur höhenunabhängig, also konstant sind. Das ist nur bis zu einer gewissen Höhe innerhalb der unteren Luftschicht näherungsweise richtig.

Bei konstanter Temperatur sinkt der Druck exponentiell mit der Höhe, damit sinkt entsprechend die Dichte

$$\rho = \frac{m_a}{k \cdot T} p$$

und ebenso die Anzahl der Moleküle in der Volumeneinheit (die Luft wird ‚dünner'). Abb. 3.14 zeigt, wie der Druck und damit die Dichte ρ mit der Höhe abnehmen. In der Höhe $z = k \cdot T / m_a \cdot g$ nimmt die e-Funktion die Größe $e^{-1} = 0{,}37$ an. Das bedeutet: Der Druck fällt auf 37 % gegenüber p_0 ab; die zugehörige Höhe beträgt ca. 8000 m.

1. Anmerkung

Die barometrische Formel lässt Folgendes erkennen: Da die Teilchenmasse (m_a) im Exponenten der e-Funktion steht, ist der Gradient, mit dem Druck und Dichte mit der Höhe abnehmen, von der Gasart abhängig. Bei einer reinen Wasserstoffatmosphäre wäre die Abnahme schwächer als bei der vorhandenen Luftatmosphäre (H_2 hat eine um den Faktor ca. 15 geringere Molekülmasse als N_2 und O_2). Eine reine Wasserstoffatmosphäre würde wesentlich weiter in den Weltraum reichen und wäre wohl längst entwichen. Die Masse der Luftmoleküle ist dagegen gerade so geartet, dass die Erdanziehung sie gegen ein Entweichen (infolge der durch die Sonneneinstrahlung verursachten Wärmebewegung) halten kann.

2. Anmerkung

Das Gewicht (die Gewichtskraft) eines Luftteilchens der Masse m_a beträgt im Gravitationsfeld mit $g = \text{konst}$: $m_a \cdot g$. Demgemäß beträgt die potentielle Energie des Teilchens in Höhe z gegenüber jener am Erdboden (Niveau 0):

$$E_{\text{pot}}(z) = (m_a \cdot g) \cdot z$$

Hiervon ausgehend kann die Höhenformel auch zu

$$\frac{p(z)}{p_0} = e^{-\frac{E_{\text{pot}}(z)}{k \cdot T}}$$

angeschrieben werden. – Für zwei unterschiedliche Höhen $z = h_1$ und $z = h_2$, wobei $h_2 > h_1$ gelten möge, beträgt das Druckverhältnis:

$$\frac{p_2}{p_1} = e^{-\frac{E_{\text{pot},2} - E_{\text{pot},1}}{k \cdot T}}$$

Das Verhältnis der Teilchendichten ρ_2/ρ_1 und der Teilchenanzahlen N_2/N_1 in Höhe des Niveau 2 gegenüber Niveau 1 entspricht dem Verhältnis p_2/p_1 der zugehörigen Drücke auf den beiden Niveaus. Wird die Differenz der potentiellen Energien auf den beiden Niveaus mit $\Delta E_{\text{pot}} = E_{\text{pot},2} - E_{\text{pot},1}$ abgekürzt, gilt zusammengefasst:

$$\frac{\rho_2}{\rho_1} = \frac{N_2}{N_1} = \frac{p_2}{p_1} = e^{-\frac{\Delta E_{\text{pot}}}{k \cdot T}}$$

Der rechtsseitige Ausdruck, also die e-Funktion, wird als **Boltzmann'scher Faktor** bezeichnet. Er tritt bei thermodynamischen Problemen dann auf, wenn es darum geht, die Verhältnisse in einem Gas auf zwei unterschiedlichen thermischen Energieniveaus miteinander zu vergleichen.

3. Anmerkung

Würde die Sonne ihre Einstrahlung über Nacht einstellen, würde die Temperatur alsbald so tief absinken, dass sich die Luftatmosphäre bei ca. $-190\,°\text{C}$ verflüssigen und bei ca. $-210\,°\text{C}$ verfestigen würde, die Erde wäre anschließend mit einer ca. 10 m dicken Kruste aus gefrorenem Stickstoff und Sauerstoff bedeckt. Auch das Wasser der Meere würde bis in große Tiefen gefrieren. Wie sich die Wärme des Erdkerns auf das Geschehen auswirken würde, ist müßige Spekulation. Denkbar wäre das Szenario, sollte die Erde infolge einer kosmischen Katastrophe ins Weltall geschleudert werden. Dank der dem Planetensystem innewohnenden hohen Stabilität, ist dieser Fall auszuschließen.

3.2.5.5 Erweiterungen zur kinetischen Gastheorie

Die in Abschn. 3.2.5.3 vorgestellte Gastheorie bedarf in mehrfacher Hinsicht einer Reihe von Zuschärfungen. Um welche es sich dabei im Einzelnen handelt, soll im Folgenden in gebotener Kürze gezeigt werden.

1. Erweiterung: Gasgesetz mehratomiger Gase Die oben gezeigte Herleitung galt für **einatomige** Gase. Sie führte auf die Definition der Temperatur idealer Gase als Funktion der mittleren kinetischen Energie ihrer Atome, (c):

$$\langle E_{\text{kin}} \rangle = \frac{3}{2} \cdot k_B \cdot T$$

Die mittlere kinetische Energie eines idealen Gases ist gleich der Summe der kinetischen Energien ihrer einzelnen Geschwindigkeitskomponenten:

$$\langle E_{\text{kin}} \rangle = \left\langle \frac{m_a \cdot v_x^2}{2} \right\rangle + \left\langle \frac{m_a \cdot v_y^2}{2} \right\rangle + \left\langle \frac{m_a \cdot v_z^2}{2} \right\rangle$$

Für jede einzelne Komponente gilt (c), in Verbindung mit (b) bedeutet das:

$$\left\langle \frac{m_a \cdot v_x^2}{2} \right\rangle = \frac{1}{2} \cdot k_B \cdot T, \quad \left\langle \frac{m_a \cdot v_y^2}{2} \right\rangle = \frac{1}{2} \cdot k_B \cdot T, \quad \left\langle \frac{m_a \cdot v_z^2}{2} \right\rangle = \frac{1}{2} \cdot k_B \cdot T$$

Jede Geschwindigkeitskomponente (v_x, v_y, v_z, das sind die drei atomaren Freiheitsgrade des einatomigen Gases) liefert zur mittleren kinetischen Energie des Gases einen gleich hohen Beitrag (Abb. 3.15a).

Bei mehratomigen Gasen treten weitere Bewegungskomponenten der Atome im Molekül hinzu: Wird die Verbindung der Atome eines **zweiatomigen** Moleküls als starr angesehen (bildlich als ‚Hantel'), vermag sich deren Schwerpunkt ebenfalls in drei (unabhängigen) Richtungen translatorisch zu bewegen (Abb. 3.15b, Nr.: 1, 2 und 3). Zu diesen drei Bewegungen treten zwei rotatorische hinzu. Das sind jene Rotationen, mit denen sich die beiden Atome um zwei beliebige, zur gemeinsamen Verbindungslinie senkrecht stehende Achsen (unabhängig von einander) bewegen können (Abb. 3.15b, Nr.: 4 und 5). Eine Rotation um die Verbindungsachse ist auch möglich, liefert indessen keinen Beitrag, da die Atome als Massen**punkte** betrachtet werden.

Die Verbindung zwischen den Atomen ist real nicht starr, sondern kann aufgrund der molekularen Wechselwirkung zwischen den Atomen als federelastisch

Abb. 3.15

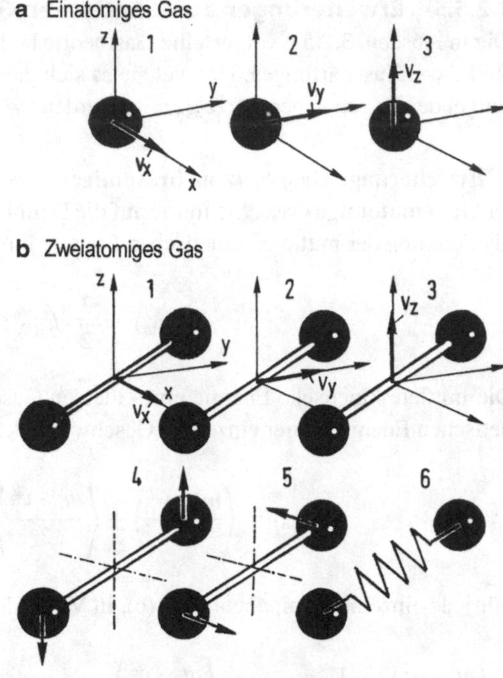

gedeutet werden, das liefert einen weiteren Freiheitsgrad in Richtung der Verbindungsachse (Abb. 3.15b, Nr.: 6). Jeder Freiheitsgrad liefert nach dem ‚Gleichverteilungssatz' den gleichen Beitrag zur mittleren kinetischen Energie. Ist f der Freiheitsgrad, sind es f Anteile, die in ihrer Summe die mittlere kinetische Energie ausmachen. Die Definition der Temperatur T gemäß (c) wird für molekulare (mehratomige) Gase zu

$$\langle E_{\text{kin}} \rangle = f \cdot \frac{1}{2} \cdot k_B \cdot T \tag{h}$$

erweitert, vgl. Abschn. 3.2.5.3.

2. Erweiterung: Maxwell'sches Verteilungsgesetz Wie ausgeführt, bewegen sich die Gasteilchen mit unterschiedlichen Geschwindigkeiten, es gibt solche mit hoher, solche mit geringer und solche mit mittlerer Geschwindigkeit. Es ist zu erwarten, dass die Teilchen mit mittlerer Geschwindigkeit am häufigsten vertreten

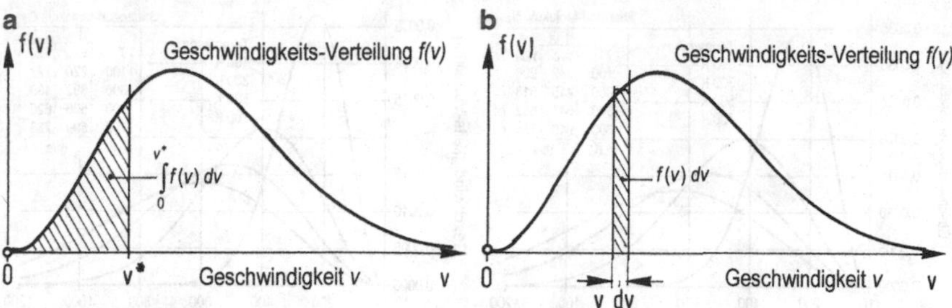

Abb. 3.16

sind. Ihre Auftretenswahrscheinlichkeit dürfte von einer Funktion beherrscht werden, wie in Abb. 3.16 als Hypothese gemutmaßt: Die Wahrscheinlichkeitsfunktion der Geschwindigkeit ist hierin als Ordinate über der Geschwindigkeit als Abszisse aufgetragen. Die Summe unter der Fläche ist gleich 1, was 100 % entspricht: Innerhalb des betrachteten Bereiches sind die Geschwindigkeiten gemäß dem Kurvenverlauf verteilt. Die schraffierte Fläche in Abb. 3.16a gibt jenen Prozentsatz von v an, der kleiner/gleich v^* ist. Aus der Darstellung in Abb. 3.16b folgt der Prozentsatz jener Teilchen, deren Geschwindigkeit zwischen v und $v + dv$ liegt.

Im Jahre 1859 wurde die in Abb. 3.16 als Hypothese angenommene Wahrscheinlichkeitsfunktion von J.C. MAXWELL (1831–1879) hergeleitet und im Jahre 1876 von L. BOLTZMANN theoretisch begründet. Sie lautet (vgl. 3. Ergänzung):

$$\frac{f(v)}{N} = 4\pi \left(\frac{m_a}{2\pi k_B T} \right)^{3/2} \cdot v^2 \cdot e^{-\frac{m_a v^2}{2k_B T}} \qquad \text{(i)}$$

In Abb. 3.17 sind je vier Graphen dieser Funktion für zwei Gase, Stickstoff N_2 und Sauerstoff O_2, wiedergegeben und das für vier Temperaturen. In der Wahrscheinlichkeitstheorie nennt man solche Graphen Dichteverteilung (im vorliegenden Falle für die Häufigkeitsverteilung der Teilchengeschwindigkeit). Die Funktion selbst nennt man Dichtefunktion, vgl. Bd. I, Abschn. 3.9.2.

Die absolute Molekülmasse der Gase beträgt:

Stickstoff N_2: $m_a = 2 \cdot 14{,}007 \cdot 1{,}66054 \cdot 10^{-27} = 46{,}48 \cdot 10^{-27}$ kg und
Sauerstoff O_2: $m_a = 2 \cdot 15{,}999 \cdot 1{,}66054 \cdot 10^{-27} = 53{,}14 \cdot 10^{-27}$ kg

Die Massen sind selbstredend unabhängig von der Temperatur, hier gewählt 100, 300, 500 bzw. 700 K. Man erkennt: Je höher die Temperatur ist, umso weiter verschieben sich die Kurven zu höheren Molekülgeschwindigkeiten.

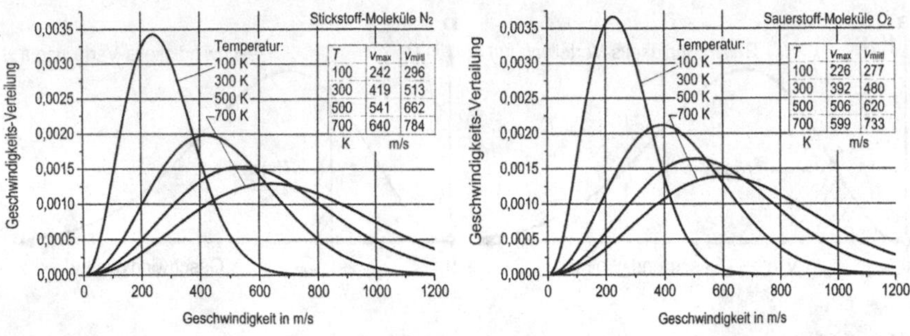

Abb. 3.17

Zwei Kennwerte lassen sich explizit angeben: Jene Geschwindigkeit, die die Teilchen bei einer bestimmten Temperatur T des Gases am häufigsten (am wahrscheinlichsten) von allen möglichen Geschwindigkeiten annehmen (= Maximum der Dichtefunktion)

$$v_{\max} = \left(\frac{2k_B \cdot T}{m_a}\right)^{1/2}$$

und jene, von der aus gesehen, alle anderen Geschwindigkeiten beidseitig gleich häufig auftreten (= 50 %-Fraktile), das ist die durchschnittliche Geschwindigkeit mit der sich die Teilchen bewegen:

$$v_{\text{mittl}} = \left(\frac{3k_B \cdot T}{m_a}\right)^{1/2} \quad (= 1{,}225 \cdot v_{\max})$$

Die Zahlenwerte dieser beiden Kennwerte sind für die oben angegebenen Gase und Temperaturen in den beiden Abbildungen eingetragen.

3. Erweiterung: Herleitung des Maxwell'sches Verteilungsgesetzes Die momentane Geschwindigkeit eines Gasteilchens ist unterschiedlich hoch. Sie ist von der Abfolge und der Weglänge zwischen den Stößen abhängig. Jedes Teilchen bewegt sich zick-zack-förmig in zufälliger Weise durch das Gasvolumen. Es ist einsichtig, dass es unmöglich ist, den Wegverlauf zu berechnen, wohl lässt sich eine Aussage über die wahrscheinliche Geschwindigkeit machen, mit der sich ein Teilchen an einem bestimmten Ort bewegt. Dass das Geschehen im Gas von der eingeprägten Wärme (= Energie) bestimmt wird, ist ebenso einsichtig.

Jedem Teilchen wohnt eine seiner momentanen Geschwindigkeit v entsprechende kinetische Energie inne: $m_a \cdot v^2/2$. – Im Gasvolumen gibt es keine bevorzugte Richtung. Der Geschwindigkeitsvektor kann jede Richtung gleichwahrscheinlich annehmen, das bedeutet: Rundum wird der Vektor die Kugelfläche $4\pi \cdot v^2$ gleichwahrscheinlich durchstoßen. – Wird zur Kennzeichnung der kinetischen Energieänderung zwischen den Zuständen v und $v + dv$ der in der 2. Anmerkung in Abschn. 3.2.5.4 angegebene Boltzmann'sche Faktor übernommen, kann für die gesuchte Wahrscheinlichkeitsdichte der momentanen Geschwindigkeit der Ansatz

$$f(v) = K \cdot 4\pi \cdot v^2 \cdot e^{-\frac{E}{k \cdot T}} = K \cdot 4\pi \cdot v^2 \cdot e^{-\frac{m_a \cdot v^2}{2 \cdot k \cdot T}}$$

gewählt werden. K ist eine noch zu bestimmende Konstante. Mit der Wahrscheinlichkeit = 1 (100 % sicher) liegt die Geschwindigkeit zwischen $v = 0$ und $v = \infty$:

$$\int_0^\infty f(v)\,dv = 1 \quad \rightarrow \quad \int_0^\infty K \cdot 4\pi \cdot v^2 \cdot e^{-\frac{m_a \cdot v^2}{2 \cdot k \cdot T}} = 1$$

$$\rightarrow \quad 4\pi \cdot K \cdot \int_0^\infty v^2 \cdot e^{-\frac{m_a \cdot v^2}{2 \cdot k \cdot T}} = 1$$

Für das bestimmte Integral ist die Lösung explizit bekannt (vgl. math. Formelsammlungen). Davon ausgehend lässt sich die Konstante K berechnen. Sie lautet:

$$K = \left(\frac{m_a}{2\pi \cdot k \cdot T} \right)^{3/2}$$

Eingefügt in den obigen Ansatz für die Wahrscheinlichkeitsdichte $f(v)$ bestätigt man das Maxwell'sche Verteilungsgesetz.

4. Erweiterung: Freie Weglänge In Abschn. 3.2.5.3 ist unterstellt, dass es sich bei den Atomen um Teilchen handelt, die mit Masse behaftet sind. Zudem werden sie als punktförmige Gebilde ohne räumliche Ausdehnung angesehen. Gemäß dieser Annahme können die Teilchen nicht gegenseitig zusammenprallen. Wird die Annahme aufgegeben und werden die Atome als winzige Kügelchen mit endlichem Radius gedeutet, sind gegenseitige Stöße möglich und das umso häufiger, je dichter sie im Gas verteilt sind. Ist r der Radius eines Atoms, stoßen zwei von ihnen bei gegenseitiger und gleichzeitiger Annäherung dann zusammen, wenn ihr Abstand kleiner/gleich $2r$ ist (Abb. 3.18a). Die Kreisfläche mit dem Radius $2r$ um

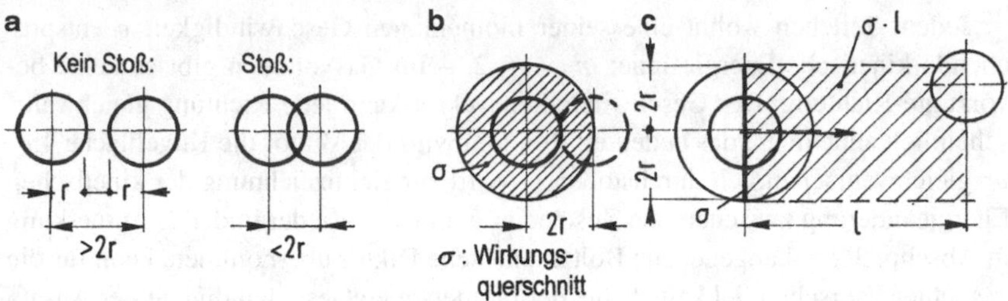

Abb. 3.18

den Mittelpunkt des kugelförmigen Teilchens nennt man ‚Wirkungsquerschnitt': $\sigma = \pi \cdot (2r)^2 = 4\pi r^2$. Das Auftreffen eines Atoms auf diese Fläche hat einen Stoß zur Folge (es be,wirkt' einen Stoß, Abb. 3.18b).

Die Teilchen füllen das Volumen des Gases im Mittel gleichförmig aus. Jeweils einzeln ist ihr gegenseitiger Abstand unterschiedlich, ebenso jeweils ihre Geschwindigkeit. Einsichtiger Weise wird es einen gegenseitigen Abstand zwischen ihnen geben, der dominiert. Diesen am häufigsten vorhandenen Abstand zwischen den Teilchen nennt man ‚mittlere freie Weglänge', sie wird mit $\bar{l}$ abgekürzt.

Abb. 3.18c zeigt die momentane Situation zweier Atome zueinander. Der lokale Rauminhalt bis zum Zusammentreffen mit dem benachbarten Atom beträgt: $\sigma \cdot l$.

Werden die N Atome im geschlossenen Gasvolumen V in ihrer Gesamtheit betrachtet, beträgt der auf ein einzelnes Atom entfallende lokale Rauminhalt im Mittel: $\sqrt{2} \cdot \sigma \cdot \bar{l}$. Der Faktor $\sqrt{2}$ berücksichtigt, dass sich alle Atome räumlich gleichzeitig regellos bewegen und demgemäß die mittlere freie Weglänge bis zum nächsten Zusammenstoß größer als die anschaulich geometrische ist. Alle infinitesimalen Volumina füllen zusammen das Volumen V aus. Aus dieser Bedingung lässt sich die mittlere freie Weglänge ableiten:

$$V = N \cdot \sqrt{2} \cdot \sigma \cdot \bar{l}$$

$$\rightarrow \quad \bar{l} = \frac{V}{N} \cdot \frac{1}{\sqrt{2} \cdot 4\pi \cdot r^2} = \frac{1}{N/V} \cdot \frac{1}{\sqrt{2} \cdot 4\pi \cdot r^2} = \frac{1}{\sqrt{2} \cdot 4\pi \cdot \rho_N \cdot r^2}$$

ρ_N ist die Teilchenanzahl pro Volumeneinheit (Teilchendichte) $= N/V$ [$1/\mathrm{m}^3$].

Durch Abschätzung der mittleren freien Länge und des Durchmessers von Luftmolekülen unter Normalbedingungen, gelang es H. LOSCHMIDT (1821–1895) im Jahre 1865, deren Anzahl pro Volumeneinheit abzuschätzen; der Wert lag um den

Faktor 15 zu niedrig. Im Laufe der Zeit konnte die Zahl immer genauer experimentell ermittelt werden. Man nannte sie einst Loschmidt'sche-Zahl, heute heißt sie Avogadro-Konstante (N_A).

3.2.5.6 Ergänzungen und Beispiele

Abkürzungen und Einheiten der thermodynamischen Größen

m_r: Relative Masse eines Teilchens (eines Atoms oder Moleküls). Für die Atome der einzelnen chemischen Elemente kann m_r dem Periodensystem der Elemente entnommen werden.
m_a: Absolute Masse eines Teilchens in kg: $m_a = u \cdot m_r$
u: Atomare Masseneinheit: $u = 1{,}66054 \cdot 10^{-27}\,\mathrm{kg}$
N: Anzahl der Teilchen eines Gases mit dem Volumen V
m: Masse des Gases in kg = Masse aller Teilchen: $m = N \cdot m_a$
V: Volumen des Gases in m^3
ρ: (Massen-)Dichte des Gases in $\mathrm{kg\,m^{-3}}$: $\rho = m/V$
ρ_N: Teilchendichte des Gases pro Volumeneinheit: $\rho_N = N/V$ in m^{-3}
p: Druck des Gases in $N \cdot m^{-2}$ ($1\,\mathrm{N} = 1\,\mathrm{kg\,m\,s^{-2}}$)
T: Temperatur in K
n: Stoffmenge im Gasvolumen V in mol: $n = N/N_A$ mit $N_A = 6{,}02214 \cdot 10^{23}$
m_M: Molare Masse in $\mathrm{kg\,mol^{-1}}$: $m_M = m/n$. Die molare Masse $m_M = 1\,\mathrm{kg\,mol^{-1}}$ enthält N_A Teilchen: $m_M = N_A \cdot m_a$
V_M: Molares Volumen in $\mathrm{m^3\,mol^{-1}}$: $V_M = V/n$. $V_M = 1\,\mathrm{m^3\,mol^{-1}}$ enthält N_A Teilchen.
R: Universelle Gaskonstante: $R = 8{,}31447\,\mathrm{J\,mol^{-1}\,K^{-1}}$
k_B: Boltzmann-Konstante: $k_B = 1{,}38065 \cdot 10^{-23}\,\mathrm{J\,K^{-1}}$ ($1\,\mathrm{J} = 1\,\mathrm{N\,m}$).

1. Ergänzung: Spezifische Gaskonstante, molare Masse

Wird in der Zustandsgleichung (a) für ideale Gase die Stoffmenge n durch $n = m/m_M$ ersetzt, ergibt sich für das Gasgesetz die Gleichungsversion:

$$\frac{p \cdot V}{T} = \frac{m}{m_M} \cdot R$$

Der Quotient R/m_M wird als spezifische Gaskonstante bezeichnet:

$$R_s = \frac{R}{m_M}$$

R_s ist stoffabhängig. Mit dieser Vereinbarung lautet die Zustandsgleichung:

$$\frac{p \cdot V}{T} = m \cdot R_s$$

Abb. 3.19

Gas	R_s	m_M	ρ_0
Wasserstoff-Gas H_2	4124	2,016	0,08995
Stickstoff N_2	297	28,01	1,250
Sauerstoff O_2	260	32,00	1,428
Kohlenmonoxid CO	297	28,01	1,250
Kohlendioxid CO_2	189	44,01	1,963
Stickoxid NO	277	30,01	1,339
Methan CH_4	518	16,04	0,716
Propan C_3H_8	189	44,10	1,967
Wasserdampf H_2O	462	18,01	0,8038
Luft	289	28,89	1,289
	$J \cdot K^{-1} \cdot kg^{-1}$	$kg \cdot kmol^{-1} = g \cdot mol^{-1}$	$kg \cdot m^{-3}$

Für Wasserstoffgas (H_2) berechnet sich R_s in folgenden Schritten:

$$m_r = 2 \cdot 1{,}00794 = 2{,}01588$$
$$\to \quad m_a = u \cdot m_r = 1{,}66054 \cdot 10^{-27} \cdot 2{,}015882 = 3{,}34745 \cdot 10^{-27}\,\text{kg}$$
$$\to \quad m_M = N_A \cdot m_a = 6{,}02214 \cdot 10^{23} \cdot 3{,}34745 \cdot 10^{-27} = \underline{2{,}01588 \cdot 10^{-3}}\,\text{kg}\,\text{mol}^{-1}$$
$$\to \quad R_s = R/m_M = 8{,}31447/2{,}01588 \cdot 10^{-3} = \underline{4124}\,\text{J}\,\text{K}^{-1}\,\text{kg}^{-1}.$$

R_s und m_M sind in der Tabelle der Abb. 3.19 eingetragen. – Der Zahlenwert der Molaren Masse in kg mol^{-1} ist gleich dem Zahlenwert der relativen Atom- bzw. Molekülmasse: $m_M = m_r$ in kg kmol^{-1} = kg/kmol = g/mol.

Als **physikalische** Normalbedingungen sind vereinbart:

$$\vartheta_0 = 0\,^\circ\text{C} \quad \to \quad T_0 = 273{,}15\,\text{K} \quad \text{und} \quad p_0 = 1013{,}25\,\text{hPa} = 101.325\,\text{Pa}\ (\approx 1\,\text{bar})$$

Anstelle Normalbedingung spricht man auch von Normbedingung, Standardbedingung, Normzustand, Normalatmosphäre oder NN (Normal über Null).

Als **technische** Normalbedingungen sind vereinbart:

$$\vartheta_0 = 20\,^\circ\text{C} \quad \to \quad T_0 = 293{,}15\,\text{K}$$

und Luftdruck wie bei der physikalischen Normalbedingung.

Für Wasserstoffgas (H_2-Gas) folgt für die (Massen-)Dichte ρ_0 unter physikalischen Normalbedingungen aus der Zustandsgleichung:

$$\frac{p \cdot V}{T} = m \cdot R_s \quad \to \quad \frac{m}{V} = \frac{p}{T \cdot R_s} \quad \to \quad \rho = \frac{p}{T \cdot R_s}$$
$$\to \quad \rho_0 = \frac{p_0}{T_0 \cdot R_s} = \frac{101.325}{273{,}15 \cdot 4124} = \underline{0{,}08995}\,\text{kg}\,\text{m}^{-3}$$

Auch dieser Wert ist für andere Gase in der Tabelle der Abb. 3.19 eingetragen. – Für Propangas (C_3H_8) liefert eine entsprechende Rechnung:

$$m_r = 3 \cdot 12{,}0107 + 8 \cdot 1{,}00794 = 44{,}0962;$$
$$m_a = 73{,}2235 \cdot 10^{-27}\,\text{kg}; \quad m_M = \underline{44{,}0962 \cdot 10^{-3}}\,\text{kg}\,\text{mol}^{-1}$$
$$R_s = 8{,}31447/44{,}0962 \cdot 10^{-3} = 189\,\text{J}\,\text{K}^{-1}\,\text{kg}^{-1}.$$
$$\rho_0 = 101.325/(273{,}15 \cdot 188{,}53) = \underline{1{,}96735}\,\text{kg}\,\text{m}^{-3}.$$

Luft ist ein Gasgemisch in den Volumeneinheiten: $N_2 = 78\,\%$, $O_2 = 21\,\%$, Spurengase: 1 % u. a.: Argon. Die in der Tabelle der Abb. 3.19 für Luft eingetragenen Werte folgen aus den Werten für N_2 und O_2 durch Einrechnung ihres prozentualen Auftretens in der bodennahen Atmosphäre.

2. Ergänzung: Druckverhältnisse in Gasflaschen (Beispiel)

In einer Gasflasche mit einem Volumen von 15 l = $15 \cdot 10^{-3}\,\text{m}^3$ befinden sich 25 kg Sauerstoff O_2 bei einer Temperatur von 20 °C = 293,15 K. Gesucht ist der Gasdruck:

$$p = \frac{m}{V} \cdot T \cdot R_s = \frac{25}{15 \cdot 10^{-3}} \cdot 293{,}15 \cdot 260 = \underline{1{,}27 \cdot 10^8\,\text{Pa}}$$

Im Vergleich zum Luftdruck unter Normalbedingungen ist das der 1254-fache Wert! – Infolge eines Brandes erhitze sich die Gasflasche samt Inhalt auf 400 °C = 675,15 K. Gesucht ist die Erhöhung des Gasdrucks in der Flasche. Allgemein gilt für zwei unterschiedliche Zustände:

$$\frac{p_1}{T_1} = \frac{p_2}{T_2} \quad \rightarrow \quad p_2 = p_1 \cdot \frac{T_2}{T_1} = 1{,}27 \cdot 10^8 \cdot \frac{675{,}15}{293{,}15} = \underline{2{,}93 \cdot 10^8}\,\text{Pa}$$

Der Gasdruck steigt proportional im Verhältnis der *absoluten* Temperaturen der beiden Zustände, hier also im Verhältnis 2,93 : 1,27 = 2,30 : 1, also auf den 2,3-fachen Wert.

3. Ergänzung: Mittlere freie Weglänge

Unter physikalischen Normalbedingungen berechnet sich die mittlere Molekülgeschwindigkeit im Wasserstoffgas zu ($\vartheta_0 = 0\,°\text{C} \rightarrow T_0 = 273{,}15\,\text{K}$):

$(m_a = 3{,}347 \cdot 10^{-27}\,\text{kg})$:

$$v_{\text{mittel}} = \sqrt{\frac{3 \cdot k_B \cdot T}{m_a}} = \sqrt{\frac{3 \cdot 1{,}38065 \cdot 10^{-23} \cdot 273{,}15}{3{,}347 \cdot 10^{-27}}} = 1838\,\text{m/s} = \underline{6619\,\text{km/h}}$$

Ein Kubikmeter ($1{,}0\,\text{m}^3$) des Gases hat bei diesen Bedingungen eine Masse von

$$m = \frac{p_0}{T_0} \cdot \frac{V}{R_s} = \frac{101.325}{273{,}15} \cdot \frac{1{,}0}{4124} = 0{,}08995\,\text{kg}$$

Das einzelne H_2-Molekül hat eine Masse von (s. o.): $m_a = 3{,}347 \cdot 10^{-27}$ kg. Somit sind in $1{,}0\,\mathrm{m}^3$ des Gases

$$N = \frac{m}{m_a} = \frac{0{,}08995}{3{,}347 \cdot 10^{-27}} = 2{,}69 \cdot 10^{25}$$

H_2-Teilchen enthalten. – Die Teilchendichte pro Raumeinheit ($1{,}0\,\mathrm{m}^3$, bzw. mm^3) beträgt:

$$\begin{aligned}\rho_N &= \frac{N}{V} = \frac{2{,}69 \cdot 10^{25}}{1{,}0}\\ &= \underline{2{,}69 \cdot 10^{25}\,\mathrm{m}^{-3}} = \underline{2{,}69 \cdot 10^{16}\,\mathrm{mm}^{-3}} = \underline{26.900.000.000.000.000\,\mathrm{mm}^{-3}}\end{aligned}$$

Der Radius eines Wasserstoffmoleküls liegt in der Größenordnung $1 \cdot 10^{-10}$ m. Die mittlere freie Weglänge berechnet sich hierfür zu:

$$\begin{aligned}\bar{l} &= \frac{1}{\rho_N \cdot \sqrt{2} \cdot 4\pi \cdot r^2} = \frac{1}{2{,}69 \cdot 10^{25} \cdot \sqrt{2} \cdot 4\pi \cdot (1 \cdot 10^{-10})^2}\\ &= \underline{2{,}0918 \cdot 10^{-7}\,\mathrm{m}} = \underline{2{,}0918 \cdot 10^{-4}\,\mathrm{mm}} = \underline{0{,}00021\,\mathrm{mm}}\end{aligned}$$

3.2.5.7 Reale Gase – Erweitertes Thermisches Gasgesetz

Einen Hinweis, dass sich reale Gase nur in Annäherung als ideale Gase behandeln lassen, liefert die Abweichung gemessener γ_T-Zahlen für die thermische Volumenänderung vom theoretischen Wert:

$$\gamma_T = \frac{1}{273{,}15} = 0{,}003661\,\mathrm{K}^{-1}$$

Für eine Reihe von Gasen sind in Abb. 3.20 gemessene Koeffizienten zusammengestellt. Sie gelten für Temperaturen, die deutlich über der zur Flüssigkeitsphase gehörenden Temperatur liegen.

Die Behandlung realer Gase als ideale Gase ist nicht möglich, wenn ihre Teilchendichte sehr hoch liegt, entweder infolge eines zu hohen Drucks oder/und infolge einer zu tiefen Temperatur (in der Nähe der Umwandlung zur Flüssigkeit). Dann werden zwei Effekte zunehmend wirksam:

Abb. 3.20

Gas	γ_T
He	3,661
Ne	3,662
Ar	3,671
O_2	3,672
CO_2	3,726

$10^{-3} \cdot \mathrm{K}^{-1}$

- Je enger die Teilchen gepackt sind, umso höher wird der Einfluss ihrer gegenseitigen gravitativen und elektrischen Wechselwirkung (Kohäsion).
- Bei hoher Teilchendichte erreicht der Eigenvolumenanteil im Vergleich zum Volumen insgesamt eine nicht mehr zu vernachlässigende Größe, was sich auf das kinetische Verhalten der Teilchen auswirkt.

Es gibt unterschiedliche Vorschläge, um vorstehende Einflüsse zu berücksichtigen. Einer der Vorschläge sieht vor, in die thermische Zustandsgleichung für ideale Gase (Gleichung (f)) einen ‚Realgasfaktor' Z als Korrekturfaktor aufzunehmen:

$$p \cdot V = Z \cdot n \cdot R \cdot T$$

Es handelt sich hierbei um keine Konstante, sondern um eine temperatur- und druckabhängige Größe. Für Luft beträgt sie bei gängigem Druck und hoher Temperatur etwa 1,1, bei tiefer Temperatur etwa 0,9, bei Temperatur im Übergang zur Verflüssigung etwa 0,4. Der Ansatz eines *ein*zelnen Faktors ist offensichtlich eine zu grobe Näherung. Frühzeitig wurde von J.D. v. d. WAALS (1837–1923) eine Zustandsgleichung für reale Gase mit *zwei* Koeffizienten entwickelt (1873, Nobelpreis 1916). Sie ermöglicht eine weitgehende Anpassung an das experimentell gefundene Verhalten der Gase. Die Gleichung lautet (ohne Herleitung):

$$\left(p + \frac{n^2 \cdot a}{V^2}\right) \cdot (V - n \cdot b) = n \cdot R \cdot T,$$

$$\text{alternativ:} \quad \left(p + \frac{a}{V_M^2}\right) \cdot (V_M - b) = R \cdot T \qquad \text{(j)}$$

a und b sind Stoffkonstante. Im Grenzfall zum idealen Gas gehen die Konstanten gegen Null. Die Gleichung nimmt dann die bekannte Form

$$p \cdot V = n \cdot R \cdot T$$

an. n ist die Stoffmenge und R die Universelle Gaskonstante. Soll mit der Teilchenzahl gerechnet werden, lautet die modifizierte Gleichung:

$$\left(p + \frac{n^2 \cdot a}{V^2}\right) \cdot (V - n \cdot b) = N \cdot k_B \cdot T \qquad \text{(k)}$$

k_B ist die Boltzmann'sche Konstante.

In der Tabelle in Abb. 3.21 sind für eine Reihe von Gasen die Werte a und b ausgewiesen. – Von den oben genannten Abweichungen eines realen Gases gegenüber einem idealen, erfasst a den erstgenannten Einfluss (gegenseitige gravitative

Abb. 3.21

Gas	a	b	T_K	p_K
Wasserstoffgas H_2	0,0245	26,6	33	1,29
Helium He	0,0035	23,8	5	0,23
Neon Ne	0,21	17,1	44	2,66
Argon Ar	0,136	32,3	150	4,85
Xenon Xe	0,415	51,0	290	5,90
Stickstoff N_2	0,137	38,6	126	3,39
Sauerstoff O_2	0,138	31,8	155	5,06
Kohlendioxid CO_2	0,362	42,5	304	7,42
Methan CH_4	0,230	43,1	191	4,58
Propan C_3H_8	0,937	90,3	370	4,26
Wasserdampf H_2O	0,555	30,5	647	22,0
	$N \cdot m^4 \cdot mol^{-2} =$ $Pa \cdot m^6 \cdot mol^{-2}$	$10^{-6} \cdot m^3 \cdot mol^{-1}$	K	$10^6 \cdot Pa =$ $10^6 \cdot N \cdot m^{-2}$

und elektrische Wirkung) und b den zweitgenannten (Eigenvolumen). – Wird (j) bzw. (k) nach p aufgelöst, folgt:

$$p = \frac{n \cdot R \cdot T}{V - n \cdot b} - a\frac{n^2}{V^2} = \frac{N \cdot k_B \cdot T}{V - n \cdot b} - a\frac{n^2}{V^2}$$

Abb. 3.22 zeigt für unterschiedliche Temperaturen die Graphen p (Druck) als Funktion von V (Volumen). Die Darstellung erlaubt eine Reihe wichtiger Einsichten:

1. Für hohe Temperaturen (Kurven Nr. 1 und 2) verlaufen die p-V-Kurven (man nennt sie Isothermen) in Annäherung wie Hyperbeln. Das Verhalten ist jenem eines idealen Gases ähnlich. Hohe Temperaturen bedeuten hohe thermische Energie der Gasteilchen.
2. Es gibt eine Temperatur T_K (Kurve Nr. 3) für welche die Zustandskurve einen Wendepunkt aufweist. Diesem kritischen Punkt K ist das Wertepaar p_K, V_K zugeordnet.
3. Für tiefere Temperaturen (Kurve Nr. 4 und darunter) durchlaufen die Kurven ein Minimum und ein Maximum, anschließend fallen sie kontinuierlich ab. Ein solches Verhalten lässt sich experimentell nicht verifizieren. Die Kurven verlaufen vielmehr über einen gewissen Bereich horizontal (Aufrechterhaltung des Drucks). Dieser Bereich kennzeichnet den Übergang von der gasförmigen in die flüssige Phase. Oberhalb des kritischen Punktes lässt sich das Gas nicht verflüssigen. J.C. MAXWELL erkannte, dass die Flächen unter- und oberhalb der horizontalen Phasengeraden gleichgroß sind (in der Abbildung sind sie schraffiert).

Abb. 3.22

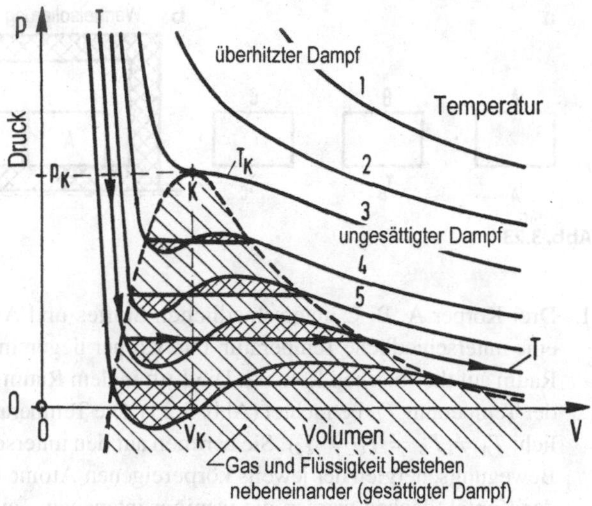

Das Wertetripel T_K, p_K, V_K folgt aus (k): Im Punkt K verläuft die p-V-Kurve lokal horizontal. Der Punkt ist gleichzeitig Wendepunkt: Erste und zweite Ableitung von p nach V sind hier Null. Die Rechnung ergibt:

$$T_K = \frac{8a}{27b \cdot R}; \quad p_K = \frac{a}{27\,b^2}; \quad V_K = 3n \cdot b \quad \rightarrow \quad V_{M,K} = 3b$$

Die Werte T_K, p_K sind in Abb. 3.21 eingetragen. – Sind für Punkt K die Größen $T_K, p_K, V_{M,K}$ bekannt, lassen sich mit Hilfe der Formeln die Konstanten a und b berechnen. – Wie oben angedeutet, wurden neben der van der Waal'schen Gleichung weitere Zustandsgleichungen für reale Gase entwickelt.

3.3 Hauptsätze der Wärmelehre und Folgerungen

3.3.1 Innere Energie – Energieeintrag durch Wärme und mechanische Arbeit

Der im vorangegangenen Abschn. 3.2 gebrauchte Begriff für Wärme und die entsprechende Verwendung im täglichen Umgang bedürfen im Folgenden einer Zuschärfung. Dazu werden zunächst zwei Gedankenexperimente durchgeführt:

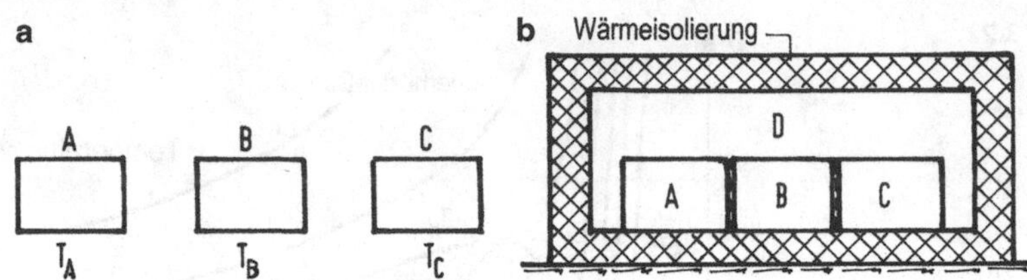

Abb. 3.23

1. Drei Körper A, B, C unterschiedlichen Stoffes und Aggregatzustandes haben eine unterschiedliche Temperatur. Die Körper liegen in einem wärmeisolierten Raum auf thermischen Kontakt. Die Luft in dem Raum wird als ‚Körper' D mit der Temperatur T_D betrachtet (Abb. 3.23). Die Temperaturen seien unterschiedlich: $T_A \neq T_B \neq T_C \neq T_D$. Sie beruhen auf den unterschiedlichen thermischen Bewegungsenergien der jeweils körpereigenen Atome bzw. Moleküle. Entlang der Kontaktflächen werden die weniger intensiven Teilchenbewegungen eines kälteren Körpers durch die intensiveren des benachbarten wärmeren Körpers verstärkt: Vom wärmeren Körper wird Energie zum kälteren Körper übertragen. Entsprechend vollzieht sich die Übertragung im Inneren der einzelnen Körper. Das dauert solange, bis alle Körper dieselbe Temperatur angenommen haben: $T_A = T_B = T_C = T_D$. Jetzt bewegen sich in allen Körpern die Teilchen jeweils gleich intensiv: Die mittlere (statistische) Geschwindigkeit der sich ungeordnet bewegenden Teilchen ist innerhalb der Körper jeweils gleichhoch. Die anfänglich bevorzugte thermische Bewegung von warm nach kalt, die mit einer stoffabhängigen ‚Strömungsgeschwindigkeit' verlief, ist mit dem Erreichen des thermischen Gleichgewichts beendet. In dem geschilderten Beispiel wird **Innere Energie** durch Zufuhr bzw. Abzug von Wärme übertragen bzw. entzogen.
2. Innerhalb eines wärmeisolierten Raumes gleite ein Körper mit der Masse m auf einer schiefen Ebene abwärts. Im Ausgangpunkt der Bewegung (Zeitpunkt $t = 0$) beträgt die potentielle Energie, bezogen auf das Ruheniveau:

   $$E(0) = E_{\text{pot}}(0) = m \cdot g \cdot h = m \cdot g \cdot l \cdot \sin\alpha$$

   g ist die Erdbeschleunigung, α, h und l sind geometrische Größen und in Abb. 3.24 erklärt.

   Zum Zeitpunkt t sei der Körper um die Strecke s abwärts gerutscht. Zu diesem Zeitpunkt setzt sich die Energie aus drei Beiträgen zusammen:

   $$E(t) = E_{\text{pot}}(t) + E_{\text{kin}}(t) + W_{\text{rei}}(t)$$

Abb. 3.24

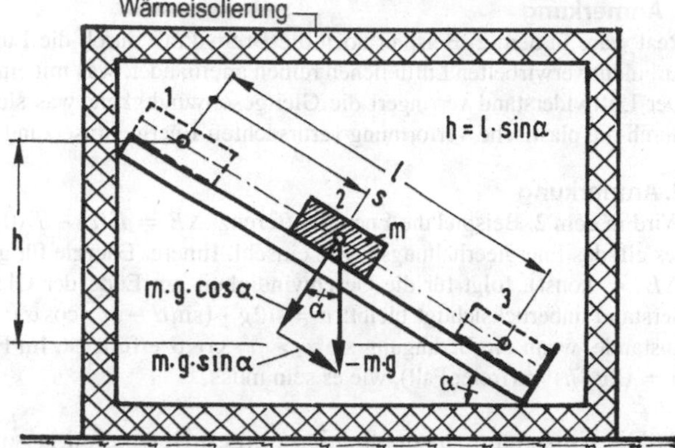

Im Einzelnen bedeuten $E_{\text{pot}}(t)$ momentane potentielle und $E_{\text{kin}}(t)$ momentane kinetische Energie im Zeitpunkt t, in welchem der Körper um s abwärts gerutscht ist. Die Energieanteile betragen: $s = s(t)$ ist der Weg und $v = v(t)$ die momentane Geschwindigkeit:

$$E_{\text{pot}} = m \cdot g \cdot (l - s) \cdot \sin\alpha, \quad E_{\text{kin}} = m \cdot v^2/2$$

Mit $W_{\text{rei}}(t)$ ist die Reibungsarbeit abgekürzt. Ist μ der Reibungskoeffizient (konst), beträgt die von der Reibkraft entlang der Strecke s verrichtete Arbeit:

$$W_{\text{rei}} = \text{Reibkraft mal Weg} = \mu \cdot (m \cdot g \cdot \cos\alpha) \cdot s$$

Um diesen Arbeitsbetrag erhöht sich die Innere Energie im System, was mit einer Erhöhung der Temperatur einhergeht: Entlang der aufeinander reibenden Flächen werden den oberflächennahen Molekülen zusätzliche Bewegungen aufgezwungen. Sie regen ihrerseits die weiter innen liegenden Moleküle an. So wird die Energie (Wärme) weiter geleitet. Unter System werden hier alle Teile innerhalb des isolierten Raumes verstanden, es ist ein geschlossenes System. Schlägt der gleitende Körper auf, bleibt er liegen. Es stellen sich plastische Verformungen ein. Die hierbei geleistete Formänderungsarbeit ist gleich der kinetischen Energie beim Aufschlag. Auch durch diesen Arbeitsbeitrag wird die Innere Energie weiter erhöht und damit die Temperatur. Insgesamt hat sich die potentielle Energie zu Anfang der Bewegung in Innere Energie umgesetzt, die letztlich den Körper, die Rutsche und die umgebende Luft erwärmt. Die Temperatur in den einzelnen ‚Körpern' ist zunächst unterschiedlich, im Laufe der Zeit gleichen sich die Temperaturen einander an.

1. Anmerkung

Real wäre in dem 2. Beispiel noch die Bremskraft durch die Luft zu berücksichtigen. Die turbulent verwirbelten Luftteilchen reiben aneinander, was mit einer Erwärmung einhergeht. Der Luftwiderstand verringert die Gleitgeschwindigkeit, was sich in einer Minderung der durch die plastische Verformung verursachten Energieumsetzung auswirkt.

2. Anmerkung

Wird in dem 2. Beispiel die Energiedifferenz $\Delta E = E(t) - E(0)$ gebildet und Null gesetzt (es gilt das Energieerhaltungsgesetz einschl. Innerer Energie für geschlossene Systeme, also ΔE = konst), folgt für die Geschwindigkeit am Ende der Gleitbahn, wenn der Luftwiderstand unberücksichtigt bleibt: $v = (2g \cdot (\sin\alpha - \mu \cdot \cos\alpha) \cdot s)^{1/2}$. Gleiten kommt nur zustande, wenn die Bedingung $\sin\alpha > \mu \cdot \cos\alpha$ erfüllt ist. Im Falle $\alpha = \pi/2$ ergibt sich: $v = (2g \cdot h)^{1/2}$ (freier Fall), wie es sein muss.

Die Einsichten aus den beiden obigen Beispielen lassen sich wie folgt zusammenfassen: Die Temperatur ist der Inneren Energie der thermischen Teilchenbewegung proportional. Sie kann durch Eintrag von Wärme oder/und durch Verrichtung von Arbeit gesteigert werden, insofern sind Wärme und Arbeit äquivalent. **Die Innere Energie ist eine Zustandsgröße, Wärme und Arbeit sind Austauschgrößen.**

Anmerkungen

Der Herleitung des Thermischen Gasgesetzes liegt der Ansatz einer temperaturabhängigen Teilchenbewegung zugrunde. Das Gesetz ist experimentell umfassend verifiziert.

Für Flüssigkeiten lieferte R. BROWN (1773–1858) bereits im Jahre 1827 einen Hinweis auf eine ungeordnete thermische Teilchenbewegung: Unter einem Mikroskop sah er Samen und Pollen, die sich zick-zack-förmig auf einer Flüssigkeit hin und her bewegten. Verursacht wird die Bewegung in diesem Falle durch die von den sich regellos bewegenden Molekülen ausgehenden Stöße. Der Befund konnte immer wieder experimentell bestätigt werden. – Das gilt auch für das unregelmäßige ‚Zittern' der Atome im Kristallgitter. Sie schwingen um ihre Ruhelage und das umso heftiger, je höher das Material erhitzt wird. Zur Beobachtung bedarf es dazu eines Rasterelektronenmikroskops. – Bei sinkender Temperatur verlangsamt sich die thermische Bewegung. Sinkt die Temperatur auf den absoluten Nullpunkt, kommt jegliche Bewegung der Teilchen zum Erliegen. Bei −273,15 °C ist aus den Atomen/Molekülen nahezu alle Energie entwichen. Man spricht bei diesem extremen Aggregatzustand vom Bose-Einstein-Kondensat, benannt nach S.N. BOSE (1894–1974) und A. EINSTEIN (1879–1955).

3.3.2 Hauptsätze der Thermodynamik

Nullter Hauptsatz Befinden sich zwei Körper A und B im thermischen Gleichgewicht und ebenso Körper A mit einem dritten Körper C, so befinden sich auch die Körper B und C im thermischen Gleichgewicht. Der Temperaturmessung mit einem Thermometer liegt dieser Satz zugrunde.

Erster Hauptsatz Die Innere Energie kann durch Zufuhr von Wärme oder/und Arbeit erhöht werden: $\Delta E_{\text{inn}} = \Delta Q + \Delta W$. ΔQ ist die durch Wärme zugeführte Energie und ΔW die durch Arbeit zugeführte. Die Temperatur ändert sich proportional zu ΔE_{inn}. (Hinweis: ΔE_{inn} wird vielfach mit U abgekürzt.)

Zweiter Hauptsatz Die Innere Energie ‚strömt' von selbst von einem Körper höherer Temperatur zu einem Körper tieferer Temperatur. Das gilt auch für alle Bereiche innerhalb eines Körpers. Wird keine Wärme oder/und Arbeit eingetragen, streben alle Körper in einem abgeschlossenen System den Zustand des thermischen Gleichgewichts an. In diesem Zustand gibt es für die Wärme keine bevorzugte Bewegungsrichtung. Der Zustand ist im statistischen Mittel durch die größtmögliche thermische Bewegungsregellosigkeit gekennzeichnet, es ist der Zustand der maximalen Entropie.

Hinweise

1) Die Entropie wird mit S abgekürzt, sie wird an späterer Stelle ausführlich erklärt. – 2) Es lassen sich weitere Versionen des Zweiten Hauptsatzes postulieren.

Dritter Hauptsatz Es ist nicht möglich, den absoluten Temperaturnullpunkt auf experimentellem Wege zu erreichen. – Im absoluten Nullpunkt geht die Entropie mit der Temperatur gegen Null ($T \to 0$, $S \to 0$); Theorem nach W. NERST (1864–1941).

3.3.3 Wärmekapazität

Welche Energie muss einem Körper zugeführt werden, damit sich seine Temperatur um einen bestimmten Wert erhöht, welche Wärme, welche Arbeit? Es zeigt sich, dass die erforderliche Energiezufuhr von der Art des Stoffes und vom Aggregatzustand abhängig ist, also davon, ob er fest, flüssig oder gasförmig ist. Die Energiezufuhr kann aus mechanischer Arbeit oder aus elektrischer, chemischer oder einer anderen Energieform bestehen.

3.3.3.1 Wärmekapazität von Festkörpern und Flüssigkeiten

Als Wärmemengenzunahme ist definiert:

$$\Delta Q = c \cdot m \cdot \Delta T$$

c ist ein Stoffwert in der Arbeits- bzw. Energieeinheit J pro Kilogramm Stoff und pro Kelvin Temperaturerhöhung: $\text{J} \cdot \text{kg}^{-1} \cdot \text{K}^{-1}$. Der Wert ($c$) wird als **spezifische**

Abb. 3.25

Stoff	c	Stoff	c
Gold	129	Austen. Stahl	510
Blei	129	Ferrit. Stahl	532
Platin	133	Ziegel	800 ÷ 900
Zinn	228	Beton	890
Silber	235	Glas	750 ÷ 850
Kupfer	385	Holz	1700 ÷ 2400
Zink	388	Gummi	1400 ÷ 1600
Nickel	444	Benzin, Öl u,a.	2020
Eisen	449	Wasser	4187
Aluminium	897		

c in J/(kg · K)

÷: von ÷ bis

Wärmekapazität bezeichnet. Es ist jene Wärmemenge, die notwendig ist, um die Temperatur eines Körpers eines bestimmten chemischen Stoffes mit der Masse $m = 1\,\text{kg}$ um $\Delta T = 1\,\text{K} = 1\,°\text{C}$ zu erhöhen. – In Abb. 3.25 sind für eine Reihe von Stoffen die c-Werte für deren gängige Aggregatzustände notiert. Offensichtlich ist die spezifische Wärme von Wasser extrem hoch.

Hinweis

Anstelle Joule rechnete man ehemals mit der Einheit Kalorie (cal): Eine Kalorie war als jene Wärmemenge definiert, welche die Temperatur von 1 g Wasser von 14,5 auf 15,5 °C erhöht. Umrechnung in J: 1 cal = 4,187 J. 1000 cal nannte man ‚Große Kalorie': kcal.

Beispiel

Mit Hilfe eines Heißwasserkochers mit 1800 W Leistung werde folgender Versuch durchgeführt: Ein Liter Wasser werde von 10 °C auf 100 °C, also auf Siedetemperatur, erhitzt. Die hierfür erforderliche Zeit werde zu 220 Sekunden gemessen. Ausgehend von der Leistung des Gerätes und der gemessenen Zeit berechnet sich die aufgewandte (‚verbrauchte') Energie zu: (Energie = Leistung mal Zeit = Arbeit pro Zeiteinheit mal Zeit):

$$E_{\text{ele}} = 1800 \cdot 220 = 396.000\,\text{J} \quad (\text{W} \cdot \text{s})$$

Wird $\Delta Q = E_{\text{ele}}$ gesetzt, folgt c zu ($m = 1\,\text{kg}$ und $\Delta T = 100 - 10 = 90\,\text{K}$):

$$396.000 = c \cdot 1{,}0 \cdot 90 \quad \rightarrow \quad c = \frac{396.000}{1{,}0 \cdot 90} = \underline{4400}\,\frac{\text{J}}{\text{kg} \cdot \text{K}}$$

Aus genauer Messung ist bekannt (s. o.):

$$\text{Wasser (fest, Eis: } -10\,°\text{C}): \quad c = 2050\,\text{J/kg} \cdot \text{K}$$
$$\text{Wasser (flüssig)}: \quad c = 4187\,\text{J/kg} \cdot \text{K}$$

Der Quotient 4187/4400 liefert für das Beispiel 0,95, was auf einen guten Wirkungsgrad des Wasserkochers schließen lässt.

Abb. 3.26

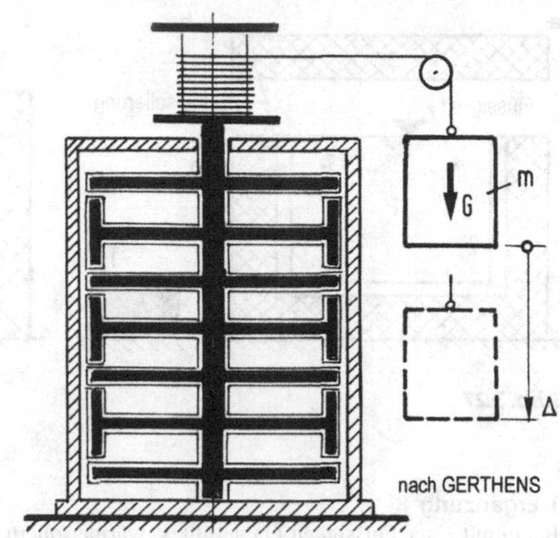

Als Erster postulierte R. MAYER (1814–1878) im Jahre 1842: Wärme ist eine Energieform. Er formulierte auch das Energieerhaltungsgesetz und dehnte es auf alle Vorgänge in der lebenden Natur aus. Auch berechnete er als Erster das Wärmeenergieäquivalent, indem er aus der einem Gas zugeführten Wärmearbeit jene mechanische Arbeit bestimmte, mit der ein Gewicht in eine bestimmte Höhe angehoben werden konnte. – H. v. HELMHOLTZ (1821–1894) erweiterte das Energieerhaltungsgesetz auf die verschiedenen Energieformen. Das führte in der Physik und Chemie zur Akzeptanz des Gesetzes. – J.P. JOULE (1818–1889) war es schließlich, der ab 1845 das mechanische Wärmeäquivalent durch weitere Experimente immer präziser bestimmen konnte; 1852 entdeckte er gemeinsam mit W. THOMSON (Lord KELVIN, 1824–1907) den Joule-Thomson-Effekt, der zur Grundlage der Gasverflüssigung in der Kältetechnik werden sollte.

Abb. 3.26 zeigt eines der von J.P. JOULE erdachten Experimente zur Bestimmung des **Wärmeäquivalents**: Es handelt sich um ein Rührwerk mit Schaufeln. Zwischen den Schaufeln liegen schmale mit Flüssigkeit gefüllte Spalte, z. B. gefüllt mit Wasser. Senkt sich der Körper infolge seines Gewichts, drehen sich die Schaufeln. Durch die Reibung innerhalb der Flüssigkeit tritt in dieser eine Erwärmung ein. Der Abnahme der potentiellen Energie des Körpers der Masse m um $G \cdot \Delta = m \cdot g \cdot \Delta$, mit Δ als Senkung des Körpers, entspricht eine bestimmte Temperaturerhöhung (Erwärmung) der Flüssigkeit. Sie kann mit dem Thermometer gemessen werden (die Reibung in den Lagern des Rührwerks ist bei der Auswertung zu berücksichtigen).

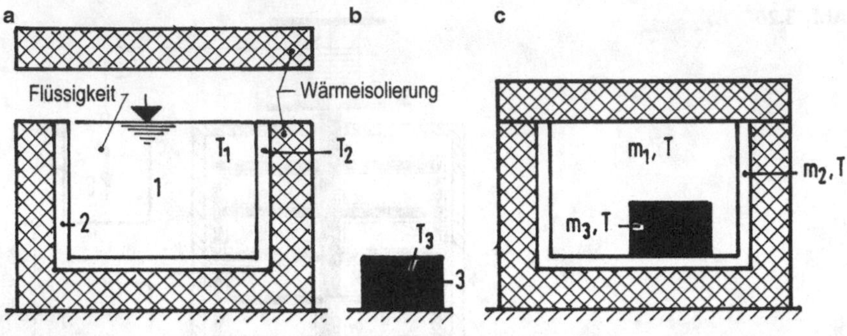

Abb. 3.27

1. Ergänzung

In ein mit einer Flüssigkeit (1) gefülltes, wärmeisoliertes Gefäß (2) mit den Temperaturen T_1 bzw. T_2 wird ein Körper (3) gelegt. Letzterer habe die Temperatur T_3. Es gelte $T_3 > T_1$, $T_3 > T_2$. Abb. 3.27a, b zeigt die Anordnung. Beim Einlegen des Körpers (3) wird die überschüssige Flüssigkeit abgeschöpft und die Vorrichtung abgeschlossen. Nach ausreichender Wartezeit stellt sich ein thermisches Gleichgewicht ein. Die zu diesem thermischen Gleichgewichtszustand gehörende Temperatur sei T, Teilabbildung c. Der Körper mit der Masse m_3 hat Wärme abgegeben, die ‚Körper' mit den Massen m_1 und m_2 haben Wärme aufgenommen. Die **Änderungen** der Wärmemengen betragen:

$$\Delta Q_1 = c_1 \cdot m_1 \cdot (T - T_1), \quad \Delta Q_2 = c_2 \cdot m_2 \cdot (T - T_2), \quad \Delta Q_3 = c_3 \cdot m_3 \cdot (T_3 - T)$$

Dank der Wärmeisolation bleibe die (Wärme-)Energie im System in voller Höhe erhalten, das Energieerhaltungsgesetz verlangt:

$$\Delta Q_1 + \Delta Q_2 = \Delta Q_3$$

Sind c_1 und c_2 bekannt, kann aus dieser Gleichung nach Einsetzen der Ausdrücke für ΔQ_1, ΔQ_2 und ΔQ_3 die unbekannte spezifische Wärmekapazität c_3 frei gestellt und anschließend aus den Messwerten m_1, m_2, m_3 und T_1, T_2, T_3, T zahlenmäßig bestimmt werden. Die Einrichtung ist dem Prinzip nach ein **Kalorimeter**. Mit diesem kann die spezifische Wärmekapazität eines Stoffes gefunden werden (Mischungsverfahren).

2. Ergänzung

Um die **molare Wärmekapazität** herzuleiten, wird die sich auf die Masse $m = 1$ kg beziehende spezifische Wärmekapazität c auf die zugehörige Stoffmenge n in Mol umgerechnet:

$$\frac{\Delta Q}{n} = \frac{m \cdot c}{n} \cdot \Delta T \quad \rightarrow \quad \frac{\Delta Q}{n} = C \cdot \Delta T$$

Abb. 3.28

Stoff	c	m_M	C
Gold	129	0,19697	25,4
Blei	129	0,20720	26,7
Platin	133	0,19508	25,9
Zinn	228	0,11871	27,1
Silber	235	0,10787	25,3
Kupfer	385	0,06355	24,5
Zink	388	0,06539	25,4
Nickel	444	0,05869	26,1
Eisen	449	0,05585	25,1
Aluminium	897	0,02698	24,2
Wasser	4187	0,01802	75,4
	J/kg K	kg/mol	J/mol K

Hierin ist C die molare Wärmekapazität:

$$C = \frac{m \cdot c}{n} = m_M \cdot c, \quad C \text{ in J} \cdot \text{mol}^{-1} \cdot \text{K}^{-1}$$

In der Tabelle der Abb. 3.28 sind für eine Reihe von Metallen und für Wasser die spezifischen und die molaren Wärmekapazitäten zusammengestellt. Wie erkennbar, beträgt C für alle Metalle ca. 25 J/mol · K. Für Wasser liegt der Wert dreimal so hoch. ΔQ folgt aus $\Delta Q = C \cdot n \cdot \Delta T$.

3.3.3.2 Wärmekapazität von Gasen (‚V = konstant')

In Abb. 3.29a ist ein wärmeisolierter Behälter mit dem Volumen V dargestellt, in welchem ein Gas eingeschlossenen ist. Über ein im Boden des Behälters liegendes Reservoir kann dem Gas eine definierte Wärmemenge (quasi per Schalter) zugeführt oder entzogen werden. Wird die Wärmemenge ΔQ ‚zugeschaltet', wird die Temperatur des Gases um ΔT angehoben. Infolge Erhöhung der Temperatur

Abb. 3.29

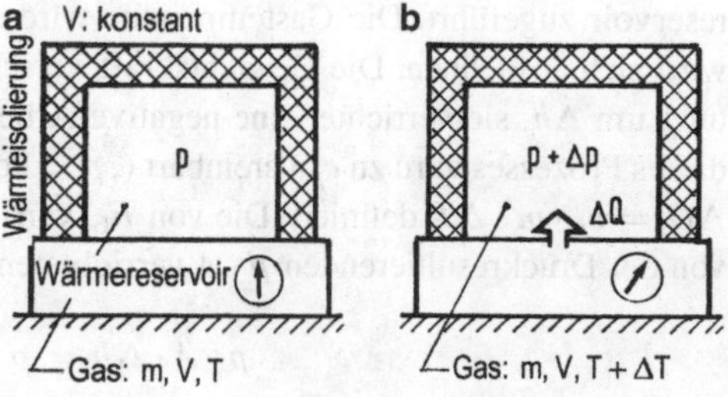

Abb. 3.30

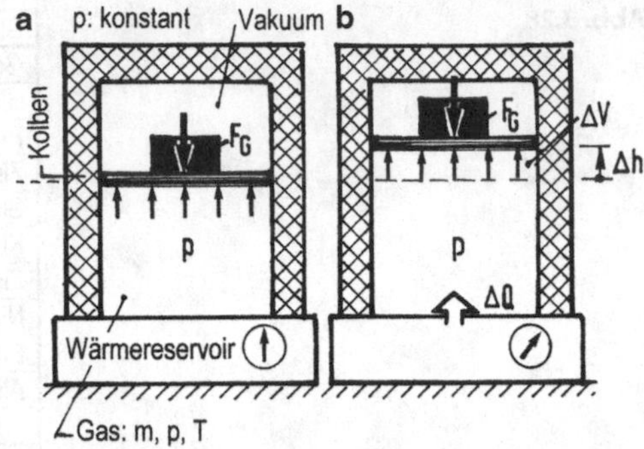

wächst der Druck an. Die Innere Energie steigt proportional mit der abgesetzten Wärmemenge und zwar gemäß dem Gesetz:

$$\Delta E_{\text{inn}} = \Delta Q = c_V \cdot m \cdot \Delta T \quad (\text{,}V = \text{konstant'})$$

m ist die Masse und c_V die spezifische Wärmekapazität des Gases. Der Index V ist ein Hinweis auf den Prozesstyps ,V = konstant'. – Die Wärmekapazität c von Festkörpern und Flüssigkeiten ist mit c_V identisch.

3.3.3.3 Wärmekapazität von Gasen (,p = konstant')

Abb. 3.30 kennzeichnet einen anderen Prozesstyp: Der Druck im Gas steht mit der Gewichtskraft des auf dem Kolben (im Vakuum) aufliegenden Körpers im statischen Gleichgewicht, F_G sei sein Gewicht, das bedeutet: Der Druck p im Gasvolumen bleibt konstant:

$$F_G = p \cdot A \quad \rightarrow \quad p = F_G/A$$

A ist die Fläche des Kolbens.

Es werde dem Gas wieder eine Wärmemenge in Höhe ΔQ aus dem Wärmereservoir zugeführt. Die Gastemperatur wird sich dadurch erhöhen und das Gas wird sich ausdehnen. Die Gewichtskraft verschiebt sich entgegen ihrer Wirkrichtung um Δh, sie verrichtet eine negative Arbeit. Die spezifische Wärmekapazität dieses Prozesses wird zu c_p vereinbart (,p = konstant'). c_p ist durch die Beziehung $\Delta Q = c_p \cdot m \cdot \Delta T$ definiert. Die von F_G verrichtete Arbeit $F_G \cdot \Delta h$ ist gleich der von der Druckresultierenden $p \cdot A$ verrichteten Arbeit:

$$p \cdot A \cdot \Delta h = p \cdot dV.$$

Demnach gilt für diesen Prozesstyp:

$$\Delta E_{\text{inn}} = \Delta Q - p \cdot dV = c_p \cdot m \cdot \Delta T - p \cdot dV \quad (,p = \text{konstant}`)$$

3.3.3.4 Molare Wärmekapazität – Thermodynamischer Freiheitsgrad

Die Gleichsetzung der in den beiden vorangegangenen Abschnitten (Abb. 3.29 und 3.30) angeschriebenen Inneren Energien ergibt nach Umformung:

$$c_V \cdot m \cdot \Delta T = c_p \cdot m \cdot \Delta T - p \cdot dV$$

$$\rightarrow \quad c_p - c_V = \frac{p \cdot \Delta V}{m \cdot \Delta T}$$

Hierbei ist unterstellt, dass die Gassorte und alle anderen Ausgangsparameter der beiden Prozesstypen gleich sind. – Wird das Thermische Gasgesetz für $p =$ konstant, also

$$p \cdot \Delta V = m \cdot R_s \cdot \Delta T$$

nach R_s freigestellt

$$R_s = \frac{p \cdot \Delta V}{m \cdot \Delta T}$$

und mit er vorstehenden Beziehung verknüpft, folgt:

$$c_p - c_V = R_s$$

Das bedeutet: Die spezifische Gaskonstante R_s ist gleich der Differenz der spezifischen Wärmekapazitäten der Fälle ‚$p =$ konstant' und ‚$V =$ konstant'. Das ermöglicht eine messtechnische Bestimmung von R_s.

Die molaren Wärmekapazitäten C_V und C_p sind für die beiden Prozesstypen über

$$\Delta E_{\text{inn}} = n \cdot C_V \cdot \Delta T \quad \text{mit} \quad C_V = \frac{m \cdot c_V}{n} = c_V \cdot m_M$$

und

$$\Delta E_{\text{inn}} = n \cdot C_p \cdot \Delta T - p \cdot dV = n \cdot (C_p - R) \cdot \Delta T$$

$$\text{mit } C_p = \frac{m \cdot c_p}{n} = c_p \cdot m_M$$

Gas	m_M	c_V	c_p	C_V	$f/2 \cdot R$	C_p	$(f/2+1) \cdot R$
He	0,0201797	620,43	1030,2	12,52	$3/2 \cdot R = 12{,}47$	20,79	$5/2 \cdot R = 20{,}79$
Ar	0,0399480	311,66	520,43	12,45	$3/2 \cdot R = 12{,}47$	20,79	$5/2 \cdot R = 20{,}79$
N_2	0,0280134	742,50	1039,50	20,80	$5/2 \cdot R = 20{,}79$	29,12	$7/2 \cdot R = 29{,}10$
O_2	0,0319988	655,65	917,85	20,98	$5/2 \cdot R = 20{,}79$	29,37	$7/2 \cdot R = 29{,}10$
CO_2	0,0440095	640,09	832,09	28,17	$6/2 \cdot R = 24{,}94$	36,62	$8/2 \cdot R = 33{,}26$
N_2O	0,0440013	645,21	838,61	28,39	$6/2 \cdot R = 24{,}94$	36,90	$8/2 \cdot R = 33{,}26$
	kg/mol	J/kg K	J/kg K	J/mol K	J/mol K	J/mol K	J/mol K

Abb. 3.31

definiert. m_M ist die molare Masse des Gases. – Beim Typ ‚p = konstant' ist das Thermische Gasgesetz in der Form $p \cdot \Delta V = n \cdot R \cdot \Delta T$ berücksichtigt.

In der Tabelle der Abb. 3.31 sind für eine Reihe ein-, zwei- und mehratomiger Gase deren molare Wärmekapazitäten angeschrieben. Hieraus können c_V und c_p berechnet werden:

$$c_V = C_V / m_M \quad \text{bzw.} \quad c_p = C_p / m_M .$$

Wird $C_p - C_V$ gebildet, bestätigt man:

$$C_p - C_V = R.$$

Das bedeutet: Die Allgemeine Gaskonstante R ist gleich der Differenz der molaren Wärmekapazitäten der Fälle ‚p = konstant' und ‚V = konstant'.

In Abschn. 3.2.5.5 (Gleichung (h)) wurde erläutert, dass die mittlere kinetische Energie der Gasmoleküle eines idealen Gases dem thermodynamischen Freiheitsgrad f proportional ist:

$$\langle E_{\text{kin}} \rangle = \frac{f}{2} \cdot k_B \cdot T = \frac{f}{2} \cdot n \cdot R \cdot T$$

Für einatomige Gase gilt $f = 3$ (drei Translationen), für zweiatomige Gase gilt $f = 5$ (drei Translationen und zwei Rotationen) und für drei- und mehratomige Gase: $f \geq 6$. Die Innere Energie eines Gases ist gleich der mittleren kinetischen Energie seiner Moleküle:

$$E_{\text{inn}} = \langle E_{\text{kin}} \rangle \quad \rightarrow \quad E_{\text{inn}} = \frac{f}{2} \cdot n \cdot R \cdot T$$

Das führt im Falle des Prozesstyps ‚V = konstant' auf

$$\frac{f}{2} \cdot n \cdot R \cdot T = n \cdot C_V \cdot T \quad \rightarrow \quad C_V = \frac{f}{2} \cdot R$$

und im Falle des Prozesstyps ‚p = konstant' auf:

$$\frac{f}{2} \cdot n \cdot R \cdot T = n \cdot (C_p - R) \cdot T \quad \rightarrow \quad C_p = (\frac{f}{2} + 1) \cdot R$$

Der Vergleich mit den Messwerten in der Tabelle der Abb. 3.31 lässt für ein- und zweiatomige Gase eine befriedigende Übereinstimmung erkennen, für Gasmoleküle mit mehr als zwei Atomen gilt das nicht. Offensichtlich ist die molekulare Modellierung (vgl. Abb. 3.15) dann zu grob. Mit Hilfe der Quantentheorie lässt sich die Diskrepanz erklären. Mit ihrer Hilfe kann auch begründet werden, warum der aktive thermodynamische Freiheitsgrad mit ansteigender Temperatur anwächst.

3.3.4 Phasenumwandlung – Schmelzwärme – Verdampfungswärme

Wird die Temperatur stetig gesteigert, also die Innere Energie eines Körpers durch kontinuierliche Wärmezufuhr erhöht, geht der Stoff vom festen in den flüssigen und schließlich in den gasförmigen Aggregatzustand über. Bei sinkender Temperatur, also Wärmeentzug, vollzieht sich die Phasenumwandlung in umgekehrter Richtung. Abb. 3.32 zeigt linksseitig das Verhalten als Schema. Die Vorgänge sind wohlbekannt. Die Zustandsfolgen bei Temperatursteigerung bzw. Temperatursenkung verdeutlicht das Bild rechtsseitig.

Den Übergang von fest auf gasförmig und umgekehrt (unter Umgehung der Flüssigkeitsphase) nennt man Sublimation.

Die Umwandlung fest ⇄ flüssig bzw. flüssig ⇄ gasförmig erfolgt nicht sprunghaft/spontan. Es bedarf vielmehr eines bestimmten Wärmeeintrags bzw. –entzugs, bis die vollständige Umwandlung abgeschlossen ist. Während dieser Zeit liegt ein Mischzustand fest/flüssig bzw. flüssig/gasförmig vor. Jene Wärme in J, die erforderlich ist, um die Masse 1 kg eines Stoffes vom Zustand fest in flüssig bei der Schmelztemperatur T_S umzuwandeln, ist L_S. L_S ist ein Stoffwert in J/kg. Man nennt L_S **spezifische Schmelzwärme**. Die Schmelztemperatur bezeichnet man auch als Schmelzpunkt. Für den Übergang flüssig/fest gelten dieselben Werte. Erstarrungstemperatur = Schmelztemperatur, spezifische Erstarrungswärme = spezifische Schmelzwärme.

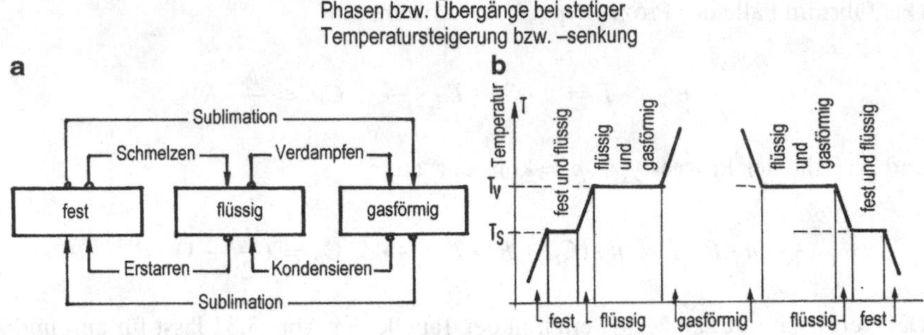

Abb. 3.32

Die Umwandlung flüssig ⇄ gasförmig vollzieht sich bei der Verdampfungstemperatur T_V (Siedetemperatur). Bei Umkehr spricht man von Kondensation. Für die vollständige Umwandlung der Masse 1 kg bedarf es der **spezifischen Verdampfungswärme** L_V.

Anstelle spezifische Schmelzwärme und Verdampfungswärme spricht man auch von Umwandlungswärme oder Umwandlungsenthalpie. Bei allen Umwandlungen wird vorausgesetzt, dass der Umgebungsdruck konstant bleibt, anderenfalls bedarf es Ergänzungen.

Die Vorgänge lassen sich atomar/molekular gut verstehen: Bei Erhöhung der Temperatur eines Festkörpers und damit Steigerung der Inneren Energie nehmen die Wärmeschwingungen der Atome/Moleküle an ihren festen Plätzen zu, schließlich löst sich deren Bindung: Einzelne Teile gehen vom festen in den flüssigen Zustand über. Das vollzieht sich bei Aufrechterhaltung der Schmelztemperatur solange, bis das gesamte Festgerüst abgebrochen ist, bis beispielsweise ein Eisbrocken vollständig in flüssiges Wasser übergegangen ist. Beim Sieden ist es ähnlich: In der Flüssigkeit bilden sich Gasblasen, die Kohäsionskräfte zwischen den Atomen/Molekülen werden überwunden. Die Umwandlung der Flüssigkeit in Gas, also beispielsweise von Wasser in Wasserdampf, dauert solange bei Aufrechterhaltung der Verdampfungstemperatur bis die Flüssigkeit vollständig verdampft ist. Bei anschließender Wärmezufuhr ist eine weitere Steigerung der Dampftemperatur möglich.

In Abb. 3.33 sind für eine Reihe von Stoffen deren Schmelz- und Siedetemperatur in K und °C sowie deren spezifische Schmelz- und Verdampfungswärmen zusammengestellt. Alle Werte sind vom herrschenden Druck abhängig. Das betrifft insbesondere die Verdampfung (und Kondensation)! Die Tabellenwerte gelten für

Abb. 3.33

Stoff	T_S	T_S	L_S	T_V	T_V	L_V
(Normaldruck)	in K	in °C	kJ/kg	in K	in °C	kJ/kg
Aluminium	933	660	397	2740	2467	10860
Eisen	1811	1538	247	3141	2868	6213
Kupfer	1357	1084	207	2840	2567	4730
Zinn	505	232	59	2533	2260	2450
Blei	600	327	23	2290	2017	858
Silber	1235	962	105	2485	2212	2350
Gold	1337	1064	64	3080	2807	1645
Platin	2045	1772	111	4100	3827	2614
Quecksilber	234	−39	11	630	357	295
Wasser / Eis	273	0	334	373	100	2256
Alkohol	159	−114	109	351	78	855
Sauerstoff	54	−219	14	90	−183	213
Stickstoff	63	−210	25	77	−196	199
Wasserstoff	14	−259	60	20	−253	445
Helium	2	−271	– –	4	−269	21

den atmosphärischen Normzustand ($p = 1013\,\text{hPa} = 1\,\text{bar}$). Auf Abschn. 3.2.5.6, 1. Ergänzung, zur Definition des Normzustandes wird an dieser Stelle verwiesen. –

Vielfach werden die spezifischen Wärmen in J/mol bzw. kJ/mol angegeben. Für die Umrechnung benötigt man die Molmasse.

1. Beispiel

Aluminium:

$$m_r = 26{,}98; \quad m_a = u \cdot m_r = 1{,}66056 \cdot 10^{-27} \cdot 26{,}98\,\text{kg} = 44{,}802 \cdot 10^{-27}\,\text{kg};$$

$$m_M = N_A \cdot m_a = 6{,}022142 \cdot 10^{23} \cdot 44{,}802 \cdot 10^{-27}\,\text{kg/mol}$$
$$= 269{,}80 \cdot 10^{-4}\,\text{kg/mol} = 0{,}02698\,\text{kg/mol}.$$

Schmelzwärme: $10{,}7\,\text{kJ/mol}: \rightarrow L_S = 10{,}7/0{,}02698 = 397\,\text{kJ/kg}.$

Verdampfungswärme: $293\,\text{kJ/mol}: \rightarrow L_V = 293/0{,}02698 = 10860\,\text{kJ/kg}.$

2. Beispiel

Soll eine geschlossene (Konserven-)Dose mit wässrigem Inhalt erwärmt werden, wäre es falsch, sie direkt auf die Herdplatte zu stellen, dann besteht Explosionsgefahr! Man stelle sie in ein Wasserbad. Dieses kann nicht heißer werden als die Siedetemperatur, das gilt dann auch für das Wasser in der Dose. Ein leichter in der Dose sich aufbauende Druck verhindert den vorzeitigen Übergang des Wassers in Wasserdampf. Das Wasserbad muss ausreichend hoch sein und darf selbst nicht verdampfen!

3.3.5 Wärmeübertragung

Es werden drei Formen der Wärmeübertragung unterschieden:

- **Wärmeleitung** innerhalb ruhender Körper. Gemeint sind in erster Linie Festkörper, aber auch ruhende Flüssigkeiten und Gase, wie beispielweise in Baumaterialien oder in Dämmstoffen eingeschlossenes Wasser (Feuchte) bzw. in Luftporen gefangene Luft. Bei der Wärmeleitung handelt es sich um einen Energietransport.
- **Wärmemitführung** in strömenden Medien. Man spricht auch von Wärmeverfrachtung oder Konvektion. Diese Form der Wärmeübertragung kann nur in Fluiden und Gasen (fallweise auch in Korn- und Granulatschüttungen) stattfinden. Die materiellen Teilchen führen die Wärme mit und geben sie an andere Stelle niederer Temperatur untereinander oder an feste Körper über deren Oberfläche weiter. Konvektion besteht somit aus einem Energie- und Massentransport. Er kann sich frei vollziehen (z. B. infolge Auftriebs in Schornsteinen) oder erzwungen (durch Gebläse befördert).
- **Wärmestrahlung** in Form elektromagnetischer Wellen. Deren Energie wird von fester, flüssiger oder gasförmiger Materie absorbiert. Die Wellen werden ihrerseits von strahlender Materie ausgesandt (emittiert), z. B. von der Sonne oder von flammenden Brandherden. Bei der Absorption wird Strahlungsenergie in Innere Energie umgesetzt. Die Energie ist proportional der vierten Potenz der Temperatur der Strahlungsquelle (T^4). Wegen ihrer großen Bedeutung wird die Wärmestrahlung in Bd. III, Abschnitte 2 und 3, eigens behandelt.

3.3.6 Wärmeleitung – Wärmemitführung

Der Prozess der Wärmeleitung kann zeitlich stationär oder zeitlich instationär verlaufen. Instationär wäre z. B. eine Wärmeübertragung zwischen der Außen- und Innenluft durch eine Wand hindurch im Laufe eines Tag-Nacht-Zyklus. Die Temperatur folgt dem Zyklus mit einer gewissen zeitlichen Verzögerung.

Eine weitere (noch höhere) Instationarität liegt dann vor, wenn die Wärmequelle ortsveränderlich ist, wie z. B. bei Schweißvorgängen. In solchen Fällen werden die sich beim instationären Wärmeübergang einstellenden orts- und zeitveränderlichen Temperaturfelder von partiellen Differentialgleichungen beherrscht. –

Im Folgenden wird nur die stationäre Wärmeübertragung behandelt. Damit gelingen eine Reihe wichtiger Einsichten.

Nach dem 2. Hauptsatz der Wärmelehre verläuft der Wärmestrom immer in Richtung von einem Bereich höherer zu einem Bereich tieferer Temperatur.

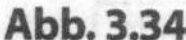
Abb. 3.34

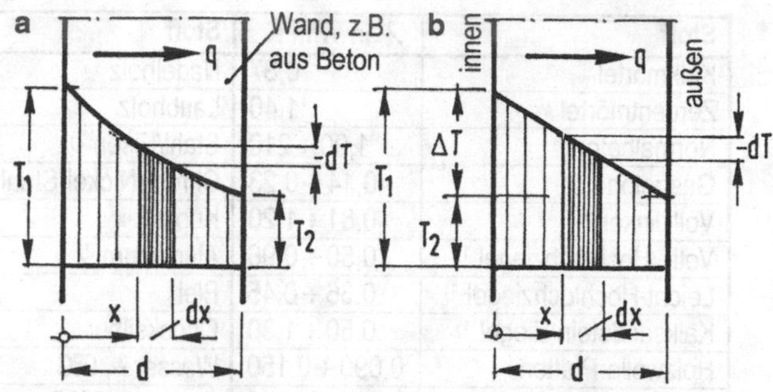

Abb. 3.34 zeigt den Temperaturverlauf durch eine Wand der Dicke d: Die Temperatur fällt von T_1 (Innentemperatur) auf T_2 (Außentemperatur) ab. Diese Situation liegt im Winter bei Hauswänden vor. Der nichtlineare Verlauf in Teilabbildung a wäre typisch für eine instationäre Wärmeübertragung. Jener in Teilabbildung b interessiert hier. Der Verlauf ist geradlinig (linear) angesetzt. Ein solcher Verlauf kann sich nur einstellen, wenn die Wand durchgängig aus einem homogenen (einheitlichen) Stoff besteht, z. B. aus Beton. Gesucht ist die durch die Wand hindurch tretende Wärmemenge pro Zeiteinheit, z. B in einer Stunde. Ein starkes Temperaturgefälle, also ein hoher Temperaturgradient $\Delta T/d = (T_1 - T_2)/d$ zwischen Innen- und Außenseite der Wand ist ein Hinweis auf einen starken Wärmeaustausch. Im Falle $T_1 = T_2$ herrscht thermischer ‚Stillstand'.

Die Wärmemenge, die durch eine Wand bei stationärer Wärmeströmung hindurch tritt, bezeichnet man als Wärmestrom. Es ist einsichtig, dass die Intensität des Wärmestroms von der Stoffart und der Dicke der Wand abhängig ist.

Die **Wärmestromdichte** (q) ist jene Wärmemenge, die durch ein Bauteil mit der Einheitsfläche $A = 1\,\mathrm{m}^2$ in der Zeiteinheit $t = 1\,\mathrm{s}$ hindurch tritt:

$$q = U \cdot \Delta T \qquad [q] = \frac{\mathrm{J}}{\mathrm{m}^2 \cdot \mathrm{s}} = \frac{\mathrm{W}}{\mathrm{m}^2}$$

q ist proportional zum Temperaturunterschied $\Delta T = T_1 - T_2$ in K (Kelvin). U ist der Wärme**durchgangs**koeffizient in der Einheit $\mathrm{J/m^2\,K\,s} = \mathrm{W/m^2K}$ (ehemals k-Wert). Der Kehrwert von U ist der Wärmedurchlass**widerstand** R in $\mathrm{m^2\,K/W}$:

$$R = 1/U$$

Führt man Experimente an einer homogenen Wand durch, ergibt sich U zu:

$$U = \frac{\lambda}{d}$$

Stoff	λ in W/m K	Stoff	λ in W/m K
Kalkmörtel	0,87	Nadelholz	0,13
Zementmörtel	1,40	Laubholz	0,17 ÷ 0,25
Normalbeton	1,90 ÷ 210	Stahl/Eisen [2)]	50 ÷ 60
Gasbeton	0,14 ÷ 0,23	Chrom-Nickel-Stahl [2)]	~ 17
Vollklinker [1)]	0,81 ÷ 1,20	Kupfer	370 ÷ 390
Voll- /Hochlochziegel [1)]	0,50 ÷ 0,96	Aluminium [2)]	240
Leicht-Hochlochziegel [1)]	0,36 ÷ 0,45	Blei	35
Kalksandstein-Ziegel [1)]	0,50 ÷ 1,30	Quecksilber	82
Holzwolle-Platten	0,090 ÷ 0,150	Wasser [3)], 0°C	0,56
Polyurethan/Styropor	0,025 ÷ 0,040	50°C	0,64
Kork/Korkplatten	0,040 ÷ 0,090	100°C	0,68
Gummi (voll)	0,20	Schnee (fest)	0,46
Abdichtungen/Beläge	~ 0,20	Eis	~ 2,3
Bitumen	~ 0,17	Luft [3)], 0°C	0,021
Fließen	1,00	100°C	0,024
Glas	~ 0,80	Vakuum	0,00

[1)] abhängig von der Dicke des Mauerwerks und der Lochform ÷ : von ÷ bis
[2)] abhängig vom Reinheitsgrad der Legierung, λ steigt mit der Temperatur
[3)] λ abhängig vom Druck, hier Normaldruck und ruhend-strömungsfreier Zustand maßgebend: DIN 4108-4 u. DIN EN 12524

Abb. 3.35

λ ist die **Wärmeleitzahl** (Wärmeleitfähigkeit). Sie ist ein Stoffwert in der Einheit:

$$(\mathrm{J/m^2 \cdot K \cdot s}) \cdot \mathrm{m} = (\mathrm{W/m^2 \cdot K}) \cdot \mathrm{m} = \mathrm{W/m \cdot K}.$$

λ wird im Experiment bestimmt. d ist die Dicke der Wand in der Einheit m. U ist reziprok zur Wanddicke d (je dicker die Wand, umso geringer ist der Wärmedurchgang).

Metalle (allgemein kristalline Stoffe) besitzen ein hohes Wärmeleitvermögen (λ liegt hoch), amorphe Stoffe ein geringes (λ liegt niedrig). Flüssigkeiten und Gase sind schlechte Wärmeleiter. Aus diesem Grund ist die Wärmeleitfähigkeit poröser Stoffe gering, ihr Wärmedämmvermögen entsprechend hoch. Man denke an geschäumtes Dämmmaterial oder warme Wäsche (Stoffe aus Wolle, Winterjacken mit Daunenfüllung). Gute Wärmeleiter sind i. Allg. auch gute elektrische Leiter.

In der Tabelle der Abb. 3.35 sind λ-Werte für einige Materialien angegeben. Sie sind am baulichen Wärmeschutz orientiert. Die Wärmeleitfähigkeit eines Bauteils

Abb. 3.36

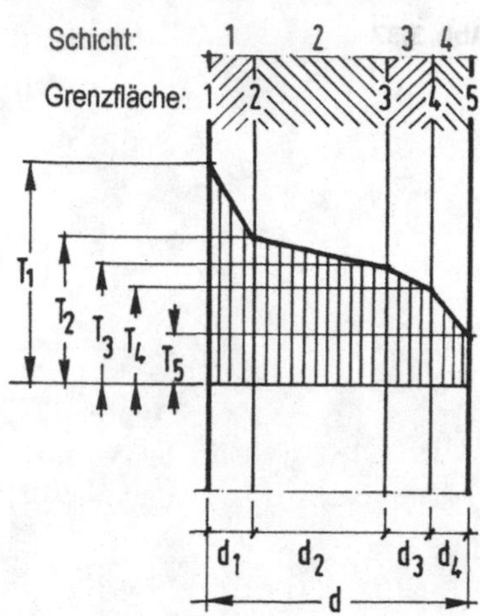

(z. B. einer Mauer aus Ziegel) ist von der vorhandenen Durchfeuchtung abhängig. Eine höhere Feuchtigkeit in der Wand oder Decke steigert die Wärmeleitfähigkeit gegenüber dem trockenen Zustand und senkt entsprechend das Dämmvermögen, weil der Luftporenanteil reduziert ist. Bei völliger Durchnässung entfällt die Dämmwirkung der Wand weitgehend.

Die in den Bauvorschriften angegebenen λ-Werte (Abb. 3.35) sind als Rechenwerte bei regulären Verhältnissen zu begreifen.

Handelt es sich um eine aus n Stoffschichten mit unterschiedlichen λ_j-Werten aufgebaute Wand ($j = 1$ bis n, vgl. Abb. 3.36) ist die Wärmestromdichte in allen Schichten gleichgroß, sonst wäre es kein stationärer Beharrungszustand. Für jede Schicht gilt:

$$q_j = U_j \cdot \Delta T_j = \lambda_j . \frac{\Delta T_j}{d_j} = q = \text{konstant} \quad \text{mit } \Delta T_j = T_j - T_{j+1}.$$

d_j ist die Dicke der Schicht j. Zur Zählung der Schichten sowie der Grenz- und Randflächen vergleiche man Abb. 3.36. – Für die Temperaturdifferenz innerhalb jeder Schicht gilt

$$\Delta T_j = \frac{d_j}{\lambda_j} \cdot q$$

und für den Temperaturabfall innerhalb der Wand von der Randfläche 1 bis zur Randfläche $n + 1$:

$$T_1 - T_{n+1} = \sum_{j=1}^{n} \Delta T_j = q \cdot \sum_{j=1}^{n} \frac{d_j}{\lambda_j}$$

Abb. 3.37

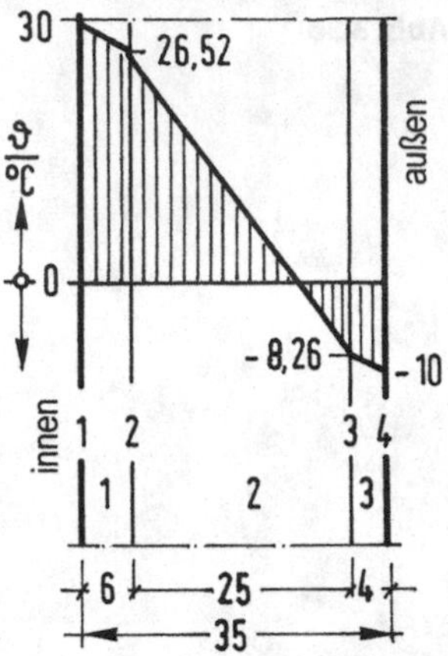

Die Wärmestromdichte durch eine mehrschichtige Wand ist demnach:

$$q = \frac{T_1 - T_{n+1}}{\sum_{j=1}^{n} \frac{d_j}{\lambda_j}} = U \cdot (T_1 - T_{n+1}) = U \cdot \Delta T_{\text{Wand}}$$

Zusammengefasst berechnet sich der Wärmedurchlasskoeffizient zu:

$$U = \frac{1}{\sum_{j=1}^{n} \frac{d_j}{\lambda_j}} = \frac{1}{\frac{d_1}{\lambda_1} + \frac{d_2}{\lambda_2} + \ldots + \frac{d_n}{\lambda_n}}$$

Der Wärmedurchlasswiderstand ist $R = 1/U$.

Beispiel

Die Temperaturen an den Randflächen einer dreischichtigen Wand mit den Wärmeleitfähigkeiten $\lambda_1 = 0{,}60$, $\lambda_2 = 0{,}25$ und $\lambda_3 = 0{,}80$ in W/m · K mögen betragen: $\vartheta_1 = 30\,°\text{C}$ und $\vartheta_4 = -10\,°\text{C}$, Abb. 3.37. Gesucht ist der Temperaturverlauf innerhalb der Wand. Wärmedurchlasswiderstand und Wärmedurchgangskoeffizient berechnen sich zu:

$$R = \frac{d_1}{\lambda_1} + \frac{d_2}{\lambda_2} + \frac{d_3}{\lambda_3} = \frac{0{,}06}{0{,}60} + \frac{0{,}25}{0{,}25} + \frac{0{,}04}{0{,}80} = 0{,}10 + 1{,}00 + 0{,}05$$

$$= 1{,}15\,\text{m}^2\,\text{K/W}$$

$$\rightarrow \quad U = \frac{1}{1{,}15} = 0{,}87\,\frac{\text{W}}{\text{m}^2\,\text{K}}$$

Die Wärmestromdichte beträgt:

$$q = U \cdot \Delta T = U \cdot \Delta\vartheta = 0{,}87 \cdot (30 - (-10)) = 0{,}87 \cdot 40\,\text{W/m}^2 = \underline{34{,}78\,\text{W/m}^2}$$

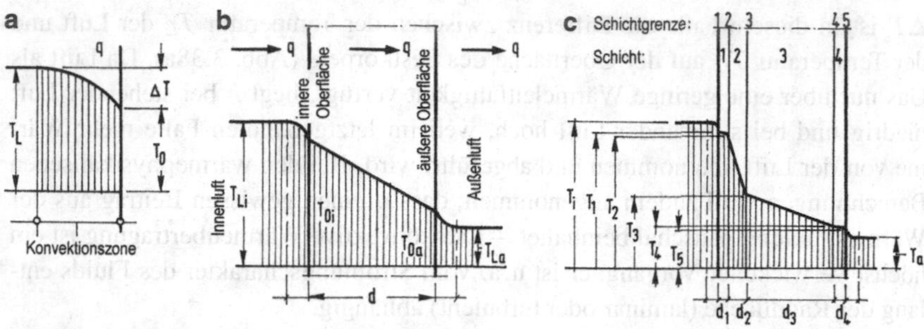

Abb. 3.38

Die Temperaturen in den einzelnen Grenzflächen berechnen sich zu:

$$\vartheta_{j+1} = \vartheta_j - q \cdot \frac{d_j}{\lambda_j} \quad \rightarrow \quad \vartheta_2 = 30 - 34{,}78 \cdot 0{,}10 = 26{,}52\,°\mathrm{C};$$

$$\vartheta_3 = -8{,}26\,°\mathrm{C}; \quad \vartheta_4 = -10{,}00\,°\mathrm{C}$$

Die Wand habe die Fläche $A = 10\,\mathrm{m}^2$. Hierfür ergibt sich der Wärmestrom durch die Wand zu:

$$Q = q \cdot A = 34{,}78 \cdot 10{,}00 = \underline{347{,}8\,\mathrm{W}}$$

Der Wärmeübergang von einem strömenden (im Grenzfall ruhenden) Fluid (also von einer Flüssigkeit oder einem Gas) auf einen Festkörper wird, wie ausgeführt, als **konvektiver Wärmeübergang** bezeichnet. Bei winterlichem Wetter wird die Wärme der Innenluft beheizter Räume über die Innenfläche der Wände und Decken weitergeleitet. Nach Durchtritt der Wärme durch diese wird sie über die Außenfläche an die Außenluft abgegeben. Bei sommerlichem Wetter vollzieht sich der Übergang in umgekehrter Richtung. – Konvektion liegt auch bei der Wärmeabgabe heißer Rauchgase auf die Futter von Schornsteinen oder auf deren Rauchgasrohre vor. Hierbei handelt es sich einsichtiger Weise um ganz andere Temperaturen wie im Falle beheizter Wohnräume. Das gilt ebenso für Feuerungsanlagen in Kraftwerken aller Art beim Wärmeübergang vom Heißstrom über den Wärmetauscher an ein weiteres heiß gehendes Medium.

Die jeweiligen Bedingungen zwischen dem Fluid und der Oberfläche des Festkörpers (oder umgekehrt) bestimmen die Höhe des Wärmeübergangs. Der Wärmeübergang wird durch die Wärmeübergangszahl h in der Einheit $\mathrm{W/m^2\,K}$ charakterisiert. Für die Wärmestromdichte in der Konvektionszone wird gesetzt:

$$q = h \cdot \Delta T = h \cdot (T_L - T_O)$$

ΔT ist in diesem Falle die Differenz zwischen der Temperatur T_L der Luft und der Temperatur T_O auf der Oberfläche des Festkörpers (Abb. 3.38a). Da Luft als Gas nur über eine geringe Wärmeleitfähigkeit verfügt, liegt h bei stehender Luft niedrig und bei strömender Luft hoch, weil im letztgenannten Falle mehr Wärme von der Luft übernommen und abgeführt wird. Bei den wärmephysikalischen Berechnungen wird zudem angenommen, dass h einen gewissen Beitrag aus der Wärmestrahlung pauschal beinhaltet. – Die konvektive Wärmeübertragung ist ein höchst verwickelter Vorgang, er ist u. a. vom Strömungscharakter des Fluids entlang der Randfläche (laminar oder turbulent) abhängig.

Da die Wärmestromdichte von der Innenluft über die Wand auf die Außenluft im stationären Beharrungszustand konstant ist, vgl. Abb. 3.38b, kann gesetzt werden:

$$\begin{aligned} q &= h_i \cdot (T_{Li} - T_{Oi}) = \Lambda \cdot (T_{Oi} - T_{Oa}) \\ &= h_a \cdot (T_{Oa} - T_{La}) = \text{gleichförmig (konstant).} \end{aligned}$$

Der Index i steht für innen, der Index a für außen. Λ ist hier der Wärme**übergangs**koeffizient für die Wand alleine mit der Dicke $d = \sum d_j$, Einheit W/m^2 K.

$$\Lambda = \frac{1}{\sum_{j=1}^{n} \frac{d_j}{\lambda_j}}$$

Wird von $q/h_i = T_{Li} - T_{Oi}$, $q/\Lambda = T_{Oi} - T_{Oa}$ und $q/h_a = T_{Oa} - T_{La}$ die Summe gebildet, folgt:

$$q\left(\frac{1}{h_i} + \frac{1}{\Lambda} + \frac{1}{h_a}\right) = T_{Li} - T_{La} \quad \rightarrow \quad q = U \cdot (T_{Li} - T_{La})$$

mit

$$U = \frac{1}{\frac{1}{h_i} + \frac{1}{\Lambda} + \frac{1}{h_a}} = \frac{1}{\frac{1}{h_i} + \sum_{j=1}^{n} \frac{d_j}{\lambda_j} + \frac{1}{h_a}}$$

U ist der gesamtheitliche Wärmedurchgangskoeffizient einschließlich der Konvektion an beiden Randflächen. Der gesamtheitliche Wärmedurchgangswiderstand ist $R = 1/U$.

1. Beispiel

Die Lufttemperaturen innen und außen mögen betragen: $\vartheta_{Li} = 21\,°\text{C}$, $\vartheta_{La} = -5\,°\text{C}$ (Abb. 3.39). Wie hoch sind die Temperaturen auf der Oberfläche einer einschaligen Wand,

Abb. 3.39

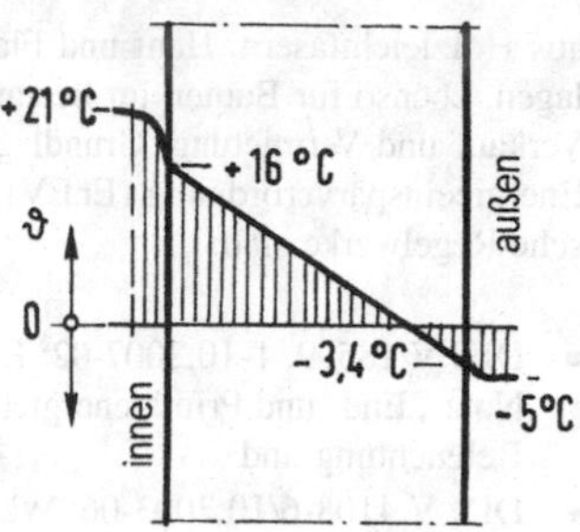

wenn für $h_i = 8$ bzw. $h_a = 23\,\mathrm{W/m^2\,K}$ gesetzt werden kann? $1/\Lambda$ betrage 0,500 W/m K:

$$\frac{1}{U} = \frac{1}{8} + 0{,}500 + \frac{1}{23} = 0{,}1250 + 0{,}5000 + 0{,}0435 = 0{,}6685\,\mathrm{m^2\,K/W}$$

$$U = 1{,}496\,\mathrm{W/m^2\,K}$$

$$\rightarrow \quad q = U \cdot (T_{Li} - T_{La}) = 1{,}496 \cdot (21 - (-5)) = 1{,}496 \cdot 26 = \underline{38{,}9\,\mathrm{W/m^2}}.$$

$$\vartheta_i = \vartheta_{Li} - \frac{q}{h_i} = 21 - \frac{38{,}9}{8} = \underline{16{,}13\,°\mathrm{C}}$$

$$\vartheta_a = \vartheta_i - \frac{q}{\Lambda} = 16{,}13 - 0{,}500 \cdot 38{,}9 = 16{,}13 - 19{,}45 = \underline{-3{,}32\,°\mathrm{C}}$$

$$\vartheta_{La} = \vartheta_a - \frac{q}{h_a} = -3{,}32 - \frac{38{,}9}{23} = -3{,}32 - 1{,}69 = \underline{-5{,}0\,°\mathrm{C}}$$

2. Beispiel

Für eine Außenwand aus 36,5 cm Kalksandsteinziegel ($\lambda = 0{,}79\,\mathrm{W/m \cdot K}$) ohne Außenputz und 1,5 cm innenseitigem Kalkmörtel ($\lambda = 0{,}87\,\mathrm{W/m \cdot K}$) berechnet sich der U-Wert mit $1/h_a = 0{,}04\,\mathrm{m^2\,K/W}$ und $1/h_i = 0{,}13\,\mathrm{m^2K/W}$ zu:

$$\frac{1}{U} = 0{,}04 + \frac{0{,}365}{0{,}79} + \frac{0{,}015}{0{,}87} + 0{,}13 = 0{,}040 + 0{,}462 + 0{,}017 + 0{,}130$$

$$= \underline{0{,}649\,\mathrm{m^2\,K/W}}$$

$$\rightarrow \quad U = \underline{1{,}54\,\mathrm{W/m^2\,K}}$$

1. Anmerkung

In Deutschland sind Heizung, Warmwasseraufbereitung und Beleuchtung in privaten und öffentlichen Gebäuden mit 40 % am Gesamtenergieverbrauch beteiligt und in dieser Größenordnung auch am CO_2-Ausstoß. Aus diesem Grund kommt neben umweltfreundlichen und effizienten Heizkesselanlagen, ggf. in Kombination mit Solar- und Erdwärmesystemen, der Wärmedämmung in Gebäuden die allergrößte Bedeutung zur Energie- und Kosteneinsparung zu, für Türen und Fenster, Fassaden, Dach und Keller. Neben Polystyrol-, Schaumglas- und Porenbetonplatten kommen Mineralfaserplatten aus Glas- und Steinwolle, auch solche aus Holzleichtfasern, Hanf und Flachs zum Einsatz. – Für Neubauten gelten strenge Auflagen, ebenso für Bauten im Bestand, also Altbauten, bei baulichen Änderungen sowie bei Verkauf und Vermietung. Grundlage sind das Energie-Wärmegesetz (EEWärmeG) und die Energieeinsparverordnung (EnEV) in der jeweils maßgebenden Fassung. Wichtige Technische Regelwerke sind:

- DIN V 18599, 1-10:2007-02: Energetische Bewertung von Gebäuden – Berechnung des Nutz-, End- und Primärenergiebedarfs für Heizung, Kühlung, Lüftung, Trinkwasser und Beleuchtung und
- DIN V 4108-6/10:2003-06: Wärmeschutz und Energie-Einsparung von Gebäuden – Berechnung der Jahresheizwärme und des Jahresheizenergiebedarfs.

Auf das einschlägige Fachschrifttum [5–7] wird hingewiesen.

2. Anmerkung
Über die Einfachverglasung ehemaliger Zeiten ging viel Wärme verloren. Heute kommen Mehrfach-Wärmedämmgläser mit Edelgasfüllung und zum Teil mit innenseitiger unsichtbarer Edelmetall-Beschichtung zum Einsatz. Richtwerte für den Wärmedurchgangskoeffizienten in $\mathrm{W/m^2\,K}$ sind: Einscheibengläser ca. 5,8, Zweischeibengläser ca. 3,0 bis herunter auf ca. 1,5, Dreischeibengläser ca. 0,5! Letztere sind bei Neubauten inzwischen Standard. – Durch die Umstellung der Beleuchtung auf LED-Technik lassen sich im Haushaltsbereich bedeutende Energieeinsparungen erreichen (Bd. IV, Abschn. 1.1.6. 10. Erg.)

3.3.7 Verbrennungswärme – Brennwerte

Bei chemischen Vorgängen (auch biochemischen) wird Wärme frei oder es muss Wärme zugeführt werden. Verbrennung bedeutet Oxidation, also die chemische Verbindung eines Elementes oder einer Gruppe von Elementen mit Sauerstoff. Bei einer solchen Oxidation kann die Wärme auch explosionsartig frei werden. Durch die Aufnahme von Sauerstoff ist das Verbrennungsprodukt schwerer als der Ausgangsstoff.

Die Verbrennungsenergie wird durch den Brennwert (H) des chemischen Prozesses gekennzeichnet. Der Brennwert ist definiert als die in der Masse m des Stoffes chemisch gebundene (gespeicherte) Wärmeenergie Q:

$$H = \frac{Q}{m} \quad \rightarrow \quad Q = H \cdot m$$

H ist ein Stoffwert in der Einheit $\mathrm{J/kg}$. In Abhängigkeit von der Art des Stoffes wird der Brennwert entweder in der Einheit J (Joule) oder durch andere Einheiten gleichwertig charakterisiert (hingewiesen sei an dieser Stelle auf die tabellarische

Abb. 3.40

Stoff	Brennwert		Stoff	Brennwert	
	kJ/kg	kcal/kg		kJ/kg	kcal/kg
Äpfel	2120	510	Butter	32480	7760
Bananen	2770	660	Margarine	31840	7610
Erdbeeren	1510	360	Öl	38830	9280
Orangen	1630	390	Milch	2760	660
Walnusskerne	29500	7050	Emmentaler 45%	16400	3920
Blattsalat	630	150	Roquefort	17280	4130
Tomaten	760	180	Brot	11000	2600
Kartoffeln	3640	870	Frühstückspeck	27530	6580
Reis	15400	3680	Schweinefilet	7290	1740
Honig	12780	3050	Rinderfilet	5279	1260
Mayonnaise 80%	32680	7810	Hähnchenbrust	3270	780

Zusammenstellung verschiedener Energieeinheiten in Abb. 1.29 in Abschn. 1.12.1. Eine nicht mehr verwendete Einheit ist die Kilokalorie, ihre Umrechnung in Kilojoule lautet:

$$1\,\text{kcal} \mathrel{\hat{=}} 4{,}19\,\text{kJ}; \qquad 1\,\text{kJ} \mathrel{\hat{=}} 0{,}239\,\text{kcal}$$

Jeder Organismus, auch jener des Menschen, ist zur Aufrechterhaltung seiner Körpertemperatur und der Funktion seiner Organe (Fortbewegung, körperliche und geistige Tätigkeit) auf die Aufnahme von Energie in Form von Nahrung angewiesen, ebenso auf die Aufnahme von Energie in Form von natürlicher und/oder künstlicher Strahlungswärme durch die Sonne und durch Verbrennungsvorgänge in Heizungen usf.

In Abb. 3.40 sind die Nährwerte in kJ/kg bzw. in kcal/kg verschiedener Nahrungsmittel eingetragen. Man spricht in diesem Falle auch von **physiologischen Brennwerten.**

Wie viele davon vom Organismus aufgenommen werden, ist von der Zubereitung (roh, gekocht) und von der individuellen Enzymausstattung der Person abhängig.

Die Werte streuen stark! – In Ergänzung zu den Tabellenwerten seien in pauschalierter Form in kJ/kg aufgelistet: Eiweiß (Protein): 17.000, Kohlehydrate: 17.000, Zucker: 16.000, Fette: 38.000, Alkohol: 29.000. In der Einheit kcal/kg liegen die Werte bei ca. einem Viertel der Werte in kJ.

1. Anmerkung

In vielen Ländern der Erde hat sich der Nahrungsbedarf infolge Verlagerung von einer körperlichen zu einer sitzenden Tätigkeit bei gleichzeitiger Reduzierung der Arbeitszeit ver-

Abb. 3.41

Nährstoffbedarf	in kJ pro Tag		in kcal pro Tag	
Personengruppe	männlich	weiblich	männlich	weiblich
Jugendliche (15 bis 20 Jahre)	10500 – 13000	10000 – 11500	2500 – 3100	2400 – 2800
Erwachsene				
einfachste Arbeit	9000	8500	2200	2000
leichte Arbeit	9500	9000	2300	2200
mittelschwere Arbeit	12000	10000	2900	2400
schwere Arbeit	14500		3500	
schwerste Arbeit	16000		3800	
Alte (Ruhestand)	8500	8000	2000	1900

ringert. Die Nährwertzufuhr hat sich in diesen Ländern gleichwohl gegenläufig durch den hier herrschenden Wohlstand erhöht. – Abb. 3.41 enthält in tabellarischer Form Richtwerte für den Nährwertbedarf pro Tag. Solche Angaben sind sehr pauschal und anfechtbar, weil sie viel differenzierter sein müssten. Lebensalter, Körpergröße, Gesundheitszustand und Jahreszeit wären zu berücksichtigen.

2. Anmerkung

Einen Anhalt für das anzustrebende Körpergewicht gibt der sogen. Body-Mass-Index (BMI) der Weltgesundheitsorganisation (WHO) nach der Formel:

$$\text{BMI} = \text{Körpergewicht in kg}/(\text{Körpergröße in m})^2$$

Als Anhalt gilt: BMI $< 18{,}5$: Untergewicht, 18,5–24,9: Normalgewicht (Idealgewicht), > 25: Übergewicht, > 30: Fettleibigkeit (Adipositas). Um als normalgewichtig zu gelten, sollte der BMI in jungen Lebensjahren eher bei 19/20 liegen, mit zunehmendem Alter kann er leicht ansteigen. – Alternativ wird die sogen. Broca-Formel angewandt: Normalgewicht in kg $=$ (Körperlänge in cm) $-$ 100: Idealgewicht davon bei Männern 90 %, bei Frauen 85 %; die Werte dürften zu niedrig liegen. **Zahlenbeispiel:** Für einen Mann mit einem Körpergewicht 78 kg und einer Körpergröße 1,76 m ergibt sich der BMI-Index zu: BMI $= 78/(1{,}76)^2 = 25{,}2$; die Broca-Formel liefert: Normalgewicht $= 176 - 100 = 76$ kg. (Hinweis: In allen Fällen müsste es eigentlich Körpermasse in kg und nicht Körpergewicht heißen!)

3. Anmerkung

Eine Diät zwecks Abnahme des Körpergewichts sollte mit 5000 kJ Zufuhr pro Tag beginnen, fallweise später auf 4500 kJ sinkend; ärztlicher Rat ist empfehlenswert! – Aus den Tabellenwerten in Abb. 3.42 geht hervor, wie vergleichsweise gering der Energieumsatz bei den unterschiedlichen körperlichen Tätigkeiten ist, auch bei anstrengenden Sportarten.

4. Anmerkung

In Deutschland sind ca. 67 % der männlichen Erwachsenen übergewichtig, davon 23 % fettleibig, bei den weiblichen Erwachsenen lautem die Zahlen 53 % bzw. 24 %, vgl. Abb. 3.43.

Abb. 3.42

Tätigkeit	Energieverbrauch pro Stunde in kJ
Schaufeln/Sägen	2000
Gartenarbeit	1000
Gehen [1]	800 ÷ 1500 [1]
Traben	1200
Dauerlaufen	2500
Wandern	1600
Schwimmen [1]	1600 ÷ 3300 [1]
Radfahren [1]	1200 ÷ 2400 [1]
Fußball/Handball	2700
	[1] langsam ÷ schnell

Auch von den Kindern und Jugendlichen werden inzwischen ca. 20 % als übergewichtig eingestuft. In den USA liegen die Zahlen nochmals deutlich höher. Fettleibigkeit trifft man eher in ärmeren und bildungsferneren Schichten an. – Ein leichtes Übergewicht ist eher von Vorteil, das Immunsystem ist stabiler, Stress wirkt sich weniger belastend aus, was sich in einem geringeren Krankenstand und einer höhere Lebenserwartung niederschlägt. – Hohes Übergewicht oder gar Fettleibigkeit sind mit den bekannten Gefahren und Folgen für die Gesundheit verbunden: Bluthochdruck, Herzinfarkt, Schlaganfall, Typ-2-Diabetes und orthopädische Leiden aller Art. In Deutschland liegt die Zahl der Diabetiker bei ca. 6 Millionen; Jugendliche sind zunehmend betroffen. Weltweit leiden 430 Millionen Menschen an Diabetes mellitus, mit steigender Tendenz. Für die staatlichen Gesundheitssysteme ist die

Abb. 3.43

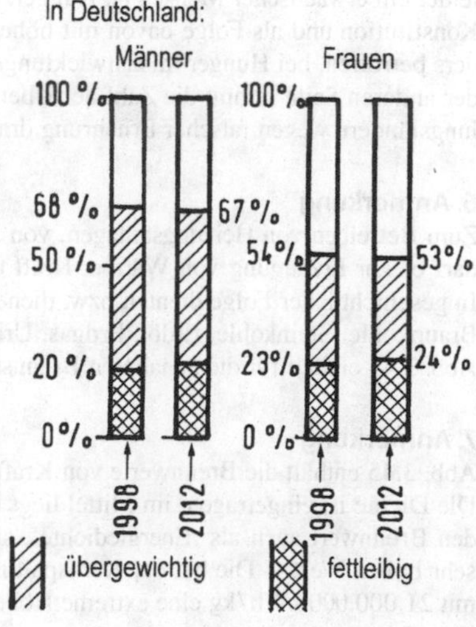

Entwicklung bedrohlich. – Verantwortlich ist ein zu hoher Zuckerverzehr, insbesondere über Limonaden und Softdrinks. In Deutschland liegt der jährliche Zuckerverbrauch pro Person bei ca. 36 kg (um das Doppelte zu hoch), in den USA bei ca. 58 kg. Wichtig ist eine ausgewogene Ernährung, dazu Vitamine (Obst), Mineralstoffe und reichlich Flüssigkeit, schließlich viel Bewegung, Sport jeder Art, bis ins Alter. – Bei ständig zu hohem Zuckerverzehr vermag die Bauchspeicheldrüse nicht genügend Insulin zur Regulierung des Blutzuckerspiegels auszuschütten. Dann kann zum Versagen kommen: Insulinresistenz: Diabetes. Der Zucker setzt sich als Körperfett ab. Zu viel davon im Bauch- und Taillenbereich (‚Apfeltyp') ist besonders gefährlich, im Gesäß- und Schenkelbereich (‚Birnentyp') weniger. –

Als Empfehlungen für eine gesunde Ernährung galt ehemals für das Energieverhältnis Eiweiß zu Fett zu Kohlehydrate: 15 % : 30 % : 55 %, heute eher: 20 % : 20 % : 60 %. Dem steht der Rat entgegen, eine hohe kohlehydratanteilige Nahrung zu meiden. Wird zu viel davon angeboten, setzten sich die Kohlehydrate über Zucker in Körperfett um. Täglich 750 kcal (3200 kJ) an Kohlehydraten (Brot, Nudeln, Kartoffeln) werden als ausreichend erachtet, mit dem Vorteil, dass das Gewicht nicht zunimmt.

Trotz aller Forschungsarbeit in der Ernährungswissenschaft werden die Wirkzusammenhänge in allen Einzelheiten immer noch nicht vollständig verstanden, auch nicht, in wie weit das Essverhalten genetisch bestimmt ist und in seiner unmäßigen Form als Suchterkrankung zu sehen ist. – In vielen muslimischen Gesellschaften werden dicke Frauen bevorzugt, vor der Hochzeit werden sie ‚genudelt'.

5. Anmerkung

Ca 15 % der heutigen Menschheit leidet unter Hunger (2015). Das sind bei 7 Milliarden Menschen auf Erden ca. eine Milliarde. Betroffen sind vorrangig Menschen in den Entwicklungsländern in Asien und Afrika, auch in Teilen Südamerikas. Hier liegt die Nährwertaufnahme z. T. deutlich unter den in Abb. 3.41 angegebenen Richtwerten, eher bei 6500 bis 7000 kJ pro Person und Tag. Wird dieser Wertebereich dauerhaft und deutlich unterschritten, leidet ein erwachsener Mensch an Hunger, was mit einer Schwächung der gesundheitlichen Konstitution und als Folge davon mit höherer Sterblichkeit einhergeht. Kinder sind besonders betroffen, bei Hunger im Entwicklungsstadium verbleiben lebenslange Schäden. – Auf der anderen Seite nimmt die Zahl der Übergewichtigen, auch bei Kindern, in den Entwicklungsländern wegen falscher Ernährung drastisch zu, in Asien, sogar in Schwarzafrika.

6. Anmerkung

Zum Betreiben von Heizungsanlagen, von Motoren, Turbinen und Aggregaten aller Art bedarf es zur Erzeugung von Wärme, Kraft und Elektrizität des Einsatzes von Brennstoffen. In geschichtlicher Folge dienten bzw. dienen als Energiequellen: Holz, Wind, Wasser, Torf, Braunkohle, Steinkohle, Erdöl, Erdgas, Uran und in jüngerer Zeit Biogas und Sonnenlicht. Abb. 3.44 enthält für die genannten Brennstoffe deren Brennwerte in kWh/kg bzw. MJ/kg.

7. Anmerkung

Abb. 3.45 enthält die Brennwerte von Kraftstoffen für den Land-, Schiffs- und Flugverkehr. Die Dichte ist eingetragen, im Mittel liegt ihr Wert bei 80 % von Wasser. – Man bezeichnet den Brennwert auch als ‚Energiedichte', sie erreicht bei Wasserstoff mit 150 MJ/kg einen sehr hohen Wert. – Die bei der Kernspaltung von Uran 235 frei werdende Energie erreicht mit 21.000.000 kWh/kg eine extreme Höhe!

Abb. 3.44

Stoff	Brennwert: kWh/kg	MJ/kg
Braunkohle-Brikett	5,7	20,5
Steinkohle	8,6	31,0
Koks	7,7	27,7
Heizöl	11,5	41,4
Erdgas	12,0	43,2
Flüssiggas	14,0	50,4
Laubholz	2,5	9,0
Nadelholz	3,0	10,8
Industrie-Restholz	4,0	14,4
Torf	5,8	21,0
Getreidestroh	3,7	12,3

Abb. 3.45

Stoff	Brennwert		ρ
	kWh/kg	MJ/kg	kg/m³
Benzin	12,0	43,2	720
Kerosin	11,9	42,8	800
Diesel	11,5	41,4	830

Abb. 3.46

Stoff	Brennwert kJ/kg
Schwarzpulver	2800
Nitroglyzerin	6300
Schießbaumwolle	4400
Trinitrotuol (TNT)	4184

8. Anmerkung

Um bei einer Sprengung eine hohe Wirkung zu erzielen, ist die Energie in möglichst kurzer Zeit frei zu setzen. Bei zivil eingesetzten Sprengstoffen (Tunnelbau, Bergbau) kommt es auf ein hohes Arbeitsvermögen des Sprengstoffs an, bei militärischen Sprengstoffen auf die Erzeugung eines hohen Stoßdrucks. Vielfach bedarf es eines Initialsprengstoffes, um die Explosion zu zünden. Von der großen Zahl verwendeter Sprengstoffe gibt Abb. 3.46 für einige wenige die Brennwerte in kJ/kg an.

9. Anmerkung

Der Brennwert von TNT (Trinitrotuol) dient vielfach als Äquivalenzwert zur Kennzeichnung von Kernwaffenwirkungen: Das TNT-Äquivalent beträgt mit T für Tonne, KT für Kilotonne und MT für Megatonne.

$$1\,\text{kg TNT} \mathrel{\widehat{=}} 4{,}184 \cdot 10^{6}\,\text{J}, \qquad 1\,\text{T TNT} \mathrel{\widehat{=}} 4{,}184 \cdot 10^{9}\,\text{J}.$$

$$1\,\text{KT TNT} \mathrel{\widehat{=}} 4{,}184 \cdot 10^{12}\,\text{J}, \qquad 1\,\text{MT TNT} \mathrel{\widehat{=}} 4{,}184 \cdot 10^{15}\,\text{J}$$

Die im Jahre 1945 über Hiroshima abgeworfene Atombombe hatte eine Sprengkraft von 12,3 KT TNT und jene von Nagasaki von 22 Kt TNT. Die stärksten Wasserstoff-Bomben hatten eine tausendfach höhere Sprengkraft: 1954 (USA): 15 MT TNT, 1961 (UdSSR): 50 MT TNT.

3.4 Thermodynamische Prozesse

3.4.1 Zustandsänderungen idealer Gase

Wie ausgeführt, bestimmen die Größen Druck (p), Volumen (V) und Temperatur (T) den Zustand eines idealen Gases. Ändern sich zwei dieser Größen und die dritte nicht (sie bleibt konstant), spricht man von einer Zustandsänderung.

In Abb. 3.47 sind vier Gasprozesse mit ihren Charakteristika zusammengestellt: Isochorer Prozess (Volumen bleibt konstant), isobarer Prozess (Druck bleibt konstant), isothermer Prozess (Temperatur bleibt konstant) und adiabatischer Prozess (der Prozess läuft ohne Wärmeaustausch mit seiner Umgebung ab).

In den folgenden Abschnitten werden wegen ihrer großen Bedeutung der isotherme und der adiabatische Expansions-/Kompressionsprozess in Verbindung mit der hierbei geleisteten mechanischen Arbeit ausführlicher behandelt. Sie bilden die Grundlage für den dann zu diskutierenden Kreisprozess und damit für den in Wärme- und Verbrennungskraftmaschinen ablaufenden Prozess. Diese Fragen gehören zu den zentralen Themen der technischen Thermodynamik.

- Expansion steht für Ausdehnung (auch für Entspannung) und
- Kompression für Zusammendrückung/Stauchung (auch für Verdichtung).

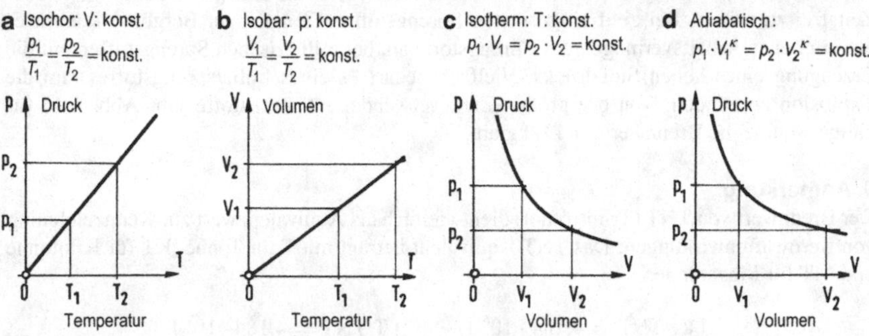

Abb. 3.47

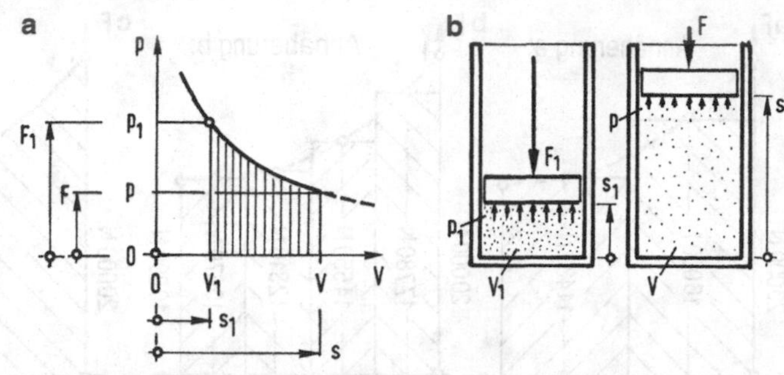

Abb. 3.48

Das p-V-Diagramm ermöglicht eine unmittelbare und anschauliche Berechnung der vom Gas geleisteten Arbeit, wenn sich das Gas ausdehnt oder zusammenzieht. Arbeit ist Kraft mal Weg. Wenn sich die Kraft mit dem Weg ändert, muss integriert werden, vgl. Abschn. 1.11.

Abb. 3.48a zeigt als Beispiel einen isothermen Prozess: Bei konstanter Temperatur steigt der Druck mit sinkendem Volumen (und umgekehrt). In Abb. 3.48b sind die Zustände an einem Zylinder verdeutlicht. Es gilt:

$$p \cdot V = p_1 \cdot V_1$$

Ist die Fläche des Kolbens gleich A, beträgt das Volumen: $V = A \cdot s$. s ist der Kolbenweg. Die Zustandsgleichung kann somit auch zu

$$p \cdot A \cdot s = p_1 \cdot A \cdot s_1$$

formuliert werden. $p \cdot A$ ist die auf den Kolben einwirkende Kraft, damit gilt gleichwertig:

$$F \cdot s = F_1 \cdot s_1$$

Beispiel

Im Ausgangszustand (1) betrage das Volumen $V_1 = 0{,}001\,\text{m}^3$ und der Weg $s_1 = 0{,}1\,\text{m}$. Der Gasdruck betrage $p_1 = 2 \cdot 10^6$ Pa. Die Kolbenfläche sei $A = 0{,}01\,\text{m}^2$. Die zugehörige Kolbenkraft ist dann:

$$F_1 = p_1 \cdot A = 2 \cdot 10^6 \cdot 0{,}01 = 2 \cdot 10^4\,\text{N}.$$

(Hinweis: $\text{Pa} = \text{N/m}^2$, $\text{Pa} \cdot \text{m}^2 = \text{N}$.)

Abb. 3.49 zeigt den F-s-Verlauf. In den Teilabbildungen a und b ist der kontinuierliche Verlauf durch einen abgestuften angenähert. Die jeweiligen Mittelordinaten sind eingetragen. Die Basis der Rechtecke beträgt bei der ersten Unterteilung 0,050 m, bei der zweiten

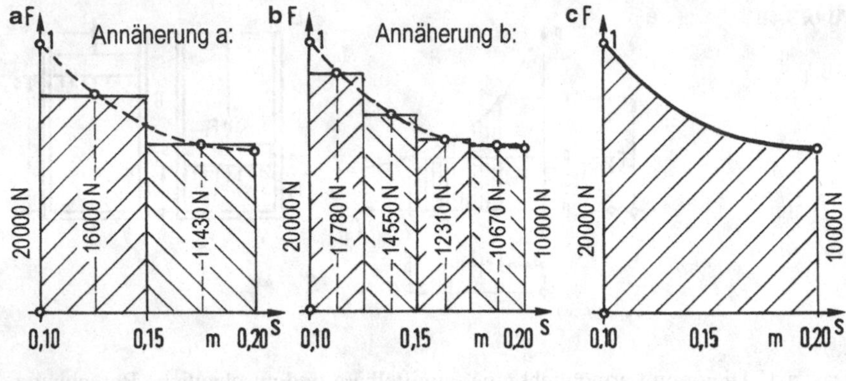

Abb. 3.49

0,025 m. Berechnet man die Teilflächen, folgt für die Arbeit bei einer Annäherung gemäß a bzw. b (numerische Integration):

Annäherung a: $(16.000 + 11.430) \cdot 0{,}050 = 1372\,\text{N m} = \underline{1372\,\text{J}}$

Annäherung b: $(17.780 + 14.550 + 12.310 + 10.670) \cdot 0{,}025 = 1384\,\text{N m} = \underline{1384\,\text{J}}$

Eine analytische Integration ist hier möglich (vgl. folgenden Abschnitt). Für die Kolbenkraft F als Funktion von s gilt:

$$F = F_1 \cdot s_1 \cdot \frac{1}{s} = 2 \cdot 104 \cdot 0{,}10 \cdot \frac{1}{s} = 2000 \cdot \frac{1}{s}$$

Integral und Lösung lauten:

$$\int_{0,10}^{0,20} F\,ds = 2000 \int_{0,10}^{0,20} \frac{ds}{s} = 2000 \cdot [\ln s]_{0,10}^{0,20} = 2000 \cdot (\ln 0{,}20 - \ln 0{,}10) = 2000 \cdot \ln \frac{0{,}20}{0{,}10}$$

$$= 2000 \cdot \ln 2 = 2000 \cdot 0{,}693 = \underline{\underline{1386\,\text{J}}}$$

Die numerische Integration ergibt offensichtlich recht genaue Werte für die verrichtete Arbeit.

In Abb. 3.50a handelt es sich um einen Prozess, der sich aus vier Einzelprozessen zusammensetzt; wobei sich der p-V- bzw. F-s-Kurvenzug wieder schließt. Während der Prozesse 1–2 und 2–3 dehnt sich das Gas aus, während der Prozesse 3–4 und 4–1 wird das Gas komprimiert (zusammengedrückt). In den Teilabbildungen b, c, d und e sind die von den Einzelprozessen geleisteten Arbeiten als

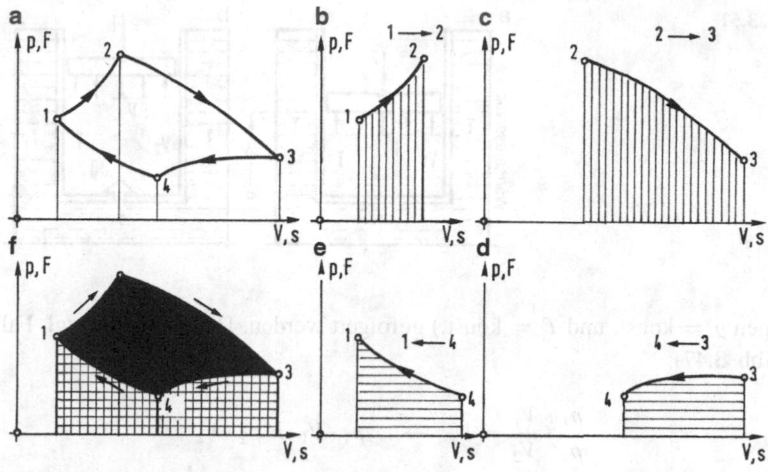

Abb. 3.50

schraffierte Flächen dargestellt. Werden sie zusammengefügt, wird deutlich, dass der Inhalt der eingeschlossenen Fläche die vom Gesamtprozess geleistete Arbeit ist, das ist die Arbeit des hier dargestellten **Kreisprozesses**, die ist die schwarz angelegte Fläche im p-V- bzw. F-s-Diagramm. –

Im Folgenden werden zunächst der isotherme und der adiabatische Expansions- und Kompressionsprozess betrachtet, anschließend werden sie auf einen Kreisprozess angewandt.

3.4.2 Prozess der isothermen Expansion/Kompression

Abb. 3.51a zeigt einen mit einem idealen Gas der Stoffmenge n gefüllten Behälter. Das Gas nehme das Volumen V_1 ein. Die Resultierende des Gasdrucks p stehe mit der Kolbenkraft F im Gleichgewicht: $F = p \cdot A$. A ist die Fläche des Kolbens. Der Kolben schließt den Behälter ab. Das Gas befinde sich mit dem allseitigen Wärmereservoir mit der Temperatur T in thermischem Gleichgewicht.

Durch eine infinitesimale (quasi unendlich kleine) Hebung des Kolbens (um ds, in der Abbildung überzeichnet) expandiert, vergrößert sich der Gasraum. Es wird angenommen, dass diese Volumenausdehnung infinitesimal langsam erfolgt. Durch den Wärmeübergang aus dem Reservoir bleibt die Temperatur unverändert (isotherme Zustandsänderung). Aus dem Thermischen Gasgesetz für ideale Gase ($p \cdot V = n \cdot R \cdot T$, vgl. Abschn. 3.2.5) kann unmittelbar auf $p \cdot V =$ konst.

Abb. 3.51

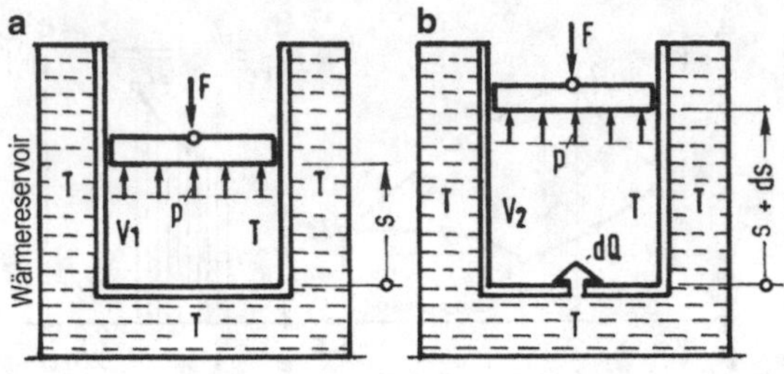

(wegen n = konst. und T = konst.) gefolgert werden. Demnach gilt (vgl. Fall c in Abb. 3.47):

$$\frac{p_1}{p_2} \cdot \frac{V_1}{V_2} = 1 \quad \rightarrow \quad p_1 \cdot V_1 = p_2 \cdot V_2$$

Da die Temperatur konstant bleibt, erfährt die Innere Energie keine Änderung:

$$dE_{\text{inn}} = dQ + dW = 0$$

Die äußere Kraft verschiebt sich entgegen ihrer Wirkrichtung um ds. Die von ihr verrichtete Arbeit ist negativ:

$$dW = -F \cdot ds = -p \cdot A \cdot ds = -p \cdot dV,$$

denn die Volumenänderung ist gleich $A \cdot ds$.

Die aufgenommene Wärmemenge verrichtet ausschließlich (wegen T = konst.) mechanische Arbeit:

$$dQ = -dW = p \cdot dV$$

Aus dem Thermischen Gasgesetz wird p frei gestellt

$$p \cdot V = n \cdot R \cdot T \quad \rightarrow \quad p = \frac{n \cdot R \cdot T}{V}$$

und in vorstehenden Ausdruck für $dQ = p \cdot dV$ eingesetzt und integriert:

$$Q = n \cdot R \cdot T \cdot \int \frac{dV}{V}$$

Die zugeflossene Wärmemenge steht mit der Volumenänderung von V_1 nach V_2 in direktem Zusammenhang. Das Integral über dV erstreckt sich demgemäß von V_1 bis V_2. Die Integration liefert:

$$Q = n \cdot R \cdot T \cdot \ln \frac{V_2}{V_1}$$

Hinweis zur Integration:

$$y = \int_{x1}^{x2} \frac{1}{x}\, dx = \ln x|_{x_1}^{x_2} = \ln x_2 - \ln x_1 = \ln \frac{x_2}{x_1}$$

Der hergeleitete Zusammenhang zwischen dem Wärmeübergang und der Volumenänderung gilt auch dann, wenn es sich um eine Kompression des Gasvolumens handelt, immer unter Bedingung $T = \text{konst.}$

3.4.3 Prozess der adiabatischen Expansion/Kompression

Es wird dieselbe Ausgangssituation wie zuvor bei der isothermen Expansion/Kompression betrachtet, allerdings sei der Behälter jetzt allseitig wärmeisoliert, vgl. Abb. 3.52. Bei einer infinitesimalen Verschiebung des Kolbens nach oben oder unten kann keine Wärme zu- oder abfließen, d. h. $dQ = 0$. Für die Innere Energie bedeutet das im Falle einer Ausdehnung des Gasvolumens, also bei einer Verschiebung um ds:

$$dE_{\text{inn}} = dW = -F \cdot ds = -p \cdot A \cdot ds = -p \cdot dV$$

Bezugnehmend auf Abschn. 3.3.3.4 beträgt die Änderung von dE_{inn} bei einer Änderung der Temperatur um dT:

$$dE_{\text{inn}} = n \cdot C_V \cdot dT$$

Abb. 3.52

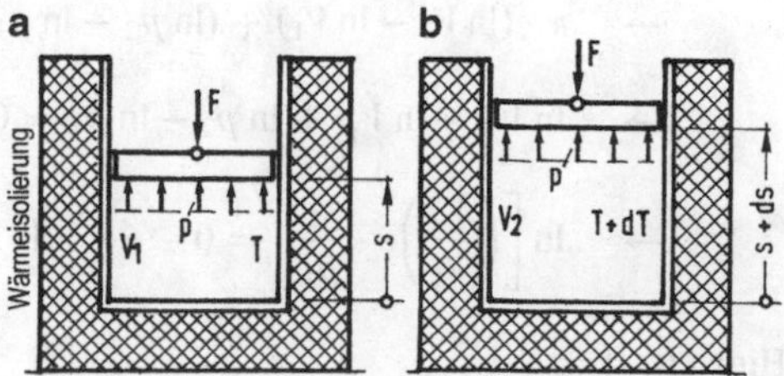

C_V ist die molare Wärmekapazität. Die Gleichsetzung mit $dE_{\text{inn}} = -p \cdot dV$ (siehe oben) ergibt:

$$n \cdot C_V \cdot dT + p \cdot dV = 0$$

Aus dem Thermischen Gasgesetzt wird T frei gestellt und differenziert:

$$p \cdot V = n \cdot R \cdot T \quad \rightarrow \quad T = \frac{p \cdot V}{n \cdot R} \quad \rightarrow \quad dT = \frac{1}{n \cdot R}(dp \cdot V + p \cdot dV)$$

Wird dT mit der vorstehenden Gleichung verknüpft, ergibt sich nach kurzer Umformung (vgl. an dieser Stelle mit dem zuvor genannten Abschnitt):

$$C_p \cdot \frac{dV}{V} + C_V \cdot \frac{dp}{p} = 0 \quad \text{mit } C_p + C_V = R$$

Wird schließlich noch der sogen. Adiabatenkoeffizient zu

$$\kappa = \frac{C_p}{C_V}$$

vereinbart, kann die Beziehung zu

$$\kappa \cdot \frac{dV}{V} + \frac{dp}{p} = 0$$

angeschrieben werden. Um die Zustandsänderung bei der Expansion um ds, also bei einer Änderung des Gasvolumens von V_1 nach V_2 bzw. des Drucks von p_1 nach p_2, zu bestimmen, wird über die Gleichung integriert:

$$\kappa \cdot \int_{V_1}^{V_2} \frac{dV}{V} + \int_{p_1}^{p_2} \frac{dp}{p} = 0 \quad \rightarrow \quad \kappa \cdot \ln V|_{V_1}^{V_2} + \ln p|_{p_1}^{p_2} = 0$$

$$\rightarrow \quad \kappa \cdot (\ln V_2 - \ln V_1) + (\ln p_2 - \ln p_1) = 0$$

$$\rightarrow \quad \ln V_2^\kappa - \ln V_1^\kappa + \ln p_2 - \ln p_1 = 0 \quad \rightarrow \quad \ln\left(\frac{V_2}{V_1}\right)^\kappa + \ln\frac{p_2}{p_1} = 0$$

$$\rightarrow \quad \ln\left[\left(\frac{V_2}{V_1}\right)^\kappa \cdot \frac{p_2}{p_1}\right] = 0 \quad \rightarrow \quad \ln\left[\frac{p_2}{p_1} \cdot \left(\frac{V_2}{V_1}\right)^\kappa = 1\right]$$

Hinweis: $0 = \ln 1$.

Abb. 3.53

Gas	κ
Edelgase	1,67
O_2, N_2, Luft	1,40
CO	1,40
CO_2	1,30
Propan	1,14
Methan	1,31
Stadtgas	1.35
Dampf (100 °C)	1,33

Nach Delogarithmierung und Umkehrung erhält man das die adiabatische Expansion/Kompression kennzeichnende Gesetz:

$$\frac{p_1}{p_2} \cdot \left(\frac{V_1}{V_2}\right)^\kappa = 1 \quad \rightarrow \quad p_1 \cdot V_1^\kappa = p_2 \cdot V_2^\kappa$$

In Abb. 3.47 ist das p-V-Diagramm als Fall d wiedergegeben.

Die Größe des Adiabatenkoeffizienten ist von der Gassorte abhängig. Für ein- und zweiatomige (ideale) Gase gilt: $\kappa = 3/2 = 1{,}67$ bzw. $7/5 = 1{,}40$, vgl. wegen C_p und C_V Abb. 3.31. In der Tabelle der Abb. 3.53 sind κ-Werte für reale Gase ausgewiesen.

Wie ausgeführt, ist dQ bzw. Q gleich Null. Die bei der Expansion des Gasvolumens verrichtete Arbeit beim Übergang vom Volumen V_1 auf das Volumen V_2 lässt sich berechnen, wenn aus

$$p \cdot V^\kappa = p_1 \cdot V_1^\kappa$$

p frei gestellt, in die Gleichung für dW eingesetzt und anschließend integriert wird (siehe hierzu Abb. 3.54, $dW = -p \cdot dV$):

$$p = p_1 \cdot V_1^\kappa \cdot V^\kappa \quad \rightarrow \quad dW = -\int_{V_1}^{V_2} p_1 \cdot V_1^\kappa \cdot V^\kappa dV = -p_1 \cdot V_1^\kappa \cdot \int_{V_1}^{V_2} V^\kappa dV$$

$$= -p_1 \cdot V_1^\kappa \cdot \frac{V^{-\kappa+1}}{-\kappa+1}\bigg|_{V_1}^{V_2}$$

Hinweis zur Integration:

$$y = \int_{x_1}^{x_2} x^n dx = \frac{1}{n+1} x^{n+1}|_{x_1}^{x_2} = \frac{1}{n+1}(x_2^{n+1} - x_1^{n+1})$$

Abb. 3.54

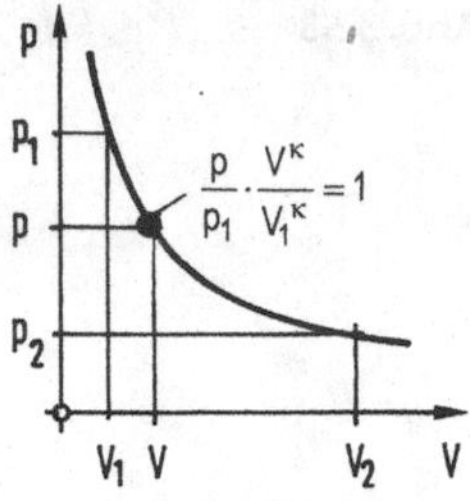

Nach Zwischenrechnung folgt:

$$dW = \frac{p_1 \cdot V_1}{1-\kappa}\left[1 - \left(\frac{V_1}{V_2}\right)^{\kappa-1}\right]$$

3.4.4 Carnot-Kreisprozess

Da die beiden zuvor behandelten Prozesse allein vom Thermischen Gasgesetz für ideale Gase und vom 1. Hauptsatz der Wärmelehre ausgehen, im Übrigen an keine irgendwie gearteten weiteren Voraussetzungen gebunden sind, gelten sie gleichermaßen für die Expansion wie für die Kompression eines Gasvolumens. Es handelt sich um **reversible Prozesse**. Sie sind umkehrbar! Hierbei wird lediglich unterstellt, dass sich der Kolben im Gefäß reibungsfrei verschieben kann. Auch soll das Gas reibungsfrei strömen können.

Die Annahmen, dass beim isothermen Prozess das Wärmegleichgewicht kontinuierlich gewahrt ist und dass beim adiabatischen Prozess keinerlei Wärmeaustausch über die Wandung stattfindet, sind von idealer Art. Real lassen sie sich nicht umsetzen. Insofern handelt es sich bei beiden Einzelprozessen um Gedankenmodelle!

Dem im Nachfolgenden dargestellten sogen. Carnot-Prozess liegen die beiden vorangegangenen Prozesse zugrunde. Das impliziert: Auch der Carnot-Prozess ist ein Gedankenmodell. Aus ihm lässt sich gleichwohl eine bedeutende Schlussfolgerung für alle Wärme- und Verbrennungskraftmaschinen ziehen. Der Prozess geht auf N.L.S. CARNOT (1796–1832) zurück, der ihn im Jahre 1824 publizierte, also zu einem Zeitpunkt, als die Thermodynamik noch nicht entwickelt war. Man spricht bei dem Modell auch von der Carnot-Maschine.

Der Prozess werde an einem Beispiel veranschaulicht. Dazu werden für vier Einzelprozesse die p-V-Verläufe berechnet. Es handle sich um ein zweiatomiges Gas mit einer Stoffmenge $n = 2\,\text{mol}$.

Prozess ① sei ein isothermer Expansionsprozess, beginnend mit einem Volumen $V_1 = 0{,}005\,\text{m}^3$ und einer Temperatur $T = 750\,\text{K}$.

Ausgehend vom Thermischen Gasgesetz wird gerechnet:

$$p = \frac{n \cdot R \cdot T}{V} = \frac{2 \cdot 8{,}315 \cdot 750}{V} = \frac{12.473}{V}$$

Bei einer Vergrößerung des Volumens auf $V = 0{,}009\,\text{m}^3$ sinkt der Druck auf $p = 1{,}386 \cdot 10^6\,\text{Pa}$.

Hiermit werde der Prozess ② fortgesetzt und hierbei von der Gasgleichung für adiabatische Expansion ausgegangen. In dieser Weise wird fortgefahren. Das Ergebnis der Zahlenrechnung lautet mit folgenden Ansätzen:

① Isothermer Expansionspr. von $V_1 = 0{,}005\,\text{m}^3$ auf $V_2 = 0{,}009\,\text{m}^3$, $T = 750\,\text{K}$,
② Adiabatischer Expansionspr. von $V_1 = 0{,}009\,\text{m}^3$ auf $V_2 = 0{,}0128\,\text{m}^3$, $\kappa = 1{,}4$,
③ Isothermer Kompressionspr. von $V_1 = 0{,}0128\,\text{m}^3$ auf $V_2 = 0{,}007\,\text{m}^3$, $T = 650\,\text{K}$,
④ Adiabatischer Kompressionspr. von $V_1 = 0{,}007\,\text{m}^3$ auf $V_2 = 0{,}005\,\text{m}^3$, $\kappa = 1{,}4$.

Abb. 3.55 zeigt das Resultat. Werden die p-V-Verläufe zusammengefügt, erkennt man einen geschlossenen Kurvenverlauf, man spricht, wie bereits erwähnt, von einem **Kreisprozess**. Die isotherme Expansion bezieht ihre Wärme aus einem Wärmereservoir mit $T = 750\,\text{K}$. Während des isothermen Kompressionsverlaufs steht das Gasvolumen mit einem Wärmereservoir $T = 650\,\text{K}$ in thermischem Kontakt. Die aufgenommene Wärmemenge mit der Temperaturdifferenz $\Delta T = 750\,\text{K} - 650\,\text{K} = 100\,\text{K}$ wird in Arbeit am Kolben umgesetzt. Das ist der Inhalt der in Abb. 3.55 schraffiert angelegten Fläche. Mit den obigen Formeln für die Arbeitsbeträge $|\Delta W|$ der beiden Prozesse lassen sie sich für das Beispiel der Reihe nach berechnen:

$$①\text{: } 7331\,\text{J}, \quad ②\text{: } 3927\,\text{J}, \quad ③\text{: } 6354\,\text{J}, \quad ④\text{: } 3927\,\text{J}$$

Für das Umlaufintegral ergibt sich:

$$7331\,\text{J} + 3927\,\text{J} - 6354\,\text{J} - 3927\,\text{J} = \underline{977\,\text{J}}.$$

Bezogen auf die aufgenommene Wärmemenge des Prozesses ① bestimmt sich der thermische Wirkungsgrad zu:

$$\eta_{\text{thermisch}} = \frac{977}{7331} = \underline{0{,}133}.$$

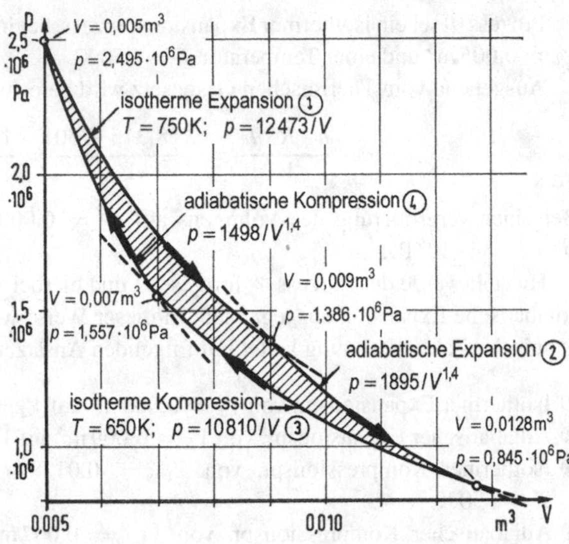

Abb. 3.55

Dieser lässt sich auch aus

$$\eta_{\text{thermisch}} = \frac{T_{\text{Eingang}} - T_{\text{Ausgang}}}{T_{\text{Eingang}}} = 1 - \frac{T_{\text{Ausgang}}}{T_{\text{Eingang}}} = 1 - \frac{650}{750} = 1 - 0{,}867 = \underline{\underline{0{,}133}}$$

gewinnen. Die Formel erhält man, wenn von den Formeln für die mechanische Arbeit der Einzelprozesse ausgegangen wird. $\eta_{\text{thermisch}}$ ist nur von den Temperaturen der Wärmereservoire abhängig, sie gilt für beliebige gasförmige Medien.

Das Ergebnis ist bemerkenswert, weil hiermit der höchstmögliche Wirkungsgrad jedes Kreisprozesses bestimmt werden kann. Reale Prozesse sind nicht von der idealisierten Art eines Carnot-Prozesses. Sie sind irreversibel, da die Einzelprozesse der Expansion und Kompression ihrerseits irreversibel, also nicht umkehrbar, sind: Verglichen mit dem Carnot-Prozess geht in diesem Falle ein höherer Anteil in Abwärme über; das bedeutet:

$$\eta_{\text{thermisch,irreversibel}} < \eta_{\text{thermisch,reversibel}} .$$

Aus der Formel für den thermischen (thermodynamischen) Wirkungsgrad geht hervor, dass dieser umso höher liegt, demnach umso günstiger ist, je größer die Differenz zwischen Eingangs- und Ausgangstemperatur ist. Daher wird man bestrebt sein, eine Maschine mit einer möglichst hohen Betriebstemperatur gegenüber der Temperatur der Abwärme zu fahren. Die

Festigkeit des Maschinenmaterials, beispielsweise von Zylinder und Kolben eines Verbrennungsmotors, setzt diesem Ziel Grenzen. Zudem: Tiefer als die Umgebungstemperatur kann T_{Ausgang} nicht liegen.

Schätzt man z. B. T_{Eingang} zu 900 K und T_{Ausgang} zu 300 K ab, ergibt sich:

$$\eta_{\text{thermisch,irreversibel}} < 1 - \frac{300}{900} = 1 - 0{,}33 = \underline{0{,}667}$$

Ein solcher Wert ist real nicht erreichbar. Geht man von $T_{\text{Eingang}} = 800\,\text{K}$ (527 °C) und $T_{\text{Ausgang}} = 400\,\text{K}$ (127 °C) aus, folgt:

$$\eta_{\text{thermisch,irreversibel}} < 1 - \frac{400}{800} = 1 - 0{,}50 = \underline{0{,}50}$$

Abzüglich der mit diversen Irreversiblen verbundenen Minderungen durch Reibungseinflüsse, liegt man mit $\eta \approx 0{,}4$ als grobe Abschätzung für realistische Prozesse etwa richtig. Es versteht sich, dass bei der Auslegung von Wärme- und Verbrennungskraftmaschinen das Gebot eines hohen Wirkungsgrades oberstes Ziel ist, wobei diesem Ziel das Gebot einer hohen Sicherheit mindestens gleichrangig zur Seite steht.

3.4.5 Entropie – Entropiesatz

Die Entropie kennzeichnet den Grad der Unordnung in einem Stoffsystem. Sie ist, wie die Energie, eine Zustandsgröße. Die Entropie wird mit dem Formelzeichen S abgekürzt. In einem geschlossenen System strebt die Entropie den höchstmöglichen Wert an. Das ist ein Naturgesetz. In dieser Form ist das Gesetz eine weitere Version des 2. Hauptsatzes der Wärmelehre.

Die Entropie wurde von R. CLAUSIUS (1822–1888) im Jahre 1865 zur Beschreibung thermodynamischer Prozesse eingeführt. Ist dQ die zu- oder abgeführte Wärmemenge und T die Temperatur während dieses Wärmeübergangs, lautet die Definition der Entropie nach R. CLAUSIUS:

$$dS = \frac{dQ}{T} \qquad [S] = \frac{J}{K}$$

dS ist die Entropieänderung, die mit der Änderung der Wärmeenergie dQ einhergeht. Für reversible (umkehrbare) Vorgänge gilt $dS = 0$. Für irreversible (nicht umkehrbare und das sind eigentlich alle Vorgänge) gilt $dS \geq 0$, die Vorgänge streben selbsttätig einen Zustand höherer Unordnung bzw. geringerer Ordnung an.

Abb. 3.56

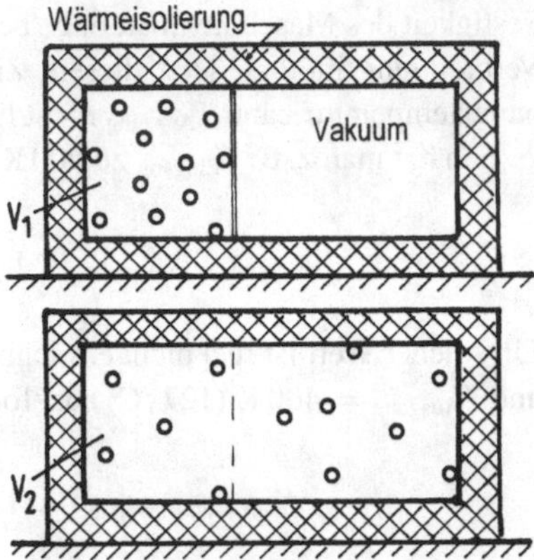

L. BOLTZMANN (1844–1906) gelang im Jahre 1866 eine quantifizierende Formulierung der Entropie. Er ging von der statistischen Mechanik der Gasmoleküle aus, entwickelte somit, von einer mikroskopischen Betrachtung ausgehend, die für den makroskopischen Zustand geltende Entropie. Seine Definition lautet:

$$S = k \cdot \ln w,$$

worin w die Zustandswahrscheinlichkeit der Teilchen ist. Es ist bemerkenswert, dass sich die beiden Definitionen nach R. CLAUSIUS und L. BOLTZMANN ineinander überführen lassen. Dieser Zusammenhang wird nachfolgend gezeigt; die zunächst recht abstrakt und unanschaulich wirkende Größe Entropie wird dabei verständlicher werden.

$dS \geq 0$ gilt nach der Definition von L. BOLTZMANN für einen mikroskopischen Zustand höherer Wahrscheinlichkeit. Dass diese Zustandsänderung mit einer höheren Unordnung einhergeht, lässt sich aus nachstehendem Beispiel folgern. Dazu wird von einem idealen Gas ausgegangen, das sich in einem wärmeisolierten Gefäß innerhalb einer Kammer mit dem Volumen V_1 befindet. Die Temperatur sei T und die Anzahl der Gasmoleküle N, vgl. Abb. 3.56a. Die benachbarte Kammer sei leer, ein Vakuum.

Wird die Trennwand entfernt, breiten sich die Gasmoleküle im ganzen Volumen (V_2) gleichförmig aus (Teilabbildung b). Der Vorgang wird und kann sich nicht selbsttätig rückentwickeln, das ist einsichtig, etwa in der Weise, dass sich alle Teilchen wieder im Volumenbereich V_1 einfinden. Insofern handelt es sich um einen irreversiblen Prozess. – Die Anzahl der Teilchen schwankt in den verschiedenen Bereichen des Volumen V_2 wegen des zufälligen Stoßgeschehens. Im Mittel stellt sich eine gleichförmige Verteilung der Teilchen ein. – Während der Entfernung der Trennwand wurde dem isolierten Behälter von außen weder Wärme zugeführt noch wurde welche entzogen, das bedeutet, in dem vergrößerten Gasraum bleibt die anfängliche Temperatur unverändert, $T_1 = T_2 = T$.

Wird im thermischen Gasgesetz der Gasdruck p freigestellt, folgt:

$$p \cdot V = N \cdot k \cdot T \quad \rightarrow \quad p = \frac{N \cdot k \cdot T}{V}, \quad p = p(V)$$

Das bedeutet: Da der Zähler $(N \cdot k \cdot T)$ nach Entfernung der Trennwand konstant bleibt, muss der Druck, wegen der Vergrößerung des Volumens $(V_2 > V_1)$, sinken $(p_2 < p_1)$. – Da, wie ausgeführt, von außen keine Wärme zugeführt noch abgezogen wird, bleibt die Innere Energie der Gasteilchen konstant, anders formuliert:

Die Innere Energie erfährt keine Änderung $(dE_{\text{inn}} = 0)$.

Die Wärme(-energie) verteilt sich gegenüber dem ursprünglichen auf ein größeres Volumen. Dabei erfährt sie eine Änderung (dQ). Die Volumen- und Druckänderung geht mit mechanischer Arbeit der Teilchen einher: dW (Volumen 1 geht in Volumen 2 über). Die Summe aus dQ und dW ist die Änderung der Inneren Energie (dE_{inn}). E_{inn} bleibt konstant (Energieerhaltungsgesetz), sie ändert sich nicht:

$$dE_{\text{inn}} = dQ + dW = 0$$

$$\rightarrow \quad dQ = -dW = -\int_{V_1}^{V_2} [-p(V)]\, dV = \int_{V_1}^{V_2} \frac{N \cdot k \cdot T}{V}\, dV$$

$$= N \cdot k \cdot T \cdot \int_{V_1}^{V_2} \frac{dV}{V} = N \cdot k \cdot T \cdot \ln V|_{V_1}^{V_2} = N \cdot k \cdot T \cdot (\ln V_2 - \ln V_1)$$

$$\rightarrow \quad dQ = N \cdot k \cdot T \cdot \ln \frac{V_2}{V_1}$$

Nach dieser Vorbetrachtung wird verfolgt, mit welcher Wahrscheinlichkeit sich die N Gasmoleküle des Volumens V_1 anschließend in den beiden Volumina V_1 und $V_2 - V_1$ verteilen, wobei hier als Beispiel $V_2 = 2V_1$ unterstellt werde, d. h. das Gesamtvolumen sei doppelt so groß wie die beiden Einzelvolumina links und rechts.

Abb. 3.57 zeigt der Reihe nach drei Fälle: $N = 1$, $N = 2$ bzw. $N = 3$. Im Falle $N = 1$ besteht das Gas nur aus einem Molekül (mit der Ziffer 1 benannt).

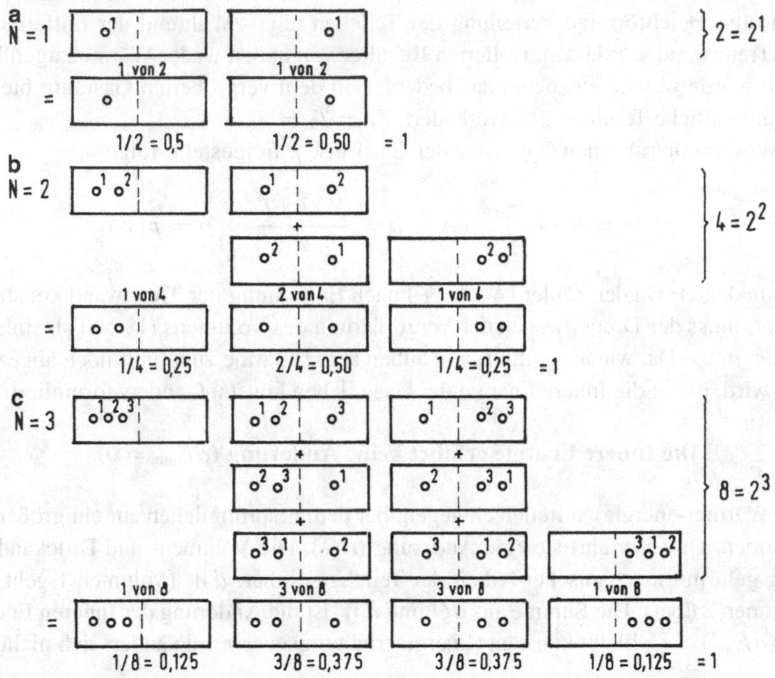

Abb. 3.57

Die Wahrscheinlichkeit, dass es sich nach Entfernung der Trennwand in V_1 aufhält, ist gleich 1/2 (Teilabbildung a):

$$w = \left(\frac{1}{2}\right) = \left(\frac{1}{2}\right)^1$$

Im Fall $N = 2$ verteilen sich zwei Moleküle (mit den Ziffern 1 und 2 benannt) auf die Volumina links und rechts. Die Wahrscheinlichkeiten hierfür sind ungleich.

Die Wahrscheinlichkeit, dass sich beide Moleküle in V_1 aufhalten, ist 1/4 (Teilabbildung b):

$$w = \left(\frac{1}{4}\right) = \left(\frac{1}{2}\right)^2$$

Im Falle $N = 3$ gilt für diesen Fall (alle drei Moleküle in V_1, Teilabbildung c):

$$w = \left(\frac{1}{8}\right) = \left(\frac{1}{2}\right)^3$$

Die Fälle $N = 4, 5, \ldots$ erlauben nach Ausrechnung eine Verallgemeinerung für N Teilchen:

$$w = \left(\frac{1}{2}\right)^N$$

Bei einem Gas der Stoffmenge $n = 1$ mol ist die Anzahl der Teilchen gleich der Avogadro-Konstanten: $N = N_A = 6{,}022 \cdot 10^{23}$. Die Wahrscheinlichkeit dafür, dass sich im Falle $N = N_A$ alle Moleküle gleichzeitig im Volumen V_1 aufhalten, ist einsichtiger Weise extrem gering, sie ist praktisch Null, indessen nicht ganz Null, es könnte möglich sein.

Ist das Verhältnis der Volumina V_1/V_2 nicht 1 zu 2, sondern irgendwie beliebig, ist die Wahrscheinlichkeit dafür, dass sich N Teilchen (Moleküle) zufällig in V_1 befinden, gleich:

$$w_1 = \left(\frac{V_1}{V_2}\right)^N \cdot w_2$$

Das ist die bedingte Wahrscheinlichkeit für das betrachtete Ereignis unter der Voraussetzung, dass das Ereignis, wonach sich die übrigen Teilchen in V_2 befinden, mit der Wahrscheinlichkeit w_2 eingetreten ist. Die Zunahme der Entropie für den Fall, dass sich N Moleküle in V_1 befinden (S_2 gegenüber S_1), ist, ausgehend von der obigen Definition der Entropie nach L. BOLTZMANN, demnach:

$$\begin{aligned} dS = S_2 - S_1 = k \cdot \ln w_2 - k \cdot \ln w_1 &= k \cdot \ln w_2 - k \cdot \ln \left[\left(\frac{V_1}{V_2}\right)^N \cdot w_2\right] \\ &= k \cdot \ln w_2 - k \cdot \ln \left(\frac{V_1}{V_2}\right)^N - k \cdot \ln w_2 = -k \cdot \ln \left(\frac{V_1}{V_2}\right)^N \\ &= -k \cdot N \cdot \ln \left(\frac{V_1}{V_2}\right) = k \cdot N \cdot \ln \left(\frac{V_2}{V_1}\right) \end{aligned}$$

Die Verknüpfung mit der obigen Beziehung für dQ liefert das gesuchte Ergebnis:

$$dS = k \cdot N \cdot \ln \left(\frac{V_2}{V_1}\right) = k \cdot N \cdot \frac{dQ}{N \cdot k \cdot T} \quad \rightarrow \quad dS = \frac{dQ}{T}$$

Die Gleichwertigkeit der Entropiedefinitionen von R. CLAUSIUS und L. BOLTZMANN ist damit für das Beispiel gezeigt. Sie gilt allgemein, auch für die Stoffzustände flüssig und fest. (Zur strengeren Herleitung vgl. das Fachschrifttum.)

Abb. 3.58

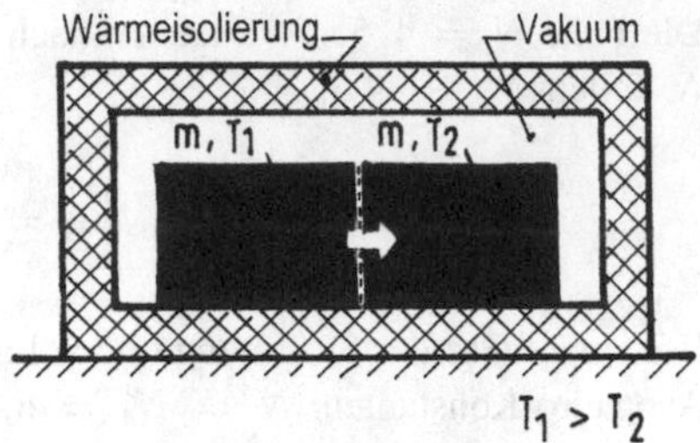

Werden zwei Körper desselben Stoffes mit den Massen $m_1 = m_2 = m$ und mit den zunächst unterschiedlichen Temperaturen T_1 und T_2 in einem isolierten geschlossenen System auf thermischen Kontakt zusammen geführt, wobei $T_1 > T_2$ sein möge, stellt sich ein Wärmestrom von 1 nach 2 ein (Abb. 3.58). Die Temperaturen in den Körpern ändern sich um ΔT_1 bzw. ΔT_2. Wärmeabzug und Wärmeaufnahme betragen nach Erreichen des thermischen Gleichgewichts:

$$\Delta Q_1 = -c \cdot m \cdot \Delta T_1, \quad \Delta Q_2 = c \cdot m \cdot \Delta T_2$$

c ist die Wärmekapazität des Materials (Abschn. 3.3.3). Aus der Bedingung, dass die abgezogene Wärmemenge gleich der zugeführten ist, ihre Summe also Null ist,

$$\Delta Q_1 + \Delta Q_2 = 0,$$

folgt nach Einsetzen der Ausdrücke für ΔQ_1 und ΔQ_2:

$$\Delta T_1 = \Delta T_2 = \Delta T = T_1 - T_2.$$

Das bedeutet in diesem Falle: Die Änderung der Temperaturen ist dem Betrage nach gleichgroß. Die Entropien der Einzelprozesse betragen:

$$\Delta S_1 = \frac{\Delta Q_1}{T_1} = -\frac{c \cdot m \cdot \Delta T}{T_1}, \quad \Delta S_2 = \frac{\Delta Q_2}{T_2} = \frac{c \cdot m \cdot \Delta T}{T_2}$$

Die Entropie des irreversiblen Gesamtprozesses des hier behandelten geschlossenen Systems ist gleich der Summe der Entropien der Einzelprozesse:

$$\Delta S = \Delta S_1 + \Delta S_2 = -c \cdot m \cdot \Delta T \cdot \left(\frac{1}{T_1} - \frac{1}{T_2}\right) = -c \cdot m \cdot \Delta T \cdot \frac{(T_2 - T_1)}{T_1 \cdot T_2}$$

$$= c \cdot m \cdot \frac{(T_1 - T_2) \cdot (T_1 - T_2)}{T_1 \cdot T_2} \quad \rightarrow \quad \Delta S = c \cdot m \cdot \frac{(T_1 - T_2)^2}{T_1 \cdot T_2}$$

Alle Terme im Zähler und Nenner sind positiv, somit gilt:

$$\Delta S > 0$$

Die Entropie im Inneren des Körpers hat sich infolge eines vollständigen Ausgleichs der Wärmebewegung der sich jetzt in einem vergrößerten Raum befindlichen Moleküle erhöht und damit auch die Unordnung im System, was in direktem Zusammenhang mit dem Wärmeübergang vom kalten auf den warmen Körper steht. Das ist die Aussage des 2. Hauptsatzes der Thermodynamik.

Beispiel

Die Körper in Abb. 3.58 bestehen aus Aluminium, jeder mit der Masse $m = 1\,\text{kg}$. Die anfänglichen Temperaturen in den Körpern mögen vor dem Beginn des thermischen Kontaktes betragen:

$$\vartheta_1 = 100\,^\circ\text{C} \quad \rightarrow \quad T_1 = 373\,\text{K} \quad \text{bzw.} \quad \vartheta_2 = 0\,^\circ\text{C} \quad \rightarrow \quad T_2 = 273\,\text{K}$$
$$\rightarrow \quad T_1 - T_2 = 100\,\text{K}$$

Hierfür liefert die Rechnung nach der vorstehenden Formel für ΔS (wegen c vgl. Abb. 3.25):

$$\Delta S = 897 \cdot 1{,}0 \cdot \frac{(373 - 273)^2}{373 \cdot 273} = 88{,}09\,\text{J/K} > 0$$

Die Änderung der Entropie ist positiv, das bedeutet: Die Entropie ist durch den thermischen Körperkontakt angestiegen. Die Unordnung im System ist angewachsen.

Die Bedeutung des Entropiebegriffs ist vielfältig. Einige Aspekte werden hierzu im folgenden Abschnitt erörtert.

3.4.6 Ergänzungen und Beispiele zum Entropiesatz

1. Der Satz: ‚In der Mechanik treten nur reversible Vorgänge (Prozesse) auf', würde in dieser Form nur zutreffen, wenn die Vorgänge reibungsfrei und idealelastisch ablaufen: Die Bewegung eines in einem Kugellager aufgehängten Pendels wird selbst in einem Vakuum irgendwann zur Ruhe kommen, weil es kein reibungsfreies Kugellager gibt. – Fällt eine gehärtete Stahlkugel in einem Vakuum auf eine gehärtete Stahlplatte, wird sie beim Rücksprung die Ausgangshöhe nicht erreichen, weil beim Aufschlag infolge geringer lokaler plastischer Stauchungen etwas minimale Energie ‚verloren' gegangen ist. In den beiden Beispielen entsteht etwas Wärme. Die Vorgänge sind bei strenger Betrachtung demnach irreversibel. Vielfach, eigentlich meistens, ist es erlaubt und angebracht, einen reversiblen Vorgang zu unterstellen, um eine zwar genäherte, gleichwohl ausreichend genaue und praktische Lösung für ein physikalisches Problem zu finden.

2. Während man Begriffe wie Energie, Temperatur, Druck, Volumen mit einer Anschauung verbinden kann, ist das beim Begriff Entropie nicht oder nur bedingt der Fall. Dabei ist der Begriff in der Thermodynamik ein überaus wichtiger. Er spielt auch bei chemischen Reaktionen, bei evolutionären biologischen Prozessen, zur Kennzeichnung eines ökologischen Gleichgewichts (Thema Rohstoff/Umwelt), bei der Untersuchung ökonomischer Abläufe (Thema Angebot/Nachfrage), in der Informationstheorie und in weiteren Bereichen der Naturwissenschaften eine wichtige Rolle. – Man denke an eine Kohlelagerstätte. In dieser ist sehr viel chemische Energie in einem vergleichsweise kleinen Volumen gespeichert, es handelt sich um eine örtliche Energiekonzentration höchster Ordnung. Schon beim Abbau und der Förderung wird sie verringert, Entropie wird erzeugt. Wird die Kohle verbrannt, wird der Zustand höchstmöglicher Entropie in Form von Asche, Luftpartikel und Verbrennungsgasen erreicht. Der Vorgang ist absolut unumkehrbar, also irreversibel. Das ist eine Konsequenz des Entropiesatzes. Die sich einstmals angesammelte Energie ‚ist zwar nicht weg', hat sich aber unwiederbringlich ins ‚Nirgendwo' verflüchtigt.
3. Bei der Einführung des Entropiebegriffs (1865) formulierte R. CLAUSIUS die Sätze: *Die Energie der Welt ist constant. Die Entropie der Welt strebt einem Maximum zu.* In der Konsequenz würde die vollständige Vergleichmäßigung aller Vorgänge im Weltall den Wärmetod im Kosmos bedeuten. Das wird heute anders gesehen. Der Entropiesatz gilt nämlich nur für geschlossene Systeme, ein solches ist das Weltall nicht.
4. Eine größere Allgemeinheit erreicht man in der Thermodynamik, wenn man von der von J.W. GIBBS (1839–1903) vorgeschlagenen Fundamentalform für die Innere Energie

$$dE_{\text{inn}} = X_1 \cdot dY_1 + X_2 \cdot dY_2 + \ldots + X_n \cdot dY_n = \sum_1^n X_i \cdot dY_i$$

ausgeht (hier in vereinfachter Notierung). Hierin steht X_i für eine sogen. intensive Größe (Druck, Temperatur) und Y_i für eine sogen. extensive Größe (Volumen, Teilchenanzahl). Intensive Größen sind solche, die bei der Verkopplung von Systemen (z. B. bei thermischem Kontakt und nach einer gewissen Dauer) denselben Wert annehmen (z. B. Druckausgleich, Temperaturausgleich). Intensive Größen sind solche, die im Gesamtsystem als Summe eingehen (z. B. zwei Volumina vereinigen sich zu einem Volumen). Die Entropie ist eine extensive Größe. Hiervon ausgehend kann die innere Energie und damit die Entropie zu

$$dE_{\text{inn}} = T \cdot dS - p \cdot dV$$

definiert werden. Der zweite Term ist die mechanische Energie, die beispielsweise am Kolben eines Zylinders verrichtet wird. Die Produktterme haben die Einheit einer Energie, wie es sein muss.

5. Handelt es sich um einen Prozess mit einem idealen Gas ohne Wärmeaustausch nach außen und innen, bleibt die Innere Energie im System unverändert. Aus der vorstehenden Gleichung kann für die Entropie gefolgert werden:

$$dE_{\text{inn}} = T \cdot dS - n \cdot R \cdot T \cdot \frac{dV}{V} = 0 \quad \rightarrow \quad \Delta S = n \cdot R \cdot \int_{V_{\text{Anfang}}}^{V_{\text{Ende}}} \frac{dV}{V}$$

Hierin ist das thermische Gasgesetz $p = n \cdot R \cdot T / V$ eingearbeitet. Die Integration ergibt

$$\Delta S = n \cdot R \cdot [\ln V_{\text{Ende}} - \ln V_{\text{Anfang}}] \quad \rightarrow \quad \Delta S = n \cdot R \cdot \ln \frac{V_{\text{Ende}}}{V_{\text{Anfang}}}$$

6. Mit der vorstehenden Formel werde ein Diffusionsprozess behandelt, wie in Abb. 3.59 veranschaulicht: In einer wärmeisolierten Doppelkammer mit den ungleichen Volumina V_1 und V_2 befinden sich zwei unterschiedliche Gase 1 und 2. Deren Stoffmengen seien n_1 und n_2. Nach Entfernen der Trennwand vermischen sich die Gase zu einem neuen System mit dem Volumen $V_1 + V_2$, wobei sich Druck (p) und Temperatur (T) ausgleichen. Es mögen die Voraussetzungen von Pkt. 5 gelten. Je für sich gilt für Gas 1 und Gas 2 vor der

Abb. 3.59

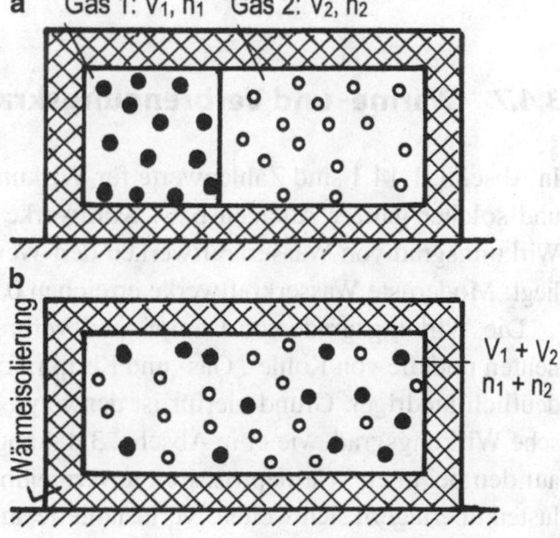

Vereinigung:

$$\text{Gas 1: } \Delta S_1 = n_1 \cdot R \cdot \ln \frac{V_1 + V_2}{V_1}, \quad \text{Gas 2: } \Delta S_2 = n_2 \cdot R \cdot \ln \frac{V_1 + V_2}{V_2}$$

Nach der Vereinigung gilt im neuen System:

$$\Delta S = \Delta S_1 + \Delta S_2 = R \cdot \left(n_1 \cdot \ln \frac{V_1 + V_2}{V_1} + n_2 \cdot \ln \frac{V_1 + V_2}{V_2} \right)$$

Im Falle $V_1 = V_2$ und $n_1 = n_2$ ergibt sich beispielsweise:

$$\Delta S = R \cdot n \cdot (\ln 2 + \ln 2) = R \cdot n \cdot 2 \cdot 0{,}693 \approx 1{,}4 \cdot R \cdot n > 0.$$

Beträgt die Stoffmenge der Gase jeweils 1 mol, folgt für ΔS als Zahlenwert:

$$\Delta S = 1{,}4 \cdot 8{,}314 \cdot 1 = 16{,}64\,\text{J/K}$$

Ohne irgendeine Einflussnahme oder Wechselwirkung wird bei dem Diffusionsvorgang Entropie, quasi aus dem Nichts, erzeugt. Nach der Diffusion der Gase ineinander, sind sie vermischt in einem Zustand höherer Unordnung, es hat sich ein Entropiezuwachs ($\Delta S > 0$) eingestellt; vgl. hier Bd. IV, Abschn. 2.2.6, 13. Erg. –

Die Entropie umfasst, genau betrachtet, einen weiten Bereich in den Naturwissenschaften, in [8] wird der Begriff auf elementarer Grundlage dargestellt.

3.4.7 Wärme- und Verbrennungskraftmaschinen

In Abschn. 1.14.1 sind Zahlenwerte für Wirkungsgrade η einzelner Komponenten und solcher ganzer Anlagen bzw. Kraftwerke angegeben. Es fällt auf, dass der Wirkungsgrad von Wasserkraftwerken den Wert 0,9 erreicht und somit sehr hoch liegt: Modernste Wasserkraftwerke erreichen 0,95 (ehemalige Wasserräder 0,75).

Die Wirkungsgrade von Dampf- und Verbrennungsmotoren als Einzelkomponenten und die von Kohle-, Gas- und Kernkraftwerken als Ganzes, liegen dagegen deutlich niedriger. Grund hierfür ist der vergleichsweise niedrige thermodynamische Wirkungsgrad, wie er in Abschn. 3.4.4 abgeschätzt wurde. Er beruht letztlich auf den bei allen Wärmeprozessen unvermeidbaren Wärmeverlusten. Diesen Verlusten überlagern sich weitere Verlustanteile aus Reibungen unterschiedlicher Art.

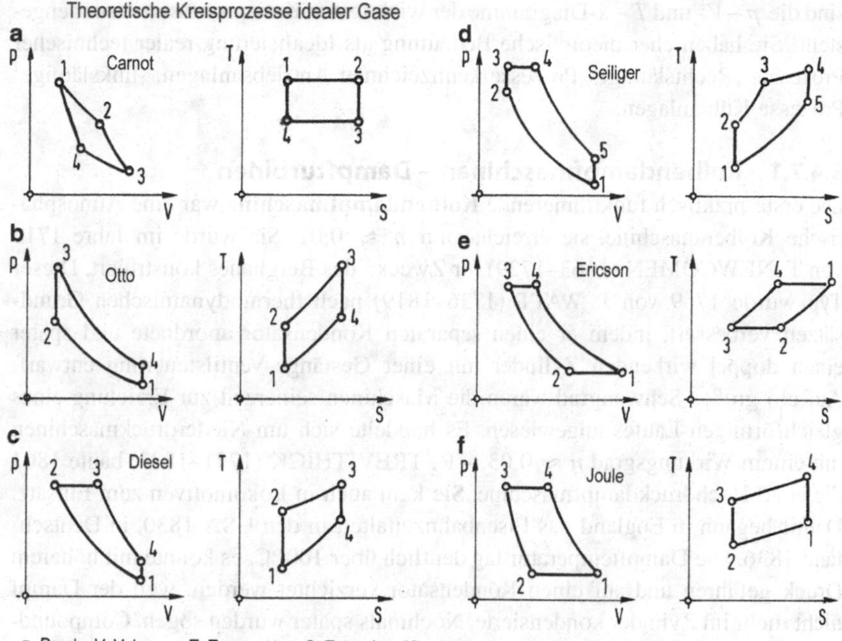

Abb. 3.60

Verluste sind auch mit Strömungsturbulenzen in Leitungen, mit Wärmeabstrahlung, mit der unvollständigen Verbrennung und dem prozessbedingten Energieaufwand für Pumpen, Kühler, Wärmetauscher, Filter usf. verbunden.

Es werden zwei Arten von Antriebsmaschinen/-motoren unterschieden:

- Wärmekraftmaschinen (WKM): Der Verbrennungsvorgang und damit das Reservoir der thermischen Energie liegen außerhalb des maschinellen Antriebsaggregats, z. B. Erhitzung von Wasser in einem Dampfkessel durch Verbrennung von Kohle, Öl, Gas oder durch Kernspaltung in einem Reaktor.
- Verbrennungskraftmaschinen (VKW): Der Verbrennungsvorgang und das Wärmereservoir des thermischen Antriebs fallen zusammen, wie z. B. beim Otto- oder Dieselmotor.

Grundlage für die Auslegung und Leistungsberechnung von Antriebsmaschinen aller Art (auch von Kälteanlagen) ist die Technische Thermodynamik. In Abb. 3.60

sind die $p-V$- und $T-s$-Diagramme der wichtigsten Kreisprozesse zusammengestellt. Sie haben eher theoretische Bedeutung als Idealisierung realer technischer Prozesse. ‚Rechtsläufige' Prozesse kennzeichnen Antriebsanlagen, ‚linksläufige' Prozesse Kühlanlagen.

3.4.7.1 Kolbendampfmaschinen – Dampfturbinen

Die erste praktisch funktionierende **Kolbendampfmaschine** war eine Atmosphärische Kolbenmaschine, sie erreichte nur $\eta \approx 0{,}01$. Sie wurde im Jahre 1712 von T. NEWCOMEN (1663–1729) für Zwecke des Bergbaues konstruiert. Dieser Typ wurde 1769 von J. WATT (1736–1819) nach thermodynamischen Grundsätzen verbessert, indem er einen separaten Kondensator anordnete und später einen doppel wirkenden Zylinder mit einer Gestänge-Ventilsteuerung entwarf. Auf ein großes Schwungrad waren die Maschinen seinerzeit zur Erzielung eines gleichförmigen Laufes angewiesen. Es handelte sich um Niederdruckmaschinen mit einem Wirkungsgrad $\eta \approx 0{,}03$. – R. TREVITHICK (1771–1833) baute 1801 die erste Hochdruckdampfmaschine. Sie kam auch in Lokomotiven zum Einsatz. Damit begann in England das Eisenbahnzeitalter, in den USA 1830, in Deutschland 1836. Die Dampftemperatur lag deutlich über 100 °C, es konnte mit höherem Druck gefahren und auf einen Kondensator verzichtet werden, weil der Dampf nicht mehr im Zylinder kondensierte. Nochmals später wurden sogen. Compound-Maschinen mit zwei, drei und vier hintereinander geschalteten Zylindern mit nochmals höherem Druck und für Temperaturen zwischen 300 bis 600 °C gebaut. Schließlich ging man zur Heißdampferzeugung mit Flammrohrüberhitzern nach der von W. SCHMIDT (1858–1924) im Jahre 1896 vorgeschlagenen Bauart über. Neben Lokomotiven wurden Schiffe und Anlagen der Industrie und des Bergbaues mit solchen Dampfmaschinen ausgestattet, auch dienten sie zum Antrieb elektrischer Generatoren. Der Wirkungsgrad konnte bei Einzylindermaschinen auf 0,3, bei Mehrzylindermaschinen auf 0,4 und mehr angehoben werden.

Für heutige Wärmekraftanlagen kommen praktisch ausschließlich **Dampfturbinen** unterschiedlichen Typs zum Einsatz. Sie bestehen aus einer Welle mit mehreren hintereinander liegenden Leit- und Laufschaufeln, von einem kleineren zu einem größeren Durchmesser fortschreitend, dabei stufenweise dem Kessel- bzw. dem Umgebungsdruck angepasst. Man spricht bei diesen vielstufigen Läuferturbinen von Verbunddampfmaschinen. – Die ersten Dampfturbinen wurden von G.P. de LAVAL (1845–1913) im Jahre 1883 und von C.A. PARSONS (1854–1931) im Jahre 1884 entworfen und gebaut. Heute werden Turbinen bis zu einer Leistung von 1600 MW gefertigt. Sie laufen i. Allg. mit 3000 U/min= 50Hz und treiben einen Generator an. Die hohen Temperaturen und die extremen Fliehkräfte in den Schaufeln setzten der Entwicklung zu noch höherer Leistung Grenzen. –

Abb. 3.61

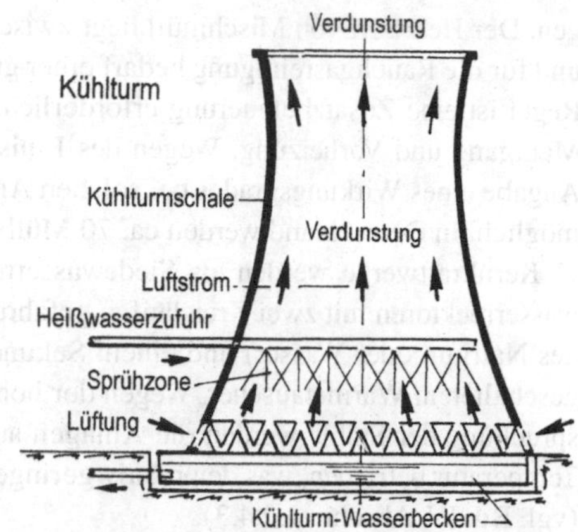

Thermodynamisch bedingt geht am Ende des Wasser-Dampf-Prozesses im Kondensator viel Energie als Abwärme ‚verloren'. Zur Kühlung muss Fluss- oder Seewasser zugeführt werden. Oder es wird ein Kühlturm zwischengeschaltet. Innerhalb des Turmes rieselt das heiße Wasser über Gerüste ab. Durch die aufsteigende Luft wird ein großer Teil der Wärme im Zuge der Verdunstung an die Atmosphäre abgegeben (Abb. 3.61). Bei einem 1000 MW Kraftwerk verdunsten ca. 0,4 bis 0,6 m^3 Wasser pro Sekunde. Es sind dieses die (harmlosen) weißen Wolken, die aus dem Kühlturm heraus quellen.

Den höchsten Wirkungsgrad erreicht man bei voller Rückführung des heißen Wassers in den Fluss, aus dessen Zustrom das frische Kühlwasser zunächst entnommen wurde, also ohne Kühlturm. Ein solches Vorgehen ist aus ökologischen Gründen nur selten vertretbar. – Moderne Dampfturbinenkraftwerke erreichen einen Wirkungsgrad bis 0,45. Eine Steigerung gelingt im GuD-Kraftwerk (Gas- und Dampfkraftwerk): Die Abgase der Gasturbine, bis 600 °C heiß, heizen einen Dampferzeuger an, mit dessen Dampf parallel eine Dampfturbine angetrieben wird, Wirkungsgrad der Gesamtanlage ca. 0,55 bis maximal 0,60.

Wo möglich und angebracht werden Kraftwerke mit Kraft-Wärme-Kopplung (KWK) betrieben. Hierbei wird neben der Erzeugung von Strom die Abwärme über ein Fernwärmenetz für Heizzwecke benachbarter Siedlungen oder als Prozesswärme, z. B. für die Chemische Industrie, genutzt. Für Kleinsiedlungen sind Blockkraftwerke wirtschaftlich, einschließlich sogen. Minikraftwerke in Einfamilienhäusern. Als Gesamtwirkungsgrad werden Werte bis 0,90 erreicht. Hierbei werden bei größeren Kraftwerken je nach der Priorität sogen. strom- und wärmegeführte Anlagen unterschieden. In dieser Form laufen viele Müllverbrennungsanlagen. Der Heizwert von Mischmüll liegt zwischen 9 bis 11 MJ/kg. Für den Betrieb und für die Rauchgasreinigung bedarf einer großen Menge an Eigenenergie. In der Regel ist eine Zusatzbefeuerung erforderlich, vielfach mit Steinkohle nach deren Mahlgang und Vorheizung. Wegen des Emissions- und Deponieaufwands ist die Angabe eines Wirkungsgrades bei solchen Anlagen schwierig und eigentlich nicht möglich. In Deutschland werden ca. 70 Müllverbrennungskraftwerke betrieben.

Kernkraftwerke werden als Siedewasserreaktoren mit einem oder als Druckwasserreaktoren mit zwei Kreisläufen gefahren, mit einem Primärkreislauf (flüssiges Natrium oder Wasser) und einem Sekundärkreislauf (Wasser) und zwischengeschaltetem Wärmetauscher. Wegen der hohen Temperatur- und Neutronenbeanspruchung der Stähle werden die Anlagen aus Sicherheitsgründen mit geringerer Temperatur betrieben, was den relativ geringen Wirkungsgrad 0,30 bis 0,35 erklärt (vgl. Bd. IV, Abschn. 1.2.4.3).

3.4.7.2 Kolbenverbrennungsmotoren – Gasturbinen

Unter Verwendung von Leuchtgas konstruierte J.J.E. LENOIR (1822–1900) den ersten **Kolbenverbrennungsmotor**. Das Kolben-Zylinder-Prinzip übernahm er von der Dampfmaschine. Hiermit baute er im Jahre 1860 den ersten fahrbaren Wagen. Eine deutliche Verbesserung gelang N.A. OTTO (1832–1891). Das von ihm erfundene Viertakt-Prinzip ermöglichte eine gleichmäßigere Verbrennung des Gases, 1877 ließ er sich das Prinzip patentieren. W. MAYBACH (1846–1929) führte die Entwicklung weiter. Entscheidend für die Motorenentwicklung war die Erfindung des Vergasers durch G.W. DAIMLER (1834–1900). Hierdurch konnte das aus Erdöl gewonnene Gasolin (Benzin) über die Ansaugluft in die Brennkammer befördert werden (1883). Gemeinsam mit K. BENZ (1844–1929) baute er im Jahre 1885 die erste Motordroschke.

Die von R. DIESEL (1858–1913) erdachte Selbstzündung durch hohe Kompression des Treibstoffes unter Beibehaltung des Viertaktprinzips bedeutete einen weiteren Fortschritt, weil statt Gasolin das leichter entzündliche Kerosin verwendet werden konnte, welches aus weniger stark fraktioniertem Erdöl gewonnen wird und daher preiswerter ist.

Alles Weitere vollzog sich zügig. Im Jahre 1903 liefen in den USA die ersten Autos vom Band (Modell T, von H. FORD (1863–1947) eingeführt).

Die spätere Entwicklung hoch leistungsfähiger und gleichzeitig leichter Flugzeugmotoren erbrachte weitere bedeutende Fortschritte im Motorenbau.

Der von F. WANKEL (1902–1988) erfundene Drehkolbenmotor wurde bis zur Produktionsreife entwickelt und eingesetzt. Der Motor konnte sich indessen wegen diverser Dichtungs- und Verschleißprobleme gegenüber dem Kolbenmotor nicht durchsetzen.

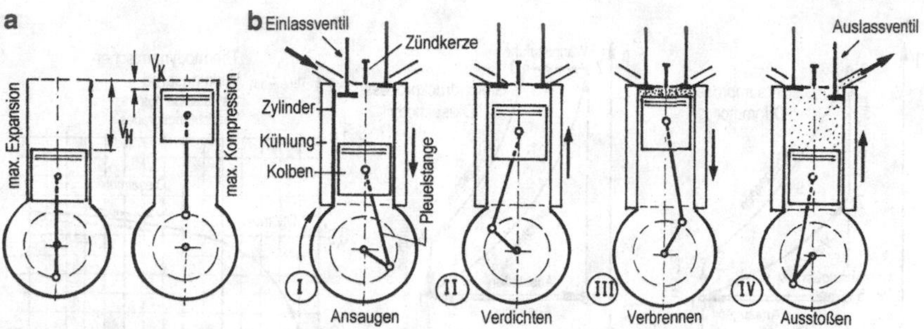

Abb. 3.62

Der Verdichtungsgrad im Augenblick der Zündung hat großen Einfluss auf den Wirkungsgrad. Er ist zu

$$\varepsilon = \frac{V_K}{V_H}$$

definiert. Wie in Abb. 3.62a beschrieben, ist V_H das Hubvolumen und V_K das Kompressionsvolumen, jeweils im Totpunkt.

Sowohl Otto- wie Dieselmotoren arbeiten in vier Takten (Kolbenhüben), wie in Abb. 3.62b schematisch dargestellt. Die Takte werden in jedem Zylinder über das Einlass- und Auslassventil mit Hilfe der Nockenwelle gesteuert.

Ottomotor Bei der Bewegung des Kolbens vom oberen Totpunkt aus wird Luft und das vom Vergaser zerstäubte Benzin als Luft-Gas-Gemisch angesaugt (I). Nach Schließung des Einlassventils wird das Gemisch während des anschließenden Kompressionshubs auf im Mittel 400 °C erhitzt (II). Im Hochpunkt (bzw. kurz zuvor) wird es durch einen elektrischen Funken entzündet. Die Verbrennungstemperatur erreicht 2000 °C (bis 2500 °C), der Druck steigt im Mittel auf 40 bar und mehr an. Während des explosiven Verbrennungszeitraums verändert sich das Volumen des Verbrennungsraums praktisch nicht. Der Kolben wird durch den Druck angetrieben: Die chemische Energie aus dem Verbrennungsvorgang wird in mechanische Energie umgesetzt und dabei die translatorische Bewegung des Kolbens über die Pleuelstange in eine rotatorische (III) übersetzt. Nach Erreichen des unteren Tiefpunktes wird das verbrannte Gas im Zuge des nachfolgenden Hubs über das geöffnete Auslassventil ausgestoßen (IV), die Abgastemperatur liegt in Höhe von ca. 700 °C.

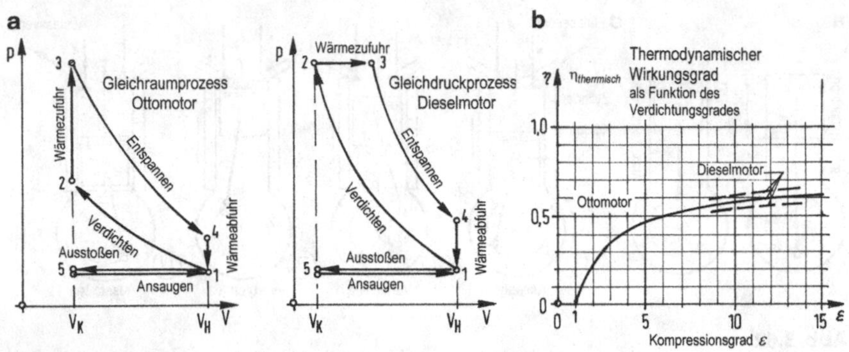

Abb. 3.63

Dieselmotor Gegen Ende des Verdichtungstaktes wird flüssiger Kraftstoff in die angesaugte Luft eingespritzt, der Kraftstoff geht beim Verstäuben in Gas über. Infolge des deutlich höheren Verdichtungsdrucks (gegenüber dem Verbrennungsvorgang im Ottomotor) mit etwa 14 bis 24 bar tritt bei ca. 750 °C eine Selbstzündung ein. Die Verbrennungstemperatur erreicht ca. 2000 °C bei einem Druck von im Mittel 70 bar. Während der Verbrennung bleibt der Druck im Zuge der zeitlich dosierten Einspritzung nahezu konstant. Der weitere Ablauf entspricht jenem beim Ottomotor. Die Abgastemperatur liegt in Höhe von ca. 600 bis 700 °C und somit etwas niedriger als beim Ottomotor.

Die Abb. 3.63a1/a2 zeigt die idealisierten p-V-Diagramme für beide Motortypen (vgl. mit Abb. 3.60). Auf der Basis dieser p-V-Verläufe können die zugeführten und abgenommenen Energien berechnet bzw. abgeschätzt werden, was selbstredend durch Versuche verfeinert werden muss. Der Einfluss der Verdichtung geht in die Auslegung als wesentlicher Parameter ein, wie aus Abb. 3.63b hervor geht.

Ca. 7 % der eingesetzten Kraftstoffenergie geht bei beiden Motortypen durch Reibung ‚verloren', ca. 33 % durch Kühlung und ca. 35 % bzw. 30 % durch Abwärme. Das ergibt Wirkungsgrade ca. 0,25 beim Ottomotor und ca. 0,30 beim Dieselmotor. Moderne Motoren erreichen höhere Werte: PKW und NKW 0,33 beim Ottomotor und 0,45 beim Dieselmotor. Die vom Motor abgesetzte Leistung erfährt durch Reibung im Antriebstrang nochmals eine Minderung um ca. 2 % und durch die Räder (Reifen: Rollreibung und Walk) um weitere ca. 13 %, sodass der Motorwirkungsgrad hierdurch um den Faktor 0,85 weiter reduziert wird.

In den in Kraftwerken installierten **Gasturbinen** wird die angesaugte Luft in einem mehrstufigen Kompressor auf ca. 15 bar verdichtet. Die Temperatur steigt dabei auf 400 °C. In der anschließenden Brennkammer wird der kontinuierlich zugeführte Kraftstoff, beispielsweise Erdgas, verbrannt (Verbrennungstemperatur etwa 1400 °C, auch höher bis 1500°C, was dank spezieller nickelhaltiger Legierungen für die Schaufeln möglich ist). Das ausströmende heiße Gas treibt die mehrstufigen Schaufeln der Antriebsstufe an und diese den angeschlossenen elektrischen Generator. Die Anzahl der Verdichtungsschaufeln ist i. Allg. höher als jene der Antriebsschaufeln, z. B. 12 gegenüber 5. – Ein Teil der Nutzleistung dient der vorgeschalteten Luftkompression. Das Heißgas entweicht über einen Abluftkamin in die Atmosphäre. In modernen Anlagen dient das Gas über einen Wärmetauscher zum Antrieb einer zusätzlichen Dampfturbine (GuD-Kraftwerk). – In der Anlage des Gas- und Dampfturbinen-Kraftwerks Irsching Block 4 nahe Ingolstadt konnte der Wirkungsgrad dank der GuD-Technik auf 60,8 % gesteigert und die Leistung der alleinigen Gasturbine mit 375 MW auf eine Gesamtleistung 578 MW angehoben werden (Fa. Siemens). Damit wäre die Stromversorgung einer Stadt mit 3,4 Millionen Einwohnern möglich. Die Auf- und Abfahrzeiten der Turbine betragen nur ca. eine halbe Stunde, ein bedeutender Vorteil solcher Kraftwerke: Gaskraftwerke sind inzwischen vielfach unverzichtbar, um bei Ausfall regenerativ gewonnenen Stroms (aus Wind oder/und Sonne) den Bedarf kurzfristig zu decken. Solche Kraftwerke sind indessen seitens der Stromerzeuger nur bedingt kostendeckend zu errichten und zu betreiben, weil sie immer nur über kurze Zeiten im Einsatz sind.

Die **Strahltriebwerke** des heutigen Flugwesens arbeiten als Turbinen nach demselben Prinzip wie oben beschrieben. Sie erzeugen den Schub bei Start und Flug vermöge der mit hoher Geschwindigkeit austretenden Verbrennungsgase und -partikel nach dem Rückstoßprinzip:

Vorderseitig liegt ein Ventilator (Gebläse, Fan), der einen Teil der angesaugten Luft um die Turbine herum führt. Dadurch werden die Schaufeln gekühlt, der Schub wird verstärkt. Der Wirkungsgrad liegt in der Größenordnung 0,30 bis 0,40. Abb. 3.64 zeigt einen Längsschnitt durch ein solches Triebwerk. – Das Konzept des Strahltriebwerks stammt von F. WHITTLE (1907–1996), die Erfindung wurde 1930 patentiert. Anschließend war er mit der Entwicklung eines Fliegers befasst, im Jahre 1941 flog sein erster Düsenjet. Unabhängig davon war es in Deutschland H.J.P. v. OHAIN (1911–1998), der ab 1934 an der Umsetzung des Luftstrahltriebprinzips theoretisch arbeitete. Er wurde später von E. HEINKEL (1888–1958) unterstützt, am 27.08.1939 flog sein erstes Flugzeug, eine He 178, sie erreichte 600 km/h.

Im 2. Weltkrieg ging die Entwicklung auf die Messerschmidt-Werke über. Hier wurde eine große Zahl solcher Flugturbinen gefertigt, von dem zweistrahligen Jäger Me 262 waren es 1433 Stück, wovon bis Kriegende indessen nur 358 Ma-

Abb. 3.64

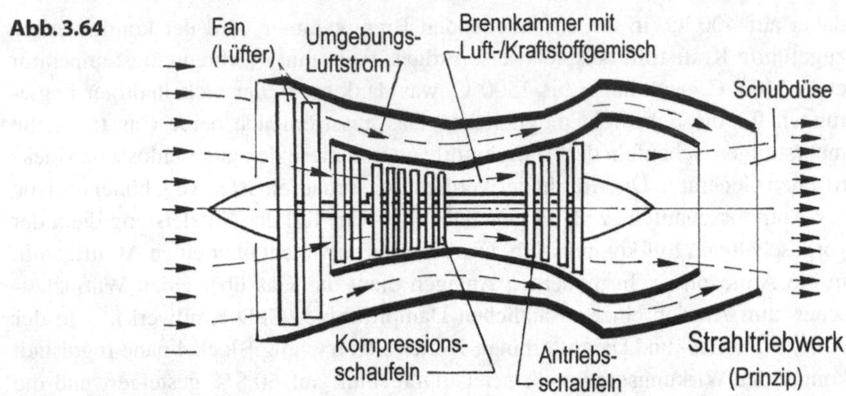

schinen abhoben, sie waren zu unausgereift und störanfällig. – Hatte die Turbine der He 178 noch einen Durchmesser von 0,9 m und einen Schub von 4,5 kN, bringt es heute das Rolls-Royce Triebwerk Trent XWB für den Airbus A380 mit einem Durchmesser von 3,0 m auf 440 kN. – In der Jetztzeit sind ca. 90 % aller Flugzeuge mit Strahltriebwerken ausgerüstet, dabei kommen inzwischen sehr unterschiedliche Systeme zum Einsatz. –

Die Motorenentwicklung in der Kraftwerkstechnik sowie im Land-, See- und Luftverkehrswesen zählt zu den Kernkompetenzen des Maschinenbaus.

Die **Raketentechnik**, über die schon früher viel nachgedacht worden war (Abschn. 1.10.4), wurde in den dreißiger Jahren des letzten Jahrhunderts in Deutschland von W. v. BRAUN (1912–1977) und Mitarbeitern entwickelt, aus politischen und militärischen Motiven vom damaligen Regime gefördert. Im Jahre 1937 hatte W. v. BRAUN über Flüssigkeitsraketen promoviert, 1942 gelang ihm der Start des ersten Aggregats. Von den sogen. V2-Raketen (Vergeltungswaffe 2) wurden am Ende des II. Weltkrieges 3200 Stück gebaut und verschossen. Nach dem Krieg entwickelte W. v. BRAUN für das US-Militär Kurzstrecken-Raketen. Am 20.07.1969 beförderte die unter seiner Leitung von der amerikanischen Raumfahrtbehörde gebaute 110 Meter hohe *Saturn V*-Rakete die ersten Astronauten zum Mond.

3.4.8 Kältemaschinen – Wärmepumpen

Die Kühltechnik findet in vielen Bereichen Anwendung, im Haushalt (im Kühlschrank bei etwa 0 °C), bei der Frisch-und Tiefkühlung, im Lebensmittelgewerbe (in Schlachthöfen), im Getränkehandel (in Brauereien), bei vielen Prozessen in der chem. Industrie, bei der Kühlung von Wärmekraftmaschinen aller Art, bei der Verflüssigung von Erdgas usf. Die Klimatechnik hat in sonnenreichen Ländern die gleiche Bedeutung wie die Heiztechnik in winterkalten. Die bei der Kühlung ‚gewonnene' Wärme wird zweckmäßig einer weiteren Nutzung zugeführt, beispielsweise Beheizung eines Hallenbades durch einen benachbarten Eissportbetrieb, Warmwasserversorgung auf dem Bauernhof durch die bei der Milchkühlung anfallende Wärme. – Bei Temperaturen unterhalb etwa −150 °C spricht von Tieftemperaturphysik oder Kryophysik, auch von Kryotechnik.

Mit Hilfe von Wärmepumpen kann Wärme ‚gefördert' werden, z. B. aus dem Erdreich, aus dem Grundwasser, aus Seen oder aus der Luft.

3.4.8.1 Kompressions-Kältemaschine

Die Kältetechnik beruht auf den Temperatur- und Druckverläufen eines hierfür geeigneten speziellen Kältemittels beim wechselnden Übergang gasförmig → flüssig und flüssig → gasförmig: Wird ein Gas bis zum Erreichen der Flüssigkeitsphase zusammengepresst (komprimiert), liegen die Stoffmoleküle dicht gepackt, ihre Geschwindigkeit ist hoch, die Flüssigkeit erwärmt sich. Die aufgewandte Kompressionsenergie setzt sich in Wärme um. – Extrahiert dagegen eine Flüssigkeit zu Gas, läuft der Prozess umgekehrt ab: Im Gas nimmt die Dichte der Moleküle ab, ebenso ihre Geschwindigkeit, die Temperatur im Gas sinkt. Liegt die Temperatur im Gas niedriger als in ihrer Umgebung (z. B. im Kühlraum), tritt Wärme aus dieser Umgebung auf das Gas über, die Umgebung kühlt sich dabei ab. Das geschieht selbsttätig gemäß dem 2. Satz der Wärmelehre.

Es gibt eine Reihe von Stoffen, die unter Normaldruck bei relativ tiefen Temperaturen sieden → verdampfen. Die Verdampfungswärme wird der Umgebungsluft entzogen, die Luft kühlt sich dabei ab und das solange, bis der Stoff restlos verdampft ist, also vom flüssigen in den gasförmigen Zustand übergegangen ist. Verlegt man diesen Vorgang in ein geschlossenes Rohrsystem, wie in Abb. 3.65 skizziert, lässt sich eine Kältemaschine bauen: Unter normalem Druck (ggf. unter leichtem Unterdruck) verdampft das flüssige Kältemittel. Das Kältemittel entzieht dem Kühlraum bzw. dem Kühlgut die für die Verdampfung notwendige Wärme über die Wandung des Rohres, in welchem es strömt. Um eine große Rohroberfläche zu erhalten, wird das Rohr meanderförmig geführt. Man nennt diesen Bereich der Anlage den Verdampfer (rechts im Bild). Das gasförmige Mittel wird vom Kompressor angesaugt und auf hohen Druck verdichtet, dabei wird es heiß: Die elektrische Antriebsenergie des Kompressors wird in Wärme umgesetzt. Das Rohr verläuft nunmehr außerhalb des Kühlraumes, wiederum in Schleifen. Fallweise sorgt ein Ventilator (oder ein Wasserbad) für einen beschleunigten Übergang der Wärme über die Rohrwandung an die Außenluft. Als Folge der Abkühlung geht

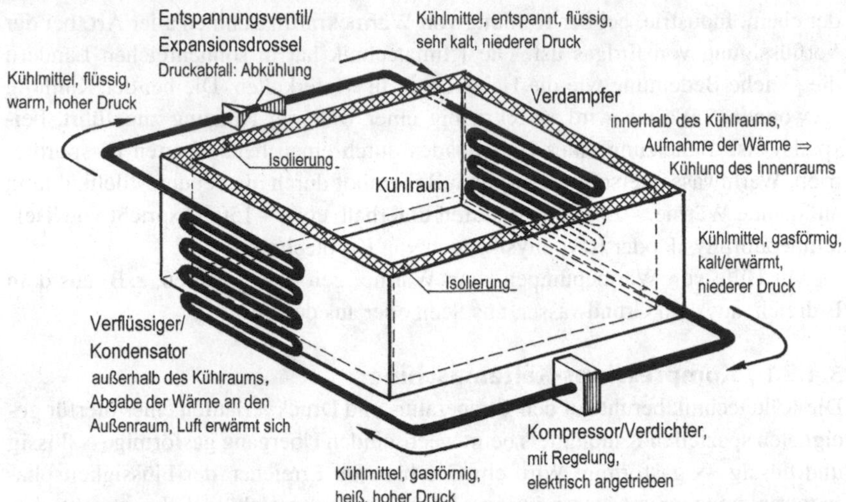

Abb. 3.65

das Kältemittel im Rohr wieder in die Flüssigkeitsphase über, es kondensiert. Man nennt diesen Bereich der Anlage daher Verflüssiger oder Kondensator (links im Bild). An einem Drosselventil sinkt der Druck im Kältemittel wieder auf das Normalniveau ab, es tritt eine sprunghafte Entspannung und damit eine Abkühlung ein. In dieser Form gelangt das Kältemittel in den Kühlraum, wo es weiter expandiert und dabei den Raum über die Rohrwandung kühlt, indem es Kühlraum Wärme entzieht. Damit ist der Kreislauf geschlossen. Der Kompressor treibt das Kältemittel als Pumpe durch das Rohrsystem, vom kälteren zum wärmeren Reservoir, also entgegen dem natürlichen Gefälle. Hierzu bedarf es Energie. Es wird umso mehr Antriebsenergie ‚verbraucht', je tiefer die Temperatur im Kühlraum gesenkt werden soll. Der Fluss des Kältemittels wird von einer im Kühlsystem integrierten Regelung unter Einschaltung eines einstellbaren Thermostaten gesteuert.

Neben der beschriebenen gibt es die sogen. Absorptions-Kältemaschine. Sie wird bevorzugt in der Klimatechnik eingesetzt; sie arbeitet neben einem Kältemittel zusätzlich mit einem Absorptionsmittel und das in zwei Kreisläufen.

In größeren landwirtschaftlichen Betrieben wird mit der aus der gemolkenen Kuhmilch bei deren Kühlung gewonnenen Wärme Brauchwasser erwärmt.

Als Kältemittel kommen leichtsiedende Stoffe mit großer spezifischer Verdampfungswärme in Frage, wie Ammoniak, Kohlenstoffdioxyd, Wasser, auch

Propan und Butan, sowie unterschiedliche nicht-halogenierte Kohlenwasserstoffe. Der Einsatz der ehemals gebräuchlichen halogenierten Kohlenwasserstoffe (Fluorchlorkohlenwasserstoffe, FCKW), die bei der Entsorgung einer Kältemaschine frei gesetzt werden, dürfen wegen ihres ozonschädigenden und treibhausfördernden Einflusses nicht mehr verwendet werden.

In der Kryotechnik finden Sauerstoff (90,2 K), Stickstoff (77,2 K), Wasserstoff (20,4 K) und Helium (4,2 K) Anwendung. In dieser Reihenfolge konnten die Siedetemperaturen (in Klammern) experimentell bestimmt werden, die letztgenannte Temperatur konnte im Jahre 1908 H. KAMERLINGH-ONNES (1853–1926, Nobelpreis 1913) erreichen. Er erhielt den Preis auch für die Entdeckung der Supraleitung. Der absolute Nullpunkt $T = 0\,\mathrm{K} = -273{,}15\,°\mathrm{C}$ kann im Versuch nicht realisiert werden. Inzwischen wurde eine Temperatur erreicht, die nur 10^{-9} K über $T = 0\,\mathrm{K}$ liegt.

3.4.8.2 Wärmepumpe

Nach dem gleichen Prinzip wie oben beschrieben, kann mit Hilfe einer Wärmepumpe aus dem Boden im Umfeld eines Hauses, Wärme ‚gewonnen' werden, um das Haus zu heizen und warmes Wasser aufzubereiten. Dazu bedarf es elektrischer Energie. Sie muss zunächst in einem Wärmekraftwerk gewonnen werden. Kommt der Strom aus einer Solar- oder Windkraftanlage, ist das Verfahren als klimaneutral einzustufen, ob es wirtschaftlich ist, muss im Einzelfall geprüft werden. Die Investitionskosten sind beträchtlich.

Wärmequelle ist der Boden oder das Grundwasser. Hier liegt der eingeerdete Verdampfer in Form eines schleifenförmigen Rohrsystems. Der Verdichter, die Wärmepumpe, treibt das Kältemittel in die Innenräume des Hauses, wo es die Wärme im Kondensator abgibt. Über ein Expansionsventil wird der hohe Druck im Kühlmittel abgebaut und der ‚Wärmeträger' wieder flüssig (im Übrigen, wie oben).

Der theoretische Wirkungsgrad berechnet sich (als linksdrehender Carnot-Prozess gedeutet) zu:

$$\eta_{\text{theo}} = (T_h - T_u)/T_h$$

T_h ist die (hohe) Temperatur des Wärmeträgers im Haus, T_u die (untere) Temperatur an der Wärmequelle. Im Falle $T_h = 313{,}15\,\mathrm{K}$ (40 °C) und $T_u = 283{,}15\,\mathrm{K}$ (10 °C) findet man:

$$\eta_{\text{theo}} = 30\,\mathrm{K}/313{,}15\,\mathrm{K} = \underline{0{,}0958} \mathrel{\widehat{=}} 9{,}58\,\%.$$

Der Kehrwert ist die sogen. max. Leistungszahl. Sie wird mit COP_{max} abgekürzt. Sie beträgt hier $COP_{max} = 10{,}4$. Real liegt die Leistungszahl $COP = Q_i/W$, also die abgegebene Wärme im Verhältnis zur eingesetzten Energie, im Bereich 3 bis 5. – Vorstehende Abschätzung kann auch für Kältemaschinen verwandt werden.

3.5 Energieversorgung

3.5.1 Einführung

Um das erreichte zivilisatorische Niveau und die politische Stabilität der menschlichen Gesellschaft sicher zu stellen, muss ihre Versorgung mit ausreichend Energie auch künftig gewährleistet sein. Wie und ob das gelingt, wird auf allen Ebenen diskutiert. Ziel ist eine ‚Energiewende': Ersatz der absehbar versiegenden fossilen Energieträger durch regenerative. Das Ziel geht mit der Absicht einher, den mit der fossilen Energienutzung verbundenen CO_2-Ausstoß weitgehend auf null zu reduzieren. Der Transformationsprozess ist voll angelaufen. Grenzen der Machbarkeit werden indessen schon jetzt erkennbar: Das Abschöpfen des planetarischen Energiefundus und das Freisetzen von CO_2 nehmen weltweit unaufhörlich zu (2015), eine durchgreifende Trendwende ist leider nicht in Sicht. Auch für die kommenden Jahrzehnte wird von der Energiewirtschaft ein weiterer Anstieg des Energiebedarfs prognostiziert. Insofern sind Zweifel am Erfolg einer nachhaltigen Energiewende in absehbarer Zeit angebracht. – Die bisherigen Erfolge bei der Gewinnung ‚Erneuerbarer Energien' verdecken zudem die Tatsache, dass es sich eigentlich nicht um eine echte Energiewende handelt, allenfalls um eine ‚**Stromenergiewende**': Die Stromenergie ist in Deutschland an der Primärenergie mit ca. 20 % beteiligt. Wenn der Anteil aller ‚Erneuerbaren' an der Stromgewinnung inzwischen 30 % beträgt, liegt ihr Anteil an der Primärenergie nur bei:

$$0{,}30 \cdot 20 = 6\,\%!$$

In vielen Ländern liegt der Wert höher, weil die vorhandene Kapazität an Wasserkraft größer ist, indessen häufig nicht sehr viel und meist nur geringfügig steigerbar. –

Der weitaus größte Teil der abgeschöpften Energie stammt nach wie vor aus fossilen Quellen und ‚verpufft' irreversibel in den Haushalten (Heizung, Kühlung, Warmwasseraufbereitung), in Industrieanlagen aller Art und mit einem sehr hohen Anteil im Land-, See- und Luftverkehr.

Eine Steigerung der Energieeffizienz ist zwingend geboten. Die Einsparungen sind im Einzelfall wichtig, werden indessen, global gesehen, durch den ‚Energiehunger' der wachsenden Erdbevölkerung und ihrem Streben nach höherem Lebensstandard aufgezehrt. Gleichwohl, Energieeffizienzsteigerung bedeutet Ressourcenschonung. Alle Anstrengungen in dieser Richtung (und Einsparungen, wo immer möglich) sind angezeigt, zudem lohnen sie sich aus Kostengründen.

Energiewirtschaft und -technik umfassen einen vielfältigen Wissensraum, das gilt insbesondere für die Erneuerbaren, ihre Technologie und Perspektive [9–19]. Auch zur Frage, ob die Energiewende gelingen kann, gibt es Meinungen [20–22].

3.5.2 Brennwert – Heizwert – CO_2-Ausstoß

Nach ihrem Einfluss auf das Klima werden emissionshaltige und emissionsfreie Energieträger unterschieden:

- **Emissionshaltig** sind alle fossilen Brennstoffe. Sie werden fest, flüssig oder gasförmig gewonnen. Bei ihrer Verbrennung wird Kohlendioxid CO_2 frei (genauer: Kohlenstoffdioxid). Die fossilen Brennstoffe sind, chemisch gesehen, Kohlenwasserstoffe. Die Kohle-, Erdöl- und Erdgaslager haben sich in früher **Urzeit** aus abgestorbenen Pflanzen und Tieren unter Luftabschluss gebildet. Der in ihnen von der Sonne eingefangene und gespeicherte Energieinhalt ist hoch. Sie lassen sich dank moderner Technik effizient fördern, transportieren, aufbereiten, lagern und nutzen.
- **Emissionsfrei** ist die Nutzung der auf der Sonneneinstrahlung der **Jetztzeit** beruhenden Energieträger: Der Wasserkreislauf beruht auf der eingestrahlten Sonnenwärme; Wasserdampf steigt gegen die Erdanziehung in größere Höhen und gewinnt dadurch an potentieller Energie, nach Abregnen kann der Abfluss des Wassers in Wasserkraftwerken in kinetische Energie umgesetzt und damit zur Verstromung genutzt werden. Auch die Stromerzeugung durch Wind beruht auf der Sonneneinstrahlung, ebenso die Wärmegewinnung in Solarkollektoren und die Stromgewinnung in Anlagen der Photovoltaik. Die Nutzung von Biomasse (Raps, Mais, Grünschnitt, Holz) zur Energiegewinnung wird als CO_2-neutral eingestuft, weil sich die CO_2-Aufnahme bei der Photosynthese während des Wuchses der Pflanzen und die CO_2-Abgabe bei der Verbrennung gegenseitig aufheben. – CO_2-frei ist auch die Energiegewinnung aus gespeicherter Erdwärme, oberflächennah oder aus großer Tiefe (Geothermie).
  Auch in Kernkraftwerken wird Stromenergie CO_2-frei gewonnen. Dabei wird nuklear gebundene Kernenergie durch Kernspaltung frei gesetzt.

Abb. 3.66

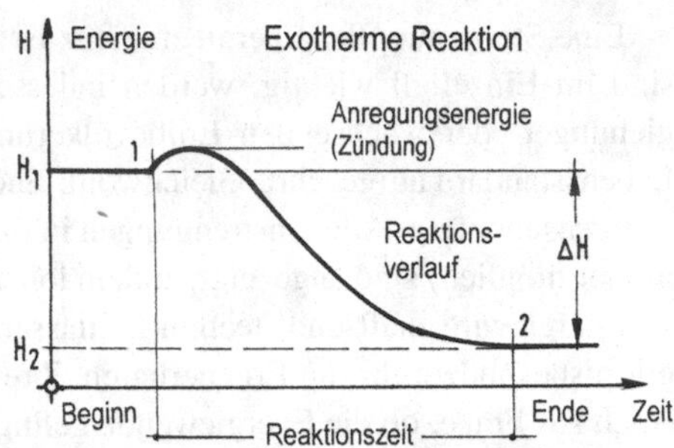

Bei der Verbrennung fossilen Materials verbinden sich die im Brennstoff enthaltenen Elemente chemisch mit dem Sauerstoff der Luft (O_2), man spricht von Oxidation. Sauerstoff ist zu 21 % in der Luft enthalten, Stickstoff (N_2) zu 79 %. Hinzu tritt eine sehr geringe Menge an Spurengasen.

In den fossilen Brennstoffen sind in erster Linie Kohlenstoff (C), Wasserstoff (H) und Schwefel (S) an der exothermen Verbrennungsreaktion beteiligt. Der zeitliche Ablauf der Reaktion ist in Abb. 3.66 schematisch dargestellt: Die in den Ausgangsstoffen (den Edukten) gespeicherte chemische Bindungsenergie wird während der Reaktion um einen gewissen Betrag frei gesetzt, um diesen Anteil liegt die Energie in den Endstoffen (den Produkten) niedriger. Auch für chemische Reaktionen gilt das Energieerhaltungsgesetz. In der Thermodynamik der Chemie werden die Abläufe beschrieben (Bd. IV, Abschn. 2.2.5 und 2.3.5).

An einem einfachen Beispiel sei die Reaktion erläutert. Betrachtet werde die (vollständige) Verbrennung von Methan (CH_4). Nach Zündung verbrennt das Gas an der Luft, es entsteht Kohlendioxid (CO_2) und Wasser (H_2O). Es werden zwei Reaktionen (Reaktionsgleichungen) unterschieden:

1. $CH_4 + 2\,O_2 \rightarrow CO_2 + 2\,(H_2O)_g$ + frei gesetzte Energie (Heizwert, H_i)
2. $CH_4 + 2\,O_2 \rightarrow CO_2 + 2\,(H_2O)_f$ + frei gesetzte Energie (Brennwert, H_o)

Im Falle 1 fällt das Wasser gasförmig (g) als Wasserdampf an, die freigesetzte Energie wird als **Heizwert** bezeichnet, kühlt der Wasserdampf zu Wasser (f) ab, liegt Fall 2 vor, beim Phasenübergang ‚gasförmig → flüssig' wird Kondensationswärme frei, die gewonnene Energie wird **Brennwert** genannt. Dem Betrage nach gilt: Brennwert > Heizwert. Die Werte werden experimentell unter Normalbedingungen bestimmt (Temperatur: 25 °C, Luftdruck: 1 atm = 1,0133 bar = 103.330 Pa = 1033,3 hPa). –

Brennstoff	Heizwert H_i				Brennwert H_o				CO_2-Emission bezogen auf H_o			
Steinkohle	8,1	kWh/kg	29,4	MJ/kg	8,4	kWh/kg	30,4	MJ/kg	0,34	kg/kWh	0,094	kg/MJ
Koks	7,5	kWh/kg	27,1	MJ/kg	7,5	kWh/kg	27,2	MJ/kg	0,42	kg/kWh	0,116	kg/MJ
Braunkohle (roh)	2,7	kWh/kg	9,7	MJ/kg	3,2	kWh/kg	11,6	MJ/kg	0,34	kg/kWh	0,095	kg/MJ
Braunkohle (Brikett)	5,4	kWh/kg	19,3	MJ/kg	5,8	kWh/kg	20,8	MJ/kg	0,35	kg/kWh	0,098	kg/MJ
Heizöl EL	10,1	kWh/l	36,4	MJ/l	10,6	kWh/l	38,2	MJ/l	0,30	kg/kWh	0,083	kg/MJ
Heizöl S	10,6	kWh/l	38,3	MJ/l	11,3	kWh/l	40,7	MJ/l	0,27	kg/kWh	0,076	kg/MJ
Benzol	11,1	kWh/l	40,1	MJ/l	11,4	kWh/l	41,2	MJ/l	0,27	kg/kWh	0,080	kg/MJ
Benzin	11,4	kWh/l	41,0	MJ/l	12,0	kWh/l	43,4	MJ/l	0,28	kg/kWh	0,078	kg/MJ
Diesel	12,0	kWh/l	43,3	MJ/l	12,6	kWh/l	45,5	MJ/l	0,31	kg/kWh	0,086	kg/MJ
Biodiesel	10,3	kWh/l	37,1	MJ/l	11,2	kWh/l	40,6	MJ/l	0,30	kg/kWh	0,083	kg/MJ
Erdgas L	8,9	kWh/m³	32,0	MJ/m³	9,7	kWh/m³	35,2	MJ/m³	0,18	kg/kWh	0,050	kg/MJ
Erdgas H	10,4	kWh/m³	37,6	MJ/m³	11,4	kWh/m³	41,2	MJ/m³	0,18	kg/kWh	0,050	kg/MJ
Stadtgas	4,5	kWh/m³	16,2	MJ/m³	5,0	kWh/m³	18,1	MJ/m³	0,18	kg/kWh	0,050	kg/MJ

Abb. 3.67

In der Chemie wird von den molaren Mengen der an der Reaktion beteiligten Elemente ausgegangen. Bei der frei gesetzten Energie spricht man von Enthalpie. Die Thematik gehört zur Chemie, sie wird in Bd. IV behandelt. Im vorliegenden Rahmen genügt eine sich auf die Menge 1 kg der beteiligten Stoffe beziehende summarische Angabe. Beispiel: 1 kg Kohlenstoff (C) verbindet sich bei der Oxidation mit 2,664 kg Sauerstoff (O_2) zu 3,664 kg Kohlendioxid (CO_2), wobei die Energie 32.763 kJ = 32,76 MJ als Wärme frei gesetzt wird. Für den CO_2-Ausstoß bedeutet das zusammengefasst: Beim Gewinn von 32,76 MJ fallen 3,664 kg CO_2 an, beim Gewinn von 1 MJ sind es 0,1118 kg CO_2, **bei der Erzeugung von einer kW h fallen 0,4022 kg CO_2 an**!

Die Tabelle in Abb. 3.67 enthält für einige Brennstoffe deren Heizwert und Brennwert sowie die bei der vollständigen Verbrennung anfallende CO_2-Menge in kg. Wie erkennbar, wird bei der Verbrennung von Erdgas nur halb so viel CO_2 pro kWh bzw. MJ frei wie bei der Verbrennung fester Brennstoffe.

Anmerkungen

- Fossile Brennstoffe aus jüngerer erdgeschichtlicher Zeit, wie Braunkohle und Torf, und insbesondere sehr junge, wie Holz und Stroh, enthalten von haus aus Wasser, frisches Holz bis zu 50 %. Bei der Verbrennung geht das Wasser in hoch erhitzten Wasserdampf über, zu Lasten der bei der Verbrennung anfallenden Wärme. Fällt der Wassergehalt bei Nadelholz nach längerer Trocknung (zweckmäßig in Form gespaltener Scheite) von 50 % auf 10 %, steigt der Heizwert auf das 1,7-fache an. –

- In sogen. Brennwertkesseln wird die Kondensationswärme des Wasserdampfs genutzt. Die zusätzliche Energieausbeute liegt, abhängig vom eingesetzten Brennstoff, in der Größenordnung von 10 % und höher.

3.5.3 Primärenergie – Sekundärenergie – Tertiärenergie

Die Energie, die vom Verbraucher auf der untersten Ebene (der tertiären) genutzt wird, ist aus zwei voran gegangenen Wandlungen hervor gegangen. Hierbei geht jeweils viel Energie ‚verloren'. Letztlich verflüchtigt sich auch am Ende der Energiekette die Nutzenergie als Wärme in der Atmosphäre (überwiegend in Verbindung mit dem Ausstoß diverser Schadstoffe, wie Kohlenmonoxid und -dioxid sowie Stick- und Schwefeloxiden).

- **Primärenergie** ist definiert als jener Brennwert, den die anstehenden Stoffe am Förderstandort beinhalten. Primärenergieträger sind Steinkohle, Braunkohle, Erdöl, Erdgas, Uran. Sie ruhen in der Erdkruste und beinhalten die ehemals eingefangene Sonnenenergie. (Eine in Brasilien für den Verbrauch in Deutschland geförderte Steinkohle zählt zum Primärenergieverbrauch Deutschlands.) Neben dieser mittelbar genutzten Sonnenenergie, zählt auch die unmittelbar genutzte in Form von Wasser-, Wind-, Solar- und Bioenergie zur Primärenergie. Da diese Energie direkt zur Verfügung steht, wie im Falle eingespeister Stromenergie aus Wasserkraft, Windkraft oder Photovoltaik, wird sie, orientiert am Wirkungsgrad ihrer Gewinnung, in äquivalente Primärenergie umgerechnet.
- Die Primärenergieträger aus fossilen Quellen müssen nach Förderung und Transport weiter aufbereitet werden. Diese Umwandlung geht mit beträchtlichen Verlusten einher. Der anschließend bereitstehende Kraft- und Brennstoff (Benzin, Heizöl, Erdgas, Brikett, Brennholz) wird als **Sekundär-** oder **Endenergie** bezeichnet.
- **Tertiärenergie** (auch **Nutzenergie** genannt) ist jene, welche
  - Fahrzeuge des Land-, Schiffs- und Luftverkehrs mechanisch bewegt,
  - Wohnungen erwärmt und in Kraftwerken Prozesswärme erzeugt und
  - Elektromotoren antreibt, Elektroherde heizt und die Abstrahlung elektromagnetischer Wellen bewirkt.

In Abb. 3.68 ist die Unterteilung in die drei Energieanteile zusammengefasst. Als grober Anhalt gilt: Bei jeder Umwandlung geht etwa ein Drittel der ursprünglichen

Abb. 3.68

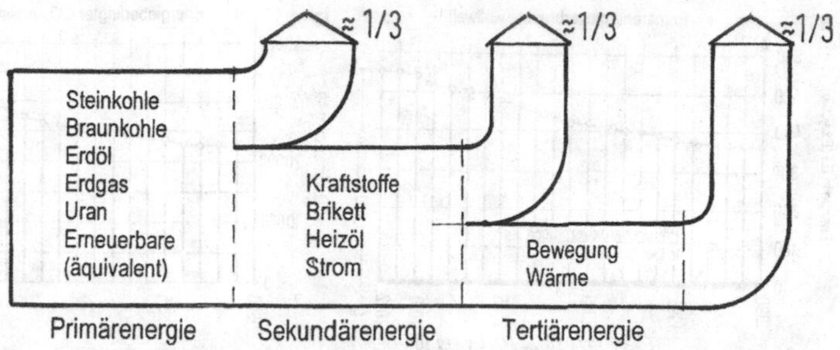

Energie ‚verloren'. Im Einzelnen sind die Anteile in Abhängigkeit vom Energieträger sehr verschieden, das kommt im unterschiedlichen Wirkungsgrad zum Ausdruck. In Abschn. 1.14.1 sind pauschalierte Werte für Komponenten und Systeme zusammengestellt, vgl. hierzu auch die Ausführungen in Abschn. 1.14.2 (Energie aus Wasserkraft), in Abschn. 2.4.2.5 (Energie aus Windkraft) und in Abschn. 3.4.7 (Energie aus Verbrennungsvorgängen). In Abschn. 3.5.7.2 wird die Solarenergie behandelt und in Bd. IV, Abschn. 2.4.1 die Batterie- und Akkumulator-Technik.

Die Energiemengen und ihre Größenordnung, mit denen man es in der Energiewirtschaft und -technik zu tun hat, sind sehr unterschiedlich. Je nach Wirtschaftszweig wird mit Kilowattstunde, Steinkohleeinheit, Öleinheit oder Gaseinheit gerechnet. – Im Folgenden werden die Energiewerte überwiegend in Joule angegeben, bei der Stromenergie in Kilowattstunde bzw. in Vielfachen davon.

Hinweis
Es bedeuten Tera (T): 10^{12}, Peta (P): 10^{15}, Exa (E): 10^{18}.

Zu Fragen des Energieaufkommens und -verbrauchs und zu solchen des Umweltschutzes werden auf den Internetseiten amtlicher Stellen regelmäßig Stellungnahmen und aktuelle Statistiken veröffentlicht. Die Quellen werden hier unter [23–30] zusammengefasst. Die Berichte können vielfach kostenlos bezogen werden.

3.5.4 Primärenergieaufkommen weltweit

Für die Zukunft der menschlichen Gesellschaft wird sehr entscheidend sein, wie sich der weltweite Primärenergieverbrauch weiter entwickelt. Davon sind auch der CO_2-Ausstoss und damit das künftige Klima abhängig.

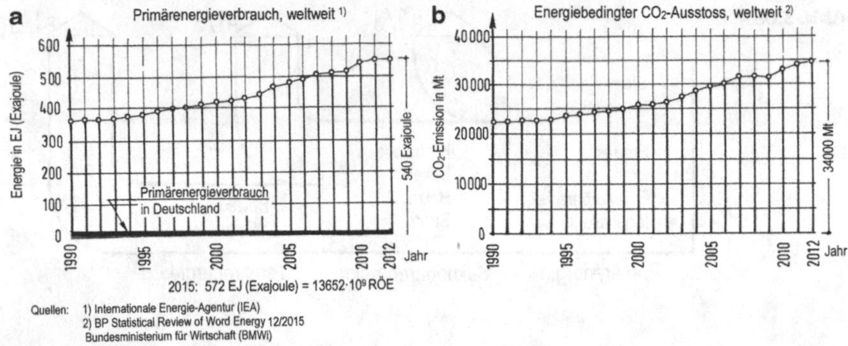

Abb. 3.69

Abb. 3.69a zeigt, wie viel Primärenergie im Zeitraum von 1990 bis 2012 weltweit gefördert bzw. verbraucht worden ist (inzwischen (2015) ist der Verbrauch weiter auf 572 EJ gestiegen). Der Verbrauch im Zeitraum 1990 bis 2012 bedeutet im Mittel einen Anstieg von $(540 - 360)\,\mathrm{EJ}/22\,\mathrm{Jahre} = 8{,}2\,\mathrm{EJ}/\,\mathrm{Jahr}$! Die Steigerung geht vorrangig auf die bevölkerungsreichen Länder China und Indien zurück.

Hinweis
Der in der Abbildung unterseitig schwarz angelegte Anteil kennzeichnet die in Deutschland in Anspruch genommene Primärenergie. Im weltweiten Maßstab ist der Anteil gering, in der Tendenz fällt er zudem leicht, vgl. den folgenden Abschnitt.

Beunruhigend ist der in Teilabbildung b wiedergegebene jährliche Anstieg der CO_2-Emission. In dem betrachteten Zeitraum (in welchem mehrere Klimakonferenzen stattfanden) wuchs der jährliche CO_2-Ausstoß kontinuierlich von 22.000 auf 34.000 Millionen Tonnen (Mt), bis 2015 auf 36.000 Mt! Die Übereinstimmung im Verlauf der in Abb. 3.69 beidseitig dargestellten Kurven ist augenfällig. Eine Trendwende ist derzeit nicht in Sicht. Bei diesem Befund drängt sich die Frage auf, wie die Zukunft aussehen wird. In Abschn. 3.5.8 wird die Frage erneut aufgegriffen.

3.5.5 Primärenergieaufkommen in Deutschland

Das ‚Energieflussbild 2014' in Abb. 3.70 erlaubt wichtige Einsichten zur Herkunft und zum Energieverbrauch in Deutschland. Die Gewinnung von Energie aus inländischen Ressourcen beruht im Wesentlichen auf Braunkohle und Erneuerbaren

Abb. 3.70

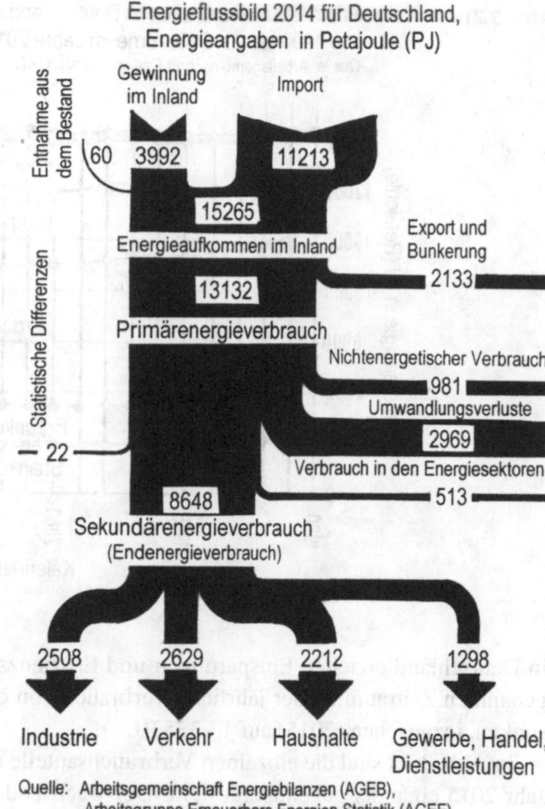

Energien. Die heimische Förderung von Steinkohle wird in Kürze gänzlich eingestellt. Der größte Teil der Energie muss importiert werden (72 %). – Interessant sind die Verbrauchsanteile, die auf die Industrie (29 %), die Verkehrsteilnehmer (30,4 %), die Haushalte (25,6 %) und auf Gewerbe, Handel und Dienstleistungen (15,0 %) entfallen; an diesen prozentualen Anteilen hat sich seit dem Jahr 2014 (von geringen Verschiebungen abgesehen) praktisch nichts geändert, insbesondere nichts am Anteil aus dem Verkehrsaufkommen, es steigt wieder leicht.

Aus Abb. 3.71 geht die in Deutschland im Zeitraum 1990 bis 2012 verbrauchte **Primärenergie** hervor. Der Verlauf kann dem Verlauf in Abb. 3.69a direkt gegenüber gestellt werden. Man erkennt eine leichte Abnahme. Sie geht auf die

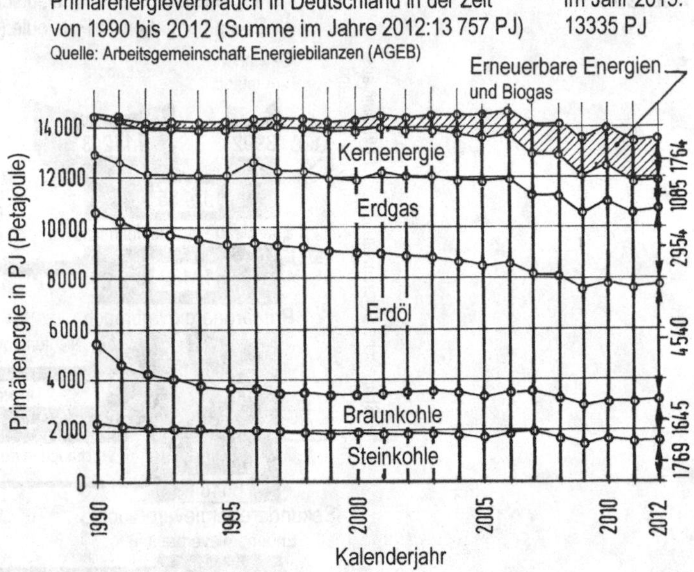

Abb. 3.71 Primärenergieverbrauch in Deutschland in der Zeit von 1990 bis 2012 (Summe im Jahre 2012:13 757 PJ) Im Jahr 2015: 13335 PJ
Quelle: Arbeitsgemeinschaft Energiebilanzen (AGEB)

in Deutschland erzielten Einsparungen und Effizienzsteigerungen zurück. In dem genannten Zeitraum ist der jährliche Verbrauch von ca. 14.200 auf 13.757 PJ gesunken, inzwischen (2015) auf 13.335 PJ.

In Abb. 3.72 sind die einzelnen Verbrauchsanteile an der Primärenergie für das Jahr 2015 einander gegenübergestellt. Der wachsende Anteil der mit 12,6 % ausgewiesenen Erneuerbaren Energieanteile geht aus der Grafik hervor. Am gesamten Primäraufkommen waren Wind-, Wasser- und Sonnenkraft wie folgt beteiligt:

- Windkraft mit 2,3 % (310 PJ),
- Wasserkraft mit 0,5 % (70 PJ) und
- Solarthermie und Photovoltaik mit 1,2 % (166 PJ)

Den größten Beitrag zu den Erneuerbaren liefern die verschiedenen Formen von Biomasse, überwiegend in Form von Holz und Holzabfällen (Pellets), gefolgt von Biogas aus unterschiedlichen Quellen, auch Müll ist beteiligt.

Wird der Verbrauch noch weiter ausdifferenziert und nur der **Stromverbrauch** betrachtet, und zwar der Bruttoverbrauch, ergeben sich die in Abb. 3.73 dargestellten Anteile für das Jahr 2015, sie sind in Terawattstunden (TW h) ausgewiesen.

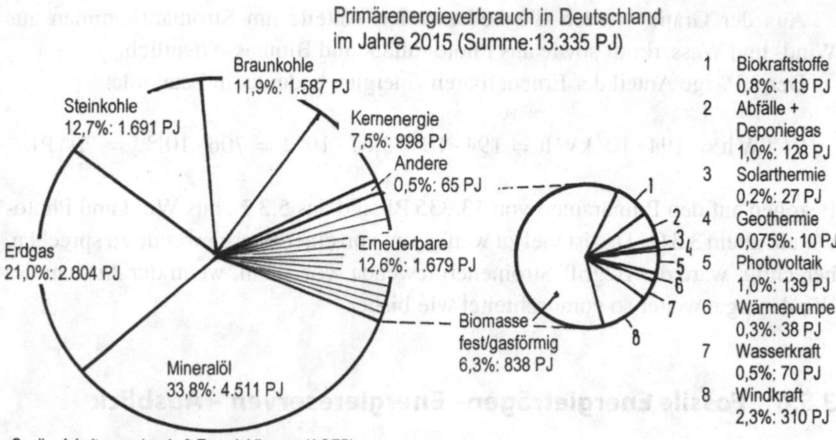

Abb. 3.72

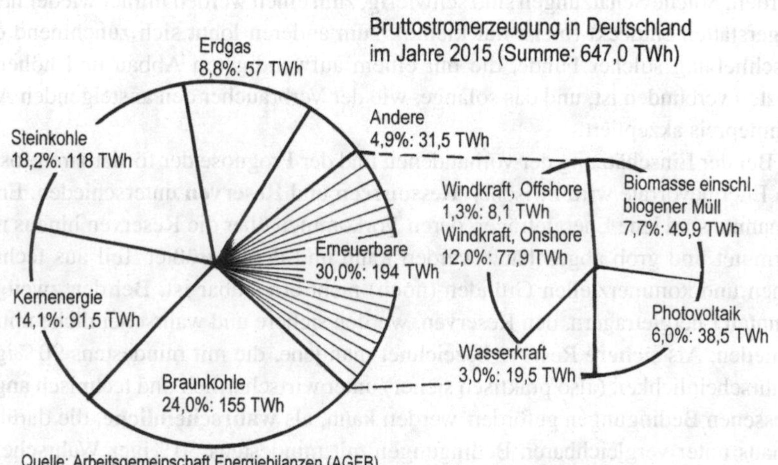

Abb. 3.73

Aus der Grafik werden die bedeutenden Anteile am Stromaufkommen aus Wind- und Wasserkraft sowie aus Photovoltaik und Biomasse deutlich.

Der 30 %ige Anteil der Erneuerbaren Energien bedeutet in Petajoule:

$$194\,\mathrm{TW\,h} = 194 \cdot 10^9\,\mathrm{kW\,h} = 194 \cdot 10^9 \cdot 3{,}61 \cdot 10^6\,\mathrm{J} = 706 \cdot 10^{15}\,\mathrm{J} = 706\,\mathrm{PJ}.$$

Bezogen auf den Primäranteil von 13.335 PJ sind das 5,3 %, aus Wind und Photovoltaik allein 3,3 %. Das ist viel zu wenig, um von einer Energiewende zu sprechen, berechtigt wäre der Begriff Stromenergiewende, vor allem, wenn der Ausbau der Windenergie weiter so voranschreitet wie bisher.

3.5.6 Fossile Energieträger – Energiereserven – Ausblick

3.5.6.1 Vorbemerkungen

Ausgehend von einer zuverlässigen Schätzung der Vorkommen und unter Einrechnung der derzeitigen und künftigen Nutzung, lässt sich jener Zeitrahmen prognostizieren, in welchem die herkömmlichen Brennstoffe noch zur Verfügung stehen werden. Solche Schätzungen sind schwierig, zum einen werden immer wieder neue Lagerstätten entdeckt (meist nur kleine), zum anderen lohnt sich zunehmend die Erschließung solcher Funde, die mit einem aufwendigeren Abbau und höheren Kosten verbunden ist, und das solange, wie der Verbraucher den ansteigenden Abnahmepreis akzeptiert.

Bei der Einschätzung der vorhandenen und der Prognose der förderbaren fossilen Energievorräte wird zwischen **Ressourcen** und **Reserven** unterschieden. Erstgenannte sind jene Energieträger, deren Vorkommen über die Reserven hinaus nur vermutet und grob abgeschätzt werden kann und deren größter Teil aus technischen und kommerziellen Gründen (noch) nicht erreichbar ist. Bei den zweitgenannten Energieträgern, den Reserven, werden sichere und wahrscheinliche unterschieden. Als **sichere** Reserve bezeichnet man jene, die mit mindestens 90 %iger Wahrscheinlichkeit (also praktisch sicher) unter wirtschaftlich und technisch angemessenen Bedingungen gefördert werden kann, als **wahrscheinliche**, die darüber hinaus unter vergleichbaren Bedingungen mit mindestens 50 %iger Wahrscheinlichkeit förderbar sein wird. – Beim Erschließen einer Lagerstätte wird eine sogenannte **initiale** (anfängliche, ursprüngliche) Reserve, die als sicher gilt, prognostiziert. Wird hiervon die bis zum Stichtag geförderte Menge subtrahiert, erhält man die **verbleibende** (sichere) Reserve. –

Wird die Fördermenge am Stichtag auf die verbleibende Reserve bezogen, also ihr Quotient gebildet, erhält man die **statische Reichweite**. Sie unterstellt, dass die momentane Förderrate, also die Fördermenge pro Zeiteinheit, durchgängig aufrecht erhalten bleibt. Das ist praktisch nicht möglich und unrealistisch, da die Förderrate bei jeder versiegenden Förderstätte trotz gleichen Aufwands sinkt, es kann bei gleicher technischer Intensität täglich weniger gewonnen werden. Auf der anderen Seite gelingt es dank neuer technischer Innovationen ergiebiger und zügiger zu fördern. Unwägbarkeiten wirtschaftlicher und politischer Art treten hinzu. Wird alles dies mit eingerechnet, kommt man zur **dynamischen Reichweite**. Seriöse Abschätzungen gehen von der statischen Reichweite aus und beziehen sich dabei auf die Primärenergie.

3.5.6.2 Fossile Energiereserven: Kohle, Erdöl, Erdgas

Unter die fossilen Brennstoffe fallen Kohle (Stein- und Braunkohle), Erdöl und Erdgas. Sie werden aus der Erdkruste industriell gewonnen (das gilt auch für Uranerz; vgl. hierzu Bd. IV, Abschn. 1.2.4.4, 1. Erg.). Die Stoffe liegen in unterschiedlicher Form und chemischer Zusammensetzung vor. Bei den fossilen Stoffen sind es Überreste ehemaliger organischer Substanzen, die sich in langen Zeiten der Erdgeschichte gebildet haben. Anschließend wurden sie von geologischen Schichten aller Art überlagert und im Zuge der Kontinentaldrift und Gebirgsbildung verfrachtet, z. T. um die halbe Welt, wie die Vorkommen in Spitzbergen zeigen. – Bei **Kohle** waren es Pflanzen, wie Moose, Farne, Sträucher und Bäume, die sich im damaligen tropischen Feuchtklima massenhaft vermehrten und sich am Ende ihrer Existenz auf dem wassergesättigten Boden übereinander türmten. Im Laufe von Millionen von Jahren wuchsen die Schichten zu großer Mächtigkeit an, um später von anderen Gesteinen überlagert zu werden und sich dabei unter hohem Druck zu einem mehr oder weniger festen Gestein zu verdichten. – **Erdöl** und **Erdgas** bildeten sich aus den Organismen toter Meerestiere und -pflanzen (Plankton), die sich am Meeresboden absetzten, wobei das Material, vermengt mit Sand und Ton, schichtenweise anwuchs. Aus dem organischen Gemenge bildete sich mit Hilfe von anaeroben Bakterien unter Luftabschluss Öl. Dem so getränkten Sedimentgestein überlagerten sich später Gesteinsschichten unterschiedlicher Dicke. Mit zunehmender Überfrachtung stiegen Temperatur und Druck, wodurch das Öl ausgetrieben und in poröse und klüftige Speichergesteine gedrängt wurde, bis es sich unterhalb undurchlässigen Schichten, wie Ton und Salz, ansammelte. Aus diesen Lagerstätten kann es heute, nach voran gegangener Aufschlusserkundung (Prospektion) und Anbohren, abgepumpt werden. Zunächst tritt das Öl dank des natürlichen Lagerstättendrucks selbsttätig aus (bis ca. 15 % des Vorrats). Die weitere Entölung erfordert die Injektion (das Fluten) von Wasser zur Druckerhöhung, auch von Erdgas oder Kohlenstoffdioxid (Förderung bis ca. 40 % des Vorrats) und schließlich das Einpressen von heißem Wasserdampf und von seifigen Tensiden und Polymeren, um die Fließfähigkeit zu verbessern. Schließlich können bis etwa 60 % des Vorrats gewonnen werden, 40 % verbleiben im Untergrund.

Bei der Entstehung des Erdöls drang das aus dem Faulschlamm entwichene Gas vermöge des hohen Tiefendrucks entweder in poriges Sedimentgestein ein oder in geschichtetes Gestein, wie Schiefer. Aus dem Sedimentgestein kann es konventionell (bis zu 80 % des Vorrats) gefördert werden, aus den Schieferschichten unkonventionell durch Fracking, vgl. unten.

Es versteht sich, dass Gewinnung und Aufbereitung der fossilen Rohstoffe zu den kapitalträchtigsten Hochtechnologien gehören. Sie sind mit nicht unbeträchtlichen Sicherheitsrisiken unterschiedlichster Art behaftet, das gilt vorrangig für die Off-shore-Förderung aus großer Meerestiefe. Man denke schon heute an die Risiken der geplanten Gewinnung von Erdöl und Erdgas innerhalb des Polarkreises aus dem Boden des arktischen Ozeans. Hier werden große Ressourcen vermutet.

In den fossilen Stoffen dominieren die Elemente Kohlenstoff (C), Wasserstoff (H), Sauerstoff (O), Stickstoff (N) und Schwefel (S). In Molekülform spricht man von Kohlenwasserstoffen; es sind bei Erdöl wohl mehrere hundert unterschiedliche.

Neben der Erzeugung von Wärme durch Verbrennung dienen die Stoffe in der chemischen Industrie als Basis für Produkte aller Art, wie z. B. Kunst- und Faserstoffe, Farbstoffe, Kunstdünger, Medikamente (vgl. Bd. IV, Abschn. 2.5). – Bei der Verbrennung entstehen neben Kohlenstoffdioxid (CO_2) Kohlenstoffmonoxid (CO) und Stickoxide (NO_x), sowie Feinstaub. Dieser kann in modernen Kraftwerksöfen und Motoren weitgehend abgefiltert werden. Wo es nicht geschieht, kommt es zu verheerenden Feinstaubelastungen.

Bei der Verbrennung von Steinkohle und Braunkohle fällt, verglichen mit den anderen fossilen Brennstoffen und bezogen auf deren Brennwert, die höchste CO_2-Menge an, bei der Verbrennung von Erdgas nur halb so viel, vgl. Abb. 3.67.

Um Strom zu erzeugen, sind weltweit über 2000 Kohlekraftwerke in Betrieb, (wobei etwa 8 Gigatonnen CO_2 anfallen). Auch Deutschland bezieht nach wie vor ca. 45 % seiner Stromenergie aus Kohle, worauf 40 % seines CO_2-Ausstoßes zurückgeht (2015). Nach Wegfall der Kernenergie werden die Werte weiter ansteigen. 25 neue Kohlekraftwerke sind hierzulande im Bau. Insofern besteht Bedarf an einer Technik, mittels derer CO_2 klimaunschädlich deponiert werden kann. Das gelingt mit dem **CCS-Verfahren** (Carbon Capture und Storage). Hierbei wird das im Kraftwerk anfallende CO_2 abgespalten, unter hohem Druck verflüssigt, abtransportiert (ggf. über eine Pipeline) und anschließend in tiefe Schichten verpresst. Bei dieser großtechnischen Maßnahme wird ein Teil der gewonnenen Energie wieder ‚verbraucht'. Verschiedene Techniken zur CO_2-Abscheidung sind in der Erprobung. Für Nachrüstungen geeignet wäre eine der Verbrennung folgende

Rauchgaswäsche und für Neubauten das sogen. Oxyfuel-Verfahren, das der Verbrennung vorangeht. – Bei der Verfrachtung und Einlagerung des CO_2-Gases wird an ausgebeutete Lagerstätten gedacht, an tiefliegende poröse Sandsteinschichten oder an sogen. saline Aquifere. In allen Fällen muss durch eine gasdichte Deckschicht gewährleistet sein, dass das gespeicherte CO_2 nicht wieder nach oben in die Atmosphäre entweichen kann. Aquifere sind bis zu tausend Meter tief liegende Sandstein-Formationen, die Salzwasser führen. In dieses Tiefwasser wird das CO_2 eingepresst. Da geologische Bruchzonen in der Deckschicht nicht restlos auszuschließen sind, wird ein Eindringen des CO_2 in oberflächennahes Trinkwasser befürchtet. Die CCS-Technik wird daher hierzulande als eine nicht wirklich sichere und nachhaltige CO_2-Endlagerung angesehen und mehrheitlich (politisch) abgelehnt. Das gilt auch für Pilotprojekte. Im Ausland wird an der Technik geforscht; in ihr wird seitens des Weltklimarates (IPCC) die wirksamste Methode gesehen, um den weiter ansteigenden CO_2-Ausstoß abzufangen und die Klimaziele zu erreichen. In Norwegen wird das Gas in Schichten tief unter dem Meeresboden deponiert. Hierzulande gäbe es geeignete Stauräume in Niedersachsen und Schleswig-Holstein, das Speicherpotential wird zu 18 bis 48 Gt CO_2 geschätzt, es würde für 30 bis 70 Jahre zur Einlagerung reichen. – Zur Wirtschaftlichkeit der CCS-Technik sei folgende Abschätzung betrachtet: Ausgehend von den Tabellenwerten in Abb. 3.67 werden zur Gewinnung von 1 kW h Stromenergie eine Menge von $1/8{,}4 = 0{,}119$ kg Steinkohle oder $1/3{,}2 = 0{,}313$ kg Braunkohle benötigt, letzteres ist der 2,63-fache Wert gegenüber Steinkohle. In beiden Fällen wird $1/0{,}34 = 2{,}94$ kg CO_2 pro 1 kWh frei gesetzt. Modernste Kohlekraftwerke können mit einem Wirkungsgrad $\eta = 0{,}50$ betrieben werden. Geht man von dem Wert 0,45 aus, fallen $2{,}84/0{,}45 = 6{,}53$ kg CO_2 bei der Abgabe einer Energie von 1 kWh an das Stromnetz an, dazu bedarf es einer Menge von $0{,}119/0{,}45 = 0{,}264$ kg Steinkohle oder $0{,}313/0{,}45 = 0{,}696$ kg Braunkohle. Sinkt der Wirkungsgrad des Kraftwerkes durch die CCS-Technik auf 0,35, liegt der CO_2-Ausstoss um den Faktor $0{,}45/0{,}35 \approx 1{,}3$ nochmals höher, ebenso der Kohlebedarf. Die Abschätzung zeigt: Wegen des hohen Eigenenergiebedarfs ist das CCS-Verfahren nicht günstig.

Kohle (Mineralkohle) wird in Abhängigkeit von ihrem Entkohlungsgrad in Stein- und Braunkohle unterteilt. – Steinkohle liegt stets in großer Tiefe und kann daher nur im Untertagebau gefördert werden. Braunkohle liegt oberflächennah, was eine Gewinnung im Tagebau ermöglicht. – Steinkohle ist mit einem C-Gehalt von 75 bis 90 % vorrangig im Karbon und Perm entstanden, also i. M. vor ca. 300 Millionen Jahren. Braukohle ist deutlich jünger und stammt aus dem Tertiär, sie begann sich also vor ca. 60 Millionen Jahre vor heute und in den folgenden Zeiten abzulagern. Der Wassergehalt der Braunkohle ist unterschiedlich, in alten Lagen beträgt er 10 bis 30 %, in jungen 45 bis 60 %. – Die Reserven und insbesondere die Ressourcen von Hart- und Weichkohle werden hoch eingeschätzt, verglichen mit den anderen fossilen Brennstoffen sind es die höchsten, vgl. Abschn. 3.5.6.3.

Im Jahre 1955 wurden in Deutschland von 560.000 Arbeitnehmern 150 Millionen Tonnen (t) Steinkohle gefördert, fünfzig Jahre später, im Jahre 2005, waren es mit ca. 40.000 Beschäftigten noch 24 Mio. t. Im Jahre 2018 läuft die (subventionierte) Steinkohleförderung in Deutschland aus. Damit steigt die Importabhängigkeit weiter an: Im Jahre 2013 wurden 51 Mio. t Steinkohle importiert, 25 % aus Russland, 24 % aus den USA, 20 % aus Kolumbien. Die meiste Kohle wird verstromt (ca. 75 %), der Rest wird überwiegend in der Stahlindustrie eingesetzt. – Im weltweiten Maßstab wird die meiste Braunkohle in Deutschland abgebaut. Sie wird vollständig verstromt. Auf diese heimische Energiequelle wird Deutschland auch in Zukunft noch lange angewiesen sein, man schätzt, dass das jährliche Aufkommen von derzeit 150 Mio. t auf 170 Mio. t im Jahre 2030 ansteigen wird. Die Reserven in Deutschland werden auf 40.500 Mio. t geschätzt, das bedeutet bei vergleichbarer Förderung wie heute eine statische Reichweite von 250 Jahren. Der Flächenbedarf, verbunden mit Umsiedlungen der dort lebenden Bevölkerung, ist groß, die hinterlassene Landschaft bedarf anschließend einer umfassenden Renaturierung. Das größte Problem der Braunkohleverstromung liegt im hohen CO_2-Ausstoss. Dieser Umstand wird den forcierten Abbau möglicherweise drosseln.

Das erste **Erdöl** (auch als Mineralöl oder Rohöl bezeichnet) wurde Mitte des 19. Jahrhunderts gefördert. Seither ist die Förderung kontinuierlich gestiegen. Saudi-Arabien, Russland, USA und Iran sind die Hauptförderländer. In Kanada wird Öl aus Ölsand gewonnen. Hierbei wird der auf der Oberfläche liegende Teersand von Baggern abgeschabt und das Öl mit heißem Wasser ausgewaschen. Der Energiebedarf ist hoch. Der Abbau hinterlässt eine verwüstete Landschaft mit ausgedehnten Ölseen. Eine neuere Technik besteht im Einpressen von heißem Wasser über ein Rohrsystem in tiefere Lagen und Abpumpen des aus dem Sand gelösten Öls.

Mit dem weiteren Anwachsen der Weltwirtschaft (und Weltbevölkerung) wird der Bedarf an Benzin, Diesel und Kerosin sowie von Schiffsschweröl weiter ansteigen. Weltweit steigt die Förderung (= Verbrauch) um ca. 2 % jährlich. Die sicheren Weltreserven werden seitens der Erdölindustrie zu $175 \cdot 10^9$ Tonnen geschätzt. Das ergibt bei einem täglichen Verbrauch von $12{,}2 \cdot 10^6 = 0{,}0122 \cdot 10^9$ t eine statische Reichweite von 40 Jahren:

$$175 \cdot 10^9/(365 \cdot 0{,}0122 \cdot 10^9) = 175 \cdot 10^9/4{,}45 \cdot 10^9 = 40 \text{ Jahre}$$

Andere Schätzungen sagen 50 Jahre voraus, wiederum andere 30, vgl. Abschn. 3.5.6.3. Da die Förderrate mit zunehmender Ausbeute sinkt, wird der

Zeitpunkt eines nicht mehr ausreichenden Angebots früher als die notierten Schätzwerte einsetzen. Es gibt Meinungen, wonach zur Zeit bereits am Limit (peak oil = Ölmaximum) gefördert wird. Das wird sich in absehbarer Zeit in einer Verknappung mit stetig steigenden Preisen auswirken, die Weltwirtschaft wird schrumpfen, die politischen Folgen sind schwer vorherzusehen. Von allen fossilen Brennstoffen wird Erdöl mit Sicherheit als erster erschöpft sein, gefolgt von Erdgas. Die inzwischen gelungene Erdölförderung mittels Fracking (vgl. folgend) verdeckt die reale Ressourcen-Situation und wird wegen des ungehemmt verstärkten Verbrauchs das Ende des Erdöl-Zeitalters eher beschleunigen (2015).

Die sichere Erdölreserve beträgt in Deutschland ca. $31{,}5 \cdot 10^6$ t. Bei einer jährlichen Förderung von $2{,}6 \cdot 10^6$ t bedeutet das eine statische Reichweite von $31{,}5/2{,}6 = 12$ Jahren. Bezogen auf die jährliche Weltförderung mit $4{,}45 \cdot 10^9$ t ist das ein Anteil von $2{,}6 \cdot 10^6/4450 \cdot 10^6 = 0{,}0058 = 0{,}58\,\% = 5{,}8\,‰$. Der Verbrauch in Deutschland beträgt ca. $110 \cdot 10^6$ t im Jahr. Somit kann das Land seinen Bedarf nur zu $2{,}6/110 = 0{,}0236 = 2{,}36\,\%$ aus eigenen Quellen decken, der Rest, ca. 97 %, muss importiert werden! Im Falle, dass Fracking hierzulande genehmigt würde, ließe sich die Importabhängigkeit mindern, indessen nur in bescheidenem Umfang.

Wie oben ausgeführt, entstand **Erdgas** unter ähnlichen Bedingungen wie Erdöl. Druckgetrieben wanderte es als flüchtiges Produkt nach seiner Entstehung durch unterschiedlich durchlässige (permeable) Schichten aus Sand-, Mergel- oder Kalkstein hindurch, um sich schließlich in einem porösen Speichergestein unterhalb einer gasdichten Schicht anzureichern, man spricht von einer ‚Erdgasfalle' (Abb. 3.74a, linkerseits). Solche Lagerstätten liegen vielfach, wie bei Erdöl, mehrere tausend Meter tief und stehen unter hohem Druck (bis 400 bar). Das Gas tritt nach Anbohren selbsttätig aus, später muss über eine parallele Injektionsbohrung ‚gefract' werden (s. u.). Man nennt diese Förderung aus porösen Sandsteinschichten ‚**konventionelles** Fracking'. Es gelingt eine Förderung bis zu 50 % des Vorkommens. Daneben wird Gas inzwischen aus solchen Speichergesteinen gewonnen, aus denen es ehemals wegen der Gesteinsdichtigkeit nicht migrieren konnte, das bedeutet, es befindet sich nach wie vor im ‚Muttergestein'. In diesem Falle muss von Anfang an gefract werden, beim Produkt spricht man von Tight Gas, vgl. unten und Abb. 3.74, rechterseits.

Nach Gewinnung und Aufbereitung wird das konventionell gewonnene Gas in Pipelines (Rohrleitungen) unter Druck zum Verbraucher transportiert. Es dient als Heizgas in Wohnungen (in Deutschland zu ca. 50 %) und als Brenngas in Kraftwerken zur Strom- und Wärmegewinnung.

Als chemischer Bestandteil dominiert in Erdgas Methan, gefolgt von Propan, Butan, Ethan u. a. – Neben dem Transport in einer Leitung wird Gas auch als

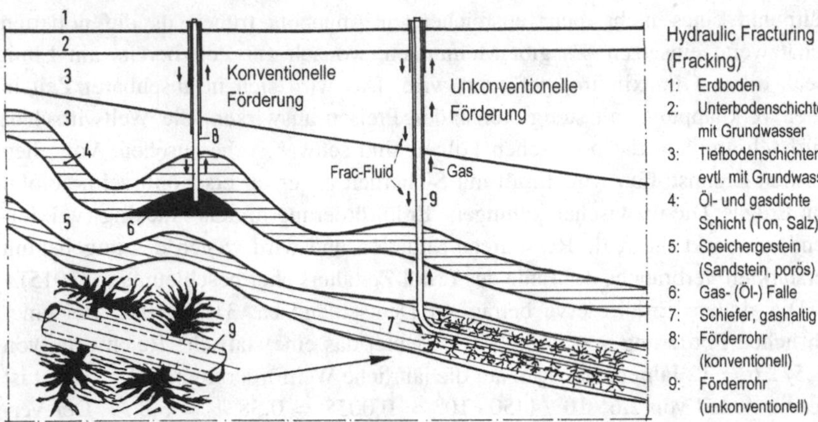

Abb. 3.74

Flüssiggas befördert: LPG (Liquefied Petroleum Gas, es ist bei Raumtemperatur und geringem Druck flüssig) und LNG (Liquefied Natural Gas, es ist im verdichteten Zustand bei −162 °C flüssig). – Bei der Verbrennung von Flüssiggas fällt vergleichsweise weniger CO_2 an, auch weniger an Schadstoffen wie Schwefeloxide und Rußpartikel. Flüssiggas dient im privaten Bereich als Heiz- oder Kochgas, in der Industrie als Brenngas und in Kraftfahrzeugen mit Ottomotor als Autogas (Treibgas). Das Gas kann auf See, auf der Schiene und auf der Straße in Tanks befördert werden.

Neben der konventionellen hat das **unkonventionelle** Fracking von Gas an Bedeutung gewonnen (Abb. 3.74, rechterseits). Die Art der Förderung ist möglich geworden, nachdem es gelungen ist, bei der Bohrung den Bohrstrang abgewinkelt in Richtung der gasführenden Gesteinsschicht voran zu treiben. Schiefer ist solch ein gashaltiges Gestein, auch Kohleflöze sind in dem Zusammenhang zu nennen. Nach Abschluss des Vortriebs, wird das Rohr durch eine Sprengung mittels einer Hohlraumladung durchlöchert und von oben ein Fluid (Frac, Fracfluid) aus Wasser, chemischen Zusätzen und feinem Quarzsand unter hohem Druck (400 bar) eingepresst. Infolge des Drucks erzeugt das Gemisch im Umfeld des Rohres Risse im Hartgestein. Der eindringende feine Sand hält die entstehenden Risse offen. Die chemischen Bestandteile des Fracs steigern die Löslichkeit und Fließfähigkeit: Das gefangene Gas kann entweichen; man nennt es auch Schiefer- oder Shale-Gas. Das Verfahren heißt ausführlich Hydraulic Fracturing (Hydraulische Risserzeugung, abgekürzt **Fracking**). An- und Abtransport sowie Wiederaufbereitung des Fracfluids erfordern eine aufwendige Ausrüstung vor Ort, das gilt auch für Aufbereitung und Abtransport des Gases. Die Erfahrung zeigt, dass das Vorkommen in der jeweiligen Gesteinsschicht als Folge ihrer durchgängigen Erschließung relativ schnell abgeschöpft ist.

Das in das Bohrloch eingeführte Stahlrohr wird gegenüber dem Gestein mit einer Zement-Ummantelung versehen (das entspricht der Versiegelung wie bei jedem konventionellen Öl- und Gasförderrohr auch). Da dennoch ein Austreten des Fracfluids bei Undichtigkeit der Rohrleitung befürchtet wird, stößt Fracking hierzulande auf Skepsis bis Ablehnung. In der Norddeutschen Tiefebene, im Ruhrgebiet und im Voralpenland liegen in Deutschland die größten Vorkommen an Schiefergas (1500 m tief in Schieferschichten der Unterkreide, 1500 bis 2200 m tief in Schichten des Unterjura und 2300 bis 5000 m tief in solchen des Unterkarbons). – Ergänzend sei erwähnt, dass auch Öl mittels Fracking aus Ölschieferflöze, die in großen Tiefen liegen, unkonventionell gewonnen werden kann, was zurzeit in Texas und North Dakota in den USA in großem Umfang praktiziert wird (2015). Nachteil des Fracking-Verfahrens ist der hohe Wasserverbrauch. Die Ausbeute ist mit der derzeitigen Technik eher gering (8 %). –

Russland, USA, und Kanada sind die größten Gasförderländer, im Iran und in Katar liegen die größten Reserven. Die sicheren weltweiten Erdgasreserven werden auf $205.000 \cdot 10^9\,m^3$ geschätzt (2015). Daraus lässt sich bei einer Jahresförderung von $3500 \cdot 10^9\,m^3$ eine statische Reichweite von 60 Jahren folgern. – In Deutschland beträgt die Reserve $95 \cdot 10^9\,m^3$. Das meiste Gas liegt in Niedersachsen, es ist hier weitgehend erschöpft und verwässert. Gefördert werden hiervon jährlich $9{,}7 \cdot 10^9\,m^3$, das bedeutet, dass der hiesige Bestand noch eine Reichweite von 10 Jahren hat. Der jährliche Verbrauch in Deutschland von $97 \cdot 10^9\,m^3$ wird nur zu 10 % aus Eigenförderung bestritten, 90 % müssen importiert werden, zu einem Drittel aus Russland, gefolgt von Norwegen (28 %) und Holland (21 %). – Die Nutzung von Gas als Heizquelle setzt i. Allg. ein umfangreiches Fernrohrnetz voraus. – Der in Deutschland durch Fracking in Tiefen >1000 m förderbare Gasvorrat wird auf $800 \cdot 10^9\,m^3$ geschätzt (2015).

Da der Bedarf an Gas tages- und jahreszeitlich schwankt, muss eine größere Menge Gas ständig zwischengespeichert werden. Hierzu dienen neben stählernen Gasbehältern Untertagespeicher in Form von Salz-Kavernen (nach bergmännischer Aussolung) und sogen. Porenspeicher, das sind ehemalige Erdgas- oder Erdöllagerstätten. – Solche Speicher werden auch für Öl vorgehalten; hierfür kommen indes nur Salzkavernen infrage. – Die Speicherung von Öl und Gas dient auch der nationalen Notversorgung.

Abb. 3.75 Fossile Brennstoffe: Reserven, Jahresverbrauch (2013), Reichweite, Ressourcen

Fossiler	Brennstoff	Reserven	in %	Verbrauch	Reichweite	Ressourcen
Kohle	Hartkohle	19.061	47.8	167,1	114	425.188
	Weichbraunkohle.	3.259	8,2	10,7	305	49.500
Erdöl	konventionell	7.050	17,7			6.732
	unkonventionell	2.002	5,0			7.123
	insgesamt	9.052	22,7	172,3	53	13.855
Erdgas	konventionell	7.244	18,2			11.779
	unkonventionell	211	0,5			12.117
	insgesamt	7.455	18,7	128,8	58	23.896
Uran	Uran	1.084	2,7	34,0	32	6.509
	Thorium					2.606
	insgesamt					9.115
Summe	--------------------	39.911	100	512.9		521.554
		in EJ	%	EJ/a	Jahre (a)	in EJ

Datenquelle: Bundesanstalt für Geowissenschaften und Rohstoffe (Hannover): Energiestudie 2013

3.5.6.3 Fossile Energieträger (Brennstoffe) – Ausblick

Die fossilen Brennstoffe sind und bleiben die wichtigsten Energiequellen. Nachfrage, Förderung, Verbrauch werden weiter steigen. Das hat wegen des steigenden CO_2-Ausstoßes ernste Konsequenzen für die Klimaentwicklung. Dramatisch könnte die Situation in einigen Jahrzehnten werden, wenn die Förderraten von Erdöl und Erdgas sinken, gar versiegen.

Die Datenlage ist unübersichtlich. Je nachdem von wem sie stammt, werden Reserven und Reichweiten höher oder niederer bewertet. In Abb. 3.75 sind Daten des BGR (des Bundesamtes für Geowissenschaften und Rohstoffe) für das Jahr 2013 wiedergegeben, alle Werte in der Energieeinheit EJ (Exajoule $= 10^{18}$ Joule).

Danach sind die Ressourcen, insbesondere für Steinkohle, enorm. Hiervon ausgehend eine Reichweite berechnen zu wollen, wäre nicht seriös. Gleichwohl, die Angaben schüren die Hoffnung, dass sich Teile der Ressourcen in Zukunft in Reserven werden überführen lassen.

Das in Abb. 3.76 wiedergegebene Diagramm beruht auf einer Analyse der ENERGIE WATCH GROUP, März 2013. In der Abbildung ist für den Zeitraum von 1960 bis 2014 die Entwicklung der weltweiten Fördermengen aller fossilen Brennstoffe dargestellt. In diesem Falle sind die Angaben in der Energieeinheit Mtoe (Megatonne Öleinheit) ausgewiesen. Die Auswertung lässt erkennen, dass derzeit am Limit gefördert und konsumiert wird. Zu den Aussichten einer ausreichenden Energieversorgung vgl. [31, 32].

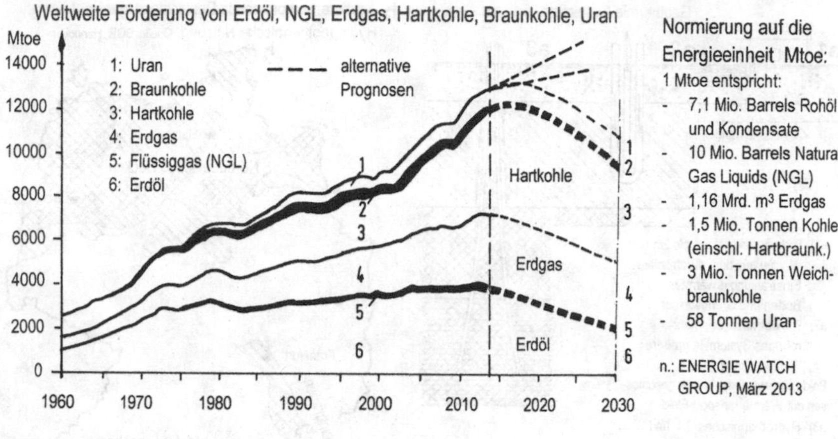

Abb. 3.76

3.5.7 Nichtfossile Energieträger – Erneuerbare Energien

Da die Brennstoffe aus fossilen Quellen eines Tages erschöpft sein werden, wird es immer dringender, neue Energiequellen zu erschließen. Hierzu zählt die Wärme aus dem Erdkörper (**Geothermie**) und die am Tage einfallende Strahlungsenergie der Sonne. Sie wird entweder unmittelbar genutzt (**Solarenergie**) oder mittelbar, wie im Falle von **Wasser**- und **Windenergie** und der in den Pflanzen gespeicherten **Bioenergie**. Die **Gezeitenenergie** beruht auf der Gravitation zwischen Erde und Mond und der Rotationsenergie der Erde. Alle genannten Arten zählen zu den erneuerbaren Energien, kurz den ‚Erneuerbaren'.

Auf das Schrifttum [10–17] wird verwiesen und ergänzend als weitere Auswahl zu den Erneuerbaren auf [33–41]; es liegt nahe, dass es zu den modernen innovativen Techniken viel neue Literatur gibt, auch einschlägige Fachzeitschriften. – Wasserstoff hat die Bedeutung eines Energieträgers, er muss zunächst aus fossilen oder erneuerbaren Quellen gewonnen werden, (Bd. IV, Abschn. 2.4.1.5). Als Speichermedium wird die Wasserstofftechnologie für überschüssige Wind- und Solarenergie an Bedeutung gewinnen. Zur Energiespeichertechnik vgl. [42, 43].

3.5.7.1 Geothermie (Erdwärme)

Neben den fossilen Energieträgern und dem Kernbrennstoff Uran wird auch die Erdwärme (Geothermie) aus der planetaren Kruste gewonnenen.

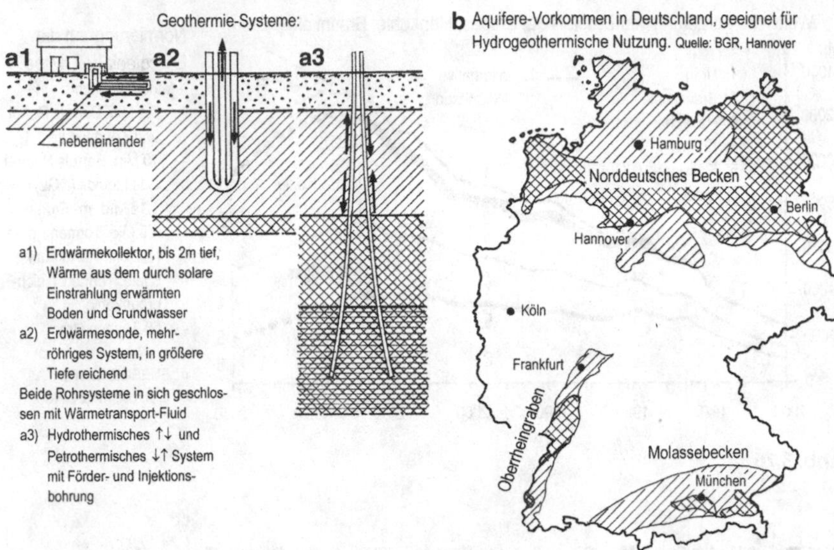

Geothermie-Systeme:
a1
a2
a3
nebeneinander
a1) Erdwärmekollektor, bis 2m tief, Wärme aus dem durch solare Einstrahlung erwärmten Boden und Grundwasser
a2) Erdwärmesonde, mehrröhriges System, in größere Tiefe reichend
Beide Rohrsysteme in sich geschlossen mit Wärmetransport-Fluid
a3) Hydrothermisches ↑↓ und Petrothermisches ↓↑ System mit Förder- und Injektionsbohrung
b Aquifere-Vorkommen in Deutschland, geeignet für Hydrogeothermische Nutzung. Quelle: BGR, Hannover
Hamburg
Norddeutsches Becken
Berlin
Hannover
Köln
Frankfurt
Oberrheingraben
Molassebecken
München

Abb. 3.77

Nach menschlichen Maßstäben ist dieser Energiefundus unbegrenzt verfügbar, er kann ‚kostenlos' sowie CO_2- und weitgehend schadstofffrei gefördert werden. Trotz des hohen Investitionsaufwandes, der bei Erschließung der ‚Wärmestätten' im Erdinneren notwendig ist, kann erwartet werden, dass die Geothermie einen wichtigen Beitrag zur künftigen Energieversorgung wird leisten können (und müssen).

Wie bekannt und in Abschn. 2.4.2.2 in Bd. IV dargestellt (daselbst Abb. 2.33), ist der Erdkörper schalenförmig aufgebaut. Im Zentrum des Eisen-Nickel-Kerns herrscht eine Temperatur von ca. 7000 °C. Die Wärme ist gefangene Gravitationsenergie aus der Entstehungsphase des Planeten (sie macht ca. 30 % der Erdwärme aus). Der Wärmeverlust infolge Abstrahlung ins Weltall wird ständig durch Zerfallswärme radioaktiver Isotope wettgemacht (70 % der Erdwärme). Die mittlere Temperatur auf der Erdoberfläche beträgt 10 °C, sie ist recht konstant und ändert sich praktisch nicht, der natürliche Treibhauseffekt ist daran beteiligt.

Unter der Erdoberfläche steigt die Temperatur um 3 K pro 100 m Tiefe. In vulkanischen Gebieten liegt der Gradient doppelt so hoch, z. T. noch höher.

Es werden zwei Fördermöglichkeiten unterschieden:

- **Oberflächennahe Geothermie** (Abb. 3.77a1): Die Wärme wird über ein in ca. 1,2 bis 1,5 m Tiefe liegendes horizontales Rohrsystem mit Hilfe einer Wärmepumpe aus dem Erdreich oder dem Grundwasser entnommen, wie in Abschn. 3.4.8.2 erläutert, man spricht von einem Erdwärmekollektor. Träger der Wärme im geschlossenen Rohrsystem ist Wasser, angereichert mit einem Frostschutzmittel (Ethylen-Glykol). Die Wärme dient Heizzwecken. Es bedarf elektrischer Antriebsenergie für die Wärmepumpe.

Mit der auf diese Weise gewonnenen Erdwärme gelingt es auch, die Vereisung von Gleisweichen und von Fahrbahnen auf Straßenbrücken zu verhindern.

Eine andere Form der Wärmegewinnung ist die Förderung von warmem Wasser aus heißem Gestein, z. B. über ein vertikales Röhrenensemble oder über einen Brunnen, man nennt ein solches System Erdwärmesonde. Dabei werden Tiefen von 100 m erreicht, das Wasser wird mittels einer Pumpe gefördert, Abb. 3.77a2.

Die Versorgung von Thermalbädern mit heißem Wasser ist seit alters her bekannt. Das heiße Wasser kann bei hohem Aufkommen auch für Heizzwecke über ein Wärmenetz genutzt werden. In vulkanischen Ländern, wie in Island, lässt sich mit dem heißen Wasser auch Strom erzeugen.

- **Tiefengeothermie** (Abb. 3.77a3): Aus Tiefen > 1000 m wird Wasser mit einer Temperatur > 60 °C gefördert. Es werden zwei Verfahren unterschieden:
  Beim **hydrothermischen** Verfahren wird das im tiefen Untergrund fließende heiße Wasser über eine Förderbohrung gewonnen. Die Wassertemperatur liegt je nach Tiefe der wasserführenden Schicht bei 120 °C und höher, die Tiefe der Bohrung erreicht 1500 m, fallweise mehr. Nach der Nutzung wird das abgekühlte Wasser über eine Injektionsbohrung in den Untergrund zurück geführt. Die Endteufe der Reinjektion liegt ca. 300 m tiefer als die Endteufe der Förderbohrung. In Abb. 3.77b sind geeignete Vorkommen heißer Aquifere in Deutschland ausgewiesen.

  Beim **petrothermischen** Verfahren wird (kaltes) Wasser unter hohem Druck in in großer Tiefe liegendes heißes Hartgestein über eine Injektionsbohrung gepumpt. Dabei nimmt das Wasser die Wärme auf. Der Wasserdruck bewirkt ein Öffnen vorhandener Risse und Klüfte, man spricht vom Hot-Dry-Rock-Verfahren. Das aufgeheizte Wasser wird über eine Förderbohrung an anderer Stelle entnommen. Auch hierbei bedarf es zweier Bohrungen. Inzwischen wird bis in Tiefen von 6000 m gebohrt, was wohl als Grenze anzusehen ist.

In Abhängigkeit von der Höhe der Temperatur besteht die Nutzung vorstehender Verfahren aus zweierlei: Bei geringerer Temperatur (< 100 °C) wird das Wasser in ein Nah- oder Fernwärmenetz zur Warmwasserversorgung von Siedlungen befördert, auch zur Lieferung von Prozesswärme. Bei höherer Temperatur (> 100 °C) lässt sich Strom erzeugen, indem das Wasser einen Wärmetauscher durchläuft und der Dampf eine Turbine antreibt, zweckmäßig in Wärme-Kraft-Kopplung. Derzeit sind 30 Geothermie-Anlagen in Deutschland in Betrieb. – Die Wirtschaftlichkeit der Anlagen ist von der Tiefe der Bohrung, von der Temperatur des geförderten Wassers (bis 160 °C und mehr), von der Schüttung in Liter pro Sekunde (bis 150 l/s und mehr) sowie von den Investitions- und Betriebskosten und der Nutzungsdauer abhängig. – Der Beitrag zur Stromerzeugung soll in Deutschland bis 2030 auf 850 MW steigen, geplant sind Kraftwerke mit Leistungen bis 50 MW. In den USA, China und anderen Staaten sind inzwischen Kraftwerke mit sehr viel höherer Leistung realisiert worden.

Nie auszuschließen sind schwache Erdbeben, die durch den Eingriff im Untergrund ausgelöst werden. Solche gelegentlichen Mikrobeben in einer Größenordnung Magnitude 2 bis 3 haben auf eine moderne Infrastruktur keine Auswirkung, eher bei alter historischer Bausubstanz.

3.5.7.2 Solarenergie

In Bd. III, Abschn. 2.7.3, wird die Solarkonstante der extraterrestrischen Sonnenstrahlung abgeleitet, also jene Strahlungsleistung in Watt pro m^2 Einheitsfläche, die kontinuierlich auf die Erdscheibe außerhalb der Atmosphäre trifft, sie beträgt $1360\,W/m^2$ (der Wert ist maßgebend für die Raumfahrt, weil die Abschirmung durch die Atmosphäre entfällt).

Die Sonne ist, strahlungstheoretisch gesehen, ein Schwarzer Strahler. Aus ihrem jenseits der Atmosphäre gewonnenen Leistungsspektrum kann auf ihre Oberflächentemperatur geschlossen werden, sie beträgt 5770 K.

Die Strahlungsleistung setzt sich zu ca. 7 % aus dem Anteil der ultravioletten Strahlung (100 bis 380 nm), zu ca. 45 % aus dem Anteil der infraroten Strahlung (780 nm bis 1 mm) und zu ca. 48 % aus dem Anteil des sichtbaren Lichts (380 bis 780 nm) zusammen (Abb. 3.78).

Abb. 3.78

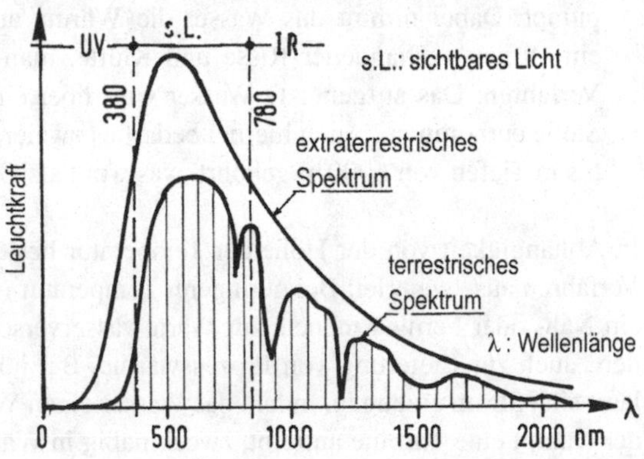

Anmerkung
Die von der Sonne in jeder Sekunde in alle Richtungen abgestrahlte Energie beträgt (Bd. III, Abschn. 2.7.3): $3{,}826 \cdot 10^{26}$ W. Davon erreicht nur 0,000000453 % die Erdscheibe, alle weitere Energie wird in den Weltraum abgestrahlt: 99,9999999546 %. – Die Energie wird in der Sonne bei der Kernverschmelzung von Wasserstoff in Helium und bei der Fusion anderer Elemente frei (Bd. IV, Abschn. 1.2.5.1). Der mit der Strahlung einher gehende Massenverlust lässt sich aus der Formel $m = E/c^2$ (mit c als Lichtgeschwindigkeit) berechnen:

$$m = 3{,}826 \cdot 10^{26}\,\mathrm{W}/(3 \cdot 10^8\,\mathrm{m/s})^2 = \underline{4{,}251 \cdot 10^9\,\mathrm{kg}}.$$

Dieser Massenverlust der Sonne **pro Sekunde** entspricht einem Würfel aus Eisen mit der Seitenlänge:

$$a = \sqrt[3]{m/\rho} = \sqrt[3]{4{,}251 \cdot 10^9/7850}\,\mathrm{m} = \underline{81{,}5\,\mathrm{m}} \quad (\rho_{\mathrm{Eisen}} = 7850\,\mathrm{kg/m^3})$$

Würde man Anthrazit-Steinkohle der Menge $m = 4{,}251 \cdot 10^9$ kg restlos chemisch verbrennen, könnte man nur eine Energie ca. $10 \cdot 10^9$ W s gewinnen. Das ist im Verhältnis zur Fusionsenergie der $2{,}6 \cdot 10^{-17}$-fache Teil (0,000000000000000026), also verschwindend gering. Das Beispiel verdeutlicht: Würde auf Erden eine gefahrfreie Erzeugung von Fusionsenergie gelingen, hätte die Menschheit ihr Energieproblem gelöst. Die Gewinnung von Fusionsenergie ist seit Jahrzehnten Gegenstand intensiver Forschung (Bd. IV, Abschn. 1.2.5.2). Von einer praktischen Nutzung ist man indessen noch weit entfernt. Ob die Fusionsenergie als reale Option für die Energiegewinnung je zur Verfügung stehen wird, bleibt abzuwarten. Daran zu forschen lohnt sich allemal.

Beim Durchgang der Strahlung durch die Atmosphäre wird von den Luftmolekülen, wie O_3 (Ozon), H_2O, und CO_2, innerhalb gewisser schmaler Frequenzbänder Energie absorbiert, sodass sich das spektrale Intensitätsspektrum unterhalb der Atmosphäre deutlich von jenem oberhalb davon unterscheidet (Abb. 3.78, vgl. auch Bd. III, Abschn. 2.7.4). Die dabei von der Atmosphäre absorbierte, die Erdoberfläche erreichende Strahlungsleistung wird als Globalstrahlung bezeichnet, geschwächt von 1360 W/m² auf ca. 1000 W/m². Sie setzt sich aus der nach Absorption verbleibenden **direkten** Sonnenstrahlung und der aus allen Richtungen ankommenden **diffusen** Himmelsstrahlung zusammen. Letztere beruht auf der Streuung der direkten Strahlung durch Dunst, Schwebstaub und Luftpartikel infolge Luftverschmutzung und auf der Reflexion des Lichts an Wolken und Objekten aller Art.

Abb. 3.79 zeigt die Stellung der Erde in der ekliptikalen Ebene am Tag der Sommersonnenwende (21. Juni). Auf der Nordhalbkugel ist es der längste Sonnentag, auf der Südhalbkugel der kürzeste. Am Ort mit der geographischen Breite +23,45° steht die Sonne an diesem Tag kopfüber, sie strahlt hier senkrecht auf die Oberfläche. An Orten größerer geografischer Breite fällt die Strahlung schräg

Abb. 3.79

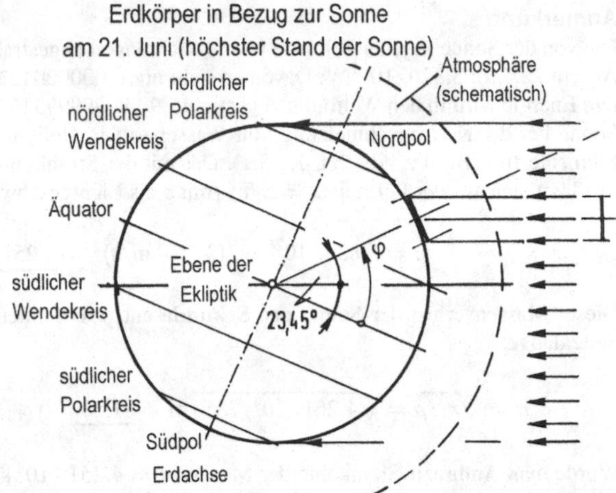

ein, die Strahlungsleistung pro m^2 horizontale Fläche ist entsprechend geringer, sie ist zudem geschwächt durch den längeren Weg durch die Lufthülle. Infolge dieser Einflüsse liegen die Leistungswerte in Nordafrika doppelt so hoch wie in Mitteleuropa. – Um sich die Strahlungsverhältnisse zu verdeutlichen, ist es günstig, vom Himmelsgewölbe auszugehen, wie in Abb. 3.80 gezeigt:

Der Himmel und mit ihr die Sonne drehen sich für den Erdbewohner scheinbar von Ost nach West. Im Sommer erreicht die Sonne am 21.06. ihren höchsten Stand, am 21.12. ihren niedrigsten, entsprechend lang bzw. kurz ist die Sonnenscheindauer. Das gilt damit auch für die täglich eingefangene Strahlungsenergie: Abb. 3.81a zeigt den Verlauf der Strahlungsintensität während eines **Tages**. Die Dichte der Wolkendecke hat einsichtiger Weise auch großen Einfluss.

Den Verlauf der Intensität im Laufe eines **Jahres** zeigt Abb. 3.81b, ebenfalls schematisch. Land-, Großstadt- und Industrieklima bestimmen, mit welchen Anteilen direkte und diffuse Strahlung im langfristigen Mittel an der Globalstrahlung beteiligt sind. – Vor Ort lässt sich die Globalstrahlung auf die horizontale Fläche mit Hilfe eines Pyranometers messen. – Der Deutsche Wetterdienst (DWD) erhebt Strahlungsdaten und stellt sie zur Verfügung. – Die jährlich aufsummierte eingestrahlte Sonnenenergie beträgt in Hamburg ca. $980\,\mathrm{kW\,h/(m^2\,a)}$, in Berlin ca. $1080\,\mathrm{kW\,h/(m^2\,a)}$, in München ca. $1090\,\mathrm{kW\,h/(m^2\,a)}$ und in Freiburg ca. $1200\,\mathrm{kW\,h/(m^2\,a)}$; a steht für Jahr (annus). Einzelheiten können DIN 4710: 2003-01 entnommen werden: ‚Statistiken meteorologischer Daten' (15 Zonen in Deutschland).

Abb. 3.80

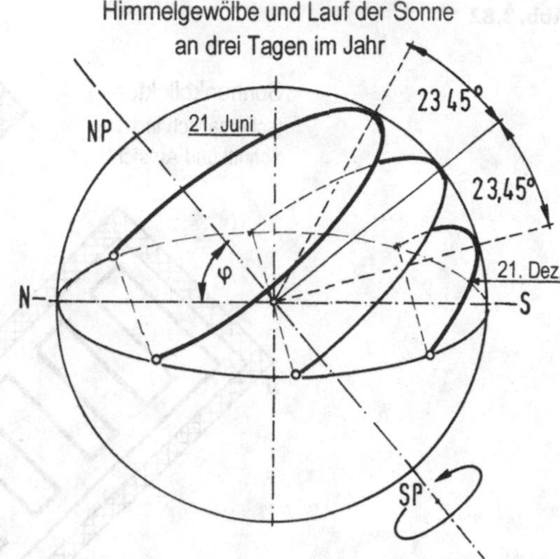

Bei den Anlagen zur Gewinnung von Sonnenenergie bedarf es wegen der vielen Einflussfaktoren einer standort-orientierten thermodynamischen Auslegung. Sie muss von den am Aufstellungsort erhobenen Strahlungswerten ausgehen. – Es bleibt abzuwarten, inwieweit die Flächen von Straßen und Parkplätzen sowie der Raum zwischen den Eisenbahnschienen mit entsprechend widerstandsfähigen Belägen photovoltaisch genutzt werden kann; Projekte sind in der Erprobung.

Abb. 3.81

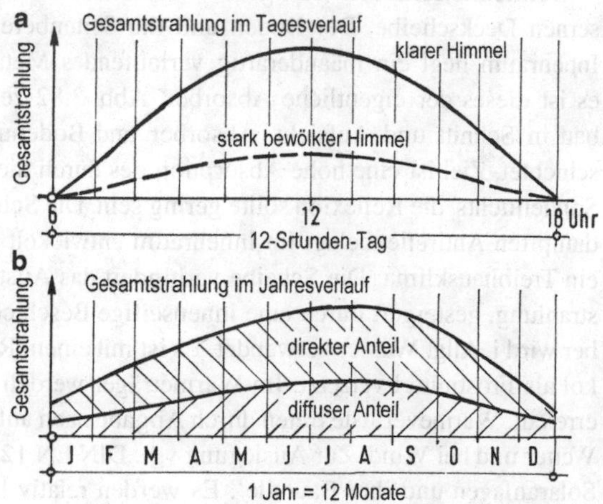

Abb. 3.82

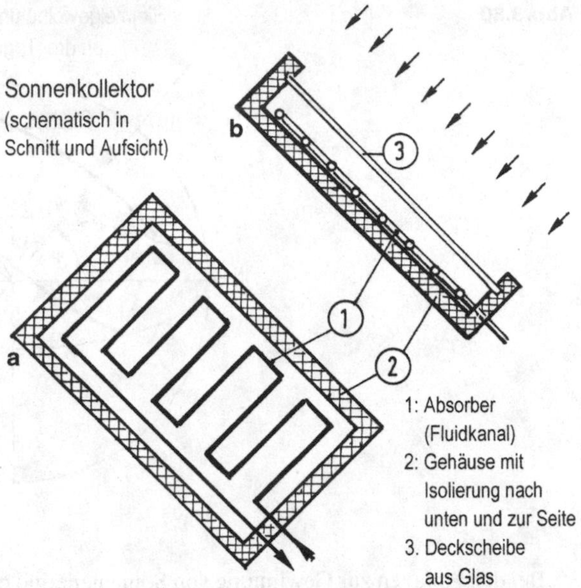

Für die solare Energiegewinnung gibt es unterschiedliche Systeme. Viele sind ausgereift, an anderen wird noch geforscht und entwickelt. Es versteht sich, dass es sinnvoll ist, die Anlagen so zu bauen, dass sie dem Stand der Sonne ein- oder (noch günstiger) zweidimensional folgen (was die Sache indes sehr verteuert).

Sonnenkollektoren (colligere = sammeln) sind flache Kästen mit einer gläsernen Deckscheibe. Der Boden und die Seitenbereiche sind wärmeisoliert. Im Innenraum liegt ein mäanderartig verlaufendes Metallrohr mit Zu- und Ablauf, es ist dieses der eigentliche Absorber. Abb. 3.82 zeigt den schematischen Aufbau in Schnitt und Aufsicht. Absorber und Bodenuntergrund sind schwarz beschichtet. Ziel ist eine hohe Absorption des durch die Scheibe hindurch tretenden Sonnenlichts, die Reflexion sollte gering sein. Die Scheibe trägt daher einen aufgedampften Antireflexbelag. Im Innenraum entwickelt sich bei Sonneneinstrahlung ein Treibhausklima: Die Scheibe verhindert das Austreten der infraroten Wärmestrahlung, gesteigert durch eine innenseitige Beschichtung. Als Träger im Absorber wird i. Allg. Wasser verwendet. Es ist mit einem Rostschutzmittel und mit Glykol als Frostmittel versetzt. Im Wärmeträger werden Temperaturen bis zu 130 °C erreicht. Wärmeverluste treten durch Abgabe nach außen ein, besonders bei kaltem Wetter und bei Wind. Zur Auslegung vgl. DIN EN 12975-1:2013-05: ‚Thermische Solaranlagen und ihre Bauteile'. Es werden relativ hohe Wirkungsgrade erreicht

Abb. 3.83

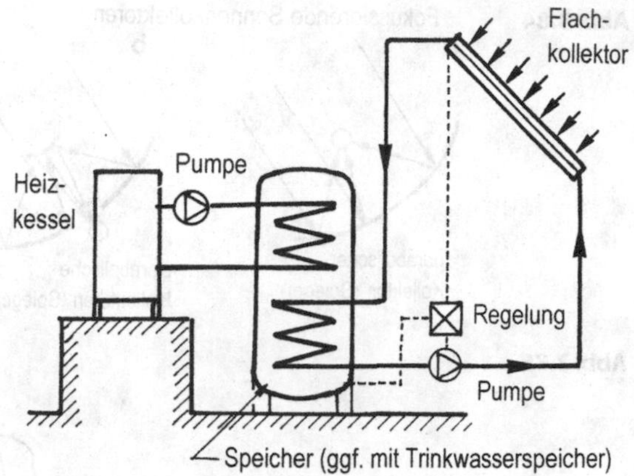

($\eta > 0{,}5$). – Die Wärme im Absorber wird an einen Wärmespeicher (ca. 60 Liter pro m^2 Kollektorfläche) abgegeben. In dieser Form dient die ‚eingefangene' Strahlungsenergie als Ergänzung der von einem konventionellen Öl- oder Gasbrenner erzeugten Wärme (Abb. 3.83).

Es existieren inzwischen Sonderformen, z. B. Vakuum-Röhren-Kollektoren. Bei diesem System besteht der Absorber aus einem Glasinnen- und Glasaußenrohr mit evakuiertem Zwischenraum. Mit dem System werden höhere Temperaturen und Wirkungsgrade erreicht.

Als **Solarkraftwerke** zur Stromerzeugung kommen zum Einsatz:

- Parabelrinnen-Kraftwerk,
- Solarturm-Kraftwerk,
- Aufwind-Kraftwerk.

Parabelrinnen-Kraftwerke fokussieren das Sonnenlicht auf ein Recieverrohr (Absorberrohr), in welchem das Wärmeträgermedium hoch erhitzt wird (Abb. 3.84). Das Rohr liegt im Brennpunkt des Parabolspiegels. Beim Wärmeträger handelt es sich um Wasser, Thermoöle oder Flüssigsalze. Zwecks optimaler Energieaufnahme wird das System mit einer Nachführung ausgerüstet. Das System wird in Ländern mit intensiver Sonneneinstrahlung eingesetzt, wie in Südeuropa, Nordafrika und Kalifornien. Dort wurden mit dem System hohe Kapazitäten aufgebaut.

Gänzlich anders sind **Photovoltaik**-Anlagen konzipiert, hier geht es nicht um die Erzeugung von Wärme, sondern um die Gewinnung von elektrischem Strom. –

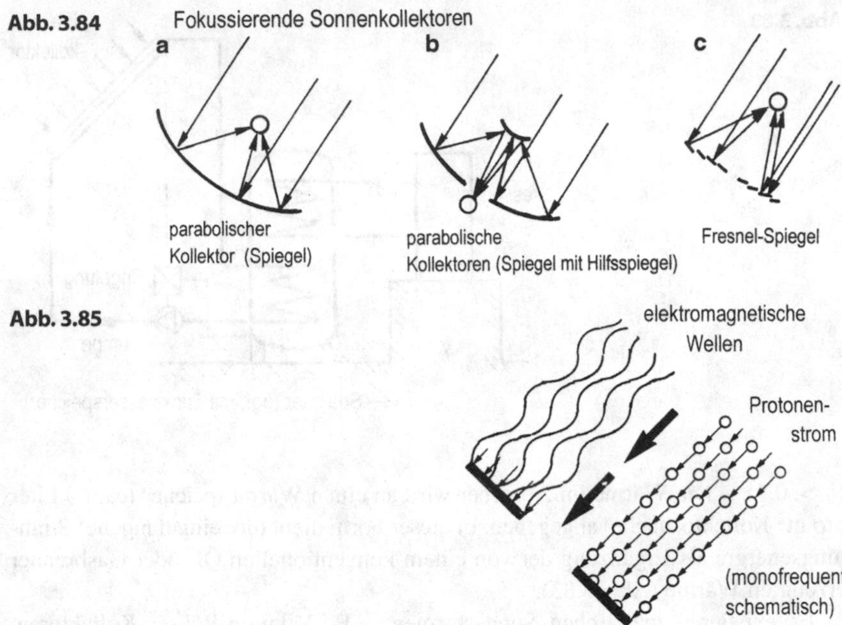

Abb. 3.84

Abb. 3.85

Wie noch ausführlich zu behandeln sein wird, weist Licht eine Doppelnatur auf: Lichtstrahlen können als eine Abfolge von Wellen oder als ein Strom von Partikel gedeutet werden, wie in Abb. 3.85 schematisch verbildlicht. Diese Dualität ist schwierig zu verstehen (ähnlich wie die Invarianz der Lichtgeschwindigkeit). Jedes Partikel (Photon, Lichtquant) trägt eine Energie, die proportional zur Frequenz der Welle ist:

$$E_{\text{Photon}} = h \cdot \nu \quad \text{mit } h = 6{,}626069 \cdot 10^{-34}\,\text{J s}$$

h ist das Plancksche Wirkungsquantum und ν die Frequenz der Welle. – Trifft Licht auf Materie, erwärmt sie sich. Die oberflächennahen Atome nehmen die Energie der Lichtphotonen auf. Die Schwingungen im Atomgitter des vom Licht getroffenen Materials werden intensiver. In gewissen Materialien baut sich zusätzlich ein elektrisches Feld auf, es bilden sich getrennte Zonen unterschiedlicher elektrischer Ladung. Das bewirkt einen Stromfluss wie in einem geschlossenen Stromkreis. Dieser sogen. photoelektrische Effekt wurde im Jahre 1839 von A.E. BECQUEREL (1820–1881) entdeckt. Die technische Nutzung mit dem Ziel einer Stromerzeugung setzte erst hundert Jahre später in den 50er und 60er Jahren des 20. Jh.

in Verbindung mit der Entwicklung der Halbleiter-Technologie für die Raumfahrt ein.

In Bd. IV, Abschn. 2.1.6 (3. Erg.) werden die Grundlagen der Halbleitertechnik behandelt. Halbleiterelemente bestehen überwiegend aus Silizium (Si) oder Germanium (Ge). Ihre elektrische Leitfähigkeit liegt zwischen jener der Leiter und Nichtleiter (Isolatoren).

Treffen Lichtphotonen hoher Energie auf Materie, beginnen sich Elektronen aus dem Gitter zu lösen. Elektronen tragen eine negative Ladung, dem Betrage nach mit der Elementarladung e. Voraussetzung für die Ablösung ist eine ausreichend hohe Strahlungsenergie der Photonen. Sie muss höher sein als die Bindungsenergie des Elektrons im getroffenen Atom. Der frei gemachte Gitterplatz kann als ‚Loch' gesehen werden. Das Atom ist jetzt ein positiv geladenes Ion. Es wird wieder zu einem neutralen Atom, wenn ein Nachbarelektron in das Loch übergeht. Auf diese Weise kommt es zu einer Bewegung der negativ geladenen Elektronen und der positiv geladenen Löcher. Man nennt letztere auch Defektelektronen und spricht von ‚Löcherstrom'. In einem geschlossenen Leiter mit einem integrierten Verbraucher fließt elektrischer Strom.

Indessen, ein solcher Strom wäre viel zu gering, um genutzt zu werden. Eine Steigerung gelingt mittels einer sogen. Dotierung. Hierbei werden in das Gitter des Halbleiter-Grundmaterials solche Elemente eingemengt, deren Atome eine geringere oder eine größere Anzahl von Valenzelektronen aufweisen. Valenzelektronen sind die Elektronen auf der äußeren Schale des Atoms (bei Si und Ge sind es vier). Beim dotierten p-Halbleiter hat das eingebaute Atom ein Elektron weniger, das Gitter hat hier ein ‚Loch', hier liegt ein Defektelektron. Gegenüber dem Grundgitter ist es *p*ositiv geladen. Beim n-Halbleiter hat das eingebaute Atom ein Elektron mehr, im Gitter liegt hier ein überschüssiges Elektron, die Störstelle ist gegenüber dem Grundgitter *n*egativ geladen. Liegen zwei Schichten derartig dotierten Materials nebeneinander, kommt es zu einer Ladungstrennung: Defektelektronen dringen randnah in die n-Schicht, Elektronen randnah in die p-Schicht. Über die pn-Übergangszone hinweg baut sich eine stationäre (Leerlauf-) Spannung auf. Wird die außen liegende n-Schicht von einer energiereichen Strahlung getroffen, wird die Bindung einzelner Elektronen gelöst. Von der Spannung getrieben, kommt es im Vergleich zum nicht dotierten Halbleitermaterial zu einem deutlich stärkeren Stromfluss. Der Stromfluss aus vielen Photozellen wird zusammengeführt.

Aus Abb. 3.86 geht der schematische Aufbau einer Photozelle hervor. Sie ist real hauchdünn, ihre Dicke beträgt nur den Bruchteil eines Millimeters!

Die Zellen werden zu Modulen zusammengefasst. Dabei werden sie in Serie geschaltet, um die zelltypische Spannung zwischen 0,4 und 1,7 V auf den vorbestimmten Wert anzuheben (parallel, um eine bestimmte Stromstärke zu erreichen).

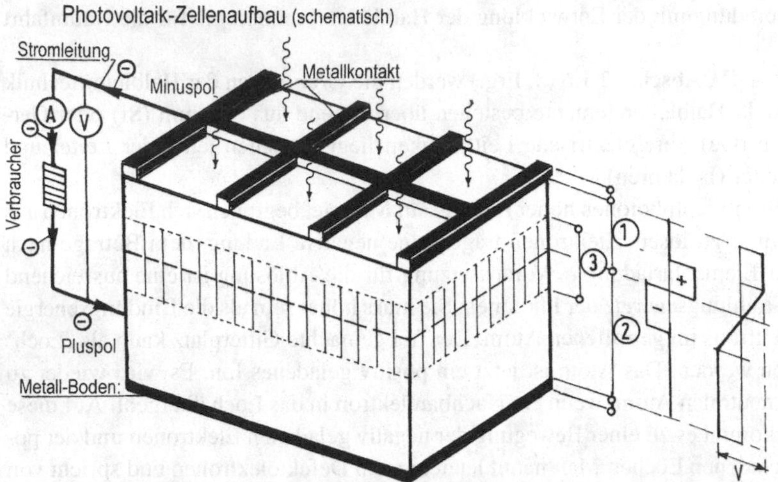

Abb. 3.86

Zur Halterung bedarf es einer stabilen Trägerkonstruktion. Wenn möglich, sollte die Modulebene gegenüber der Horizontalen schräg liegen, im Sommer ca. 35°, im Frühjahr/Herbst ca. 50° und im Winter ca. 75° geneigt; übers Jahr betrachtet zwischen 40° bis 70°. Wegen der längeren Sonnenscheindauer im Sommer, empfiehlt sich ein Winkel zwischen 45° bis 50°, wenn eine fixierte Halterung vorgesehen ist (die Werte gelten für Deutschland).

Es ist einsichtig, dass Wirkungsgrad und Ausbeute in der Photovoltaik von vielen Faktoren abhängig sind, insbesondere von der Reinheit und Dotierung des Halbleitermaterials und von der Langzeitstabilität der Zelle. Die Wirkungsgrade liegen bei einschichtigen Silizium-Zellen zwischen 5 bis 17 %, im Einzelnen: Amorphes Material 5 bis 7 %, polykristallines Material 13 bis 15 %, monokristallines Material bis 17 %, CdTe (Cadmium-Tellurid-Zellen) 11 %, CuI (Kupfer-Indium-Zellen) 12 %.

Mit mehrschichtigen Zellen, sogen. Tandemzellen, werden 40 % erreicht. Bei diesen Zellen liegen mehrere Schichten unterschiedlicher Dotierung übereinander, jede ist auf eine bestimmte Breite des Lichtspektrums spezialisiert. –

Im Laufe der Zeit tritt eine gewisse Schwächung infolge stärkerer Degradation (Alterung) ein, stets ein Leistungsabfall bei höherer Erwärmung der Module, gar bei einer Erhitzung. – Es wird Gleichstrom erzeugt, bei Einspeisung in das Wechselstromnetz bedarf es eines Wechselrichters. – Wie bei allen technischen Anlagen, ist ein umfangreiches Normenwerk als ‚Regel der Technik' in Form von VDE-, DIN- und EN DIN-Normen zu beachten. – Die energetische Leistungsausbeute der Zellen bzw. Module wird in einem genormten Versuch nach EN DIN 60904-1:2007-07 bestimmt. Hierbei wird während des Versuchs eine Sonnenstrahlung 1000 W/m^2 simuliert (Modultemperatur 25 °C) und die sich hierbei einstellende elektrische Leistung im Dauerbetrieb in kW gemessen. (Elektrische Leistung ist das Produkt aus Spannung und Stromstärke, vgl. Bd. III). Ergebnis der Messung ist das sogen. Kilowattpeak (kWp), siehe Bd. IV, Abschn. 1.1.6, 3. Ergänzung. Dieser Wert ist Grundlage für die Installation und damit für die Anlagenkosten. Der jährliche Ertrag liegt je nach Region zwischen 700 bis 900 kW h pro 1-kWp-Installation, in heißen Ländern liegt der Ertrag doppelt so hoch. – In Deutschland ist inzwischen eine Anlagenleistung von ca. 40 GW installiert (2015).

3.5.7.3 Energie aus Wasser-, Wellen-, Gezeiten- und Windkraft

Die Energiegewinnung aus **Wasserkraft** zählt zu den ältesten Techniken der Menschen. Ehemals waren es Wasserräder, die Mühlen und Schmiedehämmer antrieben, heute sind es Turbinen mit angekoppeltem Generator, die Strom erzeugen. Sie zeichnen sich durch hohe Zuverlässigkeit bei langer Betriebszeit und einen hohen Wirkungsgrad aus (i. M. 0,85). – Weltweit werden ca. 18 % der Stromenergie aus Wasserkraft gewonnen, in Deutschland sind es < 4 %, vgl. Abb. 3.73. – Einige große und viele kleine Wasserkraftanlagen sind in verschiedenen Teilen der Welt im Bau und in der Planung. Das geht häufig mit desaströsen Eingriffen in die Natur und in die Siedlungslandschaft einher. (Auf Abschn. 1.14.2 wird verwiesen, wo die Energiegewinnung aus Wasserkraft ausführlicher behandelt wird.)

Die Energienutzung aus **Wellenkraft** ist nach wie vor Gegenstand der angewandten Forschung. Hierbei wird die Bewegung einer schwingenden Wassersäule oder das Abknicken eines schwimmenden auf und ab schaukelnden Rohres genutzt, das eine gliederartige Struktur hat. Stärkere Wellenbewegungen treten bei windreichem Wetter und bewegter See auf, vorrangig in Küstennähe. – Die Nutzung einer Unterwasserströmung im Zuge von Ebbe und Flut, welche Rotoren antreibt, ist eher der Gewinnung von Energie aus **Gezeitenkraft** zuzuordnen. Insgesamt ist das Potential groß, eine ausgereifte und wirtschaftliche Technik mit vernünftigem Wirkungsgrad fehlt bis dato.

Den höchsten Anteil an Erneuerbarer Energie liefert inzwischen die **Windkraft**, überwiegend aus Onshore-Anlagen, mit steigendem Beitrag aus Offshore-Technik.

Theoretisch ist ein Wirkungsgrad ca. 0,6 möglich, real werden 0,4 bis 0,5 erreicht (Abschn. 2.4.2.5). – Die Windräder werden immer größer und leistungsstärker. 2 bis 3 MW Windenergieanlagen (WEA) sind inzwischen Standard, solche mit 5 MW werden schon realisiert, Anlagen bis 7,5 MW werden für möglich erachtet. – Bestehende Anlagen werden inzwischen durch leistungsstärkere ersetzt, man spricht von Repowering. – Weltweit hängt derzeit eine Gesamtleistung von ca. 430 GW am Netz mit wachsendem Zubau. Bis 2030 soll die Windkraft deutlich über 40 % des Strombedarfs decken. – In Deutschland sind nahezu 25.000 Anlagen mit einem nominellen Leistungsvermögen von 45 GW in Betrieb (2015). Ein geplanter weiterer Ausbau um jährlich 2500 MW scheitert am schleppenden Ausbau der Stromnetze.

3.5.7.4 Bioenergie

Der Wuchs einer Pflanze geht mit der Aufnahme von CO_2 aus der Atmosphäre einher, bei der Verbrennung der Pflanze wird das dabei frei werdende CO_2 wieder in die Atmosphäre abgegeben. Gewinn und Nutzen der Biokraftstoffe gelten daher als klimaneutral. Von dieser Einsicht geht eine bedeutende Motivation für die Nutzung von Biomasse aus. Der Umstand, dass hierzu Pflanzen angebaut und verwertet werden, die eigentlich der Nahrung dienen sollen, wirft ethische Fragen auf.

Wie aus Abb. 3.72 hervorgeht, beruhen 12,6 % des Primärenergieverbrauchs in Deutschland auf den Erneuerbaren, davon mehr als die Hälfte auf Biomasse. An dem von den Erneuerbaren erzeugten Strom ist die Biomasse mit ca. einem Viertel beteiligt. Das mögliche Potential dürfte weitgehend ausgeschöpft sein.

Bei der Biomasse handelt es sich zum größten Teil um **Holz** in unterschiedlicher Form, wie Waldschnitt (Scheitholz, Holzschnitzel) und Restholz aus gewerblicher und industrieller Produktion. Es wird vielfach zu Briketts oder Pellets verarbeitet und dann im häuslichen Bereich in Öfen und Kaminen verfeuert, in Kraftwerken verstromt oder in Blockheizkraftwerken in Strom und Wärme gewandelt. Siedlungen werden über ein Nah- oder Fernwärmenetz mit Wärme versorgt. Dabei können Wirkungsgrade $\eta = 0{,}35$ erreicht werden. – Die Holzfeuchte sollte niedrig liegen, etwa $< 10\,\%$. – Der relativ hohe Anfall von Feinstaub bei der Holzverbrennung in älteren häuslichen Feuerstätten ist gesundheitlich schädlich. Dem kann und sollte durch möglichst vollständige Verbrennung in modernen Öfen mit Filtertechnik begegnet werden.

Rohstoff für die Herstellung von **Biodiesel** ist Bioöl, das aus Raps-, Sonnenblumen-, Soja-, Leindotter-, Kokos-, Jatropha- und Palmöl in Mühlen gewonnen wird. Aus der Verbindung des Öls mit Methanol wird Glycerin und Biodiesel chemisch hergestellt. Es wird fossilem Dieselkraftstoff zugemischt. – Für die Produktion von Biokerosin aus Pflanzenöl gibt es noch keine nachhaltige Lösung, wäre sie doch wünschenswert, weil Fliegen als besonders klimaschädlich gilt.

Rohstoff für **Bioethanol** sind stärkehaltige Pflanzen wie Mais, Roggen, Weizen und Gerste, sowie spezielle Energiepflanzen, wie Triticale und Maniok, sowie zuckerhaltige Pflanzen, wie Zuckerrüben, Zuckerrohr, Zuckerhirse. Aus der Glukose entsteht durch Fermentation mit Hefepilzen Ethanol-Maische. Sie wird zu Ethanol raffiniert und nach Reinigung dem fossilen Benzin für den Einsatz in Otto-Motoren zugesetzt, z. B. E10 = 10 % Ethanol.

Biogas kann vielfältig, wie andere Gase auch, verwendet werden, entweder in Reinform oder in Mischform als Zusatz zu Erdgas. Zur Erzeugung in der Biogasanlage werden als Rohstoffe Gülle und Mist von Rindern und Schweinen, Silage von Mais, Weizen und andere Pflanzen sowie Bioabfälle aller Art (aus der ‚grünen Biotonne') eingesetzt. Im beheizten Fermenter vergären Mikroben (Bakterien) unter höherer Temperatur den Rohstoff unter Sauerstoffausschluss. Das Gut wird in der feucht-warmen Atmosphäre des Fermenters ständig umgerührt. Aus der biochemischen Zersetzung geht neben Wasser und CO_2 das eigentliche Brenngas Methan hervor, sowie weitere gasförmige Anteile (auch schwefelhaltige). Diese müssen dem Gas vor der weiteren Nutzung in einer Druckwasser-Waschanlage entzogen werden. – Einen hohen Wirkungsgrad erreichen kombinierte Anlagen, bei denen die bei der Erzeugung des Biokraftstoffs anfallenden Reste (das sind etwa 50 % der organischen Substanz) in unterschiedlicher Weise weiter verwertet werden: Verfeuerung in einem Blockheizkraftwerk zu Wärme und Strom, Umformung zu Biokohle, Nutzung als Kompost, Verwertung als Eiweißfuttermittel. Vieles ist Gegenstand der Forschung. Das gilt auch für die Entwicklung sogen. BTL-Biokraftstoffe (Biomass to liquid), bei welchen die gesamte (Grün-)Pflanze, also auch die ligno-cellulosen Anteile (wie Stroh und Halme), nach enzymatischer Aufspaltung verwertet werden. Mit Hilfe ‚grüner Gentechnik' werden Ertragssteigerungen erwartet.

Als grober Anhalt gilt: Für 1000 kg Biodiesel werden ca. 3000 kg Ölsaat und für 1000 kg Bioethanol ca. 3200 kg Getreide als Rohstoff benötigt.

Von dem gesamten Kraftstoffverbrauch des Verkehrssektors (2650 PJ, beim PKW-Verkehr leicht fallend, beim LKW- und Luftverkehr steigend) entfielen in Deutschland im Jahre 2015 auf Diesel 51 %, auf Benzin 29 %, auf Flugbenzin 15 % und auf Biokraftstoffe 5,5 %. Letztere setzten sich aus Biodiesel zu 52 %, aus Bioethanol tu 32 % und aus anderen Biostoffen zu 16 % zusammen. – Der absolute und prozentuale Anteil der Biokraftstoffe liegt im weltweiten Maßstab höher, insbesondere in jenen Ländern, in denen der Kraftstoff aus Palmöl gewonnen wird. Er steigt insgesamt. Im Vergleich zu den fossilen Kraftstoffen ist der Beitrag nach wie vor eher gering.

3.5.7.5 Wasserstoff

Wasserstoff (H_2) kann nicht aus natürlichen Lagerstätten gewonnen werden, es muss zunächst technisch erzeugt werden. Insofern ist Wasserstoff keine eigentliche Energie**quelle**, sondern hat als Energie**träger** oder Energie**speicher** energiewirtschaftliche Bedeutung.

Neben der großtechnischen Gewinnung bei hoher Temperatur (800 °C) und mäßigem Druck (25 bar) durch sogenanntes Dampfreformieren aus Methan (CH_4) oder Methanol (CH_3OH), kann Wasserstoff elektro-chemisch durch Spaltung von Wasser (H_2O) in Brennstoffzellen (1,23 V) erzeugt werden:

$$H_2O_f \rightarrow H_2 + \frac{1}{2} O_2, \quad \Delta_R G^0 = 237{,}2\,\text{kJ/mol}$$

In Bd. IV, Abschn. 2.4.1.5 wird das Wirkprinzip einer Brennstoffzelle erläutert. Im Wasserstoff ist anschließend die aufgewandte (Strom-)Energie aus dem Prozess gespeichert. – Von den Brennstoffzellen gibt es inzwischen unterschiedliche Systeme. Ihr Wirkungsgrad steigt mit der Betriebstemperatur, er liegt im Bereich 0,15 bis 0,35. Durch Umkehrung des Wirkprinzips kann aus Wasserstoff und Sauerstoff Stromenergie, z. B. für den Antrieb von Fahrzeugen, gewonnen werden (‚kalte Verbrennung'). Das geschieht CO_2- und schadstofffrei, nur Wasser wird ausgeschieden.

Die CO_2-freie Erzeugung von Wasserstoff in Brennstoffzellen macht dann Sinn, wenn der Strom aus Wind und Sonne stammt, fossil gewonnener Strom ist nicht klimaneutral! – Nach der Gewinnung muss der Wasserstoff zunächst entweder gasförmig oder flüssig gespeichert und fallweise transportiert werden. Dazu bestehen zwei Möglichkeiten:

- Speicherung als **gasförmiger** (Druck-)Wasserstoff (GH_2): Mittels eines Kompressors wird das Gas bis auf 700 bar verdichtet (die Energiedichte beträgt bei diesem Druck 1855 kW h/m^3). Das Gas wird in einem stählernen Druckbehälter aufbewahrt. Der Energieverlust im Zuge der Verdichtung beträgt ca. 10 %.
- Speicherung als **flüssiger** Wasserstoff (LH_2): Das Gas wird in einem mehrstufigen Verfahren auf −254 °C (20 K) abgekühlt, es geht dann in den flüssigen Aggregatzustand über und kann bei mäßigem Druck (ca. 5 bar) in Kryotanks aufbewahrt werden. Flüssiggas weist eine Energiedichte von 2360 kW h/m^3 auf. Für die Gewinnung werden ca. ein Drittel des Energieinhalts benötigt.

Eine weitere Möglichkeit ist die Speicherung in einem Metallhybrid, das ist eine Zirkon-, Mangan-, Lathan-, Magnesium- oder Nickel-Legierung. Der einatomige Wasserstoff wird im atomaren Metallgitter der Legierung eingelagert.

Die Nutzung von Wasserstoff für Fahrzeuge setzt eine Betankung an einer H_2-Tanksstelle voraus und die Lagerung in einem relativ schweren Tank mit Druckregulierung. Gemeinsam mit der Brennstoffzelle kann das System als Akkumulator (Akku) begriffen werden. Der Strom treibt über einen Elektromotor das Auto an.

Die inzwischen entwickelten Elektroautos beziehen ihren Strom überwiegend nicht über eine Brennstoffzelle, sondern aus einem Ionen-Akku. In Kombination mit einem Verbrennungsmotor spricht man von Plug-Hybrid-Antrieb. Energiebilanz, Kosten und Reichweite solcher Fahrzeuge sind derzeit (2015) noch nicht befriedigend. Elektromobilität ist auf absehbare Zeit wohl nur für kleine und leichte Autos im innerstädtischen Verkehr sinnvoll, auch für Stadtbusse, Taxi- und Paketzustellfahrzeuge, um den Ausstoß von Schadstoffen im Stadtbereich gering zu halten. Auf lange Sicht mag sich das ändern.

3.5.7.6 Nichtfossile Energieträger – Ausblick

Die Erneuerbaren Energieträger unterscheiden sich in vielerlei Hinsicht. Ein Aspekt bei ihrer Beurteilung ist die energetische Amortisation. Hierunter versteht man jene Betriebszeit, die verstreicht, bis die gewonnene Energie jenen Aufwand erreicht, der für Herstellung, Betrieb und Rückbau erforderlich ist, wobei Transport und Wartungsaufwand im Betrieb zu berücksichtigen sind. Man spricht auch von Energierücklaufzeit. Die Bestimmung solcher Werte ist schwierig und ihre Verallgemeinerung problematisch. Herstellungsaufwand (Einzel- oder Serienfertigung) und Auslastung beeinflussen das Ergebnis. In etwa gilt mit Vorbehalt: Solarwärmetechnische Anlagen 1 Jahr, solarphotovoltaische Systeme 3 bis 6 Jahre, Windkraftanlagen an der Küste 4 bis 6 Monate, im Binnenland 7 Monate. Für Offshore-Anlagen fehlen noch Erfahrungswerte.

Durch die Erneuerbaren kann Wärme und Strom CO_2-frei gewonnen werden, wobei der Stromgewinnung die größere Bedeutung zukommt. Aus Abb. 3.87 geht der Zuwachs der Stromenergiegewinnung durch die Erneuerbaren in den zurückliegenden $2\frac{1}{2}$ Jahrzehnten hervor. Mit Beginn des neuen Jahrhunderts ist dank der in Deutschland gewährten Subventionen und garantierten Abnahmevergütungen bzw. –verpflichtungen durch die Kommerziellen Stromversorger auf der Grundlage des mehrfach novellierten ‚Erneuerbare Energiegesetzes‘ (EEG) ein signifikanter Anstieg der Stromgewinnung gelungen. Im neuen EEG 2014 wurden verschiedene ‚Deckelungen‘ vereinbart. Sie betreffen insbesondere die Photovoltaik.

Zu den verschiedenen nichtfossilen Energieträgern ist folgendes anzumerken (bezogen auf Deutschland):

- Der Raps- und Maisanbau für die Erzeugung von Biokraftstoffen stößt an Grenzen und ist hinsichtlich einseitiger Landnutzung und Überdüngung über den

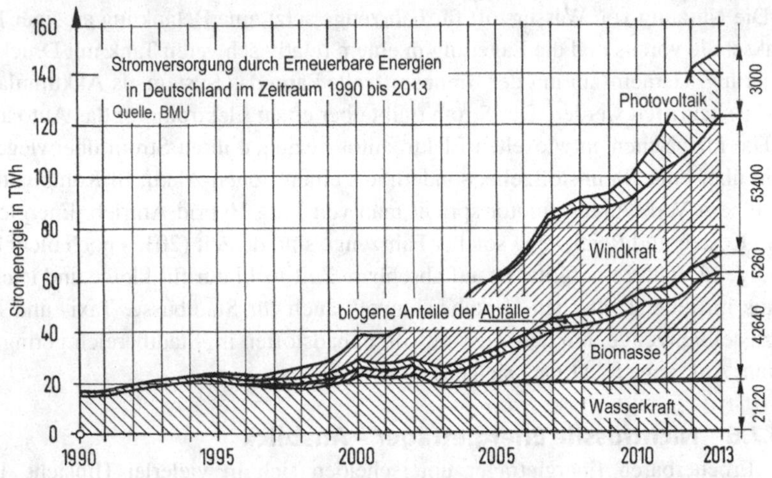

Abb. 3.87

bisherigen Umfang hinaus wenig sinnvoll, letztlich auch aus ethischen Gründen.

- Die Gewinnung geothermischer Energie ist bezüglich Erkundung, Erschließung (Bohrung in große Tiefen), Rohrleitungsbau und Betrieb aufwendig. Als Vorteil ist der kontinuierliche Heißwasseranfall zu werten, insofern ist der Energieträger grundlastfähig. Prinzipiell ist das verfügbare Energiepotential riesig.
- Kollektor- und Photovoltaik-Anlagen liefern nur am Tage Energie, im Mittel über die Dauer von 8 bis 10 Stunden, bei bewölktem Himmel eingeschränkt. Im Winter kann nur wenig Wärme und Strom gewonnen werden. Insgesamt ist die Ausbeute an eingestrahlter Sonnenenergie innerhalb der geographischen Breite Deutschlands vergleichsweise gering. Immerhin, in Deutschland ist inzwischen eine nominelle Leistung von 40 GW installiert. Da die Anlagen starr ausgerichtet sind, wird an wolkenfreien Tagen von April bis September Strom mit einer Anlagenleistung von max. 25 GW ins Netz eingespeist (2015).
- Ein Zugewinn an Energie aus Wasserkraft durch weiteren Zubau von Wasserkraftwerken ist wegen der hiesigen Topographie nur in mäßigem Umfang (eigentlich nicht) möglich.
- Windkraft fällt an den Küsten und auf der Nord- und Ostsee reichlich an, ebenso auf den Flächen der Norddeutschen Tiefebene, auch nachts. In Süddeutschland ist der Windanfall eher gering und der Eingriff durch Windkonverter in die Na-

Abb. 3.88

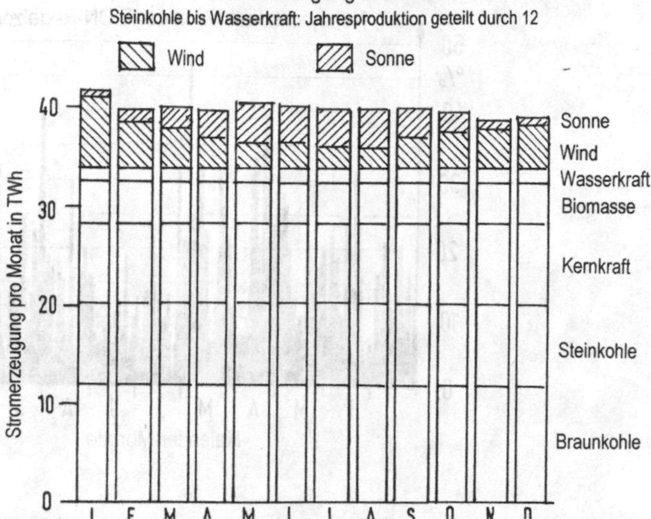

tur und das Landschaftsbild wegen der insgesamt geringen Ausbeute eher nicht zu rechtfertigen.

- Abb. 3.88 zeigt die Stromerzeugung aller Energieträger in Deutschland in TWh/Monat über die Dauer eines Jahres. Der Beitrag aus Wind und Sonne geht hieraus hervor (vgl. auch mit Abb. 3.73), die Summe aus beiden ist über das Jahr hinweg etwa konstant: Sonnenenergie fällt vermehrt im Sommerhalbjahr an, Windenergie im Winterhalbjahr.
- Im Gegensatz zum Sonnenschein weht der Wind ganztägig, auch nachts, indessen eklatant unregelmäßig, wie Abb. 3.89 verdeutlicht. Gelegentlich vermag die gewonnene Windenergie die Nachfrage nach Strom (in Deutschland zwischen 30 bis 80 GW) voll zu decken, gelegentlich aber überhaupt nicht, alle Rotoren stehen still (die Auslastung der Windräder ergibt gegenüber der nominellen Auslegung nur ca. 23 %). Ist es zusätzlich dämmerig oder dunkel, kann die Photovoltaik nicht einspringen, dann müssen fossile Kraftwerke die Versorgung übernehmen, was kurzfristig nur mit Hilfe von Gaskraftwerken gelingt oder mittels Speicher, sofern vorhanden. Ein nur sporadischer Betrieb von Gaskraftwerken ist für die Stromversorger nicht profitabel. Ihre Verfügbarkeit bedarf Subventionen über den Strompreis. Das bedeutet in der Konsequenz:

Abb. 3.89

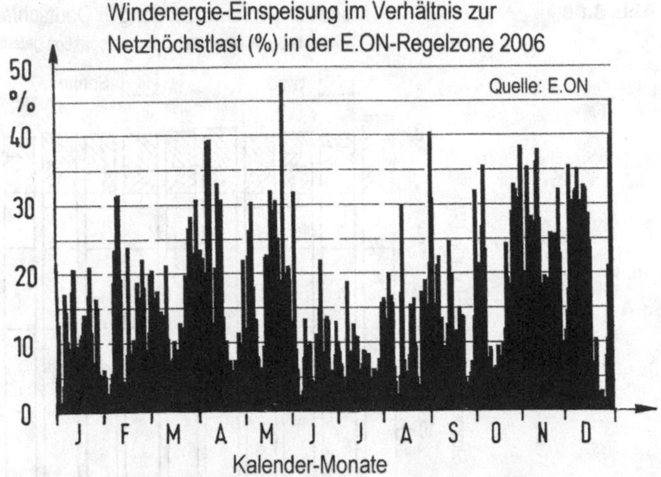

- **Energie aus Sonne und Wind sind nicht grundlastfähig.** Ihr weiterer Ausbau macht auf Dauer nur Sinn, wenn gleichzeitig Energiespeicher und Starkstromleitungen zugebaut werden, möglichst intelligent vernetzt. – Als Speicher kommen Pumpspeicherwerke in Betracht. Da aus Gründen des Landschaftsschutzes hierzulande nur kleinräumige Speicher angelegt werden können, ist die hiermit erreichbare Kapazität viel zu gering. – Die Lagerung von Wasserstoff, der aus ‚Wind und Sonne' gewonnen wird, in unterirdischen Salzkavernen oder in ehemaligen Erdgaslagerstätten wäre eine Möglichkeit der Speicherung. Bei Erdgas und Erdöl ist diese Form der Bevorratung seit Jahrzehnten üblich. – Es ist zu befürchten, dass elektrochemische Speichersysteme hoher Kapazität auch in Zukunft nicht zur Verfügung stehen werden.

Steigt die installierte Leistung, also die nominelle Leistungsfähigkeit der Solar- und Windkrafttechnik von derzeit zusammen ca. 75 GW weiter an (was angestrebt wird) und werden gleichzeitig die konventionellen Kraftwerke (Kern- und Kohleenergie) abgeschaltet, spielt neben dem Speicherproblem, das Problem der Netzstabilität hinsichtlich Konstanz der Frequenz (50 Hz) und Spannung eine immer größere Rolle. Wie ausgeführt, vermögen die ‚Erneuerbaren' dazu a priori keinen Beitrag zu liefern, im Gegenteil, sie sind die Verursacher der Nichtkonstanz. Ausreichende Versorgung und Stabilität kann derzeit nur im Verbund mit den konventionellen Stromanbietern gelingen, denn der Strom aus konventionellen Kraftwerken ist über die Bereithaltung von Blindleistung regelbar, auch innerhalb von Minuten bis herunter in den Sekundenbereich, letzteres auch über die in den Generatoren gespeicherte Rotationsenergie. Die Details sind elektrotechnischer Art und Gegenstand intensiver Forschung. Schon heute kommen in verschiedenen Netzen sogen. Batteriepuffer zum Einsatz.

3.5.8 Resümee

Um die Importabhängigkeit Deutschlands nicht weiter anwachsen zu lassen, ist die weitere Nutzung der Braunkohle als Energieträger vorerst unverzichtbar, insbesondere wegen des politisch beschlossenen vollständigen Ausstiegs aus der Kernenergiegewinnung. – Für die Mehrung der Erneuerbaren Energien steht in Deutschland bei realistischer Betrachtung nur Windenergie in aussichtsreicher Menge zur Verfügung. Hierzu müsste der bestehende Windpark mit dem Ziel einer Leistungssteigerung erneuert und die Offshore-Gewinnung deutlich gesteigert werden, ggf. ausgedehnt auf das Wattenmeer. Das wäre indessen ein schwerer ökologischer Eingriff, der sich verbietet. Für Zeiten der Wind- und Sonnenflaute ist eine **ausreichende Speicherkapazität** nötig, sie wird auf 12.000 GW h (eher höher) geschätzt. Man wird daher nicht umhin kommen, in größerer Zahl dezentrale Gaskraftwerke zu bauen, was eine ausreichende Lagerkapazität zwecks Bevorratung des Gases vor Ort voraussetzt. Ein Ausbau von Pumpspeicherwerken nennenswerter Kapazität ist wegen der Topografie und dichten Bebauung hierzulande auszuschließen, kurzfristig allemal, es sei, man weicht ins Ausland aus, z. B. nach Norwegen. Aus physikalischen (und wirtschaftlichen) Gründen wird eine ausreichende Akkumulatoren-Speichertechnik nach derzeitigem Stand der Wissenschaft kaum je zur Verfügung stehen. Kleine häusliche Akku-Speicher bei Photovoltaikanlagen auf dem eigenen Dach machen Sinn. – Unverzichtbar ist insgesamt ein weiträumiges Stromnetz. Auch sind lokale Batteriepuffer zur Stabilisierung der Wechselstromspannung erforderlich. Sie können gleichzeitig in geringem Umfang Speicheraufgaben übernehmen.

Ausgehend von obigen Befunden, muss man konstatieren, dass die **energiepolitische Zukunft** Deutschlands als Industrieland mit einer Bevölkerung, die sich eines hohen Lebensstandards und einer hoher Mobilität erfreut, in gar keiner Weise gesichert sind. Das Land verfügt über keine nennenswerten eigenen Energieressourcen mit der Folge einer verbleibenden Importabhängigkeit. An diesem Fakt wird sich nichts ändern. Trotz der bedeutenden Anstrengungen um den Aufbau einer alternativen Energietechnik ist der **Anteil der Erneuerbaren Energien aus Wind und Sonne mit ca. 4 % am Primärenergieaufkommen absolut noch marginal.** Ein Zuwachs stößt hierzulande irgendwann an Grenzen. Weltweit wird der Wind- und Sonnenanteil an der Primärenergie in den nächsten Jahrzehnten weiter wachsen, vielleicht auf 8 bis 10 %. Ob mehr zu erreichen sein wird, bleibt abzuwarten. – Auf Deutschland bezogen bedeutet das: Die öffentlichen Äußerungen seitens der Politik und Publizistik, Deutschland befände sich in einer Energiewende, sind irreführend und verdecken die realen Energieprobleme des Landes. Was bisher gelungen ist, kann allenfalls als **erfolgreicher Einstieg in eine Strom-Energiewende** bezeichnet werden. Eine Energiewende, die diesen Namen verdient, erfordert gänzlich andere Anstrengungen und Einstellungen seitens der Bevölkerung. – Immerhin, der CO_2-Ausstoß seitens des **Energiesektors** konnte in Deutschland, orientiert am Bezugsjahr 1990, um 24 % gesenkt werden (2015). Wenn die kerntechnische Stromgewinnung wegfällt, wird das Ergebnis ungünstiger ausfallen. Die bisher erreichte CO_2-freie Gewinnung von Strom durch Wind und Sonne wird den Wegfall der kerntechnischen Stromerzeugung zum Zeitpunkt des Endausstiegs (2022) gerade ersetzen können (vgl. Abb. 3.73). Das bedeutet, der bis dahin erreichte Erfolg bei der hiesigen CO_2-Reduzierung durch die Erneuerbaren läuft auf ein Nullsummenspiel hinaus. Auch diese Erkenntnis ist ernüchternd.

Die Vorbehalte eines großen Teils der deutschen Bevölkerung gegenüber den als Risikotechnologien empfundenen energetischen Maßnahmen, wie Tiefengeothermie, Fracking, CCS, Kerntechnik und Transporte von Atommüll und seiner -endlagerung, erschweren auf dem Energiesektor hierzulande rationale Sachentscheidungen.

Die Kosten für die Kraftstoffe des Straßenverkehrs liegen zur Zeit (2015/16) vergleichsweise niedrig; sie sind durch den Fracking-Boom in den USA gegenüber den Vorjahren auf ein Drittel gesunken. Abb. 3.90 zeigt die Preisentwicklung bei Rohöl. Der Preisrückgang hat auch machtpolitische Gründe (Konflikt zwischen Saudi Arabien und Iran). Aus Gründen des Ressourcen- und Klimaschutzes sind solche Entwicklungen fatal: Der niedrige Kraftstoffpreis hat zur Folge, dass immer hubraumstärkere PKW gebaut und gekauft werden. Anstelle mehr Güter auf die Schiene zu verlagern, steigt der LKW-Schwerlastverkehr ungebremst, Straßen und Brücken werden zerrüttet. Eine weitere Folge ist der gestiegene Fernbusverkehr und der massenhafte Internethandel mit Einzelpaket-Zustellung. Flug- und Schiffsverkehr der Tourismusbranche florieren auf höchstem Niveau und werden weiter steigen. Vorgenannte Gründe sind letztlich dafür verantwortlich, dass der CO_2-Ausstoß des **Verkehrssektors** seit 1990 unverändert geblieben ist. Erdöl wird weiter ohne Hemmungen am Limit gefördert und konsumiert. Die dargestellte Entwicklung ist ein Beleg für das inkonsequente Verhalten vieler Verbraucher, denen zwar die Weltprobleme ‚am Herzen liegen‘ und die Umkehr einfordern, sich aber letztlich selbst ‚marktkonform‘ und damit umweltschädlich verhalten.

Abb. 3.90

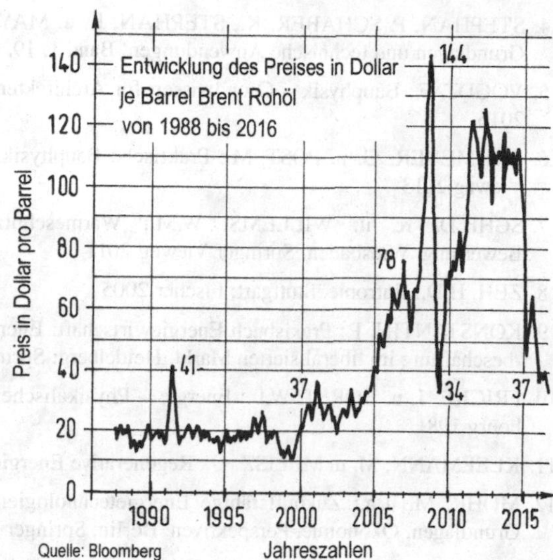

Die Weltwirtschaft steht unter dem permanenten Zwang, ihre Produktion zu steigern, das geht meist nur mit einem erhöhten Energieeinsatz einher. Das ist politisch gewollt, um Arbeitsplätze zu sichern und dadurch die politische Stabilität in den Gesellschaften und Staaten zu gewährleisten. Eine gute Entwicklung ist das nicht, denn, doppelt schlimm: Der CO_2-Ausstoß wird weiter anwachsen und irgendwann werden die verbliebenen fossilen Ressourcen aufgebraucht sein. Das Kernproblem: **Die nichtfossilen Energien aus Wind- und Sonnenkraft sind nicht grundlastfähig**. Abgesehen von Biomasse gibt es zu den grundlastfähigen Fossilen keine Alternativen. Auch gibt es leider noch keine umweltschonende Speichertechnik für den Masseneinsatz.

Literatur

1. MÜLLER, I.: A History of Thermodynamics – The Doctrine of Energy and Entropy. Berlin: Springer 2007
2. MÜLLER, R.: Thermodynamik – Vom Tautropfen zum Solarkraftwerk, 2. Aufl. Berlin: de Gruyter 2016
3. BAEHR, H.D. u. KABELAC, S.: Thermodynamik – Grundlagen und technische Anwendungen, 13. Aufl. Berlin: Springer 2006

4. STEPHAN, P. SCHABER, K., STEPHAN, K. u. MAYINGER, F.: Thermodynamik – Grundlagen und technische Anwendungen, Band 1, 19. Aufl. Berlin: Springer 2013
5. VOGDT, F.: Bauphysik – Grundwissen für Architekten. Wiesbaden: Springer Vieweg 2016
6. LOHMEYER, G. u. POST, M.: Praktische Bauphysik, 8. Aufl. Wiesbaden: Springer Vieweg 2013
7. SCHILD, K. u. WILLEMS, W.M.: Wärmeschutz – Grundlagen-Berechnung-Bewertung. Wiesbaden: Springer Vieweg 2011
8. ZEH, H.D.: Entropie. Stuttgart: Fischer 2005
9. KONSTANTIN, P.: Praxisbuch Energiewirtschaft: Energieumwandlung-, transport und -beschaffung im liberalisierten Markt. Heidelberg: Springer VDI 2009
10. FRICKE, J. u. BORST, W.L.: Energie – Physikalische Grundlagen. München: Oldenbourg 1981
11. KLEEMANN, M. u. MELISZ, U.: Regenerative Energiequellen. Berlin: Springer 1988
12. MOHR, M. u.a.: Zukunftsfähige Energietechnologien für die Industrie: Technische Grundlagen, Ökonomie, Perspektiven. Berlin: Springer 1998
13. WESSELAK, V. u. SCHABACH, T.: Regenerative Energietechnik, 2. Aufl. Wiesbaden: Springer Vieweg 2013
14. REICH, G. u. REPPICH, M.: Regenerative Energietechnik – Überblick. Wiesbaden: Springer Vieweg 2013
15. KALTSCHMITT, M., STREICHER, W. u. WIESE, A. (Hrsg.): Erneuerbare Energien, 5. Aufl. Wiesbaden: Springer Vieweg 2013
16. WIETSCHEL, M. u. a. (Hrsg.): Energietechnologien der Zukunft: Erzeugung, Speicherung, Effizienz, Netze. Wiesbaden: Springer Vieweg 2015
17. QUASCHNING, V.: Regenerative Energiesysteme: Technologie-Berechnung-Simulation, 9. Aufl. München: Hanser 2015
18. GRUSS, P. u. SCHÜTH, F. (Hrsg.): Die Zukunft der Energie – Die Antwort der Wissenschaft. München: Beck 2008
19. BÜHRKE, T. u. WENGENMAYR, R. (Hrsg.): Erneuerbare Energie. Alternative Energiekonzepte für die Zukunft, 2. Aufl. Weinheim: Wiley-VCH 2010
20. POPP, M.: Deutschlands Energiezukunft – Kann die Energiewende gelingen? Weinheim: Wiley-VCH 2013
21. PELTE, D.: Die Zukunft unserer Energieversorgung, 2. Aufl. Wiesbaden: Springer Vieweg 2014
22. BEPPLER, E.: Energiewende 2014 – ein Debakel. Books on Demand 2015
23. Internetseite: Bundesministerium für Wirtschaft und Energie (BMWi)
24. Internetseite: Bundesministerium für Umweltschutz (BMUB)
25. Internetseite: Statistisches Bundesamt (Destatis)

26. Internetseite: Bundesamt für Wirtschaft und Ausfuhrkontrolle (BAFA)
27. Internetseite: Umweltbundesamt (UBA)
28. Internetseite: Bundesamt für Geowissenschaften und Rohstoffe (BGR)
29. Internetseite: Deutsches Institut für Wirtschaftsforschung (DiW)
30. Internetseite: Deutsches Energieeffizienz Institut (DEI)
31. NEUKIRCHEN, F. u. RIES, G.: Die Welt der Rohstoffe: Lagerstätten, Förderung und wirtschaftliche Aspekte. Berlin: Springer 2014
32. Bundesanstalt für Geowissenschaften und Rohstoffe (BGR): Energiestudie 2015. Hannover 2015: energierohstoffe & bgr.de
33. LOOSE, P.: Erdwärmenutzung: Versorgungstechnische Planung und Berechnung, 4. Aufl. Berlin: VDE-Verlag 2009
34. SCHLABACH, J. (Hrsg.): Erdwärme in Ein- und Mehrfamilienhäusern: Grundlagen, Technik, Wirtschaftlichkeit. Berlin: VDE-Verlag 2012
35. STOBER, I. u. BUCHER, K.: Geothermie. Berlin: Springer Spektrum 2014
36. BAUER, M. u. a. (Hrsg.): Handbuch Tiefe Geothermie: Prospektion, Exploration, Realisierung, Nutzung. Berlin: Springer Spektrum 2014
37. STIEGLITZ, R. u. HENZEL, V.: Thermische Solarenergie: Grundlagen-Technologie-Anwendungen. Wiesbaden: Springer Vieweg 2012
38. OBERZIG, K.: Solarwärme: Heizen mit der Sonne. 2. Aufl. Berlin: Verlag Stiftung Warentest 2014
39. MERTENS, K.: Photovoltaik: Lehrbuch zu Grundlagen, Technologie und Praxis, 3. Aufl. München: Hanser 2015
40. SELTMANN, T.: Photovoltaik: Solarstrom vom Dach, 4. Aufl. Berlin: Verlag Stiftung Warentest 2013
41. KALTSCHMITT, M., HARTMANN, H. u. HOFBAUER, H. (Hrsg.): Energie aus Biomasse: Grundlagen, Techniken und Verfahren, 3. Aufl. Berlin: Springer 2016
42. POPP, M. Speicherbedarf bei einer Stromversorgung mit erneuerbaren Energien. Berlin: Springer 2010
43. STERNER, M. u. STADLER, I.: Energiespeicher – Bedarf-Technologie-Integration. Wiesbaden: Springer Vieweg 2014

Personenverzeichnis

C. Petersen, *Naturwissenschaften im Fokus II*, DOI 10.1007/978-3-658-15298-7

T

V

W

Z

Sachverzeichnis

L

T

Printed in the United States
By Bookmasters